计 算 机 科 学 丛 书

量子理论

可视化量子过程及其应用

[英] 鲍勃·科克（Bob Coecke）
[荷] 亚历克斯·基辛格（Aleks Kissinger）　　著

黄靖正 李洪婧 石剑虹 黄鹏 吴晓燕 曾贵华 译

Picturing Quantum Processes

A First Course in Quantum Theory and Diagrammatic Reasoning

机械工业出版社
China Machine Press

图书在版编目（CIP）数据

量子理论：可视化量子过程及其应用 /（英）鲍勃·科克（Bob Coecke），（荷）亚历克斯·基辛格（Aleks Kissinger）著；黄靖正等译 . -- 北京：机械工业出版社，2021.8
（计算机科学丛书）
书名原文：Picturing Quantum Processes: A First Course in Quantum Theory and Diagrammatic Reasoning
ISBN 978-7-111-68985-0

I. ①量… II. ①鲍… ②亚… ③黄… III. ①量子论 IV. ① O413

中国版本图书馆 CIP 数据核字（2021）第 166776 号

本书通过图形语言解释了量子世界的独有特征，提出了一种新颖的可视化方法来表达复杂的理论。书中采用了一种独特的架构，以直观的方式来阐述量子特征，无须进行复杂运算，只要求读者具备基本的数学知识。完全用图形表达的量子理论集作者近十年研究工作之大成，将线性代数和希尔伯特空间中的经典技术与量子计算和基础领域的前沿发展统一起来。

本书寓教于乐，包含 100 多个练习，是高校学生学习量子理论的理想入门教科书，同时也可以为物理学、生物学、语言学和认知科学等众多领域的研究人员提供参考。

出版发行：机械工业出版社（北京市西城区百万庄大街 22 号　邮政编码：100037）

责任编辑：王春华　冯秀泳		责任校对：殷　虹	
印　　刷：北京市荣盛彩色印刷有限公司		版　　次：2021 年 9 月第 1 版第 1 次印刷	
开　　本：185mm×260mm　1/16		印　　张：40	
书　　号：ISBN 978-7-111-68985-0		定　　价：239.00 元	

客服电话：（010）88361066　88379833　68326294　　　投稿热线：（010）88379604
华章网站：www.hzbook.com　　　　　　　　　　　　　读者信箱：hzjsj@hzbook.com

本书从全新角度出发，构建了一套描述量子过程的图形语言，通过可视化方式将量子过程蕴含的复杂而深奥的量子理论展示出来，使原本抽象枯燥的量子理论变得直观、通俗易懂。而且，利用图形语言使描述量子过程的理论推导变得极为简单。在此基础上，本书将所建立的图形语言应用于实际量子过程的描述，对包括量子通信、量子计算等前沿量子信息技术在内的实际量子过程进行了图形化描述，可使读者快速掌握这些前沿技术。

本书汇集了图形化量子过程研究方面的最新研究成果。全书分为14章。第1~2章是全书的概况和阅读方法；第3~10章从图形化量子过程和希尔伯特空间出发，逐步构建出一套可以完整描述量子过程的图形语言；第11~13章运用前10章所建立的图形语言重新描述量子特征及其在量子信息技术方面的应用，其中，第11章介绍非局域性、互补性等基本量子特征，第12章介绍量子计算，第13章介绍量子资源。第14章介绍一种名为Quantomatic的辅助证明软件，它可以用图形化方式表征量子过程，并能快速得到最简化的表达形式。

本书以生动的比喻来讲解深奥的概念，行文风趣幽默，数学基础一般的读者也能轻松理解。全书穿插了大量练习，以保证读者对知识点有正确的把握。几乎每章末尾都附有对该章知识要点的总结，以及对相关研究历史和重要参考文献的简要综述。几乎每章都附有标注星号的进阶阅读材料，作为该章基本内容的拓展。本书可用作研究生或高年级本科生学习量子理论的入门教科书，也可为交叉学科领域的研究人员提供新的理论工具和研究思路，是一本值得推荐的好书。

本书的第1章由李洪婧、吴晓燕、黄靖正共同翻译；石剑虹负责翻译第2~4章及索引；李洪婧负责翻译第5、6章；黄靖正负责翻译第7~9章；黄鹏负责翻译第10~12章及前言；吴晓燕负责翻译第13、14章及附录；曾贵华对本书的翻译过程进行整体规划，制定全书翻译规范，并对全书译稿进行校阅。

本书内容丰富，比喻和形象化用语较多，翻译任务非常艰巨。在翻译过程中，得到了机械工业出版社华章公司策划编辑朱捷、责任编辑冯秀泳的大力支持与帮助，在此表示感谢。另外，本书的翻译工作得到了上海交通大学量子感知与信息处理研究中心的大力支持，也在此表示感谢。

由于译者水平有限，译文中难免存在疏漏或错误之处，恳请广大读者和专家批评指正。

译　者

2021 年 1 月 29 日

很高兴你翻开了这本书！本书是完全用图片来讲述量子理论的故事。在我们开始讲述这个故事之前，有必要谈一谈它是如何产生的。一方面，这是一个非常新的故事，因为它与我们和我们的同事过去 10 年的研究密切相关。另一方面，有人可能会说，它可以追溯到大约 80 年前，当时令人称奇的约翰·冯·诺依曼（John von Neumann）推翻了他自己的量子理论框架，并开始追求更好的理论。人们也可以说，当埃尔温·薛定谔（Erwin Schrödinger）通过识别复合系统的结构（特别是其不可分离性），并将其作为量子理论的核心，解决了阿尔伯特·爱因斯坦（Albert Einstein）关于"幽灵般的超距作用"的担忧时，人们便开始研究量子理论了。

从一个互补的角度来看，量子理论可以追溯到大约 40 年前，当时一个名叫罗杰·彭罗斯（Roger Penrose）的本科生注意到，在研究张量微积分时，图片比符号推理更有优势。

但在 80 年前，作者都还没出生，即使到了 40 年前，从事相关研究的人也寥寥无几，所以这篇前言将以自我为中心介绍本书的诞生。我们衷心地感谢所有那些对本书而言不可或缺的人（以及某些几乎成功将它扼杀的人）。

对 Bob 来说，事情一开始就很糟糕，他在 20 世纪 90 年代获得了博士学位，课题是量子理论的互文"隐藏变量表示"，这个课题在当时与本书毫不相关。最近，这个课题被婉转地重新命名为本体论模型（Harrigan and Spekkens，2010；Pusey et al.，2012）。在经历了一段时间的失业和成为摇滚明星的失败尝试后，Bob 在古怪的偶像破坏者 Constantin Piron（1976）的附近冒险进入了当时更不相关的课题——冯·诺依曼的量子逻辑（Birkhoff and von Neumann，1936）。

正是在那里，范畴论以及关于量子系统组成的基本状态的慎重思考进入了公众视野——那些携手把量子过程（而不是量子态）带到最前沿的东西……

> ⚠️ 如果你患有某种范畴论恐惧症，不要在这里停止阅读！虽然它影响了本书的很多观点，但本书绝不是一本关于范畴论的书！

……这些思考将最终为量子理论的图形化方法提供形式和概念上的支撑。量子基础的范畴化推进最初来自 David Moore（1995），他是一位非常有天赋的研究人员，在 20 世纪 90 年代末，学术生涯被迫终止，在那个时代，以概念为导向的物理学被广泛禁止。在与 Moore 和 Isar Stubbe 的合作中，Bob 对量子理论的范畴化重构进行了初步尝试（Coecke et al.，2001），不幸的是，这些尝试继承了传统量子逻辑的太多缺陷。量子逻辑的主要问题是其隐含的假设，即考虑物理系统总是"一些表面上的外部现象世界的一部分，被假定为脱离了周围环境，其与环境的相互作用可以忽略或用一种简单的方法有效地模拟"（Moore, 1999）。然而，与环境的相互作用恰好是我们应该真正关心的问题！

经历了被大学开除、第二次艺术尝试失败后，在即将失业时，Bob 遇到了一个奇迹，两个与他素不相识的人 Prakash Panangaden 和 Samson Abramsky 在牛津计算机实验室为他安排了一个"试用"博士后职位，这个实验室当时被亲切地称为 Comlab。尽管对计算机科学一无所知，认为计算机科学家是一群整天盯着屏幕的书呆子，但 Bob 还是在这个计算机系找到了安身之所。他很快发现，与量子逻辑学家不同的是，计算机科学家已经研究交互系统的结构很长时间了，并且能够用范畴论的语言优雅地描述这样的系统。事实上，在这个特殊的计算机科学系，甚至在本科阶段也讲授范畴论。

正是在这里，第二位作者加入进来。在从家乡俄克拉何马州塔尔萨（Tulsa, Oklahoma）（见图0.1）到牛津进行为期两个月的交流时，Aleks 碰巧学习了上述的范畴论本科课程，当时这门课程是由 Samson 教授的。这门课拓展思维的本质（包括一位长相古怪的人给 Aleks 做的关于长得同样古怪的幺半范畴图片的客座演讲）让 Aleks 对这门课产生了足够的兴趣，并参与其中。在 Samson 的鼓励下，他开始参加该组织的量子午餐研讨会。研讨会的形式是一个大型的酒吧午餐，然后是一个醉醺醺、昏昏欲睡的演讲者向同样醉醺醺、昏昏欲睡的听众就范畴量子力学这门新生学科的主题发表演讲，棒极了。

图 0.1　俄克拉何马州塔尔萨的一些典型景观

两个月变成了 9 年，Comlab 变成了"计算机科学系"，虽然似乎没有人记得 Aleks 是什么时候开始在这里开展研究的，但他最终完成了硕士、博士及博士后的学习和工作。

在这个独特的计算机科学环境中，如果没有数学机器和概念思维方面惊人的知识，本书就不会存在。与 20 世纪 90 年代禁止物理学中的"基础性"和"概念性"等词形成鲜明对比的是，在这个新环境中，"基础性"和"概念性"是（现在仍然是）大优点！这导致了一个新的研究团体的诞生，其中计算机科学家、纯数学家、哲学家和研究人员在当前复兴的量子基础领域密切互动。甚至可以说，这种独特的氛围促成了整个量子基础社团的复兴，并且在此过程中，一些备受尊敬的实践者已经采用了图解范式，特别是 Chiribella et al.（2010）和 Hardy（2013a）。

2003 年，Peter Selinger 以不同的名字（但有相同的缩写！）创立了量子物理与逻辑（QPL）系列会议，这是促成本书的关键成果发展的一个特别重要的论坛。事实上，第一篇关于新量子特征的图形推理的论文（Coecke，2003）在第一届 QPL 上发表。这个结果的范畴规范（Abramsky and Coecke, 2004），现在称为范畴量子力学，已成为计算机科学语义领域的热门话题，并最终为一些年轻人在该学术领域提供了一个开疆拓土的舞台。顶级计算机科学会议（如 LiCS 和 ICALP）确实会定期接受范畴量子力学的论文，最近一些主要的物理期刊（如 PRL 和 NJP）也开始这样做。

我们非常感谢英国工程和物理科学研究委员会（EPSRC）、欧盟委员会（FP6 FET Open）、美国海军研究办公室（ONR）、美国空军科学研究办公室（AFOSR）、基础问题研究所（FQXi）和 John Templeton 基金会（JTF），它们提供了大量的研究经费（见图 0.2）。特别是，在撰写本书的过程中，两位作者都得到了 JTF 的慷慨支持。因此，牛津大学的量子小组已经从 2004 年的 5 名成员发展到现在的 50 名成员，其中一些前成员甚至开始在其他地方建立小组，传播图形与过程化理论。与量子小组（及其众多离散成员）的持续互动，对本书的成书起到了至关重要的作用。

图 0.2　拉资金

那么，编写本书的想法是从哪里来的呢？在牛津，人们通常不喜欢提到"另一个地方"。但是，在 2012 年夏天，剑桥大学出版社联系了我们，问我们是否可以将这种图形语言写成一本书。这就产生了完全用图形来教授量子计算机科学课程的想法。这些授课讲义将作为成书的基础，这本书原定于 2013 年春季面世，快速浏览一下本书的前几页，你就会知道这个计划失败了。所有的讲义都被丢弃了，在 2013 年秋天我们又从头开始，产生了你们现在读到的内容。

从开始到结束，确实发生了很多事情，比如其中一位作者重新开始了他的音乐生涯，遇到了一个女孩，结婚了，生了一个孩子，然后带着孩子去北京看他的重金属演唱会。与此同时，另一位作者也结婚了，短暂尝试过单口相声，在拉德堡德大学（Radboud University）找到了一份工作，并蓄起了大胡子（见图 0.3）。这两位作者因为在外面被殴打而在当地的一家酒吧出了名（有传言说这是关于对量子理论的解释的争论，但两位作者都记的不是很清楚了）。他们还组建了一个南方乡村民间工业噪音乐队，名为量子匕首乐队。

图 0.3　Aleks 的胡子与本书的完成情况相关

在过去的几年里，在教授量子理论这一全新的方法时，选修这门课的学生已经成为宝贵的灵感来源，并在哪些可行及哪些不可行方面提供了实践指导。特别是，我们要感谢 2013 级学生 Jiannan Zhang、William Dutton、Jacob Cole、Pak Choy 和 Craig Hull，2014 级学生 Tomas Halgas，以及 2015 级 学 生 Ernesto Ocampo、Matthew Pickering、Callum Oakley、Ashok Menon、Ignacio Funke Prieto 和 Benjamin Dawes，他们都指出了原始（和修订）讲义中的错误，从而促成了这本书的完成。

我们特别感谢 Yaared Al-Mehairi、Daniel Marsden、Katie Casey、John-Mark Allen、Fabrizio Genovese、Maaike Zwart、Hector Miller-Bakewell、Joe Bolt、John van de Wetering 和 Adrià Garriga Alonso，他们都提供了数量众多且高质量的修正意见，还要感谢班级导师 Miriam Backens、Vladimir Zamdhiev、Will Zeng、John-Mark Allen 和 Ciaran Lee，他们提供了有价值的整体输入、模型解决方案，并在一些实验性的练习出了问题时承受住了学生挫折感的冲击。

最后的手稿经过了 John Harding 和 Frank Valckenborgh 好兄弟的详细修改，而愤怒的 Bob 的照片则是由另一个好兄弟 Ross Duncan 拍摄的。Aleks 的妻子 Claire 不断提醒他吃有营养的东西，避免用脑过度，而 Bob 则没有考虑到他妻子 Selma 的提醒。

目 录

引　言

在正常情况下，研究型科学家并非创新者而是难题的求解者，而且只有那些他们能在现有科学传统下阐明和解决的难题才会得到关注。

——Thomas Kuhn，*The Essential Tension*，1977

在 20 世纪早期，量子理论从它诞生之初就一直困扰着物理学家和哲学家。然而到了 20 世纪 80 年代，人们开始不再追问量子理论何以如此奇异，很多人开始提出这样的问题：

我们该如何处理量子奇异性？

在本书中，我们不仅接受了这种观点的转变，而且还进一步挑战了常规的量子符号。我们认为，不仅要改变我们对量子理论的提问方式，还要：

改变我们用来讨论它的语言！

在直面这一挑战之前，我们要讲一个小故事，来展示量子世界是如何颠覆传统直觉……

1.1　企鹅和北极熊

量子理论研究的是一类非常特殊的物理系统（通常是非常小的系统）以及它们有违于我们日常经验的行为方式。有许多遵循量子理论的物理系统，其中典型的例子是微观粒子，如光子和电子。先不考虑这些，我们从一个更加"有毛有翼"的量子系统开始讲起。这位是Dave：

它是一只渡渡鸟。不是普通的那种，而是量子渡渡鸟。我们假设 Dave 的行为表现与最小的非平凡量子系统——双能级系统一样，这种系统近来也被称为量子比特或者量子位。比较一下 Dave 的态和它的经典态，即比特。比特构成了经典计算机的一部分，而（我们将看到）量子比特构成了量子计算机的一部分。一个比特：

1）允许存在两个态，我们通常将其标记为 0 和 1。

2）可使用任何运算。

3）可以自由读取。

在这里，"可以使用任何运算"意味着我们可以在用任何运算来改变一个比特的态。例如，我们可以对一个比特使用"非"运算，这会使其 0 和 1 的态互换，或使用"常数 0"运算，将任比特态变为 0。"可以自由读取"是指我们可以畅通无阻地读取到计算机内存中任意比特态而不使它发生改变。

我们提到的这些听起来可能有点奇怪……直到我们将其与量子模拟做比较。一个量子比特：

1）允许存在的态遍布整个球面。

2）只能使用球面旋转。

3）只能通过被称为量子测量的特殊过程进行有限访问，而这些过程的侵入性极强。

一个系统可以占据的态的集合称为该系统的态空间。对于经典比特，这个态空间只包含两种态，而量子比特则包含无限多的态，我们可以把它想象成一个球面。在量子理论中，这种态空间称为布洛赫球。为了便于解释，我们就用地球来举例。地球上有足够的空间来容纳一个比特的两种状态，所以把 0 放在北极并把 1 放在南极：

北极 / 南极的具体位置并不重要，重要的是它们是球面的对跖点。

由于我们只能将旋转应用到量子态球面上，因此我们不能同时将 0 和 1 映射到 0（就像经典比特一样），仅仅因为没有旋转来实现这一点。另一方面，互换 0 和 1 的方法有很多，因为有很多（不同的！）旋转会把球面倒过来。

什么是量子测量？就像我们读取一个正常的比特那样，测量一个量子比特将产生两个答案中的一个（例如 0 或 1，因此得名量子比特）。然而，这个"测量"行为并非仅仅是读取一个比特来获得它的值那么单纯。为了感受一下，我们回到 Dave 那里。由于量子比特可以存在于世界上任何地方，Dave 像一只特别著名的经典渡渡鸟一样生活在牛津：

现在，假设我们希望确定某些动物的居住地，并且假设：

1）我们只能询问动物是否生活在地球上的某个特定位置或其对跖位置。

2）所有动物都能说话，并且总是"正确地"回答问题。

3）食肉动物能控制住自己不去吃掉发问者。

如果我们问北极熊它是住在北极还是南极，那么它会说"北极"。如果我们再问一次，它会再次说"北极"，因为北极熊就来自那里。同样，如果我们问一只企鹅，只要我们一直问，它就会一直说"南极"。

另一方面，如果我们问 Dave 它是住在北极还是南极，它会怎么说？现在，Dave 还不能真正理解这个问题，渡渡鸟确实有点笨，但它无论如何都会给出答案。然而，假设 2 是所有的动物都能正确回答。因此，只要 Dave 说"北极"，它的陈述就是正确的：它确实**是**在北极！

现在，如果我们再问它，它会再说一遍"北极"，它会一直这样回答，直到被北极熊吃掉（见图 1.1）。或者，如果它最初说的是"南极"，它就会立即到达南极。

图 1.1　一只北极熊试图对 Dave 进行"破坏性测量"

因此，无论 Dave 给出什么答案，它的态都改变了。它原本在牛津的事实会永久消失。这种现象称为量子态的塌缩，几乎发生在我们可能执行的所有问题（即测量）上。至关重要的是，这种塌缩几乎总是不确定的。我们几乎永远不知道 Dave 会出现在北极还是在南极，直到我们测量它。我们说"几乎"，是因为有一个例外：如果我们问 Dave 是在牛津还是在 Antipodes 群岛，它会说"牛津"并待在原地。

量子理论不能准确预测 Dave 的命运，它的作用是提供 Dave 塌缩到北极或南极的概率。在这种情况下，量子理论会告诉我们，Dave 更有可能是到北极让北极熊吃掉，而不是到南极和企鹅一起瑟瑟发抖。毕竟渡渡鸟灭绝是有原因的……

1.2　新鲜事

自 Dave 不幸前往北极以来，已经过去了近一个世纪。特别是在过去二十年中，围绕量子理论的新研究数量激增，从重新思考基本概念（见图 1.2）到构思革命性的新技术。一个典型例子是量子隐形传态：利用量子理论的非局域性特征，跨越（有时候）极为遥远的距离传送一个量子态，中间只需要消耗经典通信的一比特（实际上是两比特……）。量子隐形传态在最根本的层面上揭示了量子理论与时空结构之间的微妙相互作用。同时，它还为一种重要的量子计算模型（基于测量的量子计算）提供了模板，也是众多量子通信协议的组成部分。

图 1.2　根据 Google 学术搜索的结果，EPR 论文作为第一篇辨识量子非局域性的论文，在过去20 年间引用量激增，如今已成为爱因斯坦被引用次数最多的论文。这很能说明问题

我们现在所知的用希尔伯特空间来表述的量子理论最早由约翰·冯·诺依曼（John von Neumann）在其 1932 年的著作 *Mathematische Grund-lagen der Quantenmechanik*（量子力学的数学基础）中提出。而另一方面，量子隐形传态直到 1992 年才被发现。那么问题来了：

为什么花了 60 年才发现量子隐形传态？

第一种解释是，在这 60 年的传统物理学研究中，从未有人问过量子隐形传态是否可能实现。直到人们跳出传统思维，提出一个看似奇怪的问题：

量子理论的信息处理特征是什么？

可以进一步追问，为什么要先提这种问题，然后才发现隐形传态？量子理论允许量子隐形传态这种事，难道不是板上钉钉吗？我们对这个问题的回答是，量子理论的许多特征无法很好地用希尔伯特空间的传统数学语言来揭示，尤其是那些跨越时空、涉及多个系统相互作用的特征，例如隐形传态。为此，我们提出了一个新的问题：

描述量子理论最合适的语言是什么？

本书的目的就是回答这个问题。读者将会了解到很多重要的量子特征，这些新特征在量子计算、量子信息和量子技术中发挥着突出的作用，同时还会看到这些技术是如何伴随着基础量子理论的研究一并发展的。为了完成这些目标，我们将以一种新颖的纯图形方式来表达量子理论。除了要开发一套用于描述和推理量子过程的二维符号系统，还要需要一套以量子过程，最重要的是过程的组成为先的独特方法体系。

1.2.1　量子理论新角度：特征

自量子理论建立以来，许多杰出的思想家都对它的出现感到不安。20 世纪初期，大量精巧的数学理论工作试图指出量子理论中存在的错误，其中最早的是爱因斯坦、波多尔斯基和罗森（EPR）在 1935 年发表的那篇著名的 EPR 论文，该论文声称量子态是对物理实在性的一种"不完备描述"。简单地说，他们认为还缺少一些能让量子理论与我们日常认知相符的东西。然而，约翰·贝尔（John Bell）在 1964 年证明，以 EPR 的标准来获得"完备"量子理论的任何尝试最终都注定失败，因此在考虑量子理论时，我们的传统直觉难以胜任。贝尔证明，处在量子理论核心位置的是一种基本的、不可或缺的非局域性（见图 1.3 和图 1.4）。

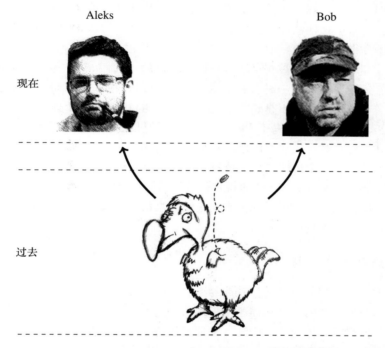

图 1.3　量子理论的非局域性意味着无法通过经典概率模型来解释量子特征。换句话说，在某些情况下（与上述情况不同），身在远处的观测者在做量子测量时可能会遇到常理无法解释的统计相关性

图 1.4　Alice 在询问 Dave 关于 Aleks 和 Bob 搭档的事

相对论帮助爱因斯坦以一种漂亮而优雅的方式描述大尺度宇宙；相比之下，量子理论却似乎要把纯净的东西变得复杂。这或多或少表达了大部分科学家对量子理论的看法。基本上有两种方法可以解决这个"量子奇异性"问题。一种方法是简单地忽略任何概念层面上的考

虑。这一直是粒子物理学界的主要态度，体现了"闭嘴，计算"的座右铭。另一方面，人们可能会对围绕量子理论的概念性问题感到痴迷，耗费大量的时间和生命（更别提理智了）来试图"修复"它们。

从 20 世纪 80 年代初开始，科学家的态度发生了重大转变，可以简单归结为这样一个问题：

难道量子理论中的所谓错误实际上是它的特征？

换句话说，人们开始意识到，接受量子理论并尝试弄清如何运用"量子奇异性"会让他们获益甚多。人们甚至希望这样做能让我们更加熟悉量子特性，习惯它的奇异之处，让原本有违直觉的结果开始变得合乎常理。

确实，量子非局域性曾被爱因斯坦视为多余的"远距离幽灵"（spooky action at a distance），却在突然之间变成一种关键资源。实际上，早在上面那句座右铭被懒于调试代码的码农们用作开脱借口（"不是错误，是特征！"）的几十年前，理查德·费曼（Richard Feynman）就已经指出，至少有一件事是量子系统所擅长的：模拟量子系统！事实证明，使用普通的经典计算机很难解决这类问题。在接下来的几十年里，科学家们发现量子系统可以用来做很多奇妙的事：安全传递消息、传送物理系统以及进行高效的大数分解。

对量子特征的关注催生出几个新的领域：量子计算，研究如何使用量子系统进行计算；量子信息理论，研究如何使用量子现象来收集和共享信息；量子技术，研究如何构造量子设备，利用量子效应来改善我们的生活。

1.2.2 数学新形式：图形

值得强调的是，发现新量子特征殊非易事，需要有能人异士参与其中。我们有一个大胆的主张：如果用一种恰当的语言来描述量子理论，这些特征便会自然而然地浮现。相反，如果用基于希尔伯特空间的传统数学语言，发现量子特征的过程会受到极大阻碍。为了弄清楚原因，我们要用到一些简单的比喻。

想象一下，你正在尝试通过查看视频的数字编码来知晓视频画面（见图 1.5）。显然，这是几乎不可能完成的任务。虽然数字数据（即包含 0 和 1 的字符串）是数字技术的原载体，又虽然"原则上"有可能读懂硬盘上所有视频的编码，但是手工解码二进制字符串还是留作他用吧！

与

图 1.5   那些能在计算机里找到的低级数字数据表达与高级数字数据表达的比较

当然，即使再熟练的计算机程序员也不会直接和二进制数据打交道。在现代计算机编程的发展过程中出现了汇编语言，它将发送到计算机处理器的各种指令翻译成（某种程度上）

人类可以读懂的语句。尽管这使得编写设备驱动程序的工作变得简单了一些，但要弄清楚全部汇编代码的功能仍然需要耗费大量精力。诸如汇编语言之类的低级语言在程序和所要表达的概念之间设置了人为障碍，从而限制了程序可解决问题的复杂度。所以时至今日，每个程序员在日常工作中几乎无一例外都会使用高级语言（见图 1.6）。

```
.LC0:
    .string "QUANTUM!"
    .text
    .globl   main
    .type    main, @function
main:
.LFB0:
    .cfi_startproc
    pushq   %rbp
    .cfi_def_cfa_offset 16
    .cfi_offset 6, -16
    movq    %rsp, %rbp
    .cfi_def_cfa_register 6
    subq    $16, %rsp
    movl    $0, -4(%rbp)
    jmp .L2
.L3:
    movl    $.LC0, %edi
    movl    $0, %eax
    call    printf
    addl    $1, -4(%rbp)
.L2:
    cmpl    $4, -4(%rbp)
    jle .L3
    leave
    .cfi_def_cfa 7, 8
    ret
    .cfi_endproc
```

与

```
5.times do
  print "QUANTUM!"
end
```

图 1.6　低级编程语言和高级编程语言的对比。左右两边的程序执行相同的任务，左边用 x86 汇编语言编写，右边用高级语言 Ruby 编写

同样，使用传统的（低级）量子理论语言（即"复数字符串"，而非"0/1 字符串"）来"检测新量子特征"绝非易事。这可以解释，为什么从量子理论形式诞生到六位研究人员共同发现量子隐形传态，中间要经历大约 60 年光景。相反，本书使用的图形语言是一种探索量子特征的高级语言（见图 1.7）。当我们投入量子图形语言的怀抱后就会发现，像量子隐形传态这样的量子特征全都近在眼前！

图 1.7　低级量子过程语言与高级量子过程语言的对比

尽管这超出了本书的范围，但值得一提的是，我们使用的图形语言在其他领域也已得到了应用，例如自然语言中的含义建模（见图 1.8）、形式逻辑的证明、控制理论以及线路建模。

图形在一些纯数学的研究领域（如扭结理论、表示论和代数拓扑）中的作用也变得越来越重要。图形的使用使得大量表示数学对象的冗余语法得以消除（见图 1.9），使我们可以专注于数学对象本身的重要特征。

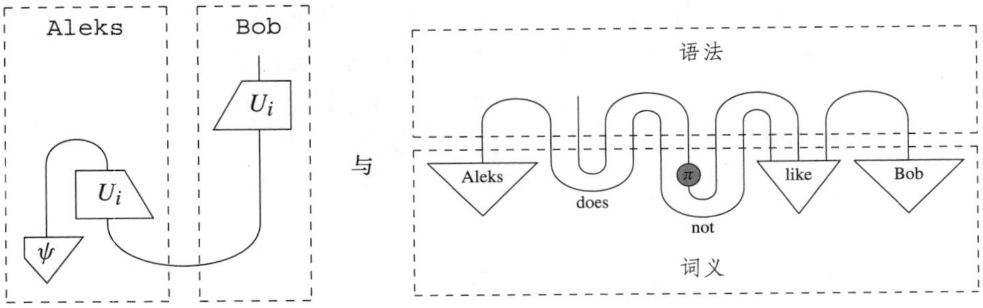

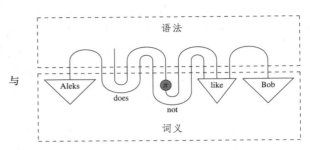

图 1.8　将量子过程的图形表示与自然语言中的"含义流"进行比较。尽管两种环境截然不同，但图形之间存在相似性，Aleks 和 Bob 都能很快适应。在表示自然语言的图形中，上半部分表示语法结构，下半部分表示单个单词的含义，连线揭示了这些单词的含义之间如何相互作用，最终生成句子的完整含义

$$(g_1 \otimes g_2) \circ (f_1 \otimes f_2) = (g_1 \circ f_1) \otimes (g_2 \circ f_2) \qquad \text{与} \qquad \boxed{\begin{array}{cc} g_1 & g_2 \\ \hline f_1 & f_2 \end{array}}$$

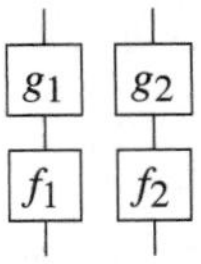

图 1.9　对应同一张图的两种语法描述。对左边的符号语言来说，两个语法上不同的表达式表达的是同一件事。另一方面，对右边的图形语言来说却只有一种表达形式。本示例将在 3.2.4 节中详述

　　有明确迹象表明，图形推理在科学研究中将变得越发重要，因此本书首次尝试将这种新语言全面带入像量子理论这种大课题中。通过阅读本书（或学习以本书为基础的课程），你就会像 20 世纪 60 年代飞入太空的猴子一样，成为这片全新领域的"尝鲜者"（又称"试验对象"）。

1.2.3　物理学新基础：过程理论

　　将图形语言作为描述量子理论（或其他任何物理理论）的正式支柱，人们对物理理论的看法也会发生改变。

　　首先，传统物理理论聚焦于"系统状态"的概念，而在图形理论中，将任意过程与状态同等对待是很自然的事。状态被视为一种特殊过程，即"制备"过程。换句话说，注意力从"是什么"转移到"发生了什么"，这显然更加有意思。这与计算机科学的关注点相吻合，在计算机科学中，大部分时间和精力都用于推理过程（即程序），而状态（即数据）的存在仅仅是为了程序使用和通信。人们也清楚地意识到，不仅应该关注独立程序，还应该关注交互程序的组合，以了解现今越来越流行的复杂分布式计算机系统。

　　另一个例子来自生物学，其中，研究相互作用对理解一个系统至关重要。虽然（原理上）可以从遗传密码推断出动物的外表，但并不能解释动物**为什么**会有这样的外表。另一方面，如果我们观察动物在哪里生活或是如何吸引伴侣，问题的答案就立马变得清晰起来。类似地，我们的方法不把重点放在孤立系统，而是着眼于许多系统和过程的整体结构以及它们是如何组合而成的。我们把这种包含了全部"合法过程"及其相互作用的结构称为过程理论（process theory）。

　　薛定谔很早就意识到，量子理论中最引人注目的非经典特征来并非来自孤立系统，而是来自多个系统的共同作用。量子系统不是独立个体的简单集合，独立个体之间存在着复杂关系，而正是这些复杂关系带来了让人惊讶的新知：

　　两个具有已知状态的系统，在某种已知作用力驱动下相互作用，经历一段时间相互影响

后重新分开。到那时，我们不能再像过去那样以独立的方式分别描述它们。我更愿意把量子力学的这种（而非这一）特性当成是迫使我们背离经典思维的根本。

薛定谔说的是，只有在研究两个系统的相互作用时量子力学的最重要特征才会显现出来。那么大家可能会认为，教授量子理论的课程会从第一页开始就强调组合的重要性。但奇怪的是，翻开任何一本量子理论的教科书都不会找到类似的写法。这种情况一直持续到20世纪90年代后期（很大程度上是由我们在1.2.1节中讨论的新发现所推动的），这个写法才重新回归主流。

过程理论的概念确实将组合性放在了首位，并且提出了一种自然的过程推理方法。人们应该更注重寻找支配相互作用的高级法则，而不是如何从数学上定义过程。这些法则共同构成了过程理论的交互逻辑（logic of interaction）。冯·诺依曼还认为，应该从逻辑原理的角度来理解量子理论。在出版了 *Mathematische Grundlagen* 的三年后，冯·诺依曼写道：

12

> 坦白地说：我已经不再完全相信希尔伯特空间那一套了。[原文]

他又说，与物理相关的不是量子理论的希尔伯特空间结构，而是那些与"逻辑命题"类似的可以通过量子测量检验的性质。但是，这种称为量子逻辑的新型逻辑最终未能取代希尔伯特空间成为量子理论的概念基础。最大的障碍在于它完全专注于孤立系统，而无法提供任何关于组合系统的概念。更重要的是，从希尔伯特空间过渡到量子逻辑使得构建和发现量子理论的新事实和新特征变得**更加**困难，往往要极具才智的人才有能力描述最基本的事实。

相比之下，基于过程理论的新型交互逻辑已迅速发展为一种实用工具，可用于对量子系统及其他系统进行高级推理，其原因不只是用了直观的图形语言。它还为图形辅助证明（一种称为 Quantomatic 的（半）自动证明构造交互软件（见图1.10））奠定了基础。

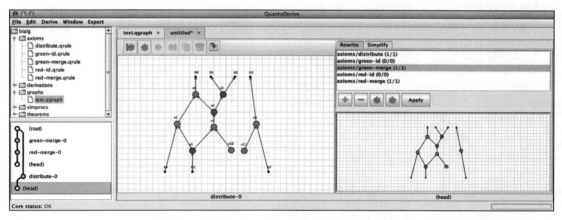

图 1.10　Quantomatic：一种图形证明辅助工具

对这样一种完全基于图形进行量子理论推导、把重心放在过程及其交互逻辑上的新方法，我们该如何命名？因为"量子逻辑"一词已经被人抢注了，我们的新命名不得不更具描述性……

1.2.4　新规范：量子图形化

在1.2.1节我们提到过，人们曾因对量子理论感到不满，而未能正确认识量子理论的真实特征，更谈不上如何充分地加以利用了。后来，通过提出正确的"积极"问题，很多新特征得以发现。我们继续提出，在某种恰当的数学语言中，量子理论的特征应该变得显而易见。再进一步，人们会想，这种数学语言可能不只是一种更为便捷的工具，甚至还可能反映了真实世界的本质！

13   理论物理学的"圣杯"是构建量子引力理论。为了发展出一套自洽的量子引力理论，可能需要放宽一些量子理论的核心假设。标准的希尔伯特空间表示法过于笼统，有必要寻求一种能快速提取重要特征的新方法。为此，找到与真实世界最相符的表达方式至关重要。

直到最近，大部分（如果还不是全部）尝试都遭受了我们前面所提及的困扰。也就是说，它们都以量子理论中的**否定命题**为出发点：

- C^* 代数："量子可观测量"的非互易性
- 量子逻辑："量子命题"的非分配性
- 量子测量理论："量子测量"的非可加性

（抱歉用了这么多术语。）这些专业术语的确切含义并不重要，重要的是它们强调的全都是量子理论里没有的东西。知道了又能怎样？鱼**不是**渡渡鸟，所以呢？螺丝刀也不是渡渡鸟呀。

比起强调那些量子理论不能满足的特性，更应该寻找那些量子理论独有的新特性。我们认为，量子理论最有趣的特征就是图形特征，从而有了本书的第一个"定义"。

定义 1.1   量子图形化是指用图形来捕捉和推理相互作用的量子过程的全部基本特征，这些图形方程式将成为量子理论的基础。

现在，让我们来看看量子图形化所起的作用。考虑以下命题："一般来说，两个量子系统的联合状态无法分离为子系统 A 和 B 的独立状态"。反过来，我们可以通过两个系统之间存在的最大纠缠态来"见证"不可分离性，并用一个简单（但非常有用）的图形方程式来描述（见图 1.11）。

本书探讨的第二个"肯定"特征是互补测量。在这里，相应的"否定"陈述是绝大部分

14   的量子测量不相容（即无法同时进行）。实际上，上述非互易性和非分配性条件都旨在刻画量子测量的不相容性。相比之下，图 1.11 中第二个方程所表达的最大不相容性刻画了一种在实验中可以真实观察到的量子行为。这种量子行为非常有用，例如可以用来设计量子安全协议。

图 1.11   用图形表示的两个量子特征："最大纠缠态"和"互补测量"。第 4 章和第 9 章分别有专门介绍

现在我们可以问，这些特征是否足以完全表征量子理论。我们是否可以提出一种量子理论的新形式，使得那些刻画物理本质特征的公理可以通过优雅的图形属性来定义？故事还没讲完，但答案似乎是肯定的。我们希望通过本书，能让你像我们一样享受发现这一事实的乐趣。

1.3   历史回顾与参考文献

在几乎每一章的末尾（包括本章），我们都将简要介绍其主要内容的发展历史。本节将涵盖很多内容，并且在此处讨论涉及的许多内容，在后续章节的末尾还会得到进一步讨论。

首先，先来谈谈渡渡鸟。渡渡鸟在 1680 年灭绝。世界上唯一保存完好的渡渡鸟遗骸安

放在牛津大学自然历史博物馆。因此，渡渡鸟 Dave 的出现既是向"牛津渡渡鸟"的致敬，也是对另一只著名的渡渡鸟的致敬，这只渡渡鸟曾出现在一位牛津当地的逻辑学家所著的 *Alice in Wonderland*（Carroll，1942）中。不幸的是，我们的英雄被埋葬在距离第一次量子算法实验演示发生地（Jones et al.，1998）和撰写本书的办公室均不到 100 米的地方。

实际的量子系统，而不是假想的量子渡渡鸟，是由 Max Planck (1900) 首次确定的，他由此开始了大约 30 年的构建量子理论规范的工作，最终形成了基于希尔伯特空间和线性映射（von Neumann，1932）的冯·诺依曼量子理论公式。从那以后，几乎所有关于量子理论的标准教科书都与原版非常相似，当然，除了本书！

与爱因斯坦对量子理论的不满最相关的论文是 EPR 论文（Einstein et al.，1935）。爱因斯坦本人从未同意 EPR 论文的确切措辞，而是重新发表了一篇单独撰写的论文（Einstein，1936）。正如我们前面提到的，EPR 论文通过强调量子理论与"局域实在论"假设之间的冲突，现在被认为是第一篇指向量子非局域性方向的论文。John Bell（1964）通过证明有关局域实在模型的一般性定理加强了这一主张，并表明如果量子理论是正确的，那么它必定违反局域实在论。局域实在论的现代概念是，在不同位置观察到的事件之间的概率相关性可以用因果的经典概率模型来解释（Pearl，2000）。即使在今天，寻求贝尔定理的改进和推广仍然是一个热门的研究领域（Wood and Spekkens，2012）。

重要的是，Bell 的版本可以通过实验直接验证，并且从 Aspect et al.（1981，1982）开始，对局域实在论的违背已经被多次实验验证了。因此，通过实验可以确定，世界确实是"非局域"的，这完全符合量子理论的预测。值得一提的是，对于最初的实验存在一些反对意见，在那个非局域性的特殊证明中以"漏洞"的形式出现。所有这些同时已被其他实验关闭了（Weihs et al.，1998；Rowe et al.，2001；Hensen et al.，2015）。最重要的是，已经做过的各种各样的实验证实了某种形式或另一种量子理论的非局域性，至少可以说这是相当令人信服的。（Rauch et al.，1975；Zeilinger，1999；Pan et al.，2000；Groblacher et al.，2007）。

EPR 论文引发的另一个方面是对量子理论解释的探索。鉴于 EPR 声称量子理论是不完整的，其中的一类解释都是关于完备量子理论的，尽管由于贝尔定理，任何这样的尝试都必然是非局域的。其中最著名的就是 David Bohm（1952a，b）提出的隐含变量解释。好莱坞钟爱的另一种解释是由 Hugh Everett Ⅲ（1957）提出的多世界解释。量子理论官方默认的解释是由尼尔斯·玻尔和维尔纳·海森堡提出的哥本哈根解释，在许多人看来，这不是一种解释，因为乍一看它仅提供了一种计算概率的方法。关于量子理论解释的详细内容和拓展可以在 Bub（1999）的文献中找到。

沉默计算的口号通常与理查德·费曼（Richard Feynman）有关，他在很多方面都体现了这种工作方式，但实际上这是 David Mermin（May 2004）创造的，他并**没有**绕过在量子理论中的基本问题。他使用的术语并不是粒子物理学中的常规术语，而是针对哥本哈根的解释发表自己的看法（Mermin，April 1989）。

在谈到费曼时，值得一提的是，他第一个意识到量子系统确实擅长某些东西——模拟自己（Feynman，1982）。因此，他的量子模拟器概念包含了量子计算思想最初的种子。几年后，随着量子密钥分发的出现，人们开始发现在信息处理中量子特性的较少自我参照的应用（Bennett and Brassard，1984）。一年后，David Deutsch（1985）在牛津大学提出了一种通用量子计算机的公式，这是图灵通用计算机的量子模拟（Turing，1937）。这导致了量子算法的发现，该算法大大优于任何经典算法（Deutsch and Jozsa，1992；Shor，1994；Grover，

15

1996；Simon，1997）。Schumacher（1995）创造了"量子比特"一词。

Bennett et al.（1993）提出了量子隐形传态，它的第一个实验的实现是由 Bouwmeester et al.（1997）完成的。一位作者在圆周理论物理研究所的一次研讨会上提出了为什么发现量子隐形传态需要 60 年的问题，量子隐形传态的共同发明人，量子信息的先驱 Gilles Brassard 立即回答了这个问题，他当时刚好在观众席上。他说，以前没有人考虑过量子理论的信息处理特征，因此根本就没有想过要问这个问题。Coecke（2005）对此进行了报道。

本书中使用的图是 Roger Penrose（1971）使用的图的扩展，他介绍了它们作为普通张量表示法的替代方法（见 3.6.1 节）。但是，许多类似的图形语言是在此之前发明的，或在以后重新改进的。

在编程语言理论中，流程图是程序和算法的第一个抽象表示形式。这些流程图是在 Gilbreth and Gilbreth（1922）中以"流程图"的名称引入的，也广泛用于许多其他学科。在量子信息中，图形表示法的使用始于量子线路，这是从由布尔逻辑门组成的线路中借用的一种表示法，并适当地添加了许多新的量子门（Nielsen and Chuang，2010）。

Coecke（2003，2014a）以及 Kauffman（2005）首次引入了一种专门针对导致量子奇异性过程的图形表示法。Abramsky and Coecke（2004）以及 Baez（2006）等为这些图提供了公理基础，为整个量子理论的图形方法铺平了道路。本书中概述的故事的主要支柱是：混合态的图形表示和完备正映射（Selinger，2007）；表示为"蜘蛛"的经典数据的图形（Coecke and Pavlovic，2007; Coecke et al.，2010a）；同样是针对蜘蛛的相位、互补性和强互补性引入的图形表示（Coecke and Duncan，2008，2011）；Chiribella et al.（2010）引入的因果假定。"量子图形化"是 Coecke（2009）创造的。

在量子计算及相关领域中，以图形方式探讨的重要主题是：量子线路（Coecke and Duncan，2008）；（拓扑）基于测量的量子计算（Coecke and Duncan，2008；Duncan and Perdrix，2010；Horsman，2011）；量子纠错（Duncan and Lucas，2013）；量子密钥交换（Coecke and Perdrix，2010；Coecke et al.，2011a）；非局域性（Coecke et al.，2011b，2012）；量子算法（Vicary，2013；Zeng and Vicary，2014）。

从图形法中出现的关于量子理论的结构定理包括许多完备性定理（Selinger，2011a；Duncan and Perdrix，2013；Backens，2014a；Kissinger，2014b）和一些代表性定理（Kissinger，2012a；Coecke et al.，2013c）。

对于我们在这里考虑的图形方法也可以在其他学科得到应用，例如 Coecke et al.（2010c）和 Sadrzadeh et al.（2013）将图形方法用于自然语言，Mellies（2012）将图形方法用于计算机科学逻辑，Pavlovic（2013）将图形方法用于可计算性，Hinze and Marsden（2016）将图形方法用于编程，Baez and Fong（2015）将图形方法用于线路，Bonchi et al.（2014a）和 Baez and Erbele（n.d.）将图形方法用于控制理论，Hedges et al.（2016）将图形方法用于经济博弈论，Baez and Lauda（2011 年）将图形方法用于史前研究 Baez and Stay（2011）将图形方法用于 Rosetta Stone，而 Coecke（2013）将图形方法用于替代福音。

Redei（1996）讨论了冯·诺依曼对希尔伯特空间的不满，在本书 1.2.3 节中的第二段引用内容中出现过。很大程度上受到量子逻辑的启发（Birkhoff and von Neumann，1936）而尝试对量子理论进行修正 / 推广 / 证明，这些是由 Mackey（1963）、Jauch（1968）、Fouulis and Randall（1972）、Piron（1976）和 Ludwig（1985）开创的。Coecke et al.（2000）提供了对这些方法的调研情况。Stubbe and van Steirteghem（2007）提供了一个晶格特性如何产生希尔伯特空间的教程。Wilce（2000）对 Foulis 和 Randall 的"测试空间"规范（或"手册"规范）进行了调研。Ludwig 的方法最近以"广义概率论"的名称再度引发广泛关注（Barrett，2007）。此外，一些研究人员还试图将早期的公理学方法与图形或组成结构结合起来（Harding，2009；Heunen and Jacobs，2010；Jacobs，2010；Vicary，2011；Abramsky and Heunen，2012；Coecke et al.，2013a,b;Tull，2016）。

在 Whitehead（1957）（见第 6 章开始时的引文）和 Bohr（1961）的著作中，已经赋予过程在量子理论中的特权角色，这在 Bohm（1986）的著作中变得更为突出。过程本体论的历史可以追溯到前苏格拉底时代，尤其是在公元前六世纪以弗所的赫拉克利特时（见第 2 章开头的引文）。在 Chiribella et al.（2010）、Coecke et al.（2011）和 Hardy（2011，2013b）的工作中，图形被用作绘制物理理论的画布，因此在过程和构成中起到了特殊的作用。

1.2.3 节中关于构成在量子理论中的重要性的第二段引用出自 Schrödinger（1935）的著作。第一个正确的"交互逻辑"是 Jean-Yves Girard（1989）产生的交互几何，它被重新塑造成一种更类似于本书中 Abramsky and Jagadeesan(1994) 使用的语言的形式，甚至在 Duncan（2006）的著作中也是如此。Coecke（2016）认为，量子图形化可以看作是一种相互作用的逻辑，其基础是逻辑的根源是语言，以及逻辑的使用是人为推理。在 Kissinger and Zamdzhiev（2015）的著作中介绍了图形证明助手软件 Quantomatic，在撰写本文时，它仍处于开发阶段。该软件可从项目网站 quantomatic.github.io 上下载。

18

阅读指南

世间万物皆有变，独有变化唯其恒。

——*Heraclitus*，*Ephesus*，公元前 535—公元前 475

2.1 你是谁，你想要什么

虽然已经有大量关于量子理论及其特性的教科书，但是本书因为它基于量子图形化而显得尤为独特。

阅读本书所需的基础知识：阅读本书几乎不需要什么基础知识，不需要读者具有物理学或计算机科学背景，或者具有深厚的数学背景。原则上，一些基本的中学数学知识就足够了。

例如，线性代数（当然还有量子理论）是以图形的方式从零开始的。但是，这并不意味着本书的前半部分对于专业人士而言将是无聊的阅读，因为这些从头开始的介绍与以往的那些知识完全不同。

本书的目标受众：鉴于其低门槛以及独特的形式和内容，本书应吸引各种学科从学生到专家的广大读者（包括物理学家、计算机科学家、数学家、逻辑学家、科学哲学家等），以及其他领域对此具有多学科兴趣的研究人员（例如生物学家、工程师、认知科学家和教育科学家）。

本书的一个特定目标受众是量子计算和量子信息领域的学生和研究人员，因为我们将把量子图形化的工具直接应用于这些领域。一位从事量子计算的研究人员可能会发现一套新的工具，用来解决那些传统方法未能解决的开放式问题，而一个学生则可以找到一些能以更易掌握的方式解释的某些课题。

另一个目标受众包括对物理学或哲学的基础感兴趣的学生和专业人士，他们可以在本书中读到有关面向过程的物理学方法，该方法将系统的组成视为头等大事，而不是派生的概念。特别的是，这是第一本使用图形语言来阐述过程理论思想的书，并提出将这种过程理论作为量子理论的新基础，在其中可以表达所有标准的量子理论概念。

另外还有一个目标受众是逻辑学家和计算机科学家，他们可能想学习将图形作为一种新的逻辑范式，这种图形强调"组成"而不是"命题"。对他们而言，学习量子理论可能只是为了发展其理论而学习这一新范式的额外奖励。

但是由于本书涵盖了有关量子计算和量子基础的标准教科书的基本内容，因此它也可以用作这些领域的第一本入门书。即使我们的符号与其他教科书中使用的符号不同，我们也涵盖了量子计算第一门课程的核心内容，并不断努力将引入的概念和符号与文献中更常用的概念和符号相关联。

同样，本书可用作图形推理的第一本入门书，几乎也是第一本做到这一点的教科书。

2.2 菜单

尽管我们还不能提供渡渡鸟肉排，但随着科学的最新发展，鸽子很快就会生出新的

Dave 和 Davette。

2.2.1 图形在本书中的演变

在本书中，两个故事或多或少地并行演变：

- 图形语言的发展。
- 将量子理论表示为过程理论。

量子图形化的确是关于两者如何紧密交织的全部。我们从非常通用的图形语言开始，逐渐添加功能以提高其表达能力。因此，我们从一种通用的语言开始，该语言足以描述许多不同种类的过程，并逐渐深入到量子过程中。在此过程中，当语言足够丰富到可以讨论量子特征时，我们就会介绍量子特征。因此，我们将在诸如量子比特之类的更具体概念之前遇到诸如量子隐形传态之类的特性。在了解量子理论全貌的过程中，图形的表达能力总共会有五次重大跃变。

1）在第 3 章中我们将首先介绍一种非常基本的图形语言，该语言仅由框（box）和（连）线（wire）组成。这为我们提供了一种自然的方式来表达任何过程理论中过程的组成： 20

2）第 4 章中定义的字符串图，列出了一种特殊的过程理论，这些理论可以将线做成杯形和盖形，并且每个框都可以水平和垂直翻转：

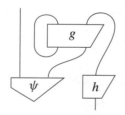

它们已经展露出了一些类似量子的特征，例如不可分离性、幺正性和量子不可克隆性。在 1.2 节开始时跟随我们讨论了为什么要花 60 年才能发现隐形传态之后，你会发现字符串图的语言清楚地表明了诸如量子隐形传态的可能性。

3）接下来，我们在图形中允许使用"细线"和"粗线"两种框和线，这使我们能够区分量子系统和经典系统。第 6 章中定义的粗线框和粗线是通过将对应的细线框和细线加倍而产生的：

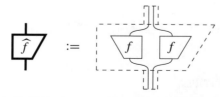

这种加倍保证了该理论产生的数字为正，因此可以将其解释为概率。它还允许我们定义丢弃：

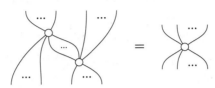

这是一个特殊的过程，在我们介绍量子理论和因果性假设中起着至关重要的作用，这使得相对论得到严格遵守。

4）第 8 章中定义的蜘蛛是线的独特泛化形式。线只有一个输入和一个输出，而蜘蛛则可以表示任意数量的输入 / 输出之间的连接。它们受"蜘蛛融合"规则的约束，该规则规定，当连接两个蜘蛛时，它们会融合在一起成为一个蜘蛛。

此外，蜘蛛还可用于捕捉经典数据的独特行为，因为它可以被复制和删除。它们还使我们能够通过测量和编码操作，在我们的图中直接表示经典系统和量子系统的相互作用：

5）在第 9 章中我们允许蜘蛛多样化。这最后一跃，使得我们可以用不同的颜色和层次来装饰蜘蛛：

这些额外的数据（材料）使我们能够以纯粹的图形方式（无须调用例如矩阵）定义所需的所有过程，并给出极其重要的量子特征（如互补性）的优美表达：

现在，图形语言已变得足够丰富，可以明确地写下从 m 个量子比特到 n 个量子比特的任何过程，也就是说，它对于量子比特变得通用。处理这些图的规则称为 **ZX- 演算**。实际上，这种运算不仅是通用的，而且对于量子比特量子理论也是完备的。这意味着所有可以使用矩阵导出的方程式也可以通过图形导出。

当我们有了完整的图形语言时，我们在第 10 章中给出简洁明了的量子理论图。以下是一个关于它看起来像什么的扼要介绍……

2.2.2　好莱坞大片风格的预告片

最酷同时也是最难被理解的量子特性无疑是量子非局域性。在本书将近结尾处，我们会提供有关非局域性存在的详细说明（和证明）。在这里，我们将向读者简要介绍将要揭示的奥秘。

虽然标准教科书中关于非局域性的内容涉及语言和公式的混合，但对我们而言，它可以简单地归结为两种图形运算，一种是关于量子理论的，另一种是关于局域性理论的，而这两种运算将会产生矛盾的结果：

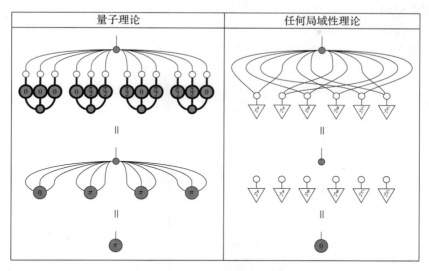

我们将了解到，左侧的图模拟了在 GHZ 态下执行的四个测量，然后计算测量结果的奇偶性。换句话说，我们的理论会告诉我们期望来自测量设备的计数（或哔声、闪烁等）是偶数还是奇数。根据量子理论，我们将看到左图中退化到 π 表示最终奇偶校验将是奇数。而在局域性理论中，既然相隔遥远的事件的所有相关性都可以追溯到某些共同来源，那么一些预先存在的相关性会确定测量的结果。从右图中最后退化到 0 的推导可以发现，**任何**局域性理论都将预测一个偶数的计数值，因此量子理论与局域性理论之间存在矛盾。

这个例子摘自第 11 章，其中我们还提出了一种玩具理论，该理论与量子比特量子理论非常相似，但在非局域性上却不适用。还有另外两个主题章：第 12 章讨论了诸如量子计算的线路模型和量子算法的基准主题，以及诸如基于测量的量子计算之类的不太基础（但越来越重要）的主题；第 6 章提供了一个研究量子理论中资源的通用框架，其中量子纠缠是一个特别重要的例子。我们还展示了如何将性质上明显属于不同类型的量子纠缠视为行为迥异的蜘蛛。

23

2.2.3　中间的某些符号污染

我们还没有提到第 5 章。本章对量子图形化的发展没有贡献，但与通常的量子理论形式建立了联系。解决的主要问题如下：给出一个字符串图表示的过程理论，线和框分别在何时代表希尔伯特空间和线性映射？为了回答这个问题，我们在字符串图中附加了一些符号，从而产生了这种人们会遇到的混合的图形－符号形式的计算：

$$\left(\boxed{f}\right) = \left(\sum_i \frac{i}{\frac{i}{f}}\right) = \sum_i \frac{\frac{i}{f}}{i}$$

这种混合的形式本身是很有用的，并且广泛用于诸如扭结理论之类的数学领域。更重要的是，它向不知道它的人介绍了通常的形式，而对于熟悉它的人来说，它可以使图形如何与它相关变得清晰。最后，也许是最重要的一点，它使我们能够指出字符串图可以精确地计算出什么。

这使我们能够做的事情（在标准的教科书无法找到的）是从线性映射平滑过渡到量子过程，并最终过渡到以纯图形方式建模量子不确定性和经典量子相互作用的过程。

在这一路上，我们将和但丁在神曲中经历的一样，从线性代数的地狱开始：

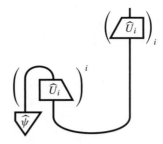

24　通过炼狱：

最终抵达一个纯图形的天堂：

2.2.4　本章小结、历史回顾与参考文献、题词

每章（除了本身就是一个摘要的第 10 章）都包含一个简短的标题为"本章小结"的节，其中列出了我们要从中获取的必要知识。

其他各章的末尾还有一小段名为"历史回顾和参考文献"的节，我们在其中概述了该章所涵盖知识的历史发展，列出了一些关键参考文献，并推荐了一些进一步阅读的资料。

每章开头出现的题词都与该章的内容有关。对于某些内容，从正文中就能立刻获知。其他相关性的判定将作为练习留给读者。

2.2.5　加星号的标题和进阶阅读材料章节

任何带有星号（*）作为上标的章节、定理、备注、示例或练习，例如"备注 *x.y.z"应视为选修部分。通常这些部分需要一些只有一小部分读者会了解或感兴趣的知识，因此它们仅适用于部分特别的读者。例如加注星号的备注可能需要了解线性代数、量子理论或程序设计中的一些高深概念。值得注意的是，有些章有一个名为"进阶阅读材料"的节，其中包含一些特别的高年级学生或专业人士可能会感兴趣的材料。尤其是那些包括阐明图和幺半范畴之间联系的部分。另外还有一些对当前进行中的量子图形化研究的关注以及它与纯数学的最新发展之间的关系和与自然语言语义的令人惊讶的联系。

2.3　常见问题

多年来，我们注意到人们一直在问一些问题。我们也特别期待有关本书的一些新问题。我们将在这里尝试解决这两类问题。

问题1：为什么需要 X 页才能到达某些基本内容（例如 Y）？

答：这有几个原因。

- 正如书名所示，这不仅是量子理论的第一门课程，也是图形推理的第一门课程。因此我们总是需要到有足够丰富的语言来谈论这些特性时才对它们进行介绍，而这并非总是会按照你期望的顺序发生。

- 我们不需要任何初步的知识准备，而是根据基本的原理进行尽可能多的构建，从而使潜在读者的范围变得非常广泛。但这意味着要引入许多东西，例如线性代数这些对许多读者而言比较陈旧的知识。但是我们以截然不同的图形方式发展了这些基本概念，我们认为每一章都会有适合每个人的一些内容。

- 当然图形会占用了大量的页面。对于此，我们只能对树说抱歉。

问题2：实质的内容在哪里（比如数字）？

答：传统上认为，物理理论的预测内容在于其产生数字（例如概率）的能力。许多人发现很难用看起来是一个离散的、逻辑的对象的图形来实现这个想法。但是在 3.4.1 节中我们将看到数字会自然而然地作为特殊类型的图出现。话虽如此，我们将在本书中重点介绍的最有趣的特征都是定性的，而不是定量的。正如好莱坞式预告片中所预告的那样，我们将持续使用图形来展示量子理论如何展现那些在经典物理学中根本不可能实现的行为。

问题3：关于无限维希尔伯特空间呢？

答：我们从量子计算和量子信息处理中学到的教训是，我们仅通过有限维度（通常只有二维！）就可接触到量子理论的许多新的革命性特征。实际上，长期以来人们一直认为"真正的物理学"只会发生在无限维领域里，并且会伴随着所有与之相关的困难，这可能导致人们对过去几十年才发现的新的量子特征视而不见。当然，我们并没有因此就主张可以忽略无限维度，但是它确实给量子图形化制造了一系列特殊的困难。最值得注意的是，本书中最主要的图形主力（杯子，盖子和蜘蛛）根本就不会作为无限维希尔伯特空间之间的有界算子存在。鉴于此，多年来我们认为人们必须在无限维度的力量（和复杂性）与利用杯子、盖子和蜘蛛的图形推理的优雅性之间做出选择。但是，本书中某些似乎依赖于盖子、杯子的结构可以用另一种完全避开它们的方式构建（Coecke and Heunen, 2011），Gogioso and Genovese（2016）的最新结果表明，我们可能使用盖子并让它消失！也就是说，他们使用非标准分析的技术表明，虽然杯子、盖子和蜘蛛实际上并不能真正**存在**于无限维度中，但只要它们没有出现在最终的答案中，使用它们来进行推理仍然是合理的。

尽管这种在无限维度系统中使用的新方法仍处于起步阶段，但它显示了真正无限维量子图形化的到来。

问题4：关于薛定谔方程呢？

答：你会注意到，我们谨慎地使用"量子理论"一词，而不是"量子力学"，量子理论指的是量子力学的核心，它忽略了诸如位置、动量和连续时间演化之类的事物。为了达到我们的目的，仅考虑系统在某个时间 t_1 和某个时间 t_2 之间的总体变化就足够了，而无须详细说明这些时间之间确切发生的事情。与有限维的情况一样，在量子信息 / 计算方面的巨大进步表明，即使我们的工作只到此程度，我们也可以使用该理论的许多引人入胜的特征。话虽如此，Gogioso（2015b, c）最近进行了一些激动人心的新研究来适应量子图形化中的动力学，而我们在本书中讨论的许多特性（例如强互补性）似乎都起着重要作用。

问题 5：量子图形化是否产生过新的东西？

答：提出这个问题的人通常是指：量子图形化是否帮助解决了一些其他现有方法无法解决的那些早已存在的问题？ 答案是肯定的，例如，Duncan and Perdrix (2010)、Coecke et al. (2011b)、Horsman (2011) 和 Boixo and Heunen (2012) 给出的一些例子。然而在科学中，能提出新的有趣的问题有时候比回答老问题更重要。据我们所知，像微积分的完备性这样的问题是从未在物理学上问过的问题，量子图形化在该领域也产生了一系列成果（Backens, 2014a,b; Schröder de Witt and Zamdzhiev, 2014; Hadzihasanovic, 2015）。如果坚持传统的希尔伯特空间形式，很难会看到有什么答案。另一个新问题是，我们是否可以使有关物理学的推理自动化，因此产生了第 14 章中讨论的 Quantomatic 软件（Kissinger and Zamdzhiev, 2015）。最后，在其他领域也存在共性结构和使用量子图形化的方法，例如在开发自然语言语义的成分分布模型时（Clark et al., 2014; Coecke, 2016），当将其应用于经验数据时，其表现实际上已经超过了其他现有方法（Grefenstette and Sadrzadeh, 2011; Kartsaklis and Sadrzadeh, 2013）。

27

图形化过程

我们从未真正将思考视为一个过程。我们参与了思考，但是只关注了内容，而不是过程。

——David Bohm 和 David Peat，1987

在本章中，我们对基本图形推理进行实际介绍，即如何执行计算并使用图形解决问题。我们还演示为什么图形在许多方面都比传统的数学符号更好。图形语言的开发和研究是一个非常活跃的研究领域，但图形推理在直观上非常明晰的特性实际上花费了多年才得以实现。幸运的是，完成本书中图形形式化所需的艰苦工作已经完成！因此，剩下要做的就是体会一种精美的图形语言所带来的好处。

一路上，我们将遇到 Dirac 符号。以前研究过量子力学或量子信息论的读者可能已经看到了在线性映射范畴里使用的 Dirac 符号。我们在这里将解释它如何以二维图形语言的一维片段形式出现。因此，不熟悉 Dirac 符号的读者将在本书中以图形表示法的特例来学习它。

我们还介绍过程理论的概念，过程理论通过一系列特定系统（物理的、计算的、数学的、可食用的，等等）的集合以及这些系统可能经历的过程（被加热、分类、乘以 2、烹调等）来提供一种解释图形的方法。

正如我们在第 1 章中指出的那样，以过程理论为起点意味着在许多学科中与标准惯例的重大分野。与其强迫自己在思考这些系统如何组成和交互之前完全理解单个的系统，我们不如主要从它们与其他系统的交互来理解它们。与其试图通过解剖渡渡鸟来了解它（在这一点上，它看上去会像其他胖鸟一样），我们不如让它可以四处活动，然后看看它会做些什么。

最终，以上这些在本质上与范畴学的目标非常接近，我们将在本章末尾的进阶阅读材料中简要讨论这些理论。

28

3.1 从过程到图形

让我们看一下图形语言如何为我们提供一种通用的方式来谈论过程及其组成，并展示这些图形能提供与传统数学公式同样严谨的数学符号。

3.1.1 过程用框表示，系统用线表示

我们将使用过程一词来指代具有零个或多个输入以及零个或多个输出的任何事物。例如函数

$$f(x,y) = x^2 + y \tag{3.1}$$

是一个将两个实数作为输入并产生一个实数作为输出的过程。我们将这种过程表示为一个框，其中一些线在底部表示输入系统，而一些线在顶部表示输出系统。例如，我们可以这样表示函数（3.1）：

$$（3.2）$$

线上的标签称为系统类型或简称为类型。

类似地，计算机程序是将一些数据（例如，来自存储器的数据）作为输入并产生一些新的数据作为输出的过程。例如，对列表进行排序的程序可能如下所示：

下面这些也是非常好的过程的例子：

很显然，我们周围的世界充满了各种各样的过程！

需要注意的是，有时一个框实际上是用一个随时间变化的过程来标记的（例如"做早餐的过程"），而有时我们用一个设备来标记一个框（例如"双筒望远镜"或"婴儿"），这通常意味着"使用此设备将输入系统转换为输出系统的过程"。

29

在某些情况下，图形中的线甚至可能对应于实际的物理线，例如：

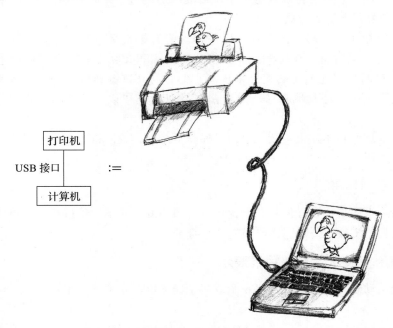

当然也不一定总是这样，线也可以代表如实验室设备上的"对准孔"或用船运输某样东西。重要的是，线表示从一个过程到另一个过程的数据流（或更一般的"东西"）。

正如我们已经看到的，我们可以将简单的过程组合在一起以制作更复杂的过程，这些过程通过图形来描述：

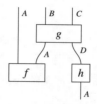

在这样的图形中，只有当输出和输入的类型匹配时，输出才可以连接输入。例如，以下两个过程：

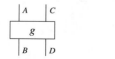 和

可以以某些方式连接，但不能以另外的一些方式连接，具体情况取决于它们的线的类型：

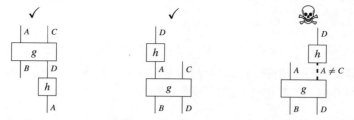

这种可允许连线的限定是图形语言的重要组成部分，因为它告诉我们何时可以将过程应用于特定系统并避免出现以下情况：

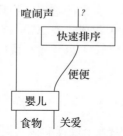

上面这个过程可能对你的计算机不是很友好！就像计算机科学中的数据类型一样，线上的类型告诉我们这个过程期望什么样的数据（或东西）作为输入，以及期望产生什么样的输出。例如，一个计算器程序期望数字作为输入，并产生数字作为输出。因此，它无法理解"Dave"作为输入，也不会产生如"胡萝卜"这样的输出。

另一个有帮助的例子是电器。假设我们把过程当成一个以插头作为输入（即电力是"输入"），以插口作为输出的设备：

那么系统类型就是插头的形状（英标、欧标等）。我们显然不能将插头连接到形状错误的插口，因此线上的类型信息可以准确地为我们提供确定正确连线所需的信息。一种可能的接线方式如下所示：

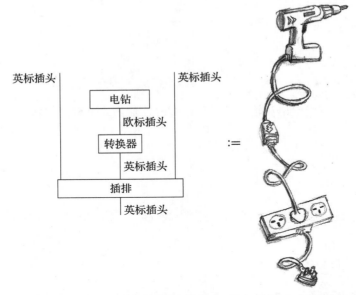

尽管这只是一个简单例子，但让图形中绘制的框指向现实世界中实际存在的设备（例如，实验室）通常是非常有用的。我们称这些图形是可操作的。

3.1.2 过程理论

人们通常不会对所有可能的过程都感兴趣，而只会对某一类相关的过程感兴趣。例如，特定学科的从业人员通常只会研究特定类别的过程：物理过程、化学过程、生物过程、计算过程、数学过程等。因此我们将过程组织成过程理论。直观地讲，过程理论告诉我们如何**解释**图形中的线和框（见下面的（ i ）和（ ii ））以及所形成的图形的含义，即用线将框连接在一起的含义（见下面的（ iii ））。

定义 3.1 *过程理论包括：*

（ i ）用线表示的系统类型集合 T。

（ ii ）用框表示的过程集合 P，P 中每个过程的输入类型和输出类型均取自 T。

（ iii ）"将过程连接在一起"的一种手段，即将 P 中的过程图解释为 P 中的过程的操作。

尤其是其中的（ iii ）保证

过程理论"在将过程连接在一起时是闭合的"，

因为此操作告诉我们"将过程连接在一起"的意思。在某些情况下，如电钻示例中所示，此操作实际上是以物理线将东西连接到一起。而在其他情况下，这将需要更多的工作，并且有时会有多个明显可用的选择。我们将在 3.2 节中看到，在传统的数学练习中，通常会将"将过程连接在一起"的操作分解为两个子操作：过程的并行组合和串行组合。

示例 3.2 我们将遇到的一些过程理论是：

- **函数**（类型 = 集合）
- **关系**（类型 = 集合）
- **线性映射**（类型 = 矢量空间或希尔伯特空间）
- **经典过程**（类型 = 经典系统）
- **量子过程**（类型 = 量子和经典系统）

我们将主要在各种示例和练习中使用前两个，而其余三个将在本书中扮演主要角色。

备注 3.3　注意我们用"过程"来指代一个特定过程理论，而不对其中的类型进行说明。由于过程是其中重要的部分，因此这往往是一种好的做法。例如，我们将看到函数的过程理论与关系的过程理论完全不同，因此将这两种"集合"都仅仅只称为"集合"是不行的。

由于过程理论告诉我们如何将图形解释为过程，它会告诉我们何时两个图形表示**同一**过程。例如，假设我们为**计算机程序**定义了一种简单的过程理论，其中的类型是数据类型（例如，整数、布尔值、列表），而过程则是计算机程序。让我们来考虑一个简短的程序，该程序将列表作为输入并对其进行排序。那我们可以这样定义（别担心，如果你看不懂代码，一半的编写者自己也一样看不懂）：

$$
\boxed{\text{快速排序}} \quad := \quad \begin{cases} \texttt{qs [] = []} \\ \texttt{qs (x :: xs) =} \\ \quad \texttt{qs [y | y <- xs; y < x] ++ [x] ++} \\ \quad \texttt{qs [y | y <- xs; y >= x]} \end{cases}
$$

将程序连接在一起意味着将一个程序的输出发送到另一程序的输入。如果两个程序的结果相同（不考虑执行时间等一些细节），则它们等价，我们的过程理论将得出如下等式：

33

$$
\frac{\boxed{\text{快速排序}}}{\boxed{\text{快速排序}}} \quad = \quad \boxed{\text{快速排序}}
$$

即对列表进行两次排序与对列表进行一次排序具有相同的效果。

我们将过程理论称为理论的原因是，它带有许多这样的式子，而这些式子使我们能够对正在研究的过程给出结论。

再举一个例子，我们在 3.1.1 节开始处定义的函数存在于**函数**的过程理论中。类型是集合，过程是集合之间的函数。如果两个函数的结果相同，则认为它们等价，即它们具有相同的图形：

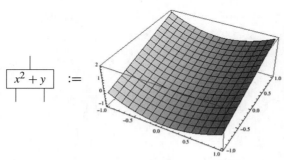

$$
\boxed{x^2 + y} \quad :=
$$

（请注意，两条输入线表示函数有两个变量，因此结果会是三维图。）由于它们具有相同的图形，因此我们有：

$$
\boxed{x^2 + y} \quad = \quad \frac{\boxed{x + y}}{\boxed{x^2}}
$$

以及

$$\boxed{-x} \atop \boxed{-x} \quad = \quad \Big|$$

练习 3.4 提出一些自己的过程理论。对于每个过程理论，请回答以下问题：

1）什么是系统类型？

2）过程是什么？

3）过程是如何组成的？

4）什么时候认为两个过程等价？

需要注意的一件事是，我们到现在还相当谨慎，还没有说出图形到底是什么。图形的完整描述应当包括：

1）它包含哪些框。

2）这些框之间如何连接。

因此，图形指的是过程理论中没有解释的"框"和"线"的"图样"，但是它并没有指示出框应该画在页面的什么地方。以下是这一事实的直接推论。

推论 3.5 如果两个图形可以相互变形为对方（当然不能更改连接），则它们是等价的。

或者更简洁地说：

> 只有连通性才是至关重要的！

示例 3.6 以下是一些等价的图形：

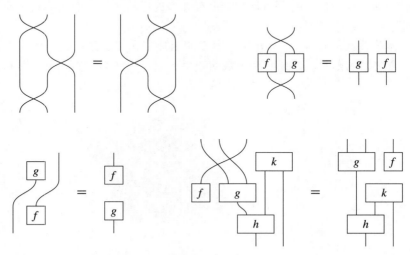

备注 *3.7 示例 3.6 中的第一对等价图形称为 Yang-Baxter 方程，一些读者可能已经在数学物理学文献中遇到过。

3.1.3 图形也是数学

图形提供了一种严格的语言，可以与传统的数学公式相提并论。正如可以使用传统公式来定义许多关于数学结构（例如集合、群、拓扑空间、矢量空间）的新概念并对其进行推理一样，我们也可以使用图形来定义关于过程理论的新概念并对其进行推理。

也许是由于所受的教育，某些人不接受将某些东西作为严格的数学对象，除非可以将其表示为某种形式的公式。为了取悦这些人（也为了让人们对图形有另一种看法），我们将简要介绍一个类似于公式的表示法。当然一旦有了正确的直觉，我们将抛弃这种表示法，始终（几乎全部）直接使用图形来工作。

我们可以将一个框变成一个公式，如下所示：

$$\begin{array}{c} \boxed{f} \\ {}^{B\ C\ D} \\ {}_A\ {}_B \end{array} \quad \longleftrightarrow \quad f_{A_1 B_1}^{B_2 C_1 D_1}$$

在右边的公式中，f 的下标 A_1 和 B_1 代表输入，上标 B_2、C_1 和 D_1 代表输出。为什么要在每个字母上都加上数字编号？这种编号本身没有任何意义，但是只要在一个图形中有多个相同类型的线，就必须消除模糊性。例如，f 的第二个输入与第一个输出是不同类型的线，因此我们将这些线分别称为 B_1 和 B_2。我们将带有下标的类型称为线名称，它指的是图形中一条特定的线。下标在图形中当然是不必要的，既然它们在页面上处于的不同位置，即已经很清楚 B_1 和 B_2 是两条不同的线。

整个表达式 $f_{A_1 B_1 C_1}^{B_2 D_1}$ 则称为框名称，因为它表示图中一个特定的框。我们可以通过写下一系列框名称来表示多个框，而它们的顺序无关紧要：

$$\boxed{f} \quad \boxed{g} \quad \longleftrightarrow \quad f_{A_1 B_1 C_1}^{B_2 D_1} g_{A_2}^{D_2} = g_{A_2}^{D_2} f_{A_1 B_1 C_1}^{B_2 D_1}$$

请注意，右侧公式中所有上部的线和下部的线的名称都是不同的。这是因为图形中没有线是相互连接的。我们表示连接的方式是重复线名称，一次是上部的线的名称（与框的输出相对应），另一次则是下部的线的名称（与输入相对应）：

$$\longleftrightarrow \quad f^{A_1 A_2} g_{A_2 D_1}^{B_1 C_1} h_{A_3}^{D_1}$$

我们可以为重复的线名称添加任意的下标，只要不引起线名称冲突。例如，以下两个公式表示完全相同的图形：

36

$$f^{A_1 A_2} g_{A_2}^{B_1} = f^{A_1 A_4} g_{A_4}^{B_1} \tag{3.3}$$

我们还将 A 类型的一根线视为一个"特殊"框：

$$\begin{array}{c} {}^A \\ \vdots \\ {}_A \end{array}$$

并具有相应的框名称 $1_{A_4}^{A_4}$。因此，我们可以写出如下的公式：

$$\boxed{f}\ \Big|\quad \longleftrightarrow\quad f_{A_1}^{B_3}1_{A_2}^{A_4}$$

在几乎所有方面，这些特殊框都与其他框是一样的，可以解释为"什么都不做"的过程。但当我们将它们连接到另一个框的输入或输出时，它们就消失了：

$$\boxed{f}\ =\ \boxed{f}\quad \longleftrightarrow\quad f_{A_1A_2}^{B_1B_3}1_{B_3}^{B_2}=f_{A_1A_2}^{B_1B_2}\qquad (3.4)$$

以下定义总结了以上所有内容。

定义 3.8　图形公式是一系列的框名称，框名称上的线名称除了匹配的上下成对的名称外，都是唯一的。 当且仅当可以通过以下方式将一个公式转化为另一个公式时，两个图形公式才等价：

（a）更改框名称的书写顺序。

（b）如式（3.4）所述，添加或删除单线框。

（c）更改重复的线名称。

有了这些概念，我们现在可以提供直接对应于类公式副本的图形的定义。

定义 3.9　图形是图形公式的图像表示，其中，框名称被描述为框（或其他各种形状），线名称被描述为框的输入和输出线，重复的线名称告诉我们哪些输出连接到哪些输入。

练习 3.10　绘制以下图形公式的图形：

$$f_{B_1C_2}^{C_4}g_{C_4}^{D_3}\qquad f_{A_1}^{A_1}\qquad g_{B_1}^{A_1}f_{A_1}^{B_1}\qquad 1_{A_1}^{A_6}1_{A_2}^{A_5}1_{A_3}^{A_4}$$

[37] 使用输入和输出从左到右编号的约定。

以上构造表明，我们对图形的所有工作都可以毫无歧义地转换为图形公式的工作。我们将主要坚持使用图形，因为它们更易于可视化，更易于使用并消除了冗余的下标开销。但我们有时会使用图形公式作为方便的工具来计算所给出的图形表示的过程，如 3.3.3 节和 5.2.4 节所述。

3.1.4　过程等式

在上面的示例 3.6 中，我们写下了许多等式，其中涉及左侧（LHS）和右侧（RHS）的图形。无论我们如何解释框和线，这些图形等式始终成立。也就是说，它们在任何过程理论中都是正确的。另一方面，在特定的过程理论中，有可能使用两个不同的图形表示相同的过程。我们已经在 3.1.2 节中看到了几个例子。

回到过程理论**函数**，假设我们定义了两个过程。"减法"，取两个输入 m、n 并将其相减，输出 $m-n$：

以及"2 倍"，取一个输入并将其乘以 2：

其中所有线的类型均为 $\mathbb{R}$。现在，请考虑以下两个图形：

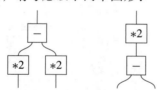

作为图形，它们并不等价。但是如果我们查看它们所代表的过程，则会看到左边的过程首先将两个输入分别乘以 2，然后用一个结果减去另一个结果，右边的过程首先用一个输入减去另一个输入，然后将结果乘以 2。尽管两个过程具有不同的图形，但它们计算的是相同的函数，即：

$$2m - 2n = 2(m - n)$$

因此在利用**函数**的过程理论来解释时，这些不同的图形表示相同的过程。即它们作为过程是等价的，我们可以简单地写成：

$$\boxed{-} \quad = \quad \boxed{*2} \qquad\qquad (3.5)$$

这称为过程等式。图形等式是过程等式的（平凡）特例，因为等价的图形会始终被解释为等价的过程。

备注 *3.11   有一类特殊的理论，其中图形等式和过程等式重合。也就是说，当且仅当两个过程具有相同的图形时，它们才相等。这些被称为自由过程理论，类似于在代数中使用"自由"一词。在这里，"自由"意味着"没有额外的等式"。通常，在过程之间强加额外的等式会限制框的解释（即仅满足那些额外等式的解释）。自由过程理论的特性是，对它们的作为过程的框的任何解释（在某些其他过程理论中）都扩展到对图形的一致解释。

练习 3.12   给出（图形）等式，该等式表示两输入、一输出过程的结合律、幺正性和交换律的代数性质。对于一对两输入的过程（例如"加法"和"乘法"）的分配律，你可以这样做吗？如果不可以，那会是什么问题？

图形等式的概念可能看起来很明显（因为它确实如此！），但必须注意的是，这样的等式所提供的信息比你最初想得要更多。至于其中的原因，你会注意到式（3.5）是正确的，但以下等式却是**错误的**：

$$\boxed{-} \quad \overset{\text{☠}}{=} \quad \boxed{*2} \qquad\qquad (3.6)$$

左侧的图会将输入 m、n 映射到 $2m{-}2n$，而右侧的图会将那些相同的输入映射到 $2(n{-}m) \neq 2m{-}2n$。该等式与真实等式（3.5）之间的唯一区别是右侧的输入被颠倒了。即使我们没有在图形中写下线名称（就像定义 3.8 中的图形公式一样），这些输入和输出的确具有不同的标识。此外，为了使图形等式很好地形成，双方必须具有相同的输入和输出，这表明它们之间存在对应关系：

38

39

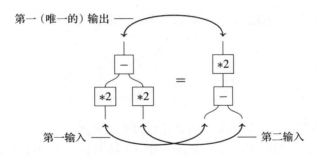

就图形等式而言，这可以通过等式两侧的第一输入 A_1 和第二输入 A_2 反映出来。在图形中，我们在页面上通过它们的位置显示了输入和输出的对应关系。牢记这一规则，我们可以看出正确等式（3.5）和错误等式（3.6）之间存在明显的差异。

我们在代数中应该早已熟悉只有一个"输出"的过程之间的等式。当我们写出如下的等式时：

$$2m - 2n = 2(m - n)$$

我们通过为左侧和右侧的公式输入 m、n 命名来区分它们，即"m"和"n"。在代数中，公式始终只有一个"输出"，即当所有变量都用数字代换时所计算的值，因此我们不必理会它的名称。另一方面，图形通常可以具有许多输出，因此也需要对其进行区分。

我们通常认为多变量函数（例如上面的代数运算）是由一个或多个输入到单个输出结果：

$$\boxed{f} \quad :: \quad (a_1, \cdots, a_m) \mapsto b$$

"$\mapsto$"符号在这里表示"映射到"（见附录）。但在过程理论函数中，我们也可以考虑以下形式的函数：

$$\boxed{f} \quad :: \quad (a_1, \cdots, a_m) \mapsto (b_1, \cdots, b_n) \tag{3.7}$$

备注 *3.13   在函数式编程中，我们可能会在如下的表达式中遇到如式（3.7）所示的具有许多输出的函数：

> '在…中，令 $(b_1, \cdots, b_n) = f(a_1, \cdots, a_m)$'

cp 是一个具有两个输出的函数的简单例子，cp 输入数字 n 并在其两条输出线上都发送 n 的副本：

$$\boxed{cp} \quad :: \quad n \mapsto (n, n)$$

函数 cp 和减号一起能满足以下过程等式：

$$\tag{3.8}$$

左边的过程接受两个输入 m 和 n，分别复制它们，然后将每个输出的副本发送给两个单独的减法运算。因此，输出会是 m-n 的两个副本，每条输出线上一个：

$$(m,n) \mapsto (m,m,n,n) \mapsto (m,n,m,n) \mapsto (m-n, m-n)$$

右边的过程将输入 m 和 n 做减法，然后复制结果。这同样会产生 $m-n$ 的两个副本：

$$(m,n) \mapsto m-n \mapsto (m-n, m-n)$$

如前所述，隐含在式（3.8）中的是输入和输出之间的对应关系：

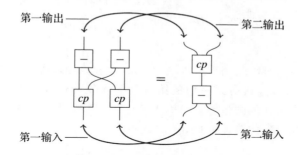

练习 3.14　将式（3.8）写成图形公式之间的等式。

练习 *3.15　现在可以使用 cp 来表达练习 3.12 中提到的"加法"和"乘法"之间的分配律等式吗？

3.1.5　图形代换

通过图形代换，我们可以从旧过程等式中获得新的等式。除了简单的图形变形外，图形代换将是本书中最常见的计算样式。

〔41〕

图形代换是指使用过程等式用新的子图来替代换给定图形的某些子图的动作。代换后的图形仍将表示一个等效的过程。通过例子最容易展示它是如何工作的。既然我们现在已经对产生一个数字的两个相同副本的复制图操作有些厌倦了，那让我们来定义一个更令人兴奋的同样能产生两个副本的操作：

$$（3.9）$$

现在，让我们来看看 $cp2$ 满足哪些等式。假设它满足与式（3.8）类似的等式：

$$（3.10）$$

从式（3.10）的左边开始，我们应用式（3.9）来扩展 $cp2$ 的定义。现在让我们移除式（3.9）的左半部分并将其替换为式（3.9）的右半部分：

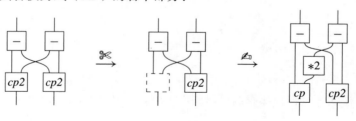

那么我们就可以从式（3.9）通过图形代换推导出以下等式：

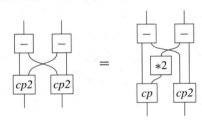

备注 3.16　图形代换的一个重要方面是等式右边应该插入等式左边所在的位置。例如，等式右边的第一个输入应连接等式左边的第一个输入先前连接的同一根线，并以此类推。

[42] 这就是我们在上一节中讨论的图形等式中输入/输出之间的对应关系起到重要作用的地方。

继续此过程，我们可以构造式（3.10）的证明：

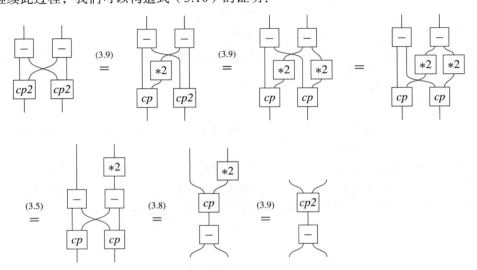

除了只是图形变形的步骤 3 外，证明中的每个步骤都是我们曾使用过的过程等式，另外请注意在最后一步，我们只是将式（3.9）反向使用了，这个操作显然也是可以的。

备注 *3.17（代数与合并代数）　尽管 *cp* 的作用非常直观，但它与代数中遇到的常见运算（如"加法"和"乘法"）完全不同，因为 *cp* 运算会有一个输入和两个输出。认识到许多有趣的运算确实会有多个输出，导致了一个名为共代数（coalgebra）的新研究领域。从图形来说，"co"可以理解为"上下颠倒"，比如可以将"乘法"运算上下颠倒以产生"共乘法"。正如人们可以讨论代数中的结合律、幺正性和交换律一样，我们同样也可以在代数等式上下

[43] 颠倒的条件下讨论共代数中的共结合律、共幺正性和可交换律，例如：

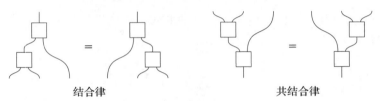

结合律　　　　　　　　　　共结合律

3.2　线路图

回顾一下，框代表过程，那我们可以用以下解释定义两个基本的组合运算：

$f \otimes g :=$ "过程 f 在过程 g **发生时**发生"

$f \circ g :=$ "过程 f 在过程 g **发生后**发生"

这些操作使我们能够定义很重要的一类图形，我们称之为线路。尽管它们很重要，但我们将在下一章中看到最有趣的过程实际上是那些并没有形成线路的过程。

3.2.1 并行组合

并行组合操作包括并排放置一对图形。我们使用符号"$\otimes$"定义此操作：

由于并排放置的图形之间不涉及任何连接，因此可以通过这种方式来组合任意两个图形。这反映了两个过程相互独立发生的直观印象。

此组合操作满足结合律：

$$\left(\boxed{f} \otimes \boxed{g} \right) \otimes \boxed{h} = \boxed{f}\ \boxed{g}\ \boxed{h} = \boxed{f} \otimes \left(\boxed{g} \otimes \boxed{h} \right) \tag{3.11}$$

其中有一个空图单元：

$$\boxed{f} \otimes \boxed{} = \boxed{} \otimes \boxed{f} = \boxed{f} \tag{3.12}$$

并行组合也可以定义在系统类型上。也就是说，对于类型 A 和 B，可以形成一个新的类型 $A \otimes B$，称为联合系统类型：

$$A \otimes B \Big| \quad := \quad \Big|_{A} \quad \Big|_{B}$$

通过绘制具有许多输入和输出的框，我们已经暗中在使用系统类型的组合了。形式上，具有三个输入 A、B、C 和两个输出 D、E 的框与具有单个输入 $A \otimes B \otimes C$ 和单个输出 $D \otimes E$ 的框是一样的：

$$\boxed{f}\ \substack{D \otimes E \\ A \otimes B \otimes C} = \boxed{f}\ \substack{D\ \ E \\ A\ B\ C}$$

还有一个特别的称为"空"的系统类型，用符号 I 来表示，用于表示"无输入"、"无输出"或"既无输入也无输出"。

示例 3.18   以下是一些无输入或输出线的框的例子，我们使用 $\otimes$ 和 I 以之前常用的方式把它们画了出来：

无输入或输出的过程在本书中起着特殊的作用，正如我们将在 3.4.1 节开始看到的那样。

在图形表示法中，我们会很少使用 $\otimes$ 符号，而宁愿将关联的系统表示为多条线。

3.2.2 串行组合

串行组合操作包括将第一个图的输出连接到第二个图的输入。我们使用符号"∘"定义此操作：

对此的直观印象是，首先发生右边的过程，然后发生左边的过程。并将右边过程的输出作为左边过程的输入，显然并不是任何一对图形都能以这种方式组合起来：左边过程的输入数量和类型必须与右边过程的输出数量和类型匹配。

我们假设串行组合会将输出按顺序连接到输入。如果我们希望更改此顺序，则可以引入交换：

当然由于串行组合操作也满足结合律，因此该等式的左边是没有歧义的：

$$\left(\; h \circ g \;\right) \circ f = g = h \circ \left(\; g \circ f \;\right) \tag{3.13}$$

这里也依然有一个单元，就是恰当类型的一条普通线：

$$B \circ f = f \circ A = f \tag{3.14}$$

我们已经在 3.1.3 节中遇到了这些普通的线或称单位元（幺元），它曾作为一个过程被提到过，它们被视为对输入"什么都不做"。我们将对类型 A 的系统上的这个幺元用符号表示为 1_A。空图也是一个幺元，只是它作用在系统类型 I 上，因此我们将其表示为 1_I。

3.2.3 线路的两个等价定义

定义 3.19 如果一个图形可以通过用⊗和○，以及包括幺元和交换的框来构造，则该图形为线路。

我们在本章中看到的每个图形实际上都是一个线路。以下是这种线路的组装例子：

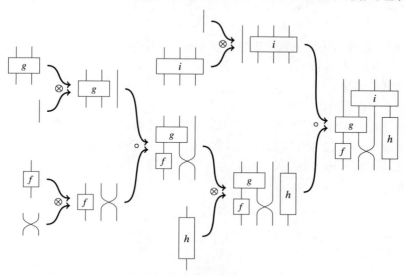

我们仍然可以在最终得到的结果图中识别出这种组装的结构：

（3.15）

需要注意的是，图形的这种分解并不能唯一地确定组装的过程（例如⊗和○的结合律允许以两种方式构成三个框），并且同一张图甚至可以允许进行几种不同的分解。在下一节中，我们将介绍此功能会使利用⊗和○对线路进行非图形化处理变得特别笨拙。

并非所有的图都是线路。为了了解哪些是线路，我们提供了一种等价的描述，它不涉及构建这些图的方式，而是涉及一个必须满足的性质。

定义 3.20 线的有向路径指的是一个图形中线的列表 $(w_1, w_2, ..., w_n)$，对于所有 $i < n$，线 w_i 是某个框的一个输入，导线 w_{i+1} 是一个输出。一个有向循环指的是在同一个框中开始和结束的有向路径。

有向路径的一个例子在下图中以粗线显示：

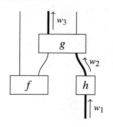

以下是有向循环的一个例子：

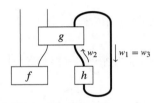

备注 *3.21   在称为图论的数学领域中，没有有向循环的图称为有向无环图。

定理 3.22   以下是等价的：

- 一个图形是线路。
- 它不包含有向循环。

证明   对于任意不包含有向循环的图形，存在一种（非唯一的）利用⊗、∘和交换来表示的方式。由于该图形不包含有向循环，因此我们将其划分为"层" $l_1, \cdots, l_n$，其中 l_i 层中每个框的输出（包括幺元和交换）仅连接到 l_{i+1} 层中的框。例如，将图（3.15）分为几层的一种方法是：   □

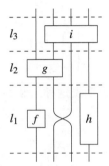

在每一层中，⊗ 将所有框组合为一个框，而∘将这些层组合在一起，因此这确实是一个线路。反过来，仅用⊗ 和∘构成的任何图形都可以分解成这样的层，这意味着其中没有有向循环。

备注 *3.23   在相对论中，先前证明中用到的"将过程划分为层"有个特殊名称叫叶状结构。我们将在 6.3.3 节中更详细地介绍叶状结构。

由于线路图中不包含有向循环，因此我们可以通过让时间从图的底部流向顶部来为它们提供"时域解释"：

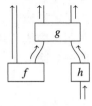

特别是，没有线会"时光倒流"。这种解释隐含地假设了时间流在"框的内部"是从输入到输出的：

比如以下就是幺元和交换操作中的时间流向：

非线路图的一个典型例子是一个涉及反馈回路的图。也就是说，框的输出连接到它自己的输入：

这实际上是一个仅由一根线组成的有向循环。

备注 *3.24　　比叶状结构更基础的是，所有线路图都承认因果结构，这意味着对于任何两个框 f 和 g，只有三种可能性：

（1）f 是 g 的因果过去。

（2）g 是 f 的因果过去。

（3）两者没有因果性。

我们在 6.3 节中探讨量子理论和相对论之间的联系时，详细介绍线路之间的联系和时空的因果结构。

线路图为人们讨论那些可以在实验室中进行的实验设置提供了正确的语言，这些实验设置将某些物理系统或数据作为输入并输出另外的物理系统或数据。"并行"和"串行"则指的是这些设备的排列方式。

备注 3.25　　对于一种**不包含**反馈回路的图形，有些人可能会觉得"线路"一词有些奇怪。该术语的合理性有两个原因。首先，它反映了量子计算文献中使用的术语（见"量子线路"）。其次，虽然不能"连接"反馈回路，但实际上我们可以通过在线路中引入称为"盖子"和"杯子"的特殊框来引入类似反馈的行为。我们将在第 4 章中了解其工作原理。

3.2.4　图形打败代数

在 3.1.3 节中，我们以图形公式的形式表示了图形，以说服读者应该将图形视为与传统公式同等的数学实体。但是这些图形公式导致冗余的增加，而且一点也不容易分析。我们现在已经看到，仅使用 ⊗- 和 ∘- 符号就可以（至少）用更传统的代数语言表示线路图。现在，你可能会怀疑使用图形是否是一种很好的选择。答案是肯定的！涉及 ⊗- 和 ∘- 符号的代数语法需要接受许多额外的等式，所有这些等式都内置在图形语言中。这个概念的第一个例子就是这样一个事实，并行组合中的结合律和幺正性是自动处理的：

- 并排绘制三个框隐含了结合律：

$$(f \otimes g) \otimes h = \boxed{f}\ \boxed{g}\ \boxed{h} = f \otimes (g \otimes h)$$

- 与空白空间的组合不执行任何操作：

$$f \otimes 1_I = \boxed{f}\ \ \ \ = \boxed{f} = f$$

串行组合的结合律和幺正性同样是内置的：结合律通过去掉括号来实现，幺正性通过将幺元描绘成一条没有框的线来实现。

当我们将两种成分组合在一起时，就会出现一个更明显的例子。比如考虑以下两个表达式：

$$(g_1 \otimes g_2) \circ (f_1 \otimes f_2) \qquad 和 \qquad (g_1 \circ f_1) \otimes (g_2 \circ f_2)$$

显然，在 $\otimes$ – 和 $\circ$ – 符号上没有任何其他等式的情况下，它们并不相等。现在我们计算它们对应的图形。对于第一个表达式，我们得到：

$$\left(\boxed{g_1} \otimes \boxed{g_2} \right) \circ \left(\boxed{f_1} \otimes \boxed{f_2} \right) = \left(\boxed{g_1}\ \boxed{g_2} \right) \circ \left(\boxed{f_1}\ \boxed{f_2} \right) = \boxed{\begin{array}{cc} g_1 & g_2 \\ f_1 & f_2 \end{array}}$$

对于第二个表达式，我们得到：

$$\left(\boxed{g_1} \circ \boxed{f_1} \right) \otimes \left(\boxed{g_2} \circ \boxed{f_2} \right) = \left(\boxed{\begin{array}{c} g_1 \\ f_1 \end{array}} \right) \otimes \left(\boxed{\begin{array}{c} g_2 \\ f_2 \end{array}} \right) = \boxed{\begin{array}{cc} g_1 & g_2 \\ f_1 & f_2 \end{array}}$$

两次都得到相同的图形！

由于 $\otimes$ – 和 $\circ$ – 符号被认为是图形的代数语法，因此我们需要加入一个新的等式：

$$(g_1 \otimes g_2) \circ (f_1 \otimes f_2) = (g_1 \circ f_1) \otimes (g_2 \circ f_2) \tag{3.16}$$

而在图形语言中，这只是个重言式！那么式（3.16）的实际内容到底是什么呢？它实际上指出了一个组合的过程：

过程 f_1 和过程 f_2 同时发生之后。

过程 g_1 和过程 g_2 同时发生。

与以下的组合过程相同：

过程 g_1 发生在过程 f_1 之后，

同时，

过程 g_2 也发生在过程 f_2 之后。

这显然是对的，这是我们用图形语言自动得到的东西，但是在代数语言中，我们需要明确说明这一点。

拥有了这么多关于 $\otimes$ – 和 $\circ$ – 符号所表示的等式，我们就可以推导出许多新的等式。例如：

$$\boxed{g} \circ \boxed{f} = \boxed{g} \otimes \boxed{f}$$

可以通过组合式（3.12）、式（3.14）和式（3.16）推导得出：

$$\boxed{g} \circ \boxed{f} = \left(\boxed{g} \otimes 1_I \right) \circ \left(1_I \otimes \boxed{f} \right) = \left(\boxed{g} \circ 1_I \right) \otimes \left(1_I \circ \boxed{f} \right) = \boxed{g} \otimes \boxed{f}$$

而在图形语言中，它又是重言式。$\otimes$ – 和 $\circ$ – 符号的一个额外等式的例子涉及一个交叉结构：

$$\begin{array}{c}\text{(figure)}\end{array} = \begin{array}{c}\text{(figure)}\end{array} \qquad\qquad (3.17)$$

可以很容易地想象，当把式（3.11）、式（3.12）、式（3.14）、式（3.16）和式（3.17）组合起来时，还可以导出很多非平凡等式，如果不绘制成图形的话，其中许多是很难明显看出来的。

练习 *3.26　假设有以下等式：

$$\sigma_{A\otimes B,C} = (\sigma_{A,C} \otimes 1_B) \circ (1_A \otimes \sigma_{B,C}) \qquad \text{其中} \qquad \sigma_{A,B} := \begin{array}{c}\text{(figure)}\end{array}$$

仅使用以上等式和本节中介绍的其他代数等式，将示例 3.6 中的第一个和最后一个图形等式作为代数等式证明。

那么为什么事情会变得如此复杂？用简单的话说，就是试图将想要存在于二维（图形）中的东西压缩到一维中（"线性"代数符号）。当我们这样做时，我们用来绘制图形的纸上的水平和垂直空间突然合在一起了，并且我们需要一堆额外的语法（例如括号），以消除并行和串行组合在它们的新的压缩世界中所带来的歧义。然后我们需要使这种额外的语法服从一堆额外的规则，以使我们之前使用图形进行的自然变形成为可能。重点来了：

> 图形规则！

关于代数等式与图形推理之间的确切联系，我们还有很多话要说，特别是在称为（幺半）范畴论的领域中。尽管后者对于理解本书并不重要，但我们还是请有兴趣的读者参阅 3.6.2 节中的进阶阅读材料。

3.3　作为过程的函数和关系

现在我们介绍两种简单的过程理论：**函数**理论和**关系**理论。掌握一些过程理论的具体例子以理解某些概念会很有用，这些例子还建立了两个重要的理念：

- 传统的数学结构（在这种情况下为集合）可以形成过程理论中的类型，

- 然后即使对于某些固定系统类型，过程的选择实际上在确定过程理论的特征方面也更为重要。特别是，虽然过程理论的**函数**和**关系**都是基于集合的，但我们将在本章和下一章中看到它们的作为过程理论的属性之间的距离不会太远。

由于这些原因，这些过程理论的例子，尤其是某种程度上令人惊讶的**关系**，将被证明是迈向**线性映射**和**量子映射**的过程理论的有用垫脚石。

3.3.1　集合

要定义过程理论，我们首先需要说明系统类型是什么，然后才是过程是什么。无论对于**函数**和**关系**，系统类型都只是集合。我们将遇到一些熟悉的集合，例如自然数 $\mathbb{N}$、实数 $\mathbb{R}$、复数 $\mathbb{C}$（它的属性我们将在 5.3.1 节中讨论），以及：

$$\mathbb{B} := \{0, 1\}$$

它被称为布尔值或比特值的集合。联合系统类型是通过集合之间的笛卡儿积形成的，即：

$$A \otimes B := A \times B = \{(a,b) \mid a \in A, b \in B\}$$

三个或更多集合的定义与此相似，在这种情况下，我们用元组代替两个元素：

$$A_1 \times \cdots \times A_n := \{(a_1, \cdots, a_n) \mid a_i \in A_i\}$$

如果我们忽略元素元组上的括号，并让

$$((a,b),c) = (a,b,c) = (a,(b,c))$$

系统的并行组合是满足结合律的：

$$A \times (B \times C) = (A \times B) \times C$$

这是一个必需的要求。

示例 3.27 长度为 n 的位串集可以表示为 n 元的笛卡儿积：

$$\underbrace{\mathbb{B} \times \cdots \times \mathbb{B}}_{n}$$

通过将位串当成数字的二进制表示，我们可以将其视为取值范围从 0 到 2^n-1 的自然数的集合；例如：对于 $n = 4$，我们将 0 表示为 $(0,0,0,0)$，1 表示为 $(0,0,0,1)$，2 表示为 $(0,0,1,0)$，等等，直到我们将 15 表示为 $(1,1,1,1)$。这是计算机科学中经常使用的小技巧，在本书中也很重要。

普通类型 *I* 被定义为仅包含单个元素（这里称为 "$*$"）的集合 $\{*\}$。如果我们总是可以从数组中删除 $*$，例如 让

$$(a,*) = a = (*,a)$$

则 $\{*\}$ 成为并行组合中线的单位元：

$$A \times \{*\} = A = \{*\} \times A$$

备注 *3.28 严格来说，集合 $(A \times B) \times C$ 和 $A \times (B \times C)$ 以及集合 $A \times \{*\}$ 和 *A* 并不是完全相同的，而是同构的。也就是说，它们中的元素是一一对应的。实际上它们不仅是同构的，而且是在很强的意义上同构的，这称为自然同构，这在很大的意义上意味着，对于所有实用性的目的，它们都可以被视为相等。严格相等的失败主要是由于我们在 3.2.4 节中曾抱怨的那种 "代数冗余"，然而它对于使用图形的工作没有任何影响。* 3.6.2 节包含有关此微妙问题的更多详细信息。

3.3.2 函数

在**函数**的过程理论中，每个过程：

是从集合 *A* 到集合 *B* 的函数。由于联合系统是使用笛卡儿积这个具有许多输入和输出的函数形成的，例如：

是从集合 $A \times B$ 的笛卡儿积到 $B \times C \times D$ 的笛卡儿积的函数。因此 *f* 将二元组 $(a,b) \in A \times B$ 映射为三元组 $(b,c,d) \in B \times C \times D$。更具体地说，从 $\mathbb{B} \times \mathbb{B}$ 到 $\mathbb{B} \times \mathbb{B} \times \mathbb{B}$ 的函数是从长度 2 的位

串到长度 3 的位串的函数，例如：

$$\begin{array}{c} \text{图} \end{array} \quad :: \quad \begin{cases} (0,0) \mapsto (0,0,0) \\ (0,1) \mapsto (0,1,1) \\ (1,0) \mapsto (1,0,1) \\ (1,1) \mapsto (0,1,1) \end{cases}$$

现在我们知道了系统类型和过程是什么，我们需要说明"将过程连线到一起"的含义（见定义 3.1）。我们将通过定义函数的并行和串行组合来做到这一点。串行组合是函数的常见组合方式： |54|

$$(g \circ f)(a) := g(f(a)) \tag{3.18}$$

并行组合被定义为将每个函数应用于一对元素中与其相对应的元素：

$$(f \otimes g)(a,b) := (f(a), g(b)) \tag{3.19}$$

既然我们可以利用 ⊗ 和 ∘ 来分解图形，这就能告诉我们计算线路图所表示的函数所需的一切：

$$= (1_A \otimes g) \circ (f \otimes h)$$

然后我们应用式（3.18）和式（3.19）。虽然分解图形的方法可能不止一种，但是计算出的实际函数将始终相同。请注意，这适用于线不交叉的任何图形。要处理那些交叉，我们则需要定义一个"交换"函数。

练习 3.29 哪个函数代表交换：

其中 A 和 B 可以是任意集合吗？ |55|

练习 3.30 计算以下的函数：

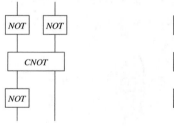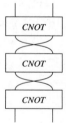

其中

$$\boxed{NOT} :: \begin{cases} 0 \mapsto 1 \\ 1 \mapsto 0 \end{cases} \qquad\qquad \boxed{CNOT} :: \begin{cases} (0,0) \mapsto (0,0) \\ (0,1) \mapsto (0,1) \\ (1,0) \mapsto (1,1) \\ (1,1) \mapsto (1,0) \end{cases}$$

阅读本书之后，你将能够直接写下这两个图的答案（不是从记忆中获取，而是因为使用我们将提供的工具使计算会变得非常简单！）。

3.3.3 关系

在**关系**的过程理论中，每个过程：

$$\begin{array}{c} B \\ \boxed{R} \\ A \end{array}$$

是从集合 A 到集合 B 的关系，也就是，一个子集：

$$R \subseteq A \times B$$

如果 $(a, b) \in R$，我们说 a 和 b 通过 R 相关。使用更类似于函数的表示法将会很有用，写为：

$$R :: a \mapsto b \qquad\text{代替}\qquad (a, b) \in R \qquad\qquad （3.20）$$

作为与函数 $f(a)$ 对应的符号，我们可以规定：

$$R(a) := \{b \mid R : a \mapsto b\}$$

因此对于碰巧是函数的关系，我们可以用与以前相同的符号来表示。但是对于更一般的关系，我们允许将输入中的单个元素映射到输出中的任意数量的元素。例如：

$$\begin{array}{c} \{x,y,z\} \\ \boxed{R} \\ \{a,b,c\} \end{array} :: \begin{cases} a \mapsto x \\ a \mapsto y \\ b \mapsto z \end{cases}$$

|56| 我们也可以写成这样：

$$\begin{array}{c} \{x,y,z\} \\ \boxed{R} \\ \{a,b,c\} \end{array} :: \begin{cases} a \mapsto \{x, y\} \\ b \mapsto z \\ c \mapsto \varnothing \end{cases}$$

关系被解释为一个过程，就像一个添加了不确定性的函数：单个输入可以映射到多个输出，或者根本没有映射。

关系按如下顺序构成：当且仅当存在某个 b 使得 $R :: a \mapsto b$ 和 $S :: b \mapsto c$ 存在时，元素 a 才通过 $(S \circ R)$ 与 c 相关。用符号表示为：

$$\begin{array}{c} \boxed{S} \\ \boxed{R} \end{array} :: a \mapsto c \iff \exists b \left(\boxed{R} :: a \mapsto b \text{ 和 } \boxed{S} :: b \mapsto c \right) \qquad\qquad （3.21）$$

请注意如何使用"当且仅当"这个表达来**定义**新关系，也就是说，它准确地告诉我们 $S \circ R$ 关联哪些元素 a 和 c。你可能已经在学习的过程中看到过一个关系的构成图，它看起来会像这样：

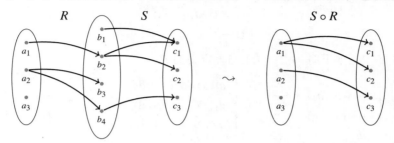

在这里我们可以看到，只有当左侧图中存在连接它们的路径时，这些元素才通过 $S \circ R$ 相关。

关系的并行组合定义如下：

$$\boxed{R}\ \boxed{S} :: (a,b) \mapsto (c,d) \iff \left(\boxed{R} :: a \mapsto c \text{ 和 } \boxed{S} :: b \mapsto d \right) \tag{3.22}$$

与函数的情况一样，我们现在可以通过使用 $\otimes$ 和 $\circ$ 来分解图形，然后应用式（3.21）和式（3.22）来计算关系图形所表示的关系，但这可能需要做很多工作。幸运的是，有一个直接计算关系图形的通用步骤。这个步骤如下：假设我们有一些已知的关系 R、S 和 T，我们想计算一个作为它们组合的新的关系 P：

57

$$\begin{array}{c} A\ B\ C \\ \boxed{P} \\ B\quad A \end{array} := \begin{array}{c} A\quad B\quad C \\ \boxed{S} \\ A\qquad D \\ \boxed{R}\qquad \boxed{T} \\ B\qquad A \end{array} \tag{3.23}$$

步骤 1　将 P 写成图形公式：

$$P_{B_1 A_1}^{A_2 B_2 C_1} = R_{B_1}^{A_2 A_3} S_{A_3 D_1}^{B_2 C_1} T_{A_1}^{D_1}$$

步骤 2　将线的名称更改为适当集合的元素。例如，将 B_2 写为元素 $b_2 \in B$：

$$P_{b_1 a_1}^{a_2 b_2 c_1} \iff R_{b_1}^{a_2 a_3} S_{a_3 d_1}^{b_2 c_1} T_{a_1}^{d_1}$$

步骤 3　将框名更改为实际的那些关系名，将下标中的元素映射到上标中的元素，并为每个重复的元素 x 附加"$\exists x$"作为标记：

$$P :: (b_1, a_1) \mapsto (a_2, b_2, c_1) \iff \exists a_3 \exists d_1 \left(\begin{array}{l} R :: b_1 \mapsto (a_2, a_3) \text{ 和} \\ S :: (a_3, d_1) \mapsto (b_2, c_1) \text{ 和} \\ T :: a_1 \mapsto d_1 \end{array} \right)$$

在没有输入或输出的情况下，必须使用"$*$"，即集合 $I = \{*\}$ 中的唯一元素。

步骤 4　"$\iff$"右边的表达式现在可以唯一地描述左边式子中所有相关的元组，因此可以用于计算 P。

对于串行和并行组合关系的特殊情况，我们可以回顾一下式（3.21）和式（3.22）。只需绘制 $f \otimes g$ 和 $g \circ f$ 的图就可以看出这一点，，应用步骤 1～3，然后看看结果如何。

练习 3.31　假设 A、B、C 和 D 为以下集合：

$$A = \{a_1, a_2, a_3\}$$
$$B = \mathbb{B}$$
$$C = \{\textbf{red}, \textbf{green}\}$$
$$D = \mathbb{N}$$

计算 R、S、T 的定义如下时，由式（3.23）定义的 P：

$$R :: \begin{cases} 1 \mapsto (a_1, a_1) \\ 1 \mapsto (a_1, a_2) \end{cases} \qquad S :: \begin{cases} (a_1, 5) \mapsto (0, \textbf{red}) \\ (a_1, 5) \mapsto (1, \textbf{red}) \\ (a_2, 6) \mapsto (1, \textbf{green}) \end{cases} \qquad T :: \begin{cases} a_1 \mapsto 200 \\ a_3 \mapsto 5 \end{cases}$$

58 计算 R、S、T 的定义如下时，由式（3.23）定义的 P：

$$R :: \begin{cases} 0 \mapsto A \times \{a_2, a_3\} \\ 1 \mapsto A \times \{a_2, a_3\} \end{cases} \qquad S :: \begin{cases} (a_1, 0) \mapsto \mathbb{B} \times \{\textbf{red}, \textbf{green}\} \\ (a_1, 1) \mapsto \mathbb{B} \times \{\textbf{red}, \textbf{green}\} \\ (a_1, 2) \mapsto \mathbb{B} \times \{\textbf{red}, \textbf{green}\} \\ \vdots \end{cases} \qquad T :: \begin{cases} a_1 \mapsto \mathbb{N} \\ a_2 \mapsto \mathbb{N} \\ a_3 \mapsto \mathbb{N} \end{cases}$$

备注 *3.32 由于过程理论的**关系**和**线性映射**之间的相似之处，尤其是它们都承认矩阵运算（见第 5 章），因此这种用于计算关系图形的 "技巧" 也适用于计算线性映射的图形，这些我们将在 5.2.4 节中看到。故此它也与**量子过程**有关。实际上，如果我们将关系视为具有布尔项的矩阵，则其计算本质上是相同的。

3.3.4 函数与关系

当我们将式（3.21）和式（3.22）的定义限制为函数时，我们将会分别得到式（3.18）和式（3.19）。在这两种情况下，利用函数是将每个输入元素与唯一输出相关联的事实，我们得到了一个更简单的形式。例如，在函数 $f: A \rightarrow C$ 和 $g: B \rightarrow D$ 的并行组合的情况下，对于每个 $a \in A$ 和每个 $b \in B$，都有一个唯一的 $c \in C$ 和 $d \in D$，使得 $f :: a \mapsto c$ 和 $g :: b \mapsto d$ 存在，因此，构建 $f \otimes g$ 就像我们在式（3.19）中所做的那样，仅仅是将这两个元素配对。另一方面，对于关系 $R \otimes S :: (a, b) \mapsto (c, d)$ 来说，只要满足同时存在某个 $c \in C$ 和某个 $d \in D$，使得 $R :: a \mapsto c$ 和 $S :: b \mapsto d$ 成立，有多个这样的 (c, d) 对当然也是可以的。

那么既然现在：

1）**函数**和**关系**都具有作为系统类型的集合，那么特别地，**关系**的系统类型包括了**函数**的系统类型。

2）**函数**是**关系**的一种特例，因此**关系**的过程包括**函数**的过程。

3）**函数**的串行组合∘是**关系**的串行组合的特例，而**函数**的并行组合⊗是**关系**的并行组合的特例。我们说**函数**的过程理论是**关系**的过程理论的子理论。我们可以写成如下这样：

函数 ⊆ 关系

当然，关系比函数多得多，在本书中，我们会遇到很多重要的并非函数的关系。实际上正是这些额外的关系使得**关系**的过程理论比函数表现得更像**线性映射**。

3.4 特殊过程

在本节中，我们将选出几种类型的过程，这些过程将在本书中扮演核心角色。

3.4.1 状态、效应和数字

到目前为止，我们一直像处理其他框一样处理那些没有任何输入或输出的框。但当我们将它们解释为过程时，这些特殊的框具有非常特别的状态。

- 状态是没有任何输入的过程。从操作上讲它们是"准备程序"。我们将它们表示如下：

尽管系统 A 可能处于多种可能的不同状态，但准备程序将从这些可能性中得到一种处于**特定状态** ψ 的 A 类型的系统。没有线的事实意味着我们不知道（或关心）该系统的来源，只是我们现在拥有它并且它处于某个特定状态。例如，如果我们说"这是一个初始化在 0 状态的比特"，那么只要我们保证它当前处于状态 0 且它可用于执行一些进一步的计算，我们就不在乎它之前的历史，或者当我们说"这里有一个新鲜的生马铃薯"时，只要我们知道我们有一个新鲜生马铃薯可以用来做成薯条，我们就不在乎它来自谁的农场或使用了哪种动物的肥料。

- 效应是没有任何输出的过程。我们从量子理论中借用了该术语，量子效应在量子理论中起着关键作用。从现在开始，我们将它们表示如下：

效应的概念与状态的概念是对偶的，因为状态始于系统，之后又一无所有——抑或我们根本不在乎我们之后的状态。效应的最简单例子包括丢弃一个系统，此系统被销毁（或被忽略）。更普通的效应是指那些可能发生也可能不会发生的事情，具体则取决于系统的实际状态。例如，"炸弹爆炸""光子被吸收""所有食物都被吃掉了"或"渡渡鸟灭绝了"都可以被认为是效应，因为这之后炸弹、光子、食物和渡渡鸟都没了。

从操作上讲，效应被用来为"测试"建模。当我们说一个效应"发生"时，这意味着我们测试了一个系统是否满足某个特性并获得"是"作为答案，然后我们丢弃该系统，或者（通常是）在验证的过程中系统被销毁。总而言之，一个测试包括：

1）一个关于系统的问题。

2）一个让人们能够验证这一问题的程序。

3）一个获得"是"作为答案的事件，即效应"发生了"。

因此，测试的概念不仅仅是回答问题。例如在作画时，有人可能会问一个问题："这是一支红笔吗？"对此问题进行的相应测试包括：拿一张纸，然后用笔在上面书写，并且观察颜色的确是红色。当然在这种情况下，笔（通常）不会被破坏。真正的破坏会发生在当有人问"这是一支能用的火柴吗？"这样的问题时，对此问题进行的相应测试将包括尝试点燃火柴并成功完成，这之后火柴就烧光了。丢弃系统的行为也是一种测试，尽管是最普通的那种。在验证了适用于系统任何状态的某些属性（例如"此系统存在吗？"）后，我们将其丢弃。当然这是一个非常愚蠢的测试，因为没有获得任何信息，但是系统却丢失了。

乍一看，测试似乎不仅仅是"反向准备程序"。但是如果我们假设准备程序可能会失败（在实验室中经常发生这种情况），那么我们会看到概念确实是对称的。准备程序包括：

1）一个我们希望系统所处的状态。

2）一个可以使系统处于该状态的程序。

3）一个获得"是"的事件，即状态已成功准备好。

当然，与测试不同，我们可以一直重试直到准备成功（或者直到我们用光了资金），因此我们倾向于无视第 3 部分。

当我们组合状态和效应时，出现了第三类特殊框：

$$\text{(图)}$$

- 数字是没有任何输入或输出的过程。从现在开始，我们将它们表示为：

$$\langle \lambda \rangle$$

或有时简单记作：

$$\lambda$$

此时，你可能会说"等一下！我已经知道数字是什么，它与没有输入和输出的过程没有任何关系"好吧，你在学校学到的数字（例如整数、实数，也可能是复数）都是这种非常普通的"数字"。

那么什么是没有输入或输出的过程呢？很好，由于 ⊗ – 组合（或者在这种情况下一样表现的 ○ – 组合），它们只是一组可以"相乘"的事物。也就是说，如果 λ 和 μ 是数字，则：

$$\lambda \otimes \mu := \langle \lambda \rangle \ \langle \mu \rangle$$

也是一个数字。另外我们在 3.2.4 节中曾看到过图形的规则，因此这种"乘法"也是可结合的：

$$(\lambda \otimes \mu) \otimes \nu = \langle \lambda \rangle \ \langle \mu \rangle \ \langle \nu \rangle = \lambda \otimes (\mu \otimes \nu)$$

 并具有一个由空图给出的单位元：

$$\lambda \otimes 1_I = \langle \lambda \rangle \begin{array}{|c|} \hline \\ \hline \end{array} = \lambda$$

最后，由于没有输入和输出，数字可以在图形中自由移动，甚至可以稍微嗨舞一下：

$$\frac{\langle \lambda \rangle}{\langle \mu \rangle} = \frac{\langle \lambda \rangle}{\langle \mu \rangle} = \langle \lambda \rangle \ \langle \mu \rangle = \frac{\langle \mu \rangle}{\langle \lambda \rangle} = \frac{\langle \mu \rangle}{\langle \lambda \rangle} \quad (3.24)$$

可以稍微嗨舞一下表明数字的乘法是可交换的。因此我们所说的"数字"是由一组可以"相乘"的事物组成的，并且该乘法运算是可结合、可交换的，并且具有一个单位元（即，一个能表示"1"的可选数字）。听起来有点熟悉吗？数学家称其为可交换幺半群。其他人会称其为"几乎是任何你能想象的数字"。

备注 *3.33   式（3.24）中显示的这一非常简单的小证明被称为 Eckmann–Hilton 原则。它通常表明，只要我们有一对可结合的运算（在这种情况下是指专门用于数字的 ⊗ 和 ○ 运算），它们就可使用相同的单位元（两种情况下均为 1_I）并满足交换律（3.16）（当然这是图形的自带性质），这两个运算都是可交换的，实际上本是相同的运算。在这里我们用它来证明 ⊗（或等同的 ○）为我们提供了对任何过程理论中的数字都可交换的"乘法"运算。

那么我们应该如何解释这样一个事实呢，即当一个状态遇到某种效应时，就会产生一个数字？一种非常有用的解释是，在系统处于特定状态的情况下，该数字给出了效应发生的概率。或者就测试而言，这是当我们针对效应 π 测试状态 ψ 时得到"是"的概率：

$$（3.25）$$

我们将此称为广义的玻恩定则。在这里，我们说"广义"是因为它在任何过程理论中都是有意义的。我们将在第 6 章中看到，通过局限于**量子映射**中的理论，我们获得了用于计算量子理论中所有概率的法则，简称为玻恩定则。

备注 *3.34　熟悉量子理论的读者可能会认为，在式（3.25）中，我们获得了一个复数（又称为"振幅"），而不是概率，然后必须将其乘以其共轭数以获得概率。如果我们要处理的是普通的古老的**线性映射**，则确实是这种情况。但是**量子映射**的这一步是"内置的"，因此数字始终会是正实数。在下面的示例 3.37 中，我们指出式（3.25）的确能在量子理论中产生正确概率，而在 6.1.1 节中，我们说明了在**量子映射**理论中，一种内建式的从复数到概率的传递是如何通过将数字与其共轭数相乘来实现的。

在许多物理理论中，特别是在量子理论中，状态被认为是某个集合（或空间）中的元素，过程则被视为集合或空间之间的函数。

数字则又是另一回事了，而在许多情况下效应似乎也没有明显的对应关系。但是在图形语言中，我们将状态、效应和数字都作为过程的特殊情况构建在相同的基础上。这将会变得非常方便，因为我们可以为任意过程定义许多概念并可将这些概念立即应用于所有这些特殊情况。

我们现在将可在我们目前为止所遇到的过程理论中看到所有这些特殊类别的过程到底是什么样的。

示例 3.35（函数）

1）状态对应于集合中的元素。由于"无线"是指单个元素的集合 {∗}（见 3.3.1 节），因此状态是从 {∗} 到另一个集合 A 的函数。此函数"指向"单个元素 $a \in A$，即 ∗ 的映像：

$$\overset{\triangledown}{a} \quad :: \quad * \mapsto a$$

反过来，对于每个 $a \in A$，都有一个唯一的函数将 ∗ 发送给 a，因此 A 的元素与从 {∗} 到 A 的函数在本质上是同一件事，这使我们可以合理地将此函数简单称为 a。如果让 $A := \mathbb{B}$，则会恰好有两种状态：

$$\overset{\triangledown}{0} \quad :: \quad * \mapsto 0 \qquad\qquad \overset{\triangledown}{1} \quad :: \quad * \mapsto 1$$

2）效应是很无趣的。对于任何集合 A，从 A 到 {∗} 都只有一个函数，即将 A 中的所有元素都发送到 ∗ 的函数。因此我们甚至都不必给它起个名字。再次让 $A := \mathbb{B}$，这种唯一的响应是：

$$\triangle \quad :: \quad \begin{cases} 0 \mapsto * \\ 1 \mapsto * \end{cases}$$

3）数字也很无趣——与效应无趣的原因是一样的。由于数字是效应的特例，因此只有一个数字，即将 ∗ 发送到 ∗ 的函数。这个唯一的数字已经由空白图形来表示，因此我们甚至不需要去画它！

因此总而言之，A 类型的状态是 A 中的元素，但是函数的自由度不足以获得有趣的效应和数字。

让我们看看如果我们把这些归纳到关系上会发生什么。

示例 3.36（关系）

1）状态对应于集合的子集（也称为"非确定性"元素）。状态是从单个元素的集合 $\{*\}$ 到另一个集合 A 的关系，因此它会使 $*$ 与 A 中的零个或多个元素相关。就像我们通过集合元素在函数中命名状态一样，我们也可以通过 $*$ "指向"的子集 $B \subseteq A$ 在关系中命名状态：

$$\underset{B}{\triangledown} :: * \mapsto B$$

当 $A := \mathbb{B}$ 时，**关系**中有四个状态与 $\{0, 1\}$ 的四个子集一一对应：

$$\underset{\varnothing}{\triangledown} :: * \mapsto \varnothing \qquad \underset{0}{\triangledown} :: * \mapsto \{0\} \qquad \underset{1}{\triangledown} :: * \mapsto \{1\} \qquad \underset{\mathbb{B}}{\triangledown} :: * \mapsto \mathbb{B}$$

与**函数**中一样，我们也有状态 0 和 1，与它们相对应的系统肯定处于各自的这两个状态中。我们可以将状态 $\mathbb{B}$ 解释为系统处于两个状态 0 或 1 的任意一个中。状态 $\varnothing$ 对则对应于系统既不处于 0 也不处于 1，即系统处于一个"不可能"状态。

2）效应也对应于子集。从集合 A 到 $\{*\}$ 的关系由包含所有 $a \mapsto *$ 且 $a \in A$ 的子集 $B \subseteq A$ 唯一定义，其中对于 $A := \mathbb{B}$，所有可能的效应是：

$$\overset{\varnothing}{\vartriangle} :: \begin{cases} 0 \mapsto \varnothing \\ 1 \mapsto \varnothing \end{cases} \quad \overset{0}{\vartriangle} :: \begin{cases} 0 \mapsto \{*\} \\ 1 \mapsto \varnothing \end{cases} \quad \overset{1}{\vartriangle} :: \begin{cases} 0 \mapsto \varnothing \\ 1 \mapsto \{*\} \end{cases} \quad \overset{\mathbb{B}}{\vartriangle} :: \begin{cases} 0 \mapsto \{*\} \\ 1 \mapsto \{*\} \end{cases}$$

效应 0 和 1 可以解释为分别验证系统处于状态 0 或 1 的测试。效应 $\mathbb{B}$ 可以解释为一个普通的测试，当系统处在 0、1 和 $\mathbb{B}$ 三个"可能"状态中的任何一个时，它给出一个"是"的答案。而效应 $\varnothing$ 是"不可能"效应，这种情况永远不会发生。

3）有两个数字编码 分别对应"不可能"和"可能"。从集合 $\{*\}$ 到其自身有两种关系，即空关系和恒等关系：

$$\varnothing :: * \mapsto \varnothing \qquad\qquad \boxed{} :: * \mapsto \{*\}$$

我们将这两个编码数字解释为不可能和可能，这对在检查系统是否处于特定状态时所发生的事情很有意义。首先，我们考虑：

$$\overset{0}{\underset{0}{\vartriangle\!\!\triangledown}} = \boxed{}$$

如果系统处于状态 0，则在测试效应 0 时应该是可能获得肯定的结果。当然是确有可能，而且实际上这应该总会发生！但是由于在**关系**中没有"确定"的数字，因此"可能"是我们能得到的最多的。接下来，考虑：

$$\overset{0}{\underset{\mathbb{B}}{\vartriangle\!\!\triangledown}} = \boxed{}$$

如果状态为 0 或 1，则可能（但不再肯定）测试 0 会得到肯定的结果。最后考虑：

= ∅

如果系统处于状态 0，则测试 1 确实不可能给出肯定的结果。

以下加星号的示例使用了一些符号，这些符号将在接下来的两章中介绍。但是那些已经熟悉量子理论的人可能会发现它很有用。其他读者现在应该跳过此示例。

示例 *3.37（量子映射）   量子映射为表达完备正映射提供了一种特别优雅的方法，其中混合的量子态、量子效应和概率都是其中的特例。第 6 章的大部分内容都专门针对它们，但是在这里为了使那些已经熟悉量子理论的人受益，我们先提供个第一印象。我们在这里使用传统的术语和符号，而不是第 6 章介绍的更多基于过程理论的版本。

1）状态对应于密度算子。这些被描绘为：

完备正映射 $\mathcal{E}$ 对状态 ρ 的作用，即：

$$\mathcal{E} :: \rho \mapsto \sum_i A_i^\dagger \rho A_i$$

被描绘为：

2）效应是正线性函数。这些被描绘为：

对于一些正算子 A。它们对状态 ρ 的作用，即：

$$\rho \mapsto \mathrm{tr}(A\rho)$$

（其中 tr 是矩阵的迹）被描绘为：

（3.26）

迹本身是一个特例：

$$\rho \mapsto \mathrm{tr}(\rho)$$

它代表"丢弃系统"，并被描绘为：

迹 −1（对于状态）和迹 − 保持（对于完备正映射）的条件分别被写为：

65

3）数字是正实数。玻恩定则（3.25）现在采用式（3.26）的形式，并且确实产生正实数，这些实数被解释为概率。

读者可能会感到惊讶的是，密度矩阵被描述为状态，即没有输入，而不是被描述为输入－输出过程（见密度"算子"），而完备正映射被描述为输入－输出过程，而不是某种将输入－输出过程带到输入－输出过程的东西（见"超级算子"）。这是我们定义量子映射的方式带来的结果，这当然是结果，因为现在这些图反映了量子态／效应／过程的真实性质。

3.4.2 说说不可能：零图

（非函数）关系的一个极端例子是零关系。在这些关系中，"什么都没有与什么都没有相关联"。即不存在 $a \in A$ 和 $b \in B$ 使得 $R :: a \mapsto b$ 成立或等同于下图：

$$\boxed{0} :: a \mapsto \varnothing$$

我们已经遇到了其中一些，即：

$$\nabla :: * \mapsto \varnothing \qquad \triangle :: \begin{cases} 0 \mapsto \varnothing \\ 1 \mapsto \varnothing \end{cases} \qquad \varnothing :: * \mapsto \varnothing$$

[66]

这里的每一个都表示某种"不可能"。

由于效应代表我们用来成功验证了某个问题的测试，对于某些状态，这种效应可能根本是不可能的。那么如果用图形语言来组合状态和效应，我们会得到什么呢？我们当然应该得到一个对应于"不可能"的数字。这些不可能的数字或更一般的不可能的过程，在过程理论中具有优雅的特征。

对于**关系**的特定情况，不难发现零关系与任何关系的串行和并行组合都是零关系。对于一般过程理论，假设在给定状态 ψ 下不可能获得效应 π，则数字：

$$0 = \frac{\pi}{\psi}$$

应该代表不可能。当然如果一个较大过程的其中一部分是不可能的，那么整个过程也是不可能的，因此：

$$\boxed{0} := 0 \; \boxed{f}$$

对于任何 f 也应该是不可能的。因此如果我们想容纳我们语言中的不可能，那么对于每种可能的输入和输出类型，应该都有一个零过程，该过程遵循以下的组合规则：

$$\frac{\boxed{0}}{\boxed{f}} = \frac{\boxed{f}}{\boxed{0}} = \boxed{0} \qquad \boxed{0}\;\boxed{f} = \boxed{\quad 0 \quad} \qquad (3.27)$$

练习 3.38 证明如果存在满足式（3.27）的零过程，那么对于任何给定类型的输入和输出系统，它都是唯一的。

因此，就像将数字乘以零总是得到零一样，零过程"吸收"了那些零过程在其中发生的任何图形。换句话说，任何包含零过程的图形本身就是零过程。由于零过程的独特性，我们将其写为"0"，而忽略其输入和输出线：

$$
\begin{array}{c}
h \\
\boxed{0}\ \boxed{f} \\
g
\end{array} = 0
$$

这里要记住的要点是 0 不是空图，因为空图可以与任何图相连，而无须更改它。另一方面，零会"吞噬"它们周围的所有东西！

3.4.3 "只差一个倍数"就能相等的过程

本书中许多实例的数字是最重要的，特别是当使用玻恩定则（3.25）来计算概率时。但是在其他情况下，它们只是小讨厌而已。例如我们可能只对过程的某些定性方面感兴趣，比如它是否可分离为不连接的块（见 4.1.1 节），在这种情形下，数字是不起作用的。在其他情形下，我们可以通过在整个计算过程中忽略数字而直到最后才把它们计算出来使生活变得更轻松。因此我们将引入一些符号来处理这种情况：

定义 3.39 两个过程"只差一个倍数"就能相等，写成：

$$\boxed{f} \approx \boxed{g}$$

如果存在非零数 λ 和 μ，使得：

$$\lambda\ \boxed{f} = \mu\ \boxed{g} \tag{3.28}$$

我们要求 λ 和 μ 不能为零，因为如果这样的话任何事物都会与其他任何事物有 $\approx$ 关系：

$$0\ \boxed{f} = 0 = 0\ \boxed{g}$$

这样就不会特别有用。将正确地取而代之的是，唯一 ≈ 0 的就是零本身。

练习 3.40 假设过程理论中没有零除数，即对于所有过程 f 和数字 λ，当且仅当 $\lambda = 0$ 或 $f = 0$ 时，我们才有 $\lambda f = 0$。证明如下：

$$\boxed{f} \approx 0 \implies \boxed{f} = 0$$

关系 $\approx$ 的一个幸运的特征是，它与图形可以配合得很好。例如，假设 $h \approx h'$，则有：

$$
\langle\lambda| \begin{array}{c} g \\ \boxed{f}\ \boxed{h} \end{array}
=
\begin{array}{c} g \\ \boxed{f}\ \langle\lambda|\boxed{h} \end{array}
=
\begin{array}{c} g \\ \boxed{f}\ \langle\mu|\boxed{h'} \end{array}
=
\langle\mu| \begin{array}{c} g \\ \boxed{f}\ \boxed{h'} \end{array}
$$

因此，对于任何包含 h 的图，我们都有：

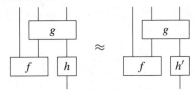

即使我们在计算中忽略数字，也能在最后再将它们恢复。假设我们已经确定：

$$\boxed{f} \approx \boxed{g}$$

如果存在状态 ψ 和效应 π，使得：

$$\boxed{f}_{\psi}^{\pi} \neq 0 \neq \boxed{g}_{\psi}^{\pi}$$

那么将 f 和 g 夹在式（3.28）中，我们会得到：

$$\lambda \boxed{f}_{\psi}^{\pi} = \mu \boxed{g}_{\psi}^{\pi}$$

其中所有数字都不为零。因此只要过程理论中的数字不是太疯狂，我们就可以找出为了获得相等性而必须满足的 λ 和 μ。

3.4.4 Dirac 符号

在本章中，我们充分强调了图形的优点，其中大部分来自可以编写二维过程的自由。借助现代技术，这些图形可以非常容易地插入教科书中。但是事情并不总是那么美好。现在让我们看看如果尝试将图形转换为一种可以用一台好的老式打字机轻松打出来的符号，将会获得多大的收益。

我们关于状态和效应的初始约定如下：

D1： $\underset{\psi}{\triangledown}$ 写为$|\psi\rangle$，并称为一个"Dirac ket"。

D2： $\overset{\pi}{\triangle}$ 写为$\langle\pi|$，并称为一个"Dirac bra"。

我们现在还可以考虑状态和效应的组合：

D3： $\overset{\pi}{\underset{\psi}{\triangle\triangledown}}$ 写为$\langle\pi|\psi\rangle$，并称为一个"Dirac bra(c)ket"。

就像我们的命名所表明的那样，这种表示法是由物理学家保罗·狄拉克（Paul Dirac）提出的，专门用于描述量子理论。当今大多数量子理论教科书中仍广泛使用它。

备注 3.41 我们略微偏离了通常的 Dirac 符号，因为我们缺少对图形语言进行实质性的改进以给出一个完整的说明，即将 ket 变成 bra 的能力。我们将在 4.3.3 节中讨论这个并提供 D2

和 D3 的改进版本。

请注意，有一个非常简单的方法可以将状态和效应图转换为 Dirac 符号：

因此，在进行一些切割和旋转之前，狄拉克（Dirac）符号实际上是我们的图形符号的（一维）子集。考虑到这一点，让我们继续在一维线条上进行图形匹配的游戏：

D4： 写为 $|\psi\rangle\langle\pi|$。

对于不是状态或效应的过程，我们将整个框剪掉，并仅通过从右到左的书写过程来书写串行组合：

70

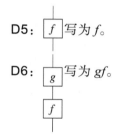

D5： 写为 f。

D6： 写为 gf。

然后利用这样的事实，对于数字 λ、μ，我们有 $\lambda \otimes \mu = \lambda \circ \mu$，我们可以得到以下表达式：

Ex： 能被写为 $\langle\pi|f|\psi\rangle\langle\xi|g|\phi\rangle$。

但是当线和框真正都排在一起时，例如当考虑带有两条线进出的框时，事情会理所当然地变得更加棘手。我们可以通过在 ket 或 bra 内书写多个状态或效应以表示并行组合来取得一些进展：

D8： 写成 $|\psi\phi\rangle$。

D9： 写成 $\langle\pi\xi|$。

因此，我们得到：

Ex： 可被写为 $\langle\pi\xi|f|\psi\phi\rangle$。

但是一旦这些图变得更加复杂，我们将不得不使用"⊗"或采用其他技巧来使并行组合更明确，例如让 $f_A := f \otimes 1_B$ 和 $g_B := 1_A \otimes g$，然后设定：

D10： $\boxed{f}\ \boxed{g}$ 可被写为 $f_A g_B (= g_B f_A)$。

当然这仍是模棱两可的，除非已经知道我们正在使用某种系统 $A \otimes B$，并且很快我们就需要开始要求额外的等式，如 3.2.4 节所述。

通过坚持使用图形，可以立即解决所有以上这些问题，而且幸运的是，我们中很少还有人在使用打字机。技术在不断发展，现在有一些很棒的工具可以绘制图形（相当多），就像在键盘上键入狄拉克风格的公式一样容易。

3.5 本章小结

1）图形由以过程标记的框和以系统类型标记的线组成：

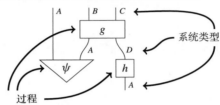

图形到处都是（无处不在）。

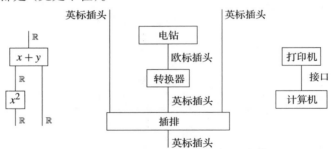

我们可以通过两种方式从旧图形等式中获得新的图形等式：

① 图形变形：

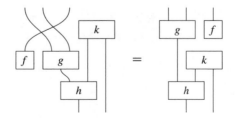

② 图形代换：

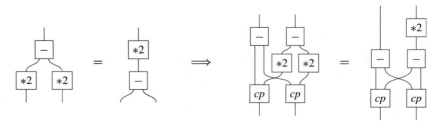

2）过程理论是可以连接在一起的过程的集合。它告诉我们如何解释图中的框和线，例如：

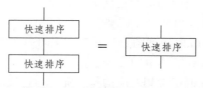

以及"将过程连接在一起"的含义。这样做还可以告诉我们哪些图形表示相同的过程，例如：

$$\boxed{\begin{array}{c}\text{快速排序}\\\hline\text{快速排序}\end{array}}\ =\ \boxed{\text{快速排序}}$$

例子包括**函数**、**关系**、**线性映射**（在第 5 章中定义）、**经典过程**（在第 8 章中定义）、**量子映射**（在第 6 章中定义）和**量子过程**（在第 8 章中定义）。

3）并行组合"⊗"和串行组合"∘"定义为：

$$\begin{array}{cc}{}^{B}\boxed{f}_{A}\ \otimes\ {}^{D}\boxed{g}_{C}\ =\ {}^{B}\boxed{f}_{A}\,{}^{D}\boxed{g}_{C}\end{array}\qquad\qquad {}^{C}\boxed{g}_{B}\ \circ\ {}^{B}\boxed{f}_{A}\ =\ \begin{array}{c}{}^{C}\boxed{g}\\\boxed{f}_{A}\end{array}$$

4）线路图是一类重要的图形。它们具有以下两个等价的特征：

该图不包含有向循环。也就是说，信息从下到上流动而不会"反馈"到之前的过程：	可以通过运算⊗和∘以及包含幺元和交叉的框来构造该图：
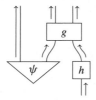	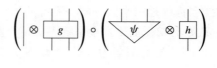

73

5）缺少输入、输出或同时缺少输入和输出的过程具有特别的名称：

状态：　$\bigtriangledown\!\!{}_{\psi}$　　　效应：　$\bigtriangleup\!\!{}^{\pi}$　　　数字：　$\diamond\!\!{}_{\lambda}$

这些特殊过程遵循广义的玻恩定则：

$$\left.\begin{array}{c}\text{效应}\ \left\{\ \bigtriangleup\!\!{}^{\pi}\\\text{状态}\ \left\{\ \bigtriangledown\!\!{}_{\psi}\end{array}\right\}\text{数字}$$

6）零过程"吞噬一切"：

$$\begin{array}{c}\boxed{h}\\\boxed{0}\ \boxed{f}\\\boxed{g}\end{array}\ =\ \boxed{0}$$

7）狄拉克符号是描述量子过程的通用语言。它是图形语言的一部分：

$$\psi \leftrightarrow |\psi\rangle \qquad \pi \leftrightarrow \langle\pi| \qquad \begin{matrix}\pi\\\psi\end{matrix} \leftrightarrow \langle\pi|\psi\rangle$$

*3.6 进阶阅读材料

本书的核心是过程理论，这些过程理论告诉我们如何解释图中的线和框，以及它们形成图形的含义，即将框连接在一起的含义。在这里，我们提出了两种不直接引用图形的过程理论定义方法，即抽象张量系统和对称幺半范畴。

实际上，当我们在 3.1.3 节中遇到图形公式时以及在 3.2 节中通过并行和串行组合运算定义线路时，我们已经分别看到了其中的一个。

那么如何构建与过程理论的定义相对应的符号呢？在定义的前两个部分中：

（i）以线表示的系统类型集合 T

（ii）以框表示的过程集合 P，其中 P 中的每个过程的输入类型和输出类型均取自 T……图形并没有扮演重要角色，只要我们明确要求每个过程都带有一个输入类型列表和一个输出类型列表（均取自 T），就可以删除"……用……表示"位。定义的第三部分涉及"图形的形成"的含义：

（iii）一种"将过程连接在一起"的方法，即将 P 中的过程图形解释为 P 中的过程的运算是需要一些不小的努力的。特别的是，我们需要提供与"将过程连接在一起"相对应的不需要引用图形的符号形式。此外，符号运算应该能产生基于这种理论的过程。

3.6.1 抽象张量系统

我们引入了图形公式作为图形的符号对应。那我们可以定义一个相应的过程理论的符号吗？以下定义正是这样做的。为了简化符号，我们将假定所有系统类型都是相同的，因此不同的线名称仅是用来区分同一系统的出现。

定义 3.42 抽象张量系统（ATS）包括：

1）对于所有命名为 $A_1, \cdots, A_m$ 和 $B_1, \cdots, B_n$ 的线，一组张量为：

$$f_{A_1 \cdots A_m}^{B_1 \cdots B_n} \in \mathcal{T}(\{A_1, \cdots, A_m\}, \{B_1, \cdots, B_n\})$$

其中 $A_1, \cdots, A_m$ 称为输入，而 $B_1, \cdots, B_n$ 称为输出。

2）单位张量：

$$1 \in \mathcal{T}(\{\}, \{\})$$

对于所有名为 A 和 B 的线都是单位张量：

$$\delta_A^B \in \mathcal{T}(\{A\}, \{B\})$$

3）如果张量的输入和输出是不同的，一个将张量组合起来的操作张量积用级联表示：

$$f_{A_1 \cdots A_m}^{B_1 \cdots B_n} g_{C_1 \cdots C_k}^{D_1 \cdots D_l} \in \mathcal{T}(\{A_1, \cdots, A_m, C_1, \cdots, C_k\}, \{B_1, \cdots, B_n, D_1, \cdots, D_l\})$$

4）对于任何名为 A 和 B 的线，称为张量缩并的操作 c_A^B 将被明确表示或通过重复上／下线的名称来表示：

$$f_{A_1 \cdots A_m}^{B_1 \cdots B_{j-1} A_i B_{j+1} \cdots B_n} := c_{A_i}^{B_j}\left(f_{A_1 \cdots A_m}^{B_1 \cdots B_n}\right)$$

直观上讲，它是将输出 B_j "连接"到输入 A_i。

$$f_{A_1 \cdots A_m}^{B_1 \cdots B_n}[A_i \mapsto A_i'] = f_{A_1 \cdots A_{i-1} A_i' A_{i+1} \cdots A_m}^{B_1 \cdots B_n}$$

5）更改线名的重索引操作：

这些操作满足以下这些条件：

1）张量积是可结合的、可交换的，并且具有幺元 1：

$$(fg)h = f(gh) \qquad fg = gf \qquad 1f = f$$

2）张量缩并 / 积的顺序无关紧要：

$$c_A^B(c_C^D(f)) = c_C^D(c_A^B(f)) \qquad c_A^B(f)g = c_A^B(fg)$$

3）与幺元缩并除了更改线名外不做任何事：

$$c_A^B(\delta_C^B f_{\cdots A \cdots}) = f_{\cdots C \cdots} \qquad c_B^A(\delta_B^C f^{\cdots A \cdots}) = f^{\cdots C \cdots}$$

4）重索引尊重幺元、张量积和缩并。

张量积和张量缩并这两个操作共同起到"将过程连接在一起"的作用。例如，下图的符号对应项：

由下式给出：

$$c_{B'}^B \left(f_A^B g_{B'}^C \right)$$

更一般而言，我们可以通过以下方式计算与图形相对应的张量：首先将其记为图形公式，然后根据张量积和张量缩并对其进行进一步分解。例如：

76

$$\rightsquigarrow \quad f^{AB} h_C^D g_{BD}^{EF} := c_{D'}^D \left(c_{B'}^B \left(f^{AB} \left(h_C^D g_{B'D'}^{EF} \right) \right) \right)$$

与 $f^{AB} h_C^D g_{BD}^{EF}$ 类似的表达式称为抽象张量符号表示。就像将图分解成 $\otimes$ 和 $\circ$ 一样，上面的表达式也不是唯一的。但是，定义 3.42 中的要求保证了任何两个这样的分解都是相等的。

就像将图分解成我们在 3.2 节中遇到的 $\otimes$ 和 $\circ$ 一样，此处的"将过程连接在一起"也分解为两个子运算。这种表示法已在数学物理学（尤其是广义相对论）中得到了广泛的应用，其中经常涉及包含许多输入或输出的运算，而这些输入或输出的连接方式仅用 $\otimes$ 和 $\circ$ 很难表达。

对于这些应用，抽象张量符号更好，原因是：通过简单地列出框及其连接，它包含了"只有可连接性才是至关重要的"的想法。这也解释了为什么我们在 3.1.3 节中看到的抽象张量符号（又称图形公式）之间的转换如此简单。

练习 *3.43　对于存在不同系统类型的更一般情况，定义抽象张量系统。

练习 *3.44　你如何将过程理论**关系**定义为抽象张量系统？（提示：请参阅 3.3.3 节末尾计算图形的关系用的"算法"。）

3.6.2　对称幺半范畴

定义过程理论的另一种象征方式是被范畴论家称作严格的对称幺半范畴的东西。从本质上讲，这可以归结为对 3.2 节中并行组合⊗和串行组合∘的运算进行公理化。把这些一次性都考虑进来会稍有点麻烦，因此让我们暂时不考虑"对称"部分，只看以下定义。

定义 3.45 一个严格的幺半范畴（SMC）$\mathcal{C}$ 包括：

1）一个对象的集合 $\mathrm{ob}(\mathcal{C})$。

2）对于每对对象 A、B，都有一组态射 $\mathcal{C}(A, B)$，

3）对于每个对象 A，都有一个特别的幺正态射（单位态射）：

$$1_A \in \mathcal{C}(A, A)$$

4）态射的串行组合运算：

$$\circ : \mathcal{C}(B, C) \times \mathcal{C}(A, B) \to \mathcal{C}(A, C)$$

5）对象的并行组合运算：

$$\otimes : \mathrm{ob}(\mathcal{C}) \times \mathrm{ob}(\mathcal{C}) \to \mathrm{ob}(\mathcal{C})$$

77 6）单位对象

$$I \in \mathrm{ob}(\mathcal{C})$$

7）用于态射的并行组合运算：

$$\otimes : \mathcal{C}(A, B) \times \mathcal{C}(C, D) \to \mathcal{C}(A \otimes C, B \otimes D)$$

需满足以下条件：

1）⊗在对象上具有结合性和幺正性：

$$(A \otimes B) \otimes C = A \otimes (B \otimes C) \qquad A \otimes I = A = I \otimes A$$

2）⊗在态射上具有结合性和幺正性：

$$(f \otimes g) \otimes h = f \otimes (g \otimes h) \qquad f \otimes 1_I = f = 1_I \otimes f$$

3）∘在态射上具有结合性和幺正性：

$$(h \circ g) \circ f = h \circ (g \circ f) \qquad 1_B \circ f = f = f \circ 1_A$$

4）⊗和∘满足互换法则：

$$(g_1 \otimes g_2) \circ (f_1 \otimes f_2) = (g_1 \circ f_1) \otimes (g_2 \circ f_2)$$

哇，看起来似乎很多！但是如果我们稍微看一下这个定义，其中的一些应该相当熟悉了。首先请注意，我们所谓的类型或系统类型在范畴论中都称为对象。类似地，我们称之为过程的东西被称为态射。集合 $\mathcal{C}(A, B)$ 应该被视为输入类型 A 和输出类型 B 的所有态射的集合。通常我们写作 $f : A \to B$ 而不是 $f \in \mathcal{C}(A, B)$。一个范畴是具有串行组合的这类集合的集合。一个幺半范畴是一样的，只是具有串行和并行组合的集合。稍后我们将详细介绍"严格"的含义。首先请注意，我们几乎具有构建线路图所需的所有要素——除交换以外的所有要素。而交换正是所谓的对称部分出现的地方。

定义 3.46 严格对称幺半范畴是具有交换态射的严格幺半范畴：

$$\sigma_{A,B} : A \otimes B \to B \otimes A$$

作为所有对象 A、B 的定义，需满足：

$$\sigma_{B,A} \circ \sigma_{A,B} = 1_{A \otimes B} \qquad \sigma_{A,I} = 1_A$$

$$(f \otimes g) \circ \sigma_{A,B} = \sigma_{B',A'} \circ (g \otimes f)$$

$$(1_B \otimes \sigma_{A,C}) \circ (\sigma_{A,B} \otimes 1_C) = \sigma_{A,B \otimes C}$$

说一个幺半范畴是**严格的**，意味着⊗是'正好'可结合和幺正的，而（非严格）幺半范畴仅要求它们是同构的。

78

定义 3.47　对象 A 与对象 B **同构**，表示为：

$$A \cong B$$

当且仅当存在一对态射：

$$f : A \to B \qquad\qquad f^{-1} : B \to A$$

使得

$$f^{-1} \circ f = 1_A \qquad\qquad f \circ f^{-1} = 1_B$$

时，态射 f 称为**同态**。

我们在自然环境中发现的大多数幺半范畴倾向于是非严格的种类。也就是说，它们的并行组合仅满足：

$$(A \otimes B) \otimes C \cong A \otimes (B \otimes C) \qquad A \otimes I \cong A \cong I \otimes A$$

我们已经在 3.3.1 节中短暂地遇到了这种情况。回想一下，⊗是根据笛卡儿积定义的。当比较集合 $(A \times B) \times C$ 和 $A \times (B \times C)$（以及集合 A 和 $A \times \{*\}$）时，我们得到的不是相等的集合，而是其中的元素是一一对应的集合：

$$((a,b),c) \leftrightarrow (a,(b,c)) \qquad\qquad a \leftrightarrow (a,*)$$

要定义非严格的幺半范畴，我们必须在范畴的定义中包括这些对应关系，即所谓的**结构同构**，并且必须假设几个（更多！）称为**相干性等式**的式子，以确保它们组合在一起时表现出合理的行为。

然而当我们在 3.3 节中定义函数和关系的过程理论时，我们为这个事实感到高兴。为什么？因为以下的相干定理。

定理 3.48　每个（对称）幺半范畴 $\mathcal{C}$ 都等同于一个严格（对称）幺半范畴 $\mathcal{C}'$。

对于所有实用目的，等价范畴是相同的。我们将在 *5.6.4 节中进一步说明其含义。定理 3.48 的证明包括通过称为**规约**的步骤对 $\mathcal{C}'$ 范畴进行显式构造。当我们决定将元素 $((a,b),c)$，$(a,(b,c))$ 和 (a,b,c) 视为"相同"时，此步骤会被隐式地使用。在本书中我们对此将不再做进一步评论。

此外，由于以下定理，我们有理由使用线路图谈论对称幺半范畴。

定理 3.49　线路图对于对称幺半范畴**合理**且**完备**，也即，当且仅当可以将同构的 f 和 g 表示为同一线路图时，才可以使用对称幺半范畴方程来证明它们相等。

79

总而言之，可以使用这种对应关系在我们的纯粹图形语言和范畴论之间转换许多概念：

$$过程理论 \leftrightarrow （严格）对称幺半范畴$$
$$过程 \leftrightarrow 态射$$
$$系统类型 \leftrightarrow 对象$$

3.6.3　一般图形与线路图

一些读者可能已经注意到，抽象张量系统和对称幺半范畴并非完全相同。对称幺半范畴对应于线路，而抽象张量系统更倾向于表示更一般的允许有向循环的图形（见定义 3.20）。但是，我们可以使这两个概念重合。

一方面，通过一个很好定义且不引入有向循环的缩并操作 c_A^B，就可以使抽象张量系统等效于严格的对称幺半范畴。

反过来，可以将"反馈循环"引入对称幺半范畴，从而获得所谓的可追迹对称幺半范畴。这些范畴假定了称为迹的附加操作：

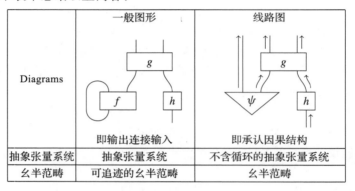

我们将在下一章的 4.2.3 节中介绍它。迹满足一些公理，以确保其行为像一个"反馈循环"，并且遵守其他范畴结构。然后，严格的可追迹对称幺半范畴等价于抽象张量系统，因此可以在不丢失任何有意义的信息的条件下将抽象张量系统转换为严格的可追迹对称幺半范畴，反之亦然，

我们可以在下表中总结以上内容：

	一般图形	线路图
Diagrams	即输出连接输入	即承认因果结构
抽象张量系统	抽象张量系统	不含循环的抽象张量系统
幺半范畴	可追迹的幺半范畴	幺半范畴

3.7 历史回顾与参考文献

使用点和线表示数学对象的组成的想法可以追溯到很久之前。流程图是一个突出的例子，这至少可以追溯到 20 世纪 20 年代（Gilbreth and Gilbreth，1922）。在物理学中，最著名的例子是费曼图。无论名字如何，现在人们认识到它们是起源于 1941 年左右的恩斯特·斯图克伯格（Ernst Stueckelberg）的工作，后来才在 1947 年左右由理查德·费曼（Richard Feynman）独立地重新推导得到。费曼得到诺贝尔奖之后在 CERN 的一个讲座中提到了这一事实（在斯图克伯格离开房间的那一刻）："他做了那些工作，却独自一人走向日落；然而我却在这里，获得了这些理应归功于他的荣耀！"（Mehra，1994）。

彭罗斯（Penrose，1971）第一个引入了我们在本书中使用的这种特定的图形，作为他也曾引入过的抽象张量表示法的替代品（见 *3.6.1 节）。实际上，他还在读本科时就已经开始使用图形（Penrose，2004）。

保罗·狄拉克（Paul Dirac）在书（Dirac，1939））中介绍了他的新符号。在 Coecke（2005）的书中观察到了 Dirac 符号与在字符串图中描述状态和效应的三角符号法之间的联系。将图形本身视为基本结构而不是类别的想法最近在量子基础社区中变得很流行。例如，它已被用于设计量子理论和量子引力理论的替代公式的工作（Chiribella et al.，2010；Coecke，2011；Hardy，2011，2013b）。

许多人不愿意将图形作为一种严格的数学语言（在 3.1.3 节中提到），这可能主要是由于 Bourbakimindset，数学在 20 世纪的大多数时间里都在被讲授。Bourbaki 集体的目标是在集合论的基础上创立所有数学（Bourbaki，1959—2004）。应该对科学博客的开创者 John Baez

表示赞赏，他凭借出色的教学技巧设法使许多图形的惊人之处让人信服。他以前每周的专栏"本周的数学物理发现"仍然是有关图形推理的重要资源（Baez，1993—2010）。

线路图与代数结构（以对称幺半范畴的形式，参见定理3.49）之间的联系是在文献（Joyal and Street，1991）中建立的，其中线路图被称为"渐进极化图"。在文献（Joyal et al.，1996）中介绍了迹的对称幺半范畴及其图形符号。但是与"紧密闭合类"（其图为字符串图，我们很快就会遇到）密切相关的符号已经早为人们所熟知。下一章中的历史回顾与参考文献中提供了适当的参考。

图形化语言对所跟踪的对称幺半范畴的正确性的证明已在各种论文中进行了概述（Hasegawa et al.，2008），在文献（Kissinger，2014a）中给出了完整的证明。在 Joyal 和 Street 的工作之后，这些图形和相应的代数结构出现了很多变化（Selinger，2011b）。

Monoidal 类别本身是由 Benabou（1963）首次引入的。关于连贯性的定理3.48对于将幺半范畴与图联系起来至关重要，最早由 Mac Lane（1963）提出并证明。式（3.24）中的"稍微嗨舞一下"，也就是 Eckmann-Hilton 的论点，来自 Eckmann and Hilton（1962）。

Penrose（1971）在引入相应的图形符号的同时引入了抽象张量系统及其相关的"抽象索引符号"，以便讨论各种多线性映射而无须事先确定基础。现在，这种表示法在理论物理学尤其是广义相对论中非常普遍。Penrose（2004）为一般读者提供了介绍。Kissinger（2014a）给出了抽象张量系统和跟踪的对称幺半范畴之间的等价关系。

如果你想了解更多关于一般范畴论的知识，可以从一些不错的起点入手：关于范畴与逻辑之间联系的 Abramsky and Tzevelekos（2011）的文献；关于对称幺半范畴概念的普遍性的 Coecke and Paquette（2011）的文献；指出范畴结构在物理学中的作用 Baez and Lauda 的文献。数学家的标准教科书是 Borceux（1994a，b）和 Mac Lane（1998）的文献；计算机科学家的标准教科书是 Barr and Wells（1990）和 Pierce（1991）的文献；逻辑学家的标准教科书是 Lambek and Scott（1988）和 Awodey（2010）的文献。在范畴论的语境中，态射表示过程的想法主要出现在计算机科学的应用程序上下文中，在计算机科学中，程序由范畴中的态射表示，数据类型是对象。在逻辑上类似，证明可以用范畴中的态射来表示，以命题为对象。态射、程序和证明的这种三重效果都与所谓的 Curry-Howard-Lambek 同构（Lambek and Scott，1988）有关。

本章开头的引文摘自 Bohm and Peat（1987）的文献。如1.3节所述，Bohm 的观点在使过程本体论在物理学中显得更加突出起着关键作用。

字 符 串 图

当两个我们可以通过了解它们各自的表象知晓其状态的系统由于它们之间已知力的作用而进入暂时的物理相互作用，在相互影响一段时间之后，当两个系统再次分离时，则无法再将它们像以前一样在各自的表象中进行描述，我不认为它仅是量子力学的一个独有特性，而认为它是量子力学的终极特性，它使量子力学完全脱离了经典的思想体系。

——埃温·薛定谔（Erwin Schrödinger），1935

到 1935 年，薛定谔已经意识到，量子理论与我们所接受的经典观念之间最大的鸿沟是，当涉及量子系统时，整体不仅仅是其各个部分的总和。例如在经典物理学中，可以通过首先完整描述第一个系统的状态，然后完整描述第二个系统的状态，来完整描述两个系统的状态，比如两个物体放在一张桌子上。这是人们对经典的、可分离的宇宙所期望的基本特性。但是正如薛定谔指出的那样，存在一些量子理论所预测的状态（并且在实验室中观察到了！），这些状态没有遵循关于物理世界的"显而易见"的定律。薛定谔称这种新的、完全非经典的现象为 Verschränkung（德语"纠缠"），后来翻译为主流的科学语言纠缠。

量子图形化就是专门研究部分如何组成整体的方法。与薛定谔的观点一样，我们认为多重相互作用系统（尤其是不可分离系统）的作用应在量子理论的研究中占据中心位置。

在下一节中，我们将很容易地说出过程在图形上的可分离意味着什么。从字面上看，这意味着可以将其分解为彼此不相连的部分。另一方面，加强的不可分离性要求我们完善图形语言。为此我们引入称为杯和盖的特殊状态和效应。直观地讲，杯和盖表现得就像"弯下腰"的线一样。尽管经典世界中的所有状态都是分开的，但是这些状态和效应显然是不可分离的，因此具有至关重要的量子特征：

$$\frac{\psi_1 \quad \psi_2}{\smile} = \frac{可分离}{不可分离} = \frac{经典}{量子} \qquad (4.1)$$

除了杯和盖之外，我们还将在图形语言中添加伴随符号，我们将其描绘为图形的垂直翻转。此翻转操作将每个状态 ψ 与测试"给定状态与 ψ 的相似程度"的对应的效应相关联。这与 Dirac 符号有直接的相似之处，即可将 ket 翻转变成 bra。它将在建模可逆状态演化（幺正过程）、量子测量（投影和正则过程）以及与量子测量相关联的概率（通过内积）等方面发挥关键作用。

通过在图中添加盖、杯和翻转得到的新图称为字符串图，并且我们已经开始看到使用字符串图的语言将会产生一些惊人的非经典行为。

例如，在 4.4.4 节中我们已经遇到了量子隐形传态。与该特征有关的一个事实是盖和杯搅乱了我们对按串行组合的过程进行固定时间排序的能力，这一点将在 4.4.3 节中介绍。我们还将遇到几个关于字符串图的"不可行"定理。也就是说，我们将证明在经典的（确定性）物理过程中我们希望拥有的几个属性实际上在允许字符串图的过程理论中是不可能的。一个

"不可行"定理的例子就是不可克隆定理，它说的是在任何允许字符串图的过程理论中，不可能有一个克隆过程，也就是说，一个以任何状态为输入并返回两个副本的过程都是不可能的。

备注 4.1 在本章中，我们要谨慎地说成"不可分离"而不是"纠缠"。对于称为"纯态"的一类量子态（在 6.1 节中介绍），"不可分离"和"纠缠"的概念确实是重合的。但是，对于更一般的状态，识别量子纠缠会更加微妙。因此我们将推迟到 8.3.5 节再给出最一般的量子纠缠概念。

4.1 杯、盖和字符串图

在本节中，我们首先给出可分离性的正式定义，从而同时也给出了不可分离性的定义。接下来，我们通过过程－态对偶性的原理来引出字符串图，此原理描述了复合系统的状态和过程之间的对应关系，这在量子理论中被称为 Choi-Jamiołkowski 同构，并从根本上与不可分离性相关。

然后我们以两种等价的方式介绍字符串图的定义。第一种方式是使用用于定义过程－态对偶性的"盖"和"杯"来扩展描述线路图的语言。第二种更简单的方式是单纯允许图形中的线以任意方式与过程连接，包括将输入连接到输入，将输出连接到输出。

84

4.1.1 可分离性

定义 4.2 二分态 ψ 是两个系统的状态，我们称这种状态 $\otimes$－可分离，如果存在状态 ψ_1 和 ψ_2 使得：

$$\psi = \psi_1 \; \psi_2 \tag{4.2}$$

下面是过程理论中所有二分态都是 $\otimes$－可分离的一个例子。

命题 4.3 **函数**中的所有二分态都是 $\otimes$－可分离的。

证明 在示例 3.35 中，我们看到**函数**的状态完全由它们"指向"的元素定义。如果对于二分态，这个元素是 $(a_1, a_2) \in A_1 \times A_2$，那么我们将该状态表示为：

$$\frac{A_1 \quad A_2}{(a_1, a_2)}$$

现在我们可得到： $\square$

$$\frac{A_1 \quad A_2}{(a_1, a_2)} = \frac{A_1}{a_1} \; \frac{A_2}{a_2}$$

因为这两个状态都指向同一个元素。

另一方面，有许多（更有趣的！）过程理论包含非 $\otimes$－可分离的二分态，即状态是 $\otimes$－不可分离的。

命题 4.4 **关系**中有 $\otimes$－不可分离的二分态。

证明 回想示例 3.36 中，**关系**中的状态是由子集表示的。考虑以下二分态： $\square$

$$\frac{\mathbb{B} \quad \mathbb{B}}{C} :: \begin{cases} * \mapsto (0, 0) \\ * \mapsto (1, 1) \end{cases}$$

那么
$$C = \{(0,0),(1,1)\} \subseteq \mathbb{B} \times \mathbb{B}$$

[85]   为了矛盾起见，假设：

对于某个 $B, B' \subseteq \mathbb{B}$。那么，通过式（3.22）：

也即：

$$(b, b') \in C \iff b \in B \text{ and } b' \in B'$$

由于 $(0, 0) \in C$，可以得出 $0 \in B$。类似地，$(1, 1) \in C$ 则意味着 $1 \in B'$。但是这两个事实意味着 $(0, 1) \in C$，导致了一个矛盾。   □

该证明的症结在于（非单重态）集合：

$$\{(0,0),(1,1)\}$$

不能写为 $\mathbb{B}$ 的子集的笛卡儿积。而如果在**函数**中，每个这样的集合都是一个单重态，那么这都是可能的。

与 $\otimes$ – 可分离性密切相关的概念如下。

定义 4.5   我们称一个过程：

为 ∘– 可分离，如果存在效应 π 和状态 ψ，使得：

（4.3）

二分态的 $\otimes$ – 可分离性和过程的 ∘– 可分离性都是相应图形"断开连接"的例子。只要没有混淆，在这两种情况下，我们都将简单地说"可分离"。

而且，这两个可分离性概念在以下意义上彼此相关。

[86]   • 如果过程 f 是 ∘– 可分离的，则对于任何二分态 ϕ，以下状态都是 $\otimes$ – 可分离的

其中

• 如果状态 ψ 是 $\otimes$ – 可分离的，那么对于任何二分效应 π，以下过程都是 ∘– 可分离的：

其中：

前面我们还看到，在**函数**中，所有二分态都是⊗–可分离的。那么什么样的过程理论具有全部∘–可分离过程呢？答案是，"只有真正无趣的那些！"当我们将∘–可分离的过程应用于任意状态时：

不管输入 ψ 是什么，我们都无法获得除固定状态 ϕ（忽略数字 $\pi \circ \psi$）以外的任何东西。也就是说，每个过程本质上都是一个恒定常量的过程。换一种说法：

没有任何事发生！

因此，函数理论中确实包含∘–不可分离的过程也就不足为奇了。

练习 4.6　证明函数中的幺元（即平直线）是∘–不可分离的，并描述∘–可分离的那些函数。

备注 4.7　所有过程都是可分离的，这个过程理论的终极无趣性将在本章稍后展开的几个"不可行"定理中发挥重要作用。特别的是，通过证明以下形式的一个定理，我们将证明某些陈述 P 不是真的：如果 P 是真的，则所有过程都是∘–可分离的。

因为对于任何合理的过程理论，尤其是任何物理学理论，这都是个荒谬的条件，所以我们可以将其作为 P 为假的证明。

|87|

4.1.2　过程 – 态对偶性

人们可以将一个过程变成二分态是量子理论的特征之一，反之亦然。这本身并没有什么重大意义：我们已经在上一节中演示了这种转换，以便将二分态的⊗–可分离性与过程的∘–可分离性相关联。量子理论的重大意义在于，这可以通过可逆的方式完成。也就是说，我们有一种方法可以将过程转换为二分态，然后再转换回过程，这样我们就可以获得原始的过程，反之亦然。换句话说，将过程发送到二分态和将二分态发送到过程的操作是彼此相反的。因此，在量子理论中，过程和二分态是双射对应的。

如上一节所述，我们将使用二分态和效应来相互转换过程和状态。但是我们不是只使用任意状态 / 效应对，而是对于每个系统 A 固定特殊的状态和效应：

　　　和　　　　　　　　　　（4.4）

我们分别称这些状态和效应为杯和盖。它们可用于通过以下操作将过程转换为状态并转换回来：

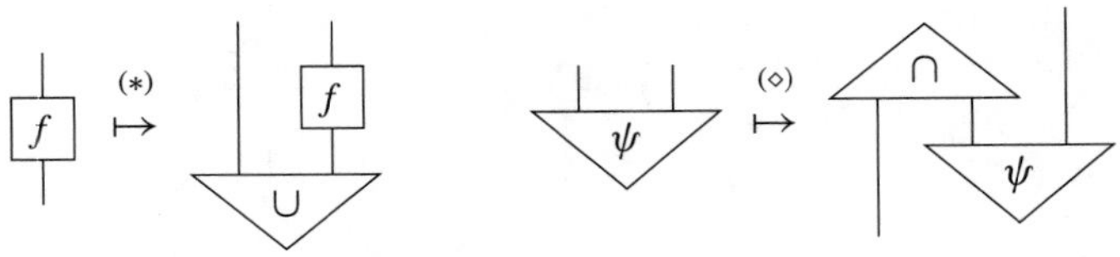

$$
\tag{4.5}
$$

定理 4.8 式（4.5）中给出的操作是彼此相反的，即它们给出过程－态对偶性，当且仅当：

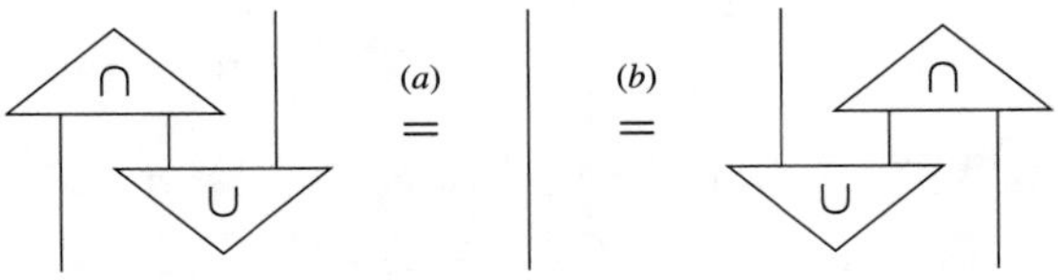

$$
\tag{4.6}
$$

在这种情况下，输入类型为 A 且输出类型为 B 的所有过程的集合与类型 $A \otimes B$ 的所有二分态的集合一一对应：

$$
\left\{ \begin{matrix} B \\ f \\ A \end{matrix} \right\}_f \cong \left\{ \begin{matrix} A \quad B \\ \psi \end{matrix} \right\}_\psi
$$

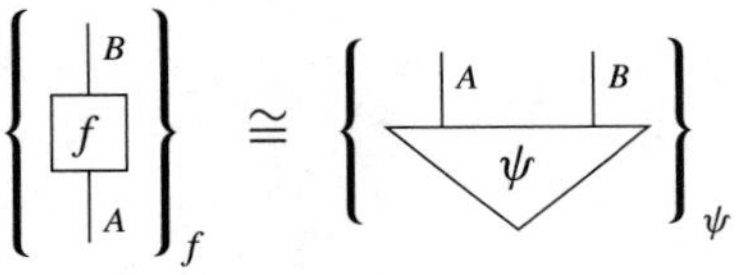

证明 首先，假设有等式（a）和（b）。那么如果我们首先将过程转换为状态然后再转换回来：

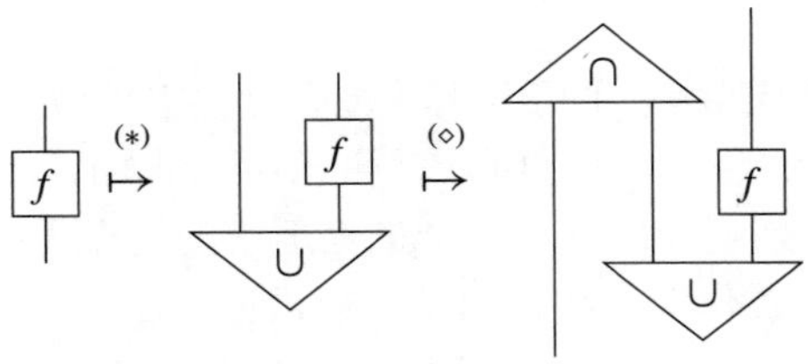

我们可以使用（a）简化回到原来的过程：

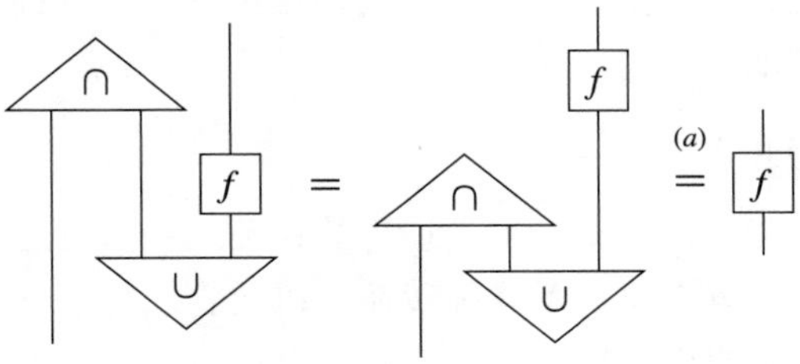

同样，从状态开始：

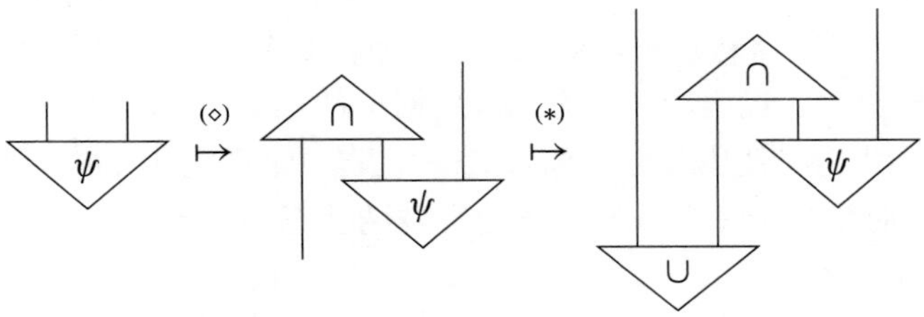

我们可以反过来使用（b）

$$\text{（b）}$$

反过来，如果式（4.5）中给出的运算是互逆的，则有：

$$\tag{4.7}$$

89

对于所有 f 和 ψ 成立。将 f 当成幺元，将立即得到（a）。使用上述等式证明（b）将留作一个练习。　□

练习 4.9　通过以下设定，利用两个过程 – 态对偶性等式（4.7）证明式（4.6b）：

练习 4.10　证明过程 – 态对偶性不适用于**函数**，但对**关系**适用。

备注 *4.11　熟悉量子理论的读者可能知道过程与状态之间的对应关系，称为 Choi–Jamiołkowski 同构性。实际上，过程 – 态对偶性是对 C–J 同构的一般化。在第 6 章中，我们将介绍**量子映射**的过程理论，在这种情况下，这种广义的 C–J 同构性实际上将是二分（也可能是混合的）量子态与完备正则映射之间我们所熟识的那种对应关系。

4.1.3　拉伸方程

用图形的形式看，式（4.6）并不是很直观，但是可以简单地通过改变表示符号来解决这个问题，我们分别将特殊的状态和特殊的效应写为 $\cup$– 形和 $\cap$– 形的线：

式（4.6）现在如下所示：

$$\tag{4.8}$$

这个表示符号表明了以下事实：可以将包含 $\cup$ 形和 $\cap$ 形的弯曲线拉成一条直线：

90

如果我们认真地进行这种图形说明，那么对于杯和盖，还有其他等式也会成立。比如我们应该能够"拉出交叉线"：

$$\text{（4.9）}$$

或者，再努力一点：

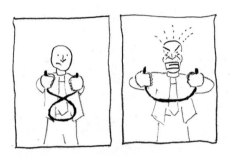

根据式（4.6）和式（4.9），我们还可以导出拉出环的等式：

$$\text{（4.10）}$$

练习 4.12   根据式（4.6）和式（4.9），证明式（4.10）或等价的以下等式：

这些实际上是我们要把任何缠结的线"拉"直的所有等式。实际上，我们还有了一些冗余，如以下命题所示。

命题 4.13   以下是等价的：

（i）满足以下条件的状态和效应：

91

（ii）满足以下条件的状态和效应：

练习 4.14   证明命题 4.13。

从现在开始，我们将把以下三个方程称为拉伸方程：

$$\cup\sim\cap = |$$

$$\times = \cap$$ (over $$\cup$$)

$$\times = \cup$$

(4.11)

示例 *4.15　量子理论中的贝尔态和贝尔效应：

$$\frac{1}{\sqrt{2}}\left(|00\rangle + |11\rangle\right) \qquad \frac{1}{\sqrt{2}}\left(\langle 00| + \langle 11|\right)$$

提供了杯和盖的典型示例。

　　在命题 4.3 和 4.4 中，我们已经看到，尽管在**函数**中所有二分态都是 $\otimes$-可分离的，但在**关系**中不再如此，因为我们可以轻松找到每个系统的杯和盖。

练习 4.16　证明对于任何集合 A，以下关系均满足式（4.11）：

$$\cup :: * \mapsto \{(a,a) \mid a \in A\} \qquad \cap :: \forall a \in A : (a,a) \mapsto *$$

示例 4.17　取 $A := \mathbb{B}$，我们重新发现了在命题 4.4 的证明中作为不可分离性例子的状态：

$$\cup :: * \mapsto \{(0,0),(1,1)\}$$

4.1.4　字符串图

　　现在式（4.11）看起来确实很吸引人，但是我们还可以做得更好。如果每种系统类型的杯和盖都满足式（4.11），那么我们可以以引入一个更为自由的将它们内置在其中的图形符号。

定义 4.18　一个字符串图由框和线组成，另外我们还允许将输入连接到输入，将输出连接到输出，例如：

(4.12)

　　上面我们已经指出，可以分别用杯状线和盖状线替换上一节的特殊状态和特殊效应。这就是我们从线路图（其中的状态和效应满足式（4.11））中获得字符串图的方式。反过来，从字符串图开始，我们可以将连接两个输入的线和连接两个输出的线分别替换为一个特殊杯状态和一个特殊盖效应。因此我们有以下定理。

　　定理 4.19　以下两个概念是等价的：

（i）字符串图。

（ii）图中每种类型我们都附加特殊状态和特殊效应并符合式（4.11）的线路图。

其中（ii）可以完全无疑义地表示为（i），反之亦然。

　　太棒了！我们可以用纯粹的图形来表示不可分离性，不仅是在（现在还很无趣的）线路图中添加了一些新的框，还简单地考虑了一种不同的、更为自由的图形。因此，量子理论的最重要特征（依据薛定谔的理论）已经内建成了我们所使用的各种图形的基础！

　　练习 4.20　用杯和盖将图形（4.12）以 $\circ$ 和 $\otimes$ 符号写出来。

　　字符串图也允许使用类似于公式的表示形式（见 3.1.3 节）。

定义 4.21 字符串图公式与图形公式的形式完全相同，唯一不同的是，其中一对匹配的线名称除了可以由一个上标名称和一个下标名称组成之外，还可以由两个上标名称或两个下标名称组成。例如：

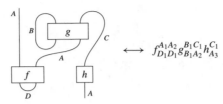

$$\longleftrightarrow \quad f_{D_1 D_1}^{A_1 A_2} g_{B_1 A_2}^{B_1 C_1} h_{A_3}^{C_1}$$

93

备注 4.22 3.1.3 节引入了特殊的框名 $1_{A_1}^{A_4}$ 来表示图形公式中的平直线。如果需要在字符串图公式中使用明确的杯或盖，我们可以使用两条"平直线"，并分别将它们的输入或输出连接在一起：

$$\cup^{A_1 A_2} := 1_{A_3}^{A_1} 1_{A_3}^{A_2} \qquad\qquad \cap_{A_1 A_2} := 1_{A_1}^{A_3} 1_{A_2}^{A_3}$$

这使我们能够区分，例如：

$$\boxed{f} \quad\longleftrightarrow\quad f_{A_1}^{B_1} \qquad 和 \qquad \boxed{f} \quad\longleftrightarrow\quad \cup^{A_2 A_1} f_{A_1}^{B_1} \cap_{B_1 B_2}$$

现在，让我们来探索这些图形的丰富性。

4.2 转置和迹

转置和迹可能是你从线性代数中了解的概念。非常明显的是，这些已经出现在字符串图里的非常一般的层次上。从上一节中我们已经知道，杯和盖使我们可以通过将输入变为输出而从旧的过程中形成新的过程。反之亦然。对于过程－态对偶性，我们有：

更一般地说，我们可以始终对输入和输出进行相互转换：

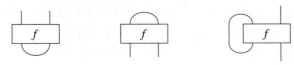

这种允许字符串图的过程理论中对输入和输出进行相互转换的能力意味着，与仅允许线路图的其他过程理论相比，输入和输出的地位要低得多。特别是，具有输入和输出的任何过程（至少）具有以下四种可相互转换的表示形式：

$$\left\{ \boxed{f} ,\ \boxed{f} ,\ \boxed{f} ,\ \boxed{f} \right\}$$

在有多个输入和输出的情况下，还会有更多可相互转换的表示形式。我们还可以通过使用杯和盖将输入和输出连接在一起以获得新的过程：

$$\boxed{f} \qquad\qquad \boxed{f} \qquad\qquad \boxed{f}$$

转置和迹是最突出的例子，在这两个例子里使用杯和盖将过程转换为新的过程。

4.2.1　转置

在允许字符串图的过程理论中，我们可以给每一个过程关联一个方向与之相反的过程。

定义 4.23　过程 f 的转置 f^{T} 是另外一个过程：

$$
\begin{array}{c}
A \\
\boxed{f} \\
B
\end{array}
$$

当然，这不应与另一种众所周知的以获取一个朝其他方向发展的过程的方法相混淆。

定义 4.24　从类型 A 到类型 B 的过程 f 具有一个逆，如果存在一个从类型 B 到类型 A 的过程 f^{-1}，使得：

$$
\begin{array}{ccccc}
\begin{array}{c} A \\ \boxed{f^{-1}} \\ B \\ \boxed{f} \\ A \end{array} & = & \Big|\, A & \qquad \begin{array}{c} B \\ \boxed{f} \\ A \\ \boxed{f^{-1}} \\ B \end{array} & = & \Big|\, B
\end{array}
\tag{4.13}
$$

练习 4.25　证明如果过程 f 具有逆，则它是唯一的。

转置可以通过以下包含 f 的图形来实现：

$$
\boxed{f} = (1_A \otimes \cap_B) \circ (1_A \otimes f \otimes 1_B) \circ (\cup_A \otimes 1_B)
\tag{4.14}
$$

而逆并不能这样得到，否则每个过程都会有逆，但这通常是不对的。

备注 ***4.26**　令人惊讶的是，即使对于专业人士，线性代数中的转置可以像分解式（4.14）一样使用杯和盖写出来的简单事实却并不为人熟知。

练习 4.27　证明在**关系**中，关系 R 的转置是与其相反的关系，即：

$$
\boxed{R} :: a \mapsto b \quad \Longleftrightarrow \quad \boxed{R} :: b \mapsto a
$$

一个状态：

没有输入，因此我们只需要将输出转换为输入即可：

因此在**关系**中，任何系统类型 A 都具有与效应相同的状态数（见示例 3.36），这并不是巧合，因为在状态和效应之间存在双射对应关系：

$$\begin{array}{ccc} \underset{B}{\triangledown} & \overset{\cong}{\longleftrightarrow} & \underset{B}{\triangledown}\end{array}$$

这是普遍现象。

命题 4.28 对于任何允许字符串图的过程理论，状态和相同类型的效应之间存在双射对应。一般而言，对应关系：

$$\begin{array}{ccc} \boxed{f} & \overset{\cong}{\longleftrightarrow} & \boxed{f} \end{array}$$

在固定输入和输出类型的过程与具有相反输入和输出类型的过程之间产生双射对应。

转置的转置得到原始过程：

$$\boxed{f} = \boxed{f}$$

或以符号记为：

$$(f^{\mathsf{T}})^{\mathsf{T}} = f$$

|96| 像这样"复原自己"的操作称为对合。

示例 4.29 杯的转置是一个盖，反之亦然：

$$\cup = \cap \qquad \cap = \cup$$

更酷的是，我们可以将转置的定义内建到图形表示符号中。首先对框进行一些变形：

$$\boxed{f} \quad \sim \quad \boxed{f}$$

怎样让框变形并不重要，只要我们打破对称性即可。例如，

$$\boxed{f} \quad \sim \quad \text{（图）}$$

这样也可以，但是 Dave 也许不会喜欢串烧。现在我们将 f 的转置表示为标记为"f"的框，但旋转 180°：

$$\boxed{f} := \boxed{f} \qquad\qquad (4.15)$$

这种表示法与转置是对合的事实显然是一致的，因为如果一个人旋转 180° 两次，就会再次得到原始的框。但是这种选择的真正优势在于装置与杯和盖互动时。

命题 4.30 对于任何过程 f，我们都有：

$$\boxed{f} = \boxed{f} \qquad\qquad \boxed{f} = \boxed{f}$$

证明 第一个等式如下建立：

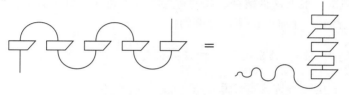

第二个等式的证明同样照此进行。

□ 97

得益于转置巧妙的速记法，现在看起来好像我们可以沿着∪形线和∩形线滑动框：

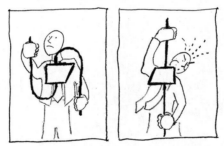

这样，我们就可以像项链上的珠子一样在线上滑动框。例如，以下是一个有效的等式：

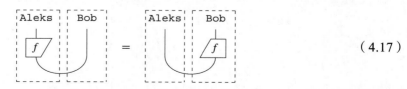

这也很容易记住。试想一下，如果我们采用转置（4.15）的定义并将线拉直，将会发生什么：

![两格漫画：左格一个人抱着框并竖起大拇指，右格该人被颠倒悬吊]

相同的符号技巧同样也适用于状态和效应。为了清楚说明它们已被旋转，我们将其切掉一个角：

$$\psi \quad \sim \quad \psi \qquad \text{并设定} \qquad \psi := \psi \qquad (4.16)$$

目前为什么需要这样做尚不明显，因为判断三角形是否上下颠倒是很容易的。但是它很快将变得非常重要（从 4.3 节开始），因此我们也应该慢慢习惯它。

转置也有一个可操作的解释。通过将两个系统解释为空间中的遥远位置来考虑命题 4.30 中的第一个等式，每个系统分别由一个代理人控制，设为 Aleks 和 Bob。然后我们有：

98

$$\boxed{\text{Aleks} \quad \text{Bob}} \quad = \quad \boxed{\text{Aleks}} \quad \boxed{\text{Bob}} \qquad (4.17)$$

这个等式表明，每当两个这样的系统处于杯态时，如果 Aleks 将 f 应用于他的系统，则将起到与 Bob 将 f 的转置应用于他的系统相同的作用。

现在，假设我们在特殊的状态和效应下考虑式（4.17）：

假定以下两者之间存在双射对应：

- Bob 的状态

- Aleks 的效应

Aleks 和 Bob 拥有一对完美相关性的系统。这是什么意思呢？回想一下，一个效应可以解释为一次成功的测试。根据这种解释，我们将拥有以下属性。对于 Bob 系统上的每个状态，在 Aleks 的系统上都有一个唯一的测试，例如：

当 Aleks 获得 时，Bob 的系统将处于 状态

等于其自身转置的过程称为自转置过程。

示例 4.31　数字总是自转置的。根据定义，转置将所有输入线向上弯曲，并将所有输出线向下弯曲。由于数字没有连线，因此无须执行任何操作：

$$\left(\underset{\lambda}{\diamondsuit}\right)^{\mathsf{T}} = \underset{\lambda}{\diamondsuit} \qquad (4.18)$$

4.2.2　复合系统的转置

在处理联合系统类型时，必须小心一点。一方面，为了与转置的"180° 旋转"符号保持一致，我们应该这样定义转置：

$$(4.19)$$

这表明我们应该"嵌套"彼此的盖和杯以定义 $A \otimes B$ 的盖和杯。但是如上所述定义 $\cup_{A \otimes B}$ 和 $\cap_{A \otimes B}$ 也存在一个问题：

类型不匹配！

备注 *4.32**　如果我们为每种类型 A 引入对偶类型 A^*，这种类型不匹配就消失了，但这

是以在杯/盖所涉及的两个系统中使用两种不同的类型为代价的，而实际上，这两种类型通常基本上是相同的。在 *4.6.2 节中，我们展示了如何开发一种具有对偶类型的字符串图理论。

如果我们对 $A \otimes B$ 的杯/盖的定义稍微不同，即"交叉"的杯/盖，我们就可以避免这种类型不匹配：

$$A \otimes B \quad \smile \quad := \quad A \quad B \quad A \quad B \qquad\qquad （4.20）$$

$$A \otimes B \quad \frown \quad := \quad A \quad B \quad A \quad B \qquad\qquad （4.21）$$

命题 4.33　在式（4.20）和式（4.21）中定义的杯和盖满足拉伸等式（4.11）。

证明　对于式（4.11）的第一个拉伸等式，我们有：

$$A \quad B \qquad = \qquad A \qquad B \qquad = \qquad A \quad B$$

$$\qquad\qquad A \quad B \qquad\qquad A \qquad\qquad B$$

其他两个等式的证明与此类似。　　　　　　　　　　　　　　　　　　□ | 100 |

有了这些"交叉"的杯/盖，我们得到了转置的另一个概念，这为复合系统引入了一种扭动：

$$\left[\begin{array}{c} A \otimes B \\ f \\ C \otimes D \end{array}\right] = \quad\cdots\quad = \quad f \qquad\qquad （4.22）$$

正是这种扭动恢复了类型的匹配，并且由于我们分别根据 A 和 B 上的杯/盖来定义 $A \otimes B$ 上的杯/盖，因此在将这种转置应用于涉及复合系统的过程时没有歧义。但与此同时，我们丢掉了很多优雅的用于转置的"180° 旋转"符号。

事实证明两种版本的转置都是有用的。我们将第一个版本——式（4.19）中的版本设为默认版本，并继续将其简称为"转置"。第二个版本涉及"交叉"的杯和盖，将被称为代数转置，因为实际上它是线性代数中使用的概念（见 5.2.2 节）。虽然转置（仍）以 180° 旋转表示，但我们将使用符号 $()^{\mathrm{T}}$ 表示代数转置。所以等式：

$$\left(\begin{array}{cc} C & D \\ f \\ A & B \end{array}\right)^{\mathrm{T}} = \quad f$$

现在将转置与代数转置关联起来。当然，当一个框最多只有一根输入/输出线时，这两种版本是重合的。毫无意外地，一个等于其代数转置的过程称为代数自转置。

4.2.3　迹和分迹

字符串图为我们提供了一种将过程发送到数字的简单方法。

定义 4.34　对于输入类型与输出类型相同的过程 f，迹为：

$$\text{tr}\left(\boxed{\begin{array}{c}|A\\f\\|A\end{array}}\right) := {}_A\boxed{f} \qquad\qquad (4.23)$$

[101]

对于其输入之一与其输出之一具有同类型的过程 g，其分迹为：

$$\text{tr}_A\left(\boxed{\begin{array}{cc}|A & |C\\g\\|A & |B\end{array}}\right) := {}_A\boxed{\begin{array}{c}|C\\g\\|B\end{array}}$$

迹的一个有趣的属性是，通常：

$$\boxed{\begin{array}{c}g\\f\end{array}} \neq \boxed{\begin{array}{c}f\\g\end{array}}$$

左边和右边的迹实际上是相等的。

命题 4.35（迹的循环性） 我们有：

$$\text{tr}(f \circ g) = \text{tr}(g \circ f) \qquad 即 \qquad \boxed{\begin{array}{c}g\\f\end{array}} = \boxed{\begin{array}{c}f\\g\end{array}}$$

证明 这是因为两个图是相等的。即左边可以变形为右边，而无须更改框的接线方式。□

或者，我们可以使用命题 4.30 给出命题 4.35 的更逐步的证明。虽然不是严格必需的，但另一种证明是很好的，因为它很好地从字面上理解了"循环性"一词，从而产生了一个框的摩天轮：

$$\boxed{\begin{array}{c}g\\f\end{array}} = \boxed{\begin{array}{c}g\\\\f\end{array}} = \boxed{\begin{array}{c}f\\\\g\end{array}} = \boxed{\begin{array}{c}f\\g\end{array}}$$

备注 4.36 在上一节中，我们决定将转置（涉及嵌套的杯/盖）与代数转置（涉及交叉的杯/盖）区分开。由于式（4.23）也涉及杯和盖，我们可能会问，对于复合系统，是否需

[102] 要在"嵌套"和"交叉"迹之间进行类似的区分。幸运的是，我们不需要：

$$\boxed{f} = \boxed{f}$$

练习 4.37 证明只有一条迹，即任何满足拉伸等式（4.11）的杯/盖对都将通过式（4.23）定义相同的迹。

4.3　翻转图

有了字符串图已经是向量子世界迈出的重要一步，因为它保证了不可分离态的存在。它们还产生了一些在量子理论中发挥核心作用的数学概念，例如转置和迹。

现在我们将确定另一个使字符串图更加清晰的图形功能，即图形的垂直翻转。垂直翻转使我们能够定义诸如伴随、共轭、内积、幺正性和正则性之类的事物，所有这些都是任何量子理论表示的主要参与者。

此外，垂直翻转不仅是字符串图碰巧具有的额外自由度，而且在状态的可测试性方面具有明确的操作意义。这种操作意义将导致许多条件在量子理论中发挥重要作用。这些条件实际上在文献中是相当标准的，但是通常只是正式地陈述它们，而没有任何概念上的理由。

4.3.1 伴随

在上一节中，我们说明了转置如何以图形方式通过将框旋转 $180°$ 来进行操作，并且在操作上它抓住了杯态一侧的 Aleks 效应和另一侧的 Bob 态之间的完美相关性：

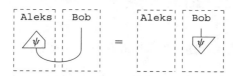

但是 Aleks 效应和 Aleks 态之间的关系又如何呢？

回想一下 3.4.1 节，效应可以解释为一个对状态某种特性进行的测试。通常，我们想要测试系统是否处于某个特定状态。因此我们应该有一种将状态 ψ 与测试系统状态 ψ 的效应相关联的方法。字符串图尚未告诉我们如何执行此操作，因此我们通过将对状态 ψ 进行测试的效应表示为垂直翻转来扩展我们的语言。

103

$$\psi \mapsto \psi \qquad (4.24)$$

与其说"测试状态 ψ 的效应"，不如简单说成 ψ 的伴随。

这种翻转操作可以非常自然地扩展到所有过程。如果 f 将状态 ψ 转换为状态 ϕ：

$$f\,\psi = \phi \qquad (4.25)$$

那么 f 的伴随即是将 ψ 的伴随转化为 ϕ 的伴随的过程：

$$\psi\,f = \phi \qquad (4.26)$$

请注意，与状态一样，我们将任意过程的伴随描述为其垂直翻转：

$$\overset{B}{\underset{A}{f}} \mapsto \overset{A}{\underset{B}{f^\dagger}}$$

结果式（4.26）只是式（4.25）的上下颠倒。我们使用 † 表示将 f 发送到其伴随 $f^\dagger$ 的操作。作为一种特殊情况，如果我们取式（4.24）中的效应的伴随，我们将回到 ψ：

$$\psi \overset{\dagger}{\mapsto} \psi$$

因此与转置一样，伴随也将状态和效应双射地联系起来，更笼统地说，它们将从 A 类型到 B

类型的过程与从 B 到 A 的过程双射联系起来。就像转置一样，这也是一个对合，这是图形概念的一个明显暗示：

$$ \boxed{f} \mapsto \boxed{f}^{\dagger} \mapsto \boxed{f} \tag{4.27}$$

在从式（4.25）到式（4.26）的段落中，我们看到了一个例子，其中采用过程的伴随反映了其整个图。实际上这适用于所有图，例如：

$$\tag{4.28}$$

等价地（根据定理 4.19），采用伴随可以保留并行组合和幺元：

$$ \boxed{f}\ \boxed{g} \mapsto \boxed{f}\ \boxed{g} \qquad | \mapsto | \tag{4.29}$$

它会颠倒串行组合，并将杯发送到盖：

$$ \frac{\boxed{g}}{\boxed{f}} \overset{\dagger}{\mapsto} \frac{\boxed{f}}{\boxed{g}} \qquad \smallsmile \overset{\dagger}{\mapsto} \frown \tag{4.30}$$

它改变了交换的方向：

$$\tag{4.31}$$

练习 4.38 利用练习 3.38 证明：

$$ 0^{\dagger} = 0 $$

因此，我们现在知道，伴随被图形表示为垂直翻转。但是我们还没有说过应该如何计算过程的伴随。答案是：这取决于理论。由于过程理论给出了所有图形的解释（见 3.1.2 节），因此它必须特别给出图形的垂直翻转的解释。这提出了两个问题：

1）是否总是存在这样的解释？

2）可以有不止一种这样的解释吗？

第一个问题的答案是肯定的，因为人们总是可以将垂直翻转解释为代数转置。

练习 4.39 验证代数转置为伴随提供了一个候选的解释。换句话说，证明它满足式（4.27）和式（4.28）。解释为什么我们选择代数转置而不是转置。

从某种意义上说，代数转置是对垂直翻转的简单解释，因为它没有添加无伴随的字符串图所没有的任何内容。当然如果这只是唯一的例子，那么我们一开始就不会为伴随而烦恼。在下一章中，我们将遇到一个非常重要的不平凡的伴随的例子，它不能用转置来代替。因此第二个问题的答案也是"是"。有多种（平凡和非平凡的）解释伴随的方式。过程理论可能存在许多候选的伴随这一事实提出了另一个问题：

3）伴随的好的解释是什么？

过程理论中对伴随的任何解释都应具有渐进性，并应以式（4.28）的感觉来反映图形。但是要成为"良好"的伴随，就应该与它发送状态到测试该状态的效应这个想法相一致。这会带来一些后果，我们将马上讨论。

当我们测试状态 ψ 的 ϕ 时，有两个极端：

$$\begin{array}{ccc} \phi \over \psi = 0 & \text{和} & \phi \over \psi = \boxed{} \end{array}$$

或等价的：

$$\begin{array}{ccc} \phi \over \psi = 0 & \text{和} & \phi \over \psi = 1 \end{array}$$

因为"1"只是空图的符号表示。在第一种情况下，我们说的是在测试 ψ 的 ϕ 时不可能获得"是"的结果。对于我们将在本书中考虑的过程理论，第二个等式具有以下两种解释之一：意味着"是"的结果要么是"可能的"（就**关系**而言），要么是"肯定的"（就我们将在本书中遇到的大多数其他过程理论而言）。

根据第一个方程的解释，我们可以预期：

$$\psi \over \psi \neq 0$$

也就是说，在测试状态 ψ 本身时，永远不可能获得"是"的结果。但是这里我们忽略了一件事：ψ 本身可能为 0，即"不可能的状态"。正如 3.4.2 节所述，0 吸收了所有东西，因此，特别的是，0 组成的 0 始终是……你猜到了，0。因此我们可以更仔细地陈述上述条件：

$$\psi \over \psi = 0 \iff \psi = 0 \tag{4.32}$$

106

换句话说：如果在测试 ψ 本身时不可能获得"是"，则 ψ 必须已经不可能。

接下来，我们考虑另一个等式，即当测试 ψ 的 ϕ 时得到 1。如果我们将 1 解释为"可能"，则意味着 ψ 和 ϕ 不能通过测试完全区分，但是除此以外，它并不能告诉我们太多其他信息。特别是它并不能告诉我们它们相等（见示例 4.40）。

但是，当 1 表示"确定"时，我们所说的要有力得多：

$$\phi \over \psi = 1 \iff \psi = \phi \tag{4.33}$$

也就是说，我们可以肯定地得出"ψ 是 ϕ"的结论。

示例 4.40　在示例 3.36 中，我们认定在关系的过程理论中，集合 A 的状态对应于子集 $B \subseteq A$。我们认为它们是非确定性状态，是由一组可能的"实际"状态 $b \in B$ 组成的。对 A 的效应也将对应于子集，我们将其视为测试系统的实际状态是否为 B 的元素之一。如果对 B' 测试 B 得出 0，则意味着没有元素 $b \in B$ 在 B' 中。也即：

$$B' \over B = 0 \iff B \cap B' = \emptyset \tag{4.34}$$

实际上，当且仅当 $B \cap B'$ 为空时，才有一种效应 B' 可以将状态 B 发送到 0。以下是 B' 的相反关系：

$$B' :: * \mapsto a \iff B' :: a \mapsto *$$

通过式（4.25）⟺式（4.26），可以提升为以下任何关系：

$$R :: a \mapsto b \iff R :: b \mapsto a \tag{4.35}$$

因此，关系的伴随与其代数转置一致（见练习4.27）。

式（4.34）作为式（4.32）的一个实例出现，因此"好"的第一个等式将关系理论中的伴随唯一地固定为逆向关系。但这是否满足式（4.33）？我们应该有所期望吗？由于关系中的数字 1 表示"可能的"而不是"确定的"，因此答案是否定的。实际上，存在许多不相等的状态，其中：

$$\frac{B'}{B} = 1 \tag{4.36}$$

因为这仅意味着 $B \cap B' = \emptyset$。但是在一种关系中，数字 1 确实意味着确定：在与"实际"（即确定性）状态比较时。也就是说，对于 $b, b' \in A$：

$$\frac{b'}{b} = 1 \iff b = b' \tag{4.37}$$

以下是伴随的基本示例，它将在整本书中发挥作用，并且与转置完全不同。我们在此将其作为"加注星标"的例子，因为某些读者已经很熟悉了。如果你不熟悉，没关系，下一章会在恰当时候引入它。

示例 *4.41 顾名思义，线性映射的过程理论中的伴随是由线性代数伴随给出的，即对于线性映射 f，唯一映射 $f^\dagger$ 使得（以传统符号表示）：

$$\langle \psi | f(\phi) \rangle = \langle f^\dagger(\psi) | \phi \rangle$$

对于所有 ψ 和 ϕ。就矩阵而言，这就是共轭转置。这些伴随满足式（4.32）和式（4.33），其中在式（4.33）的情况下，我们限于归一化的状态。我们将在 5.3.2 节中看到，如果使用转置来解释伴随，则这两个条件都将失败。因此对于线性映射中的伴随，转置绝对**不是**一个好的选择。

4.3.2 共轭

那么，当我们将伴随与转置结合在一起时会发生什么呢？几何暗示我们先垂直翻转然后再旋转 180°：

或先旋转 180° 然后再垂直翻转是一样的

无论哪种情况，我们都会得到水平的翻转。使用杯和盖的转置定义，伴随的转置为：

转置的伴随是：

所以它们是相等的，因为以下只是图形的变形：

定义 4.42 过程的共轭是其伴随的转置（或等价地，它的转置的伴随）。以图形方式表示为：

就像伴随和转置一样，如果进行两次共轭，我们将返回到开始的地方。因此，框合在一起变成四重奏：

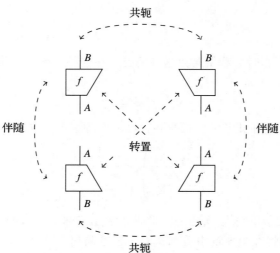

现在也应该清楚为什么我们要把状态和效应切掉一个角了：

109

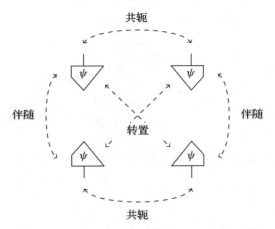

与伴随一样，共轭镜像整个图，但是水平地而不是垂直地镜像：

$$(4.38)$$

特别的是，如果一个框有多个输入和输出，它将颠倒它们的顺序：

110   当然此特征来自转置翻转输入 / 输出顺序的事实，如我们在 4.2.2 节中所看到的：

与转置一样，我们有时会希望避免这种情况。在这种情况下，我们可以使用代数共轭，它根据代数转置定义为：

$$\bar{f} := (f^{\mathrm{T}})^{\dagger} = (f^{\dagger})^{\mathrm{T}}$$

通过在线中引入相对于正常共轭的扭转，可以保持输入和输出的顺序相同：

$$(4.39)$$

与转置的情况一样，对于单输入 / 输出线，图形和代数符号是一致的。

　　备注 *4.43　我们将在第 5 章中看到，对于线性映射，代数共轭完全符合人们的期望：将所有矩阵项都共轭。因此，线性代数伴随、转置和共轭分别对应于伴随、代数转置和代数共轭。

　　等同于它们自己的共轭的过程将在本书中扮演重要角色。在以下情况下，一个过程被称为是自共轭的：

$$\boxed{f} \;=\; \boxed{f}$$

对于联合系统，这变为：

$$\boxed{f}\begin{smallmatrix}B&D\\A&C\end{smallmatrix} \;=\; \boxed{f}\begin{smallmatrix}D&B\\C&A\end{smallmatrix} \tag{4.40}$$

当然这只有在 $A = C$ 且 $B = D$ 时才有意义，或更一般地说，输入和输出类型是回文形式，例如 $A \otimes B \otimes A$ 或 $B \otimes C \otimes C \otimes B$。另一方面，联合系统上的代数自共轭过程如下所示：

$$\boxed{f}\begin{smallmatrix}B&D\\A&C\end{smallmatrix} \;=\; \boxed{f} \tag{4.41}$$

111

备注 *4.44　代数自共轭矩阵是那些所有项均为实数的矩阵。

杯／盖的水平翻转还只是杯／盖，因此以下内容不足为奇。

命题 4.45　杯和盖是自共轭的（也是代数自共轭的）。

证明　杯的共轭是：

$$\cup\!\!\supset \;=\; \cup$$

与其代数共轭相同：

$$\cup \;=\; \cup$$

杯的计算过程与此类似。

$\square$

　　因此，杯和盖的"四重奏"为：

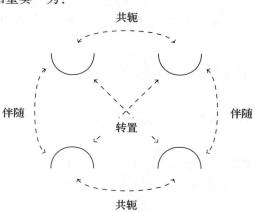

　　练习 4.46　证明所有关系都是代数自共轭的。在这些里，按照式（4.40）的感觉，哪些关系是自共轭的？

　　为了强调状态（或效应）是自共轭的，我们恢复使用三角形作为原始符号：

112

$$\text{但是对于复合系统,我们应该稍微谨慎一些。}$$

但是对于复合系统,我们应该稍微谨慎一些。因为共轭翻转了图形,所以由多个自共轭状态组成的状态通常并不是自共轭的:

示例 4.47 关系中单个系统的状态和效应始终是自共轭的,因此我们将像上面一样进行描述。特别的是,我们将继续将示例 3.36 中的状态描述为:

对于数字,由于转置是显而易见的(见示例 4.31),其共轭和伴随是一致的。因此,数字的"四重奏"坍缩为数字及其共轭的"对联":

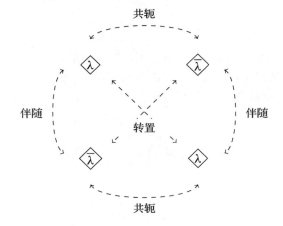

4.3.3 内积

当在 3.4.4 节中首次引入 Dirac 符号时,我们提到了图形语言缺少一个功能:将 ket 变成 bra 的功能,反之亦然。这正是伴随为我们所做的,因此我们现在可以修改规则 **D2** 和 **D3** 以使用伴随:

D2: 被写为 ⟨φ| 并被称为 "Dirac bra"。

D3: 被写为 ⟨φ|ψ⟩ 并被称为 "Dirac braket"。

113

D3 中的组合是如此重要,因此我们要给它一个特殊的名称。

定义 4.48 同一类型的状态 ψ 和 φ 的内积为:

在以下情况下,这些状态称为正交态:

$$\dfrac{\boxed{\phi}}{\boxed{\psi}} = 0$$

状态 ψ 的平方范数是 ψ 与自身的内积：

$$\dfrac{\boxed{\psi}}{\boxed{\psi}}$$

在以下情况下将状态 ψ 称为归一化态：

$$\dfrac{\boxed{\psi}}{\boxed{\psi}} = \boxed{}$$

备注 4.49　我们之所以说"平方范数"，是因为在线性代数中，通常将该量的平方根作为 ψ 的范数。

内积的含义直接源自我们引入伴随的动机。由于状态的伴随给我们提供了对该状态进行测试的效应，因此我们有：

$$\dfrac{\boxed{\phi}}{\boxed{\psi}} := \text{"测试状态 } \psi \text{ 是否为状态 } \phi \text{"}$$

换句话说，内积计算出"有多少个共性"状态，而正交性则意味着根本没有共性。另一方面，每当我们测试状态是否为自身时，我们都希望得到 1（即空图）。只有当状态被归一化时，这才是正确的（这是将归一化态视为"默认"的充分理由）。

以下是"衡量共性"的另一个有用的直觉。当状态是某种分布（例如概率分布）时，内积将计算出这些分布有多少重叠：

示例 4.50　在关系中，我们有：

$$\dfrac{\boxed{0}}{\boxed{0}} = \dfrac{\boxed{0}}{\boxed{B}} = \dfrac{\boxed{B}}{\boxed{B}} = \boxed{} \qquad \dfrac{\boxed{0}}{\boxed{1}} = \dfrac{\boxed{0}}{\boxed{\emptyset}} = \dfrac{\boxed{B}}{\boxed{\emptyset}} = 0$$

前三个内积包括"完全重叠"和"部分重叠"的情况，因为它们都对应相同的数字。在关系中，可以按字面意义理解重叠，因为：

$$\dfrac{\boxed{B'}}{\boxed{B}} = \boxed{}$$

表示 B 和 B' 的交集是非空的：

另一方面，最后三个内积中的子集没有交集：

　　内积和相应的平方范数是线性代数中的标准概念，线性代数内积的大多数定义属性已经遵循字符串图的语言。那些熟悉内积的读者在用 $\overline{(\ )}$ 表示共轭并使用 Dirac 括号表示法时会更容易识别这些属性。

　　命题 4.51　内积：

　　1）是共轭对称的：

$$\overline{\langle \phi | \psi \rangle} = \langle \psi | \phi \rangle$$

115

　　2）保留第二部分中的数字：

$$\langle \phi | \lambda \cdot \psi \rangle = \lambda \cdot \langle \phi | \psi \rangle$$

　　3）共轭第一部分中的数字：

$$\langle \lambda \cdot \phi | \psi \rangle = \overline{\lambda} \cdot \langle \phi | \psi \rangle$$

　　4）且为正定：

$$\langle \psi | \psi \rangle = 0 \ \Leftrightarrow \ | \psi \rangle = 0$$

　　证明　对于共轭对称性，我们有：

$$\overline{\left(\begin{array}{c} \phi \\ \psi \end{array} \right)} \ = \ \begin{array}{c} \phi \\ \psi \end{array} \ \overset{(4.16)}{=} \ \begin{array}{c} \psi \\ \phi \end{array} \ \overset{(4.8)}{=} \ \begin{array}{c} \psi \\ \phi \end{array}$$

接下来，设定：

$$\boxed{\lambda \cdot \psi} \ := \ \langle \lambda \rangle \ \boxed{\psi}$$

我们直接得到：

$$\begin{array}{c} \phi \\ \lambda \cdot \psi \end{array} \ = \ \langle \lambda \rangle \begin{array}{c} \phi \\ \psi \end{array}$$

以及：

$$\begin{array}{c} \lambda \cdot \phi \\ \psi \end{array} \ = \ \left(\langle \lambda \rangle \ \phi \right)^{\dagger} \circ \psi \ = \ \langle \overline{\lambda} \rangle \begin{array}{c} \phi \\ \psi \end{array}$$

在 4.3.1 节的结尾，我们还构建出：

$$\begin{array}{c} \psi \\ \psi \end{array} = 0 \ \Longleftrightarrow \ \psi = 0$$

作为产生（良好）伴随的实例。　　　　　　　　　　　　　　　　　　　　　□

　　备注 4.52　读者可能很想知道"正定"的"正"是什么。这将在 4.3.5 节中明确说明。

　　备注 *4.53　熟悉线性代数内积的读者可能希望上面的条件 2 和 3 是"线性"和"共轭

线性"。唯一缺少的是内积也应该保留和。一旦我们在 5.1.3 节中引入了图形的和，这自然就会随之而来。

4.3.4　幺正性

由于内积为我们提供了一种共性 / 重叠性的度量，因此自然而然的后续步骤是确定保留该度量的那些过程。这就是我们在本节中所做的。

定义 4.54　如果满足以下条件，则过程 U 是等距的：

$$\tag{4.42}$$

换句话说，$U^\dagger$ 要满足定义 4.24 的两个等式之一，则必须为 U 的一个逆，即 $U^\dagger$ 是 U 的单边逆。

命题 4.55　等距性保留内积。

证明　我们有：

$$\overset{(4.42)}{=}$$

如果 $U^\dagger$ 满足以上两个逆等式，我们可得到以下概念：

定义 4.56　过程 U 是幺正的，如果满足以下条件：

$$\tag{4.43}$$

从练习 4.25 可以知道，逆是唯一的，因此对于幺正过程 U，可以立即得出：

$$U^{-1} = U$$

从幺正性的图形定义中，我们还可得出以下命题。

命题 4.57　幺元和交换是幺正的，幺正过程的串行和并行组合仍然是幺正的。

以下是一些关于幺正性的描述。

命题 4.58　对于过程 f，以下是等价的：

- f 是幺正的。
- f 是等距的，并且允许有逆。
- $f^\dagger$ 是等距的，并且允许有逆。

练习 4.59   证明命题 4.58。

在 5.1.5 节中，我们将看到其他识别等距和幺正的等价方法。

4.3.5　正性

在备注 4.52 中，我们承诺要解释"正定"中"正"的部分。事实证明，状态与自身的内积：

$$ \tag{4.44} $$

是在任何过程理论中都有意义的一般性正性概念的特例。

定义 4.60   如果对于某些 g，过程 f 为正，则有：

$$ \tag{4.45} $$

因此事实上，**根据定义**，式（4.44）给出的数字应为正。实际上对于许多过程理论：

$$ \lambda = \qquad\qquad \text{简化为} \qquad\qquad \lambda = $$

[118]

也就是说，我们总是可以将 B 假定为"无连线"。因此正如我们将在下一章中看到的那样，这实际上确实抓住了线性映射理论中通常使用的正数（即实数 $\geqslant 0$）的概念。不过这种正性概念不仅适用于数字，而且也适用于具有相同输入 / 输出系统的任何过程。

从式（4.45）可以清楚地看出，在垂直翻转下，正过程是不变的。

命题 4.61   正过程是自伴随的，即：

$$ f = f \tag{4.46} $$

所以特别的是，正数是自伴随的，由于数字的转置是显而易见的，它们也是自共轭的。

通过正性，非零的正过程具有非零的迹。换句话说，我们可以通过计算其迹来确定正过程是否为零。

命题 4.62   对于正过程，我们有：

$$ \left(f \right) = 0 \implies f = 0 $$

证明   如果 f 为正定，则我们有：

$$ \left(f \right) = \begin{matrix} g \\ g \end{matrix} $$

所以 f 的迹是该状态：

与其本身的内积，如果此内积为零，则通过正定性，上述状态也为零。因此 g 本身为 0，于是 f 也为 0。 □

正过程的一般定义也暗示着线性代数中熟悉的正性概念。也即，如果 f 为正，则数字：

$$\langle \psi | f | \psi \rangle = $$

对所有 ψ 都是正的。从扩展定义 4.60 中可以很容易地看出这一点：

⌊119⌋

4.3.6 ⊗ – 正性

本章的开始我们观察到，通过过程 – 态对偶性，我们可以将过程的 ∘ – 可分离性与二分态的 ⊗ – 可分离性相关联。同样我们可以将自伴随过程与自共轭状态关联起来：

命题 4.63 当且仅当其由过程 – 态对偶性所对应的过程 f 是自伴随时，状态 ψ 是自共轭的：

自共轭状态 →   ← 自伴随过程

证明 二分态 ψ 的共轭是：

并且它等于 ψ 本身当且仅当：

也就是说，当且仅当 f 是自伴随的。 □

在正的情况下，我们为它的 ⊗ – 对应引入一个新名称。

⌊120⌋

定义 4.64 二分态 ψ 是 ⊗ – 正的，如果对于某些 g 有：

$$ \tag{4.47} $$

命题 4.65 状态 ψ 为 $\otimes$ – 正的, 当且仅当过程 – 态对偶性所对应的过程 f 为正时:

证明 当我们用过程 f 表示二分态 ψ 时, 对于某些过程 g, $\otimes$ – 正性变为:

它等价于 f 的正性。我们可以将状态的 $\otimes$ – 正性的定义扩展到过程。 □

定义 4.66 一个过程 f 是 $\otimes$ – 正的, 如果对于某些 g 我们有:

（4.48）

或等价地, 对于某些 g', 我们有:

（4.49）

设有:

我们确实可以从式（4.48）导出式（4.49）, 反之亦然:

因此很容易看到 $\otimes$ – 正态是 $\otimes$ – 正过程的特例, 其中 A 是普通的系统。

练习 4.67 证明两个 $\otimes$ – 正过程的串行组合也是一个 $\otimes$ – 正过程。

示例 *4.68 有些读者可能熟悉密度算子, 这是正 "过程" 的一个例子。在这里我们将过程放在引号中, 因为在量子理论中, 密度算子用于表示状态。在第 6 章中, 我们将使用与它们相对应的 $\otimes$ – 正性来代替密度算子表示量子态。与完备正映射相对, 我们还将使用 $\otimes$ – 正过程来表示量子过程。这样做的动机很明确: 状态应该表示为状态（而不是 "过程"）, 而过程应该表示为过程（而不是 "超级过程", 即将过程发送到其他过程的东西）。

4.3.7 投影算子

我们进一步扩展有关过程的词汇。

定义 4.69 投影算子是一个正的且幂等的过程 P:

（4.50）

命题 4.70　对于过程 P，以下是等价的：

（i）它是一个投影算子。

（ii）它是自伴随且幂等的。

（iii）它满足：

$$
\boxed{P} = \frac{\boxed{P}}{\boxed{P}} \tag{4.51}
$$

证明　（i ⇒ ii）来自命题 4.61。对于（ii ⇒ iii），我们有：

$$
\boxed{P} \overset{(4.50)}{=} \frac{\boxed{P}}{\boxed{P}} \overset{(4.46)}{=} \frac{\boxed{P}}{\boxed{P}}
$$

对于（iii ⇒ i），从式（4.51）可以立即得出 P 为正。因此特别的是，它是自伴随的，所以有：

$$
\boxed{P} \overset{(4.51)}{=} \frac{\boxed{P}}{\boxed{P}} \overset{(4.46)}{=} \frac{\boxed{P}}{\boxed{P}}
$$

幂等成立。　　　　　　　　　　　　　　　　　　　　　　　　□

我们可以从任何归一化状态 ψ 构造投影算子，如下所示：

$$
\frac{\psi}{\psi} \tag{4.52}
$$

这显然是正的，对于幂等，我们有：

$$
\frac{\psi}{\psi}\ \frac{\psi}{\psi} = \boxed{} = \frac{\psi}{\psi} \tag{4.53}
$$

我们将这些投影算子称为可分离的投影算子。实际上，只要 $\psi \neq 0$，照此方法总能生成一个投影算子，且只差一个倍数（见 3.4.3 节）：

$$
\frac{\psi}{\psi}\ \frac{\psi}{\psi} \approx \frac{\psi}{\psi}
$$

备注 *4.71　在线性代数中，可分离的投影算子恰好是在一维子空间上的投影。

现在回想一下，任何过程 f 都会通过过程 – 态对偶性产生以下状态：

如果将结果状态归一化，我们将获得可分离的投影算子：

当然，通过过程－态对偶性，任何二分态都可以用某些过程 f 来表示，因此我们有以下内容。

推论 4.72   在任何接受允许字符串图的过程理论中，每个两部分可分离的投影算子都具有以下形式：

$$(4.54)$$

以下练习涉及这些两部分可分离投影算子的组成。

练习 4.73   证明：

$$(4.55)$$

当：

$$g := f_3 \circ \bar{f}_4 \circ f_2^T \circ f_3^\dagger \circ f_1 \circ \bar{f}_2 \qquad (4.56)$$

[124]

你能否将这种特定的计算概括为关于涉及此类投影算子的图形的更一般的陈述？

特别要注意的是，乍看之下，组成 g 的过程的顺序似乎与式（4.55）左半部分中的投影算子顺序完全无关。在图形量子推理的早期，关于这些两部分投影算子如何组成的一般性陈述被称为纠缠逻辑。

4.4   字符串图中的量子特征

尽管并非所有过程理论都允许接受字符串图，那些不允许字符串图的过程理论确实具有几个共同的重要特征，它们乍看起来似乎很奇怪。我们已经看到了过程 - 态对偶性如何为每个过程分配一个完全捕获它的状态，即转置为每个过程分配一个逆，或者更一般地说，我们可以自由地互换过程的输入和输出。我们刚刚看到，两部分投影算子表现出一些相当独特的组合行为。这些特征在不允许字符串图的过程理论中是没有对应的东西的，例如在函数的世界里（见练习 4.10）。在本章的其余部分中，我们将讨论字符串图的其他一些简单结果，这些有时（也许过早）会被称为"量子奇异性"。

4.4.1　通用可分离性的不可行定理

我们使用术语"不可行定理"来指代一种结果，该结果确立了某些事物的不可能性，而这些事物根据我们的日常经验可能会被认为是正确的。

我们将遇到的第一个不可行定理指出，如果一个非平凡的理论接受字符串图，那么它的二分态就不可能全部分离。由于⊗-可分离状态：

$$
\raisebox{-1em}{\includegraphics{placeholder}}
$$

通过描述各个子系统的状态 ψ_1 和 ψ_2 来描述"复合系统"，因此必然存在复合系统的状态，这些状态不能仅通过描述其组成部分来描述。

用日常的话来说，假设我们有两个东西，像是一个插排和一只渡渡鸟。然后描述包含这两个东西的整个系统只需要单独描述每个东西就足够了。而在一个⊗-不可分离理论中，这不再成立：个体的属性不足以描述整体的属性。如果渡渡鸟/插排系统是这种情况，则两个东西属性将混合在一起。例如，渡渡鸟羽毛的颜色可能取决于插排上是否有英国标准或欧洲标准的插孔。尽管这种情况似乎是荒谬的，但在我们的日常生活中确实存在一些本质上不可分离的概念。一个这样的概念是双胞胎的概念：双胞胎不是由具有特定属性的每个成员定义的，例如：金色的头发或高大的身材，事实上，一个成员拥有的任何属性，另一个成员也拥有。这样一个概念，可以用练习 4.16 中描述的关系里的杯/盖来建模。

备注 4.7 中已经提到了建立通用可分性的不可行定理的方式。我们证明如果所有二分态都是⊗-可分离的，那么所有过程都是∘-可分离的，因此我们正在处理的是这样一个过程理论，其中所有过程都是恒定的，即没有任何事情发生。对于任何"合理的"过程理论来说，这都是一个荒谬的条件，因此所有二分态不可能都是⊗-可分离的。

命题 4.74　如果用字符串图描述一个理论，并且所有二分态都是⊗-可分离的，那么所有过程都是∘-可分离的：

证明　根据假设，杯是⊗-可分离的：

$$
\raisebox{-1em}{\includegraphics{placeholder}}
$$

因此，对于任何过程 f 我们都有：

$$
\raisebox{-1em}{\includegraphics{placeholder}}
$$

其中状态 $\phi := f \circ \psi_2$ 且效应 $\pi := \psi_1^{\mathrm{T}}$。　　　　　　　　　　　□

特别是如果所有过程都是⊗-可分离的，则幺元是∘-可分离的：

$$
\raisebox{-1em}{\includegraphics{placeholder}}
$$

因此，通过仔细观察，可能会发现线实际上根本不是线：

反过来，我们也可以证明幺元是。− 可分离的，因此任何过程也是。− 可分离的：

$$
\boxed{f} \quad = \quad \vphantom{\int} \quad = \quad
$$

可分离态占据了二分态谱的一端。在谱的另一端，是那些像杯子的状态，就某种意义而言，它们满足了类似于拉伸方程的二分效应：

定义 4.75   二分态 ψ 称为非简并的或杯状的，如果存在效应 ϕ 使得：

$$
\qquad (a) \qquad \text{和} \qquad (b) \qquad \qquad (4.57)
$$

成立，类似地，如果存在满足以上等式的状态 ψ，则将效应 ϕ 称为非简并的或盖状的。

一个单杯状状态已经可以得到关于可分离性的不可行定理。

命题 4.76   非平凡过程理论中的每个非简并态 ψ 都必须是 $\otimes$ − 不可分离的。

证明   如果 ψ 是 $\otimes$ − 可分离的，则：

$$
\qquad (a) \qquad \qquad
$$

即一条平直线是可分离的。所以 ψ 将是不可分离的。   □

备注 4.77   在定义 4.75 中，我们隐含地假定 ψ 是一个"适当的"二分态。也就是说，A 和 B 都不是普通的"无线"类型。否则，ψ 当然会以显而易见的方式分离。

在 4.3.6 节中，我们看到了某些类型的过程如何通过过程 − 态对偶性转换为某些类型的二分态。同样，非简并的二分态通过可逆过程的过程 − 态对偶性产生。

命题 4.78   状态 ψ 是非简并的，当且仅当其通过过程 − 态对偶性对应的过程 f 为可逆的，

$$
\text{可逆的} \nearrow \quad \boxed{f} \quad = \quad \text{非简并的}
$$

证明   假定：

$$f^{-1} := \phi$$

我们有：

$$\frac{f^{-1}}{f} = \phi \, \psi = \phi \, \psi$$

和

$$\frac{f}{f^{-1}} = \phi \, \psi = \phi \, \psi$$

从这些等式中可以清楚地得出，当且仅当 ψ 和 ϕ 满足非简并等式（4.57）时，f 和 f^{-1} 满足逆等式（4.13）。 □

示例 *4.79　人们经常会在线性代数中遇到如 ϕ 一样的非简并效应，即非简并双线性形式。在量子纠缠理论中，由于我们在 13.3.2 节中说明的原因，非简并态被称为全（施密特）秩态或 SLOCC 极大态。

幺正过程是一种特殊类型的可逆过程，因此也存在相应的二分态，这些二分态进一步使杯状状态特殊化。

定义 4.80　如果状态 ψ 通过过程－态对偶性与一个幺正过程 U 对应，且只差一个倍数，则状态 ψ 是最大不可分离的：

$$\text{幺正的} \nearrow \quad U \quad \approx \quad \psi \quad \nwarrow \text{最大不可分离的} \tag{4.58}$$

128

请注意，即使式（4.58）的右边（几乎）未经过归一化，我们也使用 $\approx$ 以允许将 ψ 视作归一化的。

练习 4.81　什么是以下项的平方范数：

当 U 是幺正时？什么时候该状态归一化？

下面的练习表明幺正过程在与最大不可分离态的相互转换中的效用。

练习 4.82　证明如果将幺正过程应用于最大不可分离态的一侧：

将再次得到一个最大不可分离态，而且其幺正性始终可以选择以使最终状态为杯态（只差一个倍数）。

示例 *4.83　在量子理论中，如上所定义的最大不可分离态将被称为最大纠缠态或 LOCC-

最大态，其原因将在 13.3.1 节中进行解释。

4.4.2 克隆的两个不可行定理

经典计算的特征之一是我们可以随意复制比特。例如，本书曾经是我们计算机上的 PDF 文件，但此后已被复制并发送到很多地方。尽管这似乎是一件显而易见的事情，但是当我们处理字符串图中的状态和过程时，再也无法进行"复制"！起初这看起来似乎很糟糕，但这与量子世界中发生的事情相匹配，并且还具有一些令人惊讶的好处。举个例子，如果某人想保守秘密（比如银行卡的 PIN 码），那么在不能复制的情况下，在没有持卡人注意时窃取该密码就会变得更加困难。正如我们将在 9.2.6 节中看到的那样，该原理构成了量子密码术以及许多其他量子安全协议的基础。

到目前为止，我们所做的大多数计算都是相当琐碎的，而且从字符串图语言来说，我们现在所证明的所有内容也都是显而易见的。但是接下来的两个定理，尤其是第一个定理，将需要一些稍微复杂的图形技巧。

对于一个 A 型系统的克隆过程，我们指的是一个过程：

它将输入状态 ψ 转换成 ψ 的两个副本：

$$ \tag{4.59} $$

人们期望这样的过程有一些明显的条件。例如，由于它产生一个状态的两个相同副本作为输出，因此即使我们互换它们也没关系：

$$ \tag{4.60} $$

此外，当我们有两个克隆过程时，一个用于 A 型，另一个用于 B 型，那么我们应该能够通过单独克隆每个系统来克隆 $A \otimes B$ 类型的状态：

$$ \tag{4.61} $$

最后，我们将假定过程理论至少包含一个归一化状态。即至少一种状态 ψ 使得：

$$ \tag{4.62} $$

从本质上讲，这是一个显而易见的假设，因为否则无论如何没有任何东西可被复制！

定理 4.84 考虑一个允许字符串图的过程理论。如果存在一个满足式（4.60）～（4.62）的 A 类型的克隆过程，则每个以 A 为输入系统的过程都必须是$\circ$- 可分离的。

证明 对下式使用式（4.61）：

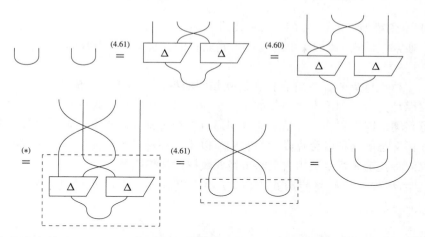

我们得到：

其中所有线的类型均为 A，而 (*) 只是图的变形。然后将左侧和右侧的外部输出转换为输入：

我们发现这一对系统上的幺元是可分离的，这已经引起了人们的注意，将以上公式代入以下虚线区域：

如此我们确实能得出任何以 A 作为输入类型的过程 f 是 ○- 可分离的。

因此，根据我们在 4.4.1 节中概述的"平凡"概念，如果存在针对某个系统类型 A 的克隆过程，则该过程理论相对于类型 A 是平凡的，如果每个系统类型允许克隆过程，那么整个过程理论就是平凡的。

真正使事情出错的假设是式（4.61）。如果使用字符串图的语言来"思考"，那么很显然，通过对每个子系统做一些事情来复制不可分离态是行不通的。

定理 4.84 与你在大多数教科书中发现的定理完全不同。首先，克隆过程通常被介绍为具有两个输入和两个输出的过程，其第二个输入处于某个固定状态 ϕ，该状态被复制的状态 ψ 覆盖：

$$ (4.63) $$

当然，一输入两输出的克隆过程如下：

$$\Delta := \frac{\Delta'}{\phi} \qquad (4.64)$$

然后我们可以轻松地使用式（4.64）证明定理4.84。

　　其次，通常假设式（4.63）中的过程 Δ' 是幺正的，这又意味着我们不需要假设式（4.60）和式（4.61）。

　　这是一个巨大的差异，尽管它旨在建立相同的特征，但却导致应将其视为不同的定理。幺正性的假设是受量子理论本身驱使的（见6.2.6节）。尽管该定理依赖于额外的假设，但它仍然令人感兴趣，因为它能另外精确地说明通过单个过程可以联合克隆哪些状态集，即正交的状态集。正交态的这种联合克隆性与它们可以用于在量子系统内编码经典数据这一事实紧密相关，我们将在第8章中利用它来给出经典数据的优美图形。

　　作为 Δ' 的替代，我们将使用式（4.64）中定义的 Δ。根据 Δ' 的幺正性，当 ϕ 归一化时，Δ 必须为等距的：

$$\frac{\Delta}{\Delta} \overset{(4.64)}{=} \frac{\Delta'}{\underset{\phi}{\Delta'}}^{\phi} \overset{(4.43)}{=} \frac{\phi}{\phi} =$$

因此，我们假设存在满足克隆方程（4.59）的等距性。当然传统的非克隆定理中最大的额外假设是，我们正在处理专门针对**量子过程**的理论（当然，到现在为止我们还没有定义它！）。
但是，此假设有点过大。我们真正需要做的只是假设一些关于我们的理论中的数字的事情：

　　（a）所有非零数字都是可消除的，也就是说，如果 $\lambda \neq 0$：

$$\lambda \boxed{f} = \lambda \boxed{g} \quad \Longrightarrow \quad \boxed{f} = \boxed{g}$$

那些代表可能性（见**关系**）或概率的数字显然是这种情况。

　　（b）如4.3.1节所述，数字1表示"确定"。也就是说，对于归一化的 ψ_1、ψ_2，我们有：

$$\frac{\psi_2}{\psi_1} = \boxed{} \quad \Longrightarrow \quad \underset{\psi_1}{\nabla} = \underset{\psi_2}{\nabla}$$

　　定理4.85　在任何允许字符串图并满足上述条件（a）和（b）的过程理论中，如果两个归一化状态 ψ_1 和 ψ_2 都可以通过等距性 Δ 克隆，则它们必须相等或正交。也就是说，我们有：

$$\underset{\psi_1}{\nabla} = \underset{\psi_2}{\nabla} \qquad \text{或} \qquad \frac{\psi_2}{\psi_1} = 0$$

　　证明　首先，请注意：

$$\frac{\psi_2}{\psi_1} \overset{(4.43)}{=} \frac{\overset{\psi_2}{\Delta}}{\underset{\psi_1}{\Delta}} \overset{(4.59)}{=} \frac{\psi_2\ \psi_2}{\underset{\psi_1\ \psi_1}{}}$$

接下来，考虑两种情况。如果：

$$\frac{\psi_2}{\psi_1} \neq 0$$

根据假设（a），我们可以在两侧消除此数字，然后得到：

$$\square = \frac{\psi_2}{\psi_1}$$

［133］

因此根据假设（b），状态 ψ_1 和 ψ_2 相等。另一方面，如果：

$$\frac{\psi_2}{\psi_1} = 0$$

则 ψ_1 和 ψ_2 正交。　　　　　　　　　　　　　　　　　　　　　□

定理 4.85 立即产生第二个无克隆定理。

推论 4.86　在定理 4.85 的假设下，如果过程理论至少具有两个既不相等也不正交的 A 型状态，则没有 A 型克隆过程。

备注 4.87　请注意，第一个无克隆定理适用于**关系**，而第二个则不适用，因为它依赖于条件（b）。实际上，第一个无克隆定理的证明完全不依赖于伴随关系，因此在这个意义上更具有普遍性。但是，第二个无克隆定理的确避免了假设其他关于克隆设备的等式（特别是克隆联合状态的式（4.61）），因此定理 4.84 并不直接暗示它。

备注 4.88　关于"我们可以随意复制比特"的说法有一个微妙之处，即假设比特是确定性的，即它们具有确定的值。我们现在将不再对此进一步讨论。有关此问题的完整讨论，以及避免该问题的更精细的不可行定理，请参见 6.2.8 节。

4.4.3　仿佛时光在倒流

考虑以下相等的字符串图：

$$\begin{array}{cc} \begin{array}{c} f \\ g \end{array} & = & \begin{array}{c} g \\ f \end{array} \end{array} \qquad\qquad (4.65)$$

假设我们将左侧和右侧解释为在特定时间点 $t_1, \cdots, t_4$ 发生的过程：

$$\begin{array}{cc} \begin{array}{c} t_4 \\ t_3 \quad f \\ t_2 \quad g \\ t_1 \end{array} & = & \begin{array}{c} t_4 \\ g \quad t_3 \\ f \quad t_2 \\ t_1 \end{array} \end{array} \qquad\qquad (4.66)$$

那么将发生一些奇怪的事情。在考虑左侧时，我们有：

［134］

- t_2：发生了涉及 g 的事情。
- t_3：发生了涉及 f 的事情。

另一方面，在考虑右侧时。

- t_2：发生了涉及 f 的事情。
- t_3：发生了涉及 g 的事情。

对于右侧，标记 g 的过程的输出是标记 f 的过程的输入，而对于左侧，标记 f 的过程的输出是标记 g 的过程的输入。因此两边过程发生的顺序是相反的！

之所以会发生这种情况，是因为这两个相等的图实际上可能对应于非常不同的操作场景。操作场景是一个图形实际实现的方式，例如通过在实验室中将某些设备连接在一起。上图的左侧和右侧具有不同的操作读数，因为右侧在时间 t_2 和 t_3 涉及三个系统，而右侧在任何时候仅涉及一个系统。杯对应于两个系统的创建，而盖对应于两个系统的湮灭。作为结果，我们在左侧拥有更为复杂的操作场景，而在右侧对此进行了简化。

尽管两个操作读数不同，但根据我们的理论，实际发生的情况是相同的，我们可以称其为字符串图的逻辑读数。在这种情况下，我们通过追踪图的逻辑流程可以看到这些图具有相同的逻辑读数：

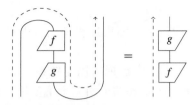

它首先通过标记 f 的框，然后通过标记 g 的框。

在逻辑读取的情况下，杯和盖使系统看起来好像在做时间倒流的旅行！这甚至导致数名研究人员提出了将杯和盖作为时间旅行的模型：

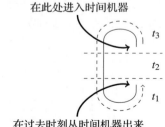

在此处进入时间机器

在过去时刻从时间机器出来

135

这是否意味着杯和盖能为有效地制造时间机器提供了途径？它们当然不能！这里的主要问题是这样一个事实，正如我们将在后面看到的那样，杯不能被确定地实施，而只能以一定的概率实施。原因是我们所说的因果性假设（见 6.4 节）。特别的是，如果有人建议你使用这种机器旅行，我们强烈建议你不要这样做，因为正如将在 6.4.4 节中看到的那样，你会变得非常混乱！

练习 4.89   令：$\mathbb{T} := \{0, 1, 2\}$ 为一个三元素集合（"trits"集合）。定义关系 $f, g : \mathbb{T} \to \mathbb{T}$ 如下：

- $f :: \{0 \mapsto 1, 1 \mapsto 0, 2 \mapsto 2\}$
- $g :: \{0 \mapsto 0, 1 \mapsto 2, 2 \mapsto 1\}$

请特别注意，这些关系不能交换：

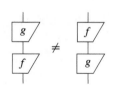

设杯和盖为练习 4.16 的杯和盖。通过关系的明确组合来验证"时间倒转"等式（4.65）。

练习 4.89 演示如何通过不确定性过程用以下方式实现"时间倒转"：

- 步骤 1：为两个系统创建不确定的完美相关性。
- 步骤 2：对其中一个系统执行两个连续的操作。
- 步骤 3：强行让输出匹配第三个系统的状态。

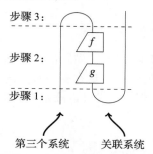

除了具有奇怪逻辑读数的字符串图之外，我们可能还有具有不止一个这样的读数的图形或根本没有这样的图形，例如：

在左图中，"流"是从 g 到 f 的还是从 f 到 g 的？谁又知道右边的图中发生了什么？然而我们可以通过少一点将线考虑为具有明确方向的"流"，多一点考虑一个对称的概念"强制两端的值相同"，来使这些图形更有意义。

|136|

4.4.4　隐形传态

现在我们将首次遇到量子理论的"杀手级应用"：量子隐形传态。也许令人惊讶的是，仅使用到目前为止我们已经遇到的图形概念就可以描述量子隐形传态的真正"实质"。在第 6 章中，我们将重新研究该协议并填写细节，例如对量子态和测量的仔细定义。

这是一个真正的挑战。Aleks 和 Bob 相距遥远，Aleks 拥有一个状态为 ψ 的系统，而 Bob 需要这个状态。假设他们还共享另一个状态：杯态。因此，我们有这种情况：

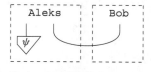

从这样的安排开始，Aleks 和 Bob 能在下面标记为"？"的区域中做些什么，从而导致 Bob 能获得 ψ 呢？

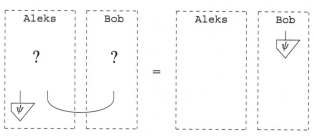

以下是一个简单的解决方案：

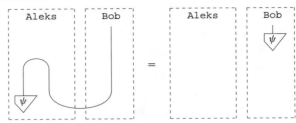

但是杯（即**效应**）是否真的是 Aleks 可以"做"的一个过程？好吧，不完全是。我们将在第 6 章中看到，效应是量子测量的结果。现在有关测量的一个棘手问题是，Aleks 可能无法获得他想要的效应（即杯），而是带有一些（不确定性）误差的杯，我们可以将其表示为一个框：

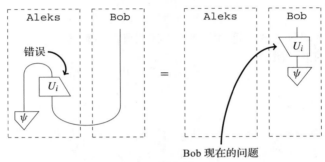

Aleks 事先不知道会遇到什么错误，只是知道它会出现在集合 $\{U_0, U_1, \ldots, U_{n-1}\}$ 中。可能遇到的情况是 U_0 是一个幺正过程，即没有错误。如果他幸运的话，他会希望这个发生，否则，他将使用新的 ψ 和新的杯态再次尝试整个操作。这称为后选择。再多考虑一下，Aleks 会意识到这似乎有点浪费。而且如果他仅拥有在状态 ψ 中的一个系统，则该状态将永远消失。相反，Aleks 决定打电话给 Bob 并告诉他解决这个错误。在 U_i 是幺正过程的特殊情况下，Bob 可以实现以下目标：

$$\text{更正} \rightarrow \boxed{U_i}$$
$$\text{错误} \rightarrow \boxed{U_i} \quad = \quad \psi$$
$$\psi$$

因此 Aleks 只需告诉 Bob 的是 i 的值，$i \in \{0, \cdots, n-1\}$，然后 Bob 就知道要执行哪个更正。然后嗖的一下！ Bob 现在有了 ψ：

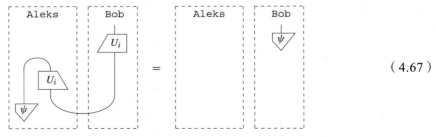

$$(4.67)$$

这就是量子隐形传态。综上所述：

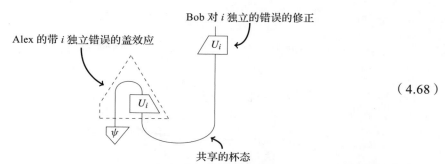

$$(4.68)$$

需要注意的一件事是，Aleks 向 Bob 发送的 i 的值至关重要，否则 Bob 无法解决该错误。在那种情况下，Bob 只会得到噪声，我们将在 6.4.4 节中看到。举例来说，这就是量子隐形传态与相对论兼容的原因，相对论禁止发送任何比光速还快的信号。因此当我们使用"隐形传态"一词时，我们并不是真的要神奇地在太空中发射东西。相反，隐形传态协议使用一种信息来发送另一种信息。在此协议中，Aleks 将一些经典数据传递给 Bob，而结果 Bob 将获得量子数据（即量子态）。这真是令人惊讶，因为正如我们将在第 7 章中看到的那样，可能的量子态空间将无限地大于可能的经典值的数量。

练习 4.90 写出式（4.67）的隐形传态协议：

1）以图形公式的形式。

2）以代数形式，用 $\otimes$ 和 $\circ$。

我们还没有准备好完整描述量子隐形传态。但是存在一种可以使用**关系**来描述的完全类似经典量子隐形传态的模型。

示例 4.91（"经典"隐形传态）　假设 Aleks 和 Bob 都有一个信封，里面有一张卡片，上面写着"0"或"1"。他们不知道这是哪张，但他们确实知道他们拥有**同一**张卡。我们可以将这种不确定的状态表示为杯子关系：

$$\cup :: \begin{cases} * \mapsto (0,0) \\ * \mapsto (1,1) \end{cases}$$

现在假设 Aleks 有一个要发送给 Bob 的比特 ψ。和以前一样，他们有电话，但是与以前不同的是，Aleks 有一个经典比特，所以他可以看看它，给 Bob 打电话，然后告诉他这是什么。另一方面，Aleks 有点偏执，不希望任何潜在的窃听者掌握 ψ。因此，他不仅将 ψ 告诉 Bob，还计算了 ψ 与存储在其信封中的比特的奇偶性。也就是说，他查看了两个比特，然后通过电话告诉 Bob 两者是相同的（对应于效应 M_0），还是不同的（对应于效应 M_1）： [139]

$$M_0 :: \begin{cases} (0,0) \mapsto * \\ (1,1) \mapsto * \end{cases} \qquad M_1 :: \begin{cases} (0,1) \mapsto * \\ (1,0) \mapsto * \end{cases}$$

如果它们相同，则 Bob 知道信封中的卡是比特 ψ。如果它们不同，则他知道 ψ 是信封中比特的取反。换句话说，根据 Aleks 的奇偶校验测量结果，Bob 选择一个更正以应用于它的信封中的比特：

$$U_0 :: \begin{cases} 0 \mapsto 0 \\ 1 \mapsto 1 \end{cases} \qquad U_1 :: \begin{cases} 0 \mapsto 1 \\ 1 \mapsto 0 \end{cases}$$

注意到效应 M_i 可以用盖和 U_i 来重新写出，我们可以将它们全部粘贴在一起，从而得到以下图片：

这，当然，就是隐形传态！

备注 4.92　在计算机安全领域，示例 4.91 被称为一次一密。信封中的比特对应于共享密钥（即"pad"）；奇偶校验测量会加密 Aleks 的比特；Bob 的更正将其解密。上面我们注意到，隐形传态协议使用一种信息来发送另一种信息。这种解释也适用于此。在这种情况下，Aleks 将公开（即加密）数据发送到 Bob，而 Bob 最终将接收到私有（即未加密）数据。因此，经典和量子隐形传态之间的类比是这样的：

	Aleks 发送	Bob 接收	使用共享的
一次一密：	公开数据	私有数据	加密密钥
量子隐形传态：	经典数据	量子数据	量子态

隐形传态无处不在，如图 4.1 所示。

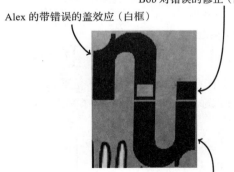

图 4.1　当你知道如何识别时，隐形传态无处不在。这是伊斯坦布尔的塔克西姆（Taksim）广场地区强烈推荐的 Cafe Cantine 餐厅

4.5　本章小结

1）字符串图实现了薛定谔指出的量子理论的特征：不可分离性。它们具有以下两个等 [141]
价特征：

在图形中能将线从输入连接到输入，
从输出连接到输出，从而可形成杯
形和盖形的线：

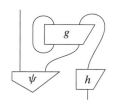

线路图中每种类型都具有一个特殊状态和一
个特殊效应——杯状态和盖效应，它们满足
以下等式：

这两个特征通过以下设定相关联：

然后，杯态和盖效应的定义式变为拉伸等式：

2）对于字符串图，过程与二分态之间存在双射对应，称为过程－态对偶性，其实现方
式如下：

3）字符串图语言使我们能够定义转置，我们将转置表示为180°旋转：

这样做的结果是，框可以沿着杯和盖滑动：

[142]

4）它还使我们能够定义迹（见下文），这使我们可以为过程分配数字并遵循循环性：

5）我们还介绍了图形的垂直翻转。伴随为过程理论中的垂直翻转提供了一种解释，并将对每个状态进行测试的效应与每个状态相关联。它们还使我们能够定义内积、等距，幺正过程、正过程和投影算子（以上提到的每一个，请参见下文）。

6）将垂直翻转与转置－旋转结合起来，我们得到第二个——水平翻转，称为共轭：

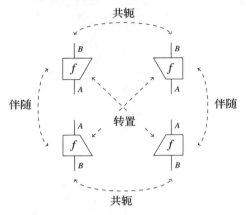

共轭使我们能够定义⊗－正二分态（见下文）。

7）我们确定了字符串图的几个"物理"特征：

- 在任何非平凡的理论中，**总是存在**不可分离态，最明显的是杯态。这种状态建立了完美相关性，并能造成系统在做时间倒流的旅行的幻象：

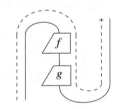

- **不存在**任何操作：

143

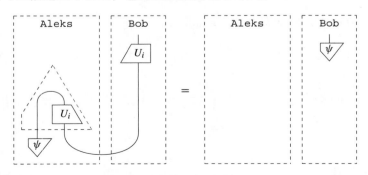

可以克隆所有状态 ψ。特别的是，可以通过等距联合克隆的唯一状态必须是正交的。

- 我们可以描述隐形传态，它可以归结为以下等式：

8）我们引入了许多以图形方式定义的概念，为方便读者，在这里我们总结一下：

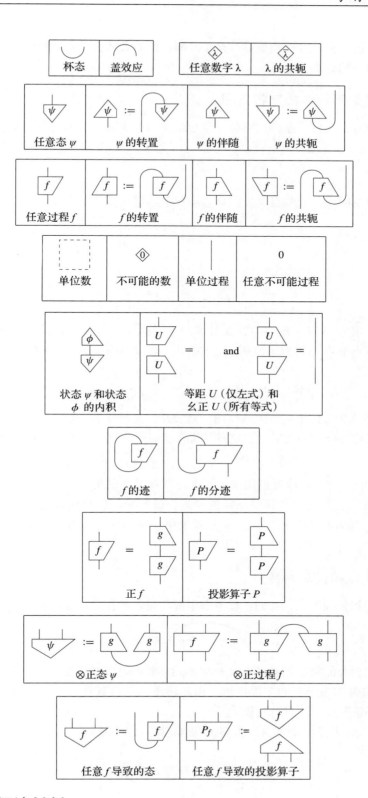

144

*4.6　进阶阅读材料

在上一章的进阶阅读材料之后，我们现在将看看如何定义字符串图的附加结构，一方面根据抽象张量系统，另一方面根据对称幺半范畴。就后者而言，在这样做之前，我们需要进一步改善对杯和盖的处理。

4.6.1 抽象张量系统中的字符串图

字符串图仅在满足以下条件的特殊张量 $\cup_{AB}$ 和 $\cap_{AB}$ 的情况下出现在抽象张量系统中：

$$\cap_{AB}\cup^{BC} = \delta_A^C$$

$$\cap_{BA} = \cap_{AB}$$

$$\cup^{BA} = \cup^{AB}$$

将这些等式绘制成图像，这些只是我们从盖和杯中期望获得的正常幺元：

在张量语言中，杯和盖有时被称为升索引和降索引操作，因为用它们组合其他张量会升高或降低索引（即将输入更改为输出或反之亦然）。通过学习 4.2 节，你应该已经熟悉了这个技巧：

$$f'^{BC}_A = f^B_{AC'}\cup^{C'C} \qquad\qquad f'^B_{AC} = f^{BC'}_A\cap_{C'C}$$

张量 $\cap_{AB}$ 在微分几何中起着关键作用，微分几何是数学的一个分支，它从曲面内部研究几何特性。盖被称为空间的度量。在这种情况下，以下更熟悉的杯和盖的符号是：

$$g^{\mu\nu} := \cup^{AB} \qquad\qquad g_{\mu\nu} := \cap_{AB}$$

其中 $\mu := A$ 和 $\nu := B$。很像可以使用内积来计算普通的旧笛卡儿空间中矢量的长度，该度量也可以用于计算更广义的空间中路径的长度，该路径可以是曲面的和扭曲的。这些空间在广义相对论中起着核心作用，在这种相对论中，重力的影响等于时空的扭曲（因此使用"g"）。

4.6.2 对偶类型和自对偶性

为了简化盖和杯的展示，我们在整本书中都假设盖和杯满足自对偶性：

换句话说，我们所有的类型都是具有自对偶性的。我们可以放宽要求（这些类型是相同的）。现在不再将杯和盖作为定义的主要角色，而是将重点转移到杯和盖所涉及的"其他类型"，并且"具有杯和盖"变为"具有对偶"。

定义 4.93 对于任何类型 A，类型 A^* 被称为 A 的对偶类型，如果存在以下杯态和盖效应：

满足拉伸等式：

$$\tag{4.69}$$

如果 $A = A^*$，则类型 A 称为自对偶。

回顾命题 4.13，我们给出了两个等效的拉伸等式，可以看到上面的等式概括了版本（ii）。如果 A 是自对偶并同时还满足：

$$\tag{4.70}$$

我们说它是相干的自对偶。如果 $A \neq A^*$，则这不再是一个有意义的等式，因为左侧和右侧的类型不匹配。但是，仅通过使式（4.69）变形，就可以看到上面的左侧给出了 A^* 的杯。与适当的盖配对可得到：

因此，A 实际上是 A^* 的对偶类型。因此，我们可以让：

$$(A^*)^* := A$$

在这种情况下式（4.70）变为：

$$\tag{4.71}$$

当 $A = A^*$ 时，我们有两种方法来制造具有相同类型的杯（$\cup_A$ 或 $\cup_{A^*}$），因此式（4.70）说明它们应该相等。对于数学中的许多例子，将类型与对偶类型视为不同可能确实更自然。一个重要的例子来自**线性映射**，这将在第 5 章中介绍。对于那些不熟悉矢量空间、线性映射或张量积的人，可能值得在阅读下一个例子之前先阅读第 5 章。

示例 4.94 对于一个有限维矢量空间 A，令 A^* 为 A 的对偶空间。也就是说，元素 $\xi \in A^*$ 本身就是从 A 到 $\mathbb{C}$ 的线性映射。它们通过让加法和标量乘法"点对点地"动作来形成一个矢量空间：

$$(\xi + \eta)(v) := \xi(v) + \eta(v) \qquad (\lambda \cdot \xi)(v) := \lambda \xi(v)$$

此外，A 中的任何基 $\{\phi_i\}_i$ 通过以下方式固定一个对偶基 $\{\tilde{\phi}_i\}_i$：

$$\tilde{\phi}_i(\phi_j) := \delta_i^j$$

现在，通过定义杯态和盖效应，可以证明 A^* 是 A 的对偶类型。盖效应的选择是很自然的，我们只是采用在矢量 $v \in A$ 上评估 $\xi \in A^*$ 的效应：

杯态是通过对基求和得出的：

可以检查此杯和盖是否满足式（4.69），并且还可以证明，与它们的自对偶不同，这些杯和盖不依赖于基 $\{\phi_i\}_i$ 的选择。如果将 $f: A \to B$ 相对于这些新的盖和杯转置，我们将得到一个新的映射 $f^*: B^* \to A^*$：

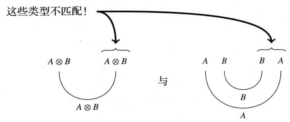

这有时称为线性算子转置。具体而言，f^* 通过预先组合 f 将 B^* 中的元素发送给 A^* 中的元素：

$$f^*(\xi) := \xi \circ f$$

这将再次不依赖于基的选择（不同于正常转置）。即使有时可以选择 A 为自对偶，可以自由选择 A^* 也会有所帮助。例如，请考虑 4.2.2 节中的"嵌套杯"问题：

此问题将消失，如果我们让

$$(A \otimes B)^* := B^* \otimes A^*$$

但是当 $A \neq A^*$ 时，我们似乎失去了一些符号上的美感。相对于将盖和杯表示为一根线，我们似乎在 $\cap$ 和 $\cup$ 使用了显式的框，否则我们将最终得到在一端是一种类型而在另一端是另一种类型的线：

看起来似乎不对！但是有一种非常优雅的方法可以以图形的方式处理对偶。我们只需对线引入一个方向：

"正常"的 A 类型的线被描述为向上的线（即"在时间上向前流动的东西"），而对偶类型 A^* 的线被描述为向下的线（即"在时间上向后流动的东西"）。在这两种情况下，我们都将线简单地标记为 A，并使用方向告诉我们线是 A 还是 A^*。对标记的这种微调使我们能够再次将盖和杯表示为一根线，但是这次使用带方向的线：

式（4.69）变为：

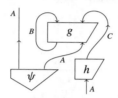

式（4.71）变为：

到对偶的和来自对偶的映射被描绘为以相反方向连接到线的框。例如，输入类型为 $A \otimes B^*$ 且输出类型为 $C^* \otimes D$ 的框如下所示：

就像我们能够定义字符串图而无须参考杯和盖一样（见定义 4.18），我们可以将有向字符串图定义为允许我们连接任何两根线的图，只要**类型和方向**兼容即可：

也就是说，如果我们将输入连接到输出，则类型应该相同。如果我们将输入连接到输入（或将输出连接到输出），则类型应该是对偶的。例如，类型为 C^* 的 h 的输出连接到类型为 C 的 g 的输出。

4.6.3　匕首紧致闭合范畴

紧致闭合范畴是对称幺半范畴，其中每个对象都有一个对偶。我们可以用以下范畴语言来说明。

定义 4.95　紧致闭合范畴是一个对称幺半范畴 $\mathcal{C}$，对于每个对象 $A \in \mathrm{ob}(\mathcal{C})$，都存在另一个对象 $A^* \in \mathrm{ob}(\mathcal{C})$ 和态射：

$$\epsilon_A : A \otimes A^* \to I \qquad\qquad \eta_A : I \to A^* \otimes A$$

使得：

$$(\epsilon_A \otimes 1_A) \circ (1_A \otimes \eta_A) = 1_A \qquad\qquad (1_{A^*} \otimes \epsilon_A) \circ (\eta_A \otimes 1_{A^*}) = 1_{A^*} \qquad (4.72)$$

150

备注 4.96　形容词"闭合"表示，对于每个对象 A 和 B，都有一个特殊的对象 $[A \to B]$，其状态 $\psi : I \to [A \to B]$ 编码 $\mathcal{C}(A, B)$ 中的态射。例如，在以对象为集合且态射为函数的范畴中，$[A \to B]$ 是从 A 到 B 的所有函数的集合，而在以矢量空间为对象并将线性映射作为态射的范畴中，$[A \to B]$ 是从 A 到 B 的线性映射的矢量空间。"紧致闭合"表示这些特殊对象采用以下形式：

$$[A \to B] := A^* \otimes B$$

即范畴具有过程 – 态对偶性。

我们还可以按范畴论来解释伴随。

定义 4.97　用于对称幺半范畴的匕首函子是不会改变对象的操作†：

$$A^\dagger := A$$

可对态射取反

$$(f : A \to B)^\dagger := f^\dagger : B \to A$$

且是对合的

$$(f^\dagger)^\dagger = f$$

并遵守对称幺半范畴结构：

$$(g \circ f)^\dagger = f^\dagger \circ g^\dagger \qquad (f \otimes g)^\dagger = f^\dagger \otimes g^\dagger \qquad \sigma_{A,B}^\dagger = \sigma_{B,A}$$

一个匕首紧致闭合范畴是紧致闭合范畴 $\mathbb{C}$ ，其匕首函子满足：

$$\epsilon_A^\dagger = \eta_{A*}$$

正如定理 3.49 给出了线路图相对于对称幺半范畴的健全性／完备性一样，对于字符串图和匕首紧致闭合范畴，也有可能表现出同样的性质。

定理 4.98 字符串图对于匕首紧致闭合范畴是健全和完备的。也即，使用匕首紧致闭合范畴的等式可证明两个态射 f 和 g 当且仅当可以将它们表示为相同的字符串图时相等。

现在我们可以从 *3.6.3 节中扩展我们的表。

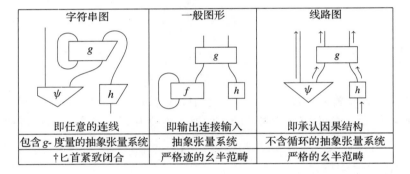

字符串图	一般图形	线路图
即任意的连线	即输出连接输入	即承认因果结构
包含 g- 度量的抽象张量系统	抽象张量系统	不含循环的抽象张量系统
†匕首紧致闭合	严格迹的幺半范畴	严格的幺半范畴

4.7 历史回顾与参考文献

在 4.3.7 节中讨论的二分态投影算子的构成方式取自 Coecke（2003）的文献，是量子隐形传态的第一个正式图形表示的正式基础。因此虽然可以说这篇文章是介绍描述量子过程的图形方法的开始，但这篇文章被 *Physical Review Letters* 的编辑（甚至没有找审稿人）以过于具有"猜想性"的理由拒了。这些二分态投影算子应按照式（4.54）中所述的杯、盖和框来解释的想法首先出现在 Abramsky and Coecke（2005，2014a）的文献中。Kauffman（2005）独立地给出了基于拓扑基分析的量子隐形传态。

然而实际上，杯和盖的出现要早得多，在 Penrose 的抽象张量系统的图形微积分中（Penrose，1971），它们代表了时空几何的度量张量。但是，字符串图的进一步发展和对它们的数学模型意义的理解主要发生在范畴论界。大约在 Penrose 论文发表的同时，字符串图也出现在 Kelly 的论文中，该论文引入了紧致闭合范畴（Kelly，1972），正如我们在 *4.6.3 节中所解释的那样，它是允许使用字符串图的过程理论的范畴论形式。在范畴语境中，除了杯和盖之外，还使用了附加的框，这是由于 Yetter（Freyd and Yetter，1989）使用了"彩色纠缠"这个名字。

在量子理论的语境下，过程－态对偶性被称为 Choi-Jamiołkowski 态射（Jamiołkowski，1972；Choi，1975）。实际上，Jamiołkowski 和 Choi 分别提出的态射是不等价的。在本书的大部分内容中，我们使用 Choi 的，并且取决于基。Jamiołkowski 的是独立于基的对应物，是由示例 *4.94 中的杯和盖而产生的。

在 Abramsky and Coecke（2004，2005）定义了匕首紧致闭合范畴，目的是公理化二分态投影算子的组合方式，从而以范畴论的形式表示基本的量子理论。大约在同一时间，Baez（2006）提出了类似的想法。用于表示转置和伴随的不对称框取自 Selinger（2007）的文献。作为数学实体，匕首紧致闭合范畴已经在 Baez and Dolan（1995）的文献中出现，作为 *n*-范畴中更一般的构造的特例。定理 4.98 被广泛认为是一种约定俗成，在 Selinger（2007）的文献中有正式声明，引用的是最早出现于 Kelly and Laplaza（1980）的文献中的 "明白无误的证明"。 152

⊗- 正性的概念被 Selinger（2007）引入为（抽象的）完备正性。Dieks（1982）以及 Wootters and Zurek（1982）独立证明了定理 4.85 中提出的无克隆定理的版本，该版本早于量子信息的出现。定理 4.84 中提出的版本依赖于杯的存在而不是利用幺正性，则是取材于 Abramsky（2010）的文献。

"隐形传态" 一词最早出现在由奇异现象学作家 Charles Fort（1931）于 1931 年所写的一本名为 *Lo!* 的书中，包含两部分含义，其中一部分完全专用于隐形传态。在 Gene Roddenberry（1966）的《星际迷航》中，星际飞船企业号历险中的传输者角色真正带动了这一概念。量子隐形传态最早是由 Bennett et al.（1993）提出的。它的第一个实验实现是在 Bouwmeester et al.（1997）的文献中。在 Coecke et al.（2008b）的文献中，对经典的隐形传态进行了图形说明。而更详细的描述在 Stay and Vicary（2013）的文献中。

与 4.4.3 节中的时间反转相关的观察来自 Coecke（2003，2014a），他的文章的结果在 Laforest et al.（2006）的文献中进行了实验模拟。杯和盖可以用来模拟时间旅行这一事实的灵感也来自这篇论文，最早是 Svetlichny（2009）提出的。后来被 Lloyd et al.（2011）再次提起来，并引起了很多媒体的关注，一些头条甚至声称时间旅行已经实现。更早的时候，Deutsch（1991）提出了一种不同的量子时间旅行理论。

Selinger（2011b）对各种幺半范畴及与其相关的图形符号进行了最佳概述。如果你想在物理、逻辑和拓扑的背景下阅读有关字符串图的更多信息，我们建议阅读 Baez and Stay（2011）的文献，在物理和语言学的背景下，阅读 Heunen et al.（2012a）的文献。要了解在高维范畴论中使用的各种（主要是）图形结构，请参阅 Leinster（2004）的文献。

本章开头的引文摘自 Schrödinger（1935）的文献。 153

图形表征下的希尔伯特空间

> 我想坦白一件似乎是不道德的事：我没有绝对相信希尔伯特空间。
>
> ——约翰·冯·诺依曼，给 Garrett Birkhoff 的信，1935

我们现在已经看到字符串图所描述的过程是如何展现一些类量子特性。人们很自然地会问，需要对 20 世纪 20 年代末冯·诺依曼（von Neumann）表述量子理论所用的数学工具做多少额外的工作才能从字符串图转到希尔伯特空间和线性映射。答案是：没有那么多。

我们首先考虑两个过程相等需要满足什么条件。在许多过程理论中，它们只需要对相对较少的几个态达成一致就够了。这个特性非常自然地引出了基的概念，我们可以用伴随确定特别有用的基类型，称为标准正交基（ONB）。当所有类型存在基时，任何过程可以完全地由称为其矩阵的一组数来描述。

现在，这样的矩阵唯一地确定了一个特定的过程，但是对于**任何**表示过程的矩阵，我们需要添加一些结构。因此，我们允许具有相同输入 / 输出线的过程合并为一个，或将其一起求和。如果过程理论存在字符串图，对每种类型有标准正交基，并且有过程求和，那么我们能描述求和、串行组合、并行组合、转置、共轭和伴随所有关于矩阵的运算。我们称其为过程理论的矩阵运算。

因此，通过增加标准正交基和求和，我们已经非常接近恢复线性代数的全部功能，但增加了普遍性，即数字 λ 仍然是非常不受限制的（尤其它们不需要像实数或复数那样是某个域的元素）。事实上，数是布尔值的关系的矩阵运算是完全有意义的。

通往希尔伯特空间和线性映射的最后一步，要求过程理论的数是复数。因此，我们将**线性映射**定义为存在字符串图的过程理论，其中：

1）每种类型有一组有限的标准正交基。

2）对于任何 $n \in \mathbb{N}$，存在一组尺寸为 n 的标准正交基类型。

3）同一类型的过程可以求和。

4）这些数是复数。

在这个过程理论中的系统类型则被称为希尔伯特空间。对于那些熟悉量子理论希尔伯特空间形式的人来说，最值得注意的是既没有提及希尔伯特空间的张量积，也没有提及映射的（多重）线性。这是因为字符串图的语言无偿把这些提供给了我们！

我们对希尔伯特空间和线性映射的描述与通常遇到的"自下而上"的描述是非常不同的。人们通常从小事物（即矢量）开始，然后定义称为矢量空间的矢量特殊集合，并专门用于希尔伯特空间。然后，为了把它变成一个过程理论，人们进行了大量的工作，用集合论和代数中的一整套工具定义线性映射、双线性映射、组合和张量积。这些集合理论的定义本质上是内在的简化：它们都是根据小事物来理解较大的事物。这就像粒子物理学家梦想拥有"万物理论"一样，完全根据最小的部分解释世界。相反，在我们的描述中，一个事物是根据它如何与其他事物相互作用来理解的。因此，采用"自上而下"的方法是有意义的，其中**线性映射**的整个过程理论是通过首先说明事物是如何构成的，然后填充剩余的空白来定义的。

本书是关于用图形来推理量子过程的，那么为什么我们还要麻烦地介绍希尔伯特空间呢？事实上，在第 8 章中，标准正交基和求和将按照一个新的图形基元表示，而在第 9 章中，也会做一些类似的事情来解释一个单系统有多个标准正交基。尽管如此，至少有三个很好的理由来引入希尔伯特空间：

1）熟悉希尔伯特空间量子理论的读者，由于他们熟悉希尔伯特空间的语言，可能会发现用希尔伯特空间的语言描述的图形概念很有用。

2）不熟悉希尔伯特空间量子理论的读者，可以将他们在这本书中学到的知识翻译成大多数其他量子理论文本中使用的语言。

3）有时，我们在本节中介绍的混合方法结合有求和的图形推理，是为了便于计算。这样的混合已经被证明在纯数学的某些领域非常有用，比如人们在扭结理论中遇到类似这样的等式：

还有更多。即使根本不关心希尔伯特空间量子理论的人仍然可能会问这样一个问题："使用字符串图可以证明什么？"当涉及过程方程时，令人惊讶的是，这个问题的答案是"正是人们在希尔伯特空间中可以证明的"！

用逻辑术语来说，这意味着希尔伯特空间中有一个关于字符串图的*完备性定理*。我们会在 5.4.1 节中仔细解释。

155

另一方面，与希尔伯特空间相比，字符串图的负担更少，所以它们为量子理论的形式化留下足够的空间来寻找希尔伯特空间的替代。因此，两个看似无关的历史发展——为量子理论放弃希尔伯特空间形式（如冯·诺依曼所希望的）与把不可分离性作为量子理论的关键特征（如薛定谔强调的），在我们的叙述中携手并进：

5.1　基与矩阵

我们现在展示线性代数中的一些标准概念，尤其是基和矩阵，是如何为某些过程理论而出现的，以及我们在前几章中为图形定义的图形特殊过程和操作是如何转换成标准线性代数概念的。

在本节中，我们将假设过程理论存在字符串图，并且对于每种系统类型都有零过程。

5.1.1　基的类型

到目前为止，我们研究过的许多过程都有以下性质：

$$\left(\text{对于所有}\ \boxed{\psi}:\ \frac{\boxed{f}}{\boxed{\psi}}=\frac{\boxed{g}}{\boxed{\psi}}\right)\implies \boxed{f}=\boxed{g} \tag{5.1}$$

也就是说，如果两个过程对所有态做相同的事情，那么它们是相等的。换句话说，一个过程由它对态的操作来**唯一确定的**。

示例 5.1　函数和关系都满足式（5.1）。

对于**函数**，在示例 3.35 中我们看到 A 的态：

$$\boxed{a}:: *\mapsto a$$

与元素 $a\in A$ 具有双射对应关系。通过这种对应，得到：

$$\frac{\boxed{f}}{\boxed{a}}=\frac{\boxed{g}}{\boxed{a}}\qquad\Longleftrightarrow\qquad f(a)=g(a)$$

因此，我们可以将式（5.1）转换为：

$$(\text{对于所有}\ a\in A:f(a)=g(a))\implies f=g$$

当然对于任何函数 f 和 g 都是成立的。

对于**关系**，我们在示例 3.36 中看到类型 A 的态：

$$\boxed{A'}:: *\mapsto A'$$

与子集 $A'\subseteq A$ 具有双射对应关系。但是，根据式（5.1），考虑**所有**态 $A'\subseteq A$ 是过度的。如果我们仅限制为单重态，则我们已经有：

$$(\text{对于所有}\ a\in A:R(a)=S(a))\implies R=S$$

就是说，一个关系是由它对单重态的作用决定的。

正如我们在**关系**中看到的，并不总是需要知道一个过程对每个态的作用才能唯一确定它。有时，只要知道它是如何作用于特殊态的子集就足够了。

定义 5.2　类型 A 的基是态的最小集合：

$$\mathcal{B}:=\left\{\boxed{1},\ldots,\boxed{n}\right\}$$

对于 f 和 g 的所有过程：

$$\left(\text{对于所有}\ \boxed{i}\in\mathcal{B}:\ \frac{\boxed{f}}{\boxed{i}}=\frac{\boxed{g}}{\boxed{i}}\right)\implies \boxed{f}=\boxed{g} \tag{5.2}$$

其中"最小"表示在不牺牲式（5.2）的情况下无法从 $\mathcal{B}$ 中删除任何态。类型 A 的维数 $\dim(A)$ 是 A 的基的最小尺寸。

备注 *5.3　对于行为良好的过程理论，比如关系，一个特定系统的所有基都将是相同大小的。在这种情况下，我们也可以将 $\dim(A)$ 定义为任何基的大小。对于**线性映射**理论，这个结果通常被称为维数定理。

练习 5.4　证明在**关系**中集合 A 的单重态：

$$\mathcal{B}_A:=\left\{\boxed{a}\ \middle|\ a\in A\right\}$$

构成一个基，也就是说，任何元素都不能从 $\mathcal{B}_A$ 中移除而不失去作为基的属性。也表明，所有的基都是这种形式，因此，在**关系**中集合 A 的维数是它的元素个数。

以后，我们将使用：

$$\left\{\ \underset{i}{\bigtriangledown}\ \right\}_i$$

作为下式的简写：

$$\left\{\ \underset{1}{\bigtriangledown}\,,\dots,\underset{n}{\bigtriangledown}\ \right\}$$

最好的基是那些其态可以完全被测试区分的基。也就是说，如果测试第 i 个态是否为第 j 个态，我们应该得到一个"是"的结果，当且仅当 $i=j$。我们给这些态的集合（特别是基）一个特殊名称。

定义 5.5　态的集合：

$$\mathcal{A}:=\left\{\ \underset{i}{\bigtriangledown}\ \right\}_i$$

如果对于所有 i,j 是标准正交的，我们有：

$$\begin{array}{c}\overline{\triangle}\,\!^{j}\\[-2pt]\underline{\bigtriangledown}_{i}\end{array}=\ \delta_i^j \tag{5.3}$$

其中 δ_i^j 是克罗内克符号：

$$\delta_i^j=\begin{cases}\ \boxed{}\quad&\text{如果 }i=j\\[8pt]\ 0&\text{否则}\end{cases}$$

如果 A 构成一组基，它被称为标准正交基（ONB）。

回想在 4.3.3 节，我们可以把式（5.3）中的内积看作测量态之间的"重叠"。在这种情况下，我们可以将一组标准正交基视为基，其元素不重叠，如下面的例子所示。

示例 5.6　我们在示例 4.50 中看到**关系**中两个态的内积是 1，当且仅当它们相交。因为任意两个（不同的）单重态的交集为空，练习 5.4 中**关系**的唯一基是标准正交基：

$$\begin{array}{c}\triangle\!^{b}\\[-2pt]\bigtriangledown_{a}\end{array}=\begin{cases}\ \boxed{}\quad&\text{如果 }a=b\\[8pt]\ \varnothing&\text{如果 }a\ne b\end{cases}$$

有些标准正交基并非唯一的。

示例 5.7　在 5.3 节中，我们将看到**线性映射**存在许多不同的标准正交基用于一个单一的系统类型，并且没有"首选"标准正交基的唯一选择。对于许多量子现象这个事实是非常重要的。

有些标准正交基甚至是隐形的。

示例 5.8　因为对系统 A 的所有态 ψ 和 ϕ，我们有：

$$\underset{\boxed{}}{\overset{\psi}{\bigtriangledown}}=\underset{\boxed{}}{\overset{\phi}{\bigtriangledown}}\ \Longrightarrow\ \overset{\psi}{\bigtriangledown}=\overset{\phi}{\bigtriangledown}$$

对于"没有线"类型，空图构成一组标准正交基，因为在这种情况下正交性只是意味着：

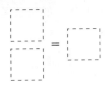

其他标准正交基是充满色彩的。

示例 5.9　考虑**灯和探测器**的过程理论，其中态是灯发出某种颜色的光，当探测到某种颜色的光时，效应是点击探测器。将灯与探测器组合在一起时，数字就出现了。数字 0 表示"没有点击"，也就是说没有探测到任何东西，而 1 表示"最响亮的点击"，即最大强度探测。我们对伴随的解释表明：对于同样颜色的光，灯的伴随就是探测器。红色、绿色和蓝色的灯

159 是"标准正交的"，因为它们永远也探测不到彼此的光：

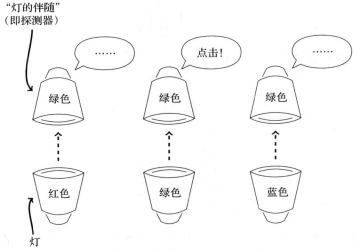

它们也构成了一组基。例如，假设我们有许多未知的探测器，并发生：

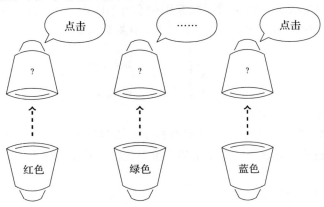

那么我们可以得出结论：

对于一般基，在定义 5.2 中的最小化条件可能很难验证。幸运的是，在一组标准正交基情况下，这个条件是自动的。

命题 5.10   如果对所有成对的过程，类型 A 的标准正交态集合满足式（5.2），则它必须是最小的，并且是一组标准正交基。

[160]

证明   令：

$$\mathcal{A} = \left\{ \; \boxed{i} \; \right\}_i$$

是满足式（5.2）态的标准正交集。假设它不是最小值，也就是说，存在某种态 i，使得：

$$\mathcal{A}' := \mathcal{A} - \left\{ \; \boxed{i} \; \right\}$$

仍然满足式（5.2）。首先，注意，效应 i 不能等于零效应（此处描述为 $\boxed{0}$ 以避免混淆），因为：

$$\frac{\boxed{i}}{\boxed{i}} = 1 \neq 0 = \frac{\boxed{0}}{\boxed{i}}$$

但是，由于 $\mathcal{A}$ 中的态是标准正交的，对于所有 $j \neq i$，有：

$$\frac{\boxed{i}}{\boxed{j}} = 0 = \frac{\boxed{0}}{\boxed{j}}$$

但根据式（5.2），有

$$\boxed{i} = \boxed{0}$$

这是矛盾的。   □

现在可能是对标准正交基做一个简短警告的好时机。

⚠ **警告** 5.11   在 3.4.3 节中，我们引入了过程相等的概念——"只差一个倍数"，并表明 $\approx$ 关系很好地适用于图形。另一方面，它**不**适用于标准正交基，因为我们证明了对所有 i：

$$\frac{\boxed{f}}{\boxed{i}} \approx \frac{\boxed{g}}{\boxed{i}} \tag{5.4}$$

它并**不**是：

$$\boxed{f} \approx \boxed{g}$$

为了使其成立，式（5.4）的每个实例应该保持**相同的**数，否则我们可能找不到一对数字 λ 和 μ 使得 $\lambda f = \mu g$。例如，如果 f 和 g 是效应，这就是说在同样的标准正交基态的集合下，f 和 g 是非零的。

[161]

对于本书中大多数基，我们将用标准正交基，但有一个明显的例外：层析成像（见 7.4 节）。为了说明这一点，我们也将在接下的章节中，对非标准正交基的一般情况证明一些结果。对于选择包含自共轭态的基，它也将是方便的（有时甚至是必要的）。如果一个基是自共轭的，那么相应的效应也是自共轭的。我们表示这些自共轭态和效应如下：

$$\boxed{i} := \boxed{i} = \boxed{i} \qquad \text{和} \qquad \boxed{i} := \boxed{i} = \boxed{i}$$

示例 *5.12 在线性代数中，自共轭标准正交基是那些只包含实数的矩阵。典型的例子为：

$$\begin{pmatrix} 1 \\ 0 \\ \vdots \\ 0 \end{pmatrix}, \cdots, \begin{pmatrix} 0 \\ \vdots \\ 0 \\ 1 \end{pmatrix}$$

我们将在 5.2.3 节中看到，通过选择正确的盖 / 杯（通常不是唯一的），我们能将任何标准正交基转为自共轭的。例如，对同一系统研究多重不同基时，非自共轭基的处理就变得很必要了。一般来说，不可能只做一个盖 / 杯选择，使所有基同时自共轭。

示例 *5.13 在量子计算中，对于量子比特 X- 基、Y- 基和 Z- 基只有三分之二能同时自共轭。

5.1.2 过程的矩阵

当我们有基态时，我们通常可以通过证明态来证明过程。然而，因为我们有伴随，我们也有相关的基效应，所以我们可以做得更好。要证明过程相等，只要看一下数字就可以了。

定理 5.14 假设 $\mathcal{B}$ 是 A 的基，$\mathcal{B}'$ 是 B 的基。那么对于所有 f 和 g 有输入类型 A 和输出类型 B：

(5.5)

[162]

证明 我们可以每次用一个基来证明。首先，取 $\mathcal{B}'$ 中的任何态 j。则对于 B 中的所有态 i，如果有：

那么，由于 $\mathcal{B}$ 是基，可以得出：

并对两边应用伴随，则：

上面的等式适用于所有态 $j \in \mathcal{B}'$，因此由于 $\mathcal{B}'$ 是基：

再对两边应用伴随，我们得到：$f = g$。 □

练习 5.15 证明如果除了要求 $\mathcal{B}$ 和 $\mathcal{B}'$ 为最小的，与定理 5.14 相反也是正确的，也就是说，只要条件（5.5）成立，则式（5.2）对于 $\mathcal{B}$ 和 $\mathcal{B}'$ 都成立。

当定理 5.14 中的基是标准正交的时，我们给唯一确定过程的数一个熟悉的名称。

定义 5.16 数：

$$\mathbf{f} := \left(f_i^j \;\middle|\; \underset{i}{\nabla} \in \mathcal{B}, \; \underset{j}{\blacktriangledown} \in \mathcal{B}' \right)$$

其中 $\mathcal{B}$ 和 $\mathcal{B}'$ 是标准正交基，并且：

$$f_i^j := \underset{i}{\boxed{f}}^{\,j} \tag{5.6}$$

被称为 f 的矩阵。数 f_i^j 称为矩阵元素。

通常，我们将对过程 f 及其矩阵使用相同的符号，但是当我们希望区分两者时，如上所述，我们将对矩阵使用粗体符号 $\mathbf{f}$。

学校里，你可能见过这种书写的矩阵：

$$\begin{pmatrix} f_1^1 & f_2^1 & \cdots & f_m^1 \\ f_1^2 & f_2^2 & \cdots & f_m^2 \\ \vdots & \vdots & \ddots & \vdots \\ f_1^n & f_2^n & \cdots & f_m^n \end{pmatrix}$$

注意，对于每个矩阵元素，我们让行标（源于输出基元素）为上标，列标（源于输入基元素）为下标。这种"张量式"表示法（见 * 3.6.1 节）在有多个输入 / 输出线时将非常有用。

具有输入 A 和输出 B 的过程矩阵将具有 $\dim(A)$ 列和 $\dim(B)$ 行。在示例 5.8 中，我们看到"无线"型有一个元素的基。所以，态有 $n \times 1$ 阶矩阵，称为列矢量，而效应有 $1 \times m$ 阶矩阵，称为行矢量：

$$\underset{\psi}{\nabla} \quad\leftrightarrow\quad \begin{pmatrix} \psi^1 \\ \psi^2 \\ \vdots \\ \psi^n \end{pmatrix} \qquad\qquad \underset{\phi}{\triangle} \quad\leftrightarrow\quad \begin{pmatrix} \phi_1 & \phi_2 & \cdots & \phi_m \end{pmatrix}$$

当然，数有 1×1 阶矩阵：

$$(\lambda)$$

但我们一般不会这样写。

尽管它们通常与线性映射相关，但实际上矩阵是更通用的。例如，它们为关系提供了一种方便的替代表示。

示例 5.17 我们在前面看到**关系**中的每种类型有给定单重态唯一的标准正交基，在示例 3.36 中，我们证明了只有两个数字：

$$0 := \varnothing \;(\text{即 "不可能"}) \qquad 1 := \boxed{} \;(\text{即 "可能"})$$

则有：

$$\underset{a}{\boxed{R}}^{\,b} = \begin{cases} 1 & \text{如果 } R :: a \mapsto b \\ 0 & \text{否则} \end{cases}$$

显然，这些数字充分地描述了 R 的特征，因为通过给它们分配数字 1，它们精确地确定成对的 (a, b) 使得 $R:: a \mapsto b$。我们通过 A 的元素可以标记出 R 矩阵的列，以及通过 B 的元素标记出行。我们看到，当给定行和列的元素相关联时则为 1，其余为 0：

$$R :: \begin{cases} a_1 \mapsto b_4 \\ a_2 \mapsto b_2 \\ a_2 \mapsto b_3 \\ a_3 \mapsto b_4 \end{cases} \qquad \leftrightarrow \qquad \begin{array}{c} \\ b_1 \\ b_2 \\ b_3 \\ b_4 \end{array} \begin{array}{ccc} a_1 & a_2 & a_3 \\ \begin{pmatrix} 0 & 0 & 0 \\ 0 & 1 & 0 \\ 0 & 1 & 0 \\ 1 & 0 & 1 \end{pmatrix} \end{array}$$

这个矩阵有时被称为 R 的邻接矩阵。

我们不仅可以用矩阵来表示过程，过程的转置、共轭和伴随的图形运算也可以对应于矩阵中熟悉的运算。

定理 5.18　令 f 是一个与矩阵 $\mathbf{f}$ 相关的过程，$f^\dagger$ 的矩阵是伴随矩阵 $\mathbf{f}^\dagger$，定义为：

$$(\mathbf{f}^\dagger)_i^j := \overline{(\mathbf{f}_j^i)}$$

证明　$f^\dagger$ 的矩阵元素计算为：

其中式（4.18）表示数是自转置的。　□

注意，上面的定理适用于任何标准正交基，而不仅仅适用于自共轭的标准正交基。相反，为了在矩阵上正确地进行转置和共轭，我们需要假设标准正交基是自共轭的。

定理 5.19　对于自共轭标准正交基 $\mathcal{B}$ 和 $\mathcal{B}'$，令 f 为与矩阵 $\mathbf{f}$ 相关的过程。f^T 的矩阵为转置矩阵 $\mathbf{f}^\mathrm{T}$，定义为：

$$(\mathbf{f}^\mathrm{T})_i^j := \mathbf{f}_j^i$$

$\overline{f}$ 的矩阵是共轭矩阵 $\overline{\mathbf{f}}$，定义为：

$$\overline{\mathbf{f}}_i^j := \overline{(\mathbf{f}_i^j)}$$

证明　f 转置的矩阵元素计算为：

（5.7）

对于共轭的矩阵元素有：

其中，标记为 (∗) 的等式依赖于 $\mathcal{B}$ 和 $\mathcal{B}'$ 是自共轭的。如果不是这种情况，得到的矩阵不用 $\mathcal{B}$ 和 $\mathcal{B}'$ 表示，而用它们的共轭基表示。　□

通过交换行和列的索引，得到 $\mathbf{f}$ 矩阵的转置 $\mathbf{f}^\mathrm{T}$；通过每个元素的共轭得到 $\overline{\mathbf{f}}$；伴随矩阵 $\mathbf{f}^\dagger$ 包括应用这两种操作。因此，伴随矩阵有时也被称为共轭转置。在图形的情况下，顺序并不重要：

$$\mathbf{f}^\dagger = \overline{(\mathbf{f}^\mathsf{T})} = (\overline{\mathbf{f}})^\mathsf{T}$$

练习 5.20　描述自伴随过程的矩阵性质。

因此，我们已经可以将过程中的几个操作作为矩阵上的操作来处理。然而，我们还没有达到矩阵运算的全部能力。定理 5.14 表述当且仅当 f 和 g 为相同的矩阵时，$f = g$。换句话说，当存在一个特殊矩阵 f 时，它是唯一的。然而，对于给定的任意矩阵，任何事物不能（尚未）保证总有一个 f 那样的矩阵。

假设我们确定一些数，并把它们全部写成一个 $n \times m$ 矩阵：

$$\begin{pmatrix} g_1^1 & g_2^1 & \cdots & g_m^1 \\ g_1^2 & g_2^2 & \cdots & g_m^2 \\ \vdots & \vdots & \ddots & \vdots \\ g_1^n & g_2^n & \cdots & g_m^n \end{pmatrix} \tag{5.8}$$

如何才能获得具有这样矩阵的过程 g 呢？首先，确定标准正交基 $\mathcal{B}$ 和 $\mathcal{B}'$。对于任何 i, j，有可能建立与 g 在 $\mathcal{B}$ 的第 i 个输入元素和 $\mathcal{B}'$ 的第 j 个输出元素一致的过程 $\tilde{g}_{ij}$，其余为零：

$$\boxed{\tilde{g}_i^{\,j}} \;=\; \langle\!\langle g_i^{\,j}\rangle\!\rangle\; \blacktriangledown\!\!\!\triangle_i$$

166

如果计算 $\tilde{g}_i^{\,j}$ 的矩阵，它确实只有一个非零元素 $g_i^{\,j}$，在第 (i, j) 个位置：

$$\boxed{\tilde{g}_i^{\,j}} \quad\leftrightarrow\quad \begin{pmatrix} 0 & \cdots & & 0 \\ \vdots & g_i^{\,j} & \cdots & 0 \\ \vdots & \vdots & \ddots & \vdots \\ 0 & 0 & \cdots & 0 \end{pmatrix}$$

可以对所有 i, j 定义一整叠 $\tilde{g}_i^{\,j}$ 过程：

如果能以某种方式"叠加"它们，我们就会得到 g。

事实证明，对于某些过程理论，"叠加"过程是完全合理的。如果我们将这一"叠加"过程表示为过程的求和，g 可以表示为：

$$\boxed{g} \;:=\; \sum_{ij} \langle\!\langle g_i^{\,j}\rangle\!\rangle\; \blacktriangledown\!\!\!\triangle_i \tag{5.9}$$

因此，我们只需要弄清楚"过程求和"是什么意思。

5.1.3　过程的求和

不是任何旧过程都能求和。例如，两个孩子的和是什么？但是，对于许多过程理论而言，它有一个完美定义的数学意义。这个意义直接从叠加图背后的直觉中显示出来：

167 　　**定义 5.21**　如果下列三个条件成立，我们说过程理论有求和：

- **条件 1**：对于任意两个具有相同输入输出类型的过程 f 和 g，$f + g$ 为一个过程。我们总设 "+" 是结合的、可交换的，并有一个由零过程给出的单元：

$$(f + g) + h = f + (g + h) \qquad f + g = g + f \qquad f + 0 = f = 0 + f$$

对于一组 $\{f_i\}_i$ 过程，写为：

$$\sum_i \boxed{f_i} := \boxed{f_1} + \boxed{f_2} + \cdots + \boxed{f_N}$$

- **条件 2**：求和分布图形，即图形中的求和可发生在任何时间，它可以被拉到外部：

$$\left(\sum_i \right) = \sum_i \left(\right)$$

- **条件 3**：求和保留伴随：

$$\left(\sum_i \boxed{f_i} \right)^\dagger = \sum_i \boxed{f_i}$$

　　注意**条件 2** 把平行和串行组合的求和分配律包括在内，例如：

$$\left(\sum_i \boxed{f_i} \right) \boxed{g} = \sum_i \left(\boxed{f_i}\ \boxed{g} \right)$$

和

$$\left(\sum_i \boxed{f_i} \right) \boxed{g} = \sum_i \left(\boxed{g} \atop \boxed{f_i} \right)$$

168 这方面一个重要的例子是关于态映射的线性：

$$\left(\sum_i \langle\!\langle \lambda_i \rangle\!\rangle \atop \psi_i \right) = \sum_i \left(\langle\!\langle \lambda_i \rangle\!\rangle\ {f \atop \psi_i} \right)$$

另一个是内积。对于态有完备的线性：

$$\left(\sum_i \langle\!\langle \lambda_i \rangle\!\rangle {\phi \atop \psi_i} \right) = \sum_i \left(\langle\!\langle \lambda_i \rangle\!\rangle {\phi \atop \psi_i} \right) \tag{5.10}$$

对效应有共轭的线性：

$$\left(\sum_i \widehat{\overline{\lambda_i}} \; \widehat{\phi_i} \; \psi \right) = \sum_i \left(\widehat{\overline{\lambda_i}} \; \widehat{\phi_i} \; \psi \right) \tag{5.11}$$

分配律还帮助我们推导出求和的矩阵对应，这不出所料地导致类似于矩阵线性代数求和的东西。

定理 5.22　令 $\{f_k\}_k$ 是与矩阵 $\{\mathbf{f}_k\}_k$ 相关的过程。过程 $\sum_k f_k$ 的矩阵是矩阵 $\sum_k \mathbf{f}_k$ 的求和，其中：

$$\left(\sum_k \mathbf{f}_k \right)_i^j := \sum_k (\mathbf{f}_k)_i^j$$

证明　我们可以用**条件 2** 来计算 $\sum_k f_k$ 的矩阵：

$$\left(\sum_k \boxed{f_k} \right) = \sum_k \left(\boxed{f_k} \right) = \sum_k (\mathbf{f}_k)_i^j \qquad \square$$

如果在图中有多个求和，我们可以把它们全部提出，尽管可能需要做一些重新标记（如下 (*) 所示）：

$$\left(\begin{matrix} \sum_i \boxed{g_i} \\ \sum_i \boxed{f_i} \end{matrix} \right) \overset{(*)}{=} \left(\begin{matrix} \sum_j \boxed{g_j} \\ \sum_i \boxed{f_i} \end{matrix} \right) = \sum_i \left(\left(\sum_j \boxed{g_j} \right) \boxed{f_i} \right) = \sum_{ij} \left(\begin{matrix} \boxed{g_j} \\ \boxed{f_i} \end{matrix} \right)$$

其中我们用：

$$\sum_{ij} \boxed{f_{ij}} \quad \text{作为} \quad \sum_i \sum_j \boxed{f_{ij}} \quad \text{的简写}$$

求和的顺序不重要，因此如果我们总用不同的字母标记，那么我们可以忘记括号并把求和符号写在图里：

$$\begin{matrix} \sum_j \boxed{g_j} \\ \sum_i \boxed{f_i} \end{matrix} = \sum_i \begin{matrix} \sum_j \boxed{g_j} \\ \boxed{f_i} \end{matrix} = \begin{matrix} \boxed{g_j} \sum_i \\ \boxed{f_i} \sum_j \end{matrix} = \begin{matrix} \boxed{g_j} \\ \boxed{f_i} \end{matrix} \sum_{ij}$$

然而，我们总是无聊地坚持在左边写出求和。

备注 5.23　把求和符号作为 "数"，人们可以记住上面所有关于简化求和的规则：

$$\widehat{\sum_i}$$

当然它不是一般意义上的数，但它可以像一个数一样在图上自由移动。

就像标准正交基一样，有必要对求和给出简短的警告。

⚠ **警告 5.24**　我们在警告 5.11 中所说的 ≈ 关系也**不**适用于标准正交基求和。只是因为我们证明了对于所有 i：

$$\boxed{f_i} \approx \boxed{g_i} \tag{5.12}$$

这并**不**是：

$$\sum_i \boxed{f_i} \approx \sum_i \boxed{g_i}$$

为了使之成立，式 (5.12) 的每一个实例都应保持**相同**的数。

虽然求和规则的存在排除了子情况，但关系仍在不断变化。

示例 5.25   在**关系**中，求和是并集。设：

$$\sum_i R_i := \bigcup_i R_i$$

可以直接看出，**条件 1~3** 是满足的。应用于 0 和 1 两个数上，得到：

$$0 + 0 = 0 \qquad 0 + 1 = 1 \qquad 1 + 0 = 1 \qquad 1 + 1 = 1$$

所以在**关系**中数的 "+" 是布尔 "或" 运算。数的（并行 / 串行）组合写为 "."，我们也有：

$$0 \cdot 0 = 0 \qquad 0 \cdot 1 = 0 \qquad 1 \cdot 0 = 0 \qquad 1 \cdot 1 = 1$$

也就是说，我们得到布尔 "与" 运算，**条件 2** 产生对于 "或" 和 "与" 的一般的分配律：

$$x \cdot (y + z) = (x \cdot y) + (x \cdot z)$$

因此，在一个求和的过程理论中，数始终有 "加法" 运算和 "乘法" 运算（即组合），它们之间满足分配律。因此，它们开始看起来更像是真实的数。

示例 5.26   在过程理论中，我们可以将任何自然数 n 视为一个数。我们仅对 1 的 n 倍求和（也称为空图）：

$$\langle\!\langle n \rangle\!\rangle := \underbrace{1 + \cdots + 1}_{n \text{次}} \tag{5.13}$$

如果过程理论中的数是实数或复数，则它们就精确地对应到自然数（被视为 $\mathbb{R}$ 或 $\mathbb{C}$ 的子集）。但是，事实并非如此。例如，如果数是示例 5.25 中的布尔值，那么所有的 n 是相同的：

$$\underbrace{1 + \cdots + 1}_{n \text{次}} = 1$$

我们甚至可以考虑一下减法的过程理论，其中对于每个过程 f，存在另一个过程 $-f$，使得 $f + (-f) = 0$。和往常一样，我们可以将 $f + (-g)$ 缩写为 $f{-}g$。就叠加而言，这可以看作是 "中和" 另一层的层。注意，根据分配律，这相当于假设一个特殊数 "-1"，使得 $1{-}1=0$。如果包括减法，则过程理论中的数构成一个环。没有减法，它们构成了较弱的结构，有时被称为归一化半环或环（因为它是没有负数的环）。

备注 5.27   存在加法逆运算的假设实际上是相当强的。特别是，它排除了**关系**的理论，因为布尔值不包含表现为 1 的加法逆运算的数。我们仅有两个选项是 0 和 1，而且都不起作用：

$$1 + 0 = 1 \neq 0 \qquad\qquad\qquad 1 + 1 = 1 \neq 0$$

下面的章节里，我们将看到每个矩阵如何对应于一个过程，以及过程的组成如何对应于组成相应的矩阵。总之，这是我们的目标。

定义 5.28   对于过程理论：

- 存在字符串图。
- 对于每个系统类型有一个（确定的、自共轭的）标准正交基。

- 并且求和满足定义 5.21 中的条件。

该过程理论的矩阵运算是指与其过程相关的矩阵，以及矩阵的求和、串行组合、并行组合、转置，共轭和伴随运算。

正如在定理 5.19 证明中所解释的，我们只依赖于对转置和共轭有矩阵对应的自共轭的标准正交基。

5.1.4 矩阵表征下的过程

有了求和，我们现在能够根据矩阵来构建过程，正如我们在 5.1.1 节结尾提及的。

定理 5.29 确定一组包含 m 个元素的标准正交基 $\mathcal{B}$ 和一组包含 n 个元素的标准正交基 $\mathcal{B}'$。然后，对于一组数 g_i^j，其中，i 的取值范围为 1 到 m，j 的取值范围为 1 到 n，过程：

$$\boxed{g} := \sum_{ij} \left\langle g_i^j \right\rangle \tag{5.14}$$

有以下矩阵：

$$\begin{pmatrix} g_1^1 & g_2^1 & \cdots & g_m^1 \\ g_1^2 & g_2^2 & \cdots & g_m^2 \\ \vdots & \vdots & \ddots & \vdots \\ g_1^n & g_2^n & \cdots & g_m^n \end{pmatrix}$$

证明 它足以证明对于所有 i 和 j，以下数字是相等的：

$$\boxed{g} = \left\langle g_i^j \right\rangle \tag{5.15}$$

172

将式（5.14）代入式（5.15）可以很容易看到：

$$\boxed{g} = \sum_{kl} \left\langle g_k^l \right\rangle = \sum_{kl} \delta_i^k \, \delta_l^j \left\langle g_k^l \right\rangle = \left\langle g_i^j \right\rangle$$

$\square$

式（5.14）的右侧所示的过程为矩阵形式，表示它是一个求和，每个求和包括：

①一个数

②一组标准正交基态

③一个标准正交基效应。

它之所以被称为"矩阵形式"，是因为求和显式地引用了 g 矩阵的所有元素，对于态的特殊情况，矩阵形式只是写为带系数的基态：

$$\boxed{\psi} = \sum_i \left\langle \psi^i \right\rangle$$

我们可以反过来给出标准正交基的另一种性质。

定理 5.30 设类型 A 存在一个基 $\mathcal{B}$，则另一个态的标准正交集：

$$\mathcal{A} := \left\{ \; \underset{i}{\overset{|}{\triangledown}} \; \right\}_i$$

构成 A 的一组标准正交基，当且仅当它跨越 A；也就是说，对于一些数 λ_i，如果 A 类型的任何态 ψ 可以写为：

$$\underset{}{\overset{|}{\psi}} = \sum_i \langle \lambda_i \rangle \; \underset{i}{\overset{|}{\triangledown}} \tag{5.16}$$

证明 对于 $(\Rightarrow)$，设 $\mathcal{A}$ 是一组标准正交基。则式（5.16）由态 ψ 的矩阵形式给出。对于 $(\Leftarrow)$，设 $\mathcal{A}$ 跨越 A，并且：

$$\text{对于所有} \; \underset{i}{\overset{|}{\triangledown}} \in \mathcal{A}: \qquad \underset{i}{\overset{f}{\triangledown}} = \underset{i}{\overset{g}{\triangledown}}$$

173

由于 $\mathcal{A}$ 跨越 A，我们可以将任何态 ψ 表示为：

$$\underset{}{\overset{|}{\psi}} = \sum_i \langle \lambda_i \rangle \; \underset{i}{\overset{|}{\triangledown}}$$

所以：

$$\underset{\psi}{\overset{f}{\boxed{}}} = \sum_i \langle \lambda_i \rangle \; \underset{i}{\overset{f}{\triangledown}} = \sum_i \langle \lambda_i \rangle \; \underset{i}{\overset{g}{\triangledown}} = \underset{\psi}{\overset{g}{\boxed{}}}$$

尤其是，f 和 g 在基 $\mathcal{B}$ 的所有态上都一致，因此 $f = g$。 □

另一个特别有用的特殊情况是单位过程的矩阵形式。给定一组标准正交基，单位矩阵的矩阵项为：

$$\underset{i}{\overset{j}{\vdots}} \; = \; \delta_i^j$$

如果将这些写在矩阵中，则沿对角线（当 $i = j$）为 1，其余为 0：

$$\Big| \quad \leftrightarrow \quad \begin{pmatrix} 1 & 0 & \cdots & 0 \\ 0 & 1 & \cdots & 0 \\ \vdots & \vdots & \ddots & \vdots \\ 0 & 0 & \cdots & 1 \end{pmatrix}$$

即，我们得到单位矩阵。将其转化为矩阵形式得到：

$$\Big| \quad = \quad \sum_i \delta_i^j \; \underset{}{\overset{j}{\triangledown}} \; = \; \sum_i \underset{i}{\overset{i}{\triangledown}}$$

因此我们得到下面的定理。

定理 5.31 对于任意标准正交基有：

$$\Big| \quad = \quad \sum_i \; \underset{i}{\overset{i}{\underset{\triangle}{\triangledown}}} \tag{5.17}$$

我们把这种分解称为单位的分辨率。

对于单位过程，矩阵形式为我们提供了对于任意过程的计算矩阵形式的简便方法：

$$
\boxed{f} = \sum_j \boxed{f} = \sum_{ij} \boxed{f} = \sum_{ij} \boxed{f}
$$

定理 5.31 的逆命题也是正确的，它提供了标准正交基的第二个、非常简洁的性质。

定理 5.32 一个态的集：

$$
\mathcal{A} := \left\{ \sqrt{i} \right\}_i
$$

是一组标准正交基，当且仅当：

$$
\frac{\nabla_j}{\nabla_i} = \delta_i^j \qquad\qquad \Big| = \sum_i \frac{\nabla_i}{\nabla_i} \tag{5.18}
$$

证明 根据定理 5.31，任何标准正交基都满足式（5.18）。反之，令 $\mathcal{A}$ 满足式（5.18），并假设对于过程 f 和 g 有：

$$
\text{对于所有 } \sqrt{i} \in \mathcal{A}: \quad \boxed{f} = \boxed{g}
$$

则：

$$
\boxed{f} \overset{(5.17)}{=} \sum_i \boxed{f} = \sum_i \boxed{g} \overset{(5.17)}{=} \boxed{g}
$$

因此 $\mathcal{A}$ 确实构成基并且构成了一组标准正交基。　□

对于定理 5.31 的另一个有趣的推论与"圆"给出的数有关。我们有：

$$
\bigcirc = \sum_i \frac{\nabla_i}{\Delta_i} = \sum_i \frac{i}{i} = \frac{1}{1} + \cdots + \frac{D}{D} = \diamondsuit
$$

其类似示例 5.26：

$$
\diamondsuit := \underbrace{1 + \cdots + 1}_{D\ \text{次}} \tag{5.19}
$$

因此，圆计算基矢量的数。换句话说，它给出了维数！好吧，至少大多数时候是这样的。回顾示例 5.26，$\diamondsuit$ 有时可能不是实际的自然数 D；例如，在**关系**中，它要么是 0（对于零个基矢量），要么是 1（对于一个或多个基矢量）。然而，在**线性映射**的情况下，$\diamondsuit$ 总是 $\dim(A)$。

推论 5.33 对于系统类型 A 的维数 D，有：

$$A\bigcirc = \langle D \rangle$$

其中 $\langle D \rangle$ 是在式（5.19）中定义的。

备注 5.34   实际上，我们不喜欢求和！原因显而易见：

$$\text{线} \longrightarrow \Big| = \sum_i \overset{\displaystyle i}{\underset{\displaystyle i}{\vee\wedge}} \longleftarrow \text{无线}$$

求和完全打乱了图形是关于"什么与什么相联系"的事实，这一事实也使图形很具有吸引力。因此，只要能找到一个更好图形替代，我们总是会摆脱求和。

我们利用矩阵对（经典的）概率分布的定义来结束本节。概率分布给互斥集合中的每个部分分配介于 0 和 1 之间的实数，使所有这些数字加起来等于 1。概率分布将在本书中变得越来越重要，尤其是它们的矩阵表示。

定义 5.35   设过程理论的数包含正实数。概率分布是矩阵的形式：

$$\begin{pmatrix} p^1 \\ \vdots \\ p^n \end{pmatrix} \tag{5.20}$$

正的实矩阵元素 p^i 的总和为 1：

$$\sum_i p^i = \boxed{}$$

同样地，概率分布也可以表示为以下形式的态：

$$\bigtriangledown p := \sum_i p^i \bigtriangledown i$$

p^i 同上。概率分布对应于基态：

$$\bigtriangledown 1 \leftrightarrow \begin{pmatrix} 1 \\ 0 \\ 0 \\ \vdots \\ \vdots \\ 0 \\ 0 \end{pmatrix} \quad \dots \quad \bigtriangledown i \leftrightarrow \begin{pmatrix} 0 \\ \vdots \\ 0 \\ 1 \\ 0 \\ \vdots \\ 0 \end{pmatrix} \quad \dots \quad \bigtriangledown n \leftrightarrow \begin{pmatrix} 0 \\ 0 \\ \vdots \\ \vdots \\ 0 \\ 0 \\ 1 \end{pmatrix}$$

被称为点分布。

由于概率分布是矩阵（或矩阵形式的态），它总是伴随着标准正交基的选择。我们认为这个标准正交基是自共轭的，原因很简单，因为在概率论中没有共轭。

5.1.5　同构和幺正变换的矩阵

在本节和下一节中，我们根据其矩阵来描述同构变换、幺正变换、正过程、投影算子和 $\otimes$ - 正态。

前两个在本节中讨论，研究这些矩阵的行和列是很有用的。

定义 5.36   给定过程 f 的输入和输出类型的标准正交基，f 的列是以下态集的矩阵：

$$\left\{ \;\overset{\displaystyle f}{\underset{\displaystyle 1}{\bigtriangledown}}\; , \dots, \;\overset{\displaystyle f}{\underset{\displaystyle m}{\bigtriangledown}}\; \right\}$$

而行是下面效应集合的矩阵：

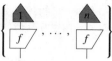

顾名思义，f 的列作为 f 整体矩阵的列嵌入：

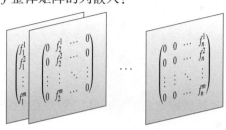

对于行也一样：

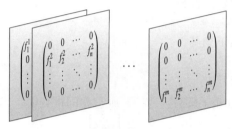

如果关联态是这样，我们说列矢量的集合构成一组标准正交基。同样地，如果关联效应（的伴随）是这样，我们说行矢量构成一组标准正交基。这给了我们一种识别同构矩阵的方法。

命题 5.37   对于过程 f，以下内容是等价的：

① f 是同构变换。

② f 发送标准正交态集合到标准正交态集合。

③ f 的列是标准正交的。

④ $f^\dagger$ 的行是标准正交的。

证明   对于 $(1 \Rightarrow 2)$，给定任意标准正交态集合

178

我们需要证明以下集合也是标准正交的：

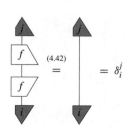

这是由于 f 是同构变换：

$$\text{(4.42)} \qquad = \qquad = \delta_i^j$$

$(2 \Rightarrow 3)$ 是直接的，因为 f 列是通过将 f 应用于特定标准正交集（即其输入系统上确定的标准正交基）得到的。$(3 \Rightarrow 4)$ 得出 $f^\dagger$ 的行只是 f 列的伴随矩阵。对于 $(4 \Rightarrow 1)$，设 $f^\dagger$ 的行是标准正交的。然后，我们通过正交性注意到 $f^\dagger \circ f$ 作为单位过程有同样的矩阵：

因此，f 是同构变换。   □

利用这个命题，可以很容易地根据它们的矩阵识别幺正变换过程。本质上，我们只需要用标准正交**基**替换标准正交**集**。

命题 5.38   下列内容是等价的：

① f 是幺正变换。

② f 发送标准正交基到标准正交基。

③ f 的列构成一组标准正交基。

179 ④ f 的行构成一组标准正交基。

证明   对于 $(1 \Rightarrow 2)$，如果 f 是幺正变换，则它是同构变换。因此，对于任何标准正交基：

$$\mathcal{B} := \left\{ \ \includegraphics \ \right\}_i$$

从命题 5.37 中我们知道态：

$$\left\{ \ \includegraphics \ \right\}_i$$

是标准正交的。只需要证明这些态构成了一个基。为此，我们证明当 g 和 h 在所有这些态上是一致时，$g = h$。设对于所有 i：

$$\includegraphics$$

因为 $\mathcal{B}$ 是基，可以得到：

$$\includegraphics \qquad\qquad (5.21)$$

这与 f 的幺正性结合为：

$$g \overset{(4.43)}{=} \includegraphics \overset{(5.21)}{=} \includegraphics \overset{(4.43)}{=} h$$

$(2\Rightarrow 3)$ 是直接的。对于 $(3\Rightarrow 1)$，我们从前面的命题中知道 f 是同构变换，因此也足以证明 $f^\dagger$ 也是同构变换。使用式（5.17）：

$$ \text{（图示）} = \sum_i \text{（图示）} $$

由于 f 的列构成一组标准正交基，根据定理 5.31，上面的右侧也是单位的分辨率：

$$ \sum_i \text{（图示）} = \Big| \qquad \text{那么} \qquad \text{（图示）} = \Big| $$

最后，$(3\Rightarrow 4)$ 指出 f 是幺正变换当且仅当 $f^\dagger$ 是幺正变换。　　□

　　上面的定理给了我们幺正变换的描述，准确地说，是那些将一组标准正交基发送到标准正交基的映射。紧接着是下一个推论。

推论 5.39　幺正变换可等价地表示为：

$$ \sum_i \quad \text{（图示）} $$

对于一些标准正交基对（具有相同数量的元素）。

　　备注 5.40　命题 5.37 告诉我们，同构变换将态的标准正交集发送给集合的标准正交集。尤其是，它发送一个标准正交基到另一个标准正交基的某个子集。因此，我们放宽了要求，我们仍然可以使用式（5.39）表示同构变换：

$$ \Big\{ \text{（图示）} \Big\}_i $$

从一组标准正交基到一个标准正交集。换句话说，我们可以把同构变换看作被"扩展"到一个更大输出系统的幺正变换。

5.1.6　自伴随和正过程的矩阵

　　在定理 5.18 中，我们描述了过程的伴随矩阵：

$$ (f^\dagger)^j_i = \overline{(f^i_j)} $$

由此直接得出自伴随过程的矩阵为：

$$ \begin{pmatrix} f^1_1 & f^1_2 & \cdots & f^1_n \\ \overline{f^1_2} & f^2_2 & \cdots & f^2_n \\ \vdots & \vdots & \ddots & \vdots \\ \overline{f^1_n} & \overline{f^2_n} & \cdots & f^n_n \end{pmatrix} $$

尤其是对角线上的元素是自共轭的：

$$f_i^i \overset{(5.25)}{=} \boxed{f} \overset{(4.46)}{=} \boxed{f} \overset{(5.25)}{=} (f_i^i)^\dagger = \overline{f_i^i}$$

不幸的是，正过程的矩阵不太容易被识别，但我们至少知道对角线上的数是什么样子的：

$$f_i^i \overset{(5.25)}{=} \boxed{f} \overset{(4.45)}{=} \boxed{g}\boxed{g} = \quad \quad \quad \quad (5.22)$$

即，它们是正数。通过过程 – 态对偶性，我们有以下推论。

推论 5.41 对于 ⊗ – 正态 ψ，数：

$$\psi^{ii} := \boxed{\psi}$$

是正的。

182
　　幸运的是，对于一些称为对角化过程的过程，描述对角线上的数就足够了。

定义 5.42 过程 f 的本征态是一个非零态 ψ 使得对于某个数字 λ 有：

$$\boxed{f}\,\psi = \lambda\,\psi$$

如果存在一组标准正交基 $\mathcal{B}$，使得所有的基态是 f 的本征态，则 f 被称为可对角化的，即：

$$\text{对于所有 } i \in \mathcal{B}, \text{存在 } \lambda_i: \quad \boxed{f}_i = \lambda_i\, i \quad \quad (5.23)$$

下面是使用这个术语的原因。

命题 5.43 如果过程 f 是可对角化的，那么本征态的基矩阵为对角矩阵：

$$\boxed{f} = \sum_i \lambda_i \; \boxed{i}_i \quad \leftrightarrow \quad \begin{pmatrix} \lambda_1 & 0 & \cdots & 0 \\ 0 & \lambda_2 & \cdots & 0 \\ \vdots & \vdots & \ddots & \vdots \\ 0 & 0 & \cdots & \lambda_n \end{pmatrix} \quad (5.24)$$

证明 由式（5.24）可得出，对于对角化过程 f 的矩阵元素有： □

$$\boxed{f}_i^j \overset{(5.23)}{=} \lambda_i\, \boxed{}_i^j = \lambda_i\, \delta_i^j \quad \quad (5.25)$$

如果一个过程是对角化的，我们可以根据对角线上的数来描述自伴随、正性和投影算子。

命题 5.44　对于可对角化过程 f：

(i) f 是自伴随矩阵的，当且仅当所有 λ_i 是自共轭矩阵。

(ii) f 是正的，当且仅当所有 λ_i 是正的。

(iii) f 是一个投影算子，当且仅当所有 λ_i 是正的且满足 $(\lambda_i)^2 = \lambda_i$。

证明　在本节的开始，部分（i）是从自伴随矩阵的特征出发。对于（ii），首先设 f 是正的。则通过式 (5.22) 得到 λ_i 都是正的。相反，设每个 λ_i 是正的。则对于一些 μ_i，$\lambda_i = \mu_i^\dagger \circ \mu_i$。对本书里所有的过程理论，设每个 μ_i 也是一个数字（而不是更一般的状态）是足够的，因此我们首先考虑这种情况。令： [183]

$$\boxed{g} := \sum_i \mu_i \; \vee$$

我们可以很容易地验证 $f = g^\dagger \circ g$。对于更一般的过程理论，μ_i 不需要是一个数字，在这种情况下，g 需要更仔细地构造（见练习 *5.45）。对于（iii），令 f 为投影算子。由（i）我们知道 λ_i 都必须是正的。此外有：

$$\lambda_i \overset{(5.25)}{=} \;\; \overset{(4.50)}{=} \;\; \overset{(5.23)}{=} \;\; \overset{(5.25)}{=} \;\; (\lambda_i)^2$$

相反，如果 λ_i 是正的，则是 f，当 $(\lambda_i)^2 = \lambda_i$ 时，f 显然是一个投影算子。　□

同样地，一个可对角化过程 f 是自伴随的、正的或投影算子，当且仅当数字 λ_i 分别为自伴随的、正的或投影算子。

练习 *5.45　在过程 μ_i 的情况下，可从 5.44 命题证明 (ii) 是类型 A_i 的每个态。也就是说：

$$\lambda_i = \begin{matrix} \mu_i \\ A_i \\ \mu_i \end{matrix}$$

在所有的过程理论中，我们将在本书中考虑，只有数字 0 和 1 可满足 $\lambda^2 = \lambda$，所以可对角化投影算子在对角线上只有 0 和 1。

为什么要对可对角化过程如此大惊小怪呢？有人可能认为这是一个非常严格的条件。例如，在某些过程理论中可对角化是完全没有意义的。

示例 5.46　对于**关系**，唯一可用的标准正交基是单重态基。因此，唯一的可对角线化过程是那些其矩阵已经对角化的过程。

然而，正如我们将在 5.3.3.1 节中看到的，**线性映射**理论中**所有**自伴随过程都是可对角化的。因为正过程和投影算子也是自伴随矩阵，所以命题 5.44 给出了在那种背景下的一个完整的描述。

另一方面，有许多非自伴随过程在任何过程理论中不能对角化。

练习 5.47 证明在任何过程理论中，非零数字的是可删除的（见 4.4.2 节），对于任何非零态 ψ 和 ϕ：

$$\frac{\phi}{\psi} = 0$$

过程：

在任何标准正交基中不是可对角化的。

5.1.7 矩阵的迹

在 4.2.3 节中，我们定义一个过程的迹：

$$\mathrm{tr}(f) := \boxed{f}$$

我们可以利用单位分解得到 f 的迹的矩阵形式：

$$f = \sum_i \begin{array}{c}i\\i\\f\end{array} = \sum_i \begin{array}{c}i\\f\\i\end{array} \tag{5.26}$$

根据 f 的矩阵，这是构成 f_i^i 中所有元素的和。换句话说，矩阵的迹是其对角元素的求和：

$$\mathrm{tr}\begin{pmatrix} f_1^1 & \cdots & \cdots & \cdot \\ \vdots & f_2^2 & \cdots & \cdot \\ \vdots & \vdots & \ddots & \vdots \\ \cdot & \cdot & \cdots & f_D^D \end{pmatrix} = \sum_i f_i^i$$

注意，矩阵的对角项取决于书写矩阵的基的选择。人们可能倾向于假设迹是与基相关的。然而，显然不是这样的，因为我们最初定义迹没有参考任何一组标准正交基。关键在于式 (5.26)：我们可以用任何标准正交基来分解单位，并且结果是一样的。

我们可以用类似的方法来描述部分迹。首先注意，我们可以将迹分解为一个求和，类似于之前：

$$\mathrm{tr}_A(f) = \sum_i \begin{array}{c}i\\f\\i\end{array} \,|_B^C$$

然而，现在不是对数求和，而是对从 B 到 C 的过程求和，如果将这些小过程中的每个矩阵与大矩阵 f 进行比较，我们会看到它们是主对角线的分块矩阵：

$$
\begin{pmatrix}
\mathbf{f}_1 & \cdots & \cdots & \cdot \\
\vdots & \mathbf{f}_2 & & \cdot \\
\vdots & \vdots & \ddots & \\
\cdot & \cdots & \cdots & \mathbf{f}_D
\end{pmatrix}
$$

其中：

是过程 的矩阵

因此，f 的部分迹矩阵用分块矩阵相加来计算：

$$
\mathrm{tr}_A \begin{pmatrix}
\mathbf{f}_1 & \cdots & & \cdot \\
\vdots & \mathbf{f}_2 & \cdots & \cdot \\
\vdots & \vdots & \ddots & \vdots \\
\cdot & \cdots & & \mathbf{f}_D
\end{pmatrix} = \sum_i \left(\mathbf{f}_i \right)
$$

[186]

其中分块的大小和形状取决于系统类型 B 和 C 的维数。

5.2　矩阵运算

我们现在可以用矩阵来表示所有过程，反过来，每个矩阵表示一个过程。我们可以根据矩阵很容易地确定特殊过程，并且对于转置、共轭和伴随也有矩阵对应。但是，我们真正关心的是过程构成图形，而不是孤立的过程。所以我们需要弄清楚图形如何转化为矩阵的组合。

这里我们实质上有两种方法。根据定理 4.19 提出的一种方法是将字符串图视为线路图，在线路图中我们为每种类型提供对应串行组合、并行组合和杯 / 盖的矩阵。我们将在接下来的三节中讨论这些。在 5.2.4 节中，通过在定义 4.21 中引入的字符串图公式，我们将展示一种更直接的计算字符串图的矩阵方法。

一旦所有这些都准备好了，我们证明矩阵不仅提供一种表示过程理论的方式，而且还提供一种构建"抽象"过程理论的简单方法，其中所有需要指定的是作为矩阵项的数。

5.2.1　矩阵的串行组合

首先，我们研究如何将过程的串行组合视为对这些过程矩阵的操作。

定理 5.48　令 f 和 g 是与矩阵 $\mathbf{f}$ 和 $\mathbf{g}$ 相关的过程。$g \circ f$ 的矩阵是矩阵乘积 $\mathbf{gf}$，其定义为：

$$
(\mathbf{g}\mathbf{f})_i^k := \sum_j \mathbf{g}_j^k \, \mathbf{f}_i^j \tag{5.27}
$$

证明　$g \circ f$ 的矩阵项是：

$$(g \circ f)_i^k = \stackrel{(5.17)}{=} \sum_j = \sum_j \ g_j^k \ f_i^j = \sum_j \mathbf{g}_j^k \, \mathbf{f}_i^j = (\mathbf{gf})_i^k$$

187

　　有一种使用行和列来计算矩阵乘积（5.27）的简便方法。首先要注意的是，态的矩阵由单列组成，而效应的矩阵由单行组成。将组合公式（5.27）应用于态 ψ 和效应 ϕ：

我们得到：

$$\begin{pmatrix} \phi_1 & \phi_2 & \cdots & \phi_n \end{pmatrix} \begin{pmatrix} \psi^1 \\ \psi^2 \\ \vdots \\ \psi^n \end{pmatrix} = \phi_1 \psi^1 + \cdots + \phi_n \psi^n$$

有时被称为 ψ 和 ϕ 的点积，尽管实际上只是串行组合。对于一般过程 f 和 g，检查组合公式 (5.27) 中得到的矩阵项：

$$(g \circ f)_i^j = g_1^j f_i^1 + \cdots + g_n^j f_i^n$$

我们看到可以通过取 f 第 i 列与 g 的第 j 行的点积来计算 $g \circ f$ 矩阵的第 i 列和第 j 行项：

$\leftrightarrow g$ 的第 j 行

$\leftrightarrow f$ 的第 i 列

导致：

$$\left(\begin{array}{c} \vdots \\ \boxed{g_1^j \ \cdots \ g_n^j} \\ \vdots \end{array} \right) \left(\cdots \begin{array}{|c|} \hline f_i^1 \\ \vdots \\ f_i^m \\ \hline \end{array} \cdots \right) = \left(\cdots \begin{array}{c} \vdots \\ \boxed{g_1^j f_i^1 + \cdots + g_n^j f_i^m} \\ \vdots \end{array} \cdots \right)$$

当然这是大多数读者在学校学到的矩阵组合方法。

5.2.2　矩阵的并行组合

　　接下来是并行组合。已知我们有 f 和 g 的矩阵，我们将计算与 $f \otimes g$ 对应的矩阵。为此，

188　我们必须首先确定对于联合系统类型如何获得一组标准正交基：

已知对于 A 和 B 有标准正交基。

定理 5.49 令：

$$\mathcal{B} := \left\{ \;\raisebox{-0.3em}{$\triangledown_i$}\; \right\}_i \qquad 和 \qquad \mathcal{B}' := \left\{ \;\raisebox{-0.3em}{$\blacktriangledown_j$}\; \right\}_j$$

分别是对于 A 和 B 的标准正交基。则态的集合：

$$\left\{ \;\raisebox{-0.3em}{$\triangledown_i \;\blacktriangledown_j$}\; \right\}_{ij} \tag{5.28}$$

构成一组 $A \otimes B$ 标准正交基，称为乘积基。

证明　我们可以证明每次使用一组基时，基条件（5.2）成立，就像我们在定理 5.14 的证明中所做的那样。设具有输入类型 $A \otimes B$ 的任何过程对 f、g 符合式（5.28）中的所有态：

我们可以将其改写为：

由于 $\mathcal{B}$ 是基，可以得到：

因此，对于 $\mathcal{B}'$ 中的所有态 j 有：

因为 $\mathcal{B}'$ 是基可以得到：

因此：

态 (5.28) 的标准正交性意味着：

$$\raisebox{-0.5em}{$\triangle^{i'} \;\blacktriangle^{j'}$}\Big/\raisebox{-0.5em}{$\triangledown_i \;\blacktriangledown_j$} = \delta_i^{i'} \delta_j^{j'}$$

这是由 $\mathcal{B}$ 和 $\mathcal{B}'$ 的标准正交性推出的。因此，根据命题 5.10，我们有一组标准正交基。　　□

如果 A 具有大小为 D 的基，则 $A \otimes A$ 具有 D^2 基态。通过扩展，一个由 A 的 n 个拷贝组

成的系统有 D^n 基态。因此，维数是随着系统的数量指数增长的！

备注 *5.50   注意，定理 5.49 的证明是如何至关重要地依赖于杯和盖。字符串图迫使我们用张量积描述复合系统。根本没有其他选择。这很有趣，因为物理学家一直在问为什么我们使用张量积来描述复合系统，而不是直接求和。我们把它作为一个练习留给有兴趣的读者去尝试建立一个过程理论，其中线性映射通过直接求和的方式结合起来。什么错了？

现在假设我们要为以下形式的过程写矩阵：

到目前为止，在写下过程矩阵时已经隐含地假设我们给基态做了一些排序。否则，我们怎么知道每个数放在矩阵中的位置？当它们被标为 $i \in \{1, ..., D\}$ 时，这显然是这样的。为了用乘积基写出 f 的矩阵，我们应该确定乘积态的顺序。首先，我们可以通过从 0 开始对基元素编号，来简化我们的工作。则对于基：

190

对于唯一的 i 和 j，我们可以依赖于这样一个事实，可以将每个整数 $k(0 \leq k < DD')$ 分解为 $iD' + j$，因此我们可以将乘积基中的元素编号为：

$$ \text{（5.29）} $$

这种约定自然地扩展到系统的任何数，如果所有系统具有相同的维数 D，我们可以把式（5.29）看作基 $-D$ 中一些数的表示。例如，当所有系统类型的维数为 $D = 2$ 时，有：

$$ \text{（5.30）} $$

因为数 117 可以在基 -2 中写为 1110101。

备注 5.51   我们可以将比特串编码为 N 个系统的基态，这对于量子计算是非常重要的。我们在示例 3.27 中将比特串表示为集合 $\mathcal{B}$ 的 N 倍笛卡儿积时，已经遇到了类似的编码。

当处理乘积基时，用独立数字索引矩阵项几乎总是最方便的，从而避免了式（5.29）中额外的数字杂乱。如在式（5.30）的右侧中给定一系列独立基态，我们称位于最左边的态为最重要的基态，因为更改它会更改"已编码"数的最高位，最右边的态为最不重要的基态。这遵循计算机科学术语，其中指的是比特串中的"最重要比特"和"最不重要比特"。当然，这纯粹是惯例。最重要的事情是选择一个惯例并坚持用下去。

对于二维系统 Q，$Q \otimes Q$ 的维数为 4，因此类型为 $Q \otimes Q$ 的态 Ψ 的矩阵是具有四个元素的列矢量：

$$ \leftrightarrow \begin{pmatrix} \psi^{00} \\ \psi^{01} \\ \psi^{10} \\ \psi^{11} \end{pmatrix} \qquad \text{其中} \qquad \psi^{ij} := $$

下标和上标的使用使整体保持整洁，即使周围有多个标 / 索引：

$$\boxed{g} \quad \leftrightarrow \quad \begin{pmatrix} g_{00}^0 & g_{01}^0 & g_{10}^0 & g_{11}^0 \\ g_{00}^1 & g_{01}^1 & g_{10}^1 & g_{11}^1 \end{pmatrix} \quad \text{其中} \quad g_{ij}^k :=$$

一般来说，我们会遇到有很多上下标的矩阵：

$$\left(f_{i_1 i_2 \ldots i_M}^{j_1 j_2 \ldots j_N} \;\middle|\; 0 \leqslant i_k < D_k,\, 0 \leqslant j_k < D_k' \right) \tag{5.31}$$

[191]

备注 *5.52 这有时被称为张量符号，一个张量就是一个有很多索引的矩阵。它是抽象张量符号的先驱（见 *3.6.1 节），因此也可以用于图形公式，它们都不依赖于确定的基。

现在，设我们考虑类型 $Q \otimes Q$ 的可分离态 $\psi \otimes \phi$。因为态是由态 ψ 和态 ϕ 组成，我们期望它的矩阵与 ψ 和 ϕ 的矩阵之间存在关系。这一点可以很容易地被验证：

$$\psi \leftrightarrow \begin{pmatrix} \psi^0 \\ \psi^1 \end{pmatrix} \qquad \phi \leftrightarrow \begin{pmatrix} \phi^0 \\ \phi^1 \end{pmatrix} \qquad \psi\,\phi \leftrightarrow \begin{pmatrix} \psi^0 \phi^0 \\ \psi^0 \phi^1 \\ \psi^1 \phi^0 \\ \psi^1 \phi^1 \end{pmatrix}$$

最终的矩阵由从第一个矩阵和第二个矩阵的数构成乘积的所有方式组成。这就是矩阵的克罗内克积。令 $\boldsymbol{\phi}$ 为 ϕ 的矩阵。则我们可以用分块矩阵更简洁地写为：

$$\psi\,\phi \leftrightarrow \begin{pmatrix} \psi^0 \boldsymbol{\phi} \\ \psi^1 \boldsymbol{\phi} \end{pmatrix}$$

其中 $\psi^i \phi$ 的意思是"用 ψ^i 乘以 ϕ 中所有的元素"。克罗内克积不仅适用于态的矩阵，也适用于任何这种形式的过程的矩阵：

定理 5.53 令 f 和 g 为矩阵 $\mathbf{f}$ 和 $\mathbf{g}$ 的过程。$f \otimes g$ 的矩阵是克罗内克积 $\mathbf{f} \otimes \mathbf{g}$，定义为：

$$(\mathbf{f} \otimes \mathbf{g})_{ij}^{kl} := \mathbf{f}_i^k \mathbf{g}_j^l \tag{5.32}$$

证明 $f \otimes g$ 的矩阵项由下式给出：

这完全符合定义（5.32）。 □

就分块矩阵来说，对于：

$$\mathbf{f} := \begin{pmatrix} f_1^1 & \cdots & f_m^1 \\ \vdots & \ddots & \vdots \\ f_1^n & \cdots & f_m^n \end{pmatrix} \qquad \text{和} \qquad \mathbf{g} := \begin{pmatrix} g_1^1 & \cdots & g_{m'}^1 \\ \vdots & \ddots & \vdots \\ g_1^{n'} & \cdots & g_{m'}^{n'} \end{pmatrix}$$

[192]

克罗内克积为 $(nn') \times (mm')$ 矩阵：

$$f\,g \leftrightarrow \begin{pmatrix} f_1^1 \mathbf{g} & \cdots & f_m^1 \mathbf{g} \\ \vdots & \ddots & \vdots \\ f_1^n \mathbf{g} & \cdots & f_m^n \mathbf{g} \end{pmatrix}$$

其适用于矩阵的任何维数，因此我们可以计算态矩阵的克罗内克积、效应以及更一般的过程。例如，态 ψ 的 2×1 矩阵和过程 f 的 2×2 矩阵的克罗内克积计算如下：

$$
\begin{pmatrix} \psi^0 \\ \psi^1 \end{pmatrix} \otimes \begin{pmatrix} f_0^0 & f_1^0 \\ f_0^1 & f_1^1 \end{pmatrix} = \begin{pmatrix} \psi^0 \mathbf{f} \\ \psi^1 \mathbf{f} \end{pmatrix} = \begin{pmatrix} \psi^0 f_0^0 & \psi^0 f_1^0 \\ \psi^0 f_0^1 & \psi^0 f_1^1 \\ \psi^1 f_0^0 & \psi^1 f_1^0 \\ \psi^1 f_0^1 & \psi^1 f_1^1 \end{pmatrix}
$$

练习 5.54 给出这些过程的矩阵：

假设所有系统是二维的。

我们通过复合系统上矩阵的转置来结束本节。就像我们第一次在定理 5.19 中计算矩阵的转置一样，在本节剩余部分中，假设所有的标准正交基是自共轭的。

在 4.2.2 节中，我们指出了在联合系统上过程的转置有两种选择：一般的转置只是一个旋转以及代数转置，使用"交叉"的杯和盖。对于转置我们有：

$$\tag{5.33}$$

对于代数转置有：

$$\tag{5.34}$$

因此，我们看到转置互换上标和下标，并颠倒了顺序，而代数转置只是交换上标和下标：

$$
f_{ij}^{kl} \overset{(5.33)}{\rightsquigarrow} f_{lk}^{ji} \qquad \text{与} \qquad f_{ij}^{kl} \overset{(5.34)}{\rightsquigarrow} f_{kl}^{ij}
$$

因此，它是执行线性**代数**中矩阵一般转置的**代数**转置：

$$
\begin{pmatrix} f_{00}^{00} & f_{01}^{00} & f_{10}^{00} & f_{11}^{00} \\ f_{00}^{01} & f_{01}^{01} & f_{10}^{01} & f_{11}^{01} \\ f_{00}^{10} & f_{01}^{10} & f_{10}^{10} & f_{11}^{10} \\ f_{00}^{11} & f_{01}^{11} & f_{10}^{11} & f_{11}^{11} \end{pmatrix} \overset{(5.34)}{\rightsquigarrow} \begin{pmatrix} f_{00}^{00} & f_{00}^{01} & f_{00}^{10} & f_{00}^{11} \\ f_{01}^{00} & f_{01}^{01} & f_{01}^{10} & f_{01}^{11} \\ f_{10}^{00} & f_{10}^{01} & f_{10}^{10} & f_{10}^{11} \\ f_{11}^{00} & f_{11}^{01} & f_{11}^{10} & f_{11}^{11} \end{pmatrix}
$$

代数转置也保持了最重要的基态在左边，最不重要的在右边：

将其与通常的"旋转"转置对比。虽然从图形的角度来看很方便，但图形不太适合计数：

因为共轭是根据转置定义的，所以这个区别就出现了。

练习 5.55 证明，共轭颠倒了输入 / 输出索引的顺序，而代数共轭不是这样：

$$f_{ij}^{kl} \rightsquigarrow \overline{f_{ji}^{lk}} \qquad 与 \qquad f_{ij}^{kl} \rightsquigarrow \overline{f_{ij}^{kl}}$$

5.2.3 杯和盖的矩阵形式

我们现在有了与串行组合和并行组合对应的矩阵，即对线路的矩阵表示。为了得到字符串图的矩阵表示，我们还需要杯和盖的对应矩阵。我们从计算它们的矩阵形式开始。

命题 5.56 对于任何标准正交基有：

$$（5.35）$$

194

证明 杯子的标准正交基分解后直接遵循单位过程的矩阵形式，如式 (5.17)：

利用伴随矩阵得到盖子的标准正交基分解。 □

因此式 (5.35) 给出了对杯和盖乘积基的矩阵形式。但是，这个乘积基不是由同一组标准正交基的两个拷贝组成，而是由一组标准正交基和它的共轭基组成。乍一看这似乎违反了拉伸定律，例如：

但事实并非如此。关键的是，命题 5.56 适用于任何标准正交基。尤其我们可以将该命题应用于原标准正交基的共轭上，得到以下杯盖的等价特征：

$$（5.36）$$

用这两种等价形式，直接遵循拉伸定律。然而，我们可以通过使用自共轭标准正交基来避免这种复杂情况，其中式（5.35）变为：

$$（5.37）$$

备注 5.57 将式（5.37）转换为狄拉克符号，我们恢复了在量子计算领域中遇到的贝尔态和贝尔效应的一般定义：

两个维度中杯和盖的矩阵是：

练习 5.58 在三维和四维中，给出杯和盖的矩阵。杯 / 盖的矩阵与单位矩阵有什么关系？

195

事实上，我们也可以把式（5.37）作为类型 A 系统中盖和杯的定义，然后我们可以直接验证拉伸等式，例如：

$$\text{(图形等式)}$$

练习 5.59 在不使用自共轭基的情况下，证明上述拉伸等式。

在 5.1.1 节末尾，我们规定对于给定的标准正交基可以始终选择（唯一的）杯/盖的自共轭。我们现在准备为此选择杯/盖。

命题 5.60 一组标准正交基：

$$\mathcal{B} := \left\{ \; \underset{i}{\bigtriangledown} \; \right\}_i$$

是自共轭的，当且仅当：

$$\smile = \sum_i \; \underset{i}{\bigtriangledown} \; \underset{i}{\bigtriangledown}$$

证明 设杯和盖如上所示，我们计算 $\mathcal{B}$ 中基态的共轭作为伴随矩阵的转置：

$$\text{(图形等式)} = \text{(图形等式)} = \sum_i \delta_i^j \; \underset{i}{\bigtriangledown} = \underset{j}{\bigtriangledown}$$

所以每个基态都是自共轭的。反过来说，设盖和杯的选择使得 $\mathcal{B}$ 是自共轭的，也就是说，对于所有 i：

$$\underset{i}{\bigtriangledown} = \underset{i}{\bigtriangledown} \tag{5.38}$$

那么，利用命题 5.56，我们得到：

$$\smile = \sum_i \; \underset{i}{\bigtriangledown} \; \underset{i}{\bigtriangledown} \overset{(5.38)}{=} \sum_i \; \underset{i}{\bigtriangledown} \; \underset{i}{\bigtriangledown} \qquad \square$$

5.2.4 矩阵的字符串图

原则上，并行/串行组合的矩阵对应，也与杯和盖的矩阵一样，为我们提供了计算字符串图的整体矩阵所需的一切。但是，有一种更直接的方法，我们已经在 3.3.3 节中对于**关系**的特定情况遇到过。的确，我们当时不知道什么是字符串图，但这并不重要。

回想一下，对于一个过程：

$$\begin{array}{ccc} B_1 & \cdots & B_N \\ \hline & f & \\ \hline A_1 & \cdots & A_M \end{array}$$

我们可以把矩阵写成：

$$\mathbf{f} = \left(\mathbf{f}_{i_1 \dots i_M}^{j_1 \dots j_N} \;\middle|\; 0 \leqslant i_k < D_k \,, \, 0 \leqslant j_k < D_k' \right)$$

其中 D_k 为 A_k 的维数，D_k' 为 B_k 的维数，且：

$$\mathbf{f}_{i_1 \dots i_M}^{j_1 \dots j_N} := \begin{array}{ccc} j_1 & \cdots & j_N \\ & f & \\ i_1 & \cdots & i_M \end{array}$$

定理 5.61　图形的矩阵是对应图形公式的替换：

- 框名 f 变成对应的矩阵 **f**。
- 线名 A_k 变成索引 $0 \leqslant i_k < D_k$。
- 所有重复索引求和。

例如，矩阵 **m**：

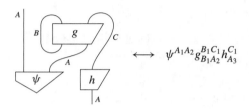

$$\longleftrightarrow \quad \psi^{A_1 A_2} g^{B_1 C_1}_{B_1 A_2} h^{C_1}_{A_3}$$

有项：

$$\mathbf{m}^{i_1}_{i_3} = \sum_{i_2 j_1 k_1} \boldsymbol{\psi}^{i_1 i_2} \mathbf{g}^{j_1 k_1}_{j_1 i_2} \mathbf{h}^{k_1}_{i_3}$$

如果图形包含转置、共轭和伴随矩阵，那么相应地更新这些过程的矩阵项（见定理 5.18 和定理 5.19）。

197

练习 5.62　计算矩阵：

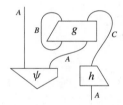

5.2.5　作为过程理论的矩阵

矩阵不仅是描述许多过程理论的一种便捷方式，而且它们使我们能构建广泛的过程理论，其总是存在字符串图。

考虑一个集合 X，我们将其元素写成 $\hat{x}$，$\hat{y}$ ... 有：

(ⅰ) 乘法满足数并行（或等价地串行）组合的性质，即：

$$(\hat{x}\,\hat{y})\,\hat{z} = \hat{x}\,(\hat{y}\,\hat{z}) \qquad\qquad \square\,\hat{x} = \hat{x}$$

$$\hat{x}\,\hat{y} = \hat{y}\,\hat{x} \qquad\qquad\qquad 0\,\hat{x} = 0$$

(ⅱ) 求和遵循定义 5.21 的条件：

$$\hat{x} + 0 = \hat{x} \qquad\qquad \left(\sum_i \hat{x_i}\right)\hat{y} = \sum_i \hat{x_i}\,\hat{y}$$

(ⅲ)（可能不重要）共轭操作满足数的伴随矩阵性质（或共轭）：

$$\overline{(\hat{x})} = \hat{x} \qquad\qquad \overline{(\hat{x}\,\hat{y})} = \overline{\hat{x}}\,\overline{\hat{y}} \qquad\qquad \overline{\left(\sum_i \hat{x_i}\right)} = \sum_i \overline{\hat{x_i}}$$

然后我们可以定义一个过程理论，其过程是带有 X 中项的矩阵。实际上，所有定义此过程理论的工作都已经完成，因为我们现在知道如何将矩阵组合成字符串图，并获取伴随、转置等。因此，仅给出数的集合 X 就可告诉我们所有关于新理论的过程。

但是，什么是系统类型？它们应该是我们构成过程时的媒介。对于矩阵，这只是行和列的数。因此，我们可以简单地将类型取为自然数 $\mathbb{N}$。因为数是 1×1 矩阵，所以"无线"类型为"1"。

我们可以更精确地解释这一点。

定义 5.63   令 X 是一组满足上述条件的组合和求和的数。我们构成过程理论**矩阵** (X) 如下：

① 系统是自然数 $\mathbb{N}$。

② 具有输入类型 $m \in \mathbb{N}$ 和输出类型 $n \in \mathbb{N}$ 的过程均为 $n \times m$ 矩阵，并且具有 X 中的项。

③ 图形按定理 5.61 计算。

当然，可以采用以下方法来代替单一规则③：

③a 杯和盖是练习 5.58 中得到的矩阵。

③b 伴随矩阵由矩阵的共轭转置给出。

③c 并行组合由克罗内克积给出。

③d 串行组合由矩阵乘积给出。

此外，我们在本章中已经看到，在过程理论中矩阵可以很好地表示过程，其中每个系统类型都有一个有限的标准正交基。则下面的结果应该不足为奇。

定理 5.64   如果对于一个过程理论有：

① 每个系统类型有一个有限的标准正交基。

② 每个维数 $D \in \mathbb{N}$ 至少有一个系统类型。

③ 相同类型的过程可以求和。

如果这个过程理论的数是 X，那么这个过程理论就等价于过程理论**矩阵** (X)。

那么，对于两个过程理论，相等意味着什么呢？这实际比人们起初想象的要微妙得多。简单的方法是简单地要求：

- 理论 1 的系统类型 A、B……和理论 2 的系统类型 A'、B'……存在双射。
- 对于所有系统类型 A 和 B（以及相应的系统类型 A' 和 B'），在理论 1 中从 A 到 B 的过程和在理论 2 中从 A' 到 B' 的过程之间有双射。
- 这些双射保存字符串图，例如，如果 ψ、g、h 对应于 ψ'、g'、h'，那么也有：

然而，这种等价的概念通常过于严格。例如，如果一个过程理论有许多 n 个元素标准正交基的类型，那么在**矩阵** (X) 中这些都被平滑到相同类型"n"。尽管如此，对于所有实际目的，**矩阵** (X) 与我们开始时使用的过程理论是"等价的"。直观地说，等价过程理论的定义如上所述，但是附加了将本质上相同的类型"整合在一起"的能力（在这种情况下，类型有相同维度）。这种等价性的描述对于我们的目的是足够的，但对完整细节感兴趣的读者请参阅 *5.6.4 节。

备注 *5.65   正如在 *5.6.4 节描述的，这个更微妙的等价概念在范畴论中被称为等价范畴，而更简单的概念被称为范畴的同构性。

在**关系**理论中，我们在示例 5.17 中已经看到要考虑的数是布尔值 $\mathbb{B}$。令**有限关系**为关系的子理论，这是通过将类型限制在有限集中而得到的。为了建立过程理论**有限关系**和**矩阵**（𝔹）之间的等价关系，我们需要确定所有具有相同元素数的集合。这样我们可以得出以下结论。

推论 5.66　**有限关系**理论等价于矩阵（𝔹）。

但是为了形成存在字符串图的过程理论，我们可以选择许多数 X 的其他集合，例如，自然数 ℕ、整数 ℤ、有理数 ℚ、实数 ℝ 或一些完全生僻的"数"，例如拓扑空间的开放集。

练习 *5.67　考虑过程理论矩阵（ℤ₂），即双元素域上的矩阵，它与 𝔹 的不同之处在于 $1 + 1 = 0$，而不是 $1 + 1 = 1$。它的属性是什么？它与**关系**有什么联系？注意这个问题的"完整"答案仍然是一个活跃的研究课题。

5.3　希尔伯特空间

我们现在准备定义希尔伯特空间和线性映射的过程理论，它是通向量子过程理论的重要基石。事实上，几乎所有困惑的部分都已解决。剩下的就是告诉你数是什么。

5.3.1　图形表征下的线性映射和希尔伯特空间

我们在示例 3.35 中看到，在**函数**中数是很简单的。也就是说，只有一个数。在示例 3.36 中，我们看到在**关系**中有两个数 0 和 1，对应于"不可能"和"可能"。我们仅看到，给定任意一种数，我们可以为它们（比如所有的实数）构建过程理论。对于希尔伯特空间和线性映射，实数也不是足够的。我们需要的新数（在本书中是第一次）将有非平凡的共轭，因此会产生与转置不一致的伴随矩阵。换句话说，我们最终能够获得字符串图的全部丰富性。

| 200

定义 5.68　**线性映射**的过程理论被定义为由字符串图描述的所有过程集：
①每种类型有一组有限的标准正交基。
②每个维数 $D \in \mathbb{N}$ 至少有一个系统类型。
③过程可以对相同类型求和。
④数是复数 ℂ。

希尔伯特空间是在**线性映射**中的系统类型，我们将②中假设的 D 维系统表示为 $\mathbb{C}^D$。

首先请注意，定义 5.68 并未**真正**说明希尔伯特空间是什么。就我们所关心的，它只是告诉我们哪些线性映射可以被组合在一起。实际上，我们从定理 5.64 中知道，可以将**线性映射**定义为矩阵（ℂ），因此对于我们的目的，系统类型也可以只是自然数（即维数）。这符合我们一般的看法，即过程比系统更为重要。对于那些真正担心这种遗漏的人，我们在5.4.2 节中给出一般集合的希尔伯特空间定义，并说明它如何与定义 5.68 相联系。

我们还没有提及复数是什么。在此之前，我们要强调在对复数没有很深了解的情况下，可以理解本书的大部分内容，因为正如在引言中提到的，我们的最终目标是用图形替代复数矩阵。复数由一对实数 $a, b \in \mathbb{R}$ 组成，我们写成：

$$a + ib \tag{5.39}$$

只要采用以下附加公式，就可以像计算实数一样计算复数：

$$i^2 = -1$$

根据定义 5.68 的条件④，应理解数的组合是一般的复数乘法：

$$\langle\!\langle \lambda_1 \rangle\!\rangle\ \langle\!\langle \lambda_1 \rangle\!\rangle \quad \leadsto \quad (a_1 + ib_1)(a_2 + ib_2) = (a_1 a_2 - b_1 b_2) + i(a_1 b_2 + b_1 a_2)$$

求和由复数的相加得出：

$$\langle\lambda_1\rangle + \langle\lambda_2\rangle \quad \leadsto \quad (a_1 + ib_1) + (a_2 + ib_2) = (a_1 + a_2) + i(b_1 + b_2)$$

因此，0（"吸收一切"图形）和 1（空图）是 ℂ 中的实际数 0 和 1。最后，数的共轭对应于复共轭：

$$\langle\lambda\rangle \mapsto \langle\bar{\lambda}\rangle \quad \leadsto \quad a + ib \mapsto a - ib$$

至关重要的是，这种共轭是有意义的！

备注 *5.69   事实上，如果我们想要一个保留乘积与求和的对合，我们别无选择，只能选择对实数不重要的共轭。此外，对于确定子集 ℝ 的复数，复共轭是唯一的（非平凡的）乘积和求和保留对合。

根据示例 5.26，复数形成一个域，这意味着与减法运算一样，我们可以除以非零数。也就是说，对于所有 $\lambda = 0$，都存在一个数 $\frac{1}{\lambda}$ 使得：

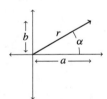

复数也可以写成极坐标形式：

$$re^{i\alpha} \tag{5.40}$$

称为复相位，其中 r 为正实数，α 为角度。两种形式——式（5.39）与式（5.40）的关系如下：

$$\begin{cases} a = r\cos(\alpha) \\ b = r\sin(\alpha) \end{cases} \qquad \begin{cases} r = \sqrt{a^2 + b^2} \\ \alpha = \arctan\left(\frac{b}{a}\right) \end{cases}$$

在复平面中可以将其可视化，如下所示：

由此很容易看出，共轭将复相位翻转了：

$$re^{i\alpha} \quad \mapsto \quad re^{-i\alpha}$$

的确，共轭仅仅反映复平面：

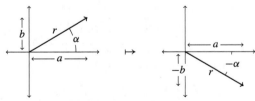

我们选择"反射"来表示图形中的共轭是受以下事实的启发：

$$\langle\lambda\rangle = \boxed{\begin{array}{c} \phi \\ \hline \psi \end{array}} \mapsto \boxed{\begin{array}{c} \phi \\ \hline \psi \end{array}} = \langle\bar{\lambda}\rangle$$

5.3.2 共轭的正性

使用标准术语，如果复数是实数且 ≥ 0，则它是"正数"。特别是，由于数是过程，对

"正"的定义应与我们对过程的正性的先验概念一致。确实如此。

命题 5.70　对于复数 λ，以下是等价的：

1）它是实数且 ≥ 0。

2）存在一个复数 μ，使得：

$$\langle\lambda\rangle = \langle\overline{\mu}\rangle\,\langle\mu\rangle \tag{5.41}$$

3）就定义 4.60 而言，它是正的，即存在 ψ 使得：

$$\langle\lambda\rangle = \frac{\psi}{\psi} \tag{5.42}$$

证明　对于 $(1 \Rightarrow 2)$，设 λ 是实数且 ≥ 0。则令 $\mu = \overline{\mu} = \sqrt{\lambda}$，我们有式（5.41）。$(2 \Rightarrow 3)$ 是直接的，因为式（5.41）是式（5.42）的特例。对于 $(3 \Rightarrow 1)$，首先注意，任何复数乘以其共轭即为实数且 ≥ 0：

$$\overline{\mu}\mu = (a + ib)(a - ib) = a^2 + b^2$$

用 ψ 的矩阵计算式（5.42）中的 λ，有：

$$\lambda = \begin{pmatrix} \overline{\psi^1} & \overline{\psi^2} & \cdots & \overline{\psi^n} \end{pmatrix} \begin{pmatrix} \psi^1 \\ \psi^2 \\ \vdots \\ \psi^n \end{pmatrix} = \sum_i \overline{\psi_i}\psi_i$$

由于这是 $\overline{\mu}\mu$ 形式的数的求和，因此它必须是实数且 ≥ 0。　□

在示例 *4.41 中，我们声称**线性映射**中的转置不提供"好的"伴随。尤其是，正定性：

$$\frac{\psi}{\psi} = 0 \iff \bigtriangledown\!\psi = 0 \tag{5.43}$$

转置不成立。我们现在准备证实这一说法，然后证明复共轭是如何处理这个问题的。

首先，考虑（不正确的）正定性的表达，涉及转置：

$$\begin{pmatrix} \psi^1 & \psi^2 & \cdots & \psi^n \end{pmatrix} \begin{pmatrix} \psi^1 \\ \psi^2 \\ \vdots \\ \psi^n \end{pmatrix} = 0 \iff \begin{pmatrix} \psi^1 \\ \psi^2 \\ \vdots \\ \psi^n \end{pmatrix} = \begin{pmatrix} 0 \\ 0 \\ \vdots \\ 0 \end{pmatrix}$$

虽然这适用于实数，但不适用于复数。例如：

$$\begin{pmatrix} 1 & i \end{pmatrix} \begin{pmatrix} 1 \\ i \end{pmatrix} = 1 + (-1) = 0 \quad \text{当} \quad \begin{pmatrix} 1 \\ i \end{pmatrix} \neq \begin{pmatrix} 0 \\ 0 \end{pmatrix}$$

问题在于，与实数不同，对于复数 $(\psi^i)^2$ 可能小于零（在这种情况下为 -1）。对于式（5.43），这就是为什么我们需要共轭转置（即伴随）的原因。将其转换为矩阵形式，得到：

$$\begin{pmatrix} \overline{\psi^1} & \overline{\psi^2} & \cdots & \overline{\psi^n} \end{pmatrix} \begin{pmatrix} \psi^1 \\ \psi^2 \\ \vdots \\ \psi^n \end{pmatrix} = 0 \iff \begin{pmatrix} \psi^1 \\ \psi^2 \\ \vdots \\ \psi^n \end{pmatrix} = \begin{pmatrix} 0 \\ 0 \\ \vdots \\ 0 \end{pmatrix}$$

或相当于：

$$\sum_i \overline{\psi^i}\,\psi^i = 0 \qquad \Longleftrightarrow \qquad 对于所有\ i:\ \psi^i = 0 \tag{5.44}$$

根据命题 5.70，所有数 $\overline{\psi^i}\,\psi^i$ 是实数且大于 0。因此，如果任何 ψ^i 是非零，在式（5.44）中的求和将大于零。

5.3.3　为什么数学家喜欢复数

在本节中，我们将看到一些传递复数的方法使数学家的生活更加轻松。尽管本节中的许多结果取决于线性映射明确的矩阵形式，但我们稍后将能够给出它们对应的图形。

5.3.3.1　谱定理

如在 5.1.6 节所述，我们给出以下定理。

[204]　**定理 5.71**　所有自伴随线性映射 f 都是可对角化的。也就是说，存在一些标准正交基使得：

$$\tag{5.45}$$

其中，所有 r_i 是实数。此外，如果 f 为正，则对于所有 i，$r_i \geqslant 0$，如果 f 为投影算子，则对于所有 i，$r_i \in \{0,1\}$。因此，每个投影算子 P 可以写为以下形式：

对于一些标准正交集（即不一定是完整的标准正交基）。

　　证明　我们仅概述此证明，因为可以在任何关于线性代数的书中找到完整的证明。有两个关键因素。首先是一个标准结果，即每个线性映射从系统到其自身至少具有一个本征态。事实上，**线性映射**中的数是复数，并且属于"代数基本定理"的结果。第二是自伴随线性映射保留与本征态的正交性。即对于任何本征态 ψ 来说，如果 ϕ 与 ψ 正交，则 $f \circ \phi$ 也是如此：

这使我们能够不断为 f 选择与所有先前本征态正交的新本征态，直到我们建立一组标准正交基。一旦确定 f 确实是可对角化的，在定理 5.71 中的每个 r_i 是实数、正数或 $\in \{0,1\}$ 的事实遵循命题 5.44。　　　　□

　　定理 5.71 被称为谱定理。下面的等价表示对我们来说尤其重要。首先，我们将式 (5.45) 注入过程 – 态对偶性：

[205]　然后我们利用在 4.3.6 节中建立的对应关系。

推论 5.72   在**线性映射**中，对于所有自共轭二分态 ψ 存在某组标准正交基使得：

$$\text{} = \sum_i r_i \quad\text{(图形)}\tag{5.46}$$

其中，所有 r_i 都是实数。如果 ψ 是 ⊗- 正的，则对于所有 i，$r_i \geq 0$。

"谱定理"中的"谱"一词的起源如下。

定义 5.73   对于自伴随线性映射 f，我们称定理 5.71 中的 $(r_i)_i$ 为 f 的谱，我们用 $\text{spec}(f)$ 来表示。类似地，对于自共轭二分态 ψ，我们也称推论 5.72 中的数为 ψ 的谱，表示为 $\text{spec}(\psi)$。

在 8.2.5 节中，我们将提供一个与定理 5.71 相对应的图形，因此也将给出推论 5.72。

现在我们将用谱定理来证明**线性映射**的伴随，其源于认为伴随确实是一种反射。设我们有一个不可分离的过程。人们可以想象它有一些内部结构，比如把一些输入连接到输出的管子或机器的集合：

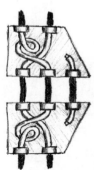

如果我们现在把这个过程与它的伴随（也就是它的垂直翻转）组合，那么这些内部连接就匹配起来了：

因此，人们期望产生的过程也是不可分离的。因此，如果一个过程与它的伴随组合是 ∘- 可分离的：

$$\frac{f}{f} = \frac{\phi}{\psi}$$

则该过程也应该是 ∘- 可分离的：

$$f = \frac{\phi'}{\psi'}$$

谱定理确实保证了 $f^\dagger \circ f$ 能检测 f 的可分离性。

命题 5.74   对于任何线性映射 f 有：

206

$$\left(\exists \psi, \phi: \begin{array}{c} \boxed{f} \\ \boxed{f} \end{array} = \begin{array}{c} \boxed{\phi} \\ \boxed{\psi} \end{array}\right) \iff \left(\exists \psi', \phi': \boxed{f} = \begin{array}{c} \boxed{\phi'} \\ \boxed{\psi} \end{array}\right) \tag{5.47}$$

证明 方向 $(\Leftarrow)$ 是不重要的。对于 $(\Rightarrow)$，假设 $f^\dagger \circ f$ 是 $\circ-$ 可分离的。那么，由于它是正数，我们可以将 $f^\dagger \circ f$ 对角化：

$$\begin{array}{c} \boxed{f} \\ \boxed{f} \end{array} = \sum_i r_i \begin{array}{c} \boxed{i} \\ \boxed{i} \end{array}$$

但是，由于 $f^\dagger \circ f$ 是 $\circ-$ 可分离的，那么对于一些 j 必须满足：

$$\begin{array}{c} \boxed{f} \\ \boxed{f} \end{array} = r_j \begin{array}{c} \boxed{j} \\ \boxed{j} \end{array}$$

否则，$f^\dagger \circ f$ 可能会产生（非零）正交态作为输出，如果它是 $\circ-$ 可分离的，则永远不可能发生。因此，根据正定性，对于所有 $i \neq j$：

$$\begin{array}{c} \boxed{i} \\ \boxed{f} \\ \boxed{f} \\ \boxed{i} \end{array} = 0 \qquad \text{且因此} \qquad \begin{array}{c} \boxed{f} \\ \boxed{i} \end{array} = 0$$

单位的分辨率完成证明：

$$\boxed{f} = \sum_i \begin{array}{c} \boxed{f} \\ \boxed{i} \\ \boxed{i} \end{array} = \begin{array}{c} \boxed{f} \\ \boxed{j} \\ \boxed{j} \end{array}$$

$\square$

备注 5.75 请注意，条件（5.47）与正定性之间存在相似性。尽管正定性告诉我们，数 $\psi^\dagger \circ \psi$ 允许检测态 ψ 是否为零，但是条件（5.47）告诉我们 $f^\dagger \circ f$ 允许检测 f 是否为 $\circ-$ 可分离的。

现在出现了非常有趣的一点。尽管在示例 4.40 中，我们确定了**关系**遵循正定性条件，但**关系**不满足条件（5.47）。

练习 5.76 验证与矩阵的关系：

$$\begin{pmatrix} 1 & 1 \\ 0 & 1 \end{pmatrix}$$

不满足式（5.47）。

由此可知在**关系**中，$f^\dagger \circ f$ 存在间隔并不意味着 f 也存在间隔，归根结底是在**关系**中谱定理失效。其主要原因，是在**关系**中没有足够多的数字来保证每个关系都可以被对角化。

练习 5.77 与命题 5.74 沿用相同的思路，利用谱定理证明 $f^\dagger \circ f$ 检测在投影算子下 f 是否不变，也就是说，对于任何投影算子 P，证明：

$$\left(\quad P \quad f \quad = \quad f \quad f \quad P \quad \right) \quad \Longleftrightarrow \quad \left(\quad f \quad P \quad = \quad f \quad \right)$$

5.3.3.2 维数定理

在 5.1.1 节中，我们（有些固执地）将 dim(A) 定义为类型 A **最小**基的大小。这很烦，因为如果我们想计算 A 的维数，我们需要考虑 A 的所有基，只是要确保我们有最小的基。很幸运，在**线性映射**中，我们不必这样做，因为复数构成了一个域。因此我们可以依赖以下的维数定理。

定理 5.78 如果一个过程理论允许一个矩阵运算及其数构成一个域，则给定的类型 A 的所有基有相同的大小，即 dim(A)

由于维数定理，在**线性映射**中，dim(A) 是 A **任意**基的大小。因此，任何大小为 dim(A) 的标准正交集都是一组标准正交基。为了领会这一点，我们只需要以下的命题。

命题 5.79 任何标准正交集：

$$\mathcal{A} = \left\{ \quad \bigtriangledown_i \quad \right\}$$

扩展到包含 $\mathcal{A}$ 的一组标准正交基。

证明 很容易证明：

$$P \quad := \quad \sum_i \quad \bigtriangledown_i \bigtriangleup_i \qquad \text{和} \qquad Q \quad := \quad \Big| \quad - \quad P$$

是投影算子。利用谱定理，我们可以根据态 $\mathcal{A}'$ 的次要标准正交集对角化 Q：

$$Q \quad = \quad \sum_i \quad \blacktriangledown_i \blacktriangle_i$$

由于 P 是一个投影算子，很容易得到 $P \circ Q = 0$，由此也很容易得到 $\mathcal{A}'$ 中的所有态都必须正交于 $\mathcal{A}$ 中的所有态。而且，因为：

$$\sum_i \quad \bigtriangledown_i \bigtriangleup_i \quad + \quad \sum_i \quad \blacktriangledown_i \blacktriangle_i \quad = \quad P \quad + \quad Q \quad = \quad \Big|$$

$\mathcal{A} \cup \mathcal{A}'$ 给出了单位的分辨率，因此，根据定理 5.32，$\mathcal{A} \cup \mathcal{A}'$ 是一组标准正交基，它显然包含 $\mathcal{A}$。 □

因此，如果我们有一个大小为 dim(A) 的标准正交集 $\mathcal{A}$，有一组包含 $\mathcal{A}$ 的标准正交基 $\mathcal{B}$。但是，根据定理 5.78，$\mathcal{B}$ 的大小一定是 dim(A)，所以 $\mathcal{A} = \mathcal{B}$。

推论 5.80 任何大小为 dim(A) 的标准正交集都是一组标准正交基。

现在让我们看看维数定理是如何真正地让生活变得更简单的（而不仅仅是"不那么烦"）。

回想在命题 5.37 和命题 5.38 中，我们根据同构和幺正变换在标准正交集上的行为给出了它们的表述。将此与维数定理相结合，得到以下结果。

命题 5.81   对于任何同构：

$\dim(A) \leqslant \dim(A)$，而且如果 $\dim(A) = \dim(B)$，则 U 为幺正变换。尤其是，从希尔伯特空间到自身的任何同构必须是幺正变换。

证明   命题 5.79 表明 B 上的任何标准正交集必须是大小 $\leqslant \dim(B)$。则根据命题 5.37，U 将 A 上的任意标准正交基 $\mathcal{B}$ 发送到一个大小为 $\dim(A)$ 的正交集 $\mathcal{B}'$。因此，$\dim(A) \leqslant \dim(B)$。如果 $\dim(A) = \dim(B)$，则根据推论 5.80，$\mathcal{B}'$ 是 B 的一组标准正交基。因此，根据命题 5.38，U 是幺正变换。   □

5.3.4   经典逻辑门为线性映射

设对于每个 n 存在希尔伯特空间 $\mathbb{C}^n$，特别有趣的是 $\mathbb{C}^2$，这是由于它在量子计算中的作用，即在量子比特的描述中的作用。希尔伯特空间 $\mathbb{C}^2$ 有两个元素的基：

这被称为计算基或 Z- 基。通过类比（经典的）比特，我们选择从 0 开始计算 $\mathbb{C}^2$ 的基元素。

备注 5.82   在狄拉克符号中，这些基态表示为：

$$\{|0\rangle, |1\rangle\}$$

经典的逻辑门是函数：

它们构成了数字电路中基本的组成部分。多亏了计算基，通过以下转换，我们现在可以把任何逻辑门写成线性映射，对于 $a, b \in \{0, 1\}$：

或更一般地，对于 $a_1, \cdots, a_m, b_1, \cdots, b_n \in \{0, 1\}$：

每个类似特定输入的映射会产生一项：

线性映射是由所有此类项的求和得到的。例如，与（AND）门：

$$\text{AND} :: \begin{cases} (0, 0) \mapsto 0 \\ (0, 1) \mapsto 0 \\ (1, 0) \mapsto 0 \\ (1, 1) \mapsto 1 \end{cases}$$

推导出线性映射：

211

同样地，对于异或或异或（XOR）门：

$$\text{XOR} :: \begin{cases} (0,0) \mapsto 0 \\ (0,1) \mapsto 1 \\ (1,0) \mapsto 1 \\ (1,1) \mapsto 0 \end{cases}$$

推导出线性映射为：

我们将在第 12 章中看到将逻辑门变成线性映射的过程在量子计算的线路模型中起关键作用。但是，在这种情况下，必须受限于产生幺正线性映射的逻辑门，其原因将在接下来的章节阐明。上面定义的 AND 线性映射不是幺正映射。事实上，甚至没有逆。

练习 5.83 证明逻辑门将定义为幺正线性映射，当且仅当它具有一个逆（见定义 4.24）。

一个带有逆的逻辑门的简单示例是非（NOT）门：

$$\text{NOT} :: \begin{cases} 0 \mapsto 1 \\ 1 \mapsto 0 \end{cases}$$

推导出线性映射：

另一个重要示例是受控非或受控非（CNOT）门：

$$\text{CNOT} :: \begin{cases} (0,0) \mapsto (0,0) \\ (0,1) \mapsto (0,1) \\ (1,0) \mapsto (1,1) \\ (1,1) \mapsto (1,0) \end{cases}$$

212

之所以称为"受控非门"，是因为第一比特"控制"是否对第二比特应用 NOT。其推导出线性映射为：

其矩阵为：

$$\begin{pmatrix} 1 & 0 & 0 & 0 \\ 0 & 1 & 0 & 0 \\ 0 & 0 & 0 & 1 \\ 0 & 0 & 1 & 0 \end{pmatrix}$$

练习 5.84 利用命题 5.38 证明 NOT 和 CNOT 线性映射都是幺正的。

注意，CNOT 线性映射的矩阵在左上角有单位矩阵，在右下角有 NOT 矩阵。这是"受控 –（……）"门矩阵的常见形状，因为第一个基元素"选择"这两个较小矩阵中的哪一个适用于第二个矩阵：

$$\text{CNOT}_0 \leftrightarrow \begin{pmatrix} 1 & 0 \\ 0 & 1 \end{pmatrix} \qquad \text{CNOT}_1 \leftrightarrow \begin{pmatrix} 0 & 1 \\ 1 & 0 \end{pmatrix}$$

还要注意，CNOT 线性映射是自伴随的，这证明了在垂直翻转下不变的图形表示，我们将在下一节遇到。另一方面，在水平翻转下它不是不变的。

练习 5.85 证明 CNOT 线性映射在水平翻转下不是不变的：

$$\boxed{\text{CNOT}} \neq \boxed{\text{CNOT}}$$

因此，它的图形表示也不应该是不变的。

5.3.5 *X-* 基和阿达马门线性映射

关于 CNOT 门涉及拷贝（COPY）门的一种备选观点：

$$\text{COPY} :: \begin{cases} 0 \mapsto (0,0) \\ 1 \mapsto (1,1) \end{cases}$$

[213]

其推导出的线性映射为：

$$\boxed{\text{COPY}} := \;\nabla_0 \nabla_0 \Delta_0 \;+\; \nabla_1 \nabla_1 \Delta_1$$

执行 CNOT 的一种方法是 COPY 第一个比特，然后 XOR 第一个比特与第二个比特拷贝。那就是：

$$\boxed{\text{CNOT}} = \boxed{\text{XOR}} \; \boxed{\text{COPY}} \tag{5.48}$$

练习 5.86 证明式（5.48）。

在大多数教科书中，人们会遇到这样写的 CNOT 门：

这引出与 CNOT 相同的"COPY + XOR"表示，在经典线路中给定的拷贝通常表示为一个小黑点，而 XOR 操作表示为符号 ⊕：

COPY ➙ ● ⊕ ← XOR

但是，我们将采用一种更对称的表示：

○—● ≈ ●—⊕

这是因为这些 XOR 和 COPY 线性映射是非常相关的。但对于不同的基，它们实际上都以 COPY 映射出现。为了看到这个，我们考虑 $\mathbb{C}^2$ 的另一个基。首先，注意，由于 $-1 \in \mathbb{C}$，我们可以减去态：

$$\psi - \phi := \psi + \langle -1 \rangle\, \phi$$

令 X- 基为：

$$\boxed{0} := \frac{1}{\sqrt{2}}\left(\boxed{0} + \boxed{1} \right) \qquad\qquad \boxed{1} := \frac{1}{\sqrt{2}}\left(\boxed{0} - \boxed{1} \right)$$

[214]

很容易检验：

$$\boxed{\;\;} = \delta_i^j$$

由于这些态在 Z- 基上取实值系数，它们是自共轭的。因此，对于 $\mathbb{C}^2$，现在有两个自共轭的标准正交基：

$$\left\{ \boxed{0}\,,\, \boxed{1} \right\} \qquad 和 \qquad \left\{ \boxed{0}\,,\, \boxed{1} \right\}$$

备注 5.87　在狄拉克符号中，X- 基通常表示为：

$$\{|+\rangle, |-\rangle\}$$

也就是说我们采用 Z- 基态的求和与差。我们将在 6.1.2 节中用这些基对量子比特在态球面上标记 Z 轴和 X 轴，这就证明了 "Z- 基" 和 "X- 基" 这两个看似特殊的名称是正确的。

现在我们可以定义之前所有映射的两个版本，一个是 Z- 基，另一个是 X- 基。例如，COPY 线性映射现在有两个版本：

$$\boxed{Z\text{-COPY}} := \sum_i \quad\quad\quad \boxed{X\text{-COPY}} := \sum_i$$

显然，这种 COPY 映射对于所有维数 n 的希尔伯特空间都是有意义的。之后，我们会经常使用这些映射，把它们写成适当颜色的圆点会很方便：

$$\circ := \sum_i \quad\quad\quad \bullet := \sum_i$$

像往常一样，通过垂直翻转来写这些映射的伴随：

$$\circ := \sum_i \quad\quad\quad \bullet := \sum_i$$

我们只差一个倍数就可以把 CNOT 门的 XOR 部分写成一个灰圆点。

命题 5.88

$$\boxed{XOR} \approx \curvearrowright$$

[215]

证明　我们通过对 Z- 基计算矩阵项来证明这一点。对于右侧，利用：

$$\frac{\blacktriangle 0}{\blacktriangledown i} = \frac{i}{0} = \frac{1}{\sqrt{2}} \qquad\qquad \frac{\blacktriangle 1}{\blacktriangledown i} = \frac{i}{1} = (-1)^i \frac{1}{\sqrt{2}}$$

有：

$$\text{（图）} = \left(\text{（图）} + \text{（图）} \right) = \frac{1}{\sqrt{2}} \cdot \frac{1}{2} \left(1 + (-1)^{i+j+k} \right)$$

如果 $i + j + k$ 是偶数，它等于 $\frac{1}{\sqrt{2}}$，否则为 0。但是，当且仅当 $i \oplus j = k$ 时，$i + j + k$ 是偶数，如果我们忽略 $\frac{1}{\sqrt{2}}$ 因子，这就给出了 XOR 的矩阵。 □

因此，设：

$$\text{（图）} := \text{（图）} \approx \boxed{\text{CNOT}}$$

如果我们不忽略系数，有：

$$\sqrt{2} \ \text{（图）} = \boxed{\text{XOR}}$$

因此：

$$\sqrt{2} \ \text{（图）} = \boxed{\text{CNOT}}$$

示例 5.89 由于 X- 基取决于减法，X- 基似乎对**关系**理论是没有意义的（见备注 5.27）。但是，由于 X- 基的 COPY 过程和 XOR 相同，这个过程在**关系**中确实存在。因此这个基的"影子"基，以及它与 Z- 基的相互作用就出现在那里。

练习 5.90 证明 CNOT 遵守：

$$\text{（图）} \approx \text{（图）} \qquad \text{（图）} \approx \text{（图）}$$

[216] 我们将在第 9 章看到这些不仅仅是随机的图形等式，而是获得量子理论中互补性的基本概念。按照推论 5.39，我们还可以定义将 X- 基转换为 Z- 基的幺正线性映射。

定义 5.91 阿达马门映射为：

$$\boxed{H} := \sum_i \text{（图）}$$

我们不能像大多数框一样不对称地画阿达马门映射的原因如下。

命题 5.92 阿达马线性映射 H 是自共轭和自伴随的，因此也是自转置的：

$$\boxed{H} = \boxed{H} = \boxed{H}$$

证明 如果按 Z- 基展开 X- 基，则 H 是自伴随的和自共轭的：

$$\boxed{H} = \text{（图）} + \text{（图）} = \frac{1}{\sqrt{2}} \left(\text{（图）} + \text{（图）} + \text{（图）} - \text{（图）} \right) \tag{5.49}$$

根据式（5.49）可知，在 Z- 基中 H 的矩阵为：

$$\boxed{H} \quad \leftrightarrow \quad \frac{1}{\sqrt{2}} \begin{pmatrix} 1 & 1 \\ 1 & -1 \end{pmatrix}$$

练习 5.93 在 X- 基中，H 的矩阵是什么？

由于幺正映射的伴随矩阵是它的逆，所以我们还有以下推论。

推论 5.94 阿达马门线性映射是自逆的：

备注 5.95 正如我们对 CNOT 门所做的那样，稍后我们也将为 NOT 门引入一种替代表示，即：

它之所以是灰色的，是因为它像 XOR 一样可以很自然地用 X- 基表示，稍后会解释。因此，这里有我们在本章中遇到的所有操作：

在 8.2.2 节中，当用图形项表示经典数据时，我们将再次遇到拷贝映射。在 NOT 门的情况下，像 π 这样的装饰将在 9.1 节中解释，这两种颜色的相互作用将在 9.2 节中解释。所有这些将在被称为 ZX 演算的非常强大的图形语言里发挥重要作用，描述见 9.4 节。

5.3.6 贝尔基和贝尔映射

现在，我们将给出 $\mathbb{C}^2 \otimes \mathbb{C}^2$ 的基，对于 $\mathbb{C}^2$，它不仅仅是两个基的乘积。对于以下四个态：

$$
\left.
\begin{aligned}
\boxed{B_0} &:= \frac{1}{\sqrt{2}}\left(\boxed{0}\,\boxed{0} + \boxed{1}\,\boxed{1} \right) \\
\boxed{B_1} &:= \frac{1}{\sqrt{2}}\left(\boxed{0}\,\boxed{1} + \boxed{1}\,\boxed{0} \right) \\
\boxed{B_2} &:= \frac{1}{\sqrt{2}}\left(\boxed{0}\,\boxed{0} - \boxed{1}\,\boxed{1} \right) \\
\boxed{B_3} &:= \frac{1}{\sqrt{2}}\left(\boxed{0}\,\boxed{1} - \boxed{1}\,\boxed{0} \right)
\end{aligned}
\right\}
\tag{5.50}
$$

可以直接证明它们构成一个标准正交集，例如：

$$
\boxed{B_0 / B_0} = \frac{1}{2}\left(+ + + \right)
$$

$$
= \frac{1}{2}(1 + 0 + 0 + 1) = 1
$$

$$
\boxed{B_1 / B_0} = \frac{1}{2}\left(+ + + \right)
$$

218

$$= \tfrac{1}{2}(0+0+0+0) = 0$$

$$\frac{B_2}{B_0} = \tfrac{1}{2}\left(\frac{0 \quad 0}{0 \quad 0} - \frac{1 \quad 1}{0 \quad 0} + \frac{0 \quad 0}{1 \quad 1} - \frac{1 \quad 1}{1 \quad 1} \right)$$

$$= \tfrac{1}{2}(1-0+0-1) = 0$$

因此 B_i 是一个大小为 $\dim(\mathbb{C}^2 \otimes \mathbb{C}^2) = 4$ 的标准正交集，因此根据推论 5.80，它们形成一组标准正交基。事实上，我们可以根据式（5.50）的态写出 $\mathbb{C}^2 \otimes \mathbb{C}^2$ 乘积基的每个元素：

$$\frac{}{0} \ \frac{}{0} = \tfrac{1}{\sqrt{2}}\left(B_0 + B_2 \right)$$

$$\frac{}{0} \ \frac{}{1} = \tfrac{1}{\sqrt{2}}\left(B_1 + B_3 \right)$$

$$\frac{}{1} \ \frac{}{0} = \tfrac{1}{\sqrt{2}}\left(B_1 - B_3 \right)$$

$$\frac{}{1} \ \frac{}{1} = \tfrac{1}{\sqrt{2}}\left(B_0 - B_2 \right)$$

定义 5.96 标准正交基（5.50）被称为贝尔基。

通过命题 5.38，我们知道幺正变换总是向标准正交基发送标准正交基。所以，另一个证明态（5.50）形成标准正交基的方法是证明标准正交基来自对另一组标准正交基应用某种幺正变换。

练习 5.97 证明贝尔基是由下面幺正线性映射产生的：

$$\sqrt{2} \ \begin{array}{c} \circ \!-\! \bullet \\ H \ \ | \end{array}$$

对于乘积基：

$$\left\{ \ \frac{}{i} \ \frac{}{j} \ \right\}_{ij}$$

换句话说，证明态（5.50）可以表示为：

$$\left\{ \ \sqrt{2} \ \begin{array}{c} \circ \!-\! \bullet \\ H \quad | \\ i \quad j \end{array} \ \right\}_{ij}$$

219 因此它们构成一组标准正交基。

第一种贝尔态只是一个杯子乘以 $\dfrac{1}{\sqrt{2}}$，而其他三种态是通过翻转比特或符号获得的变化。由此很容易看到贝尔态都是不可分离的。而且，就定义 4.80 而言，它们都是最大不可分离的，这一事实在量子隐形传态中起着至关重要的作用。通过将一定的幺正变换线性映射（称为贝尔映射）与贝尔态联系起来，我们可以证明最大不可分离性如下：

$$\underset{B_i}{\bigtriangledown} \quad = \quad \underset{\frac{1}{\sqrt{2}}}{\bigcup} \ \overset{B_i}{\square} \tag{5.51}$$

其中：

$$B_i := \sqrt{2} \quad B_i$$

练习 5.98 证明贝尔映射的矩阵形式为：

$$B_0 := \begin{matrix} 0 \\ 0 \end{matrix} + \begin{matrix} 1 \\ 1 \end{matrix} \qquad\qquad B_1 := \begin{matrix} 1 \\ 0 \end{matrix} + \begin{matrix} 0 \\ 1 \end{matrix}$$

$$\tag{5.52}$$

$$B_2 := \begin{matrix} 0 \\ 0 \end{matrix} - \begin{matrix} 1 \\ 1 \end{matrix} \qquad\qquad B_3 := \begin{matrix} 1 \\ 0 \end{matrix} - \begin{matrix} 0 \\ 1 \end{matrix}$$

因此，它们对应的矩阵为：

$$B_0 \leftrightarrow \begin{pmatrix} 1 & 0 \\ 0 & 1 \end{pmatrix} \qquad\qquad B_1 \leftrightarrow \begin{pmatrix} 0 & 1 \\ 1 & 0 \end{pmatrix}$$

$$\tag{5.53}$$

$$B_2 \leftrightarrow \begin{pmatrix} 1 & 0 \\ 0 & -1 \end{pmatrix} \qquad\qquad B_3 \leftrightarrow \begin{pmatrix} 0 & -1 \\ 1 & 0 \end{pmatrix}$$

还需证明这些线性映射是幺正变换。

不出所料，我们将与贝尔映射相关的矩阵称为贝尔矩阵。但是，在大多数教科书中，人们往往不会遇到贝尔矩阵，而是遇到与它们类似的矩阵。

备注 5.99 下列矩阵称为泡利矩阵：

$$\sigma_0 = 1 := \begin{pmatrix} 1 & 0 \\ 0 & 1 \end{pmatrix} \qquad\qquad \sigma_1 = \sigma_X := \begin{pmatrix} 0 & 1 \\ 1 & 0 \end{pmatrix}$$

$$\sigma_2 = \sigma_Y := \begin{pmatrix} 0 & -i \\ i & 0 \end{pmatrix} \qquad\qquad \sigma_3 = \sigma_Z := \begin{pmatrix} 1 & 0 \\ 0 & -1 \end{pmatrix}$$

它们与贝尔矩阵几乎完全相同：

$$\sigma_0 = B_0 \qquad \sigma_1 = B_1 \qquad \sigma_3 = B_2$$

唯一的区别是：

$$\sigma_2 = iB_3 \tag{5.54}$$

在下一章我们将看到，乘以 i 对这个过程的物理意义没有影响。那么为什么人们要关心泡利矩阵呢？我们没有！但其他人有。式（5.54）是使所有泡利矩阵都是自伴随矩阵。在量子理论通常的表示中，自伴随矩阵被用于定义测量（见备注 7.25）。但是，我们对测量的定义并不取决于自伴随线性映射，所以我们将坚持使用贝尔映射。

从式（5.51）中可以看到，通过对一个确定态应用某些过程，可以得到所有的贝尔态。这一事实直接关系到贝尔态和贝尔映射在量子隐形传态中的作用。我们将在下一章中详细解释这一点，但下面是一个预习。

练习 5.100 计算态：

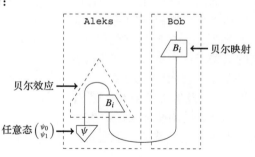

利用它的所有元素的矩阵表示并得出结论，只差一个倍数，对于每一个 i，我们确实得到 ψ。

贝尔基和贝尔映射之间的关系是标准正交基和由过程－态对偶性引起的某些线性映射族之间一般关系的特例。

定义 5.101 一组线性映射：

$$\left\{\ \boxed{i}\ \right\}_i \tag{5.55}$$

被称为希尔伯特－施密特标准正交基，如果关联二分态：

$$\bigtriangledown_i \ = \ \frac{1}{\sqrt{D}}\ \boxed{i} \tag{5.56}$$

对于 $D = \dim(A)$，构成一组标准正交基。

态（5.56）的内积得出：

$$\bigotimes_{i}^{j} \ = \ \frac{1}{D}\ \left(\begin{array}{c}j\\i\end{array}\right) \ = \ \frac{1}{D}\operatorname{tr}\left(\begin{array}{c}j\\i\end{array}\right)$$

最右边的表达式（不带 $\frac{1}{D}$）有时被认为是线性映射的希尔伯特－施密特内乘积。显然，可以用内积来表示式（5.55）的标准正交性：

$$\operatorname{tr}\left(\begin{array}{c}j\\i\end{array}\right) \ = \ D\,\delta_i^j$$

回顾最大不可分离态的定义 4.80，以下是等价的：

- 基态 $\bigtriangledown_i$ 是最大不可分离的。

- 相应的基映射 $\boxed{i}$ 是幺正变换。

5.4 希尔伯特空间与图形

字符串图与希尔伯特空间和线性映射有什么关系？我们将希尔伯特空间和线性映射定义为一种特殊的字符串图。但是，为了达到这个目的，我们需要设基、求和以及数为复数，这有一点强迫的感觉。此外，还有许多其他的，例如集合和关系，也可以用字符串图来描述，因此希尔伯特空间和线性映射的关系可能并不那么特殊。

然而，我们将提供一个令人惊讶的结果，将图形推理与希尔伯特空间和线性映射紧密关联起来。给定的希尔伯特空间的附加结构允许我们证明有关过程的很多东西，人们可能倾向于认为我们可以证明线性映射图形之间更多的等式，而不是简单的旧图形，即不使用基、求和等。事实并非如此。线性映射图形之间成立的等式正是可以通过变形图形来证明的等式。因此，在本节中我们看到的是关于这一事实的精确陈述。

我们要做的第二件事是基于字符串图的定义推导出希尔伯特空间一般的集合论定义。我们将在 5.4.2 节中看到该定义，以及线性映射和张量积，通过将**线性映射**的系统类型不仅仅看作为标签，而是看作它们所有态的集合而自动产生。

请注意，接下来两节中的内容是可选的，不会在本书的后面明确使用。但是，许多读者可能会发现它们对于理解图形的证明是有用的，并可以将希尔伯特空间的概念与文献中常遇到的概念联系起来。

5.4.1 线性映射的字符串图是完备的

在本节中，我们的目标是，一旦假设这些图形实际上表示带有求和、基和复数额外结构的线性映射，描述图形间会出现**新的**等式。如上所述，十分令人惊讶的回答是：没有！也就是说，字符串图的语言已经很强大，足以捕获适用于线性映射一般图形的所有等式。借用逻辑中的术语：

> 对于**线性映射**，字符串图是完备的。

表述这一点的另一种技术方法，强调了以下事实：即添加标准正交基，求和与复数是"无用的"，如下所示：

> **线性映射**是字符串图的一种保守扩展。

回顾 3.1.2 节，构成字符串图的数据是其中的框，包括输入和输出线的说明以及这些框如何连在一起。也就是说，所谓的"字符串图"是指过程理论中没有解释框和线的"绘图"。同样，如果它们可以互相变形，字符串图是相等的。为了区分线和框，我们使用标签：

$$A, \quad B, \ldots \qquad f \quad, \quad g \quad, \ldots$$

图形还带有垂直翻转的概念，这对于我们将要介绍的完备性结果非常重要。这个结果是关于比较这些"免费"或"无解释"图形，用于**线性映射**过程理论中解释的图形。让我们把解释的概念讲得更正式一点。

定义 5.102 在**线性映射**$[\![\,]\!]$中字符串图 D 的解释包括，出现在 D 中的每种类型 A 的希尔伯特空间 $[\![A]\!]$ 的选择以及对 D 中出现的每个框 f 的线性映射 $[\![f]\!]$ 的选择（关于输入/输出类型）。

尤其是，解释定义了通过把所有线性映射 $[\![f]\!]$、$[\![g]\!]$……塞入图形 D 中的线性映射 $[\![D]\!]$，并将它们作为线性映射评估（使用如定理 5.61）。

示例 5.103 考虑这个图形：

$$D = \quad \begin{array}{c} g \\ f \end{array}$$

图形 D 具有两种类型和两个框，则这里有一种解释：

$$\left\{ [\![A]\!] := \mathbb{C}^3, \ [\![B]\!] := \mathbb{C}^2, \ [\![f]\!] := \begin{pmatrix} 1 & 2 & 0 \\ 3 & 1 & 4 \\ 5 & 5 & 5 \\ 0 & 1 & 0 \end{pmatrix}, \ [\![g]\!] := \begin{pmatrix} 1 & 0 \\ 1 & 1 \end{pmatrix} \right\}$$

那么，根据这个解释：

$$[\![D]\!] = \begin{pmatrix} 1 & 2 & 0 \\ 4 & 3 & 4 \\ 5 & 5 & 5 \\ 5 & 6 & 5 \end{pmatrix}$$

类似地，我们可以通过解释任何图形中出现的所有框和线对一组图形 D、E、F……给出解释，这反过来产生线性映射 $[\![D]\!]$、$[\![E]\!]$、$[\![F]\!]$……

现在考虑我们前面遇到的以下两个等式：

在**线性映射**的过程理论中两个等式都是有效的；然而，在第一个 f 和 g 中可以是任何线性映射（与适当匹配类型），而第二个映射仅在 CNOT 的特定情况下成立。换句话说，第二个等式只涉及**线性映射**的单一解释，而第一个等式涵盖了**线性映射中**所有可能的解释。这里我们关心的等式是第一种，包括**线性映射**中所有可能的解释。

现在我们准备陈述完备性定理。

定理 5.104 对于**线性映射**，字符串图是完备的。也就是说，对于任何两个字符串图 D、E，以下是等价的：

- $D = E$。
- 对于 D、E **线性映射**的所有解释，$[\![D]\!] = [\![E]\!]$。

证明 （示意图）该定理的证明超出了本书的范围。大致说来，它涉及了获取一些图形 D 并定义了一个 D 的"特征"的解释。也就是说，对于任何其他 $D' \neq D$，该解释对于 D 会产生许多确定的线性映射 L，可以证明 $[\![D']\!]$ 不可能等于 L。 $\square$

所以最重要的是：

> 字符串图间的等式适用于所有希尔伯特空间和线性映射，当且仅当字符串图是相同的。

这为字符串图捕获线性映射的组成内容提供了令人信服的证据。

对于**所有**解释，$[\![D]\!] = [\![E]\!]$ 的条件都是相当强的，所以人们仍然可能会问，定理 5.104 是否对于任何存在字符串图的过程理论成立。事实并非如此。

定理 5.105 字符串图对于**关系**是**不**完备的。也就是说，存在不等的字符串图 $D \neq E$，其对于**关系**的所有解释，$[\![D]\!] = [\![E]\!]$。

证明 我们只需要找到两个截然不同的字符串图，对于**关系**的所有解释都是相等的。回顾**关系**中仅有的数字 0 和 1。在 $\lambda^2 = \lambda$ 的两种情况中，则下面两个图形：

和

作为**关系**的所有解释是相等的。但是，它们显然不等于字符串图。 $\square$

换句话说，对于（所有）集合成立的字符串图与不是字符串图等式的关系之间存在等式。鉴于**线性映射**和**关系**之间唯一真正的区别在于数的选择，令人惊讶的是，像布尔值这样简单的东西破坏了完备性，然而具有额外结构的 $\mathbb{C}$ 保留了它。

5.4.2 希尔伯特空间的集合理论定义

对我们定义的**线性映射**（以及之后的希尔伯特空间）的过程理论非常满意的读者，可以放心地跳过本节。这里的主要目标是将我们的定义与传统定义联系起来。换句话说，我们将希尔伯特空间 H 定义为一个具有一些额外结构的集合（求和、标量乘法、内积），将线性映射定义为保留（部分）此结构的函数。通过构造希尔伯特空间的张量积形成复合系统，我们

也将对其定义。我们提供另一种定义有两个原因:

- 为了全面性,读者要对希尔伯特空间的传统定义有所了解。
- 为了对比,强调两个定义的不同精髓。

回顾 3.4.1 节,对于**函数**,类型 A 的态是与集合 A 的元素一一对应的。通过模仿一一对应的"我们的希尔伯特空间" H(即**线性映射**中的系统类型),我们将定义对应的集合理论 $\tilde{H}$:

$$\tilde{H} := \left\{ \begin{array}{c} H \\ \bigtriangledown \\ \psi \end{array} \middle| \psi \text{是类型 } H \text{ 的一个态,} \right\}$$

也就是说,给定**线性映射**中的类型 H,我们定义一个希尔伯特空间 $\tilde{H}$ 为其态的集合。不是态,而是 $\tilde{H}$ 矢量的元素。在接下来的内容中,按照态的表示,我们还"无偿地"得到所有集合理论希尔伯特空间运算(连同张量积!)。我们从求和与标量乘法开始。

由于**线性映射**有求和,有如下:

- $\boxed{0}\bigtriangledown \in \tilde{H}$

- 如果 $\psi\bigtriangledown \in \tilde{H}$, $\phi\bigtriangledown \in \tilde{H}$ 则 $\psi\bigtriangledown + \phi\bigtriangledown \in \tilde{H}$

- 如果 $\diamondsuit \in \mathbb{C}$, $\psi\bigtriangledown \in \tilde{H}$ 则 $\lambda\bigtriangledown\, \psi\bigtriangledown \in \tilde{H}$

换句话说,H 中的态集合构成一个复矢量空间。

定义 5.106 一个复矢量空间是一个有特殊元素 $0 \in \tilde{V}$ 和两个操作的集合 $\tilde{V}$,这两个操作是:
- $\psi + \phi$,对所有的 $\psi, \phi \in \tilde{V}$
- $\lambda \cdot \psi$,对所有的 $\lambda \in \mathbb{C}$ 和 $\psi \in \tilde{V}$

分别称为求和和标量乘法,满足:
① $0 + \psi = \psi$
② $(\psi + \phi) + \xi = \psi + (\phi + \xi)$
③ $\psi + \phi = \phi + \psi$
④ $0 \cdot \psi = 0$
⑤ $\lambda \cdot (\lambda' \cdot \psi) = (\lambda\lambda') \cdot \psi$
⑥ $\lambda \cdot (\psi + \phi) = \lambda \cdot \psi + \lambda \cdot \phi$
⑦ $(\lambda + \lambda') \cdot \psi = \lambda \cdot \psi + \lambda' \cdot \psi$

对于所有 $\psi, \phi, \xi \in \tilde{V}$ 且 $\lambda, \lambda' \in \mathbb{C}$。

我们通常将标量积 $\lambda \cdot \psi$ 简写为 $\lambda\psi$。在 5.1.3 节中,一旦确定了($-+-$)是结合的和可交换的,使用求和表示会更方便,并用求和符号将上面的等式⑥和⑦替换为它们的等价表达:

⑥' $\lambda \left(\sum_i \psi_i \right) = \sum_i (\lambda\psi_i)$

⑦' $\left(\sum_i \lambda_i \right) \psi = \sum_i (\lambda_i\psi)$

练习 5.107 在定义 5.21 中用**条件 1～3** 来证明 $\tilde{H}$ 满足复矢量空间的 7 个方程。

在**线性映射**中,每个系统类型都有一个有限基:

$$\mathcal{B} = \left\{ \begin{array}{c} \bigtriangledown \\ i \end{array} \right\}_i$$

从定理 5.30 可以得出,任何 $\psi \in \tilde{H}$ 可以写成这样的基:

226

$$\psi = \sum_i \langle\psi_i\rangle \langle i\rangle$$

这意味着复矢量空间是有限维的。

定义 5.108　矢量空间 $\tilde{V}$ 的一组基是矢量的最小集合：

$$\{\phi_i\}_i \subseteq \tilde{V}$$

它跨越 $\tilde{V}$，也就是说，对于所有 $\psi \in \tilde{H}$，存在 $\{\phi_i\}_i \subseteq \mathbb{C}$ 使得：

$$\psi = \sum_i \lambda_i \phi_i \tag{5.57}$$

如果 $\{\phi_i\}_i$ 是有限的，则 $\tilde{V}$ 是有限维的，$\{\phi_i\}_i$ 中的元素数就是 $\tilde{V}$ 的维数。

线性映射的理论有伴随，所以我们可以构成：

227 对于所有的 ψ，$\phi \in \tilde{H}$。这给了我们所有的结构，我们需要进行以下定义。

定义 5.109　有限维的希尔伯特空间是有限维矢量空间 $\tilde{H}$，具有附加操作：

$$\langle - | - \rangle : \tilde{H} \times \tilde{H} \to \mathbb{C}$$

称为内积，满足：

① $\langle \psi | \lambda\phi + \xi \rangle = \lambda\langle\psi|\phi\rangle + \langle\psi|\xi\rangle$

② $\langle \lambda\psi + \phi | \xi \rangle = \bar{\lambda}\langle\psi|\xi\rangle + \langle\phi|\xi\rangle$

③ $\langle\psi|\phi\rangle = \overline{\langle\phi|\psi\rangle}$

④ $\langle\psi|\psi\rangle > 0$，对于所有 $\psi \neq 0$

其中，$\overline{(-)}$ 为复共轭。

注意，①和③隐含②。我们已经在命题 4.51 中遇到了这些性质的大部分，除了条件 1 的求和保留部分，正如我们在 5.1.3 节中所看到的，相当于：

$$\sum_i \langle\lambda_i\rangle \frac{\phi}{\psi_i} = \sum_i \overline{\lambda_i} \frac{\phi}{\psi_i}$$

条件 2 也是如此。

备注 *5.110　我们仅在此处定义有限维希尔伯特空间，因为这就是我们本书所需要的。任意希尔伯特空间的定义更为复杂，因为它要求矢量集合必须在一定矢量序列的极限下是拓扑封闭的。此条件在有限的维数中是自动满足的。

希尔伯特空间标准正交基的通常概念与我们的相符。

定义 5.111　有限维希尔伯特空间 $\tilde{H}$ 的基 $\{\phi_i\}_i$ 是标准正交的，如果有：

$$\langle\phi_i|\phi_j\rangle = \delta_i^j$$

接下来要做的是将线性映射作为集合之间的某些特定函数引入。一般多线性映射（即具有很多输入/输出的映射）需要做一些工作才能使用希尔伯特空间的这种定义来定义。但是，使用具有精准的一个输入和一个输出的映射是很简单的。给定希尔伯特空间 $\tilde{H}$ 和 $\tilde{K}$，通过考虑如下形式的函数：

$$\tilde{f} : \tilde{H} \to \tilde{K} :: \frac{}{\psi} \mapsto \frac{f}{\psi}$$

我们确实恢复了线性映射的一般性质。

定义 5.112　对于矢量空间（或希尔伯特空间）$\tilde{H}$ 和 $\tilde{K}$，线性映射 $f: \tilde{H} \to \tilde{K}$ 是从集合 $\tilde{H}$ 到集合 $\tilde{K}$ 的函数，满足：

$$f(\lambda\psi) = \lambda f(\psi) \quad \text{和} \quad f(\psi + \phi) = f(\psi) + f(\phi)$$

这两个条件被称为线性。

我们可以用求和来更简洁地表达这两个条件：

$$f\left(\sum_i \lambda_i \psi_i\right) = \sum_i \lambda_i f(\psi_i) \tag{5.58}$$

正如我们在 5.1.3 节中看到的，这相当于：

备注 5.113　我们最初通过模拟集合 A 以及集合 A "无线" 类型函数之间的一一对应关系来定义与希尔伯特空间对应的集合理论。在希尔伯特空间中，是线性使得这种一一对应关系成立。首先，注意 $\mathbb{C}$ 形成了一个特别简单的矢量空间，其中数字 1 自身形成一个元素的标准正交基，因为所有其他数 $\lambda \in \mathbb{C}$ 可以分解为以下形式（见式（5.57））：

$$\lambda = \lambda \cdot 1$$

并且简单地满足标准正交性条件。根据定义 5.106 的规则⑦，$\mathbb{C}$ 中的"矢量"加法仅是复数的加法：

$$\lambda + \lambda' = \lambda \cdot 1 + \lambda' \cdot 1 = (\lambda + \lambda') \cdot 1 = \lambda + \lambda'$$

现在，矢量 $\psi \in \tilde{H}$ 定义了唯一的线性映射：

$$\tilde{\psi}: \mathbb{C} \to \tilde{H} :: 1 \mapsto \psi$$

因为线性我们现在对所有 $\lambda \in \mathbb{C}$ 有：

$$\tilde{\psi} :: \lambda = \lambda \cdot 1 \mapsto \lambda \cdot \psi$$

取 $\tilde{H}$ 为 $\mathbb{C}$ 本身，每个 $\lambda \in \mathbb{C}$ 定义唯一的线性映射：

$$\tilde{\lambda}: \mathbb{C} \to \mathbb{C} :: 1 \mapsto \lambda$$

因此，$\mathbb{C}$ 的元素和从 $\mathbb{C}$ 到自身的线性映射元素之间也存在一一对应关系。因此，正如你已经了解 $\mathbb{C}$ 中的线性映射、矢量和数都是同一事物的实例，因为它们都是特定的过程。

对于字符串图以及**线性映射**，伴随为：

对于传统的线性映射，我们有以下标准结果。

命题 5.114　对于希尔伯特空间 $\tilde{H}$、$\tilde{K}$ 和线性映射 $f: \tilde{H} \to \tilde{K}$，存在一个唯一的线性映射 $f^\dagger$ 使得对于所有 $\psi \in \tilde{H}$，$\phi \in \tilde{K}$：

$$\langle \phi | f(\psi) \rangle = \langle f^\dagger(\phi) | \psi \rangle \tag{5.59}$$

该命题中唯一的线性映射 $f^\dagger$ 也称为伴随。对于字符串图，式（5.59）是重复的。事实上，由于：

- $|f(\psi)\rangle$ 转换为

它遵循：

- $\langle f^{\dagger}(\phi)|$ 转换为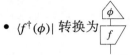

所以式（5.59）的左侧 $\langle \phi | f(\psi) \rangle$ 和右侧 $\langle f^{\dagger}(\phi) | \psi \rangle$ 都是：

对于希尔伯特空间的传统表示和我们的表示，幺正变换和正映射的概念是相同的。也就是说，它们分别采用定义 4.56 和定义 4.60 形式的映射。

最后一个也是最棘手的是，与**线性映射**相对应的集合论的部分是定义希尔伯特空间的并行组合。我们需要定义一个操作 $\tilde{\otimes}$ 在希尔伯特空间 $\tilde{H}$ 和 $\tilde{K}$ 的层次上模拟并行组合类型 H 和 K 的结果。即：

$$\tilde{H} \,\tilde{\otimes}\, \tilde{K} \text{ 应匹配 } \widetilde{H \otimes K}$$

对于两个希尔伯特空间 $\tilde{H}$ 和 $\tilde{K}$，让我们看一下 $\widetilde{H \otimes K}$ 的一些性质。任何态 $\psi \in \tilde{H}$ 和 $\phi \in \tilde{K}$ 在 $\widetilde{H \otimes K}$ 中产生一个态：

乍一看，有人可能会像我们对**函数**所做的那样将 $\tilde{H} \,\tilde{\otimes}\, \tilde{K}$ 定义为笛卡儿乘积 $H \times K$。但是，这很快就会出错，因为 $\widetilde{H \otimes K}$ 包含了很多不可分离的态。回顾 5.2.2 节，我们可以根据 H 和 K 的单独基对 $H \otimes K$ 构建基，尤其是给定的标准正交基：

$$\left\{ \boxed{i} \right\}_i \qquad \text{和} \qquad \left\{ \blacktriangledown\!{}_j \right\}_j$$

对于 H 和 K，我们可以将所有态 $\Phi \in \widetilde{H \otimes K}$ 写为：

$$\boxed{\Phi} = \sum_i \langle\!\langle \Phi_{i,j} \rangle\!\rangle \; \boxed{i} \; \blacktriangledown$$

因此，给定希尔伯特空间 $\tilde{H}$ 和 $\tilde{K}$，我们想要形成希尔伯特空间，

$$\left\{ \boxed{i} \; \blacktriangledown \right\}_{ij}$$

这对于一组标准正交基是重要的。首先，我们需要形成矢量的集合，并且这是一种简单考虑"形式求和"集合的一种方法：

$$\tilde{H} \,\tilde{\otimes}\, \tilde{K} := \left\{ \sum_{ij} \lambda_{ij} \phi_i \,\tilde{\otimes}\, \phi'_j \;\middle|\; \lambda_{ij} \in \mathbb{C} \right\}$$

其中 $\{\phi_i\}_i$ 和 $\{\phi'_j\}_j$ 分别是 $\tilde{H}$ 和 $\tilde{K}$ 的标准正交基。我们说"形式求和"是因为此时求和符号真的没有任何意义。ϕ_i 和 ϕ'_j 之间也没有 $\tilde{\otimes}$ - 符号。我们也可以将这些元素表示为由 (i, j) 索引的数列，即 λ_{ij} 系数的矩阵。接下来，我们需要将集合设置为矢量空间，让这些形式求和充当我们定义的矢量求和与标量乘法中的"实际"求和：

$$\left(\sum_{ij}\lambda_{ij}\phi_i\,\widetilde{\otimes}\,\phi_j'\right)+\left(\sum_{ij}\lambda_{ij}'\phi_i\,\widetilde{\otimes}\,\phi_j'\right):=\sum_{ij}(\lambda_{ij}+\lambda_{ij}')\phi_i\,\widetilde{\otimes}\,\phi_j'$$

$$\lambda\cdot\left(\sum_{ij}\lambda_{ij}\phi_i\,\widetilde{\otimes}\,\phi_j'\right):=\sum_{ij}\lambda\lambda_{ij}\phi_i\,\widetilde{\otimes}\,\phi_j'$$

而且，在这种形式中，我们可以清楚地将 $\widetilde{H}$ 和 $\widetilde{K}$ 中的元素与 $\widetilde{H}\,\widetilde{\otimes}\,\widetilde{K}$ 中相应的元素联系起来。更具体地说，对于

$$\sum_i\lambda_i\phi_i\in\widetilde{H}\qquad \text{和}\qquad \sum_i\lambda_i'\phi_i'\in\widetilde{K}$$

我们可以将元素关联起来：

$$\sum_{ij}\lambda_i\lambda_j'\phi_i\,\widetilde{\otimes}\,\phi_j'\in\widetilde{H}\,\widetilde{\otimes}\,\widetilde{K}$$

我们还用符号 $\widetilde{\otimes}$ 表示此映射，从而得到：

$$\left(\sum_i\lambda_i\phi_i\right)\widetilde{\otimes}\left(\sum_j\lambda_j'\phi_j'\right)=\sum_{ij}\lambda_i\lambda_j'\phi_i\,\widetilde{\otimes}\,\phi_j'$$

这个等式称为 $\widetilde{\otimes}$- 双线性。同样在线性情况下，这是通过变换数及求和得到的：

在可分离矢量上线性映射的水平组合定义为：

$$(f\,\widetilde{\otimes}\,g)(\psi\,\widetilde{\otimes}\,\phi):=f(\psi)\,\widetilde{\otimes}\,g(\phi)$$

不可分离矢量的定义则由线性得到：

$$(f\,\widetilde{\otimes}\,g)(\Psi)=(f\,\widetilde{\otimes}\,g)\left(\sum_i\psi_i\,\widetilde{\otimes}\,\phi_i\right)=\sum_i f(\psi_i)\,\widetilde{\otimes}\,g(\phi_i)$$

从图形上来看，这只不过是：

最后，仍然需要证明 $\widetilde{H}\,\widetilde{\otimes}\,\widetilde{K}$ 是一个希尔伯特空间，即它有一个内积。对于 $\widetilde{H}\,\widetilde{\otimes}\,\widetilde{K}$ 中的可分离矢量，我们可以将其定义为：

$$\langle\phi\,\widetilde{\otimes}\,\phi'|\psi\,\widetilde{\otimes}\,\psi'\rangle_{\widetilde{H}\,\widetilde{\otimes}\,\widetilde{K}}:=\langle\phi|\psi\rangle_{\widetilde{H}}\,\langle\phi'|\psi'\rangle_{\widetilde{K}}$$

不可分离矢量的定义同样由线性得到：

$$\langle\Phi|\Psi\rangle_{\widetilde{H}\,\widetilde{\otimes}\,\widetilde{K}}=\left\langle\sum_i\phi_i\,\widetilde{\otimes}\,\phi_i'\,\middle|\,\sum_j\psi_j\,\widetilde{\otimes}\,\psi_j'\right\rangle_{\widetilde{H}\,\widetilde{\otimes}\,\widetilde{K}}=\sum_{ij}\langle\phi_i|\psi_j\rangle_{\widetilde{H}}\,\langle\phi_i'|\psi_j'\rangle_{\widetilde{K}}$$

和其他情况一样，这个等式也就不适用了：

定义 5.115 我们以上构造的希尔伯特空间和线性映射的运算 $\widetilde{\otimes}$ 称为张量积。

备注 5.116 以上我们明确地依靠希尔伯特空间的标准正交基形成它们的张量积。这是可以避免的，这也表明张量并不依赖标准正交基的选择。但是，这种与标准正交基无关的构

造更加复杂。

现在，我们拥有定义新过程理论的所有要素：

- 系统类型是集合理论的希尔伯特空间 $\tilde{H}$ 。

- 过程是集合理论线性映射 $\tilde{f}$ 。

- 水平组合是集合理论组合。

- 垂直组合是张量积 $\tilde{\otimes}$ 。

- 无线类型是一维希尔伯特空间 $\mathbb{C}$ 。

我们称其为 **线性映射**

定理 5.117 按 5.2.5 节中解释的意义，**线性映射** 和 $\overbrace{\textbf{线性映射}}$ 是等价的过程理论。

5.5 本章小结

1）**线性映射** 是一种存在字符串图的过程理论，使得：

①每种类型有一组有限的标准正交基（ONB）。

②每个维数 $D \in \mathbb{N}$ 至少有一个系统类型。

③同类型过程可以求和。

④这些数是复数 $\mathbb{C}$ 。

这里，一组标准正交基是满足以下态的集合：

$$\frac{\widehat{j}}{\underline{i}} = \delta_i^j$$

和：

$$\left(对于所有 \; \underline{i} : \frac{f}{\underline{i}} = \frac{g}{\underline{i}} \right) \implies \boxed{f} = \boxed{g}$$

可以求和意味着对于任一类型的过程集合 $\{f_i\}_i$ 存在一个该类型的过程：

$$\sum_i \boxed{f_i}$$

使得这些求和总能从图形中得到：

$$\left(\sum_i \boxed{h_i} \right) \boxed{f} = \sum_i \left(\boxed{h_i} \; \boxed{f} \right)$$

并保存伴随：

$$\left(\sum_i \boxed{f_i} \right)^\dagger = \sum_i \boxed{f_i}$$

希尔伯特空间是 **线性映射** 中的一种类型，并且希尔伯特空间的传统集合论概念是对于确定类型的所有态的集合：

$$\tilde{H} := \left\{ \;\; \bigtriangledown_{\psi}^{\,H} \;\; \middle| \;\; \psi \text{ 是类型 } H \text{ 的一个态} \right\}$$

2）在**线性映射**中，每个过程都存在矩阵：

$$\boxed{f} \;\leftrightarrow\; \begin{pmatrix} f_1^1 & f_2^1 & \cdots & f_m^1 \\ f_1^2 & f_2^2 & \cdots & f_m^2 \\ \vdots & \vdots & \ddots & \vdots \\ f_1^n & f_2^n & \cdots & f_m^n \end{pmatrix} \qquad \text{其中} \quad \langle\!\langle f_i^j \rangle\!\rangle := \boxed{f}_{i}^{\,j}$$

允许它们写成矩阵形式：

$$\boxed{f} \;=\; \sum_{ij} \langle\!\langle f_i^j \rangle\!\rangle$$

对于过程的求和、串行组合、并行组合、转置和伴随的对应是线性代数中常用的矩阵运算。图形的矩阵 **m**：

$$\psi^{A_1 A_2} g_{B_1 A_2}^{B_1 C_1} h_{A_3}^{C_1}$$

是通过图形公式计算：

$$\mathbf{m}_{i_3}^{i_1} = \sum_{i_2 j_1 k_1} \boldsymbol{\psi}^{i_1 i_2} \mathbf{g}_{j_1 i_2}^{j_1 k_1} \mathbf{h}_{i_3}^{k_1}$$

3）**线性映射**的过程理论等价于**矩阵**（$\mathbb{C}$）：

（1）系统为自然数 $\mathbb{N}$。

（2）具有输入类型 $m \in \mathbb{N}$ 和输出类型 $n \in \mathbb{N}$ 的过程都是在 $\mathbb{C}$ 中有 $n \times m$ 项的矩阵。

（3）图形计算如上所述。

此外，对于任何数 X 的集合允许求和，矩阵运算**矩阵**（X）为允许字符串图的过程理论。过程理论**关系**（限于有限集）也以这种方式出现，即**矩阵**（$\mathbb{B}$）。

234

4）我们引入了一些线性映射，这些线性映射稍后将派上用场：

* 贝尔基是：

$$\bigtriangledown_{B_0} := \frac{1}{\sqrt{2}} \left(\bigtriangledown_{0}\bigtriangledown_{0} + \bigtriangledown_{1}\bigtriangledown_{1} \right)$$

$$\bigtriangledown_{B_1} := \frac{1}{\sqrt{2}} \left(\bigtriangledown_{0}\bigtriangledown_{1} + \bigtriangledown_{1}\bigtriangledown_{0} \right)$$

$$\bigtriangledown_{B_2} := \frac{1}{\sqrt{2}} \left(\bigtriangledown_{0}\bigtriangledown_{0} - \bigtriangledown_{1}\bigtriangledown_{1} \right)$$

$$\bigtriangledown_{B_3} := \frac{1}{\sqrt{2}} \left(\bigtriangledown_{0}\bigtriangledown_{1} - \bigtriangledown_{1}\bigtriangledown_{0} \right)$$

- 相应的贝尔映射为：

$$B_0 \leftrightarrow \begin{pmatrix} 1 & 0 \\ 0 & 1 \end{pmatrix} \qquad B_2 \leftrightarrow \begin{pmatrix} 1 & 0 \\ 0 & -1 \end{pmatrix}$$

$$B_1 \leftrightarrow \begin{pmatrix} 0 & 1 \\ 1 & 0 \end{pmatrix} \qquad B_3 \leftrightarrow \begin{pmatrix} 0 & -1 \\ 1 & 0 \end{pmatrix}$$

- Z 基（白色）和 X 基（灰色）的拷贝映射为：

- 阿达马门和 CNOT 映射为：

$$\sqrt{2} \leftrightarrow \begin{pmatrix} 1 & 0 & 0 & 0 \\ 0 & 1 & 0 & 0 \\ 0 & 0 & 0 & 1 \\ 0 & 0 & 1 & 0 \end{pmatrix}$$

235

5）谱定理表明，对于一些标准正交基和实数 r_i，自伴随线性映射对角化为：

$$f = \sum_i r_i \begin{array}{c} \boxed{i} \\ \boxed{i} \end{array}$$

这有很多影响，重要的一点是 $f^\dagger \circ f$ 检测 f 的可分离性：

$$\left(\exists \psi, \phi : \begin{array}{c} \boxed{f} \\ \boxed{f} \end{array} = \begin{array}{c} \phi \\ \psi \end{array} \right) \iff \left(\exists \psi', \phi' : \boxed{f} = \begin{array}{c} \phi' \\ \psi' \end{array} \right)$$

从解释的角度看，这一事实很自然地是由接受伴随真的是反转的这个想法产生的：

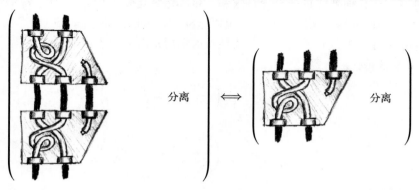

分离 $\iff$ 分离

> ⚠ 涉及求和谱定理的表述只是**暂时的**。在第 8 章，我们将把这个定理形象化。

6）对于**线性映射**，字符串图是完备的：在线性映射的图形之间的等式恰好是所有字符串图等式。

236

7）使用（自共轭）标准正交基，许多图形的概念都有对应的表示。总结如下：

概率	图形	用基表示
过程	f	$\sum_{ij} f_i^j$　　其中　$f_i^j = f$
态	ψ	$\sum_i \psi^i$　　其中　$\psi^i = \psi$
单位		$\sum_i$
杯		$\sum_i$
盖		$\sum_i$
维数		$\sum_i \quad = \dim(H)$
迹		$\sum_i$
转置	f	$\sum_{ij} f_j^i$　　其中　f_i^j　　同上
共轭	f	$\sum_{ij} f_j^i$　　其中　f_i^j　　同上
伴随	f	$\sum_{ij} f_j^i$　　其中　f_i^j　　同上

*5.6　进阶阅读材料

在本节中，我们将研究超出有限维希尔伯特空间的定义，并着重介绍一些有趣的示例，以及它们带来的一些困难。然后，通过看范畴论家如何表示求和及标准正交基，我们将继续研究一点范畴论。我们也将解释扭结理论家在他们的工作中如何运用类似图形推理和求和的融合。最后但也很重要的是，我们将解释范畴论的先驱者如何有效地阐述两个过程理论等价的意义。

5.6.1 超越有限维数

回顾一下，内积给我们一个范数：$\|v\| := \sqrt{\langle v|v \rangle}$。在无穷维情况下，这起了很大的作用，因为它允许我们讨论序列的收敛性，这是希尔伯特空间定义的缺失部分，在有限维情况下，我们可以放心地忽略它。希尔伯特空间的完整定义如下。

定义 5.118　一个（可能是无穷维的）希尔伯特空间是一个复内积空间，也是柯西完备的。也就是说，对于任何 H 中矢量的（柯西）收敛序列 $(v_i)_i$，存在 $v \in H$ 使得 $\|v_i - v\| \to 0$。

这意味着我们可以取序列的极限，于是我们可以从泛函分析中用大量工具扩展希尔伯特空间（和量子力学）。一方面，有了极限，我们就可以定义无限求和：

$$\sum_{i=0}^{\infty} \psi_i := \lim_{n \to \infty} \sum_{i=0}^{n} \psi_i$$

有两个希尔伯特空间的示例作为量子力学态空间的（等效）表示，在量子力学历史上起到了重要作用。

示例 5.119　L^2 是所有函数 $\psi: \mathbb{R}^n \to \mathbb{C}$ 的集合，其"平方部分"为有限的：

$$\int \overline{\psi(x)} \psi(x) \mathrm{d}x < \infty$$

通过令：

$$(\lambda_1 \psi + \lambda_2 \phi)(x) := \lambda_1 \psi(x) + \lambda_2 \phi(x) \qquad 和 \qquad \langle \psi | \phi \rangle := \int \overline{\psi(x)} \phi(x) dx$$

其形成了希尔伯特空间。

示例 5.120　ℓ^2 是所有复数（可数地无限的）序列的集合，其"平方和"是有限的：

$$\sum_{i=0}^{\infty} \overline{a_i} a_i < \infty$$

这构成了希尔伯特空间，通过令：

$$\lambda_1 (a_i)_i + \lambda_2 (b_i)_i := (\lambda_1 a_i + \lambda_2 b_i)_i \qquad 和 \qquad \langle (a_i)_i | (b_i)_i \rangle := \sum_{i=0}^{\infty} \overline{a_i} b_i$$

L^2 和 ℓ^2 都允许我们表达量子粒子态并计算其位置或动量。令人惊讶的是，它们不仅是同一种数学对象（一个无穷维希尔伯特空间），而且它们实际上是同构的希尔伯特空间（更多详细信息参见 5.7 节）。

因此，这使我们回到 2.3 节的 **Q3**：

本书中，为什么无限维希尔伯特空间不起作用？

还是就大多数量子计算而言？简而言之，很多事似乎无法进行。例如，假设采用现在我们知道的（并且爱着的）盖和杯，并尝试在无限维中运用它们。事情一开始看起来不错：

（假设上面的"无穷求和"定义明确）。但是，如果我们引入一个圆，事情就真的有问题了：

$$\tag{5.60}$$

[238]

这个问题来自盖和杯不是有界的线性映射。即，当$\|v\| < \infty$时，它们不满足$\|M(v)\| < \infty$的性质。因此，无限维希尔伯特空间和有界映射形成了一个过程理论，但是由于我们没有盖和杯，只有线路图是明确的。

有人可能会争论这是字符串图的问题。另一方面，式（5.60）的情况不仅适用于盖和杯，而且适用于任何完美相关性。因此：

希尔伯特空间形式明确地排除了无限维系统之间完美的相关性。

这究竟是"自然属性"，还仅仅是希尔伯特空间的数学产物，目前尚不清楚。这就引出了两个有趣的问题：

1）有多少量子理论的过程论发展可以扩展到无限维度（即不依赖于字符串图）？

2）能修改希尔伯特空间和有界线性映射的理论以适应无限维中的字符串图和完美相关性吗？

对于这两个问题已经取得了一些进展（见 5.7 节），但仍有许多工作要做。

239

5.6.2　具有求和与基的范畴

范畴论（有时被称为阿贝尔范畴论）一个大的分支学科研究可以添加态射的范畴。在其态射的集合上有一些额外结构的范畴称为丰富范畴。我们感兴趣的额外结构是可交换的幺半群，即具有结合的、交换的和归一化的求和的集合 M。例如，根据定义 5.21 的**条件 1**，过程理论中具有求和的相同类型的过程形成这样一个可交换幺半群。此外，**条件 2** 保证具有求和的过程理论相对应的范畴也有以下结构。

定义 5.121　如果对于每对对象 A 和 B，集合 $\mathcal{C}(A, B)$ 形成一个可交换幺半群，且幺半群结构与 $\circ$- 组合兼容，则范畴 $\mathcal{C}$ 被称在丰富可交换幺半群：

$$\begin{cases} 0 \circ f = 0 = g \circ 0 \\ h \circ (f + g) = (h \circ f) + (h \circ g) \\ (g + h) \circ f = (g \circ f) + (h \circ f) \end{cases}$$

与态射求和的一个相关概念是对象（例如矢量空间）的直接求和。用范畴术语来说，这叫作双乘积。

定义 5.122　令 $\mathcal{C}$ 是在可交换幺半群中丰富的一个范畴。那么 $\mathcal{C}$ 有双乘积，如果对于每对对象 A_1 和 A_2，存在第三个对象 $A_1 \oplus A_2$，并有一对映射：

$$\iota_j : A_j \to A_1 \oplus A_2$$

称为注入，以及一对映射：

$$\pi_j : A_1 \oplus A_2 \to A_j$$

称为投影，满足：

$$\iota_1 \circ \pi_1 + \iota_2 \circ \pi_2 = 1_{A_1 \oplus A_2} \qquad \pi_k \circ \iota_j = \begin{cases} 1_{A_j} & \text{如果 } j = k \\ 0 & \text{否则} \end{cases}$$

看起来很熟悉吗？如果没有，那就用 dagger 吧。

定义 5.123　令 $\mathcal{C}$ 是在可交换幺半群中丰富的 dagger 紧闭范畴。那么 $\mathcal{C}$ 有 dagger 双乘积，如果对于每一对对象 A_1 和 A_2，都存在第三个对象：

$$A_1 \oplus A_2$$

240

以及一对映射：

$$\iota_j : A_j \to A_1 \oplus A_2$$

满足：

$$\iota_1 \circ \iota_1^\dagger + \iota_2 \circ \iota_2^\dagger = 1_{A_1 \oplus A_2} \qquad\qquad \iota_k^\dagger \circ \iota_j = \begin{cases} 1_{A_j} & \text{如果 } j = k \\ 0 & \text{否则} \end{cases}$$

如果 $A_1 = A_2 := I$，一般的对象，这些条件看起来是这样的：

这是正确的：

形成二维标准正交基！利用定义 5.123 中的等式，可以表示 $\oplus$ 是可结合的（只差同构性），因此我们可以定义三个对象的双乘积：

$$A \oplus B \oplus C := (A \oplus B) \oplus C \cong A \oplus (B \oplus C)$$

类似地，可定义 N 个对象的双乘积。对象是 I 的 N 倍双乘积：

$$A \cong I \oplus I \oplus \cdots \oplus I \qquad\qquad (5.61)$$

则拥有 N 维标准正交基。要想知道一个对象是否存在类似一组标准正交基的内容，我们可以首先将其分解为不可约的成分。

定义 5.124 如果一个对象不能写成两个非零对象的双乘积，则称它是不可约的。

关系和**线性映射**对每种类型有标准正交基的原因是唯一不可约的对象是平凡系统。换句话说，我们可以分解式（5.61）中的**任何**对象。然而，有许多有趣的代数范畴（环、模、（代表）代数等），它们有更丰富的不可约集。有趣的是，我们仍然有一个有用的矩阵运算，但现在我们得到的不是数的矩阵而是过程的矩阵。假设我们看一些复杂的映射：

241

$$g : A_1 \oplus \cdots \oplus A_m \to B_1 \oplus \cdots \oplus B_n$$

则 g 可以分解为"矩阵形式"，它使式（5.14）给定的矩阵形式一般化：

矩阵中的分量不是数，都是态射

$$g_j^k : A_j \to B_k$$

如果我们开始组成矩阵，所有的东西看起来都像正常的矩阵组合，其中求和是求和与"乘法"是态射的组合。所以，我们可以假装我们在做正常的矩阵运算，但是实际上，我们正在做一些更一般的事情（而且强大的）。

5.6.3   扭结理论中的求和

在本书里，线就像电线，只有连接才是重要的。相反，如果它们是绳子，那么人们可能会关心它们是打结还是编织在一起。尤其是人们可能希望区分这两个图形：

数学中有个领域叫作扭结理论，它是关于绳子是否打结／编织的理论。事实上，弄清楚一根绳子是否打结／编织是极其困难的。

对打结和编织的研究不仅有其自身的意义，而且是量子计算的一种特殊模型的基础，这种量子计算模型称为拓扑量子计算，其中编织的结构被用作编码量子门。5.7 节为我们提供了一些现有文献。

在引言中，我们已经给出了一个在现代扭结理论教科书中遇到的等式的例子：

$$ \diagup\!\!\!\!\diagdown \;=\; \lambda\,\Big|\;\Big|\;+\;\lambda^{-1}\,\smallsmile^{\frown} \tag{5.62} $$

现在我们将解释其用法，作为使用图形和传统数学概念的混合运算示例。考夫曼括号（5.62）允许人们将一个多项式与任何给定结的纽结联系起来。

考虑三叶结：

将式（5.62）应用于我们得到的最低交叉点：

使图形变形为：

则式（5.62）的第二个应用得出：

$$ \lambda\bigcirc \;+\; \bigcirc \;+\; \lambda^{-2}\bigcirc \;=\; \left(\lambda+1+\lambda^{-2}\right)\bigcirc $$

除了式（5.62），第二个等式是：

$$ \bigcirc \;=\; 1 $$

因此我们得到 λ 中的多项式：

$$ \lambda + 1 + \lambda^{-2} $$

该多项式称为括号多项式，它的适当归一化版本称为琼斯多项式，它是一个结不变式。也就是说，对于所有相互变形的结来说它是一样的。这使其成为用于结分类的非常有用的工具。

5.6.4　对称幺半范畴的等价

在 5.2.5 节中，我们对过程理论给出了等价性的非正式定义。在本节中，我们将用范畴论语言来正式定义。

为了讨论范畴的等价性，我们首先必须说明在一个对称幺半范畴中态射对在另一个中的态射（即过程）意味着什么。我们用函子来实现，它是我们在范畴类别之间考虑的标准"映射"。

定义 5.125　一个（严格的）从 SMC $\mathcal{C}$ 到 SMC $\mathcal{D}$ 的对称幺半函子 F 包含一个 $\mathcal{C}$ 的对象到 $\mathcal{D}$ 的对象的函数映射：

$$F : \mathrm{ob}(\mathcal{C}) \to \mathrm{ob}(\mathcal{D})$$

对于每一对对象 A 和 B，一个函数将 $\mathcal{C}$ 的态射映射到 $\mathcal{D}$ 的态射（也写作"F"）：

$$F : \mathcal{C}(A, B) \to \mathcal{D}(F(A), F(B))$$

使得"F 保留图形"，即：

1）F 保留对象的并行组合和单元：

$$F(A \otimes B) = F(A) \otimes F(B) \qquad\qquad F(I) = I$$

2）F 保留态射的并行和串行组合：

$$F(f \otimes g) = F(f) \otimes F(g) \qquad\qquad F(g \circ f) = F(g) \circ F(f)$$

3）F 保留单位态射和交换：

$$F(1_A) = 1_{F(A)} \qquad\qquad F(\sigma_{A,B}) = \sigma_{F(A), F(B)}$$

在幺半范畴的定义中，形容词"严格的"意味着涉及对象的并行组合的等式是"真实的等式"，即它们被放在重要位置上，不是仅限于同构。如果我们放弃它，上面条件 1 会变成：

$$F(A \otimes B) \cong F(A) \otimes F(B) \qquad\qquad F(I) \cong I$$

我们需要要求这些同构服从一定的相干等式，就像那些非严格的 SMC。

最简单的函子是单位函子：

$$1_{\mathcal{C}} : \mathcal{C} \to \mathcal{C}$$

它仅将每个对象和态射发送给自己。我们可以以一种明显的方式定义函子的串行组合：

$$(G \circ F)(X) = G(F(X)) \qquad\qquad (G \circ F)(f) = G(F(f))$$

在这种情况下，显然可以得出以下结论：

$$F \circ 1_{\mathcal{C}} = F = 1_{\mathcal{D}} \circ F$$

更严格的意义上的两个范畴可以是"相同的"同构，它就像其他对象种类之间的同构一样被定义。

定义 5.126　如果存在对称幺半函子，则两个对称幺半范畴是同构的：

$$F : \mathcal{C} \to \mathcal{D} \qquad\qquad G : \mathcal{D} \to \mathcal{C}$$

使得：

$$G \circ F = 1_{\mathcal{C}} \qquad\qquad F \circ G = 1_{\mathcal{D}}$$

换句话说，如果通过 F 和 G 实现一个循环，我们会准确地回到我们开始的地方。然而，在许多情况下，如**线性映射**和**矩阵**（$\mathbb{C}$）之间的等价性，我们不能回到开始的地方。但是，我们最终会到达某个"看起来和我们开始的地方完全一样"的地方。换句话说，对于每个对象 X，对象 $G(F(X))$ 与 X 是同构的。我们为这个同构命名：

$$\eta_X : X \to G(F(X))$$

当然，我们得到的不是一个单一的同构，而是会得到 $\mathbb{C}$ 中的每个对象 $\eta_X, \eta_Y, \ldots$ 的整体。

这告诉我们，循环后的对象看起来完全一样意味着什么，但是态射看起来一样意味着什么呢？换句话说，这意味着：

$$f : X \to Y \qquad 和 \qquad G(F(f)) : G(F(X)) \to G(F(Y))$$

执行"同一件事"？这意味着如果我们通过同构 η_X 将 X "编码"为 $G(F(X))$，则为 $G(F(f))$，然后"解码"结果，这和执行 f 应该是一样的：

$$\eta_Y^{-1} \circ G(F(f)) \circ \eta_X = f \tag{5.63}$$

这意味着 η 不仅仅是任何一个同构的旧族，而是所谓的自然同构。通过向右移动 η_Y，得到：

$$G(F(f)) \circ \eta_X = \eta_Y \circ f \tag{5.64}$$

通常用交换图形表示条件：

$$
\begin{array}{ccc}
X & \xrightarrow{\ f\ } & Y \\
{\scriptstyle \eta_X}\downarrow & & \downarrow{\scriptstyle \eta_Y} \\
G(F(X)) & \xrightarrow{G(F(f))} & G(F(Y))
\end{array}
\tag{5.65}
$$

交换图形是表达态射之间等式的一种直观方法。它有相同起点和终点的任何两条路径按串行组合产生相同的态射。因此，上面说的图形与式（5.64）完全相同。

备注 5.127　自然同构的定义实际上对任何一对函子都有意义：

$$D, E : \mathcal{C} \to \mathcal{D}$$

在这种情况下，它变成了同构族：

$$\{\iota_X : D(X) \to E(X)\}_{X \in \mathcal{C}}$$

满足：

$$
\begin{array}{ccc}
D(X) & \xrightarrow{D(f)} & D(Y) \\
{\scriptstyle \iota_X}\downarrow & & \downarrow{\scriptstyle \iota_Y} \\
E(X) & \xrightarrow{E(f)} & E(Y)
\end{array}
$$

那么式（5.65）是 $D := 1_{\mathcal{C}}$ 和 $E := G \circ F$ 的特殊情况。我们也可以删除每个 ι_X 是同构的情况，这样的族称为自然转换。

示例 5.128　令 $\mathcal{C} \times \mathcal{C}$ 是范畴，它的对象为 $\mathcal{C}$ 中的一对对象 (A, B)，其态射是 $\mathcal{C}$ 中态射对 (f, g)。SMC 中的并行组合则引出从 $\mathcal{C} \times \mathcal{C}$ 到范畴 $\mathcal{C}$ 的乘积范畴的两个函子：

$$
P_1 :: \begin{cases} (A, B) \mapsto A \otimes B \\ (f, g) \mapsto f \otimes g \end{cases}
\qquad
P_2 :: \begin{cases} (A, B) \mapsto B \otimes A \\ (g, f) \mapsto g \otimes f \end{cases}
$$

$\mathcal{C}$ 中的交换态射给出从 P_1 到 P_2 的自然同构。在这种情况下，自然性给出以下交换图形：

$$
\begin{array}{ccc}
A \otimes B & \xrightarrow{f \otimes g} & A' \otimes B' \\
{\scriptstyle \sigma_{A,B}}\downarrow & & \downarrow{\scriptstyle \sigma_{A',B'}} \\
B \otimes A & \xrightarrow{g \otimes f} & B' \otimes A'
\end{array}
$$

作为图形之间的等式，应该看起来非常熟悉：

同样地，在 *3.6.2 节中提到的非严格 SMC 的结合性和单位同构分别是：

$$\alpha_{A,B,C} : (A \otimes B) \otimes C \to A \otimes (B \otimes C)$$

$$\lambda_A : I \otimes A \to A \qquad\qquad \rho_A : A \otimes I \to A$$

对于适当定义的函子还给出了自然同构。

获得 SMC 的"相同性"所需的最终要素是定义遵守对象并行组合的自然同构：

$$\eta_{X \otimes Y} = \eta_X \otimes \eta_Y$$

这称为单一自然同构。那么 SMC 的等价性是一对函子，其中每个循环（$G \circ F$ 和 $F \circ G$）产生某些（单一地、自然地）与我们开始相同的同构。

定义 5.129 如果存在对称的单一函子 $F : \mathcal{C} \to \mathcal{D}$ 和 $G : \mathcal{D} \to \mathcal{C}$ 使得存在单一自然同构性，则两个对称的幺半范畴是等价的：

$$\{\eta_X : X \to G(F(X))\}_{X \in \mathrm{ob}\mathcal{C}} \qquad \text{和} \qquad \{\epsilon_Y : Y \to F(G(Y))\}_{Y \in \mathrm{ob}\mathcal{D}}$$

因此，在这些方面我们应该能够看到**线性映射**和**矩阵**（$\mathbb{C}$）之间的关系。作为 SMC，这些通常分别称为 FHilb（对于有限维希尔伯特空间）和 Mat（$\mathbb{C}$）。对于希尔伯特空间 $A, B, \ldots,$ 确定基：

则，令：

$$F : \mathrm{FHilb} \to \mathrm{Mat}(\mathbb{C})$$

为将每个希尔伯特空间发送到其维数并将每个线性映射发送到包含元素矩阵的函子：

$$f_i^j = \;\; \boxed{f}$$

在另一个方向上，令：

$$G : \mathrm{Mat}(\mathbb{C}) \to \mathrm{FHilb}$$

是将每个自然数 $d \in \mathrm{ob}(\mathrm{Mat}(\mathbb{C}))$ 发送到希尔伯特空间 $\mathbb{C}^d$ 并将元素 f_i^j 的每个矩阵发送到线性映射的函子：

$$\sum_{ij} f_i^j$$

则有：

$$A \;\overset{F}{\mapsto}\; d = \dim(A) \;\overset{G}{\mapsto}\; \mathbb{C}^d$$

现在，$A \neq \mathbb{C}^d$，但是由于这两个希尔伯特空间有相同的维数，存在一个幺正变换：

$$\eta_A := \sum_i$$

当然，这也是同构变换。如果我们现在看线性映射的循环，则有：

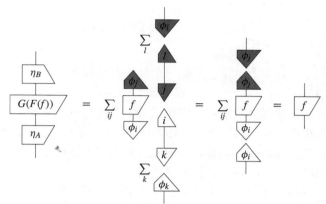

这不是完全相同的线性映射。但是它可以"解码",像在式（5.63）中所做的那样,使用自然同构:

另一个循环更容易,因为它只将矩阵发送到自身:

则对于所有 $d \in \mathrm{ob}(\mathrm{Mat}(\mathbb{C}))$,第二个自然同构仅是由同一态射给出:

5.7 历史回顾与参考文献

希尔伯特空间（Hilbert space）这个名称是约翰·冯·诺依曼在其量子理论的数学表述中创造的,最终他写了一本关于该主题的著名著作（von Neumann,1932）。希尔伯特空间将量子力学的两个看似不同的数学形式统一起来:由薛定谔（1926）提出的波函数和由 Heisenberg（1925）提出,并由 Born and Jordan（1925）正式化的矩阵力学。在数学上,希尔伯特空间的许多示例已经得到了广泛的研究,包括由大卫·希尔伯特在研究积分方程时的研究,但冯·诺依曼是第一个提供公理处理的人,所以它们以被称创造为"冯·诺依曼空间"。有关希尔伯特空间历史的详细描述,请参见 Bourbaki（1981,1987）的文献。

"矩阵"这个名称是西尔维斯特（Sylvester）在1848年创造的。复数的由来可以追溯到1000多年前的阿拉伯代数。欧拉引入了符号 i,哈密尔顿是第一个将复数视为与一对实数来处理的人,这构成了复数的第一个代数定义。高斯创造了"复数"的名称。

正如备注5.99所述,贝尔映射通常作为（稍有不同的）泡利矩阵引入,它首先出现在泡利方程中,薛定谔方程的变化考虑了外加电磁场的粒子自旋相互作用。

不幸的是,有关贝尔态和贝尔基的术语在文献中只有一点点,主要出于历史原因。首先,"贝尔态"（Bell state）通常是指贝尔基的第一个元素（即杯）,然而"贝尔态"（Bell states）

指的是整个基。有时，贝尔态（Bell state）也称为"EPR 态"，但更常见的是，EPR 态被理解为式（5.50）中的 B_3。之所以剔除这种态的原因是因为它是贝尔态（Bell states）的唯一反对称态，事实上，它是一对二维量子系统的唯一反对称态。这里，反对称意味着如果我们交换两个系统，我们只差（−1）就得到相同的态：

逐项调换

遵循这种反对称性的系统称为费米子。其他三个贝尔态是玻色子，这意味着如果交换两个系统，我们会得到相同的态。

除字符串图之外，使用求和及矩阵结构模拟量子系统是由 Abramsky and Coecke（2004）提出的，以范畴双乘积的形式，与矩阵运算的范畴论对应，如在 *5.6.2 节中解释的。就个人而言，那篇论文的第二作者从未真正喜欢双乘积。如果有人坚持使用双乘积，这一章将是本书的结尾。除去双乘积，剩下的 66.6% 已经被创造。

双乘积起源于对阿贝尔范畴的研究，或在几个重要方面与阿贝尔群类似的范畴。这些首次出现在 Mac Lane（1950）的文献中，随后与 Eilenber 讨论处理拓扑空间的同调和上同调的适当范畴。然后被 Buchsbaum（1955）和 Grothendieck（1957）进一步发展，这类范畴逐渐在主流的代数拓扑和几何中发挥了作用。标准的文本是 Freyd（1964）的文献。

范畴论是由 Eilenberg and Mac Lane（1945）发明的，确切地是说明过程理论的等价性意味着什么。但是，态射应该被认为是过程的概念直到很久以后才广泛传播（Baez and Lauda，2011）。Eilenberg 和 Mac Lane 最初想到的过程理论只有串行组合，没有并行组合，所以他们等价性的概念只能保留。然而，随着并行组合——幺半范畴（Benabou，1963；Mac Lane，1963）的出现，提出了在 * 5.6.4 节中引入范畴的幺半等价性的概念。

Selinger（2011a）证明了**线性映射**中字符串图的完备性，基于 Hasegawa，Hofmann and Plotkin（2008）对于矢量空间进一步构建的类似结果。

Coecke et al.(2008 a)、Paquette（2008）和 Kissinger（2012a）关于非自对偶杯和盖的量子协议的讨论，包括这样的结果。更早的时候，它们在数学方面就得到了广泛的研究，例如在量子群领域（Kassel，1995）。最早出现在 Jones（1985）的文献中的琼斯多项式为 Vaughan Jones 赢得了菲尔兹奖，有时也被称为数学的诺贝尔奖。几年后，Kauffman (1987) 将他的括号作为一种简单方式引入琼斯多项式的乘积。Kauffman（1991）研究了扭结和物理学的相互作用。Panangaden and Paquette（2011）研究了拓扑量子计算，以及本书涉及的交叉点之间和图形的相互作用在 Fauser（2013）的文献中进行了研究。

第 6 章

量子过程

进步的艺术是在变化中保持秩序，在秩序中保持变化。

——Alfred North Whitehead，（*Process and Reality*），1929

从现在开始，不再有新的内容：我们现在只专注于量子过程。自然地，我们的第一个目标是构建**量子过程**理论。幸运的是，我们迄今所做的工作使我们相当接近这一目标。

首先，**线性映射**的过程理论离成熟的量子过程不远了。特别是，**量子过程**理论将继承**线性映射**对字符串图的描述。这为我们提供了一种高级语言，可以使量子过程的推理变得非常容易，例如在量子计算和量子协议设计中。这也意味着我们已经从 4.4 节知道了量子过程的几个特征，也就是那些适用于所有存在字符串图过程理论的特征：存在不可分离态、不可克隆定理、隐形传态等。

注意，我们说**线性映射**离量子过程**并不太远**，并不是说它们**是**量子过程。在本章中，我们将通过几个步骤（见图 6.1）从**线性映射**到**量子过程**，以此来纠正前者的缺点。第一个问题是，作为量子过程的模型，**线性映射**包含一些冗余数据，即"全局相位"。这些永远不会被量子测量探测到（我们将在下一章中讨论），因此对于实际发生的过程没有明显的影响。

但那又怎样？谁在乎呢？我们可以继续使用**线性映射**，并在必要时忽略全局相位。事实上，许多关于量子理论的教科书就是这么做的。另一方面，广义的玻恩法则：

$$\text{测试}\left\{\begin{array}{c}\phi\end{array}\right.\left.\begin{array}{c}\\ \psi\end{array}\right\}\text{态} \quad \text{概率} \tag{6.1}$$

不会起作用，因为产生的数不是正实数（我们可以解释为概率），而是复数。

我们通过对**线性映射**的过程理论进行一个简单的构造来解决这个问题，从而产生另一个称为**量子映射**的理论，它真实地描述了可能在量子理论中发生的过程。

首先，在 6.1 节中，我们通过将每个过程翻倍，将**线性映射**转化为**纯量子映射**。这神奇地解决了全局相位和概率的问题。

在此之后，我们在 6.2.1 节中展示纯量子映射未能包含一个非常重要的过程：**丢弃系统**的过程。当一个更大的系统不受我们控制时（例如在安全协议中的潜在窃听者）或者仅仅是不相关的时（例如一些在火星上飞行的电子），我们常常希望忽略它的某些部分。通过将这一丢弃过程加入纯量子映射中，我们得到了**量子映射**。许多新的杂化（或混合）量子映射都是通过丢弃过程来组成纯量子映射而产生的。

某些量子映射杂化的另一种解释是概率混合化。在经典物理学中，概率可以被看作我们对系统状态缺乏了解的解释方式。例如，物理学的一个分支，称为统计力学，用概率分布描述系统的状态，因为几乎不可能知道每个小粒子的状态。这也是量子理论中概率混合化的含义：缺乏对实际发生过程的了解。

注意我们所说的量子映射描述了"**可能发生**"的过程。与经典物理学不同,量子理论的过程**不可简化**为非确定的。也就是说,存在非确定性的过程,这些过程不能仅仅因为缺乏量子系统的知识来解释。无论我们多么完美地了解一个系统的态,这些过程在它们发生之前都不会有一个固定的结果。这是爱因斯坦发现的让他非常沮丧的量子理论特征,就像他的名言:"上帝不玩骰子。"为了解释这种"量子掷骰子",本章的第三步也是最后一步将**量子过程**定义为**量子映射**的集合,它们共同构成了可能发生事情的备选方案。告知我们**量子映射**共同构成有效**量子过程**的定则被称为因果性假设。

这些不可简化的非确定性过程对于量子理论是绝对必要的,至少有以下两个原因:

1)量子测量是我们与量子系统相互作用的唯一方式,是一个非确定的量子过程。(回想第 1 章里描述的 Dave 的非确定旅行。)

2)因果假设对哪些量子映射能够作为确定性量子过程发生有很强的限制。例如,唯一确定的量子效应就是丢弃。另一方面,每个量子映射都可以作为一个非确定量子过程的一部分来实现。这个事实对于实现量子隐形传态至关重要。

因果假设与物理学中的因果性概念紧密相连。特别是,我们将在 6.3.2 节中看到它禁止超光速信号,因此保证量子理论不与其他时髦的物理理论——相对论发生冲突。我们不想让爱因斯坦比现在更沮丧!

252

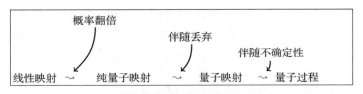

图 6.1   从**线性映射**到**量子过程**的过程

6.1   翻倍表征下的纯量子映射

在前一章我们做了很多工作来定义和研究**线性映射**,因此有人可能会认为量子理论就是关于这些的。这几乎是真的。回顾 3.4.1 节,效应可以解释为"测试",而 4.3.1 节,态 ψ 的伴随对应于测试系统是否处于态 ψ。当这个测试是由一个态组成时,产生的数应该是测试回到"是"的概率。

然而,**在线性映射**的情况中,如果我们选择任何旧态 ψ 和 Φ,它们的内积几乎不会是一个实数,更不用说是一个概率(即介于 0 和 1 之间的实数)。考虑到这一点,**线性映射**的过程理论并不适合描述量子过程。然而,我们可以通过翻倍,把它变成适合描述量子过程,我们把这个过程理论称为**纯量子映射**。

此外,翻倍还有另外两个好处:

1)它自动消除冗余的全局相位(见 6.1.2 节)。

2)它为**线性映射**中不存在的两个新元素留出了空间:丢弃映射(见 6.2.1.1 节)和经典线(见第 8 章)。

6.1.1   翻倍产生概率

回想命题 5.70,如果我们用一个数乘以它的共轭,自然会得到一个正数,所以:

$$0 \leqslant \begin{array}{c}\phi \quad \phi \\ \psi \quad \psi\end{array} \tag{6.2}$$

此外，如果 ψ 和 Φ 都是归一化的，这将是 0 和 1 之间的一个实数，即概率。我们没有直接证明这个事实，而是证明了一个更为普遍的事实，这将在以后有用。

【253】

引理 6.1   对于任何标准正交基和任何规一化态 ψ：

$$\sum_i \begin{array}{c}i \quad i \\ \psi \quad \psi\end{array} = 1 \tag{6.3}$$

证明   有：

$$1 = \begin{array}{c}\psi \\ \psi\end{array} \overset{(5.17)}{=} \sum_i \begin{array}{c}\psi \\ i \\ i \\ \psi\end{array} = \sum_i \begin{array}{c}i \quad i \\ \psi \quad \psi\end{array}$$

最后一步利用了数是自转置的。   □

这个定理表明，任何归一化态与任何标准正交基，考虑"翻倍内积"：

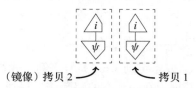

（镜像）拷贝 2 ——→   ←—— 拷贝 1

产生一个概率分布（参考定义 5.35），也就是一列总和为 1 的正实数。

备注 6.2   在下一章中，我们将看到标准正交基表示某些量子测量，则引理 6.1 将保证所有可能结果的概率加起来为 1。

我们在命题 5.79 中证明了任何标准正交集可以扩展到一组标准正交基。特别是，单一归一化态 ϕ 扩展到一组标准正交基：

$$\left\{ \boxed{1} := \boxed{\phi} , \boxed{2} , \dots , \boxed{n} \right\}$$

对于该标准正交基，式（6.3）能够成立的唯一方法是如果：

$$\begin{array}{c}\phi \quad \phi \\ \psi \quad \psi\end{array} \leqslant 1$$

因此我们得到以下推论。

【254】

推论 6.3   对于归一化态和效应，有：

$$0 \leqslant \begin{array}{c}\phi \quad \phi \\ \psi \quad \psi\end{array} \leqslant 1 \tag{6.4}$$

这些翻倍内积图形构成了量子理论中计算概率的主要机制，它们在标准教科书中被称为"玻恩定则"。起初，这个新事物看起来不像我们之前在 3.4 节中遇到的广义玻恩定则。然而，很快就会了！

备注 6.4   人们通常会遇到玻恩定则的以下三个等价形式中的第二种或第三种：

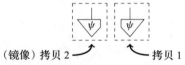

第一个等式是从数是自转置的推导出来的，第二个等式只是一个图形变形。在更传统的表示中，这些可替代的形式分别变为：

$$\langle\psi|\phi\rangle\langle\phi|\psi\rangle = |\langle\psi|\phi\rangle|^2 \qquad\qquad \mathrm{tr}\big(P_{|\phi\rangle}\,\rho_{|\psi\rangle}\big)$$

其中

$$P_{|\psi\rangle} = \rho_{|\psi\rangle} := |\psi\rangle\langle\psi|$$

玻恩定则的表述结果是本节余下部分的主要内容：通过态和效应转换为"翻倍"形式，玻恩定则简化为从一个态和效应产生一个数的最简单方法，即组合它们。

一个关键点是，在翻倍内积（6.4）中的概率不是精确地依赖于 ψ，而是依赖于"ψ 翻倍"：

（镜像）拷贝 2   拷贝 1

255

因此，为了将它们作为广义玻恩定则（6.1）的实例，我们可以简单地把 ψ 翻倍当作一类来处理。也就是说，我们将其视为在一个新的"翻倍过程理论"里的一个态：

换句话说，对于希尔伯特空间 A 的任何态 ψ 定义一个新态 $\widehat{\psi}$，它是 ψ 的翻倍形式，对于 $\widehat{\psi}$ 我们赋予一个新的类型 $\widehat{A}$，其实就是 A 的两个拷贝。图形为：

同样地，我们为新类型 $\widehat{A}$ 定义新效应：

新的态和效应一起产生：

测试
态   概率

好极了！我们现在看到量子理论中的玻恩定则（6.4）作为广义玻恩定则（6.1）的一个特殊示例产生了。

我们分别称这些翻倍态和效应为纯量子态和纯量子效应。我们有时会使用以下表示：

备注 6.5 这个"翻倍技巧"与量子理论中熟悉的构造密切相关，也就是从纯态矢量 $|\psi\rangle$ 到相关的密度算子的过程为：

$$\tilde{\psi} := |\psi\rangle\langle\psi|$$

它与翻倍态有相同的数据，这可以通过将效应 ψ 转置为态 ψ 的共轭看到：

如果 ψ 是归一化的，则根据式（4.53），密度算子 $\tilde{\psi}$ 是一个投影算子。这些投影算子在传统文献中扮演量子态的角色。但是，过程理论范例将态视为没有输入的过程。显然，密度算子打破了这一约定，这在以后会有些麻烦（见备注 6.50）。另一方面，我们的翻倍态（方便地）保留了它。

6.1.2　翻倍消除全局相位

正如我们已经提到的，玻恩定则产生的概率不依赖于 ψ，而依赖于"ψ 翻倍"。这种区别似乎微不足道，直到人们认识到态和翻倍态之间的对应关系不是一对一的，而是多对一的。对于数，这种现象已经出现。有许多复数 λ 使得：

$$\overline{\lambda}\lambda = 1 \tag{6.5}$$

例如 $1, -1, i, -i$。

在 5.3.1 节中，我们看到可以将任何复数写为：

$$re^{i\alpha}$$

式（6.5）仅表示 $r = 1$，因此任何 λ 都是以下形式的数：

$$e^{i\alpha}$$

根据定义，这些数与其共轭数相乘时即消失，因此它们对翻倍态没有作用。事实上，这是在翻倍态中唯一丢失的数据。

命题 6.6 两个态 ψ 和 ϕ 成为同一个态，当且仅当它们等于某个数 $e^{i\alpha}$ 的翻倍时，即：

对于 $\alpha \in [0, 2\pi)$。数 $e^{i\alpha}$ 称为全局相位。

这个证明是一个更一般的例子，下面给出定理 6.17 的证明。

事实上，从量子理论的一开始，冯·诺依曼就提出全局相位是没有意义的，但仍然是形式主义的一个部分。大多数量子理论教科书通过为态的"等价类"保留"量子态"这个术语来处理，即与全局相位相等的态。然而，翻倍为我们提供了一种更优雅、更简单的方法来处理这个问题。

宣称全局相位在物理上毫无意义的通常理由是它们无法通过经验获得，即它们不能通过量子测量发现，这些我们将在第7章中学习。从量子理论产生的概率都来自仅使用了翻倍态和效应的玻恩定则，这已经很明显了。因此，区分两种态是没有意义的，它们的区别仅在于全局相位。

忽略全局相位也有一个有用的实际结果：它让我们弱小的人类大脑以几何的方式描绘量子系统。这对物理来说很有帮助，我们经常这么做。

最简单的非平凡量子系统的态——量子比特，存在于 $\widehat{\mathbb{C}^2}$。既然我们也可以用两个复数来表示这种态，我们也可以用四个实数来实现这种表示。所以，人们可能会天真地认为需要四维空间写下量子比特的态。但对于（大多数）人来说，那是太多维度了！只要看看归一化的态，这项工作变得容易多了。假设：

$$\overset{\downarrow}{\psi} = a\,\overset{\downarrow}{0} + b\,\overset{\downarrow}{1}$$

那么，如果 ψ 是归一化的，则一定满足 $|a|^2 + |b|^2 = 1$。因此，如果我们想知道 $|a|$ 和 $|b|$，我们可以问毕达哥拉斯：

如果你还记得三角函数，这意味着 $|a| = \cos\theta$ 和 $|b| = \sin\theta$。如果你不记得三角函数，那就相信我们的话吧。

按照惯例，使用 $\dfrac{\theta}{2}$ 代替 θ 稍微方便些，所以让 $|a| = \cos\dfrac{\theta}{2}$ 和 $|b| = \sin\dfrac{\theta}{2}$。则我们可以通过引入复相位，去掉绝对值，使得：

$$\overset{\downarrow}{\psi} = \cos\frac{\theta}{2}e^{i\beta}\,\overset{\downarrow}{0} + \sin\frac{\theta}{2}e^{i\gamma}\,\overset{\downarrow}{1}$$

我们用三个角度代替四个实参数。这就是翻倍的由来。因为翻倍会消除全局相位，角度 β 实际上是多余的，因为我们可以把整个数乘以 $e^{-i\beta}$。对于某些 α（即 $\alpha := \gamma - \beta$），我们可以方便地将量子态 $\widehat{\psi}$ 写成：

$$\overset{\downarrow}{\widehat{\psi}} := \text{double}\left(\cos\frac{\theta}{2}\,\overset{\downarrow}{0} + \sin\frac{\theta}{2}e^{i\alpha}\,\overset{\downarrow}{1}\right)$$

由于量子态现在完全由两个角度描述，我们可以把它画在一个球面上，称为布洛赫球：

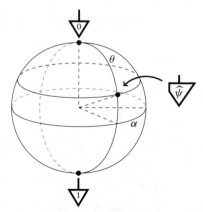

这幅图对我们的直觉很有用。例如，两个态越"相似"，即它们的内积值越高，它们在布洛

赫球上的距离就越近。特别是，正交态始终是对跖的。记得 1.1 节的 Dave 的旅行吗？现在我们知道它是在什么样的球上跳来跳去了：

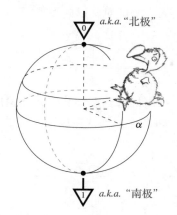

练习 6.7　证明以下几点：

259

$$
\nabla_{\!0} := \mathsf{double}\left(\frac{1}{\sqrt{2}}\left(\nabla_{\!0} + \nabla_{\!1}\right)\right)
$$

$$
\nabla_{\!1} := \mathsf{double}\left(\frac{1}{\sqrt{2}}\left(\nabla_{\!0} - \nabla_{\!1}\right)\right)
$$

$$
\nabla_{\!0} := \mathsf{double}\left(\frac{1}{\sqrt{2}}\left(\nabla_{\!0} + i\,\nabla_{\!1}\right)\right)
$$

$$
\nabla_{\!1} := \mathsf{double}\left(\frac{1}{\sqrt{2}}\left(\nabla_{\!0} - i\,\nabla_{\!1}\right)\right)
$$

位于布洛赫球上，如下所示：

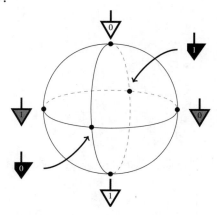

6.1.3　纯量子映射的过程理论

现在，我们将构建一个翻倍过程的完整理论。除了态和效应，任意线性映射也可以翻倍：

$$
\mathsf{double}\left(\boxed{f}\right) := \boxed{\widehat{f}} = \left(\boxed{f}\ \boxed{f}\right) \tag{6.6}
$$

事实上，这可以扩展到具有任意数量的输入和输出的过程。然而，我们应该稍微小心一点儿
[260] 的是，一对细线应该一起构成一条粗线。我们应该始终将 f 的第一个输入 / 输出与 f 共轭的
第一个输入 / 输出配对，第二个与第二个配对，以此类推：

注意，由于 f 的共轭是 f 的镜像，我们从右到左计算输入和输出，而不是从左到右计算输入
和输出。因此，输入和输出的配对将在连接到共轭过程的线中引入"扭曲"：

$$\tag{6.7}$$

使用这种新的粗线框和粗线的好处之一是，所有这些扭曲的额外复杂性仍然隐藏在表示中。

将翻倍的所有过程产生以下新的过程理论。

定义 6.8 **纯量子映射**的过程理论对**线性映射**中的所有希尔伯特空间 A 来说具有 $\widehat{A}$ 类
型，对于**线性映射**中的所有过程 f 有翻倍线性映射 $\widehat{f}$ 过程。

纯量子映射中的过程并不是全新的，它们只是线性映射的特殊类型。换句话说，**纯量子
映射**是**线性映射**的一个子理论：

纯量子映射 ⊆ 线性映射

值得注意的是，**线性映射**存在字符串图的事实是由**纯量子映射**保留的。将式（6.7）应用于
杯将产生"扭曲的"双杯：

以及相应的双盖：

[261] 当我们将这两个组合在一起时，"扭曲"抵消了，产生了第一个拉伸等式：

对于另外两个拉伸等式，首先将式（6.7）应用于交换映射产生二次交换：

当我们用盖或杯组成它时，我们得到：

$$
\overset{\times}{\smile} \;=\; \smile \qquad\qquad \overset{\times}{\frown} \;=\; \frown
$$

由于有杯和盖，翻倍理论也有转置的概念：

$$
\boxed{\widehat{f}} \;\mapsto\; \boxed{\widehat{f}} \;:=\; \boxed{\widehat{f}}
$$

这在非翻倍理论中与转置是一致的。

命题 6.9   翻倍保留了转置：

$$
\mathrm{double}\left(\boxed{f}\right) \;=\; \boxed{\widehat{f}}
$$

证明   在单个输入 / 输出情况下，有：

$$
\mathrm{double}\left(\boxed{f}\right) \;=\; \boxed{f}\ \boxed{f} \;=\; \boxed{f}\ \boxed{f}
$$

式（6.7）中的多输入 / 输出情况可以类似地表示。   □   〔262〕

翻倍保留转置是翻倍保留图形的一个更普遍的实例。这可以通过将字符串图分解为其组成过程来最好地呈现。我们已经知道，翻倍会将杯 / 盖发送到杯 / 盖。显然，翻倍保留串行组合：

$$
\mathrm{double}\left(\begin{matrix}\boxed{g}\\\boxed{f}\end{matrix}\right) \;=\; \begin{matrix}\boxed{\widehat{g}}\\\boxed{\widehat{f}}\end{matrix}
$$

练习 6.10   证明翻倍保留了并行组合：

$$
\mathrm{double}\left(\boxed{f}\ \boxed{g}\right) \;=\; \boxed{\widehat{f}}\ \boxed{\widehat{g}}
$$

翻倍理论还从非翻倍理论中保留了其伴随：

$$
\boxed{\widehat{f}} \;:=\; \boxed{f\ f} \tag{6.8}
$$

如果我们将所有这些部分放在一起，可以得出以下结论。

推论 6.11   翻倍保留字符串图：

$$
\mathrm{double}\left(\boxed{f\ g\ h}\right) \;=\; \boxed{\widehat{f}\ \widehat{g}\ \widehat{h}}
$$

因此，我们之前对**线性映射**所做的任何计算，只需将所有图形翻倍即可将其直接提升为 **纯量子映射**。

示例 6.12 在 5.3.6 节中，我们使用贝尔映射实现了**线性映射**理论中的隐形传态。要传递到量子映射，我们只需翻倍所有内容（当然除了 Aleks 和 Bob）：

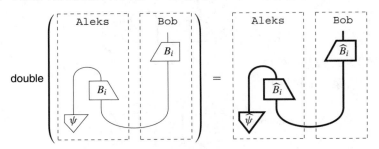

示例 6.13 5.3.4 节和 5.3.5 节证明了如何将经典逻辑门转换为线性映射。现在，通过翻倍，我们可以把它们变成量子（逻辑）门。例如，量子 NOT 门为：

$$\raisebox{-0.5ex}{$\boxed{\pi}$} \;:=\; \text{double}\left(\boxed{\pi}\right)$$

量子 CNOT 门为：

$$\;:=\; \text{double}\left(\circ\!\!-\!\!\bullet\right)$$

阿达马门是：

$$\boxed{H} \;:=\; \text{double}\left(\boxed{H}\right)$$

这甚至没有经典的对应。量子线路构成了将量子门应用于固定数量的量子比特，例如：

除了阿达马门，我们已经可以用经典逻辑门完成上面的所有工作。当我们在第 9 章中引入相位门时，事情会变得更加有趣。

示例 6.14 当对 5.3.6 节的贝尔矩阵翻倍时，则：

$$\boxed{B_3} \;\leftrightarrow\; \begin{pmatrix} 0 & -1 \\ 1 & 0 \end{pmatrix}$$

变成自转置的，因为翻倍消除了全局相位：

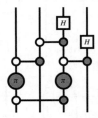

对于相应的贝尔态，也有：

$$\text{double}\left(\underset{0}{\bigtriangledown}\ \underset{1}{\bigtriangledown}-\underset{1}{\bigtriangledown}\ \underset{0}{\bigtriangledown}\right)=\text{double}\left(\underset{1}{\bigtriangledown}\ \underset{0}{\bigtriangledown}-\underset{0}{\bigtriangledown}\ \underset{1}{\bigtriangledown}\right)$$

一般来说，我们将继续使用与其他理论的过程所用的相同的术语来描述**纯量子映射**。然而，某些概念是非常重要的，可以专门用"量子"命名。

定义 6.15   ⊗-不可分离的纯量子态被称为纠缠态。

因此，纠缠纯态是**纯量子映射**中的二分态 $\widehat{\psi}$，它不能分解为单系统态 $\widehat{\psi_1}$ 和 $\widehat{\psi_2}$。

$$\underset{\widehat{\psi}}{\bigtriangledown}\ \ \neq\ \ \underset{\widehat{\psi_1}}{\bigtriangledown}\ \underset{\widehat{\psi_2}}{\bigtriangledown}$$

一个示例是（翻倍的）贝尔态：

$$\text{double}\left(\tfrac{1}{\sqrt{D}}\ \smile\right)=\tfrac{1}{D}\ \smile$$

如备注 4.1 所述，一旦从纯态过渡到更一般的量子态，就需要完善纠缠的定义。我们在 8.3.5 节中会这样做。

6.1.4   通过翻倍保留的事物

根据推论 6.11，翻倍保留字符串图，因此如果两个图形相等，则它们翻倍对应的图形也将相等。

265

推论 6.16   "单个"过程的字符串图之间满足的任何等式在其翻倍版本中也满足：

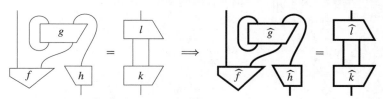

我们可以通过展开翻倍等式的两侧直接看到这一点：

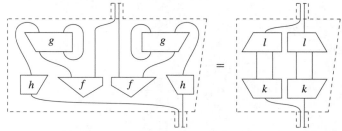

很明显，"单个"过程的图形之间的相等性及其共轭形式会产生翻倍等式。

推论 6.16 相反的观点几乎是正确的。由于翻倍消除了全局相位，我们需要重新引入它们以获得"当且仅当"。

定理 6.17   设 D 和 D' 为**线性映射**中的任意图形，$\widehat{D}$ 和 $\widehat{D'}$ 为它们在**纯量子映射**中的翻倍版本，则：

$$\left(\exists e^{i\alpha}:\ \underset{\cdots}{\overset{\cdots}{D}}=e^{i\alpha}\ \underset{\cdots}{\overset{\cdots}{D'}}\right)\ \Longleftrightarrow\ \underset{\cdots}{\overset{\cdots}{\widehat{D}}}=\underset{\cdots}{\overset{\cdots}{\widehat{D'}}}$$

证明   (⇒)直接来自推论 6.16。对于(⇐)，我们可以使用推论 6.11 将一个翻倍映射的图形替换为一个大的翻倍映射。所以，这足以证明对于任何线性映射 f 和 g，使得：

$$\widehat{f} = \widehat{g} \tag{6.9}$$

存在某个 α，使得：

设 λ 和 μ 为：

$$\lambda := \quad \mu :=$$

则：

$$\lambda\bar{\lambda} = \overset{(6.9)}{=} = \mu\bar{\mu}$$

其中虚线表示使用式（6.9）的位置。有两种情况：$\lambda \neq 0$ 或 $\lambda = 0$。在第一种情况中，将上述等式的两边都除以 $\lambda\bar{\lambda}$：

$$1 = \frac{\mu\,\bar{\mu}}{\lambda\,\bar{\lambda}} = \left(\frac{\mu}{\lambda}\right)\overline{\left(\frac{\mu}{\lambda}\right)}$$

则对于某个 α，$\dfrac{\mu}{\lambda}$ 是一个全局相位，即：

$$\frac{\mu}{\lambda} = \mathrm{e}^{i\alpha}$$

且：

$$\lambda\,f = \overset{(6.9)}{=} = \mu\,g$$

所以我们确实得到 $f = \mathrm{e}^{i\alpha} g$。

在第二种情况中：

$$= \quad = \lambda = 0 \tag{6.10}$$

因此，由正定性（见 5.3.2 节）：

$$f = 0$$

所以 $f = 0$，$\widehat{f} = 0$，因此假设 $\widehat{g} = 0$。只有当 g 本身是零的情况才会这样。要查看此情况，将杯/盖连接到 $\widehat{g}$：

$$g \quad g = 0$$

使用正定性，就像我们在式 (6.10) 中所做的那样，我们得到 $g = 0$。因此 $f = e^{i\alpha}g = 0$。现在 α 可以是任意角度。　□

　　当然，如果在定理 6.17 中，我们将等式替换为等于一个数的等式（见 3.4.3 节），则相位消失。

推论 6.18　在**线性映射**中对于 D 和 D' 的任意图形：

$$\boxed{D} \approx \boxed{D'} \iff \boxed{\widehat{D}} \approx \boxed{\widehat{D'}}$$

备注 6.19　除了定理 6.17 所证明的内容外，从这个证明中还可以学到另一个令人惊喜的一课。这个证明的关键完全是图形的！特别是，我们定义数 λ 和 μ 为图形：

$$\lambda := \boxed{f \quad f} \qquad \mu := \boxed{g \quad f}$$

我们用图形替换证明：

$$\lambda\,\boxed{f} = \mu\,\boxed{g} \iff \boxed{\widehat{f}} = \boxed{\widehat{g}}$$

其中 $\lambda\bar{\lambda} = \mu\bar{\mu}$，我们只使用**线性映射**的某种特定结构（即复数）的地方是，把这个等式写为 $e^{i\alpha}$ 的形式，这里需要区分大小写。但是这是完全可以避免的（见 6.7 节的参考文献）。不仅对于**线性映射**，而且对于任何其他过程理论，翻倍精确地确定了那些只因"广义的全局相位"而不同的过程。从中吸取的内容是不要以封面来评判一本书：起初看起来一点也不像图形的（例如：消除全局相位）最终可能从根本上讲是图形的。

268

　　我们现在展示翻倍的世界中过程的许多属性如何与未翻倍的世界重合：

命题 6.20　纯量子映射 $\widehat{f}$ 是同构变换（或幺正变换）当且仅当 f 是同构变换（或幺正变换）。

　　证明　如果 f 是同构变换，根据推论 6.16，$\widehat{f}$ 是同构变换。相反地，我们可以使用定理 6.17，将翻倍等式转换为只差一个相位的单个等式：

$$\boxed{\begin{matrix}\widehat{f}\\ \widehat{f}\end{matrix}} = \Big| \implies \boxed{\begin{matrix}f\\ f\end{matrix}} \overset{(*)}{=} e^{i\alpha}\,\Big|$$

也就是说，对于 $\widehat{f}$ 同构，f 是只差一个全局相位 $e^{i\alpha}$ 的同构。而且我们还可以证明 $\alpha = 0$。首先，对于任何规一化态 ψ，有：

$$\boxed{\begin{matrix}\psi\\ f\\ f\\ \psi\end{matrix}} \overset{(*)}{=} e^{i\alpha}\,\boxed{\begin{matrix}\psi\\ \psi\end{matrix}} = e^{i\alpha}$$

上述等式的左侧是其自身态的内积，因此它必须是正的。因为唯一的全局相位也是正实数 1，$e^{i\alpha} = 1$，则 f 是同构变换。同样地，幺正性得到了证明。　□

　　现在我们对于正映射和投影算子证明了一个类似于命题 6.20 的结果，但有一个小的警告。如果 *f* 是同构／幺正变换，则 e^{iα}*f* 也是同构／幺正变换，因此我们可以选择 $\hat{f}$ 的任何"不翻倍表示"。然而，正映射和投影算子的情况并非如此，我们需要选择一个特定的表示来得到所需的性质。

命题 6.21 纯量子映射 $\hat{f}$ 为正（或投影算子）当且仅当存在正线性映射（或投影算子）*f′* 有 $\widehat{f'} = \hat{f}$。

证明 同样，推论 6.16 是一个方向。对于另一个方向，假设 $\hat{f}$ 为正的并应用定理 6.17（将全局相位移到左侧）：

269

$$ \boxed{\hat{\widehat{f}}} = \frac{\boxed{\hat{g}}}{\boxed{\hat{g}}} \quad \Longrightarrow \quad e^{-iα}\,\boxed{f} = \frac{\boxed{g}}{\boxed{g}} \tag{6.11} $$

由此可见，*f′* := e^{-iα}*f* 为正。由于翻倍移除了全局相位，$\hat{f} = \widehat{f'}$。如果 $\hat{f}$ 是一个投影算子，则式（6.11）使 *g* := *f*（见命题 4.70）。因此 *f′* 也是投影算子：

$$ \boxed{f'} = \frac{\boxed{f}}{\boxed{f}} = \frac{e^{iα}\boxed{f}}{e^{-iα}\boxed{f}} = \frac{\boxed{f'}}{\boxed{f'}} $$

下面是同一主题的另一个变形。

练习 6.22 证明纯量子态 $\hat{\psi}$ 是归一化的，当且仅当 ψ 是归一化的并且两个纯量子态 $\hat{\psi}$ 与 $\hat{\phi}$ 是标准正交的，当且仅当 ψ 和 ϕ 是标准正交的。

以上所有结果的推论是，我们可以（大部分）使用纯量子映射，就像我们使用的是普通的旧线性映射，而且附加好处是玻恩定则现在只不过是一种态－效应相遇而余下的全局相位是消去的。

当然也有例外，否则，一开始就没有任何意义把一切都翻倍。

6.1.5 不能通过翻倍保留的事物

线性映射的定义包括三个要求：
- 数是复数。
- 存在过程的求和。
- 每种类型都有一组标准正交基。

现在，我们会发现**线性映射**的这些定义特征都没有在翻倍里保存下来！更具体地说：
- 翻倍的数不是复数。
- 在翻倍理论中，求和不是翻倍的求和。
- 在翻倍理论中，翻倍的标准正交基不是标准正交基。

但是，我们获得的事物在量子理论中都起着关键作用。

6.1.5.1 翻倍数是"概率"

当然，这是我们用翻倍的最初动机。

270

命题 6.23 纯量子**映射**中的数是正实数。

证明 这是根据用正数表示的命题 5.70 得出的：

$$ p = \boxed{\overline{\mu}}\,\boxed{\mu} = \boxed{\!\!\diamond\!\!\mu} $$

尤其是每个正数是纯量子映射。 □

6.1.5.2 翻倍理论中的求和表示"混合"

翻倍过程的求和：

$$\sum_i \boxed{\widehat{f_i}}$$

通常**不**是求和过程的两倍：

$$\mathsf{double}\left(\sum_i \boxed{f_i}\right)$$

事实上，翻倍映射的非凡求和甚至不是**纯量子映射**，所以它们不能通过翻倍获得。

关键的一点是展开翻倍操作会产生两个**独立**的求和（即，在不同的索引上）：

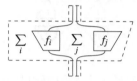

我们可以将这个求和分为 $i=j$ 和 $i\neq j$ 两个部分：

$$\sum_i \boxed{f_i\ f_i} + \sum_{i\neq j} \boxed{f_i\ f_j}$$

因此，再加上"非对角的"项，左侧等于右侧：

$$\mathsf{double}\left(\sum_i \boxed{f_i}\right) = \sum_i \boxed{\widehat{f_i}} + \sum_{i\neq j} \boxed{f_i\ f_j}$$

271

这些非对角项通常不会趋于零。我们已经可以在数的例子中看到这一点。令 $\lambda_0 = \lambda_1 = 1$，有：

$$\mathsf{double}\left(\sum_i \diamondsuit_{\lambda_i}\right) = \mathsf{double}(1+1) = 4 \neq 2 = 1+1 = \sum_i \diamondsuit_{\lambda_i}$$

这是一个特性，而不是一个错误。对纯量子映射求和具有重要的概念意义，这在基本线性映射求和时没有相对应的。它可以给出一个明确的物理解释，即引入一些过程发生时的非确定性，这被称为"混合"，将在 6.2.7 节中详细讨论。

在**线性映射**中在翻倍之前得出的另一种求和引起量子叠加。我们将在 7.1.2 节中讨论这些内容。所以最后我们有两种求和，每种含义都不同。

另一方面，翻倍不能保留求和这一事实证实了我们在备注 5.34 中已经指出的，即求和不适于图形推理，它们很容易引起错误。因此，应尽可能避免使用它们。在接下来的两章中，许多概念将首先通过求和来引入，但逐渐被纯粹的图形替代。

6.1.5.3 翻倍标准正交基效应是"量子测量"

如果**线性映射**中有一组标准正交基：

$$\mathcal{B} = \left\{ \ \bigtriangledown_i \ \right\}_i$$

至少包含两个态，则：

$$\text{double}(\mathcal{B}) := \left\{ \begin{array}{c} \bigtriangledown \\ i \end{array} \right\}_i$$

在**纯量子映射**中不是一个基。要了解这一点，考虑两个态：

$$\begin{array}{c}\bigtriangledown\\ \psi\end{array} := \sum_j \begin{array}{c}\bigtriangledown\\ j\end{array} \qquad \begin{array}{c}\bigtriangledown\\ \phi\end{array} := \sum_j e^{i\alpha_j} \begin{array}{c}\bigtriangledown\\ j\end{array}$$

其中 a_j 都是截然不同的。由于 ϕ 至少有两个系数不相等的项 $e^{i\alpha_j}$，ψ 和 ϕ 彼此不在一个全局相位内，因此：

$$\begin{array}{c}\bigtriangledown\\ \psi\end{array} \neq \begin{array}{c}\bigtriangledown\\ \phi\end{array}$$

然而，对于所有 i 人们可以很容易地验证：

$$\begin{array}{c} i \\ \bigtriangledown \\ \psi\end{array} = \begin{array}{c} i \\ \bigtriangledown \\ \phi\end{array}$$

[272]   则 double($\mathcal{B}$) 不可能是一个基。

在**纯量子映射**中，double($\mathcal{B}$) 不是一个基的原因是它忽略了在所有 ϕ 中的"局部"相位信息（即数 $e^{i\alpha_j}$ 的上面），（不同于全局相位）这是与量子态 $\widehat{\phi}$ 非常相关的。这一事实的重要物理结论是量子测量只能提取一小部分关于系统态的信息。在下一章中，当从单量子态提取涉及信息时，我们将定义量子测量并说明根据标准正交基效应定义的测量实际上是我们能做的最好的（虽然还是很差！）。

在这一点上，你可能会开始怀疑**纯量子映射**理论是否都有基。我们从定理 5.14 中看到，基允许我们通过有限的一组数（即矩阵）完全描述过程。这是量子层析的基，我们将在下一章中看到，它是借助量子测量确定一个态或一个过程的。只有周边还有基时，这才是可能的。值得庆幸的是，情况确实如此。

定理 6.24   在希尔伯特空间 A 上，对于任意标准正交基：

$$\mathcal{B} = \left\{ \begin{array}{c}\bigtriangledown\\ j\end{array} \right\}_j$$

态 double($\mathcal{B}$) 的集合可扩展到类型 $A \otimes A$ 一个完全由纯量子态组成的**线性映射**（非正交）基。因此，尤其这也是翻倍系统类型 $\widehat{A}$ 在**纯量子映射**中的基。

证明 有很多方法可以扩展纯态的基。例如，令 A 为如下形式的所有态的集合：

$$\begin{array}{c}\bigtriangledown\\ \psi_{jk}\end{array} := \left\{ \begin{array}{ll} \frac{1}{2}\left(\begin{array}{c}\bigtriangledown\\ j\end{array} + \begin{array}{c}\bigtriangledown\\ k\end{array} \right) & \text{如果 } j \leqslant k \\[2ex] \frac{1}{2}\left(\begin{array}{c}\bigtriangledown\\ j\end{array} + i\begin{array}{c}\bigtriangledown\\ k\end{array} \right) & \text{如果 } j > k \end{array} \right.$$

每个基态 $j \in \mathcal{B}$ 表示为 ψ_{jj}，则 $\mathcal{B} \subseteq \mathcal{A}$，证明：

$$\text{double}(\mathcal{A}) = \left\{ \begin{array}{cc}\bigtriangledown & \bigtriangledown\\ \psi_{jk} & \psi_{jk}\end{array} \right\}_{jk}$$

是 $A \otimes A$ 的基，它足以证明以下乘积基的任何元素：

$$\left\{ \begin{array}{cc}\bigtriangledown & \bigtriangledown\\ j & k\end{array} \right\}_{jk} \tag{6.12}$$

可以对 $\lambda \in \mathbb{C}$ 用 $\lambda\psi_{jk}$ 形式的态求和来获得，这留给读者作为练习。　　　　$\square$ 　273

因此，我们仍然可以通过过程对态的作用来区分它们，但是这已经不像以前那么容易了！尤其是，没有办法构建纯量子态的一组标准正交基。

约定 6.25　当 A 的维数为 D 时，虽然定理 6.24 意味着量子系统 $\widehat{A}$ 的"维数"（就定义 5.2 的意义而言）为 D^2，但是当我们讨论量子系统的维数时，我们总是指（展开的）希尔伯特空间的维数。例如，我们仍然称 $\widehat{\mathbb{C}^2}$ 为二维量子系统。

备注 6.26　在前面定理的陈述中，我们区分了 double(A) 在**线性映射**中的基和**纯量子映射**中的基，这确实是两个不同的事物。**线性映射**中的基需要通过以下方式唯一地确定**所有**线性映射：

$$
\left(\forall j,k : \; \begin{matrix} f \\ \psi_{jk} \; \psi_{jk} \end{matrix} = \begin{matrix} g \\ \psi_{jk} \; \psi_{jk} \end{matrix} \right) \;\Longrightarrow\; \begin{matrix} f \end{matrix} = \begin{matrix} g \end{matrix}
$$

而对于**纯量子映射**的基只需要唯一地确定形式为 $\widehat{f}, \widehat{g}, \dots$ 的线性映射，通过：

$$
\left(\forall j,k : \; \begin{matrix} \widehat{f} \\ \widehat{\psi_{jk}} \end{matrix} = \begin{matrix} \widehat{g} \\ \widehat{\psi_{jk}} \end{matrix} \right) \;\Longrightarrow\; \begin{matrix} \widehat{f} \end{matrix} = \begin{matrix} \widehat{g} \end{matrix}
$$

这是一个较弱的要求。我们将在 6.2.1.2 节中充分利用定理 6.24。

6.2　丢弃表征下的量子映射

在上一节中，我们通过翻倍将**线性映射**转换为**纯量子映射**。到目前为止，翻倍只是将现有事物重铸为另一种衍生事物的方式，我们将其以粗体表示。但是，新类型是由两根线得到的，而不是一根线，并且由于两根线多于一根，实际上还有一些额外的空间用于真正的新东西，而这在**线性映射**潜在的过程理论中没有对应物。现在我们将证明我们错过了一个非常重要的过程，即隐藏在此额外空间中的**丢弃系统**的过程。事实上，这是我们得到所有**量子映射**需要的唯一额外的事物。

274

6.2.1　丢弃

当我们在 3.4.1 节引入效应时，我们给出的第一个示例是"丢弃系统"。在这里，"丢弃系统"可能意味着忽略它，摧毁它，或者把它发射到太空中，使它再也不会被看到。或者它有可能是一个我们根本没有权限访问的更大系统的一部分，所以可以认为它是对所有意图和目的的"丢弃"。

在本节中，我们将通过观察丢弃的行为，并证明这种行为迫使我们做出一个特定的选择来研究丢弃。我们从以下认识开始。

6.2.1.1　丢弃不是纯量子映射

要了解这一点，考虑丢弃过程应如何处理单系统的态就足够了。丢弃应该是什么也不做，而是应该从图中移除该态：

$$
\begin{matrix} ? \\ \psi \end{matrix} = \boxed{}
$$

或者换一种说法：这是一个肯定会成功的测试，但除此之外，它无法告诉我们关于这个态的信息。尤其是，丢弃过程不能依赖于被丢弃系统的态。

命题 6.27   对于非平凡的希尔伯特空间，即维数 >1 时，不存在纯量子效应 $\widehat{\phi}$，因此对于所有归一化纯量子态 $\widehat{\phi}$，有：

$$\frac{\widehat{\phi}}{\psi} = \boxed{} \tag{6.13}$$

证明   假设 $\widehat{\phi}$ 是一个纯的丢弃效应。显然，$\widehat{\phi}$ 不能为零。因此存在一定的 λ，使得 $\lambda\phi$ 规一化。根据定理 5.79，$\lambda\phi$ 在一组标准正交基中展开。由于维数至少为 2，令 ϕ' 为该标准正交基中一个不同态。它必须与 $\lambda\phi$ 正交，因此也与 ϕ 正交。所以：

$$\frac{\phi}{\phi'} = 0$$

因此：

$$\frac{\widehat{\phi}}{\phi} = 0 \neq \boxed{}$$

这是一个矛盾。   □

备注 6.28   在 4.3.3 节中，我们给出了考察归一化态的充分理由，即这些正是在测试自身时确定返回"是"的态。甚至为了首先得到丢弃映射，这个限制是必要的。如果对于某些 $\widehat{\psi}$，我们有式（6.13），则对于 $2\,\widehat{\psi}$，这将不再是：

$$2\,\frac{\overline{\overline{}}}{\psi} = 2\,\boxed{} \neq \boxed{}$$

所以式（6.13）根本不可能满足。

由于不能使用任何纯效应，我们建议如下。

定义 6.29   我们定义丢弃为效应：

$$\overline{\overline{}} := \boxed{\bigcup} \tag{6.14}$$

这个效应确实如所需的那样发挥作用。

命题 6.30   对于任何归一化纯量子态 $\widehat{\psi}$，有：

$$\frac{\overline{\overline{}}}{\psi} = \boxed{} \tag{6.15}$$

证明   因为 $\widehat{\psi}$ 是归一化的，所以写为 ψ（见练习 6.22），则有：

$$\frac{\overline{\overline{}}}{\psi} = \boxed{\bigcup}_{\psi\ \psi} = \frac{\psi}{\psi} = \boxed{}$$ □

在式（6.14）中定义的丢弃当然看起来不像是纯量子效应：

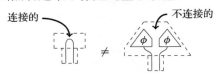

这与命题 6.27 一致。它在态上的行为也和预期的一样，所以看起来我们已经完成了。但在我们结束之前，有必要问下对于丢弃效应这是否是我们唯一的选择（提示：是的！）。

6.2.1.2　对于目标只有一个线性映射

定理 6.31　定义 6.29 中定义的丢弃映射是唯一的将所有归一化纯量子态发送到 1 的线性映射。

证明　假设存在其他效应：

$$
\begin{array}{c}\triangledown\!\!\!\!\triangle\\ \scriptstyle\mathrm{d}\\ | \\ \hat{H}\end{array}
$$

它将所有归一化的纯态发送到 1。从定理 6.24 中，我们看到在**线性映射**中存在 $A \otimes A$ 的纯量子态的基 double($\mathcal{B}'$)。令 double($\mathcal{B}''$) 为通过 double($\mathcal{B}'$) 中的每个态进行归一化而构成的基（显然这仍然是一个基）。则，对于所有 $\hat{\phi}_{jk} \in$ double($\mathcal{B}''$)：

$$
\frac{\overline{\overline{}}}{\triangledown\phi_{jk}} \;=\; \boxed{}\;=\; \frac{\triangle\mathrm{d}}{\triangledown\phi_{jk}}
$$

由于 **d** 和丢弃对于基是一致的，因此它们必须是等价的。因此，丢弃是唯一的。　　□

现在我们知道丢弃是由它的预期行为唯一定义的，我们可以推导出在某些特殊情况下应该是什么样的。

练习 6.32　证明：

$$
\widehat{H}_1 \otimes \cdots \otimes \widehat{H}_n \frac{\overline{\overline{}}}{} \;:=\; \frac{\overline{\overline{}}}{\widehat{H}_1}\;\frac{\overline{\overline{}}}{\widehat{H}_2}\;\cdots\;\frac{\overline{\overline{}}}{\widehat{H}_n} \tag{6.16}
$$

而且：

$$
\frac{\overline{\overline{}}}{\mathbb{C}} \;:=\; \boxed{} \tag{6.17}
$$

（注意 $\mathbb{C}$ 是**纯量子映射**的"无线"系统）。

6.2.1.3　丢弃不能保持纯量子态

如果我们从两个系统的纯量子态出发，丢弃其中一个系统，得到的态通常不会是纯量子态。事实上，它是纯态的唯一的情况是当我们从 $\otimes$-可分离的事物开始时。

命题 6.33　对于任何纯量子态 $\hat{\psi}$，其约化态：

$$
\frac{\overline{\overline{}}\quad|}{\triangledown\hat{\psi}}
$$

为纯态，当且仅当 $\hat{\psi}$ 是 $\otimes$-可分离的：

$$
\triangledown\hat{\psi} \;=\; \triangledown\psi_1\;\triangledown\psi_2
$$

证明　对于($\Leftarrow$)，有：

$$
\frac{\overline{\overline{}}\quad|}{\triangledown\hat{\psi}} \;=\; \frac{\overline{\overline{}}}{\triangledown\psi_1}\;\frac{|}{\triangledown\psi_2} \tag{6.18}
$$

在命题 6.30 的证明中，我们已经看到：

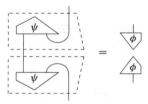

这是一个正数。由于每个正数是纯的（见命题6.23），因此态（6.18）是纯量子态。对于(⇒)，假设存在一些纯态 $\widehat{\phi}$ 使得：

$$ \quad (6.19) $$

我们将依赖于命题5.74，该命题指出，$f^\dagger \circ f$ 是 $\circ -$ 可分离的当且仅当 f 是可分离的。在式（6.19）中展开翻倍映射：

我们得到：

通过过程 $-$ 态对偶性和应用转置得到：

则，根据命题5.74，存在 ψ_1 和 ψ_2 使得：

（注意，通过以共轭形式描述效应 ψ_2 不会失去一般性。）因此，再次使用过程 $-$ 态对偶性，ψ 是 $\otimes -$ 可分离的：

上面翻倍的等式产生了所需的条件。   □

由于约化态通常不是纯量子态，我们需要引入一个更通用的态族来解决部分系统可能被丢弃的事实。

6.2.2　杂化

当我们用丢弃映射组合任意纯量子映射时，会产生许多新的东西。例如，考虑丢弃映射的转置（或等效的伴随）：

这个态很重要，它的归一化有一个特殊的名称。

定义 6.34 最大混合态为：

$$\frac{1}{D} \;\perp$$

这个最大混合态是约化态的一个例子（见命题 6.33），即丢弃半个贝尔态后剩下的部分：

$$\frac{1}{D} \;\perp \;= \;\boxed{\frac{1}{D}\;\cup}$$

正如我们在引言中提到的，"混合"一词与缺乏对系统实际状态的了解有关。在 6.2.7 节中，我们将看到，最大混合态意味着我们对系统态一无所知。

我们现在可以通过在最大混合态中利用纯量子映射系统来构成其他新的量子态：

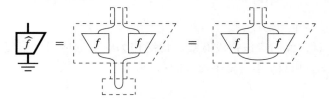

或等效地，通过丢弃二分纯态的系统（这里用过程 – 态对偶性来表示。）：

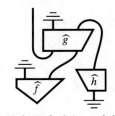

而且结果的形式是完全通用的。

定理 6.35 由合成纯量子映射和丢弃得到的任何态都是量子态，即以下形式的态：

$$\bigtriangledown_{\!\rho} := \boxed{f \quad f}\tag{6.20}$$

证明 由一些纯量子映射和丢弃组成的图形：

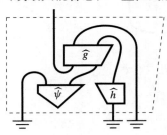

我们总是可以将所有丢弃的映射（或最大混合态）一直拉到底部，必要时使用盖子：

则我们可以把所有的最大混合态合并成一个态（见式（6.16）倒置）。因此，我们得到一个应用于最大混合态的纯量子映射。   □

回顾 4.3.6 节对 ⊗− 正性的定义，我们得到以下结论。

推论 6.36   在**线性映射**中量子态是 ⊗− 正态。

量子态的形式推广了纯量子态的形式，其中在式（6.20）中映射 f 有一个简单的输入线。特别是，并非所有的量子态都是纯态。如果它们不是纯态，我们称它们为杂化。展开杂化量子态 ρ 和纯量子态 $\widehat{\psi}$ 的形式区别在于存在连接左半部分和右半部分的线：

因此，纯度本身就是一个图形概念。

备注 6.37   注意，我们应该把没有线的情况作为纯度的证据。相反，线的存在仅表示杂化的可能性。例如，假设 f 本身是不连接的：

其中 $\lambda := \sqrt{\pi^\dagger \circ \pi}$。则得到的态是纯的。

示例 6.38   在量子隐形传态中，我们传送的态是否杂化并不重要，因为图是完全相同的：

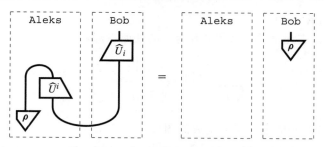

虽然这是一个适当的概括，但它不需要任何额外工作的原因是字符串图的组合性质。使上述等式成立的关键是具有以下事实：

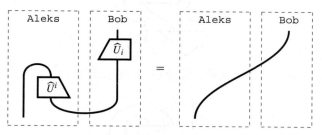

显然，我们在输入端插入 $\widehat{\psi}$ 还是 ρ 并不重要。

6.2.3   量子态的权重和因果性

现在，谨慎的读者可能已经注意到定义 6.34 的一些秘密，也就是说，就定义 4.48 而言，最大混合态没有归一化：

$$
\begin{bmatrix} \frac{1}{D} \\ \frac{1}{D} \end{bmatrix} = \frac{1}{D^2} \begin{bmatrix} \end{bmatrix} = \frac{1}{D} \tag{6.21}
$$

因为圆等于维数 D，正如我们在推论 5.33 中看到的。另一方面，如果我们丢弃最大混合态，会得到：

$$
\begin{bmatrix} \frac{1}{D} \end{bmatrix} = \begin{bmatrix} \end{bmatrix}
$$

282

不同于纯量子态的情况，命题 6.30 证明了平方范数和因丢弃重合而产生的数，这不再是最大混合态的情况，一般地说，对于杂化量子态将不再成立。当丢弃时这就为所获得的数引入了一个新的名称。

　　定义 6.39　量子态 ρ 的权重为：

如果 ρ 的权重为 1，则 ρ 是因果的，即：

$$
\overline{\underset{\rho}{\nabla}} = \begin{bmatrix} \end{bmatrix} \tag{6.22}
$$

　　我们应该如何解释这个量？玻恩定则告诉我们：

$$
\left.\begin{array}{l} \text{效应} \\ \text{态} \end{array}\right\{ \overline{\underset{\rho}{\nabla}} \left.\right\} \text{概率}
$$

因此权重是对态执行简单测试（即"这是一个态吗？"）的结果。通常情况下，我们期望这个测试以概率 1 返回"是"。然而，我们在本章后面可以看到，态可能是非确定过程。在这种情况下，权重告诉我们最终达到这个态的概率是多少。因果态则是那些必然发生的态。换句话说，我们所称的量子态实际是两个事物的结合：

$$
\underset{\rho'}{\nabla} = p \underset{\rho}{\nabla}
$$

一个系统的"实际"态（因果态 ρ）和发生的概率 p（即 ρ' 的权重）。当引入非确定性量子过程时，我们将在 6.4.1 节中继续讨论。

　　暂时不考虑非确定性，唯一的"实际"态是因果态。因此，我们可以更根本地解释因果性等式如下：

> 如果态是丢弃的，那么它也可能永远不会存在。

这显然是一个合理而必要的假设。有许多我们无法控制的系统（例如在火星上的系统），我们对它们一无所知。因此，我们在计算中忽略（即丢弃）它们。如果不允许这样做，我们几乎不能进行任何科学研究。这里还有一个关于相对论的暗示：如果某物足够远（用相对论的术语来说，即"类空分离的"），它不应该影响当地正在发生的事情，因为光的传播速度不够快。被称为"无信号传递"的这种特性是相对论的基础。在 6.3 节中，我们将看到无信号传

283

递与因果性是如何紧密相连的。

对于态来说，因果性施加的约束相当弱：它限制权重为 1。因此，任何非零态可以通过组合适当的数将其简单地转化为因果态。但是，我们将在 6.2.6 节中看到任意过程的约束条件更加严格，并且，正如我们将在定理 6.54 中证明的那样，对于效应来说，它是非常极端的！

对于纯态，我们已经知道归一化和因果性是一致的。一般来说，有以下命题。

命题 6.40 对于任何纯态 $\widehat{\psi}$：

$$\frac{\widehat{\psi}}{\psi} = \left(\frac{\overline{}}{\psi}\right)^2$$

证明 可以通过展开然后转置效应来证明：

$$\frac{\widehat{\psi}}{\psi} = \frac{\psi \quad \psi}{\psi \quad \psi} = \psi \, \psi \, \psi \, \psi = \frac{\overline{}}{\psi} \, \frac{\overline{}}{\psi}$$

$\square$

那么，对于纯态，归一化和因果性重合只是平方范数和（平方）权重均等于 1 的一个特殊的情况。

示例 6.41 由于圆等于 D，则贝尔态是因果的：

$$\boxed{\frac{1}{D} \, \overline{\cup} \, \overline{}} = \frac{1}{D} \, \boxed{\cup} = \boxed{}$$

考虑到贝尔态是纯的，它也可以是归一化的：

$$\boxed{\frac{1}{D} \, \frac{1}{D}} = \frac{1}{D^2} \, \bigcirc = \boxed{}$$

但是，正如我们在式（6.21）中已经看到的，平方范数对于杂化态是小于平方权重的。这两个量并不总是重合的事实实际上是有用的，因为它为我们提供了一种判断态是否为纯态的有效方法。

284

命题 6.42 对于任何量子态 ρ，有：

$$\frac{\rho}{\rho} \leqslant \left(\frac{\overline{}}{\rho}\right)^2 \qquad (6.23)$$

当且仅当 ρ 是纯态时才具有相等性。

证明 由于 ρ 是 $\otimes$- 正态，根据谱定理（尤其是推论 5.72），存在一些标准正交基和正数 r_i，使得：

$$\rho := \sum_i r_i \, \frac{i}{i}$$

则可以直接计算平方范数和权重：

$$\frac{\rho}{\rho} = \sum_{ij} r_i r_j \, \frac{j}{i} \, \frac{j}{i} = \sum_i r_i^2$$

$$\overline{\overline{\underset{\rho}{\bigtriangledown}}} = \sum_i r_i \,\overline{\underset{i}{\bigtriangledown}}\;\overline{\underset{i}{\bigtriangledown}} = \sum_i r_i$$

从而：

$$\left(\overline{\overline{\underset{\rho}{\bigtriangledown}}}\right)^2 = \left(\sum_i r_i\right)^2 = \sum_i r_i^2 + \sum_{i\neq j} r_i r_j$$

由于所有 $r_i r_j \geqslant 0$，首先要求如下。如果 ρ 是纯态，则根据命题 6.21，平方范数和平方权重重合。相反，假设平方范数和平方权重相等。则：

$$\sum_{i\neq j} r_i r_j = 0$$

仅当对于所有 $i\neq j$，$r_i r_j = 0$ 时才成立。在那种情况下，大多数 r_i 不为零，所以：

$$\underset{\rho}{\bigtriangledown} = r_i \,\overline{\underset{i}{\bigtriangledown}}\;\overline{\underset{i}{\bigtriangledown}}$$

是纯量子态。   □

命题 6.42 不仅仅提供了一种检测态是否为纯态的方法。随着因果态变得越来越杂化，平方范数将越来越低，直到达到最大混合态 $1/D$。因此，它实际上是一种**测量态杂化**的量。我们将在 13.2 节中探讨这个方法和其他的杂化的测量方法。

我们还可以直接看到式（6.23）中两个量之间的差异。对于权重而言：

$$\overline{\overline{\underset{\rho}{\bigtriangledown}}} = \;\cdots\; = \begin{bmatrix} f \\ f \end{bmatrix} \tag{6.24}$$

对于范数的平方有：

$$\underset{\rho}{\overset{\rho}{\bigtriangledown}} = \;\cdots\; = \begin{bmatrix} f \\ f \\ f \\ f \end{bmatrix} \tag{6.25}$$

在纯态的情况下，由于没有下列线而导致平方权重和平方范数变为相同：

否则，就是线的不同导致数的不同。

备注 6.43 回顾备注 6.5，我们可以在纯态和它作为密度算子的表示之间进行转换，在这种情况下它是一个投影算子。这概括为（因果的）混合态，其相关的密度算子是具有迹为 1 的正映射。翻倍表示和密度算子表示之间的转换由过程 – 态对偶性提供：

285

286

在密度算子表示中，从式（6.24）可以看出，丢弃态意味着得到它的迹：

迹为 1 的密度算子对应于因果态。同样地，从式（6.25）可以得出：

根据密度算子，式（6.23）变为：

$$\mathrm{tr}\left(\tilde{\rho}^2\right) \leqslant (\mathrm{tr}(\tilde{\rho}))^2$$

6.2.4　量子映射的过程理论

我们采用伴随丢弃的方法从纯量子态过渡到量子态。事实上，量子映射的整个过程理论也是以这种方式得到的。

定义 6.44　**量子映射**的过程理论所包含的类型与翻倍希尔伯特空间 $\widehat{A}$ 一样，所包含的过程则与纯量子映射和丢弃共同构成的图形一样：

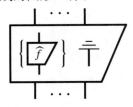

以下内容不足为奇。 ⌐287⌐

定理 6.45　**量子映射**理论存在字符串图。

证明　**量子映射**从**纯量子映射**保留了盖和杯，这足以证明**量子映射**具有伴随。纯量子映射的伴随是另一个纯量子映射，丢弃的伴随就是它的转置：

这是一个有丢弃的纯量子映射（杯）的组合。因此，它又是一个量子映射。由于伴随需要保留图形，而**量子映射**中所有的图形是由纯量子映射和丢弃组成的，所以每个量子映射都有伴随。　□

正如我们在前一节中看到的量子态，我们可以通过将所有丢弃的量子映射组合成一个单一效应，将任何量子映射置于一个"标准形式"：

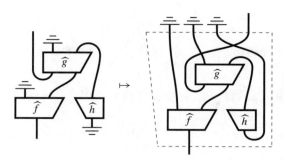

因此，我们有以下命题。

命题 6.46   对于某个线性映射 f, 所有量子映射的形式如下：

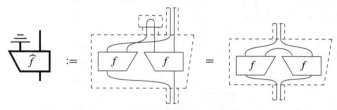

因此，量子映射恰恰是那些 $\otimes-$ 正过程的线性映射（见定义 4.66）。命题 6.46 也证明任意的量子映射是由忽略过程输出的一部分引起的。换句话说，对于任何量子映射 Φ, 我们知道必须存在纯量子映射 $\hat{f}$, 使得：

$$\boxed{\Phi} = \boxed{\hat{f}} \qquad (6.26)$$

定义 6.47   我们在式（6.26）中提及的纯量子映射 $\hat{f}$ 作为量子映射 Φ 的纯化。

可能有人会很简单地认为，量子映射就是那些将量子态发送到量子态的映射，但事实并非如此。例如，当设想为从类型 $\hat{A}$ 到类型 $\hat{A}$ 的线性映射时，交换线性映射：

$$(6.27)$$

显然发送量子态到量子态为：

$$\qquad =$$

（这实际上是使它们共轭！）但是……

命题 6.48   线性映射（6.27）不是量子映射。

证明   对于任何量子映射 Φ 和任何线性映射 f 下列数：

也将是一个量子映射，即正数。但是，如果我们用式（6.27）代替 Φ, 得到：

$$\text{（图）} = \text{（图）}$$

这个数不是由它的伴随组成的线性映射的形式，所以它不可能对所有 f 都是正的。事实上，选择：

$$\boxed{f} \quad \leftrightarrow \quad \begin{pmatrix} 0 & -1 \\ 1 & 0 \end{pmatrix}$$

得到 -2，这是一个矛盾。   □

作为一个量子映射实际上比仅仅保持单个系统的态更强大。原因是量子映射不仅应该在这种特殊情况下表现良好，而且当它们包含在任何图形中时也应该表现良好。例如，如式（6.28）所示，将量子映射应用于多个系统上态的一个部分应该再次产生量子态。事实上，这个（似乎更具体的）条件实际上相当于量子映射。

定理 6.49   线性映射：

$$\Phi \quad := \quad \xi$$

是一个量子映射，当且仅当对于所有的量子态 ρ 有：

$$\Phi \atop \rho \tag{6.28}$$

又是一个量子态。

证明   如果 Φ 是一个量子映射，式（6.28）必须是一个量子态，因为**量子映射**是一个过程理论。对于另一个方向，在式（6.28）中令 ρ 为双杯态。则根据假设，这是一个量子态，所以根据命题 6.46，存在一个纯量子态 $\widehat{\psi}$，使得：

$$\Phi = \widehat{\psi}$$

因此，通过过程 – 态对偶性，有：

$$\Phi = \widehat{\psi}$$

因此，Φ 确实是一个量子映射。   □

备注 6.50   我们从备注 6.43 中断的地方继续讲起。首先注意我们可以等效地表示一般的量子映射。如下所示：

$$\Phi = \boxed{f} \boxed{f} \tag{6.29}$$

则我们可以对其稍微重塑一下：

$$\text{[图]}$$

在这里，小虚线框表示一个孔，我们可以在其中插入密度算子 $\tilde{\rho}$ 并获得 $\tilde{\Phi}(\tilde{\rho})$。"超级算子"（即算子到算子的映射）：

$$\tilde{\Phi}(\ ) := \qquad\qquad\qquad (6.30)$$

通常称为完全正映射（CP 映射）。它们通常以等价形式出现，包括迹：

$$\tilde{\Phi}(\ ) :=$$

"完全"部分指的是 CP 映射保持正性的事实（即"是量子态"），即使仅应用于系统的一部分，如在式（6.28）中。仅当应用于整个系统时，超级算子类似于保持正性的情况称为正的。在式（6.27）的情况下，正的超级算子是这样的： | 291 |

根据命题 6.48，其不是式（6.30）的形式。

当将命题 6.42 专门用于二分态时：

$$\text{[图]}$$

我们现在获得了一种确定量子映射是否为纯的方法，以及一种表示一般量子映射杂化程度的量。

推论 6.51　对于任何量子映射 Φ 有：

$$\text{[图]} \leqslant \left(\text{[图]}\right)^{2} \qquad\qquad\qquad (6.31)$$

当且仅当 Φ 是纯的时相等。

6.2.5　量子映射的因果性

我们现在将因果性的定义从态推广到映射。

定义 6.52　如果满足以下条件，我们称量子映射 Φ 为因果性：

$$\text{（6.32）}$$

事实上，量子映射的因果性意味着因果态的保留。

|292|　**命题 6.53**　量子映射是因果的当且仅当它将因果量子态发送到因果量子态。

证明　对于因果量子映射 Φ 和因果量子态 *ρ* 有：

因此(⇒)确实成立。对于(⇐)，假设 Φ 将任何因果态 *ρ* 发送到另一个因果态 *ρ′*。则有：

因此产生以下效应：

将所有因果态（尤其是所有归一化的纯态）发送到 1。则根据定理 6.31 关于丢弃的唯一性：

量子映射 Φ 确实是因果的。　　　　　　　　　　　　　　　　　　　　　　□

我们还可以直接解释式（6.32）：

> 如果一个过程的输出被丢弃了，那么它也可能从未发生过。

这是我们在 6.2.3 节对因果态的直接概括。

尽管一开始看起来是无关的，但当应用于效应时，因果性会产生一些令人震惊的结果。根据式（6.17），丢弃"无线"系统就等于什么也不做。由于效应没有输出，因果性可简化为以下等式：

|293|　这就迫使任何因果效应等于丢弃！

定理 6.54　存在一个独特的因果量子效应：丢弃。

因此，**量子映射**中的因果效应是完全没有意义的。如果因果性很重要，为什么我们还要费尽心思地引入效应？不用担心，你的时间没有被浪费！一旦我们考虑非确定性的量子过程，我们能够实现所有非确定性的量子效应，这对于量子隐形传态的应用至关重要。

备注 6.55　与 CP 映射的因果性类似（见备注 6.50），它们是保留迹的：

$$\mathrm{tr}(\tilde{\Phi}(\tilde{\rho})) \ = \ \mathrm{tr}(\tilde{\rho})$$

因为保留迹的 CP 映射会将密度算子发送到密度算子，就像因果量子映射将因果量子态发送到因果量子态一样，如命题 6.53 所示。

6.2.6　因果性表征下的同构和幺正性

那么，纯量子映射因果性的限制是什么呢？我们已经在 6.2.3 节中看到，对于纯态，因果性意味着归一化。当输入系统是平凡的时，我们可以认识到归一化态只是同构的一个特例，我们可以概括这种说法。

定理 6.56　对于纯量子映射，以下是等价的：

1）$\hat{U}$ 是因果变换：

2）U 是同构变换：

3）$\hat{U}$ 是同构变换：

294

证明　展开因果性等式有：

（6.33）

将左输入弯曲，我们得到同构变换等式：

因此我们得到 1 ⇔ 2。由定理 6.20 得到 2 ⇔ 3。　　　　　　　　　　□

我们在定理 6.54 中已经看到丢弃是唯一的因果量子效应，这当然不是纯的。因此，没有纯的因果量子效应。更广泛地说，定理 6.56 表明，如果 $\dim(A) > \dim(B)$，则不存在从 $\hat{A}$ 到 $\hat{B}$ 的纯因果量子映射，因为在这种情况下，A 到 B 不存在同构变换（参考命题 5.81）。

现在回想一下命题 5.81，任何从希尔伯特空间到自身的同构变换必须是幺正变换。由此得出定理 6.56 的一个简单推论。

推论 6.57 系统 $\widehat{A}$ 到其自身的纯量子映射是因果的，当且仅当其是幺正变换。

当然，这个事实取决于维数定理，尤其是我们只在**线性映射**中建立的维数定理。另一方面，定理 6.56 不依赖于线性映射的任何特殊性质。类似的一般结果如下。通过命题 4.58，可逆同构变换是幺正变换。将其与定理 6.56 结合可得出以下推论。

推论 6.58 对于纯量子映射，以下是等效的：

1）它是因果的并是可逆的。

2）它是幺正变换。

备注 6.59 在许多教科书中，从一开始就假定幺正性，没有（很多）理由。然而，通过简单的物理解释，因果性更容易证明。因此，翻倍的一个令人愉快的结果是同构（幺正性）很容易出现，如式（6.33）所示。

我们已经隐含地使用了幺正性要求。

示例 6.60 回想在 4.4.4 节中，我们介绍量子隐形传态时，为了让 Bob 能够修正错误，假设 $\widehat{U}_i$ 在下式的右侧需要是幺正变换：

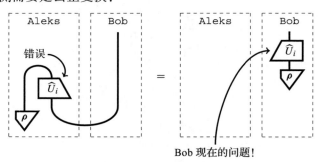

现在我们知道了原因：为了让 Bob 的修正是因果的，它需要是同构变换，为了撤销 $\widehat{U}_i$，它还必须是幺正变换。

那么，杂化过程呢？如果我们结合所有因果纯量子映射是同构变换的事实，所有的量子映射都可以纯化，我们可以立即看到每个因果量子映射都可以表示为同构变换，其中一个输出被丢弃。

定理 6.61 （Stinespring 延展 Ⅰ）对于每个因果量子映射 Φ，存在一个同构变换 $\widehat{U}_i$ 使得：

$$\tag{6.34}$$

证明 通过命题 6.46 我们知道总有一个纯量子映射 $\widehat{U}$ 使式（6.34）成立。通过 Φ 的因果性，得出 $\widehat{U}$ 也必须是因果的：

根据定理 6.56 可知 $\widehat{U}$ 是同构变换。 □

事实上，我们可以把这个结果从同构变换提升到幺正变换，但这需要更多工作。首先，注意我们可以用幺正变换和纯态来代替任何同构变换。

引理 6.62 对于任意同构变换 U：

$$\widehat{U} \begin{smallmatrix}\widehat{B}\\\\\widehat{A}\end{smallmatrix}$$

存在幺正变换 U' 和纯量子态 $\widehat{\psi}$，使得：

$$\widehat{U} \;=\; \widehat{U'} \widehat{\psi}$$

证明　对 A 和 B 确定标准正交基，使得：

$$\left\{ \begin{smallmatrix}U\\i\end{smallmatrix} \right\} \subseteq \left\{ \begin{smallmatrix}j\end{smallmatrix} \right\}_{j}$$

则从 $A \otimes B$ 到 $B \otimes A$ 确定线性映射 U'，将发送：

$$\mathcal{B} := \left\{ \begin{smallmatrix}i\end{smallmatrix}\begin{smallmatrix}j\end{smallmatrix} \right\}_{ij} \qquad 到 \qquad \mathcal{B}' := \left\{ \begin{smallmatrix}j\end{smallmatrix}\begin{smallmatrix}i\end{smallmatrix} \right\}_{ji}$$

使得：

$$\begin{smallmatrix}U'\\i\;0\end{smallmatrix} \;=\; \begin{smallmatrix}U\\i\end{smallmatrix}\begin{smallmatrix}0\end{smallmatrix} \tag{6.35}$$

$\mathcal{B}$ 的剩余基态映射（内射）到 $\mathcal{B}'$ 的剩余基态。这总是可能的，因为 $\dim(A \otimes B) = \dim(B \otimes A)$，并且产生双射标准正交基 $\mathcal{B}$ 和 $\mathcal{B}'$。因此，根据命题 5.38，U' 是幺正变换。对于所有白标准正交，因为基态式（6.35）成立，有：

$$\begin{smallmatrix}U'\\0\end{smallmatrix} \;=\; \begin{smallmatrix}U\end{smallmatrix}\begin{smallmatrix}0\end{smallmatrix}$$

将该方程翻倍并丢弃第一个输出将产生：

$$\begin{smallmatrix}\widehat{U'}\\0\end{smallmatrix} \;=\; \widehat{U}\;\begin{smallmatrix}0\end{smallmatrix} \;=\; \widehat{U}$$

这就完成了证明，对于：

$$\widehat{\psi} := \begin{smallmatrix}0\end{smallmatrix}$$

现在我们可以得出以下结论。

推论 6.63（Stinespring 延展 Ⅱ）　通过将一些纯因果量子态 $\widehat{\psi}$ 插入它的一个输入并丢弃它的一个输出，每个因果量子映射 Φ 产生于某些幺正变换 $\widehat{U}$：

$$\begin{smallmatrix}\Phi\end{smallmatrix} \;=\; \begin{smallmatrix}\widehat{U}\\\widehat{\psi}\end{smallmatrix} \tag{6.36}$$

备注 6.64   有些人用 Stinespring 延展来证明唯一真正的量子过程就是纯幺正变换，我们只接触到其中一小部分。这种信念有时被称为"能容纳更大希尔伯特空间的教堂"。虽然这个观点与量子理论完全一致，却不利用从理论上思考过程。例如，人们不能构建包括幺正变换和纯量子态，而不考虑一般同构变换的过程理论。事实上，在并行组合时，幺正变换量子映射 U 和纯量子态 Ψ 产生（非幺正）同构变换。

我们在 7.3.2 节讨论量子理论的冯·诺依曼表达方式时将回到这一观点。

6.2.7　Kraus 分解与混合

根据杂化量子映射的定义，理解杂化量子映射的一种方法是按照较大系统的丢弃部分。现在我们从混合的角度给出另一种解释。目前，这将涉及明确的求和。然而，在 8.3.4 节中，混合将作为我们消除求和一般策略的一部分，给出了一个纯图形处理。

混合的第一步是将丢弃映射替换为一组标准正交基上的求和。我们可以用式（5.37）来分解盖子：

$$\overline{\overline{}} \;=\; \Big[\;\Big] \;=\; \sum_i \triangle\triangle \;=\; \sum_i \triangle \tag{6.37}$$

将此与纯化结合，我们可以把任何量子映射，写成纯量子映射的求和：

$$\Phi \;=\; \widehat{f} \;\overset{(6.37)}{=}\; \widehat{f} \;=\; \sum_i \widehat{f_i}$$

其中：

$$\widehat{f_i} \;:=\; \widehat{f}$$

相反地，任何有限的纯量子映射集合的求和是量子映射（回想一下，求和只存在于同一类型的过程）：

$$\sum_i \widehat{f_i} \;=\; \widehat{f}$$

其中：

$$f \;:=\; \sum_i \overline{i}\, f_i \tag{6.38}$$

因此，总结有以下几点。

定理 6.65   纯量子映射的求和是量子映射，任何量子映射 Φ 可以写成纯量子映射的求和：

$$\Phi \;=\; \sum_i \widehat{f_i} \tag{6.39}$$

这种表示被称为 Kraus 分解。

备注 6.66 对于完全正映射（见备注 6.50），Kraus 分解为：

其通常会以下列形式出现：

$$\widetilde{\Phi}(\widetilde{\rho}) := \sum_i f_i \, \widetilde{\rho} \, f_i^\dagger$$

纯量子映射的求和几乎从来都不是纯的，所以**纯量子映射**理论在求和之下是不封闭的。但是，我们有以下定理。

定理 6.67 任何有限量子映射集合的求和：

是一个量子映射，即**量子映射**的理论在求和下是封闭的。

证明 既然所有 Φ_i 都有 Kraus 分解：

那么我们可以将它们的求和扩展为：

根据定理 6.65，它是一个量子映射。□

在定理 6.65 中，因为 Kraus 分解不是唯一的，我们说"一个"Kraus 分解。但是，有一些特殊的。对于量子态的 Kraus 分解，根据谱定理（尤其是推论 5.72），我们有以下推论。

推论 6.68 对于一些标准正交基和正实数 r_i，每个量子态 ρ 都有以下形式的 Kraus 分解：

（6.40）

如果将推论 6.68 应用于：

（6.41）

我们可以把式（6.41）分解为二分态的一组标准正交基。同样，我们可以将 Φ 本身分解为希尔伯特 - 施密特标准正交基（见定义 5.101）。

推论 6.69 对于一些希尔伯特 - 施密特标准正交基和正实数 r_i，每个量子映射 Φ 都有以下形式的 Kraus 分解：

（6.42）

我们在定理 6.67 中证明了任何量子映射的求和都是量子映射。当然，如果把**因果**量子映射加起来，我们得到的将不再是因果关系的：

$$\psi_{\overline{\overline{\top}}} + \Phi_{\overline{\overline{\top}}} = \overline{\overline{\top}} + \overline{\overline{\top}} = 2\overline{\overline{\top}}$$

然而，我们可以考虑因果量子映射的凸组合，而不是一般的求和。

定义 6.70　因果量子映射族 $\{\Phi_i\}_i$ 的凸组合或混合是以下形式的求和：

$$\sum_i p^i \Phi_i \tag{6.43}$$

其中数 p^i 的求和为 1。

在这种情况下，因果性得以保留。

定理 6.71　每一个因果量子映射的凸组合又是一个因果量子映射。

证明　根据定理 6.67，映射（6.43）是一个量子映射，根据每个量子映射 Φ_i 的因果性有：

$$\sum_i p^i \Phi_i{}_{\overline{\overline{\top}}} = \sum_i p^i \overline{\overline{\top}} = \overline{\overline{\top}} \qquad\square$$

我们把 $\{p^i\}_i$ 和 $\{\Phi_i\}_i$ 产生式（6.43）的操作作为混合。对于混合物，我们可以将每个 p^i 解释为过程 Φ_i 发生的概率。换言之，缺少用概率分布 $\{p^i\}_i$ 表示的有关 $\{\Phi_i\}_i$ 中的纯过程 Φ_i 正在发生的信息。例如，因果量子态：

$$\rho = \sum_i p^i \widehat{\psi_i} \tag{6.44}$$

可以解释为处于纯态 $\widehat{\psi_i}$ 的系统，但我们不知道是哪一个。我们只知道它处于 p^i 的概率。我们实际上可以把任何因果量子态写为下列形式。

定理 6.72　每个因果量子态都可以看作是纯因果量子态的混合物。此外，总是可以选择这些**纯**因果量子态以构成一组标准正交基。

证明　由于标准正交基态总是因果的，这是直接从推论 6.68 推出的。　　　　□

因此，我们很容易相信所有的杂化态都可以简化成这种情况。但是，如果我们尝试对除态以外的其他更一般的映射执行此操作，则很快会遇到障碍。

定理 6.73　并非每个因果量子映射都可以视为纯因果量子映射的混合物。

证明　在纯因果量子效应中丢弃不能被分解，因为没有任何事物（见定理 6.54）。　　□

混合的概念不仅是对杂化量子态（以及一些杂化量子映射）的概念上的解释，而且还为这些态提供了几何绘景。在式（6.44）中，ρ 是纯态的凸组合。描述这种情况的自然方式是把 ρ 看作介于纯态之间的某个态，每个 p^i 决定了它离第 i 纯态的距离（1:="在同一处"，0:="在尽可能远处"）。回想 6.1.2 节，我们可以把 $\mathbb{C}^2$ 中的因果（即归一化的）纯量子态描述为在一个布洛赫球的表面上。如果包括任意因果量子态，我们将包括球面上所有态的凸组合。因此，我们得到的不仅仅是一个球面，而是一个完整的球，叫作布洛赫球。在这个球里，一种混合态：

$$\rho := p\,\widehat{\psi_1} + (1-p)\,\widehat{\psi_2}$$

被描述为球体内的一点：

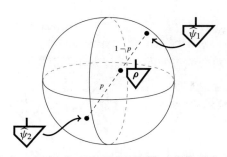

302

混合的一种特殊情况是在一组标准正交基上混合，这使我们能够对任何概率分布编码。

命题 6.74　给定一个固定的标准正交基，其概率分布可以等效地表示为以下形式的因果量子态：

$$\vcenter{\hbox{\includegraphics{}}} := \sum_i p^i \vcenter{\hbox{\includegraphics{}}}_i \tag{6.45}$$

证明　我们需要证明数 p^i 均为正的，这是从推论 5.72 得出的，并且因果性（见下面的（*））迫使这些概率的总和为 1：

$$\sum_i p^i = \sum_i p^i \,\overline{\underline{\ \ }}_i \overset{(6.45)}{=} \overline{\underline{\ \ }}_{\mathbf{p}} \overset{(*)}{=} 1$$

$\square$

在二维情况下，概率分布变为：

$$\vcenter{\hbox{\includegraphics{}}}_{\mathbf{p}} := p\,\vcenter{\hbox{\includegraphics{}}}_0 + (1-p)\,\vcenter{\hbox{\includegraphics{}}}$$

也就是说，它们仅取决于数 $p \in [0, 1]$，我们可以将它们视为在布洛赫球里连接两个翻倍基态的线：

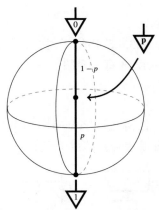

如果这是经典的概率论，那将是故事的结局：任何概率态都将唯一地分解为跨越概率分布空间的纯态上的概率分布（即对应于点分布）。但是，对于量子态，情况就十分不同，因为分解为纯态通常**不**是唯一的：量子态 ρ 可以分解为许多不同纯态的混合。这种现象最极端的例子是最大混合态，其可以看作是对应于**任何**标准正交基纯态的相等混合。事实上，根据命题 5.56，我们可以把杯分解为任何标准正交基：

303

$$\frac{1}{D}\,\overline{\underline{\underline{\ \ }}} = \frac{1}{D}\,\cup = \frac{1}{D}\sum_i \vcenter{\hbox{\includegraphics{}}}_i \vcenter{\hbox{\includegraphics{}}}^i = \sum_i \frac{1}{D}\,\vcenter{\hbox{\includegraphics{}}}_i \tag{6.46}$$

这也意味着最大混合态与任何纯态"等距"，这就解释了"最大混合"这个名称：它不偏向任何纯态。

因此，给定一个混合态，对于纯态集合没有唯一的解释。事实上，没有特别的理由将 ρ 分解为基上的混合物或只有两个纯态的混合物。为什么不是三个，或者四个：

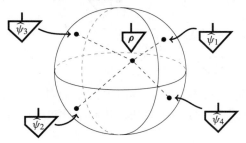

或是十亿个？事实上，混合态常被用来在各种纯态下描述大量的量子系统，称为系综。这样一个整体可以表示，例如激光束中的所有光子。

示例 6.75（噪声） 人们可以认为最大混合态为总噪声，因为它对任何有意义的数据（即任何纯态）没有偏见。考虑以下过程：

$$\frac{1}{D} \quad \xleftarrow{\text{输出纯噪声}} \\ \xleftarrow{\text{丢弃任何输入}}$$

这个过程将任何输入转换成噪声。从图形中可以清楚地看到，输入端没有任何事物保留在输出端，因为它是 ∘− 可分离的。现在我们可以将这些噪声映射与任何其他过程混合：

$$(1-p)\ \boxed{\Phi}\ +\ p\,\frac{1}{D}\ \overline{\underline{\underline{}}}$$

让它有点噪声。p 越大，噪声越大。

这就是我们现在所说的混合。8.3.4 节描绘了混合，其包含我们在这里看到的一些结果的图形对应，以及一些新的结果。第 13 章将介绍资源理论，这会让我们比较和量化混合。

6.2.8   无广播定理

我们已经在 4.4.2 节中看到，任何允许字符串图的过程理论都满足不可克隆定理。因此，在**量子映射**中不存在克隆所有输入态 ρ 的量子映射Δ：

$$\boxed{\Delta} \bigg/ \rho \quad = \quad \bigtriangledown_\rho \ \bigtriangledown_\rho$$

即使我们把自己限制在纯态 $\widehat{\psi}$ ，那么仍然不存在克隆映射，因为纯量子映射已经存在字符串图。仅限于因果态也没有用，因为非因果态总是可以通过乘以一个数而成为因果态。

在 4.4 节中，我们第一次介绍了不可克隆，标题为"字符串图的量子特性"。但是这个标题有多合理呢？一般来说，当有人说到"量子特征"时，通常不是只指一些**碰巧**在量子理论中成立的事物，而意味着一些在经典理论中不成立的事物。

在上一节中，我们看到可以将概率分布表示为如下的量子态：

$$\bigtriangledown_{\mathbf{p}} \ := \ \sum_i p^i \ \bigtriangledown_i$$

304

纯态由点分布给出：

$$\downarrow_{\!j}$$

而所有其他概率分布都是点分布的混合。这就得到以下类比：

	纯的	混合的
概率分布	$\bigtriangledown_{\!j}$	$\bigtriangledown_{\!\rho} := \sum_i p^i \bigtriangledown_{\!j}$
因果量子态	$\bigtriangledown_{\!\psi}$	$\bigtriangledown_{\!\rho} := \sum_i p^i \bigtriangledown_{\!\phi_i}$

如果不可克隆是真正的量子特性，那么我们应该可以克隆经典态，即概率分布。

好消息是确实存在点分布的克隆映射，可以用量子映射表示：

$$\boxed{\widetilde{\Delta}} := \sum_i \quad \text{::} \quad \bigtriangledown \mapsto \bigtriangledown\bigtriangledown \tag{6.47}$$

所以当我们不能克隆纯量子态时，我们可以克隆纯概率分布。然而，坏消息是，这并没有扩展到一般的（即混合的）概率分布：

$$\sum_i p^i \,\bigtriangledown_{\!i} \;\overset{\widetilde{\Delta}}{\mapsto}\; \sum_i p^i \,\bigtriangledown\bigtriangledown_{\!i} \;\neq\; \left(\sum_i p^i \,\bigtriangledown_{\!i}\right)\!\left(\sum_i p^i \,\bigtriangledown_{\!i}\right) \tag{6.48}$$

就像在量子情形下，没有克隆所有概率分布的映射。所以"不可克隆"只是将**纯**经典理论和量子理论分开。我们真正想要的是一个较弱的准则，它仍然适用于（混合的）经典的世界，但对于量子映射来说却无效。

这可以实现如下。我们可以要求广播映射的存在，而不是要求克隆映射的存在，即处于态 ρ 以及输出两个具有以下属性的系统映射：如果我们丢弃**任何**一个系统，则整体态将是 ρ：

$$\boxed{\Delta}_{\!\rho} \;=\; \bigtriangledown_{\!\rho} \;=\; \boxed{\Delta}_{\!\rho} \tag{6.49}$$

这里，"广播"一词的含义与电视广播相同。当你接收电视节目时，你只关心它是否正确地出现在你面前，而不关心其他地方发生了什么。

首先，我们证明广播确实比克隆弱。

命题 6.76　任何克隆映射也是广播映射。

证明　对于任何克隆映射 Δ 有：

$$\boxed{\Delta}_{\!\rho} \;=\; \bigtriangledown_{\!\rho}\,\bigtriangledown_{\!\rho} \;=\; \bigtriangledown_{\!\rho}\,\square$$

第二个等式也具有对称性。

反之则不正确。特别是，我们可以广播概率分布。　　□

练习 6.77　证明 $\widetilde{\Delta}$ 是概率分布的广播映射。

然而，尽管广播比克隆弱，但我们仍然不能广播量子态。因此，无广播是真正的量子特征，它不依赖于任何其他假设，例如纯度。为了证明量子态的无广播，我们首先需要将命题 6.33 中的二分态从纯态推广到任何量子态。

命题 6.78　如果任何量子态的约化态是纯态：

$$\text{（图）} \qquad (6.50)$$

则对于某些（因果）量子态 ρ'，态 ρ 可展为如下：

$$\text{（图）}$$

证明　假设式（6.50），我们首先提纯 ρ（见定义 6.47）：

$$\text{（图）}$$

并将其代入式（6.50）：

$$\text{（图）}$$

根据命题 6.33，$\widehat{\phi}$ 是 $\otimes-$ 可分离的，在这种情况下：

$$\text{（图）}$$

只需将 $\widehat{\psi_2}$ 乘以某个数，就可以始终选择 ρ' 为因果的。在这种情况下，式（6.50）意味着 $\widehat{\psi_2} = \widehat{\psi}$。相反的证明很简单。　　□

……则我们将其归纳为过程。

命题 6.79　如果任何量子映射 Φ 的约化映射是纯的：

$$\text{（图）} \qquad (6.51)$$

则对于某些（因果）量子态 ρ，Φ 展开：

$$\text{（图）} \qquad (6.52)$$

证明　在式（6.51）中把线弯曲：

$$\text{（图）}$$

由于三重量子态的约化态是纯的，根据命题 6.78，它可展开：

$$\text{（图）}$$

把线拉直，我们就完成了。　　□

现在我们准备证明无广播定理。

定理 6.80　量子态不能广播。

证明　根据定理 6.24，存在一个由任何类型的量子态组成的基，因此式（6.49）相当于：

$$\text{(6.53)}$$

我们现在证明不存在这样的 Δ。根据式（6.53）（1），Δ 的约化态是纯的，因此，根据命题 6.79，对于某个态 ρ 有：

$$\text{(6.54)}$$

因此可以得到：

由于单位是 ○– 可分离的，因此涉及该类型的所有其他过程也是可分离的，因此为了使 Δ 存在，系统必须是平凡的。　□

备注 6.81　即使我们针对**量子映射**专门提出了定理 6.80，我们也可以为许多过程理论导出这个结果，就像我们在 4.4.2 节中对不可克隆定理所做的那样。实际上，通过式（6.53）直接定义广播，无广播适用于满足式（5.47）的任何（非平凡的）过程理论的翻倍形式。或者，如果我们研究的是过程理论，而这个过程理论不是由翻倍产生的，我们可以将量子过程的"纯度"定义为式（6.51），即式（6.52）。那么，无广播适用于任何系统，其单位过程在式（6.51）的意义上是"纯的"系统。然而，这种方法有一个警告，我们将在 6.7 节中揭示。你能猜到是什么吗？

6.3　过程理论的相对论

现在必须清楚的是，因果性在量子理论中起着很重要的作用。例如，它迫使所有纯量子映射都是同构变换，并且一般量子映射可通过 Stinespring 延展作为同构变换的纯化而出现。我们用这句格言来诠释因果性：

> 如果一个过程的输出被丢弃了，那么它也可能从未发生过。

这体现在等式里：

$$\text{(6.55)}$$

这也意味着，如果一个过程在其他地方发生，它的输出永远不会到达，则我们不需要关心它。正如我们已经注意到的，这对于科学研究来说至关重要，因为它使我们能够安全地忽略宇宙中不会影响我们的部分。

本节的目标是证明因果性的假设保证了量子理论与相对论的一致性。特别是，因果性保证了：

308

> 没有什么能达到比光速更快的速度。

这也许是最出人意料的且最令人信服的解释。事实上，我们也将看到，量子图形化已经有相对性方面的内在特征，因果性也有这样一个事实：物理定律应该独立于观察者。

6.3.1 因果结构

相对论告诉我们空间和时间的结构，或者简而言之，时空。Aleks 和 Bob 都有自己独立的现实场景，就像他们个人对事物发展快慢的认知，而不是发生于具有单一时钟的具有单一场景。

相对论最简单的形式，称为狭义相对论，是从两个原则中提炼出来的：

1）所有观察者都经历相同的物理定律。

2）光通过真空的速度是恒定的。

从这些原则和适量的创造力中，我们可以得出整个相对论，包括以下特征：

- 同时的相对性，即在 Aleks 看来同时发生的两个过程，在 Bob 看来可能发生在非常不同的时间里，反之亦然。
- 没有比光速更快的，也就是说，没有任何物体的速度能超过光速，只有在没有质量的情况下才能达到这个速度，否则就需要无限的能量。

这些特征暗示了这种情形：

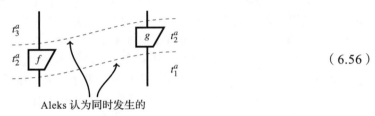

$$(6.56)$$

等于这种情形：

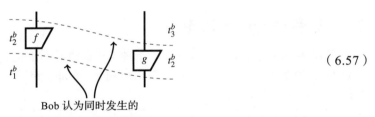

$$(6.57)$$

因为在每种情形下，至少有一个观察者认为这些过程是同时发生的。当然，我们从一开始就假设了这一点，因为这些图形是相等的！所以通过使用图形语言，我们解释了相对论的重要方面。

同时性的概念失去了它的绝对（即客观的）意义，为较弱的（但仍然客观的）空间分离概念让路，它允许过程对一些人来说是同时发生的，但对另一些人则不是。我们可以将这种情况描述为没有连接的两个点：

Aleks Bob

因为从 Aleks 到 Bob 的信号不能超过光速，当它们离得很远的时候，Aleks 发送的任何东西到达 Bob 需要一些时间，反之亦然。为了使这一点更直观，我们可以扩展上面的图片：

（6.58）

这些点表示时空中某个特定位置执行的过程，箭头表示一个过程影响另一个过程的可能性。

我们在式（6.58）中看到，Aleks 和 Bob 可以自由地在本地执行多个过程，但是，直到过程被执行一段时间后，Aleks 的过程才会对 Bob 的过程产生影响（反之亦然）。请注意，我们如何省略了诸如 Aleks 和 Bob 离得"多远"，或者说每个过程需要"多长时间"之类的细节。这样画出的点和箭头就是所谓的因果结构。

从一个单独的点沿着箭头可以到达的所有点的集合称为该点的因果未来。我们应该把这些看作是，可以从给定的点以小于或等于光速的速度到达所有的时空点。按相对论的说法，这就是所谓的未来光锥。同样地，有一个过去光锥，它们一起构成了该点的光锥。

当然，可以想象有无限多的因果结构描述空间和时间相互作用的过程。本质上，对于"有效的"因果结构的唯一限制是（通常）假设它不包括任何有向循环，就像我们在 3.2.3 节中对线路图形所做的那样。

备注 *6.82　人们还可以将因果结构定义为偏序集。也就是说，对于所有 a，b，c，一个有 $\leqslant$ 关系的集合：

- $a \leqslant a$，
- （$a \leqslant b$ 和 $b \leqslant c$）$\Longrightarrow a \leqslant c$
- （$a \leqslant b$ 和 $b \leqslant a$）$\Longrightarrow a = b$

由线路导出的有向无环图和因果结构之间有着紧密的关系（见备注 *3.21），因为每个有向无环图都可以通过传递闭包转化为偏序集。因此，在备注 *6.82 中，我们把线路描述为存在因果结构的图形是正确的。

因果结构的示例是 V 形和叉形：

311

在 11.1 节中证明量子理论是非局域的时候将遇到叉形、V 形将帮助我们建立因果性假设和相对论之间的联系。

现在假设我们有一个表示时空的确定因果结构和一个告诉我们哪些过程可以发生的过程理论（例如因果量子映射）。我们现在可以把这些过程想象成发生在时空中的某个点，把它们放在因果结构上面：

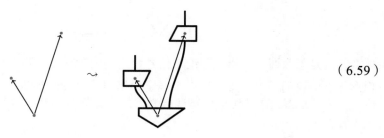

（6.59）

值得注意的是，因果结构中的箭头告诉我们哪里允许线，哪里禁止线：

（6.60）

如果确定的因果结构图形中的每个过程 Ψ 只能对 Ψ 的因果未来的过程产生影响，则过程理论被认为是无信号传递。自然地，有一种理论认为过程可以对那些在因果未来外的过程产生影响，被称为有信号传递。

这是过程理论的一个重要的要求。换句话说，在某些理论中，过程可以对其他过程产生影响，而这些其他过程不在该过程的因果未来中，即使当我们局限于考虑因果结构的图形时，如在式（6.59）中。为了理解这一点，考虑以下 N 形的因果结构：

以及任何存在字符串图的过程理论（例如，可能是非因果**量子映射**）。显然我们可以通过在 b 处引入杯并在 a' 处引入盖来破坏反因果结构：

尽管在因果结构中从 a 到 b' 没有边界，但是人们仍然可以从 a 向 b 发送数据，因为有：

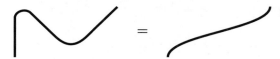

事实上，这正是在量子隐形传态中发生的事情：

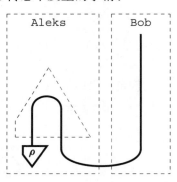

那么，这是怎么回事？量子理论有信号传递是因为它允许隐形传态吗？绝对不是！只要看看隐形传态协议的一个分支，即一个确定的错误 $\widehat{U}_i$，我们忽略了一个重要的部分：将 Aleks 的值 i 传递到 Bob，这是纠正该错误所必需的。如果我们解释这个经典通信，因果结构再次得到重视：

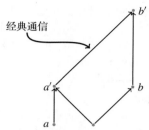

我们将在 6.4.4 节中看到，如果 Aleks 不向 Bob 发送其值 i，Bob 最后得到的态就是噪声，没有任何 ρ 的迹。

313

6.3.2　因果性意味着无信号传递

为了证明这一点，我们将依赖于简单的 V 形因果结构：

也就是说，也许当 Dave 给了 Aleks 和 Bob 纠缠态的两部分时，他们可能有共同的历史信息。然而，现在他们已经远离彼此，事实上到目前为止，不发送比光速还快的信息，他们就无法再相互通信。这当然是他们做不到的。

我们可以用过程图形装饰因果结构：

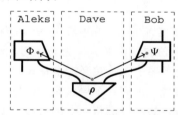

之前讨论隐形传态时，我们考虑了非常具体的过程，但是现在我们只会假设所有的过程都服从因果性。事实上，即使 Φ、Ψ 和 ρ 不是量子过程，只要它们仍然满足丢弃过程的因果性等式，下面的论证也成立。

因果结构允许 Aleks 和 Bob 有本地输入和输出，以便他们可以控制自己的过程并从它们那里接收数据。技术上，它也允许 Dave 输入 / 输出，但我们不需要。但至关重要的是，因为在因果结构中没有从 Aleks 到 Bob 的箭头，反之亦然，他们中的任何一个都不能给对方发送信号。这意味着他们都不应该被允许只使用自己的输入和输出推导对方输入的东西。否则，这可能会被用来以一种违反因果结构的方式传递一些数据（即信号）。

我们的主张是，无信号传递只遵循因果性假设（6.55）。我们首先从 Bob 了解 Aleks 输入的情况开始考虑。从 Bob 的角度看，我们应该丢弃 Aleks 的输出，因为 Bob 无法访问它：

314

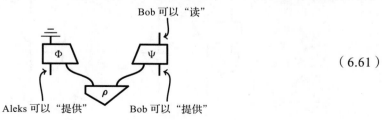

（6.61）

现在让我们看看 Bob 是否可以从自己的一对输入 – 输出中了解到 Aleks 的任何信息。根据因果性，我们有：

$$\stackrel{\overline{=}}{\Phi} \ = \ \overline{\overline{=}} \ \overline{\overline{=}}$$

因此得出：

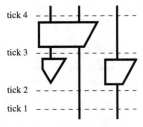

所以从 Bob 的角度来看，他的一对输入 – 输出与被丢弃的 Aleks 的输入是分离的。因此，Aleks 不能向 Bob 传递信号。根据对称性，Bob 也不能向 Aleks 传递信号。因此，我们有以下几点。

定理 6.83   如果过程理论对于每种类型都有一个丢弃过程，并且它满足因果性，那么它是无信号传递的。

练习 6.84   上面我们只建立了 V 型因果结构的无信号传递。如果我们把这个扩展到一个钻石形状的因果结构，也就是说，我们在 Aleks 和 Bob 的共同未来中添加一个点，会怎样呢？更一般来说，无信号传递对任何因果结构都适用。

6.3.3   因果性和协方差

现在我们将证明，不同的观察者 Aleks 和 Bob 总是经历相同的物理定律。更精确地说，我们将证明在时空里限制于单一位置的态（被称为局域态）对两者来说都是一样的。因此，无论什么物理定律使系统最终处于那个态，它必定也是相同的。

那么，对于给定的观察者来说，询问一个局域态"看起来像"是什么意思呢？回顾 6.3.1 节，同时性的概念取决于观察者。假设我们将一个图分成一系列层，表示对于单个观察者时间点发生的过程：

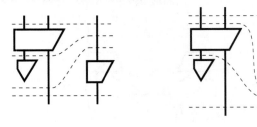

这种划分图形的方法叫作叶状结构，因为"同时"的概念取决于观察者，所以叶状结构也是如此。因此，单独图形存在许多不同的图形：

另一种说法是，对于所有的观察者来说，物理定律是一样的，也就是独立的或协变的叶状结构。

如果将初始态输入叶状图形中，我们可以计算每一层的结果态，因此可以看到它根据特定的叶状结构随时间的演化。例如上面示例的左叶状结构产生：

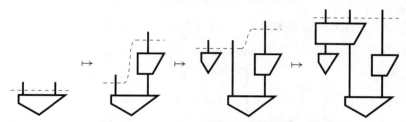

通过确定单个时空点可以获得局域态，并在单层中丢弃所有其余系统，例如

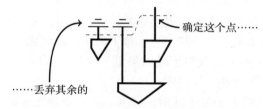

当然，通常有许多不同的层，包括来自不同的可能叶状结构的单一时空点：

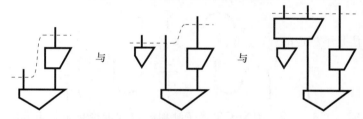

但是因果性假设保证了局域态不依赖于层的选择：

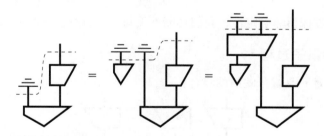

因此，它也不依赖于叶状结构的选择。

6.4 量子过程

在本章的引言中，我们宣称因果性将成为一般量子过程的定义约束。作为一个整体，这些量子过程可以有不止一个量子映射，遵循一个概括量子映射的因果性假设。满足因果性的单个量子映射则是一个特例，即确定性的量子过程。然而，确定性量子过程是稀缺的。例如，根据定理 6.54，对于任何类型，只有一种因果量子效应：丢弃。当只考虑非确定性过程时，量子过程的真正潜力变得显而易见。没有这些，像隐形传态这样的事情根本不可能发生，因为我们赖以执行隐形传态的盖子效应不是因果的，也不是任何不可分离的二分效应。

命题 6.85 所有因果量子效应是可分离的。

证明 根据式（6.16）丢弃多个系统等同于单独丢弃每个系统，由定理 6.54 有：

$$\widehat{\rho} = \overline{\overline{}} \;\; \overline{\overline{}}$$

尤其是，它是可分离变量。

现在，假设我们用唯一可能的因果二分量子效应尝试进行量子隐形传态：

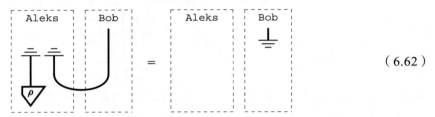

$$(6.62)$$

Bob 所能得到的最佳态是最大混合态，也就是说，只有噪声。尤其是态 ρ 完全没有留下迹。

事实上，我们周围没有盖子是个坏消息，如下所指出的问题。

命题 6.86 因果量子映射的线路也是因果量子映射，所以因果量子映射构成了一个过程理论。然而，这个理论不存在字符串图。

证明 量子映射的线路也是量子映射的证明，包含在命题 6.89 的证明中。现在，假设因果量子映射确实存在字符串图。则根据命题 6.85：

$$\bigcap \; := \; \overline{\overline{}} \;\; \overline{\overline{}}$$

由此可以得出单位是不相连的：

$$\big| \; = \; \bigcap\!\!\bigcup \; = \; \overline{\overline{}} \;\; \overline{\overline{}}\bigcup \; = \; \overline{\overline{\underline{}}}$$

因此过程理论必须是不重要的。因为因果量子映射的过程理论是至关重要的，它不能存在字符串图。

幸运的是，通过保留非确定性，我们将能够重新引入所有丢失的，从而挽救字符串图！

6.4.1 非确定性量子过程

（不受控制的）量子过程是量子映射的集合：

$$\boxed{\Phi_1}\;,\;\boxed{\Phi_2}\;,\;\cdots\cdots,\;\boxed{\Phi_n}$$

我们表示为：

$$\left(\boxed{\Phi_i}\right)^i$$

$$(6.63)$$

它们一起满足因果性假设：

$$\sum_i \boxed{\overline{\overline{\Phi_i}}} \; = \; \overline{\overline{}}$$

$$(6.64)$$

我们将集合（6.63）中的元素称为分支。如果只有一个分支，那么我们称量子过程为确定性的；否则，我们称之为非确定性的。当一个系统经历了量子过程时，其中一个分支就会发生。我们把这个分支（或其索引 i）称为过程的结果。

备注 6.87   我们说"非受控"量子过程，因为在 6.4.5 节中我们将对这个定义概括为允许量子过程依赖于（即"受控于"）前期过程的结果。

物理学是关于预测的，所以如果有许多可能的选择，人们就想了解这些选项的可能性有多大。这正是由数组成的量子过程：

$$\left(\diamondsuit{p_i}\right)^i$$

我们已经知道翻倍保证数是正的，而这种新的多分支因果性保证了这些数还能构成概率分布：

$$\sum_i \diamondsuit{p_i} \;=\; \boxed{}$$

我们还可以将概率分布与由态组成的量子过程联系起来。给定这种量子过程：

$$\left(\nabla{\rho_i}\right)^i$$

每个态的权重为其概率：

$$P(\rho_i) \;:=\; \frac{\overline{=}}{\nabla{\rho_i}} \tag{6.65}$$

319

正如 6.2.3 节所述，这只是玻恩定则的一个实例。因果性意味着这些概率加起来等于 1：

$$\sum_i \frac{\overline{=}}{\nabla{\rho_i}} \;=\; \boxed{}$$

与态不同，我们不能将确定性概率分布与一般量子过程联系起来。这并不奇怪，因为如果量子过程应用于处于某一状态的系统，概率当然可能取决于该态。例如，虽然我们还没有说什么是量子测量，但它应该是显而易见的，执行所谓"测量"的结果将取决于实际测量到的东西。然而，一旦我们将量子过程应用于一个态，我们可以再次分配概率，玻恩定则告诉我们它们是什么：

$$P(\Phi_i \mid \rho) \;:=\; \begin{matrix} \overline{=} \\ \Phi_i \\ \rho \end{matrix} \Big\} \text{效应} \\ \Big\} \text{态}$$

再次，因果性保证它们加起来是 1：

$$\sum_i \begin{matrix} \overline{=} \\ \Phi_i \\ \rho \end{matrix} \;=\; \begin{matrix} \overline{=} \\ \rho \end{matrix} \;=\; \boxed{}$$

因此，一般过程的因果性假设（6.64）保证：

概率可以一致地分配给分支。

在确定性过程中，因果性简化为我们在定义 6.52 中已经遇到的形式：

$$\frac{\overline{=}}{\Phi} \;=\; \overline{\mathsf{T}}$$

因此量子过程概括了**因果**量子映射，特别是确定性量子过程由单一因果量子映射组成。

备注 6.88 在式（6.64）的形式中，因果性假设似乎并不承认我们在量子态和量子映射的情况下所提供的解释，即丢弃一个过程的输出就等于丢弃它的输入，而这个过程从未发生过。这是因为发生分支 Ψ_i 的内容，实际上应该作为过程的经典输出来处理。一旦我们有了经典数据的图形解释，它将变得很清楚，将所有分支加起来就是"丢弃"此经典输出的结果，在这种情况下式（6.64）意味着该过程可能从未发生过。

现在，考虑一下如果我们依次组合两个非确定的过程会发生什么。如果第一个过程有四个分支（由 i 索引），我们将其输出提供给具有三个分支（由 j 索引）的另一个过程，则 i 分支和 j 分支的任何组合都可能发生。因此，产生的过程：

$$\left(\begin{matrix}\Psi_j \\ \Phi_i\end{matrix}\right)_i^j := \left(\begin{matrix}\Psi_j \\ \Phi_i\end{matrix}\right)^{ij}$$

有 $4 \cdot 3 = 12$ 个分支（由 ij 索引）。我们可以使用类似的规则来并行组成过程，甚至使用任意线：

$$\left(\begin{matrix}\Psi_j \\ \Phi_i\end{matrix}\right)_i^j \left(\begin{matrix}\Psi'_l \\ \Phi'_k\end{matrix}\right)_k^l := \left(\begin{matrix}\Psi_j & \Psi'_l \\ \Phi_i & \Phi'_k\end{matrix}\right)^{ijkl} \qquad (6.66)$$

也就是说，我们可以把这些括号放到图外面，就像处理求和一样，正如我们将在第 8 章中看到的那样，这并不完全是巧合。由于以下原因，结果又是一个量子过程。

命题 6.89 当构成量子过程的线路时，因果性得以保留。

证明 我们在式（6.66）中的组合结构中证明了这一点，该结构包含并行和串行组合，并因此包含任意线路。通过量子过程 $(\Psi_j)^j$ 和 $(\Psi'_l)^l$ 的因果性有：

$$\sum_{i,j,k,l} \begin{matrix}\Psi_j & \Psi'_l \\ \Phi_i & \Phi'_k\end{matrix} = \sum_j \Psi_j \sum_l \Psi'_l \atop \sum_i \Phi_i \sum_k \Phi'_k = \sum_i \Phi_i \sum_k \Phi'_k$$

通过量子过程 $(\Phi_i)^i$ 和 $(\Phi'_k)^k$ 的因果性，有：

$$\sum_i \Phi_i \sum_k \Phi'_k = \bar{\bar{}} \; \bar{\bar{}}$$

也就是说，式（6.66）的左侧的四个量子过程的因果性意味着式（6.66）右侧的因果性。 □

备注 6.90 量子过程"几乎"构成了过程理论。当我们在第 3 章中定义过程理论时，我们说过它们给出了过程**图形**的解释，而不是带有这些有趣的括号 $(\ )^i$ 的图形。当我们用经典的线代替括号并得到一个真实过程理论时，我们将在第 8 章中确定这个问题。但与此同时，把这个"几乎"过程理论当作是真的没有什么坏处。

示例 6.91 由于量子过程的组合，我们之前给出的为分支分配概率的三种情况都可以归结为由数组成量子过程的第一种情况：

$$\left(\overline{\underline{\rho_i}}\right)^i = \left(\overline{\underline{\rho_i}}\right)^i \qquad \left(\boxed{\Phi_i}\right)^i = \left(\boxed{\Phi_i \atop \rho}\right)^i$$

6.4.2 所有量子映射的非确定性实现

由于非确定量子过程将拯救我们喜爱的字符串图，那么至少它们应该为我们提供一些效应，而不是丢弃。下面是一个量子过程的例子，它就是这样做的。

命题 6.92 对于任何标准正交基：

$$\left\{\ \underline{\underline{i}}\ \right\}_i \tag{6.67}$$

相应的翻倍效应构成一个量子过程：

$$\left(\overline{\underline{i}}\right)^i \tag{6.68}$$

证明 没有 $\dfrac{1}{D}$ 因子的（6.46）垂直翻转产生：

$$\sum_i \overline{\underline{i}} = \overline{\overline{}}$$

则式（6.68）确实是因果的，因此是量子过程。 □

这实际上是量子过程中最重要的例子之一，称为标准正交基测量。下一章我们将广泛研究这个过程和相关的过程。就目前而言，它将为我们提供足够的非确定性来产生任意量子映射。

由于贝尔基是一组标准正交基（见 5.3.6 节），因此根据命题 6.92，存在相应的量子过程：

$$\left(\overline{\underline{B_i}}\right)^i$$

其中只差一个倍数包括将翻倍盖作为分支：

$$\overline{\underline{B_0}} := \tfrac{1}{2}\ \cap$$

这不仅适用于量子比特的盖子，而且适用于任意维度，从而使我们能够恢复所有量子映射。

引理 6.93 贝尔效应可以非确定地实现。明确地说，存在一个量子过程：

$$\left(\overline{\underline{\hat{\phi}_i}}\right)^i \qquad \text{使得} \qquad \overline{\underline{\hat{\phi}_1}} := \tfrac{1}{D}\ \cap \tag{6.69}$$

证明 因为根据命题 5.79，任何归一化态都可以视为一组标准正交基，存在一组包含归一化杯子的标准正交基：

$$\left\{\ \underline{\phi_1} := \tfrac{1}{\sqrt{D}}\ \cup\ ,\ \underline{\phi_2}\ ,\ \cdots\cdots,\ \underline{\phi_{D^2}}\ \right\} \tag{6.70}$$

则根据命题 6.92，可以得出式（6.69）是一个量子过程。 □

定理 6.94 每个量子映射 Φ 都可以非确定性地实现，只差一个倍数。明确地说，对于

$r > 0$, 存在一个量子过程:

$$\left(\boxed{\Psi_i} \right)^i \qquad 使得 \qquad \boxed{\Psi_1} := r \ \boxed{\Phi} \qquad\qquad (6.71)$$

证明   选择 k, 使得以下态为因果的:

$$k \ \boxed{\Phi}$$

当我们用引理 6.93 构造的量子过程 (6.69) 组成该量子过程时:

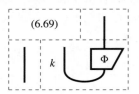

我们得到了量子过程:

$$\left(\boxed{\Psi_i} \right)^i := \left(k \ \overbrace{\widehat{\phi_i}} \ \boxed{\Phi} \right)^i$$

其中:

$$\boxed{\Psi_1} = \frac{k}{D} \ \smile \ \boxed{\Phi} = \frac{k}{D} \ \boxed{\Phi}$$

对于 $r := \dfrac{k}{D}$, 这完成了证明。   □

练习 6.95   量子映射可以通过将其编码为态或效应来实现:

$$效应 \ \boxed{\Phi} \ = \ \boxed{\Phi} \ = \ \boxed{\Phi} \ 态$$

通过将 Φ 编码为一个作为非确定性过程分支出现的效应, 构造定理 6.94 的另一种证明。

6.4.3   量子过程的纯化

根据命题 6.46, 我们知道每个量子映射都可以被纯化, 因此, 所有确定性量子过程可以被纯化。事实上, 这很好地构建了量子映射的概念, 它被定义为用丢弃构成纯量子映射的结果。纯化具有吸引人的解释, 即每个量子映射通过丢弃输出和因果性产生纯的量子映射, 该纯量子映射可以假定为同构变换 (Stinespring 延展)。

乍一看, 似乎可以很容易地得出结论, 我们也可以纯化非确定的量子过程。事实上, 任何量子过程中的每个分支:

$$\left(\boxed{\Phi_i}^{\widehat{B}}_{\widehat{A}} \right)^i$$

可以纯化，即存在：

$$\left(\begin{array}{c} \widehat{B} \quad \widehat{C}_i \\ \boxed{\widehat{g}_i} \\ \widehat{A} \end{array} \right)^i \qquad\qquad （6.72）$$

使得：

$$\boxed{\Phi_i}^{\widehat{B}}_{\widehat{A}} = \boxed{\widehat{g}_i}^{\widehat{B} \quad \overset{=}{\widehat{C}_i}}_{\widehat{A}}$$

然而，这是我们遇到的一个小障碍。对于每个 i，类型 $\widehat{C}_i$ 可能不同，在这种情况下，过程 $\widehat{g}_i$ 可能有不同的输出类型，这意味着式（6.72）不再是明确定义的量子过程。

幸运的是，这个问题可以通过找到合适的量子过程分支的联合纯化来确定：

引理 6.96   对于任何量子过程：

$$\left(\boxed{\Phi_i}^{\widehat{B}}_{\widehat{A}} \right)^i$$

存在单个类型 $\widehat{C}$ 和量子过程：

$$\left(\begin{array}{c} \widehat{B} \quad \widehat{C} \\ \boxed{\widehat{f}_i} \\ \widehat{A} \end{array} \right)^i$$

使得：

$$\boxed{\Phi_i}^{\widehat{B}}_{\widehat{A}} = \boxed{\widehat{f}_i}^{\widehat{B} \quad \overset{=}{\widehat{C}}}_{\widehat{A}} \qquad\qquad （6.73）$$

325

证明   我们知道对于每个量子映射 Φ_i 都存在一个纯化：

$$\boxed{\widehat{g}_i}^{\widehat{B} \quad \widehat{C}_i}_{\widehat{A}}$$

对于每一种 $j \neq i$ 的类型 C_j，取一个因果态 ρ_i，对于每个纯量子映射 $\widehat{g}_i$ 我们将另一个纯量子映射 $\widehat{f}_i$ 关联起来，如下：

$$\boxed{\widehat{f}_i}^{\widehat{B} \quad \widehat{C}}_{\widehat{A}} := \boxed{\widehat{g}_i}_{\widehat{A}}^{\widehat{B}} \quad \widehat{C}_1 \cdots \widehat{C}_i \cdots \widehat{C}_n \quad \nabla_{\rho_1} \cdots \nabla_{\rho_n}$$

因此，有：

$$\widehat{C} := \widehat{C}_1 \otimes \cdots \otimes \widehat{C}_n$$

其中 n 是量子过程 $(\Phi_i)^i$ 的产出数。通过所有态 ρ_i 的因果性我们有：

$$
\text{（图形方程）}
$$

因此式（6.73）确实成立。 □

纯化的选择，尤其是纯化系统 $\widehat{C}$ 的选择不是唯一的。虽然引理 6.96 的证明提供了一种简单的图形方法来构造 $\widehat{C}$，但某种意义上来说这不是最优的，因为 C 的维数通常不是最小的。尤其是，当映射 Ψ_i 是不纯的时，引理 6.73 中 C 的维数随着映射数量呈指数增长。

另一方面，我们可以给 C 确定上限，它仅取决于 A 和 B 的维数。这种上限结果有时称为 Choi 定理。

练习 6.97 证明人们总是可以纯化量子过程：

$$
\left(\boxed{\Phi_i} \right)^i
$$

通过证明以下形式的线性映射：

$$
\boxed{f} = \sum_i \frac{1}{\sqrt{D}} \; \boxed{i} \; r_i \; \boxed{i}
$$

将辅助系统 $\widehat{C}$ 设为 $\widehat{A} \otimes \widehat{B}$。以适当选择希尔伯特 – 施密特基，产生任何量子映射 Φ_i 的纯化：

$$
\boxed{\Phi} = \boxed{\widehat{f}}
$$

（提示：根据推论 6.69。）

备注 6.98 练习 6.97 给出了 C 所需维数的上限，它通常是很小的。例如，即使将引理 6.96 应用于纯量子映射的集合也会产生较小的（在这种情况下为平凡的）系统 C。另一方面，有时完整的系统 $\widehat{A} \otimes \widehat{B}$ 是必要的。例如，在下式中：

辅助系统 $\widehat{C}$ 显然至少需要的是用于任何联合纯化过程的 $\widehat{A} \otimes \widehat{B}$。

到目前为止，都还不错。对于非确定的量子过程情况，我们保留了纯化的概念。但是 Stinespring 延展又如何呢？特别是，有人可能会怀疑是否每个分支都可以选择为同构变换（可能乘以某个概率）。答案是否定的。一个反例是任何效应的量子过程（如命题 6.92 的标准正交基效应），因为从平凡到非平凡的系统显然是不可能存在同构变换的。

但是，我们可以做的是将**单个**同构与任何量子过程关联起来，事实上，正如我们将在 7.3.4 节中看到的那样，确实为非确定性量子过程提供了一个非常令人满意的广义 Stinespring

延展，称为 Naimark 延展。

6.4.4 隐形传态需要经典通信

根据我们在这一章学到的，让我们现在尝试填充有量子过程的量子隐形传态图形：

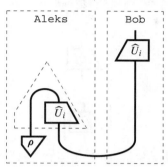

从 ρ 和半个贝尔态开始，Aleks 需要执行一些会产生贝尔效应的量子过程，可能会有一些错误（由纯量子映射 $\widehat{U}_i$ 表示），则一段时间后，Bob 应该执行另一个量子过程来纠正错误。

我们在式（6.62）中确定，我们绝对需要非确定性量子过程来实现隐形传态，因此 Aleks 应该执行由一系列效应组成的非确定性过程：

$$\left(\frac{1}{D}\;\boxed{\widehat{U}_i}\right)^i \tag{6.74}$$

使得因果性得到满足：

$$\sum_i \frac{1}{D}\;\boxed{\widehat{U}_i} \;=\; \overline{\overline{}}\;\;\overline{\overline{}} \tag{6.75}$$

此时，Aleks 把他的量子过程产生的 i 值告诉了 Bob，并且 Bob 执行了它的纠正。即使我们知道如何表达非确定性量子过程，我们还没有看到量子过程**依赖于**另一个过程的结果的实例。在我们努力去定义这样一个事物之前，应该问问自己：Bob 的纠正真的有必要吗？

换句话说，如果 Aleks 决定不将 i 值传递给 Bob，会发生什么情况？考虑一种无须修正的隐形传态：

$$\left(\boxed{\widehat{U}_i}\;\rho\right)^i \;=\; \left(\boxed{\widehat{U}_i}\;\rho\right)^i$$

整个过程是一个非确定性的量子态（为了清晰起见，我们省略了 $\frac{1}{D}$）。但是，Bob 不能访问 i 值。由于信息的缺乏，Bob 认识到的实际上是所有可能分支的混合。则通过量子过程的因果性，得到：

$$\sum_i \left(\boxed{\widehat{U}_i}\;\rho\right) \;=\; \left(\sum_i\boxed{\widehat{U}_i}\;\rho\right) \;\overset{(6.75)}{=}\; \rho \;=\; \perp$$

因此 Bob 接收最大限度的没有 ρ 符号的混合态。因此我们可以得出没有任何经典通信的结论，任何东西都不能被传送。

6.4.5　受控过程

是的，因此 Aleks 不能隐藏 i 值，而是必须把它发送给 Bob，这样 Bob 就可以根据输出 i 执行修正：

$$\widehat{U_i}$$

现在，虽然它可能会让人联想到集合：

$$\left\{ \widehat{U_i} \right\}_i \tag{6.76}$$

作为一个非确定性的量子过程，情况并非如此！事实上，因为**每个**元素本身就是一个量子过程：

$$\forall i : \widehat{U_i} = \overline{\overline{}}$$

它遵循整个 N 元素集合不可能是一个量子过程：

$$\sum_i \widehat{U_i} = \sum_i \overline{\overline{}} = N \overline{\overline{}} \neq \overline{\overline{}}$$

总共只有一个索引 i 起作用。集合（6.76）和量子过程之间的关键差异是量子过程产生值 i，而式（6.76）取决于它。事实上，我们没有理由在这里限制于确定性过程：根据 i，我们可能希望在一组量子过程中执行一个（非确定性的）量子过程。我们涉及这样一组依赖于由 i 控制的一些经典索引的量子过程。

因此，整个量子隐形传态过程应该是这样的：

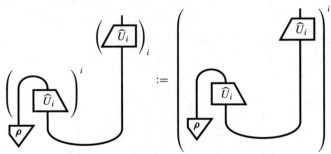

其中，括号仍然表示有多个由 i 索引的分支，但是这些分支以两种不同方式与索引 i 相关。具有上索引 i 的过程产生 i 的值，而具有下索引 i 的过程取决于或消耗 i 的值。

人们也可以想象一下多次消耗 i 的情况。例如，在下式中：

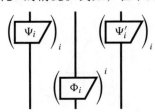

量子过程 $(\Phi_i)^i$ 产生 i，而两个受控量子过程 $(\Psi_i)_i$ 和 $(\Psi'_i)_i$ 消耗它。尽管我们可以消耗 i 很多次，但我们不能强迫几个非确定性过程具有相同的结果，所以 i 必须是由**一个**过程产生的。

备注 6.99 使用上下索引来模拟经典输入 / 输出，与 3.1.3 节的图形公式相同。输入 / 输出可以被多次使用，因为经典数据可以被拷贝（即"克隆"）。我们将在第 8 章中看到经典数据的这一独特特性是如何体现的。

我们现在准备对量子过程进行完整定义，其中包括由经典输入控制的可能性。将条件：

$$\forall i: \;\; \overline{\underline{\Phi_i}} \;=\; \overline{\underline{}} \qquad \text{和} \qquad \sum_j \;\; \overline{\underline{\Phi_j}} \;=\; \overline{\underline{}}$$

合而为一，我们得到了量子过程的完整定义。

330

定义 6.100 量子过程是量子映射的集合：

$$\left(\overline{\underline{\Phi_{ij}}} \right)^j_i$$

满足：

$$\forall i: \sum_j \;\; \overline{\underline{\Phi_{ij}}} \;=\; \overline{\underline{}} \tag{6.77}$$

对于 $1 \leqslant i \leqslant m$，$1 \leqslant j \leqslant n$，如果上面的 $m = 1$，则此定义产生我们先前关于不受控制量子过程的概念。如果 $n = 1$，这将产生一个完全由因果量子映射组成的（即没有非确定性）受控量子过程，像 Bob 的幺正变换修正：

$$\left(\widehat{U_i} \right)_i$$

当然，如果 m 和 n 均为 1，则这只是单一因果量子映射。

你可能想知道为什么我们只定义了单个量子过程而不是**量子过程**理论。在这一点上，量子过程的索引 i 被视为图形外部的东西，而不是线上的东西。这不符合我们对过程理论的定义，这纯粹是图形的。我们将在第 8 章中通过用经典线代替这些索引来确定。

6.4.6 详细的量子隐形传态

最后，你期待已久的时刻到了：我们现在拥有全面描述量子隐形传态的所有要点。在量子比特的情况下，实现量子隐形传态如下：

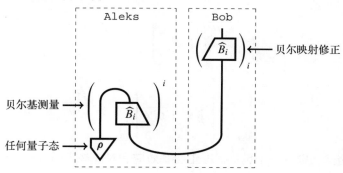

331

对于 B_i 的第 i 个贝尔映射。换句话说：

1）Aleks 拥有一个任意的量子态 ρ，他希望将其发送给 Bob，并且 Aleks 和 Bob 共享一个贝尔态。

2）Aleks 执行 ρ 与一半贝尔态的贝尔基测量，即以下非确定性量子过程：

$$\left(\frac{1}{2}\ \widehat{B_i}\right)^i$$

3）Aleks 将结果 i 发送给 Bob。

4）Bob 执行贝尔映射修正，即以下受控量子过程：

$$\left(\widehat{B_i}\right)_i$$

到目前为止，我们已经多次看到，执行此协议的结果是，无论 Aleks 的测量结果如何，Bob 都会得到 ρ：

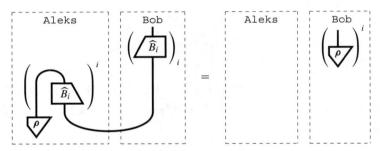

早在 4.4.4 节中，我们也强调了隐形传态无法使人们神奇地在空间传送某些东西，而是使人们能够使用一种数据（经典的）来传送另一种数据（量子的）。由于贝尔基有四个元素，Aleks 必须向 Bob 发送一个从 0 到 3（即两个经典比特）的数字。作为交换，Bob 收到 Aleks 的量子比特，这个量子比特可能是布洛赫球中无限多个点中的任意一个。

关于量子隐形传态，一个值得注意的事情是，虽然我们必须依靠非确定性的量子过程，但我们总体上产生了一个确定性过程。也就是说，无论 Aleks 的测量结果如何，整个过程都会始终给 Bob 一个态 ρ。原因当然是 Bob 所进行的修正，每个分支都会产生相同的过程。这证明只要用巧妙的技巧，人们就可以"撤消"量子过程的非确定性。

尽管刚才描述的协议是量子隐形传态协议中最简单的非平凡情况，根据它们在隐形传态中的作用，贝尔矩阵或量子比特没什么特别之处。要实现隐形传态，我们只需要一个幺正变换的集合：

$$\left\{\boxed{U_i}\right\}_i$$

使得：

$$\left\{\frac{1}{\sqrt{D}}\ \boxed{U_i}\right\}_i \tag{6.78}$$

构成一组标准正交基。则有一个包括标准正交基效应和对应修正的过程，因此有：

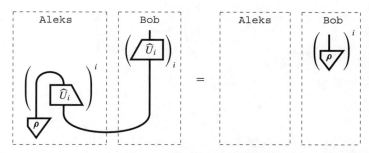

根据定理 5.32，集合（6.78）构成一组标准正交基的条件可以等价地表述为以下两个等式：

$$\frac{1}{D}\ \boxed{\begin{array}{c}U_j\\U_i\end{array}}\ =\ \delta_i^j \tag{6.79}$$

$$\sum_i \frac{1}{D}\ \boxed{\begin{array}{c}U_i\\U_i\end{array}}\ =\ \Big|\ \Big| \tag{6.80}$$

因此，我们可以得出以下结论。   333

推论 6.101 幺正变换的集合：

$$\left\{\ \boxed{U_i}\ \right\}_i$$

只要满足式（6.79）和式（6.80），就会产生隐形传态协议。

6.5 本章小结

1）**纯量子映射**产生于"翻倍"线性映射：

$$\boxed{\hat{f}}\ :=\ \boxed{f}\ \boxed{f}$$

组成纯量子态和效应：

测试$\left\{\ \boxed{\hat{\phi}}\ :=\ \boxed{\phi}\ \boxed{\phi}\ \right.$
态$\left\{\ \boxed{\hat{\psi}}\ :=\ \boxed{\psi}\ \boxed{\psi}\ \right\}$概率

产生量子理论的玻恩定则。这个过程理论存在字符串图，其中杯和盖是由下式给出：

$$\smile\ :=\ \qquad\qquad \frown\ :=$$

2）令 D 和 D' 是**线性映射**中的任意图形，$\hat{D}$ 和 $\hat{D}'$ 是**纯量子映射**中的翻倍形式，那么：

$$\left(\exists e^{i\alpha} : \boxed{D} = e^{i\alpha} \boxed{D'} \right) \Longleftrightarrow \boxed{\widehat{D}} = \boxed{\widehat{D'}}$$

我们把数 $e^{i\alpha}$ 称为全局相位。

3）丢弃是线性映射：

这不是一个纯量子映射。**量子映射**的过程理论产生于用丢弃构成的纯量子映射：

任何量子映射 Φ 都可以写为下面的形式：

我们称 $\widehat{f}$ 为 Φ 的纯化，例如，最大混合态可以用贝尔态来纯化：

4）因果性假设：

$$\boxed{\Phi} = \quad \tag{6.81}$$

实现了以下明显（和必要）的事实：

> 如果一个过程的输出被丢弃了，那么它也可能从未发生过。

这意味着我们可以抛弃一切与我们所关心的事情"无关的"东西，这显然是基础科学实践的前提。因果性也赋予了与相对论的兼容性，特别是：

> 没有什么能达到比光速更快的速度。

5）因果性有以下限制：

- 所有**纯量子映射**都是**同构变换**，
- 从一个系统到它自身的所有纯量子映射都是**幺正变换**。

以下称为 Stine spring 延展：

- 任何因果量子映射 Φ 都可以纯化为同构变换 $\widehat{U}$：

$$\boxed{\Phi} = \boxed{\widehat{U}}$$

6）因为丢弃对任何标准正交基的分解如下：

$$\frac{\bot}{\top} = \boxed{\bigcap} = \sum_i \bigwedge_i \bigwedge^i = \sum_i \bigwedge_i$$

每个量子映射 Φ 都存在 Kraus 分解：

$$\boxed{\Phi} = \sum_i \boxed{\widehat{f_i}}$$

如果这种表示形式也可以写为：

$$\boxed{\Phi} = \sum_i p^i \boxed{\widehat{f_i}}$$

其中 $\{p^i\}_i$ 是概率分布，而所有 $\widehat{f_i}$ 都是因果的，那么我们称其为混合。每个因果量子**态**都可以视为纯因果量子态的混合。但是，并**非**每个因果量子**映射**都如此。

> ⚠ 涉及求和的混合符号只是**暂时的**。在第 8 章中，我们将把它们图形化。

7）如果任何量子过程的约化过程是纯的：

$$\boxed{\overset{=}{\Phi}} = \boxed{\widehat{f}}$$

则对于某些（因果）量子态 ρ，态 Φ 分解为如下：

336

$$\boxed{\Phi} = \boxed{\rho}\,\boxed{\widehat{f}}$$

8）量子态不能被广播，即不存在量子映射 Δ 使得对于所有量子态 ρ，有：

$$\boxed{\Delta}_{\rho} = \boxed{\Delta}_{\rho} = \nabla_{\rho}$$

证明这一点的关键因素是 7。

9）**量子过程**是量子映射的列表：

$$\left(\boxed{\Phi_i}\right)^i$$

满足（归一的）因果性：

$$\sum_i \boxed{\overset{=}{\Phi_i}} = \frac{\bot}{\top}$$

量子映射 Φ_i 是分支，如果有多个分支，则量子过程是非确定性的。当量子过程应用于态时，则用玻恩定则可以计算每个分支的概率：

$$P(\Phi_i \mid \rho) := \left.\boxed{\Phi_i}\right\}\text{效应} \atop \left.\nabla_{\rho}\right\}\text{态}$$

> ⚠ 包含大括号和求和的表示法只是**暂时的**。在第 8 章中我们也将这些图形化。

10）所有量子映射都作为量子过程的分支出现。也就是说，对于每个量子映射 Ψ，对于 $r \geqslant 0$，存在一个量子过程：

$$\left(\boxed{\Psi_i} \right)^i \qquad \text{使得} \qquad \boxed{\Psi_1} := r \boxed{\Phi}$$

*6.6   进阶阅读材料

当开始本章的时候，我们已经做了巨大的、（大多）没有理由的假设：量子过程应由**线性映射**构成。在本节，我们来看看如何绕过这个假设。特别是我们仔细研究了翻倍构造（在本节中包括伴随丢弃），尤其是如何不仅可以理解为在**线性映射**中的构造，而且可以应用于任何存在字符串图的过程理论。通过这样做，我们希望以一种完全独立于希尔伯特空间和线性映射的方式理解甚至复制量子理论的所有预言。

我们以完全不同的内容结束本章。

6.6.1   翻倍一般过程理论

线性映射没有什么特别之处，它使我们构造一个翻倍过程理论。对于任何存在字符串图的过程理论 **p**，再次认可字符串图，我们得到一个新的过程理论 $\mathcal{D}(\mathbf{p})$，它是由以下形式的所有过程构成：

$$\boxed{\widehat{f}} := \left[\boxed{f} \ \boxed{f} \right]$$

其中 f 可以是 **p** 中的任何过程。我们在本章和以后证明的许多定理也不必依赖线性映射或具有自然的一般化。例如，如我们已经在备注 6.19 中提到的，翻倍消除了"广义全局相位"是纯图形的证明，因此它立即得到了普及。

定理 6.102   令 f 和 g 为任何存在字符串图的过程理论中的过程，则有：

$$\boxed{\widehat{f}} = \boxed{\widehat{g}}$$

当且仅当存在 λ 和 μ 使得：

$$\lambda \boxed{f} = \mu \boxed{g} \qquad \text{和} \qquad \lambda\bar{\lambda} = \mu\bar{\mu}$$

此外，任何形式 $\mathcal{D}(\mathbf{p})$ 的过程理论都承认丢弃映射，因此诸如因果性、纯化、Stinespring 延展等都是很有道理的。

因此，我们提出的许多概念不仅适用于量子理论，还可以用于研究整个"类量子"理论。这样做的结果是，首先，通过与其他理论进行对比，可以深入了解量子理论。其次，如 1.2.4 节所述，未来的物理学理论可能不是基于**线性映射**，而是基于某种新的事物。

练习 *6.103   描述 $\mathcal{D}(\textbf{关系})$。它的状态是什么？它的一般过程是什么？因果性是什么意思？

事实上，有许多等价的方法来构建这样一个翻倍过程理论。值得注意的是我们在本书中使用的"扭曲"版本：

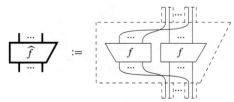

以图形方式进行操作很容易，因为它使用了与非翻倍理论相同的并行组合，并将每个系统的"两半部分"紧密联系在一起。在第 8 章中，当我们开始模拟经典量子相互作用时，这一点特别有用。

此构造的原始版本（通常称为 CPM 构造）避免了这种扭曲：

$$\begin{array}{cc} \text{…} \\ \boxed{f} \\ \text{…} \end{array} \quad \begin{array}{cc} \text{…} \\ \boxed{f} \\ \text{…} \end{array}$$

但是需要在翻倍范畴中定义新的并行组合：

$$\boxed{f}\ \boxed{f}\ \otimes'\ \boxed{g}\ \boxed{g}\ :=\ \boxed{g}\ \boxed{f}\ \boxed{f}\ \boxed{g}$$

现在，每个系统的"两半部分"可能相距很远，但是你可以想象沿着虚线折叠纸张，看看应该将哪些系统用粗线组合在一起。在丢弃过程中，左半部分和右半部分之间引入连接：

$$\boxed{\widehat{g}}\ \boxed{\widehat{f}}\ :=\ \boxed{f}\ \boxed{g}\ \boxed{g}\ \boxed{f}$$

实际上，此版本的翻倍更容易用范畴论（起源于此）定义，但是其图形很快就变得很混乱。

6.6.2　翻倍公理

我们能说过程理论是翻倍的结果吗？你可能会说："那很简单，检查线是否是粗的就可以！"好吧，也许我们应该重新表述一下这个问题。我们在这里寻找的是对于 **p** 的形式为 $\mathcal{D}(\mathbf{p})$ 的过程理论公理描述。

这个理论的关键方面是，它可以用来纯化任何过程的丢弃过程。请注意，由于我们不知道（预先）过程理论 **P** 的形式是 $\mathcal{D}(\mathbf{p})$，我们需要给出一个无关翻倍的"纯的"过程描述。这是结论。

定义 6.104　对于存在字符串图 **P** 的过程理论，丢弃结构包括：

- "纯过程"的子理论 $\mathbf{p} \in \mathbf{P}$，包括 **P** 的所有类型。
- 对于每种类型 A，丢弃效应：

$$\overset{=}{\underset{A}{\big|}}$$

遵循以下公理：

1）**p** 中的所有过程 f 和 g 满足：

$$\boxed{\genfrac{}{}{0pt}{}{f}{f}} = \boxed{\genfrac{}{}{0pt}{}{g}{g}} \quad \Longleftrightarrow \quad \overset{=}{\boxed{f}} = \overset{=}{\boxed{g}}$$

2）**P** 中的每个过程 Φ 都可以纯化，也就是说，**p** 中始终存在一个纯过程 f 使得 Φ 通过丢弃部分输出来产生：

$$\boxed{\Phi} = \overset{=}{\boxed{f}}$$

3）丢弃两个系统意味着丢弃它们中的每一个；什么也不丢弃意味着什么也不做：

$$
\frac{=}{A \otimes B} \;=\; \frac{=}{A}\;\frac{=}{B} \qquad \frac{=}{I} \;=\; \boxed{}
$$

丢弃的转置与其伴随相同:

$$
\overset{=}{\underset{}{\cup}} \;=\; \underline{\underline{\;\;}}
$$

340

每个带有丢弃结构的过程理论都相当于由某些过程理论翻倍产生的过程理论。

定理 6.105   如果 **P** 具有丢弃结构, 则:

$$
\mathcal{D}(\mathbf{p}) \cong \mathbf{P}
$$

证明   我们通过表示 $\mathcal{D}(\mathbf{p})$ 中的过程与 **P** 中的过程之间的双射来证明这一点。由于 **p** 与 **P** 有相同的类型, 因此在 $\mathcal{D}(\mathbf{p})$ 中的 $\widehat{A}$ 类型和 **P** 中的 A 之间有明显的对应。同样地, 由于 **p** 是 **P** 的子理论, 因此在 $\mathcal{D}(\mathbf{p})$ 中的纯过程 $\widehat{f}$ 与 **P** 中的对应部分 f 之间有一个明显的对应。但是杂化过程是怎样的呢? 对于这些, 我们首先纯化, 然后将(正常)丢弃过程理解为 **P** 的丢弃结构:

$$
\overset{=}{\boxed{\widehat{f}}} \;\mapsto\; \overset{=}{\boxed{f}} \tag{6.82}
$$

为了让映射有明确的定义, 它不应该依赖于特定的纯化选择。即应该是这样的:

$$
\overset{=}{\boxed{\widehat{f}}} = \overset{=}{\boxed{\widehat{g}}} \quad\Longrightarrow\quad \overset{=}{\boxed{f}} = \overset{=}{\boxed{g}}
$$

对于内射, 相反的含义应该成立:

$$
\overset{=}{\boxed{f}} = \overset{=}{\boxed{g}} \quad\Longrightarrow\quad \overset{=}{\boxed{\widehat{f}}} = \overset{=}{\boxed{\widehat{g}}}
$$

它们都可以使用定义 6.104 中的公理 1 和过程 – 态对偶性的一定比例来证明。公理 2 保证了映射(6.82)是满射的。根据这些事实和公理 3, 很容易证明该映射也保留了字符串图。我们把细节留给读者去补充。

反之亦然, 即形式 $\mathcal{D}(\mathbf{p})$ 的过程理论应该具有丢弃结构, 而纯过程恰好对应了 **p** 中的 f, 其形式为 $\widehat{f}$。事实证明这几乎是正确的, 只要在 $\mathcal{D}(\mathbf{p})$ 中纯过程满足一个额外的性质。

练习 6.106   证明如果在 $\mathcal{D}(\mathbf{p})$ 中的纯过程有:

$$
\boxed{\widehat{f}} = \boxed{\widehat{g}} \quad\Longleftrightarrow\quad \boxed{\widehat{f}}\;\boxed{\widehat{f}} = \boxed{\widehat{g}}\;\boxed{\widehat{g}}
$$

341

则 $\mathcal{D}(\mathbf{p})$ 具有丢弃结构。这种情况可以理解为"翻倍理论没有全局相位"。

6.6.3 现在看看完全不同的事物

我们现在知道, 字符串图和翻倍构造是表达量子过程的有用工具。但是, 令人惊讶的是, 它们已被完全用于不同的领域: 计算语言学!

计算语言学中的一个典型问题是采用一对单词并计算它们在含义上的相似程度。例如, "狗"和"猎犬"应该非常相似, "狗"和"猫"的相似度较低(但至少它们还都是动物), 而"狗"和"税"应该完全不相似。解决此问题的最常用方法通常是对"狗""猎犬"和"税"

计算矢量，通常是通过扫描文本并使用人工智能的一些技术自动"学习"矢量。正如我们在4.3.3节中已经看到的那样，我们可以测量相似度（即"共性"或"重叠"），只需获取内积即可。

此方法已成为标准方法，你几乎可以在任何处理人类语言的软件（网络搜索、翻译、针对性广告等）中找到它。但是，事情真正开始变得有趣的地方是尝试将这些词汇扩展为句子。

考虑合著一本教科书的可能结果：

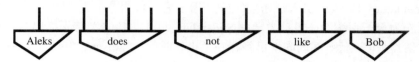

每个词汇都是一个态，还有不同种类的词汇（名词、及物动词、不及物动词等）具有不同的类型（因此，线的数量也不同）。为了理解这句话的含义，我们要做的就是将这些词汇连接在一起。为此，我们需要一系列规则将词汇组合在一起，但那只是语法：

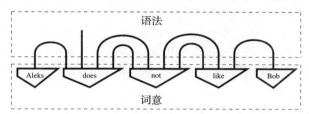

我们将某些词汇视为"黑匣子"，而其他词汇可能被表示为图形本身，说明它们如何与其他词汇交互：

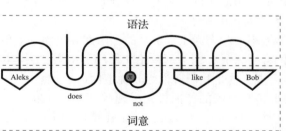

在这一点上，我们可以开始进行各种图形计算，我们已经在这本书中都看到了。

那么，将一切翻倍对我们有什么作用？就像在量子情况下，它为"杂化"留出了余地。这在语言模型中是否占有一席之地？当然有！许多词汇是含糊不清的，例如，Bob可能是指民谣歌手、雷鬼歌手、漫画创作者、卡通海绵或本书的作者之一。我们可以使用混合来表示这种含糊。

6.7   历史回顾与参考文献

Max Plank（1900）被认为是量子理论的奠基人。他在电力公司工作时研究如何以最少的灯泡数量从灯泡中获取最多的光时有了发现。为此，他通过光的完美吸收器研究了光的辐射，并实现了光携带的能量只能以特定包（称为量子）发出。这些能量包是由普朗克定律给出的：$E = h\nu$，其中 h 是普朗克常数，ν 是光的频率，E 是对应的能量包。

之后，Heisenberg（1925）使用"跃迁振幅"的索引集合用阐述了量子理论的前身；Born and Jordan（1925）意识到 Heisenberg 实际上讨论的是（无穷）复矩阵；Schrödinger（1926）

342

改用波；Dirac（1926）意识到这些实际上是一回事。最后 von Neumann（1932）用希尔伯特空间的语言将所有事物联系在一起。Born（1926）提出玻恩定则。早期有更多的人参与这些研究，包括爱因斯坦、玻尔、康普顿、德布罗意、费米和保利，由于他们各自的贡献，他们获得了诺贝尔奖。布洛赫球是由 Felix Bloch（1946）引入的，用来表示二维量子系统态，特别是自旋 $-\frac{1}{2}$ 系统。

von Neumann（1927b）引入了密度矩阵，用于表示混合态。通常被称为完全正映射的量子映射是作为量子系统的一般动力学由 Sudarshan et al.（1961）首先提出的。作为数学存在，这些映射作为 C*- 代数间的映射已经存在了很长时间（Paulsen，2002）。在这种情况下，Stinespring 延展首先出现（Stinespring，1955）。Kraus 分解由 Kraus（1983）发现，无广播定理最早出现在 Barnum et al.（1996）的文献里。Barnum et al.（2007）提出另一个"广义无广播定理"，该定理关注的是广义概率理论，而不是过程理论。

正如我们将在 7.3.2 节中讨论的，冯·诺依曼的量子理论的表述与作为过程理论的量子理论的表述大相径庭。6.1 节中将线性映射转变为纯量子映射的翻倍结构是由 Coecke（2007）引入的，包括定理 6.17 的证明。Selinger（2007）引入了 6.2 节中的将所有量子映射概括为 CPM 结构。Coecke（2008）提出可以通过添加丢弃过程来做到这一点的想法，并在 Coecke and Perdrix（2010）的文献中引入了丢弃的"基"符号。6.6.2 节的 CPM 结构的公理化也首次由 Coecke（2008）提出。

没有经典输入的量子过程也称为量子仪器，是由 Davies（1976）提出并由 Ozawa（1984）进一步发展的。

由 Chiribella et al.（2010，2011）提出的控制 6.4 节中的从量子映射到量子过程传递的因果性假设，是最近才被确定为量子理论的核心原理，这是量子理论重构的一系列公理之一。事实上，它是根据概率加起来为 1 来定义的，由此导出因果效应的唯一性。但是，那些论文和我们的术语之间存在差异，因为那些论文使用了术语"确定性"来表示式（6.64）中的"因果性"，因此也可能指的是我们所说的非确定性量子过程。

6.4.6 节中所有隐形传态协议的特征首先出现在 Werner（2001）的文献中。量子理论的无信号传递定理的第一个证明可以在 Ghirardi et al.（1980）的文献中找到。6.3.2 节中的因果性原理的无信号传递的推导是来由 Coecke（2014b）完成的。类似的结果也出现在 Fritz（2014）和 Henson et al.（2014）的文献中。如 6.3.3 节所述，从因果性中推导出协方差摘自 Coecke and Lal（2013）的文献，其中 Markopoulou（2000）和 Blute et al.（2003）的早期协方差结果被推广到因果过程理论。

Abramsky and Coecke（2004）指出了以系统组合为出发点的公理化方法。有一些早期的方法试图把系统的组合作为新公理方法的起点（Coecke，2000），但是没有取得真正的成功。最近两个以图形为基础的量子理论重建是 Chiribella et al.（2011）和 Hardy（2012）提出的。我们已经在第 1 章结尾处对量子理论的早期公理方法提供了参考文献。备注 6.81 中暗示的纯度的另一种定义来自 Chiribella（2014）的文献。事实上，Chiribella 仅以此方式定义态的纯度。事实证明，将这个定义扩展到一般的过程，仅对量子系统有意义，而对经典系统没有意义。由于经典系统**可以广播**，连裸线用这个替代定义也不会是"纯的"，即使"不做任何事情"得到的也是"纯的"！

Coecke et al.（2010c）开始使用量子映射描述自然语言中的意义；与量子隐形传态的直接比较可以在 Clark et al.（2014）的文献中找到；混合的歧义性的解释来自 Piedeleu et al.（2015）。

量 子 测 量

一个新科学理论能脱颖而出，并不是因为它说服了所有反对者并让他们看到希望，而是因为随着反对者们纷纷离世，逐渐成长起来并取而代之的是熟悉这套理论的一代新人。

——Max Planck，1936

量子理论告诉我们，唯有通过量子过程才能与量子系统发生相互作用。而获取量子系统状态信息的唯一途径是运用某些非确定性过程（non-deterministic process）并观察随后发生的分支事件。为此，许多人把这些特定的量子过程当作测量，有时甚至称之为观测。对这个术语的误用使得一个关于量子理论"奇怪"特征的误导性表述被广泛流传："仅仅是观测一个量子态就会使它发生改变。"

所谓"误导"，是因为前述的测量概念与我们在宏观世界中所熟悉的被动观测概念大相径庭，它是一种几乎肯定会强烈影响量子态的非平凡过程。因此，量子理论的神秘之处不在于"观测"会改变量子态，而是在于**从原则上讲**根本不可能用经典方式来"观测"一个量子系统。

从量子系统中提取信息会受到这样的基本限制，那我们还能通过量子过程了解到多少东西？答案是，非常少！首先，对绝大部分量子态而言，对其进行一次特定的测量后会以一个非零的概率得到一个任意输出结果 i。在这种情况下，输出结果 i 并不能给出多少关于系统过往状态的信息。其次，我们之所以说"过往"，是因为对应不同的输出结果，测量会对系统的状态造成不可逆的改变。所以，与其说量子测量能够揭示一个系统的状态，倒不如说它将这个状态永久地从历史上抹除了！

尽管如此，量子测量对量子理论而言仍然至关重要，因为它们是让经典世界中的我们得以和量子世界沟通的唯一桥梁。量子计算领域有一个深刻的洞悉：量子测量中的非确定性不但无害，而且是一种极为有用的资源。实际上，在前一章里我们已经看到如何通过一系列非确定性过程来实现任意的量子映射。我们当时用作范例的量子过程就是最简单的一类量子测量。

在量子隐形传态协议（quantum teleportation protocol）中，Aleks 正是通过测量来（非确定性地）构造出一个盖，使得 Bob 能够在进行修正后得到 Aleks 发来的态。我们将在 7.2 节看到更多其他用到这个技巧的协议。例如，我们可以通过测量把较短的纠缠比特串黏合到较长的纠缠比特串上，从而实现基于测量的量子计算。相关细节将在第 12 章展开讨论。

要以如此方式来运用量子测量，量子算法和协议的设计者必须要有足够高明的手段来消除输出结果中存在的非确定性（例如，在量子隐形传态中使用幺正修正）。这种平衡的做法是设计量子算法和协议的关键。

那么，测量到底是什么？我们认为，没有办法能把测量从其他的非确定性量子过程中完全区分出来，因此，在本章中我们将重点讨论三类被称作测量的过程。这三类测量分

345

别是：

　　1）标准正交基（ONB）测量

　　2）冯·诺依曼测量

　　3）正定算子测量（POVM）

在这几类测量里，越靠后的普适性越强，并且最终可以被归结为两大类别，即破坏性测量与非破坏性测量：

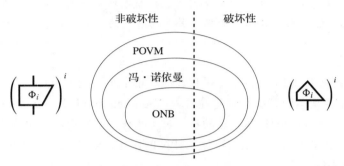

　　在这三类测量中，标准正交基测量显得最特别、"最纯粹"，而正定算子测量则像量子非纯态一样最具有普适性。介于它们之间的冯·诺依曼测量在过去 80 多年间几乎成为测量的代名词。顾名思义，这类测量是用冯·诺依曼提出的量子理论公式来描绘的。

　　编写本章的一个主要原因是，我们将会从 7.1.1 节的施特恩 – 格拉赫（Stern-Gerlach）装置开始，陆续提供许多关于量子测量的具体示例。我们把这些数目繁多的示例分配到它们各自的"示例"节中。

346

7.1　标准正交基测量

　　实验物理学家们可能会对所有关于测量的讨论感到一丝困惑。这是因为，虽然对一个状态进行测量的结果与我们预期通过简单"观测"所得到的结果相去甚远，但在很多时候，实验室中的很多测量最终都会落实到一些对具体事物的观测上，譬如指针的位置或是照片上的亮点。

　　这样一来，人们对系统所做的事情和系统中真实发生的事情之间存在差异。一方面，人们对系统所做的是：

- 试图去观测一个系统。

而另一方面，系统中真实发生的是：

- 系统经历了一次非确定性的突变。

要了解这种差异从何而来，首先需要知道哪些设备可以用来实现量子测量。

7.1.1　测量设备的入门介绍

　　量子测量的一个最早期示例是用施特恩 – 格拉赫装置来实现的，下面介绍它的工作细节。

　　一道在经典电磁学课堂上常见的习题是分析一个自旋磁体穿过磁场时会发生什么现象。如果空间里任意一点的场都相同，即为均匀场时，全部作用力相互抵消，自旋磁体将沿直线穿行。然而，如果某些位置的场强大于其他位置，即为非均匀场时，磁体会按自旋方向发生偏转。经典物理预测：如果磁体的自旋（相对于磁场）为顺时针方向时，则会朝其中一个方向（比如朝上）偏转；反之，如果自旋为逆时针方向，则会朝另一个方向（比如朝下）偏转。在这里我们不关心计算细节。重要的是，我们可以利用小磁体的状态来编码（至少）1 比特的信息：例如 0 表示顺时针，1 表示逆时针。我们测量这个比特的办法是将磁体送入一个非均匀场中，然后观察它往哪个方向偏转。

现在，我们可以慢慢地倾斜小磁体的自旋转轴，直到它从顺时针方向变为逆时针方向。

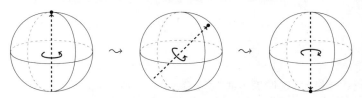

在这种情况下，磁体在非均匀磁场中的偏转方向也会慢慢地从朝上变为朝下，中间会存在某个时刻，磁体不发生任何偏转。

在 20 世纪初人们发现，电子在穿过磁场时也会有与自旋磁体相同的行为。我们可以利用这个现象来设计一种设备，用于测量"朝上偏转"和"朝下偏转"属性，称为施特恩 - 格拉赫装置：

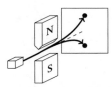

装置将原子射向一个非均匀磁场（可以通过削尖磁体的一端来实现，此处被削尖的是磁体的北极（N）），然后测量它们到达屏幕时的偏转方向。为简单起见，假定我们选用只有一个电子的氢原子。如果所发射的原子中电子处在"朝上偏转"态，原子会向上偏转；如果电子处在"朝下偏转"态，则原子会向下偏转。与经典理论相类比，把电子的这一属性称为自旋，虽然并没有什么东西真的在转动。

类比经典情形，我们会预期，当缓慢转动自旋轴方向时，偏转方向也会慢慢地从朝上转变为朝下。因此，如果让一束原子（其电子自旋轴向是完全随机的）穿过上述装置，我们期望会得到一根由全部可能偏转结果连接而成的线段：

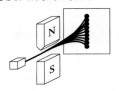

然而让人震惊的是，施特恩和格拉赫发现，我们得到的并非线段，而是二选一的结果：上自旋（spin-up）或者下自旋（spin-down）。

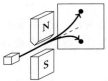

因此，对应球面上**任意一点**的电子自旋轴向，最终都被投影到**两点**中的一个：

347
348

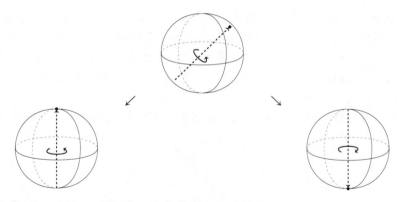

是不是感觉很熟悉？没错，这像极了渡渡鸟 Dave 的奇妙之旅。

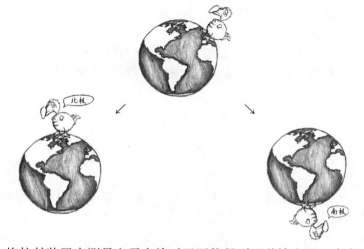

用施特恩－格拉赫装置来测量电子自旋时只可能得到两种输出这一事实，与 Max Planck 发现能量由量子波包组成（见 6.7 节）相似。在这里，波包只有两种，即上自旋和下自旋。作为被视作测量的最简单一类量子过程之一，本示例被称为破坏性标准正交基测量（demolition ONB measurement）。

7.1.2 破坏性标准正交基测量

前一章中的命题 6.92 保证了对于任意标准正交基：

$$\left\{ \; \right\}_i \tag{7.1}$$

都存在相应的翻倍效应：

$$\left(\; \right)^i \tag{7.2}$$

来与之共同构成一个量子过程。我们要为这一过程命名。

定义 7.1 一个形如式（7.2）的量子过程称为破坏性标准正交基测量，下标 i 称作测量输出。

使用**破坏性**测量这一称谓的原因是，在该过程发生之后系统将不复存在。该过程对应的一个物理示例是"观测"光子，其手段包括：采用老式的感光底片；采用数码相机里常见的有源像素传感器（APS）；采用实验室里用来探测单光子的光电倍增管（见图 7.1）。所有这些手段都是在吸收光子后产生一个易于判别的证据来表明光子的存在：照片上的亮点、APS 上被激发的像素或探测器的触发效应。

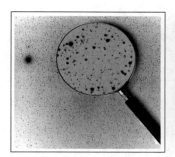

图 7.1　三种用于测量光子的设备（从左至右）：感光底片；大部分数码相机里都配有的有源像素传感器；光电倍增管

测量输出 i 对应我们用测量设备所得到的观测结果。例如，APS 的像素点被光子撞击后，会产生相应的输出。像素元个数决定了基态的数量，从而决定了量子系统 $\hat{A}$ 的维度。光子被第 i 个像素探测到的过程对应以下效应：

在后面的章节中我们会看到，所有其他的测量都可以通过将标准正交基测量粗粒化（coarse-graining）（见 7.3.1 节）或是作用到更大一级的系统的局部来实现（见 7.3.4 节）。

通过命题 5.38 我们看到幺正过程等价于两组标准正交基之间的映射。这进一步意味着任意一个标准正交基都可以通过对某个特定标准正交基进行幺正变换来得到。由此可见，能够作用在某个系统上的标准正交基测量组与能够作用在该系统上的幺正变换密切相关。

考虑一个用前述施特恩－格拉赫装置来实现的测量。可以用标准正交基的测量来建模：

$$\left\{\fbox{0}, \fbox{1}\right\}$$

输出可以用布洛赫球上的对跖点来表示，正如与其对应的标准正交基态（见 6.1.2 节）：

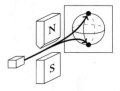

在这个特定的测量下，0 和 1 分别表示沿 Z- 轴"朝上偏转"和"朝下偏转"。现在，我们可以通过让施特恩－格拉赫装置相对粒子发射源旋转来改变标准正交基测量：

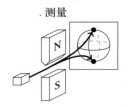

.测量

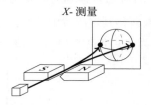

X- 测量

在布洛赫球上，与之相对应的是一个转动；对于数学模型来说，与之相对应的则是一个幺正

350

变换。

351   **命题 7.2**   从 $\widehat{C^2}$ 映射到 $\widehat{C^2}$ 的幺正变换 $\widehat{U}$ 与布洛赫球上的转动正好对应：

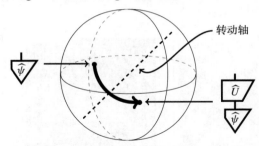

证明　（示意图）这个命题固然可以用 6.1.2 节提到的运算法则或者复杂的群论来证明，但其本质上可以归纳为两点：一是幺正变换将一个纯态转换为另一个纯态；二是幺正变换不改变玻恩定则。

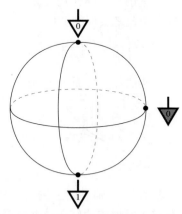

玻恩定则用于度量球面上两点间的距离，因此距离在幺正变换下保持不变。在球面上能保持距离不变的操作只有转动和反射，而两者中符合线性映射的只有转动。

反之，球面上的任意转动可以用球面上的任意三个不同的点来唯一确定。例如我们可以选择：

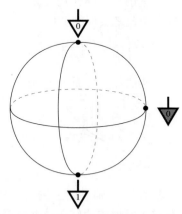

352

一个转动将球面上的对跖转移到另一个对跖，从而将一对 Z-基态转换成另一对标准正交基态 $\{\widehat{\phi_j}\}_j$。X-基态被转移到这两者中间的任意位置。显然，我们可以构建一个幺正变换 U，使得 $\widehat{U}$ 可以实现该行为（见推论 5.39）。不那么明显的是，通过在下面的变换中添加相位 $e^{i\alpha}$：

$$\boxed{U} :: \begin{cases} \boxed{0} \mapsto \boxed{\phi_0} \\ \\ \boxed{1} \mapsto e^{i\alpha}\,\boxed{\phi_1} \end{cases}$$

可以将 X- 基态转移到两个对跖之间的任意位置而不对 Z- 基态造成额外影响。 □

备注 *7.3 命题 7.2 有一个更普适的表述，称为魏格纳定理。这个定理指出，作用在纯态上的任意函数 ξ（不需要是线性映射）不改变玻恩定则，即：

$$\frac{\boxed{\xi(\hat{\phi})}}{\boxed{\xi(\hat{\psi})}} = \frac{\boxed{\hat{\phi}}}{\boxed{\hat{\psi}}}$$

这个定理同时适用于幺正变换和反幺正变换。其中，反幺正变换由一个幺正变换和其共轭构成。现在我们知道，在布洛赫球上，玻恩定则被理解为点与点之间的距离，而能够维持距离不变的点映射只能是转动或是转动加反射。其中，前者对应幺正变换，而后者对应反幺正变换。

利用布洛赫球上的这种直观表达可以清楚地看到，所有量子比特的标准正交基测量都可以通过用幺正变换将球面上的两个对跖点转动到一个既定位置来实现。实际上，这个结论是普遍成立的。

命题 7.4 对一个系统，给定如下标准正交基测量：

$$\left(\overset{i}{\boxed{\triangle}} \right)^i \tag{7.3}$$

则所有其他标准正交基测量都可以通过以下方式实现：

$$\left(\frac{\overset{i}{\boxed{\triangle}}}{\boxed{\hat{U}}} \right)^i \tag{7.4}$$

其中，$\hat{U}$ 表示幺正量子映射。

353

证明 给定任意如下形式的标准正交基测量：

$$\left(\overset{i}{\blacktriangle} \right)^i$$

从推论 5.39，线性映射

$$\boxed{U} := \sum_j \frac{\overset{j}{\blacktriangledown}}{\underset{j}{\boxed{\triangle}}}$$

必然是幺正变换。于是可以得到：

由此可得式（7.4）。反之，从命题 5.38 的（1）和（2）的等价性可知，任意形如式（7.4）的量子过程都是一个标准正交基测量。 □

转动施特恩 – 格拉赫装置和转动入射粒子这两种行为之间存在一种明确的关系。换句话说，不管是通过 $\hat{U}$ 来转动测量或是通过 $\hat{U}$ 的伴随来转动入射态，我们都将得到相同的输出结果概率分布。

命题 7.5 将测量（7.3）作用于量子态

等效于将测量（7.4）作用于量子态

证明   我们有：

354 因此两者的输出结果概率分布一致。   □

　　事实上，有两种方式来理解量子系统随时间的演化。其中，考虑测量装置如何变化称为海森堡绘景（Heisenberg picture），而考虑量子态如何变化称为薛定谔绘景（Schrödinger picture）。当然，唯一的区别是你"画线"的地方。

Heisenberg   和   Schrödinger

7.1.3　非破坏性标准正交基测量

　　先抛开标准正交基效应不谈，我们来考察以下的效应 – 量子态配对（effect-state pair）：

$$\left(\begin{array}{c}\triangledown \\ i \\ \triangle \\ i\end{array}\right)^{i} \tag{7.5}$$

同样，我们可以得到如下量子过程：

$$\sum_{i}\; \overset{\overline{\overline{}}}{\underset{i}{\overset{i}{\triangledown}}} \;=\; \sum_{i}\; \overset{i}{\triangle} \;=\; \overline{\overline{\top}}$$

在经历这样一个量子过程以后，我们仍然保有一个量子系统。由此可见，这是一个非破坏性过程。

　　定义 7.6　将满足式（7.5）形式的量子过程称为非破坏性标准正交基测量，经历了该过程的量子态称为输出态（outcome state）。

　　给定一个非破坏性标准正交基测量，只需丢弃其产生的系统，便可以得到与之关联的破坏性测量：

$$\left(\begin{array}{c}\overline{\overline{}} \\ \triangledown \\ i \\ \triangle \\ i\end{array}\right)^{i} = \left(\begin{array}{c}\overline{\overline{}} \\ \triangledown \\ i \\ \triangle \\ i\end{array}\right)^{i} = \left(\begin{array}{c}\triangle \\ i\end{array}\right)^{i} \tag{7.6}$$

355

反之，任意非破坏性测量都可以看作在一次破坏性测量之后施加受控量子态制备：

$$\left(\ \vcenter{\hbox{$\bigtriangledown$}}\ \right)_i = \left(\ \vcenter{\hbox{$\bigtriangleup$}}\ \right)^i = \left(\ \vcenter{\hbox{$\bigtriangledown \atop \bigtriangleup$}}\ \right)^i$$

随后，每个非破坏性测量的分支结果都会导致系统的量子态变更为与之相应的测量输出态（忽略序号）：

$$\vcenter{\hbox{$i \atop \bigtriangleup$}} :: \vcenter{\hbox{$\widehat{\psi}$}} \mapsto \vcenter{\hbox{$\bigtriangledown$}} \tag{7.7}$$

因此，尽管非破坏性测量不会破坏系统本身，但不可避免地会破坏几乎每一种系统量子态，除了该测量的本征态。

定义 7.7　对于一个标准正交基测量：

$$\left(\ \vcenter{\hbox{$\overset{\bigtriangleup}{i}$}}\ \right)^i \qquad 或 \qquad \left(\ \vcenter{\hbox{$i \atop i$}}\ \right)^i$$

以下量子态集合

$$\left\{ \vcenter{\hbox{$\bigtriangledown$}} \right\}_i$$

称为该标准正交基测量的**本征态**，其余非本征态称为**叠加态**。

我们在定义 5.42 中曾给出通用过程本征态的定义，它是指在过程结束后保持不变的（只差一个数字）量子态。定义 7.7 与之非常相似，在这里本征态是指那些在（非破坏性）标准正交基测量后保持不变的量子态。

356

7.1.4　叠加与干涉

下面考察当系统处在某个特定量子态时，对其进行标准正交基测量将得到什么样的输出结果。获得输出 i 的概率由玻恩定则给出：

$$P(i \mid \rho) := \vcenter{\hbox{$i \atop \rho$}}$$

当 ρ 和第 i 个标准正交基相互垂直时概率为 0：

$$\vcenter{\hbox{$i \atop \rho$}} = 0$$

对于量子比特来说，只有一个态能满足，即布洛赫球上对跖点所表示的量子态。所以对绝大部分量子态而言，所有的输出结果 i 都有可能发生！换言之，每一个量子态都能触发大部分的输出结果，而每一个输出结果都可能来自大部分的量子态。由此看来，相比于真正的"观测"，测量行为更像是投注博彩。

以有源像素传感器（见图 7.1）为例，光子被任意一个像素元捕获后，它的量子态会被完全破坏，从而产生一个问题：

光子原本的位置在哪里？

根据玻恩定则给出的概率分布，光子无处不在，只是当测量完成以后，才被随机决定会在哪个位置被探测到。不过，等等，为什么数码相机（或者我们的眼睛）不会生成完全随机的图像？

值得庆幸的是，即使光子有点儿无所不在的意思，但它更倾向于出现在那些我们期望它出现的地方。举个例子，假设我们搭建如下装置：

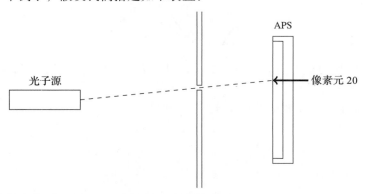

357

当光子击中有源像素传感器时，它的状态可以被描述为：

$$\widehat{\psi} = \text{double}\left(\sum_j r_j e^{i\alpha_j}\; \underset{j}{\big|}\right)$$

其中，基态 j 对应传感器的第 j 个像素元，此处将复数写成极坐标形式（见 5.3.1 节）。对于 $\widehat{\psi}$，实数 r_j 的取值在 $j = 20$ 时很大，而在 j 不等于 20 时迅速减小。当然，相位项 $e^{i\alpha_j}$ 也与 j 有关，但在计算每个像素元的效应概率时相位项会相互抵消：

$$P\left(j\mid\widehat{\psi}\right) := \overline{(r_j e^{i\alpha_j})}(r_j e^{i\alpha_j}) = (r_j)^2$$

如果画出概率分布，将得到类似以下的结果：

（7.8）

这里，白色代表第 j 个像素元效应的概率为 1，黑色代表概率为 0。同样，在第 40 个像素元前打开一条狭缝，可以得到另一个量子态 $\widehat{\phi}$。$\widehat{\psi}$ 的概率分布中心被移动到 40 附近：

（7.9）

所以，为什么说式（7.8）和式（7.9）对量子态 $\widehat{\psi}$ 和 $\widehat{\phi}$ 而言是很差的"观测"？从前文可以看到，$P(j\mid\widehat{\psi})$ 和 $P(j\mid\widehat{\phi})$ 都只与 r_j 有关，而与相位 α_j 没有任何关系。那又怎样？就像 6.1.2 节中的全局相位那样，也许这些相位在此毫无用处。在同时打开两道狭缝之前，我们可能仍会坚持这样认为：

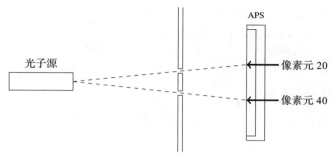

其效果由以下量子态描述：

$$\text{double}\left(\begin{array}{c}\underline{\psi}\end{array} + \begin{array}{c}\underline{\phi}\end{array}\right) \tag{7.10}$$

当我们查看 APS 效应的概率分布时，会惊讶地发现：

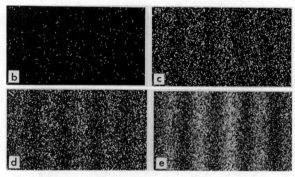

$$\tag{7.11}$$

我们看到的并非两个对称、漂亮的隆起，而是一系列交替变化的明纹和暗纹。这是因为在第三次测量里，前两次测量中不可见的 $\widehat{\psi}$ 和 $\widehat{\phi}$ 的相位相互干涉。这样的结果仅从式（7.8）和式（7.9）均无法得到。

备注 7.8　这类设置称为双缝实验，用来展示光的行为既像粒子又像波。即使观察到符合波动理论预期的干涉条纹，在每一轮实验中，每一个光子也都只会被一个像素元探测到，就像粒子一样（见图 7.2）。

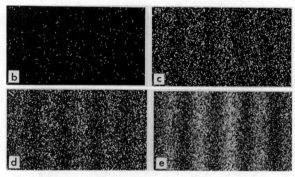

图 7.2　一个更加传统的双缝实验，包含感光底片。请留意，当光子一个接一个从双缝传来时干涉条纹是如何逐渐形成的。这个实验表明了即使单光子也有像波一样的行为

现在，假设我们有办法探知光子每次从哪一道狭缝穿过。在这种情况下（先不理会测量光子穿过哪道狭缝得到的结果），我们会得到一个混合态而非叠加态：

$$\frac{1}{2}\left(\begin{array}{c}\underline{\psi}\end{array} + \begin{array}{c}\underline{\phi}\end{array}\right) \tag{7.12}$$

当然，从 6.1.5.2 节可知翻倍操作并不等于直接求和，而实际上这项额外的测量将式（7.11）中有趣的干涉现象抹除了，只剩以下分布概率：

因此，标准正交基测量会丢掉很多关于量子态的有用信息，甚至会抹除一些有趣的量子现象。由此看来，标准正交基测量在"观测"量子态方面表现欠佳。尽管如此，它仍是仅次于观测的最优选择。

7.1.5   观测之外的最优选择

理解量子测量的最根本原则是要承认，即便**在原理上**也不可能采用经典方式来"观测"一个量子系统。

定理 7.9   "观测"不是一个量子过程。

让我们用一种更严谨的方式来表述定理 7.9。理想的"观测"是一种能为我们精准提供量子态信息的量子过程。更确切地讲，观测

$$\left(\overline{\mathbf{e}_{\widehat{\phi}}}\right)^{\widehat{\phi}}$$

应该是这样一个过程：对每个纯态 $\widehat{\phi}$，当且仅当系统的态为 $\widehat{\phi}$ 时，存在一个确定的对应输出：

$$\frac{\boxed{\mathbf{e}_{\widehat{\phi}}}}{\widehat{\psi}} = \begin{cases} 1 & \text{如果 } \widehat{\psi} = \widehat{\phi} \\ 0 & \text{否则} \end{cases} \tag{7.13}$$

在此，我们的讨论范围仅限于纯态。我们并不奢求对非纯态适用，因为在此情况下量子态的某些（可能重要的）部分已经丢失了。然而即使有了这样的前提条件，我们依然能够给出如下证明。

引理 7.10   不存在满足式（7.13）的量子过程。

证明   设

$$\left\{ \underset{0}{\bigtriangledown}, \underset{1}{\bigtriangledown} \right\} \quad \text{和} \quad \left\{ \underset{0}{\blacktriangledown}, \underset{1}{\blacktriangledown} \right\}$$

为两组不同的纯态标准正交基，例如 5.3.4 节中的 Z- 基和 X- 基。对式（6.37）进行翻转后，我们有：

$$\underset{0}{\bigtriangledown} + \underset{1}{\bigtriangledown} = \underline{\underline{}} = \underset{0}{\blacktriangledown} + \underset{1}{\blacktriangledown}$$

现在假设有一个对应白色 0 态的效应 $\mathbf{e}_0$，将其分别作用于上式的左边和右边，会得到：

$$1 = 1 + 0 = \frac{\boxed{\mathbf{e}_0}}{\underset{0}{\bigtriangledown}} + \frac{\boxed{\mathbf{e}_0}}{\underset{1}{\bigtriangledown}} = \frac{\boxed{\mathbf{e}_0}}{\underset{0}{\blacktriangledown}} + \frac{\boxed{\mathbf{e}_0}}{\underset{1}{\blacktriangledown}} = 0 + 0 = 0$$

该式左右矛盾。因此，这样的效应不存在。   □

也许我们也希望将"观测"定义为识别出量子态后不影响系统本身的过程。如果存在这样的过程，那么就能通过丢弃其输出得到式（7.13）。因此，证明了不存在这样的"破坏性"观测过程，也就证明了**任何**观测过程都不存在。

如果量子理论里不存在观测，那么有没有仅次于观测的最优选择呢？事实上这个问题有不止一个答案，取决于我们希望用量子测量来完成什么样的任务（例如，参见 7.4.2 节）。其

中一种选择是那些能以式（7.13）的形式对尽可能多的量子态进行两两区分的过程。如此一来，可区分的量子态需要满足更加严格的条件限制。

  练习 *7.11 证明：当且仅当两个量子态相互正交时，它们可以被一个量子过程完美区分。即假设存在一个量子过程包含效应 **e**，使得对于量子态 ρ 和 ρ' 有：

$$\underset{\rho}{\overset{e}{\nabla}} = 1 \qquad 和 \qquad \underset{\rho'}{\overset{e}{\nabla}} = 0$$

证明 ρ 和 ρ' 必须相互正交。

  由此可见，标准正交基测量是除观测之外的最优选择，能够在同一时间完美区分（即"观测"）出最多数量的量子态。

7.2 测量动力学与量子协议

  尽管标准正交基测量在被我们寄予厚望的量子态观测上表现不佳，却在某些意想不到的方面表现得出乎意料地好。6.4.6 节曾提到，在隐形传态协议中 Aleks 的非确定性测量（几乎）完成了所有工作：

$$\left(\frac{1}{2} \overset{\widehat{B_i}}{\bigsqcap} \right)^i$$

361

但确切地说，"工作"指的是什么？在这里，所谓工作是指当它作用到系统后所引起的根本性（radical）的变化，通常也是非局域性（non-local）的变化。使用"根本性"一词，是因为一个物理系统从一个状态按力学方式演化到另一个状态需要一定时间，而测量所引起的变化却是在瞬间发生的。我们将会看到，一段较短的纠缠比特串可以在瞬间变成一段较长的纠缠比特串，任意的线性映射都可以在瞬间作用到它上面，而所有这些都依靠量子测量来实现。

7.2.1 测量动力学 I：反作用

  在 6.4.2 节中我们看到过一种标准正交基测量的用法，即通过标准正交基测量来实现任意非确定性量子映射，从而改变系统量子态。

标准正交基测量 $\longrightarrow$

$$\left(\widehat{f_i} \right)^i \qquad\qquad (7.14)$$

  类似地，对于量子比特，我们可以通过破坏性贝尔测量来实现量子隐形传态：

$$\left(\frac{1}{2} \overset{\widehat{B_i}}{\bigsqcap} \right)^i \qquad\qquad (7.15)$$

  由于每个 B_i 都是幺正变换，因此我们可以实行适当的纠错：

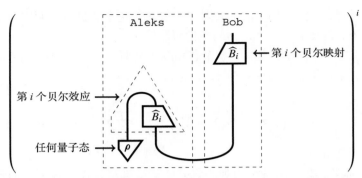

让我们来细分一下步骤，看看量子态是如何随时间演变的。实施测量后，从 t_0 时刻到 t_1 时刻系统的量子态已经发生了彻底改变：

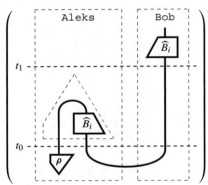

在 t_0 时刻我们有：

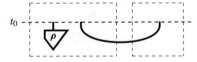

而在 t_1 时刻我们有：

中间发生了一次**瞬间转变**（instant transition）：

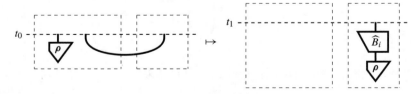

量子态 ρ 忽然就从 Aleks 传到了 Bob，并附带产生了一个误差。

　　然而我们在 6.3.2 节已经了解到，由于相对论的约束，想要利用这种瞬间转变来实现超光速通信是不可能的。然而我们很快就会发现，瞬间转变在诸如隐形传态等其他应用中会发挥很大作用。

上述用于展示瞬间转变现象的方案可以进一步简化，只需对处在贝尔态的两个系统之一进行标准正交基测量：

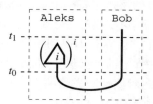

就能得到以下的瞬间转变结果：

最终，Aleks 的测量结果决定了 Bob 最后得到的量子态。由此可见，一个简单的测量就能显著改变系统的量子态，使得 Aleks 的观测结果直接决定了 Bob 手握的量子态。

定义 7.12　对复合系统的一部分进行破坏性测量而导致的瞬间转变被称为反作用。

按照我们在 4.4.3 节所讨论的图形"逻辑读数"，测量产生的影响看上去像是逆时间进行的，因此我们把它称为"反作用"。更重要的是，这种由测量引起的反作用并不"轻"，而是强到足以颠覆我们的认知，以致在物理学里找不到其他东西能与它媲美！

尽管如此，我们可以将这种情况拿来跟经典概率论里的一些不那么惊人的事实做对比。概率论可以被视作建立系统状态模型的途径之一。每当系统的一部分（例如某个随机变量）被知悉时，我们对于系统的认知就会被刷新（例如当这个变量与其他变量之间存在关联时）。我们对状态认知的这种改变被称为贝叶斯迭代。

考虑一种与示例 4.91 类似的情形：Aleks 和 Bob 各自拥有一个密闭信封，里面封装了从 {1, 2, ⋯, n} 中随机选取的某个讯息。然后，我们可以将"Aleks 打开信封查看"看作一个非确定性过程：

364

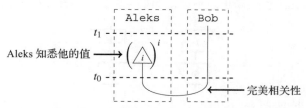

因为两个信封的内容是相同的，因此在 Aleks 进行"测量"以后，Bob 的信封内容也会立刻揭晓：

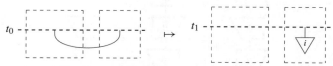

然而量子理论和经典概率论的本质区别就在于，后者只改变了我们对于信封里内容的认知，却并未改变信封里的内容。相反，从量子理论的标准概念可知，真正发生改变的是系统的量子（纯）态本身，而非我们对它的认知。很多人尝试用认知的观点为量子情形给出一个简单的解释，但量子非局域性否定了局域性模型存在的可能，详见 11.1 节。换言之，尽管 Aleks 和 Bob 相距甚远，他们之间必然在瞬间发生了某种事件。

7.2.2　示例：逻辑门的隐形传态

　　隐形传态通过标准正交基测量的反作用将一个量子态原封不动地从一个地方传送到另一个地方，即对该量子态实施了一次单位变换过程。那么，是否也有可能实施其他的量子映射 Φ 呢？换句话说，我们可否将整个"计算"编码到一个量子态上，然后通过测量来"实施"这个计算？让人惊讶的是，答案是肯定的，虽然要用到一些伎俩。

　　解决问题的关键在于过程－态对偶性。先将一个量子映射 Φ 编码到一个二分态上，然后用这个二分态代替贝尔态，以对量子隐形传态协议进行一些改动：

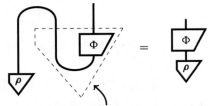

将量子映射 Φ 编码为一个二分量子态

365

将错误也考虑在内，可以得到：

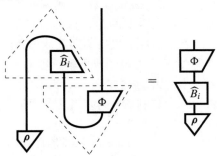

　　到此，我们差不多已经通过编码量子态实现了量子映射 Φ，只不过还存在一个小小的问题：卡在 Φ 后面的错误 $\widehat{B}_i$ 无法直接修正。不过，如果存在另一个幺正变换 $\widehat{B}_i$，使得：

$$\frac{\boxed{\widehat{\beta}_i}}{\boxed{\Phi}} = \frac{\boxed{\Phi}}{\boxed{\widehat{B}_i}}$$

　　那么，将得到我们想要的结果：

$$\frac{\frac{\boxed{\widehat{\beta}_i}}{\boxed{\Phi}}}{\frac{\boxed{\widehat{B}_i}}{\triangledown\rho}} = \frac{\frac{\boxed{\widehat{\beta}_i}}{\boxed{\widehat{\beta}_i}}}{\frac{\boxed{\Phi}}{\triangledown\rho}} = \frac{\boxed{\Phi}}{\triangledown\rho}$$

　　上述操作可能会让人觉得，通过这种方式实现的映射需要满足某些特定条件。但实际上这个操作技巧是不足以用来构建一个通用量子计算模型，被称为基于测量的量子计算，其中的"动力学变化"完全由测量引起。在 12.3 节中，我们将详细介绍这个计算模型的工作原理。

7.2.3　测量动力学 II：塌缩

相对于破坏性测量，非破坏性标准正交基测量存在两种由测量引起的动力学变化：
- 7.2.1 节所讨论的反作用。
- 式（7.7）所描述的塌缩：

$$
\begin{array}{c}
\nabla_i \\
\triangle_i
\end{array}
\ :: \ \nabla_\psi \ \mapsto \ \nabla_i
$$

也可称之为"正（向）作用"。

　　例如，非破坏性贝尔测量：

$$
\left(\frac{1}{4} \quad \widehat{B_i} \right)^i
$$

和它的破坏性测量形式有相同的反作用，使得原本无纠缠的两个系统发生纠缠（让我们再次忽略其中的倍数）：

$$
\nabla_\psi \ \nabla_\phi \ \mapsto \ \widehat{B_i} \quad = \quad \widehat{B_i} \tag{7.16}
$$

　　就像反作用一样，塌缩也能在经典概率论里找到对应。在经典概率论里，塌缩：

$$
\begin{array}{c}
\nabla_i \\
\triangle_i
\end{array}
\ :: \ \nabla_P \ \mapsto \ \nabla_i
$$

只简单意味着信封里的内容从未知（服从某种概率分布 P）变成了已知（确定的某个值 i）。当塌缩发生时，除了我们对信封里内容的认知以外，没有其他任何事情发生改变。相比之下，在量子情况中的塌缩更具破坏性。例如，想象在打开信封后，我们决定要把它重新封装上并且忘记刚才所见的数值。忘却一个非确定性过程的输出意味着把各个分支事件混合到一起：

$$
\left(\begin{array}{c} \nabla_i \\ \triangle_i \end{array} \right)^i \ \mapsto \ \sum_i \begin{array}{c} \nabla_i \\ \triangle_i \end{array} \ = \ \Big| \tag{7.17}
$$

因为我们的认知没有改变，所有事情都没有发生变化。然而，如果我们对一个量子测量做同样的操作，得到的结果会很不一样：

$$
\left(\begin{array}{c} \nabla_i \\ \triangle_i \end{array} \right)^i \ \mapsto \ \sum_i \begin{array}{c} \nabla_i \\ \triangle_i \end{array} \ \neq \ \Big| \tag{7.18}
$$

最终得到的量子过程会将所有的量子态都转化为基态的混合态。更确切地说，一个纯态 $\widehat{\psi}$ 会被转化成一个由基态混合而成的混合态：

每个基态的权重由其相应的概率所决定。以下过程：

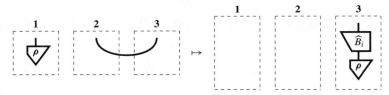

被称为退相干，我们会在 8.3.2 节以简单的图形表示方式来对它做进一步研究。

　　练习 7.13　将去相干过程和单位变换过程分别用标准正交基态叠加的形式展开，证明它们并不相等。

　　塌缩对量子态具有破坏性。尽管如此，它仍有用武之地。用途之一是制备量子态：为了得到一个量子态 $\widehat{\psi}$，可以实施某种标准正交基测量，使得 $\widehat{\psi}$ 是其中一个可能的输出态。只要实施测量的次数足够多，并且保证 $\widehat{\psi}$ 是其中一种可能的输出结果，那么 $\widehat{\psi}$ 总会在某个时刻出现。这个过程和用起偏器产生偏振光如出一辙。

　　现在，让我们来考察一个同时运用了反作用和非破坏性贝尔基测量塌缩的协议。

368

7.2.4　示例：量子纠缠交换

　　在 7.2.1 节里，我们看到了如何依靠一个（破坏性）贝尔测量的反作用来实现隐形传态。具体来说，在对系统 **1** 和 **2** 实施测量后：

量子态 ρ 从系统 **1** 转移到了系统 **3** 上，尽管从来没有直接和系统 **3** 发生过相互作用（稍后进行的纠错过程除外）。同样，我们从式（7.6）可以看到非破坏性贝尔测量产生的正作用如何使原本无关的两个系统发生纠缠。

　　现在让我们尝试将这两个想法结合一下。假定我们手上有一对贝尔态：

然后对 **1b** 和 **2a** 进行贝尔基测量，我们会得到以下结果：

非破坏性贝尔测量分支

在进行必要的纠错后，我们最终得到：

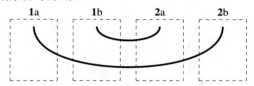

369

在刚开始时，**1a** 和 **1b** 相互纠缠，**2a** 和 **2b** 相互纠缠；到最后变成了 **1a** 和 **2b** 相互纠缠，**1b** 和 **2a** 相互纠缠。换句话说，纠缠发生了"交换"。我们把这个过程称为纠缠交换。最让人惊讶的是，**1a** 和 **2b** 之间虽然未曾有相互作用，最后还是发生了纠缠。或者可以说，量子理论允许：

> 通过非接触方式产生纠缠

在实际的量子技术应用中，可以运用这一过程对近距离的量子纠缠态进行操作，最终产生远距离的量子纠缠态：

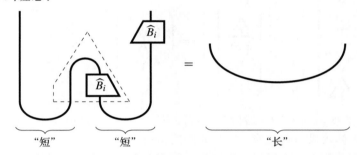

以此为目的进行量子纠缠交换的设备有时会被称为量子中继器，是实现远程制备高质量量子纠缠态的关键。起这个名字是因为它与经典信号中继器类似，在得到信号后加以放大并重新输入信道，从而实现讯息的远距离传递。

练习 7.14　给定 n 段短的量子纠缠，设计一个协议来生成一段"长"的量子纠缠，同时保证所需要的纠错次数最少。

备注 7.15　量子隐形传态协议本质上可以用下面的字符串图等式来描述：

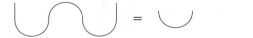

等式的左边是两个盖 / 杯，量子纠缠交换也可做同样的处理。相应等式的左边包含三个盖 / 杯：

370

7.3　更普适的测量种类

在本节中，我们将在一个拓展理论框架下研究标准正交基测量，考察多种更具有普适意义的测量。例如，如果只对量子态的一个子系统进行测量，或者是将标准正交基测量和其他过程进行组合，会得到什么样的结果？

7.3.1　冯·诺依曼测量

考虑一个包含两个子系统的量子过程，对其中一个实施非破坏性标准正交基测量，而对另外一个则不做任何操作：

这个过程本身不是标准正交基测量，因为它并非 o- 可分离的：

然而它却具有标准正交基测量的一项重要特征，在我们实施该过程 2 次后出现：

此处只保留 $i = j$ 的项，因为 $i \neq j$ 的情况不可能发生。因此，连续实施两次过程会得到相同的输出结果，而整体效果与只实施一次时的情况相同。

考察这些过程作用在一个量子态上产生的效果会很有意义。假设将这个过程作用在量子态 $\boldsymbol{\rho}$ 上并得到输出结果 i。新的量子态为：

然后，如果我们马上重复相同的过程，所有 $j \neq i$ 的分支事件的发生概率为 0：

$$P\left(j \neq i \mid \rho'\right) \overset{(6.65)}{=} \quad \approx \quad = 0$$

所以我们可以确保会再次得到输出结果 i。而且，不管这个过程实施了 1 次、2 次，还是 100 次。在第一次测量后量子态就已经被破坏，因此在后续的测量里，量子态不会再改变。

一个量子过程会引起量子态"塌缩"，从而不管之后重复多少遍都始终得到相同的结果——冯·诺依曼将它视为量子测量的基本特征，总结如下。

冯·诺依曼量子塌缩猜想：当实施一个非破坏性测量并得到输出结果 i 后，再次测量肯定会得到相同的结果，并且不会使系统量子态发生进一步改变。

上述猜想可以用量子过程语言来表述。

定义 7.16 非破坏性冯·诺依曼测量是一个量子过程：

$$\left(\boxed{\widehat{P_i}} \right)^i$$

[372]

它使得：

$$\frac{\boxed{\widehat{P_j}}}{\boxed{\widehat{P_i}}} = \delta_i^j \boxed{\widehat{P_i}} \tag{7.19}$$

基于以下原因，冯·诺依曼测量有时也被称为投影测量。

命题 7.17 对任意冯·诺依曼测量而言，分支事件 $\widehat{P_i}$ 是投影算子。

证明 从式（7.19）可知，$\widehat{P_i}$ 是幂等算子，因此只需证明它同时也是自伴随算子。又因为全部 $\widehat{P_i}$ 在一起共同构成一个量子过程，因此满足因果律。将因果性条件展开可得：

$$\sum_i \boxed{P_i \quad P_i} = \boxed{\ }$$

于是我们得到：

$$\sum_i \frac{\boxed{P_i}}{\boxed{P_i}} = \Big| \tag{7.20}$$

由定理 6.17 可知，式（7.19）可用以下表达式代替，二者只相差一个全局相位 $e_{i\alpha_{jk}}$：

$$\frac{\boxed{P_k}}{\boxed{P_j}} = e^{i\alpha_{jk}} \delta_j^k \boxed{P_j} \tag{7.21}$$

因此有：

$$\boxed{P_j} \overset{(7.20)}{=} \sum_k \frac{\boxed{P_k}}{\frac{\boxed{P_k}}{\boxed{P_j}}} \overset{(7.21)}{=} \sum_k e^{i\alpha_{jk}} \delta_j^k \frac{\boxed{P_k}}{\boxed{P_j}} = e^{i\alpha_{jj}} \frac{\boxed{P_j}}{\boxed{P_j}}$$

[373]

通过翻倍操作（doubling）可以消除全局相位：

$$\boxed{\widehat{P_i}} = \frac{\boxed{\widehat{P_i}}}{\boxed{\widehat{P_i}}}$$

因此，从命题 4.70 可知，每一个 $\widehat{P}_i$ 都是投影算子。 □

当满足式（7.19）时，投影算子之间相互正交，此时可以将冯·诺依曼测量定义为一个由正交投影算子构成的量子过程。此外，对投影算子而言，式（7.20）可以简化为（见命题 6.21）：

$$\sum_i \boxed{P_i} \ = \ \Big|$$

或者，我们可以通过合并测量结果（或称为粗粒化）来从一组标准正交基测量得到一组冯·诺依曼测量。举个例子，假设有一个三维量子系统，我们并不需要测量系统处在以下哪一个量子态：

而只需通过分组测量来检查这个系统是否处在量子态 1。方法是先设定投影算子：

再实行测量：

$$\left(\boxed{\widehat{P}_i} \right)^i \tag{7.22}$$

更一般的情况是，将输出集合：

$$I := \{1 , \cdots , D\}$$

做特定分解，也就是说，将 I 分解为一系列子集：

$$\{I_1 , \cdots , I_n\}$$

使其满足：

$$I_1 \cup \cdots \cup I_n = I \qquad 和 \qquad \forall i \neq j : I_i \cap I_j = \emptyset$$

然后就可以通过以下方式获得一组冯·诺依曼测量：

$$\left(\boxed{\widehat{P}_i} \right)^i \qquad 其中 \qquad \boxed{P_i} := \sum_{j \in I_i} \ \overset{j}{\underset{j}{\nabla\!\!\!\vartriangle}} \tag{7.23}$$

显然，每一个 $\widehat{P}_i$ 均为投影算子，而且由于 I_i 之间互不相交，可知它们相互正交。

练习 7.18 试证明，对一组标准正交基做任意分解，通过式（7.23）所得均为量子过程，并可以由此得到一组冯·诺依曼测量。反之，利用 5.3.3.1 节的谱定理，证明任意的冯·诺依曼测量都可以通过分解某个标准正交基测量而展开为式（7.23）的形式。

通过粗粒化测量获取到的信息比从标准正交基测量获取到的信息要少，但相应地对量子态造成的损害也比较轻。例如，对于一个有以下形式的量子态：

$$\overset{\psi}{\nabla} = \mathsf{double} \left(\lambda_2 \, \boxed{2} + \lambda_3 \, \boxed{3} \right)$$

在式（7.22）所描述的测量中将保持不变，因为 $\widehat{P}_0$ 的情况不会出现，而且有：

$$\begin{array}{c} \widehat{P}_1 \\ \widehat{\psi} \end{array} = \widehat{\psi}$$

这是因为粗粒化是建立在去翻倍（undoubled）过程 P_i 之上。如果我们实施一个有以下形式的量子过程：

$$\begin{array}{c}1\\1\end{array} \quad \text{和} \quad \begin{array}{c}2\\2\end{array} + \begin{array}{c}3\\3\end{array}$$

那么 $\widehat{\psi}$ 甚至都不会转化成另一个纯态（除非 λ_1 或 λ_2 等于 0），更别说它自己了。而另一方面，如果我们考虑破坏性冯·诺依曼测量，即具有以下形式的量子过程：

$$\left(\boxed{\widehat{P}_i} \right)^i$$

并使得式（7.19）成立，那么上述两种投影算子没有区别。不同于破坏性标准正交基测量，破坏性冯·诺依曼测量输出的末态不一定是纯态。

命题 7.19　当且仅当一个量子过程具有以下形式时：

$$\left(\pi_i \right)^i \qquad \text{其中} \qquad \pi_i := \sum_{j \in I_i} j$$

它是一个破坏性冯·诺依曼测量。

证明　用式（7.23）的方式定义 P_i，我们会得到：

$$\boxed{\widehat{P}_i} = \boxed{P_i \quad P_i} = \sum_{j,k \in I_i} \begin{array}{cc} j & k \\ j & k \end{array} \overset{(*)}{=} \sum_{j \in I_i} \begin{array}{c} j \ j \end{array} = \pi_i$$

其中，在（*）处利用了基态的标准正交特性。　□

最后需要注意的是，不管是对破坏性还是对非破坏性的冯·诺依曼测量而言，粗粒化过程都不是唯一的。换而言之，同一组冯·诺依曼测量可以通过粗粒化不同的标准正交基来实现。

练习 7.20　有如下一组标准正交基：

$$\mathcal{B} := \left\{ \boxed{1}, \boxed{2}, \boxed{3}, \cdots, \boxed{D} \right\}$$

设：

$$\boxed{+} = \frac{1}{\sqrt{2}} \left(\boxed{1} + \boxed{2} \right) \qquad \text{和} \qquad \boxed{-} = \frac{1}{\sqrt{2}} \left(\boxed{1} - \boxed{2} \right)$$

可以得到另一组标准正交基：

$$\mathcal{B}' := \left\{ \boxed{+}, \boxed{-}, \boxed{3}, \cdots, \boxed{D} \right\}$$

试证明：

$$\boxed{+} + \boxed{-} = \boxed{1} + \boxed{2}$$

并由此可得以下测量:

$$\left(\; \underset{1}{\triangle} + \underset{2}{\triangle} \; , \; \underset{3}{\triangle} \; , \cdots , \; \underset{D}{\triangle} \; \right)$$

可以通过粗粒化标准正交基 $\mathcal{B}$ 或 $\mathcal{B}'$ 得到。通过粗粒化得到该测量的标准正交基应什么样的特征?

376

7.3.2　冯·诺依曼量子理论框架

作为量子理论框架的基石,冯·诺依曼测量至今仍在大部分教科书中占有一席之地,只是表达形式和本书很不一样。其中一个差别是它们往往会将纯态量子理论和混态量子理论区分开来。纯态作为基础存在,而混态则是衍生出来的概念。纯态量子理论是基于以下三个基本假设的:

假设 1:系统　一个量子系统用一个希尔伯特空间来表征。量子态由一类只相差一个整体相位的归一化矢量来表征(见 6.1.2 节)。复合系统由其子系统所对应的希尔伯特空间的张量积来表征(见 5.4.2 节)。

假设 2:演化　确定的、可逆的量子过程用希尔伯特空间里的幺正变换来表征(见推论 6.58)。

假设 3:测量　量子测量用希尔伯特空间里的自伴随线性映射来表征。

这里的第三项假设和我们所提到的测量,尤其是作为冯·诺依曼理论核心的冯·诺依曼测量相比,好像不是一回事。不过,我们只要借助 5.3.3.1 节的谱定理就不难发现,差异其实并没有那么大。从一组冯·诺依曼测量出发,将一个集合里的投影算子组合成一个映射:

$$\boxed{f} = \sum_{i} r_i \; \boxed{P_i} \qquad\qquad (7.24)$$

其中,r_i 是不同的实数。最终的映射是自伴随的,我们始终可以通过谱定理来恢复出,从而确保存在一组标准正交基,使得:

$$\boxed{f} = \sum_{i} r_i \; \underset{i}{\overset{i}{\triangle}}$$

一般来说,r_i 有时候会重复出现。其中存在一种分解 $\{I_1, \cdots, I_n\}$,每一个实数 r_i 对应一个特定的子集 I_i。最后,可以利用式(7.23)得到式(7.24)的分解形式。

练习 7.21　Pauli 映射及其矩阵形式:

$$\boxed{\sigma_X} \leftrightarrow \begin{pmatrix} 0 & 1 \\ 1 & 0 \end{pmatrix} \qquad \boxed{\sigma_Y} \leftrightarrow \begin{pmatrix} 0 & -i \\ i & 0 \end{pmatrix} \qquad \boxed{\sigma_Z} \leftrightarrow \begin{pmatrix} 1 & 0 \\ 0 & -1 \end{pmatrix}$$

377

已经在备注 5.99 里介绍过,它们都是自伴随线性映射,分别代表了在 X-基、Y-基(见练习 6.7)和 Z-基下的测量:

$$\boxed{\sigma_X} = \underset{0}{\overset{0}{\blacktriangledown}} + (-1) \underset{1}{\overset{1}{\blacktriangledown}}$$

$$\boxed{\sigma_Y} = \begin{array}{c}\blacktriangledown^{0}\\\blacktriangle_{0}\end{array} + (-1)\begin{array}{c}\blacktriangledown^{1}\\\blacktriangle_{1}\end{array}$$

$$\boxed{\sigma_Z} = \begin{array}{c}\triangledown^{0}\\\triangle_{0}\end{array} + (-1)\begin{array}{c}\triangledown^{1}\\\triangle_{1}\end{array}$$

因此，不该把自伴随线性映射当作过程本身，而应该看作是一种表示真实过程的方式，即投影算子。

假设 3：测量（续） 对一个系统进行测量后，其量子态将变化（即"塌缩"）到某一个投影算子所对应的本征态上，发生该事件的概率由玻恩定则给出：

$$P\left(i \mid \widehat{\psi}\right) := \boxed{\widehat{P_i}} \mathbin{\underline{\underline{\widehat{\psi}}}} = \left(P_i \frown P_i\right) \underset{\psi \ \psi}{} \overset{(*)}{=} \overset{\psi}{\underset{\psi}{\boxed{P_i}}} \qquad (7.25)$$

在（*）处等式成立是因为 P_i 是投影算子。

备注 7.22 对非纯态而言，玻恩定则的形式变为：

$$P\left(i \mid \rho\right) := \boxed{\widehat{P_i}} \mathbin{\underline{\underline{\rho}}} = \left(\begin{array}{cc}P_i & P_i\\ g & g\end{array}\right) \overset{(*)}{=} \left(\begin{array}{c}P_i\\ \widetilde{\rho}\end{array}\right)$$

其中，$\widetilde{\rho} := g \circ g^{\dagger}$ 是与 ρ 有关的密度算子（见备注 6.43）。采用传统记号的话，纯态和混态的玻恩定则概率分别表示为：

$$\langle \psi | P_i | \psi \rangle \qquad\qquad 和 \qquad\qquad \mathrm{tr}\left(P_i \widetilde{\rho}\right)$$

378

值得注意的是，在上述纯量子理论方程中幺正变换和冯·诺依曼测量作为特殊过程被单独考虑。其中单独考虑幺正变换的原因在于，Stinespring 定理（见推论 6.63）表明，任意确定性量子过程均能由一个量子态、一个幺正变换以及抛弃部分系统的操作来实现。此外，在后面章节里将会看到，如果将标准正交基测量也纳入考量，则所有量子过程都能实现（见 7.3.4 节）。

另一方面，为了得到量子**过程理论**，我们必须考虑比幺正变换和冯·诺依曼测量更为普适的过程，因为这两种操作的组合往往是非闭合的。例如，一个量子态和一个幺正变换并列组合构成一个同构变换。类似地，将一个破坏性性冯·诺依曼测量和一个幺正变换组合到一起，不管是串行还是并行，得到的量子过程都不再是冯·诺依曼测量，例如：

$$\left(\begin{array}{cc}\boxed{\widehat{\phi_i}} & \\ \boxed{\widehat{\phi_i}} & \boxed{\widehat{U}}\end{array}\right)^{i} \qquad\qquad \left(\begin{array}{c}\boxed{\overline{U(\phi_i)}}\\ \boxed{\widehat{\phi_i}}\end{array}\right)^{i}$$

甚至两个破坏性冯·诺依曼测量的串行组合也往往不再是冯·诺依曼测量。例如，将两个不同的标准正交基测量组合到一起，得到：

$$\left(\begin{array}{c}\hat{\phi_j} \\ \hat{\phi_j} \\ \hat{\psi_i} \\ \hat{\psi_i}\end{array}\right)^{ij} = \left(\hat{\lambda_{ij}} \begin{array}{c}\hat{\phi_j} \\ \hat{\psi_i}\end{array}\right)^{ij}$$

练习 7.23　将如下两个非破坏性冯·诺依曼测量串行组合：

$$\left(\boxed{\hat{P_i}}\right)^i \qquad 和 \qquad \left(\boxed{\hat{Q_j}}\right)^j$$

试证明，当且仅当这两个测量**互易**时，它们的组合仍是冯·诺依曼测量。即，对任意 i 和

379　j，有：

$$\boxed{\begin{array}{c}\hat{Q_j} \\ \hat{P_i}\end{array}} = \boxed{\begin{array}{c}\hat{P_i} \\ \hat{Q_j}\end{array}}$$

因此，我们得到以下定理。

定理 7.24　冯·诺依曼量子理论框架在图形结构（forming diagram）下是非闭合的，特别是在量子过程的串行和并行组合时。

备注 7.25　将冯·诺依曼测量表示成自伴随线性映射的一个好处是，所有的 r_i 都可以被看作与投影算子相关的物理量，例如位置或动量。如果将式（7.25）右侧的 P_i 替换成自伴随线性映射：

$$\boxed{f} := \sum_i r_i \boxed{P_i}$$

而非概率的话，我们将得到的加权平均值：

$$E_f\left(\hat{\psi}\right) := \boxed{\begin{array}{c}\psi \\ f \\ \psi\end{array}} = \sum_i r_i \boxed{\begin{array}{c}\psi \\ P_i \\ \psi\end{array}} = \sum_i r_i P\left(i \,\middle|\, \hat{\psi}\right)$$

也称为**期望值**（expectation value）。

备注 7.26　冯·诺依曼将一个希尔伯特空间中的投影算子看成经典逻辑里"命题"（proposition）这一概念的量子类比。这一洞察让他成为量子逻辑领域的奠基者之一，我们将在 *7.6.2 节再做讨论。

7.3.3　POVM 测量

简单来说，最具普适性的一类破坏性测量是作用于普通系统的**任意**量子过程，即只受联

合因果性约束的一系列效应的集合。

定义 7.27　任何具有以下形式的量子过程：

都被称为破坏性 POVM 测量。

380

缩写"POVM"的全称是"正算子测量"（Positive Operator-Valued Measure）。我们要简单地解释一下这个术语，因为它和本书里出现的其他专业术语略有不同。

- 为什么是"正算子"？当考虑投影测量时，有：

$$\pi_i \quad = \quad P_i \quad \text{投影算子}$$

而现在我们有：

$$\varphi_i \quad = \quad f_i \, f_i \quad = \quad \frac{f_i}{f_i} \tag{7.26}$$

因此，这个用词是用来反映这样一个事实：量子过程由正算子组成，也称为正线性映射。

- 为什么是"测量"？在概率论里，一个有限"概率测量"是指对每一个有限集合里的元素 $i \in \{1, \cdots, D\}$ 均分配一个正数 $P(i)$，使得这些数全部加起来等于 1。"正算子测量"是在此基础上的扩展：它对每一个 i 分配一个正映射，所有这些正映射全部加起来等于一个单位变换。换而言之，这意味着因果性，因为我们有：

$$\sum_i \frac{f_i}{f_i} = \quad \Longleftrightarrow \quad \sum_i \frac{f_i}{f_i} = \Big| \tag{7.27}$$

备注 7.28　正如冯·诺依曼测量的情况，我们可以将玻恩定则写成密度矩阵和迹的形式：

$$P(i \mid \rho) = \frac{\varphi_i}{\rho} = \frac{E_i}{\tilde{\rho}} \tag{7.28}$$

381

其中：

$$E_i := \frac{f_i}{f_i} \tag{7.29}$$

用非图形语言来描述就是：

$$P(i \mid \rho) = \mathrm{Tr}(E_i \, \tilde{\rho})$$

这是对 POVM 测量下的玻恩定则的标准表述。

虽然"非破坏性"POVM 测量不是一个标准的概念，但不妨碍我们对它做一番讨论。

考虑这样的一类量子过程，我们可以通过丢弃它们的输出来获得任意的破坏性 POVM 测量。这类量子过程可以通过纯化来得到（见 6.4.3 节）：

$$\left(\widehat{\varphi_i}\right)^i = \left(\widehat{\widehat{f_i}}\right)^i$$

也就是说，只要考虑具有纯态事件分支的量子过程就能恢复出所有破坏性 POVM 测量。因此，"非破坏性 POVM 测量"等同于一个纯量子过程：

$$\left(\widehat{f_i}\right)^i$$

备注 7.29 虽然不是非常必要，但这里还是提一下，真正的**非破坏性**测量要求映射 $\widehat{f_i}$ 应该具有同类型的输入和输出。换而言之，对一个作用在 $\widehat{A}$ 上的 POVM 测量而言，我们应该能找到合适的 $\widehat{f_i}$，使得输出的类型也是 $\widehat{A}$：

$$\left(\widehat{\varphi_i}_{\widehat{A}}\right)^i = \left(\widehat{\widehat{f_i}}_{\widehat{A}}\right)^i$$

从练习 6.97 可知，这个可能性是必然存在的。

当然，能够通过丢弃输出来生成同一个破坏性 POVM 测量的非破坏性 POVM 测量有很多，原因在于分解出式（7.26）中 φ_i 的方法有很多种。所以，一个量子态的最终命运依赖于 $\widehat{f_i}$，而并不仅仅是 φ_i。由此可知，不同的非破坏性 POVM 测量有可能产生出相同的输出概率分布，但它们对量子系统自身的作用可能各不相同。

7.3.4 Naimark 延展与 Ozawa 延展

现在回忆一下，由 Stinespring 延展（见定理 6.61）可知，所有满足因果性的量子映射 Φ（即所有确定性量子过程）都可以通过丢弃某个同构变换的一部分输出来实现：

$$\widehat{\Phi} = \widehat{\widehat{U}} \tag{7.30}$$

对 POVM 测量来说也有类似的延展结果。我们曾经提到，任意的量子过程都可以找到一个同构变换与之对应。首先针对纯量子过程来证明这一点，被称作 Naimark 延展。

引理 7.30 对于一个有 D 个事件分支的纯量子过程：

$$\left(\widehat{f_i}\right)^i$$

和一个拥有 D 个基态的标准正交基：

$$\left\{\widehat{i}\right\}_i$$

以下方式构成一个同构变换：

$$\widehat{U} := \sum_i \widehat{f_i}\,\widehat{i}$$

同样，通过翻倍操作得到的量子映射也有相同结果。

证明　我们有：

$$\sum_j \;\boxed{f_j}\;\boxed{j} \atop \sum_i \;\boxed{f_i}\;\boxed{i} \;=\; \sum_i \; {\boxed{f_i}\atop\boxed{f_i}} \;=\; \Big|$$

根据式（7.27）所示的因果性，最后一处等号成立。　　□　　383

定理 7.31 （Naimark 延展）任意的非破坏性 POVM 测量，都可以通过对一个同构变换 $\widehat{U}$ 的一部分输出进行标准正交基测量来实现：

$$\left(\boxed{\widehat{f_i}}\right)^i \;=\; \frac{\left(\triangle i\right)^i}{\boxed{\widehat{U}}} \tag{7.31}$$

进而，任意破坏性 POVM 测量都可以通过舍弃一个同构变换 $\widehat{U}$ 的一部分输出并对剩余部分输出进行标准正交基测量来实现：

$$\left(\boxed{\varphi_i}\right)^i \;=\; \frac{\overline{\overline{}}\;\left(\triangle i\right)^i}{\boxed{\widehat{U}}} \tag{7.32}$$

证明　对于由引理 7.30 给出的同构变换，我们有：

$$\frac{\boxed{j}}{\boxed{U}} \;=\; \sum_i \;\boxed{f_i}\;{\boxed{j}\atop\boxed{i}} \;=\; \boxed{f_j}$$

从而式（7.31）得证。　　□

备注 7.32　把标准正交基测量的全部事件分支加起来，就可以得到式（7.30）和式（7.31）：

$$\sum_i \;\boxed{\widehat{f_i}} \;=\; \sum_i \;\frac{\triangle i}{\boxed{\widehat{U}}}$$

上述操作可以等效为在测量之后放弃保存输出结果：

$$\boxed{\Phi} \;=\; \frac{\overline{\overline{}}}{\boxed{\widehat{U}}}$$

由此可见，"破坏性 POVM 测量"只不过是平凡量子系统中的某个量子过程，而"非破坏性 POVM 测量"则不过是将一个系统映射回自身的纯量子过程。因此，当我们引入 POVM 测量时，所做的不外乎是为熟悉的事物换上一个更响亮的名字。不过在此过程中，我们也推导出了一些重要的事实：任意量子过程所产生的概率分布都可以通过一个同构变换外加一个标准正交基测量重构出来。这是在本节里我们需要牢记的一件重要的事情。　　384

结合 Stinespring 延展，我们可以得到一个适用于**所有**量子过程的更为普适的结果。

定理 7.33（Ozawa 延展）　所有量子过程都可以通过对一个同构变换 $\widehat{U}$ 的一部分输出进行标准正交基测量，同时舍弃剩余的一部分输出来实现：

$$\left(\boxed{\Phi_i} \right)^i = \boxed{\widehat{U}} \; \left(\triangle_i \right)^i \qquad (7.33)$$

练习 7.34 证明定理 7.33。

研究普适 POVM 测量的其中一个原因是，它可以自然而然地被看成是对大系统的一部分进行标准正交基测量，如定理 7.31 所述。另外两个原因如下：

- POVM 测量反映了在测量过程中由于噪声或对物理系统的有限认知而造成的非完美性。从这个角度来看，POVM 测量可以被认为是混合测量。
- POVM 测量可以完成冯·诺依曼测量无法实施的任务。在 7.4.2 节里我们会看到一个例子，运用一种称为信息完备 POVM 测量（informationally complete POVM measurement）的特殊测量来完成量子态层析（quantum state tomography）任务。

7.4 层析

一般来说，量子态会在测量中被破坏，能留给我们的信息并不多。不过，如果拥有足够多的量子态备份，我们可以做得更好。通过实施一系列经过挑选的测量，我们可以从输出的概率分布推断系统状态。这个过程被称为层析。在本节中我们将考察层析过程的机理，以及完成该过程所需要的测量类型。

7.4.1 量子态层析

显然，正如我们在 7.1.5 节中所定义的那样，"观测"是层析的终极形式。对过程理论而言，因为已经有了观测过程，使得层析这一说法有点多余。而另一方面，在量子理论中不存在"单次观测"，因此层析的概念非常有意义。

因为单次测量无法给出足够好的结果，我们接下来会尝试多次使用同一组标准正交基测量。然而这样做效果同样不好。因为一个标准正交基经过翻倍操作后就不再是标准正交基了（见 6.1.5.3 节），概率分布：

$$P(i \mid \boldsymbol{\rho}) = \boxed{\rho}^i$$

不足以用来确定量子态 $\boldsymbol{\rho}$。

所幸，存在规模更大的量子态集合，可用于组成（非标准正交的）量子系统基态。在定理 6.24 就曾经构造出一例：

$$\left\{ \text{double}\left(\bigtriangledown_j + \bigtriangledown_k \right) \right\}_{j \leqslant k} \; \cup \; \left\{ \text{double}\left(\bigtriangledown_j + i \, \bigtriangledown_k \right) \right\}_{j > k}$$

换而言之，存在一组量子态：

$$\left\{ \widehat{\phi_i} \right\}_i$$

使得：

$$\left(\forall i : \boxed{\Phi}_{\phi_i} = \boxed{\Phi'}_{\phi_i} \right) \implies \boxed{\Phi} = \boxed{\Phi'}$$

从而使相应的量子效应集合：

$$\mathcal{E} := \left\{ \widehat{\phi_i} \right\}_i$$

足以用来对量子态做出区分：

$$\left(\forall i : \frac{\widehat{\phi_i}}{\rho} = \frac{\widehat{\phi_i}}{\rho'} \right) \implies \bigtriangledown_\rho = \bigtriangledown_{\rho'}$$

只要能确定 $\mathcal{E}$ 中每一个 $\widehat{\phi_i}$ 所对应的概率：

$$\frac{\phi_i}{\rho} \tag{7.34}$$

量子态 ρ 就能得以确定。当然，我们无法确定地给出效应，但总能找到一个非确定性过程来实现任意一个量子映射。因此准确来说，我们可以找到一个包含多种测量的组合，将 $\mathcal{E}$ 中的所有效应都囊括其中。

示例 7.35   任意的量子比特态都可以通过以下四个效应来唯一确定：

$$\blacktriangle_0 := \text{double}\left(\bigtriangleup_0 + \bigtriangleup_1 \right) \qquad \blacktriangle_0 := \text{double}\left(\bigtriangleup_0 + i\,\bigtriangleup_1 \right)$$

因此，我们可以通过 X- 基测量、Y- 基测量和 Z- 基测量（其定义参见练习 6.7）来对一个量子比特态进行层析：

$$\left\{ \bigtriangledown_0, \bigtriangledown_1 \right\} \qquad \left\{ \blacktriangledown_0, \blacktriangledown_1 \right\} \qquad \left\{ \bigtriangledown_0, \bigtriangledown_1 \right\}$$

事实上，不可能用比示例 7.35 更少的标准正交基测量来完成相同的任务。为了证明这点，我们将再次运用布洛赫球几何。

命题 7.36   至少需要三组不同的标准正交基才能实现基于标准正交基测量的量子比特态层析。

证明   我们将给出一个基于几何的证明。从 6.1.2 节可知，由式（7.34）给出的内积决定了布洛赫球上两个量子态之间的距离。这足以证明，对于任意两个标准正交基测量，至少存在两个量子态 ρ 和 ρ' 无法被准确区分。不失一般性，假设第一组标准正交基为：

$$\left\{ \bigtriangledown_0, \bigtriangledown_1 \right\}$$

因为即使不用 Z- 基，我们也可以用其他的基来代替。再给定第二组标准正交基为：$\{\phi_0, \phi_1\}$。其中 $\widehat{\phi}_0$ 对应布洛赫球上的某一点，而 $\widehat{\phi}_1$ 则落在其对跖点上，如下图所示：

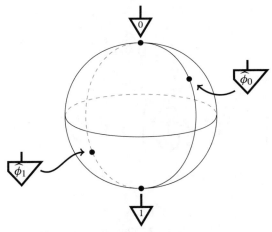

387 两个量子态无法被区分的充分条件是，它们与布洛赫球上四个基态之间的距离都一样。为达到这个效果，过球心做一条与四个基态所构成平面相垂直的直线，使其穿过布洛赫球，形成两个交点：

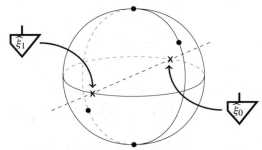

如此一来，在两组标准正交基下测量 ξ_i 所得的输出结果的概率都是 1/2。因此，只用两组基进行测量无法区分 ξ_0 和 ξ_1。 □

7.4.2　信息完备性测量

　　一个量子比特需要用到三组不同的标准正交基测量来实现态层析。有点令人惊讶的是，如果不局限于标准正交基测量，而是允许使用普适 POVM 测量的话，可以获得更好的效果。事实上，有一种被称为对称性信息完备（Symmetric Informationally Complete，SIC）的 POVM 测量可以用来独立完成量子态层析任务。直觉告诉我们，一个"混合"而成的过程总比单个"纯"过程要好用，而这里正好给出了一个反例。

　　为了弄清到底是怎么一回事，让我们来考虑量子比特态层析所需的三组标准正交基测量。首先，用以下方法来定义一个新的量子过程：投掷骰子，如果结果是 1 或 2，执行第一组标准正交基测量；如果结果是 3 或 4，执行第二组标准正交基测量；如果结果是 5 或 6，执行第三组标准正交基测量。经过多次重复该过程，可以让每一组标准正交基测量都被执行足够多的次数，使得量子比特态层析得以实现。SIC-POVM 测量对此量子过程所做了改进，它以一种更加直接优雅的方式来完成相同的任务。

　　一个 SIC-POVM 测量由（未归一化的）纯量子效应构成。为了实现信息完备（informationally complete），即满足层析需求，我们要求这个量子过程拥有（至少）D^2 个分支事件，这是构造一个翻倍系统（doubled system）所需的基态数量（见定理 6.24）。对这样一个包含

D^2 个效应的集合：

$$\left\{ \begin{matrix} \widehat{\phi_i} \end{matrix} \right\}_{i=1}^{i=D^2}$$

要做到全部相互正交是不可能的。在量子比特情况下，这相当于要在布洛赫球面上找到四个相互对跖的点！因此，我们要做"次优的"选择，要求任意值：

$$\begin{matrix} \widehat{\phi_j} \\ \widehat{\phi_i} \end{matrix} = \begin{cases} 1 & \text{如果 } i = j \\ \lambda & \text{如果 } i \neq j \end{cases} \qquad (7.35)$$

其中 λ 为任意固定值。从几何学角度来看，这意味着我们选择了在态空间上相互等距的四个点。对于布洛赫球，四个等间距的点构成一个四面体：

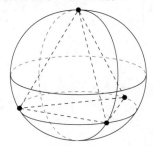

这个条件与"对称性信息完备"中的对称性相呼应。如果同时还要满足因果性，则需要给每一个效应乘上一个比例系数：

$$\left(\begin{matrix} \tfrac{1}{D} & \widehat{\phi_i} \end{matrix} \right)^i \qquad (7.36)$$

从而因果性变为：

$$\sum_{i=1}^{i=D^2} \begin{matrix} \tfrac{1}{D} & \widehat{\phi_i} \end{matrix} = \overline{\overline{}} \qquad (7.37)$$

定义 7.37 SIC-POVM 测量是一个具有式（7.36）形式，并在给定 λ 值时满足式（7.35）要求的因果量子过程。

最后，也是最重要的一点，可以证明 SIC-POVM 测量是信息完备的，即 SIC-POVM 测量所产生的概率分布和量子态一一对应。

练习 *7.38 试证明，对任意 SIC-POVM 测量，以下概率分布：

$$\left(\begin{matrix} \tfrac{1}{D} & \widehat{\phi_i} \\ & \rho \end{matrix} \right)^i$$

可以用来完全刻画一个量子态 ρ。提示：SIC-POVM 测量包含 D^2 个效应，让它们构成一组基的条件是"线性无关"：

$$\sum_i c_i \begin{matrix} \widehat{\phi_i} \end{matrix} = 0 \qquad \Longrightarrow \qquad \forall i : c_i = 0$$

为了证明所有 c_i 都必须为 0，首先需要证明它们全部相等。

如果你能证明下面这个练习的话，请告诉我们！

练习 *7.39   是否存在一种适用于 SIC-POVM 测量的（好的）图形描述？

7.4.3   局域层析 = 过程层析

量子理论允许用足够多的标准正交基测量来识别量子态。由此引申出一个疑问：是否能仅凭局域测量来完成对多系统量子态的识别？换句话说，如果我们要识别以下量子态：

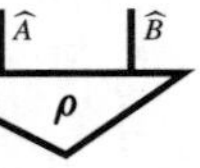

能否单纯通过测量其各个子系统来实现？从上一节可知，这个问题相当于是问，是否存在如下的效应集合：

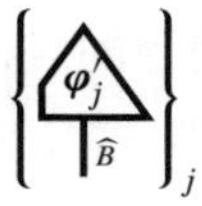

使得：

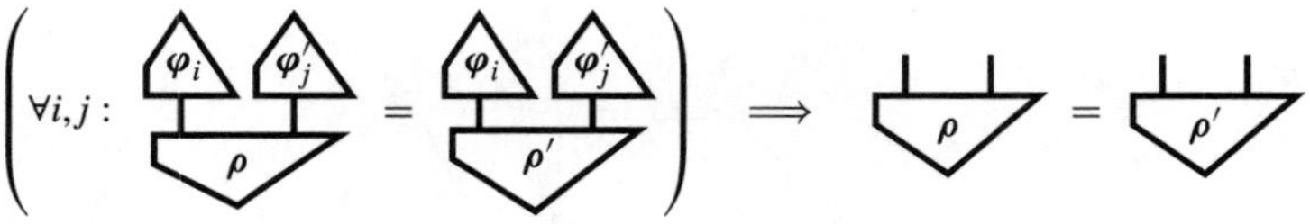

[390]   人们通常把这个性质称为局域层析。

对量子理论来说答案明显是肯定的。这样的局域测量确实存在，而且很容易理解。因为我们可以找到这样的基：

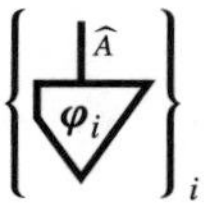

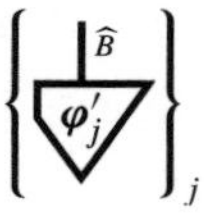

然后用它们的直积来定义我们想要的局域测量：

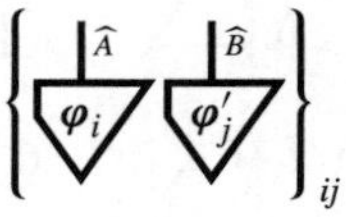

我们曾经在 5.2 节证明，标准正交基的直积仍然是标准正交基；而对于线性映射来说，这个结论也适用于其他任意的基。由此我们得到以下定理。

定理 7.40   量子理论适用局域层析。

一旦熟悉了直积基的概念，局域层析看上去就是个自然成立的假设，很难想象它会失效。然而，只要稍微偏离了量子理论，假设就不再成立。例如，一个量子理论的变型是建立在矩阵元素全是实数而非复数的基础之上，在这种情况下局域层析就不再具有相同的性质。具体证明参见 *7.6.3 节。

一个相关但（看上去）非常不同的概念叫作过程层析。过程层析通过调制输入态和测量输出态来识别黑框过程：

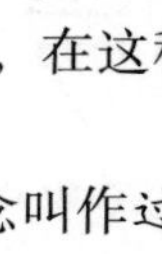

通过找到合适的态和效应：

$$\left\{\begin{array}{c}\widehat{A}\\\rho_i\end{array}\right\}_i \qquad \text{和} \qquad \left\{\begin{array}{c}\varphi_j\\\widehat{B}\end{array}\right\}_j$$

使得：

$$\left(\forall i,j:\ \begin{array}{c}\varphi_j\\\Phi\\\rho_i\end{array}=\begin{array}{c}\varphi_j\\\Phi'\\\rho_i\end{array}\right)\ \Longrightarrow\ \Phi=\Phi'$$

对于用字符串图来描述的过程理论而言，这两种层析的概念是等价的。

定理 7.41　在一个基于字符串图的过程理论中，存在局域层析的充要条件是该理论包含过程层析。

证明　利用过程 – 态之间的对偶性可以很容易证明。假设一个过程理论中存在局域层析，则对于任意的量子过程 f 和 g，我们有：

$$\left(\forall i,j:\ \begin{array}{c}\psi_i\ \phi_j\\f\end{array}=\begin{array}{c}\psi_i\ \phi_j\\g\end{array}\right)\ \Longrightarrow\ f=g$$

从而可得：

$$\left(\forall i,j:\ \begin{array}{c}\phi_j\\f\\\psi_i\end{array}=\begin{array}{c}\phi_j\\g\\\psi_i\end{array}\right)\ \Longrightarrow\ f=g$$

因此，可以通过以下态和效应的集合来区分过程 f 和 g：

$$\left\{\begin{array}{c}\\\psi_i\end{array}\right\}_i \qquad \text{和} \qquad \left\{\begin{array}{c}\phi_j\\\end{array}\right\}_j$$

反之，类似可证。 $\square$

7.5　本章小结

1）"观测"不是量子过程。

2）有几种特殊的量子过程被称为量子测量：

- 破坏性标准正交基测量是指具有如下形式的量子过程：

$$\left(\begin{array}{c}\widehat{i}\end{array}\right)^i$$

其中：

$$\left\{\begin{array}{c}i\end{array}\right\}_i$$

是任意标准正交基。相应地，非破坏性标准正交基测量是指具有如下形式的量子过程：

$$\left(\begin{array}{c}i\\i\end{array}\right)^i$$

所有翻倍后的标准正交基态被称为**本征态**，而其他量子态则是那一次测量里的叠加态。

- 冯·诺依曼测量是指具有如下形式的量子过程：

$$\left(\boxed{\widehat{P_i}}\right)^i$$

其中，事件分支是相互正交的投影算子。冯·诺依曼测量可以等效为粗粒化的标准正交基测量：

$$\boxed{P_i} := \sum_{\alpha \in I_i} \boxed{\alpha} \boxed{\alpha}$$

- POVM 测量是具有如下形式的量子过程：

$$\left(\boxed{\varphi_i}\right)^i$$

POVM 测量所产生的概率分布可以通过一个同构变换和一个标准正交基测量相结合来获得：

$$\left(\frac{\widehat{\textstyle\bigwedge i}}{\widehat{U}}\right)^i$$

此过程即 Naimark 延展。更一般来讲，任何量子过程都可以通过舍弃某个同构变换 $\widehat{U}$ 的一部分输出并对剩余输出做标准正交基测量来实现：

$$\left(\boxed{\Phi_i}\right)^i = \frac{\overset{=}{\textstyle\bigwedge i}}{\widehat{U}}$$

3）量子测量包含两种"动力学变化"：

①**反作用**，使得系统的状态在测量完成的一瞬间发生根本性的改变。例如，在以下方案中：

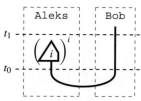

我们可以得到如下 t_0 时刻到 t_1 时刻的动力学变化：

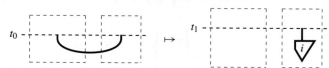

②**塌缩**，使得被测量子态瞬间变成测量本征态中的一个：

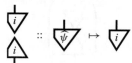

4）上述的动力学变化可以用来实现各类量子协议，包括量子隐形传态：

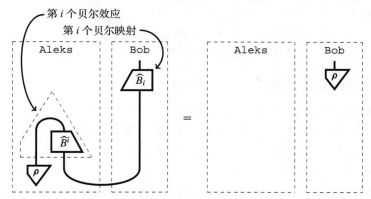

394

可以将量子纠缠比特串由短变长的量子纠缠交换：

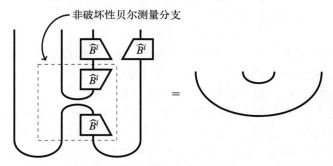

以及可以将编码为二分态的任意量子映射 Φ 作用到 ρ 上的逻辑门隐形传态：

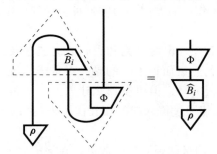

后者是实现基于测量的量子计算的基础。

5）如果一个量子系统拥有多个复制样本，那么可以用层析方法来推断量子态。这个任务可以用一种被称为 SIC-POVM 测量的特殊 POVM 测量来一次性完成。如果一个过程理论可以用字符串图来刻画，那么对它而言局域层析和过程层析是等价的：

$$
\left(\forall i,j : \quad = \quad \right) \Longleftrightarrow \left(\forall i,j : \quad = \quad \right)
$$

395

*7.6　进阶阅读材料

现在，让我们围绕一些关于量子测量的基础问题展开讨论。首先从测量问题（measurement problem）开始哲学层面的探讨。从名称可以看出，这里面牵涉到一些难解的议题。逻辑学在这里以量子逻辑（quantum logic）之名首次登场，其出发点是用逻辑学里的命题来类比（冯·诺依曼测量中的）投影算子。我们将这个"逻辑"和我们的"交互逻辑"（见 1.2.3 节）进行了比较。最后，我们用一个出自基础量子理论的例子作为收尾，这个例子告诉我们如何通过层析这样的实用技巧来确认基于复数和基于实数的两种理论之间的根本区别。

7.6.1   量子测量真实存在吗

量子测量是不可或缺的，它是我们接触量子世界的唯一途径。它和经典测量有何不同？尤其是"测量"这一名称是否使用得当？在 7.3.4 节里我们看到，所有的量子过程都可以被看作某种测量，"测量"这个名称似乎有点多余。在本节中，我们将用一种更富哲学意味的方式来考察一下，量子测量到底是什么。

为什么观测过程不存在于量子理论？虽然在 7.1.5 节里已经有所证明，但里面用到了太多量子理论里的数学结构。我们希望从概念上去理解，为什么不应期望会有"观测"过程出现。其中一个答案，由 Niels Bohr 和 Werner Heisenberg 在量子理论创立的初期提出：

<blockquote>任何观测行为均受限于扰动。</blockquote>

很多人会争辩说，在以往的理论中观测都是自由存在的，所以在量子理论中不包含观测过程有违常理。问题是，以往理论中的观测真的是自由存在的吗？在讨论诸如电磁学（特别是光学）之类更复杂的情况之前，让我们先来考虑最简单的牛顿力学。因为没有光，不能用诸如摄像机（或人眼）之类的仪器进行观测。如果在这个简化版的牛顿力学理论里允许观测存在，那就意味着我们可以在一个漆黑的房间里，找到一个物体并且不会扰动它。显然，如果那个物体很轻（比方说是个气球），那么想要确定它的位置而又不让它发生半点位移，实际上是不可能办到的。更准确地说，如果我们要定位这个物体，那么这个物体必然会对我们施加一个作用力，而根据作用力－反作用力原理，物体自身会受到反作用力，所以位置会稍微发生一点变化。

当然了，现在如果把电磁学（也就是光和眼睛）也加进来，那么我们确实可以在不扰动气球的情况下对它进行观测。然而很不幸的是，对量子系统来说，不存在能与光和眼睛的角色相对应的实体。真的很不巧，但也没那么让人意外。可以说我们是患上了量子失明（quantum blindness），所以只能通过侵入式的相互作用来刺探量子世界，一如我们在漆黑房间里找寻物体。

很多科学家仍难以放弃"测量即观测"的成见，在绝望之下宁可搬出人类做决定时的自由意识行为，也要将观测强加到量子理论里，从而牵扯出著名的薛定谔的猫（Schrodinger's cat）和相对没那么著名的魏格纳的朋友（Wigner's friend）佯谬。

由于量子理论里不存在观测过程，要读取量子态信息十分困难，从而引申出一个问题：量子态到底代表了什么？例如：量子态到底是一个系统的真实属性，还是更像一个概率分布，只反映了我们对这个系统所掌握的认知状态？在很多时候，第二种解释似乎更容易让人接受，因为概率分布就像是量子态一样，永远无法被精确观测，而且会因为贝叶斯迭代（Bayesian updating）增加了新信息而发生"塌缩"（见 7.2 节）。然而，几个不可行定理的提出否定了这种解释。当中最值得注意的是最近提出的 Pusey-Barrett-Rudolph 定理。基于几个与量子系统有关的假设，这个定理表明，"认知状态"这种解释是完全错误的。

下面是一个与解释量子态密切相关的问题：

定义 7.42   测量问题（measurement problem）由以下两个关于（通常是冯·诺依曼）测

量的子问题构成：

    m1   是什么导致了测量过程，尤其是量子态塌缩的发生？

    m2   是什么"决定"了测量的输出结果 i ？

人们提出了不同的诠释来尝试解答这些问题。有些人认为态本身并未改变，因此拒绝接受冯·诺依曼的塌缩假设，并试图让观测过程得以保留。不过这样做要付出高昂的代价：例如，在 Everett 的多重世界诠释里，人们必须接受无穷多个完全独立的平行宇宙的存在。我们将在 7.7 节给出关于这些诠释的一些索引和参考文献。在这里，我们将量子理论视作一种过程理论，在此前提下讨论量子测量的相关问题并提供一些解决思路。

对问题 m1 的早期回答是量子系统与测量设备之间的耦合导致了塌缩，或者更宽泛一点，任何宏观系统都会导致塌缩。但是，这需要明确定义什么是测量设备、微观世界到哪里结束、宏观世界又从哪里开始。事实证明，要完全实现这些想法虽然不是完全不可能，但至少非常困难。在我们的主观经验里并没有这样一堵"墙"可以用来区分微观和宏观，而认为一台人造机器可以在早于人类存在的基础物理之中起到主导作用，更是荒谬绝伦。

或者可以说，测量过程之所以会发生，是因为系统处在会导致该过程发生的**环境**之中。仅此而已。站在这种立场上，m1 足以明确描述这种导致测量过程发生的环境。这种观点特别适用于在图形中用连线描述量子系统的情形，其中系统被刻画为它在互文中（in context）的表现。这也与后维特根斯坦主义中的互文性含义（meaning in context）概念密切相关，后者指出，只有同时考虑与事物相关的前后文意思，事物的意义才会浮现。转换到量子理论，这就意味着我们不应将量子系统看作孤立实体，而应该视为与上下文（即图形其余部分）之间有相互作用的实体，尤其是包括测量在内的部分。

一个与此相关的问题涉及标准正交基在测量过程中的概念性地位。想要对量子系统有所了解，只能借助我们能够感知到的事物，例如时空位置。但也许时空和量子系统本来不是一对，也许是在测量过程的"胁迫"下才勉强走到了一起。人们把这一类过程称为经典化（classicization）。时空可能并非真实存在，而只是人类的一种经验形式，这种观点可以追溯到哲学家伊曼纽尔·康德（Immanuel Kant），后来被数学家亨利·庞加莱（Henri Poincaré）发扬光大，他认为几何在物理学中所起的作用部分源于人类的直觉。

现在将注意力转移到 m2 上，我们来回答是什么原因导致了特定测量结果 i 的发生。声称"上帝不掷骰子"的爱因斯坦提出，量子系统不仅仅是量子态那么简单。"不简单"的部分被称为隐变量（hidden variable）。其背后的主要思想是测量结果可以通过与量子系统相关的其他变量来确定。再一次，一系列的不可行定理排除了多种隐变量存在的可能。其中最值得注意的是 Bell–Kochen–Specker 定理，它排除了非互文隐变量，这些变量的值在某种意义上是"真实的"并且与测量无关。某些隐变量理论在这些不可行定理中得以幸存，特别是 Bohm 隐变量理论模型。但是，这些隐变量与爱因斯坦所想的有很大区别。尤其是它们必然具有非局域性，这一点我们将在 11.1 节论述。

另一方面，如果将附加变量与量子态的互文性（其中包括量子系统与环境之间的相互作用）而非量子态自身关联起来，那么把测量结果归因于量子态和附加变量就显得顺理成章。令人惊讶的是，这种观点从未被主流接受。尽管这些观点听起来非常合理，但是又一次出于保留观测过程的强烈愿望，很多科学家不愿相信环境会对我们了解系统有所干扰。一个主要障碍是，传统科学都建立在这样的前提之下：任何作为科学研究对象的系统都必须与环境充分隔离。我们从量子理论中学到的关键教训也许是：人们不能再保留这样的成见，而是应该

397

398

本着关系主义（relationalism）的原则行事，因为构成真实世界脉络的乃是事物之间的联系，而非它们的个体属性。图形为描述这种关系提供了一种自然的语言。

7.6.2 投影算子与量子逻辑

备注 7.26 曾提到，投影算子可被认为是关于量子系统的命题，从而产生了量子逻辑（quantum logic）研究领域。薛定谔认为，量子理论的核心是量子系统的组合方式，量子逻辑的出发点却不在于此，而是依循冯·诺依曼的观点，认为关键在于理解量子测量。

在经典逻辑中，我们通常将系统看作状态 X 的集合。那么，命题就是状态的子集 $P \subseteq X$，是所有属于 P 的状态的集合。例如，假设系统是"土豆"，P 是"煮熟"，那么 P 表示一个土豆被煮熟后所有可能出现的状态的集合。

作为子集的命题有其自然顺序，即子集包含。例如，假设 Q 代表"已熟"，任何煮熟的土豆也都已熟，因此我们有：

$$P \subseteq Q$$

换句话说，我们可以从 P 推导出 Q。这种表示"推论"的顺序是所有逻辑体系的基石。我们还可以直接将合取（"P 和 Q"）、析取（"P 或 Q"）和否定（"非 P"）分别表示为对子集的运算：

$$P \cap Q \qquad P \cup Q \qquad P^{\perp} := X \backslash P \qquad (7.38)$$

这些运算为所有命题的集合提供了一种称为布尔格（boolean lattice）的数学结构。布尔格集合有 $\cup$、$\cap$、$()^{\perp}$ 运算，满足某些方程条件。最值得注意的是，它们满足分配律：

$$P \cap (Q \cup R) = (P \cap Q) \cup (P \cap R)$$

从某种意义上讲，投影算子在量子理论中扮演了命题的角色，因为它们是"可验证命题"。也就是说，对任意的 $\hat{P}$，我们都可以找到某个特定的冯·诺依曼测量来检验 $\hat{P}$ 是否成立。与命题一样，投影算子也有"推导"顺序：

$$\left(\boxed{\hat{P}} \leqslant \boxed{\hat{Q}} \right) := \left(\frac{\boxed{\hat{Q}}}{\boxed{\hat{P}}} = \boxed{\hat{P}} \right) \qquad (7.39)$$

399

那么，这和之前的命题排序有何相似之处？我们可以将投影算子 $\hat{P}$ 与那些在 $\hat{P}$ 投影下保持不变的态的集合关联起来：

$$S_{\hat{P}} := \left\{ \psi \ \middle| \ \frac{\boxed{\hat{P}}}{\psi} = \psi \right\}$$

容易证明，式（7.39）等价于：

$$S_{\hat{P}} \subseteq S_{\hat{Q}}$$

所以，对任意给定的态 ψ，"满足" $\hat{P}$ 意味着"满足" $\hat{Q}$。然而，$S_{\hat{P}}$ 不只是集合，而是子空间（subspace）。

练习 7.43 试证明，对一个量子系统 $\hat{H}$ 上的任意投影算子 $\hat{P}$，存在一个子空间 $H_P \subseteq H$，使得 $S_{\hat{P}}$ 由所有满足 $\psi \in H_P$ 的态 $\hat{\psi}$ 组成。反之，证明 H 的所有子空间都以这种方式对应（唯一的）一个投影算子。

我们可以从中得到一些好处。例如：

$$S_{\widehat{P}} \cap S_{\widehat{Q}}$$

同样来自子空间，令"$\widehat{P}$ 和 $\widehat{Q}$"为相应的投影算子，记为：

$$\widehat{P} \wedge \widehat{Q}$$

但是：

$$S_{\widehat{P}} \cup S_{\widehat{Q}}$$

并非子空间，所以要稍微变通一下。令：

$$\boxed{P^{\perp}} := \Big| - \boxed{P}$$

我们得到逻辑非。根据 Morgan 定律，"非（非 P 与非 Q）"等于"P 或 Q"，因此可以令：

$$\widehat{P} \vee \widehat{Q} := (\widehat{P}^{\perp} \wedge \widehat{Q}^{\perp})^{\perp}$$

不幸的是，$\wedge$ 和 $\vee$ 不满足分配律。

练习 7.44　证明：

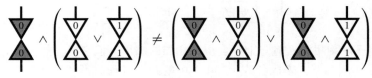

400

因此，在量子逻辑里常用的基本假设比分配律弱很多，称为**正交模律**：

$$\widehat{P} \leq \widehat{Q} \implies \widehat{Q} = \widehat{P} \vee (\widehat{P}^{\perp} \wedge \widehat{Q})$$

量子逻辑的目标是，以这种极弱的逻辑结构为基础，最大限度地完成量子系统推断。

这个观点消除了许多与希尔伯特空间有关的"杂音"，并且提出了新的洞察，与本书设定的目标相吻合。但是，正如 1.2.4 节中所强调的那样，量子逻辑以**否定的**方式来描述量子理论，这也解释了为何这个研究途径会失败。有趣的是，量子逻辑失败的主要原因在于它对复合系统的描述，而本书恰好也是以此为出发点。这也许是我们从量子逻辑里得到最重要的教训。

7.6.3　局域层析失效

最近，许多有趣的量子基础研究都接受了这样一个事实，即量子理论中的许多特征与多系统中的相互作用紧密交织在一起。一个非常值得一提的结果是，人们可以通过对两个系统做层析来证实复数所起到的关键作用。

假设我们定义一个新的过程理论，称为**实数域量子映射**（$\mathbb{R}$-quantum maps），由那些仅含实数的量子映射组成。更准确地说，不是将**复数矩阵**翻倍，而是将**实数矩阵**翻倍。有人可能会觉得这套理论与**量子映射**非常相似，但实际上，忽略掉虚部会带来一些意想不到的结果。

定理 7.45　**实数域量子映射**理论里不存在过程层析，因此也不存在局域层析。

证明　与其他**量子映射**一样，在**实数域量子映射**理论中任何态 ρ 都是 $\otimes$- 正线性映射，因此是自伴随的。所以，任何**实数域量子映射**中的二维态（也称为" rebit "态）都可以写成：

$$\text{}$$

其中，$a, b, c \in \mathbb{R}$。贝尔映射有实矩阵，所以 $\widehat{B}_3$ 属于**实数域量子映射**的过程之一。将其作用到 ρ 上，可得：

$$\text{}$$

[401]

将该结果与 ρ 自身相加，可得：

$$\text{} \qquad (7.40)$$

因此，将以下两个过程：

$$\text{} \qquad \text{和} \qquad \text{}$$

作用到**实数域量子映射**里的所有态上都会得到相同的结果，但它们显然并不相同。　　□

　　我们无法靠作用到态上来区分式（7.40）中的两个过程。不过那又怎样？也许我们永远不会看到这两个过程的区别，不管出于何种考虑，它们都是相同的。但事实并非如此！只要我们将这些过程转换为二分态就会立见分晓。过程层析和局域层析的等效性来自过程–态的对偶性。将过程–态对偶性应用到式（7.40），我们就会发现，无法通过局域效应来区分以下二分态：

$$\text{} \qquad \text{和} \qquad \text{}$$

然而，我们依然可以通过**全局**效应，即其他的任意贝尔基效应来区分它们：

$$\text{}$$

　　所以我们可以得出结论：**实数域量子映射**是一种与**量子映射**非常不同的理论。特别是，对过程的层析和对组合系统的层析完全是两码事。

　　练习 7.46　给出一个图形，使得式（7.40）中的两个过程在**实数量子映射**下可区分（即在玻恩定则下有不同的概率分布）。

7.7　历史回顾与参考文献

　　毫无疑问，量子测量（特别是冯·诺依曼测量）的提出应归功于 von Neumann（1932），

[402]

正是他在研究投影算子时引入了量子塌缩的思想。

　　针对 POVM 测量的 Naimark 定理（有些文献里记为 Neumark 定理）首次发表于 Neumark（1934）的文献中。Ozawa（1984）提出了该定理更通用的一个版本，适用于我们此前定义过的量子过程他称之为"量子仪器"（quantum instruments）。量子纠缠交换首先由 Zukowski et al.（1993）提出，而基于量子隐形传态的通用量子计算由 Gottesman and Chuang（1999）提出。备注 *7.3 所提到的 Wigner 定理出自 Wigner（1931）。

本节中关于局域层析原理的阐述方式出自 Chiribella et al.(2010) 的文献。类似的公式曾出现在更早的 Barrett（2007）的文献中，可以追溯到 Hardy（2001）的文献。SIC-POVM 测量最早由 Lemmens and Seidel (1973) 提出。练习 7.39 由 Chris Fuchs 为我们提供，他深信 SIC-POVM 测量是量子理论的根基（Fuchs, 2002），同时也是量子贝叶斯（Quantum Bayesianism, QBism）诠释的基石之一（Fuchs et al., 2014）。

量子测量问题由玻尔与爱因斯坦之争发展而来，源自著名的 EPR 论文（Einstein et al., 1935; Einstein, 1936）以及玻尔对此的回应（Bohr, 1935）。在此之前，海森堡和玻尔已凭借各自的名著（Heisenberg, 1930；Bohr,1931）确立了他们在学术界的地位。"薛定谔的猫"佯谬以及 "魏格纳的朋友"佯谬分别出自 Schrödinger(1935) 和 Wigner(1995a) 的文献。许多教科书对量子测量问题有专门论述，例如 Jammer(1974)、Redhead(1987) 和 Bub(1999) 的文献。Everett(1957) 以及 Bohm(1952a,b) 分别提出的量子多世界诠释和互文隐变量理论示例至今依然是学界流行的观点。有关量子态本质的约束定理出自 Jauch and Piron(1963)、Kochen and Specker(1967) 以及 Pusey et al.(2012) 的文献。事实上，Kochen and Specker(1967) 给出了 Gleason（1957）提出的定理的一个直接推论，详见 Belinfante(1973) 的文献。

本章开头所引用的 Plank 名言可追溯到 1936 年，摘自他为凯撒·威廉研究所（后因支持纳粹被解散，取而代之为马克斯·普朗克研究所）成立 25 周年时所做的讲话（Macrakis, 1993）。有证据表明，这番话是有感于当时很多物理学家无法接受量子理论，因为它在物理诠释上存在着困难。

7.6.1 节曾提到，庞加莱改良了康德的观点（Poincaré，1902）。维特根斯坦所提出的 "互文性含义"首次出现在 Wittgenstein(1953) 的文献中。相关的时空观点可追溯到莱布尼兹（Rickles，2007）。

冯·诺依曼在其量子理论著作（Neumann，1932）中曾指出，投影算子的根本性意义在于反映了真实的量子世界。这一思想后来成为量子逻辑（Brikhoff and Neumann，1936）的基础。在冯·诺依曼看来，可以通过量子逻辑来构建一套更好的量子理论框架。这是驱使他提出冯·诺依曼代数（von Neumann algebras）并借此研究 II 型因数（type II factors）的部分原因。详细内容可以参见 Redei（1996）的文献。有趣的是，虽然量子逻辑学家使用正交模律（orthomodular law），冯·诺依曼却主张使用更为严谨的模律（modular law）：

$$\widehat{P} \leqslant \widehat{Q} \quad \Longrightarrow \quad \widehat{P} \vee (\widehat{R} \wedge \widehat{Q}) = (\widehat{P} \vee \widehat{R}) \wedge \widehat{Q}$$

该定律只对有限维度的量子理论有效。他的理由是，这个定律适用于射影几何，而任意希尔伯特空间里的闭合子空间都可以被分割并嵌入到一个个模块里，然后根据射影几何的基本定理，用一个矢量空间对它们加以表征（Piron，1976；Stubbe and van Steirteghem，2007）。

在很多量子逻辑学家看来，量子逻辑并非真正的逻辑学，而更像是概率论和代数的结合。量子逻辑的可操作性理论最早由 Mackey（1963）提出，并由 Piron（1976）和 Moore（1999）在概念和哲学层面上对其加以巩固。Constantin Piron（1964）也曾经从可操作性原理出发，首次重新构建了量子理论。

本书的前言里曾经提到，本书的一位作者后来意识到用量子逻辑研究过程的重要性。特别是，我们要抛开静态分析事件的传统思维，转而思考事件是如何演化的，这样才能正确研究线性过程（Faure et al.,1995）。同样，通过将计算机科学里的*最弱前提语义*（weakest precondition semantics）概念（Dijkstra, 1968; Hoare and He, 1987）加以推广，再结合投影算子是真实存在性的过程这一事实（Coecke et al., 2001; Coecke and Smets, 2004），我们对正交模块化（orthomodularity）有了更深刻的理解。这个研究思路在 Baltag and Smets(2005) 的文献中得到了进一步发展。我们对量子逻辑的热情仍未退却，直到最近还在尝试将图形和量子逻辑整合在一起（Coecke et al., 2013b）。

404

经典－量子过程的图形化

……她（弥涅耳瓦）把地府毒草的汁液洒在了她（阿剌克涅）身上，一接触到这种黑暗毒药，阿拉克尼的头发就掉了下来。鼻子和耳朵也脱落了，头部一直缩到最小，整个身体也收缩了。她纤细的手指像大腿般附在两侧，其余都变成了肚子，从那里吐出一根不停旋转的丝，如同一只蜘蛛，编织着她古老的网。

——Ovid, *The Metamorphoses*, 公元前 8 年

大部分量子协议的实现有赖于量子系统与经典数据之间的交互。例如，测量是从量子系统中提取经典数据，操控则是运用经典数据来影响量子系统。正所谓眼见为实，我们想要理解量子理论是如何与我们眼见的（经典）现实发生联系的。有点让人惊讶的是，用量子过程表征经典世界比用其他方式更为有效。

把握这种相互作用的其中一个办法，是尽可能地将它用纯图形方式来表示。前面我们用图形来表示量子过程，而用一些额外的标识和记号来表示经典数据流。这些标识和记号无法真正成为图形的一部分。更糟糕的是，在大部分标准教材中，经典数据仅用文字描述，而不被纳入理论框架之中。

与其长篇大论地用文字描述量子系统与经典数据的交互，或是将图形和符号混合使用，我们是不是可以直接给出一幅包含了所有相关设备及其相连情况的图？比方说我们有一台名为"Bell"的设备用于制备贝尔态（Bell state），一台名为"Bell-M"的设备用于实施贝尔测量（Bell measurement），还有一台名为"Bell-C"的设备用于实现贝尔纠错（Bell correction），可以把它们形象地画出来：

现在，假设我们想要描述一个技术员如何使用这些设备来实现一次隐形传态：

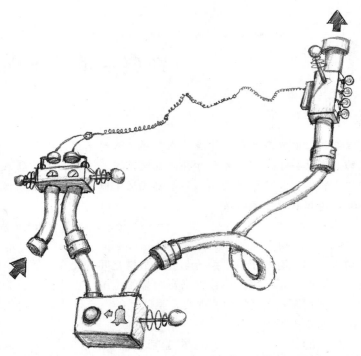

我们可以用一种规范语言（即图形语言）来描述，用框表示相应的设备，用线（wire）
把它们相连接：

在这里我们对量子线（quantum wire）和经典线（classical wire）做了区分。

对一个协议的每一种图形说明都必须有与之相对应的数学模型，让理论学家能用它来预
测协议将会如何**进行**。我们用方括号 ⟦ ⟧ 来表示从图形到模型的映射。对于隐形传态，我们有：

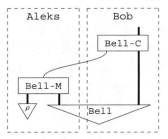

$$\left\llbracket \begin{array}{c} \text{Bell-C} \\ \text{Bell-M} \\ \rho \quad \text{Bell} \end{array} \right\rrbracket = \left(\begin{array}{c} \widehat{B_i} \\ \rho \end{array} \right)_i^i \left(\widehat{B_i} \right)_i \qquad (8.1)$$

等式的左边描述技术员如何组装设备，右边则描述理论学家如何预测这个设备的运作。人们
可以认为量子理论的真实预测能力成功定义了 ⟦−⟧。

正如我们之前所提到，这里有些地方衔接不上：虽然量子系统同为线，但经典系统却大
为不同：

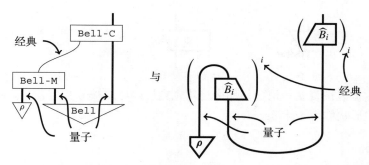

我们真正想要的是，无论经典系统还是量子系统，都一律用线表示，这样的话，对整个说明图的解释就可以简化为对每个组成部分的解释：

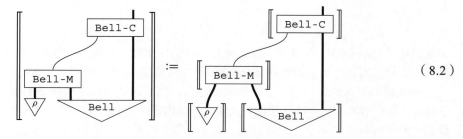

（8.2）

也就是说，将对整个过程的建模分解为对四个子过程的建模：

然后再组合到一起。

我们已经知道对纯量子框和纯量子线该怎么处理：

为了完成任务，我们还需要搞清楚如何解释含有经典线的框：

我们曾经看到，翻倍操作（doubling）可以为一些额外过程（即非纯态量子映射）提供表现方式。下面我们将会看到，它同样可以为经典系统提供表现方式。用经典线拓展**量子映射**，我们就会得到一种新的关于**经典 – 量子映射**的过程理论，简称为 cq- 映射。再加上因果性，我们就得到了一个关于**量子过程**的完整理论，这也是整本书里要讲述的内容。上述理论空白可以用以下方式填补：

就像在说明语言里一样，粗线代表了量子系统，细线代表了经典系统。量子系统的状态和前面一样，但经典系统的状态却是一个概率分布。由此可见，cq- 映射同时让量子映射和经典概率分布映射（即统计映射）的概念得到了拓展。

既然经典数据能被复制和销毁，那么自然也允许经典线被分开与合并。我们将多条经典线汇聚到一点的形状称为蜘蛛（spider）：

蜘蛛可以被看作广义的盖（cap）和杯（cup），它们的行为受到"融合"规则限制：

如果说线是把两个终端连接在一起，那么蜘蛛的作用就是将很多个终端连接在一起。于是，包含了拉伸等式以及杯和盖的蜘蛛融合规则，是"只有联通性才是至关重要的"这个思想的体现。

虽然我们引入蜘蛛的目的是推断经典数据，然而还能被用于构建新的量子映射和经典－量子混合映射。事实上，这些蜘蛛是如此强大，可以帮助我们能建立起一套完整的量子理论。现在我们已熟知的概念如测量、经典控制、混合态等，以及经典复制、（非纯态）量子纠缠和退相干等新概念，都可以用这种新类型的过程来展开。实际上，在之后的章节里，书中将会爬满蜘蛛！

8.1 作为线的经典系统

本节将会展示，如何像表示量子系统那样把经典系统表示成线性映射。从此，我们不需要再把量子过程的经典输入和经典输出写成下标，而是简单地表达为对接的线。这么做让我们可以用一种简单的方式来表述**量子过程理论**，并重新把握因果性公设的原始精髓。

8.1.1 双线与单线

量子映射理论可以被视为限定在某些特定形式下的**线性映射**理论：

现在，我们希望构建这样一套理论，里面包含量子系统与经典系统的相互作用映射。量子系统和经典系统之间存在本质区别，因此需要用两种线加以区分。量子系统用较粗的双线（doubled wire）表示，经典系统则可以简单地用较细的单线（single wire）来表示：

我们很快就会发现，这是表示经典系统的一种理想方式。所以：

$$\frac{经典}{量子} = \frac{细/单线}{粗/双线}$$

我们将经典数据编码成一条单线，将经典数值看作某组标准正交基态。因此，对于一个有 D 个维度的经典系统的标准正交基，与它相关的经典数据有 D 种可能取值。举个例子，与比特（bit）相关的是一组二维系统的标准正交基，即：

$$\text{“比特”} := \left\{ \vcenter{\hbox{$\bigtriangledown\atop 0$}}, \vcenter{\hbox{$\bigtriangledown\atop 1$}} \right\}$$

更准确地说，这组标准正交基态的含义为：

- $\vcenter{\hbox{$\bigtriangledown\atop i$}}$:= "给出经典数值 i"。

与其相对的效应含义为：

- $\vcenter{\hbox{$i\atop\bigtriangleup$}}$:= "检验是否经典数值 i"。

410

满足标准正交性：

$$\vcenter{\hbox{$j\atop i$}} = \delta_i^j \tag{8.3}$$

这样的解释很顺理成章。给出数值 i，如果尝试用数值 $j \neq i$ 来检验，将得到概率为 0（不可能成功）；如果尝试用数值 i 来检验的话，将得到概率为 1（必然成功）。

备注 8.1　对于经典数据我们将会用到自共轭（self-conjugate）标准正交基，因为经典系统里不存在共轭（conjugate）。例如，"对一个比特取共轭"之类的操作没有意义。

当我们执行如下量子过程时：

$$\left(\boxed{\Phi_i} \right)^i$$

会发生两件事情：有一个分支事件 Φ_i 发生在量子系统上，同时有一个经典数值出现，告诉我们发生了哪个事件。为了用经典线来准确描述，我们将量子过程改写为以下形式：

$$\left(\boxed{\Phi_i} \right)^i \quad \sim \quad \sum_i \boxed{\Phi_i}\,\vcenter{\hbox{$\bigtriangledown\atop i$}} \tag{8.4}$$

在上式中，我们明确指出了经典输出的产生，并且把整个过程表征为一个大的线性映射。

同样，如果量子过程的输出受控于经典输入，我们可以用 $i-$ 效应（i-effect）来表示检验输入值：

$$\left(\boxed{\Psi_i} \right)_i \quad \sim \quad \sum_i \vcenter{\hbox{$i\atop\bigtriangleup$}}\,\boxed{\Psi_i} \tag{8.5}$$

显而易见，这是一种表征量子过程的可靠方式。我们依旧可以结合经典效应（即对输出做合适的检验）来得到独立分支事件：

检验是否数值 j

$$\sum_i \boxed{\Phi_i}\,\vcenter{\hbox{$j\atop\bigtriangleup\atop\bigtriangledown\atop i$}} = \sum_i \boxed{\Phi_i}\,\delta_i^j = \boxed{\Phi_j}$$

而对于受控过程，每一个部分都可以通过输入相应的数值来得到：

411

$$\sum_j \vcenter{\hbox{$j\atop\bigtriangleup\atop\bigtriangledown\atop i$}}\,\boxed{\Psi_j} = \sum_j \boxed{\Psi_j}\,\delta_i^j = \boxed{\Psi_i}$$

输入数值 i

因此，式（8.4）可以重新构造为：

$$\left(\boxed{\Phi_j} \right)^{j} = \left(\sum_i \boxed{\Phi_i} \right)^{j}$$

式（8.5）可以重新构造为：

$$\left(\boxed{\Psi_i} \right)_{i} = \left(\sum_j \boxed{\Psi_j} \right)_{i}$$

此外，我们可以将 $i-$ 态（i-state）和 $i-$ 效应（i-effect）用一条线连接起来，以表示它们之间存在经典通信：

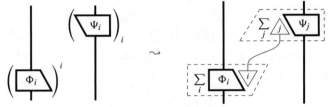

注意上图右端，下标 i 和 j 只在局部范围出现。换而言之，虚线框里的两个线性映射是完全独立的两个过程。然而，标准正交性要求由经典线连接起来的 i 和 j 只能取相同数值：

$$\sum_j \boxed{\Psi_j} \atop \sum_i \boxed{\Phi_i} = \sum_{ij} \quad {}^{(8.3)} = \sum_i$$

隐形传态过程变为：

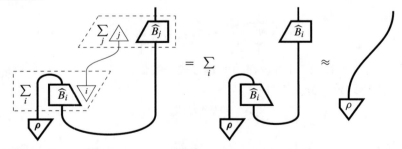

现在，整个图是某种特定类型的线性映射，稍后我们将会给出定义。显然，这种映射是对量子映射的拓展，因为经典系统如今也被包含在内。我们终于可以去掉那些附加在**线性映射**"之外的"注释，转而专注在过程的图形表达上，这样做会给我们带来很多好处。

8.1.2　示例：密集编码

现在，经典系统有了专属于它们的线，我们可以开始考虑对带有经典输入和经典输出的协议。量子隐形传态依靠经典通信（再辅以贝尔态）来实现量子态的传送，那么我们反过来要问：是否可以用一个量子态来传送一个经典态？这样做会有什么好处？

离开了贝尔态，量子隐形传态便不可能实现，我们假设对经典隐形传态也是如此。于是，可以得到以下的示意图及其解释：

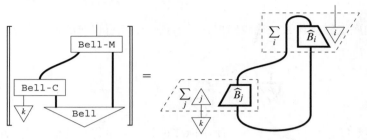

413

由贝尔态之间存在正交性：

$$\frac{1}{2}\ \boxed{\widehat{B}_j \atop \widehat{B}_i} = \delta_i^j$$

可以得到：

$$\sum_i \widehat{B}_i\,\Big|\,{}^i \quad = \sum_{ij} \delta_i^j\ {i \atop j}\Big\downarrow_k = \sum_i \ \boxed{{i \atop i}\Big\downarrow_k} = \Big\downarrow_k$$

那么，从这个协议可以得到什么结果？从通信协议的角度来看，用量子系统来传递经典数据似乎有点小题大做。然而，这里我们所用的量子系统（图中用粗线表示）是二维的。另一方面，贝尔态共有 4 个，所以测量共有 4 种经典数值输出（图中用细线表示）。所以，虽然 Aleks 只发送了 1 个量子比特，但他却成功地传递了 2 个比特的经典信息。将这个结果推广到 D 维量子系统，则该协议能够传递有 D^2 种数值的经典数据。

备注 8.2　有时人们会觉得量子隐形传态和量子密集编码是一个事情的两面，因为只是互换了经典信道和量子信道（当然，是在纠缠态仍保持着量子性的时候）的角色。然而，贝尔矩阵有两个方面的特点值得我们注意：（i）它们构成幺正变换；（ii）它们构成一组标准正交基。这两个特点在两个协议里起到了不同的作用。量子隐形传态依赖于特点（i），而量子密集编码的关键则依赖于特点（ii）。使用量子纠缠的优势在于，它使得：一个"D 维量子信道"和一个"D^2 维经典信道"之间等价。在量子隐形传态协议里，它将经典信道变成了量子信道；而在量子密集编码协议里，它将量子信道变成了经典信道。

414

8.1.3　测量与编码

现在让我们把一个标准正交基测量的量子过程用经典线的形式画出：

$$\left(\bigtriangleup\!\!\!\uparrow\right)^i \quad \leadsto \quad \sum_i\ {i \atop \bigtriangleup}$$

这个线性映射是如此重要，我们专门为它设计了一个标志：

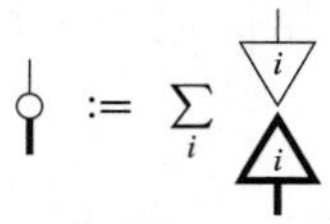

$$\phi := \sum_i \underset{i}{\triangle}$$

这个映射到底能做些什么？让我们把它运用到一个任意选取的量子态上：

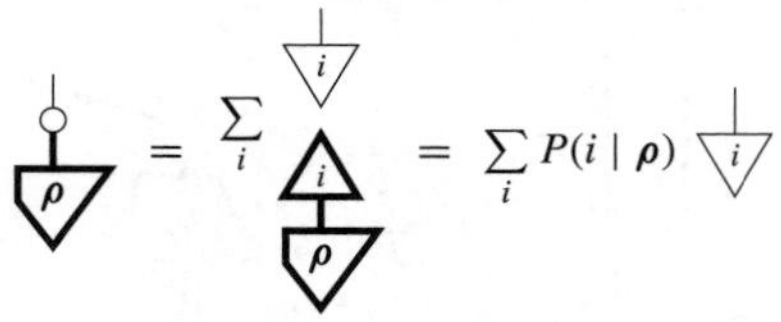

$$\phi_\rho = \sum_i \underset{\rho}{\triangle} = \sum_i P(i\mid\rho)\, \underset{i}{\triangledown}$$

不出所料，图中数字是在玻恩定则下，使用标准正交基测量得到的概率值。由此可知，该线性映射所反映的是标准正交基测量把一个量子态转化成一个概率分布：

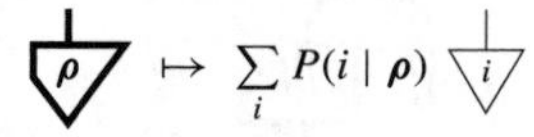

$$\underset{\rho}{\triangledown} \mapsto \sum_i P(i\mid\rho)\, \underset{i}{\triangledown}$$

遍历所有可能的测量结果。如果写成矩阵，这个态有以下形式：

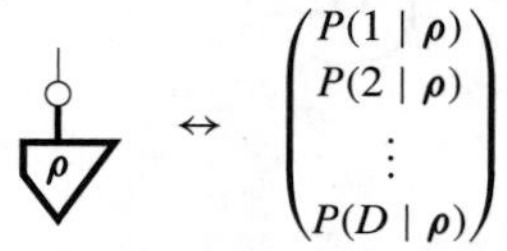

$$\phi_\rho \leftrightarrow \begin{pmatrix} P(1\mid\rho) \\ P(2\mid\rho) \\ \vdots \\ P(D\mid\rho) \end{pmatrix}$$

我们已经找到了用线性映射表征标准正交基测量的方式，自此我们将把这个线性映射称
|415| 为测量，并引入它的伴随映射：

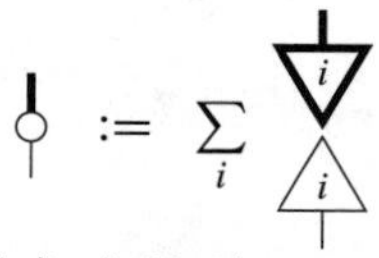

$$\phi := \sum_i \underset{i}{\triangledown}$$

将该映射运用到任意的概率分布上，我们会得到：

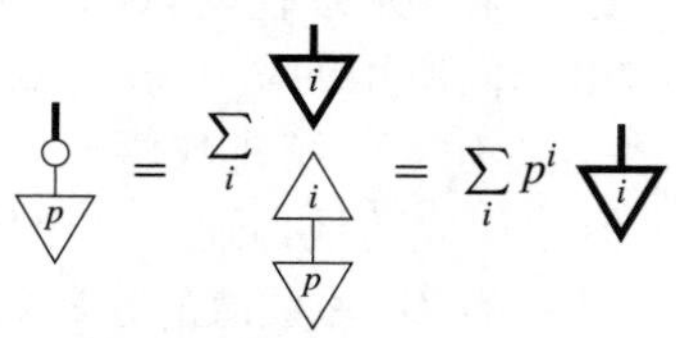

$$\phi_p = \sum_i \underset{p}{\triangle} = \sum_i p^i\, \underset{i}{\triangledown}$$

这意味着我们将一个概率分布编码成了一个量子态（见命题 6.74）。因此，我们将把这个线
性映射称为编码。

　　测量将还原这一操作。因此，这两个过程实现了经典概率分布两种表达方式之间的互换：

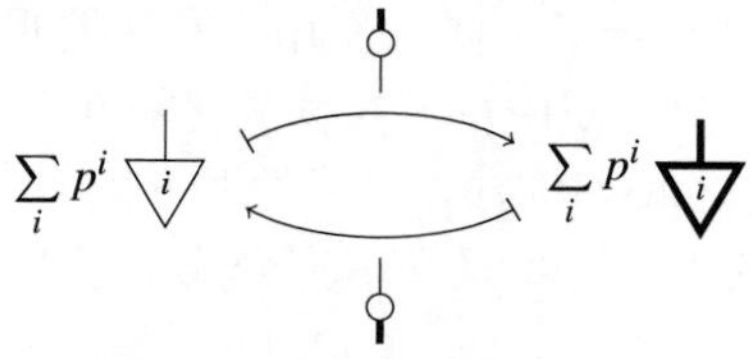

$$\sum_i p^i\, \underset{i}{\triangledown} \ \rightleftarrows\ \sum_i p^i\, \underset{i}{\triangledown}$$

具体来说，它们实现了经典数值与量子态之间的相互转化：

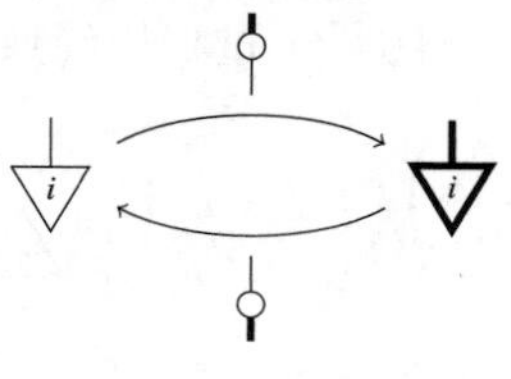

$$\underset{i}{\triangledown} \ \rightleftarrows\ \underset{i}{\triangledown} \tag{8.6}$$

8.1.4 经典 – 量子映射

尽管测量 / 编码过程看起来很特殊，却是构成一套完整的经典 – 量子映射理论所需的全部。我们曾通过在**纯量子映射**之外添加（或舍弃）一些东西来定义**量子映射**。同样，我们也可以通过在**量子映射**之外添加两样新元素来定义经典 – 量子映射。

定义 8.3　一个经典 – 量子映射（cq- 映射）由量子映射、编码和测量共同组成：

$$(8.7)$$

我们把相关的过程理论称为 **cq- 映射理论**。

在继续往下之前，我们先给出两个定理。

定理 8.4　cq- 映射理论包含字符串图。

证明　因为测量与编码之间有伴随关系，cq- 映射理论自然也继承了**线性映射**的伴随特性。回顾第 6 章，我们建立了描述量子系统的杯 / 盖图形，所以接下来要做的就是将它们推广到经典系统：

在下一节里，我们会看到一种非常简单的证明办法，而现在就暂且把（依然很简单的）证明过程留作练习。　　　　　　　　　　　　　　　　　　　　　　　　　　　　　　　　□

此外，在命题 6.46 里我们建立了量子映射的一般形式，在这里我们也同样将 cq- 映射写成"一般形式"。

命题 8.5　所有 cq- 映射都可以写成以下形式：

$$(8.8)$$

区别只在于输入 / 输出线的次序。

证明　证明过程与命题 6.46 中给出量子映射标准形式的过程大致相同。首先，任何时候将测量和编码用经典线连接起来，结果都会变成一个量子映射：

所以，任意 cq- 映射都可以写成一个部分输出被测量、部分输入被编码的量子映射：

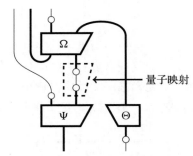

将输入 / 输出的次序重新排列一下，我们可以将全部测量 / 编码过程放在一起：

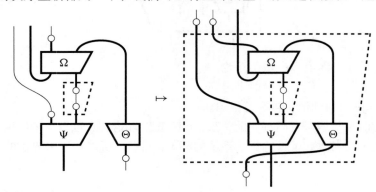

得到有以下形式的过程：

$$\Phi \qquad\qquad (8.9)$$

多个测量过程可以合并成一个大系统过程：

$$\begin{matrix} A & B \\ \bullet & \bullet \\ \hat{A} & \hat{B} \end{matrix} = \sum_i \begin{matrix} i \end{matrix} \sum_j \begin{matrix} j \end{matrix} = \sum_{ij} \begin{matrix} i \end{matrix} \begin{matrix} j \end{matrix} = \begin{matrix} A \otimes B \\ \bullet \\ \hat{A} \otimes \hat{B} \end{matrix} \qquad (8.10)$$

上式右侧是标准正交基测量过程：

$$\left\{ \begin{matrix} i \end{matrix} \begin{matrix} j \end{matrix} \right\}_{ij}$$

编码过程可以用类似的办法合并。最后，将式（8.9）中的测量 / 编码过程加以整合就能得到式（8.8）的过程形式。   □

将上述量子映射 Φ 纯化后，我们得到推论 8.6。

推论 8.6   所有 cq- 映射都可以写成这样的形式：

备注 8.7   在本章里，我们将假设所有的经典系统都自带一组标准正交基，并用白色三角形符号来标记。所以，如果在式（8.10）中 $A \neq B$，那么系统 A 和系统 B 所对应的标准正交基是不同的。在第 9 章里，我们会研究同一个系统的不同标准正交基之间的相互作用，届时，上述假设将会失效，而在处理经典线的时候就需多加留神。具体情况留待 9.2 节讲解。

那么，要如何把定义 8.3 和我们在前面章节里所做的事情结合起来？首先来看看，如何把量子过程分解成多个线性映射：

$$\left(\boxed{\Phi_{ij}}\right)^j_i \quad \rightsquigarrow \quad \sum_{ij} \; \triangledown^j_i \; \boxed{\Phi_{ij}} \tag{8.11}$$

接下来，我们可以证明这些线性映射实际上是 cq- 映射。首先，将所有的 Φ_{ij} 和翻倍标准正交基态 / 效应结合起来：

$$\boxed{\Phi} := \sum_{ij} \; \triangledown^j_i \; \boxed{\Phi_{ij}} \tag{8.12}$$

因为是量子映射相加，从定理 6.67 可知，Φ 本身也是一个量子映射。因此，线性映射（8.11）实际上是一个 cq- 映射：

$$\boxed{\Phi} \;\overset{(8.12)}{=}\; \sum_{ij} \; \triangledown^j_i \; \boxed{\Phi_{ij}} \;\overset{(8.6)}{=}\; \sum_{ij} \; \triangledown^j_i \; \boxed{\Phi_{ij}}$$

反之，所有 cq- 映射都能写成式（8.11）的形式：

$$\boxed{\Phi} \;\overset{(5.17)}{=}\; \sum_j \triangledown^j \boxed{\Phi} \sum_i \triangledown_i \;=\; \sum_{ij} \triangledown^j_i \boxed{\Phi} \;\overset{(8.6)}{=}\; \sum_{ij} \triangledown^j_i \boxed{\Phi}$$

其中：

$$\boxed{\Phi_{ij}} := \boxed{\Phi}$$

所以对一般的 cq- 映射而言，量子映射 Φ_{ij} 正是它的分支，通过经典输入 / 输出来筛选：

$$\boxed{\Phi} \;\overset{(8.6)}{=}\; \boxed{\Phi}$$

然而，定义 6.100 的量子过程包含一个要素，是目前 cq- 映射所欠缺的，那就是无法确保这些分支合起来能够满足因果性假设（6.77）。为了解决这个问题，我们需要引入更多的图形要素。

8.1.5　删除与因果性

在引入不确定性之前，我们有一个漂亮而简单的公式来表述因果性：

$$\Phi = \bar{\bar{\top}}$$

如果可以舍弃过程的所有输出，那么或许也可以不执行这个过程并且舍弃所有输入。为了推广到 cq- 映射，我们只需说明"舍弃"在经典系统里意味着什么。为此，我们引入一个被称为删除的新过程：

顾名思义，经历此过程后的任意经典数值 j 都将变成：

$$\bigvee_{j} = \boxed{} \tag{8.13}$$

然后，因为所有这些经典数值放在一起就是一组标准正交基，所以删除过程可以定义为：

$$\varphi := \sum_{i} \bigtriangleup_{i} \tag{8.14}$$

也许有人会觉得需要手动把这个过程加入 **cq- 映射** 理论里，但实际上它早就存在了：

$$\overset{\bar{\bar{\top}}}{\varphi} \overset{(5.37)}{=} \sum_{i} \blacktriangle^{i} \overset{(8.6)}{=} \sum_{i} \bigtriangleup_{i} \overset{(8.14)}{=} \varphi \tag{8.15}$$

如果我们用一个量子系统来编码一些经典数据，那么舍弃这个量子系统就等同于删除了数据。以下的定义很好地说明了这点。

　　定义 8.8　一个 cq- 映射是因果的（causal），如果：

$$\Phi = \varphi \;\bar{\bar{\top}} \tag{8.16}$$

421　　实际上，这与我们此前定义的因果性等价。

　　命题 8.9　对于一个 cq- 映射：

$$\Phi \tag{8.17}$$

定义 6.100 与定义 8.8 等价。

　　证明　cq- 映射（8.17）编码一个量子过程：

$$\left(\boxed{\Phi_{ij}} \right)_{i}^{j} \qquad 其中 \qquad \Phi_{ij} := \overset{\bigtriangledown^{j}}{\underset{\bigtriangleup_{i}}{\boxed{\Phi}}}$$

假设具备定义 8.8 所给出的因果性，则对于所有的 i，我们可以得到：

$$\sum_j \boxed{\Phi_{ij}} = \sum_j \boxed{\Phi} \overset{(8.14)}{=} \boxed{\Phi} \overset{(8.16)}{=} \triangledown_i = $$

结果与定义 6.100 中给出的因果性定义完全相同。反之类似可证。   □

现在，可以将因果量子映射视作这个定义的一个特例。正如舍弃操作之于量子系统，删除操作对经典系统来说是一种独有的因果效应（causal effect）。也就是说，对于一个经典系统中的因果效应，式（8.16）可以简化为：

$$\boxed{\rho} = $$

测量和编码同样是因果的。在式（8.15）中我们已经"偶然地"证明过了编码的因果性。类似地也可以证明测量的因果性：

$$ \overset{(8.14)}{=} \sum_i \triangle_i \overset{(8.6)}{=} \sum_i \triangle_i \overset{(5.37)}{=} $$

使用这种新的因果性表征形式还有一个重要的优点，那就是可以使用跟纯量子情况下一样的方法来完成很多关于因果性的证明。例如，两个因果 cq– 映射串联起来仍是因果 cq– 映射，这个结论可以简单证明如下：

422

$$\boxed{\begin{matrix}\Psi \\ \Phi\end{matrix}} \overset{(8.16)}{=} \boxed{\Phi} \overset{(8.16)}{=} $$

推广到一般情况，容易发现因果 cq– 映射的线路图（circuit diagram）同样也是因果 cq– 映射。最后，我们要定义本书中最重要的过程理论。

定义 8.10   **量子过程**是由全体因果 **cq– 映射**所构成的 cq– 映射理论的一个子理论。

因为删除是舍弃的经典对应：

$$ \quad \leftrightarrow \quad $$

所以定义 8.8 不过就是对因果性的原始声明做了一个小小的升级：

> 如果舍弃 / **删除**一个量子过程的全部量子 / **经典**输出，那么它也可能从未发生过。

于是，我们兑现了承诺，成功将 6.2.4 节中给出的量子映射因果性内涵推广到包含了经典输入和输出的量子过程。鉴于因果性，经典输入和量子输入得到了同等待遇。进而，量子映射中的因果性结论可以直接套用到量子过程。例如，在 6.3.2 节中关于无信号传递（non-signalling）的结论可以套用到一般的量子过程中。

8.2 蜘蛛表征下的经典映射

现在，我们已经掌握了一套能用线表示经典系统和量子系统的**量子过程**理论。这让我们可以通过图形来推理这些过程：

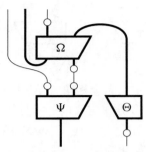

423

遗憾的是，这些图形里包含了一些特殊的线性映射：测量和编码。为了建立全部的图形公式，我们不可避免地要用到它们的确切形式：

$$\varphi \;:=\; \sum_i \quad\bigtriangledown_i^i \qquad\qquad \varphi \;:=\; \sum_i \quad\bigtriangledown_i^i$$

其中涉及标准正交基态以及求和。这还真让人有点受不了。

在本节和下一节，我们会对此做出改进。我们将构建完全基于图形的测量和编码，从此我们就可以在不知道测量和编码的矩阵形式的情况下推导量子过程的图形公式。

关键是，这样做可以让我们更好地理解经典过程的本质。即便我们已经建立了一套相当好的量子映射图形库，我们依然对它们相应的经典部分知之甚少。前面我们已经见到过一种经典映射（删除操作），接下来还会看到更多；最终，这些都会成为特例，引向本书的另一次图形革命：蜘蛛规则！

8.2.1   经典映射

通过对定义 8.3 增加限制，我们得到以下定义。

定义 8.11   经典映射是一个只有经典输入和经典输出的 cq- 映射，即具有如下形式的线性映射 f：

$$\boxed{f} \;:=\; \boxed{\Phi} \qquad\qquad\qquad\qquad (8.18)$$

而经典过程则是一个具备因果性的经典映射：

$$\boxed{f} \;=\; \varphi$$

将一个经典映射写成式（8.11）那样的分支求和形式，我们得到：

$$\boxed{\Phi} \;=\; \sum_{ij} \;\bigtriangledown_i^j\; \langle\!\langle \Phi_{ij} \rangle\!\rangle$$

424

当然了，缺少了输入和输出的量子映射就只剩下一堆正数，所以经典映射是一个由正数组成的矩阵：

$$\sum_{ij} p_i^j \;\vphantom{j} \quad\leftrightarrow\quad \begin{pmatrix} p_1^1 & p_2^1 & \cdots & p_m^1 \\ p_1^2 & p_2^2 & \cdots & p_m^2 \\ \vdots & \vdots & \ddots & \vdots \\ p_1^n & p_2^n & \cdots & p_m^n \end{pmatrix}$$

而经典态则是由正实数构成的矢量：

$$\sum_j p^j \;\vphantom{j} \quad\leftrightarrow\quad \begin{pmatrix} p^1 \\ p^2 \\ \vdots \\ p^n \end{pmatrix}$$

对于经典过程，因果性约化为：

$$\forall i : \sum_j p_i^j = 1$$

也就是说，经典过程的矩阵中所有元素都是正数，并且每一列之和均为 1。对于量子态，因果性变为：

$$\sum_j p^j = 1$$

因此具有因果性的经典态就是一组概率分布！

与经典过程相对应的矩阵常常被称作随机矩阵（stochastic matrix），而线性映射自身被称作随机映射（stochastic map）。在这里，被译作随机的"stochastic"是"random"的同义词。与随机映射相关的过程作用于概率分布，其中涉及随机性。就像量子过程是将因果量子态投影为其他因果量子态的最通用映射，随机映射也是将概率分布投影为其他概率分布的最通用映射。

示例 8.12　想象有一个经典比特，有 1/3 的概率会对它做翻转（另外 2/3 的概率维持不变）。我们可以用以下随机映射来描述这一过程：

$$f \quad\leftrightarrow\quad \begin{pmatrix} \frac{2}{3} & \frac{1}{3} \\ \frac{1}{3} & \frac{2}{3} \end{pmatrix} \tag{8.19}$$

425

如果该比特的输入值为 0：

$$f_0 \;=\; \tfrac{2}{3}\; \triangledown_0 \;+\; \tfrac{1}{3}\; \triangledown_1$$

我们将以 2/3 的概率得到输出比特为 0，以 1/3 的概率得到输出比特为 1。如果该比特的输入值为 1，我们将得到相反的结果：

$$f_1 \;=\; \tfrac{1}{3}\; \triangledown_0 \;+\; \tfrac{2}{3}\; \triangledown_1$$

一个确定的经典过程会把一个标准正交基态投影为另一个（且仅一个）标准正交基态，就像经典数值函数一样。所以，它们具有以下形式。

定义 8.13　一个经典过程 f 被称为确定的，如果存在以下函数：

$$\mathrm{f} : \{1,\ldots,m\} \rightarrow \{1,\ldots,n\}$$

使得：

$$\underset{i}{\overset{f}{\bigtriangledown}} = \underset{f(i)}{\bigtriangledown} \qquad (8.20)$$

下面我们将把确定性经典过程简称为函数映射。为了表明式（8.20）所描述的线性映射必然是经典过程，我们可以考察它的对应矩阵。所有元素都是 0 或者 1，所以都是正数。再者，每一列都有且只有一个 1，所以也满足因果性要求。

将定义 8.13 限定在经典态上，我们可以得出结论：确定性经典态不过是标准正交基态，又名点分布（见 5.1.4 节）。确定性态是纯量子态的经典类比，因为它们无法通过（非平凡）概率混合来得到。

练习 8.14 试证明，如果：

$$\underset{p}{\bigtriangledown} = \sum_i \underset{q_i}{\bigtriangledown}$$

那么 p 是一个确定性经典态，当且仅当对所有的 i 均有：

$$\underset{p}{\bigtriangledown} \approx \underset{q_i}{\bigtriangledown}$$

练习 8.15 回顾一下备注 8.7，本节里所提到的概念都和标准正交基的选取有关。如果我们将一个经典映射或者经典态用不同的标准正交基来展开，那么其中的某些元素可能不再是正数。寻找这样的一组标准正交基，使得随机映射（8.19）具有非正元素。

接下来，我们来考察一些非常特别的经典过程。

8.2.2 复制与删除

除了删除，我们还可以对经典数据进行复制。可能让人惊讶的是，某些与舍弃操作相关的量子过程特征在经典删除操作里找不到对应，其中最著名的例子莫过于纯化。换句话说，具备纯化能力是量子过程的一个独有特征。另一方面，复制操作在量子系统里不存在对应（见 4.4.2 节），因此可以用作评判经典性的标准。所以，与其把不可克隆看作量子系统的短板，不如将可复制性（copiability）（或可克隆性，cloneability）视为经典过程的独有特征。

8.2.2.1 删除

如前面所见，删除是舍弃的经典对应，是经典系统独有的因果效应。

与之相似，删除的伴随操作：

$$\frac{1}{D} \; \overset{\circ}{\vert} = \frac{1}{D} \sum_i \underset{i}{\bigtriangledown}$$

是最大混合态的经典对应：

$$\frac{1}{D} \; \underset{}{\overline{\underline{\equiv}}} = \frac{1}{D} \sum_i \underset{i}{\blacktriangledown}$$

这类经典态有一个标准名称。

定义 8.16 经典态：

$$\frac{1}{D} \; \overset{\circ}{\vert}$$

被称为均匀概率分布（uniform probability distribution）。

约化量子态有其标志（见命题 6.33）：

$$\widehat{\psi}$$

采用类似的方式，假设我们对两个经典系统中的一个进行了删除：

$$\underset{x}{\bigtriangledown} \quad \overset{(8.14)}{=} \quad \sum_i \overset{i}{\triangle}\ \underset{x}{\bigtriangledown}$$

我们会得到一个在概率论里熟悉的操作：边缘化。其中一个系统被删除后的经典态（也称概率分布）x 被称为边缘分布（marginal distribution）。

在经典世界里，存在与约化量子态相对应的约化经典态，在许多实际应用中发挥作用；然而不足之处也很明显：

不存在与量子态纯化相对应的经典态纯化。

换句话说，没有一个经典态可以通过对另一个确定性经典态进行边缘化来得到。两个系统唯一的确定性经典态有以下形式：

$$\underset{i}{\bigtriangledown}\ \underset{j}{\bigtriangledown}$$

因此，删除其中一个系统后剩下的仍是确定性经典态。所以，能够被"纯化"成确定性经典态的，从一开始就是确定的态。

为了与量子情况做对比，我们可以用量子态来表征概率分布（见命题 6.74）：

$$\sum_i p^i\ \underset{i}{\bigtriangledown}$$

这个量子态可以被纯化：

$$\sum_i p^i\ \underset{i}{\bigtriangledown} \quad = \quad \widehat{\psi}$$

特别是对于：

$$\underset{\psi}{\bigtriangledown} \quad := \quad \sum_i \sqrt{p^i}\ \underset{i}{\bigtriangledown}\ \underset{i}{\bigtriangledown}$$

于是我们实际上有：

$$\sum_i \sqrt{p^i}\ \underset{i}{\bigtriangledown}\ \underset{i}{\bigtriangledown} \quad \sum_j \sqrt{p^j}\ \underset{j}{\bigtriangledown}\ \underset{j}{\bigtriangledown} \quad = \quad \sum_i p^i\ \underset{i}{\bigtriangledown}$$

所以，纯化的奥秘在于量子态有两种方法来处理不同过程之间的求和、混合与叠加：

$$\sum_i p^i\ \underset{\psi_i}{\bigtriangledown} \qquad 与 \qquad \mathrm{double}\left(\sum_i \sqrt{p^i}\ \underset{\psi_i}{\bigtriangledown}\right)$$

后一种方法给予了我们足够的灵活性来纯化每一个量子态。

8.2.2.2 复制

定义 8.17 复制是以下经典映射：

$$\underset{\circ}{\bigvee} \quad := \quad \sum_i \overset{i}{\bigtriangledown}\ \overset{i}{\bigtriangledown}\ \underset{i}{\bigtriangleup}$$

这个映射的作用看上去像是一台基态影印机：

$$
\text{（图）} = \sum_i \text{（图）} = \text{（图）} \tag{8.21}
$$

事实上，有且只有基态可以通过 $\vee$ 来复制。

定理 8.18   复制要在固定的标准正交基下进行。准确来说，对任意非零态 Ψ，有：

$$
\text{（图）} \in \left\{ \text{（图）} \right\}_i \qquad \text{当且仅当} \qquad \text{（图）} \overset{(*)}{=} \text{（图）}
$$

证明   首先，注意到复制是一种同构变换：

$$
\text{（图）} = \sum_j \text{（图）} = \sum_i \text{（图）} = \text{（图）} \tag{8.22}
$$

429

假设等式（*）成立，则意味着：

$$
\text{（图）} \overset{(8.22)}{=} \text{（图）} = \text{（图）}
$$

唯一能使 $p = p^2$ 的数字是 0 和 1，所以 Ψ 必然是归一化的。由定理 4.85 可知，能被同一个同构变换复制的不同归一化态之间必然相互正交。由式（8.21）可知，标准正交基态可以用这个同构变换来复制，所以 Ψ 要不就是其中一个标准正交基态，要不就是和所有标准正交基态都正交。和所有标准正交基态都正交的态是 0，所以 Ψ 必然是标准正交基态之一。   □

所以，不单是确定了经典态的一组标准正交基后才能得到一个复制映射，复制映射本身也把一组标准正交基固定了下来。此外，可复制性还为确定性经典过程提供了一种图形特征。

命题 8.19   一个线性映射 f 是一个函数映射（即确定性经典过程），当且仅它同时满足以下两个等式：

$$
\text{（图）} = \text{（图）} \qquad\qquad \text{（图）} = \text{（图）} \tag{8.23}
$$

证明   首先，假设 f 是一个函数映射。由定义 5.2 可知，如果两个线性映射在同一组标准正交基下表现相同，那么它们就是等价的。因此，我们可以结合标准正交基来证明上述两个等式：

第二等式类似可证。反之，我们有：

由此可知，$f \circ i$ 被复制映射所复制，而从式（8.23）的第二等式可知 $f \circ i$ 不为 0。由定理 8.18 可知，$f \circ i$ 必然是一个标准正交基态。可以将 f 的底层函数定义为：

f 还可以有其他不同的输入和输出，相应地上式左侧和右侧的复制操作也有会所不同。确切地说，复制标准正交基态只是一个特例。

在复制经典数据时，人们会希望两个副本之间能随意切换。如果还存在第三个副本的话，情况也一样。实际上确实如此。

命题 8.20　我们有：

$$（8.24）$$

$$（8.25）$$

证明　按定义展开，有：

以及：

8.2.2.3　复制与删除

人们也会希望，复制完经典数据之后将副本删除，那就相当于什么都没做。这个预期也是正确的。

命题 8.21   我们有：

$$\bigcup \quad = \quad | \quad = \quad \bigcup \qquad\qquad （8.26）$$

证明   按定义展开，有：

$$\bigcup \quad = \quad \sum_j \sum_i \quad = \quad \sum_i \quad = \quad | \qquad\qquad \square$$

这个结果意味着复制操作是因果的，因为删除输出等同于删除输入：

$$\bigcup \quad = \quad \bigcirc$$

备注 *8.22   早在备注 3.17 里我们就提到过复制操作是余乘（comultiplication）的一个示例。式（8.24）和式（8.25）告诉我们，复制操作具有余代数（coalgebraic）中的余结合性（coassociative）和余交换性（cocommunicative），分别对应了代数中的结合性（associative）和交换性（commutative）。式（8.26）告诉我们，删除操作是余代数中的余单位（counit），对应了代数中单位（unit）的概念。命题 8.19 中的等式则告诉我们，函数映射具有余幺半群同态性（comonoid homomorphisms）。

在式（6.48）中我们看到复制操作并不适用于一般的概率分布：

$$\sum_i p^i \quad = \quad \sum_i p^i \quad \neq \quad \left(\sum_i p^i\right)\left(\sum_j p^j\right)$$

不过，概率分布**可以**被广播（broadcast）。事实上广播操作（broadcasting）可以理解为存在一个可以作用到任意经典态 p 上的映射，使得 Aleks 和 Bob 只要删除另一个系统就能恢复出 p：

[432]

$$\bigcup_p \quad = \quad |_p \quad = \quad \bigcup_p$$

所以，我们有两种等价的方式来展开概率分布、复制操作和删除操作：

态	$p := \sum_i p^i$	$p := \sum_i p^i$
复制 / 广播	$\bigcup := \sum_i$	$? := \sum_i$
删除 / 舍弃	$\bigcirc := \sum_i$	$\overline{} := \sum_i$

8.2.2.4 匹配

匹配（matching）是复制操作的伴随：

$$
\begin{array}{c} \text{（图形）} \end{array} := \sum_i \begin{array}{c} \text{（图形）} \end{array}
$$

这种经典映射需要用到两个标准正交基态。如果这两个态相同，就将它们作为输出；其余情况，则输出 0：

$$
\begin{array}{c} \text{（图形）} \end{array} = \delta_i^j \begin{array}{c} \text{（图形）} \end{array} \tag{8.27}
$$

备注 8.23   匹配不同于复制的地方在于它是非因果的（not causal）。特别是，它无法将一个概率分布投影成其他的概率分布。但无论如何，它是一个既定义明确又有用的操作。

对式（8.24）～（8.26）取伴随，不难得到与匹配操作相关的等式。

命题 8.24   我们有：

$$
\begin{array}{c} \text{（图形）} \end{array} = \begin{array}{c} \text{（图形）} \end{array} \tag{8.28}
$$

$$
\begin{array}{c} \text{（图形）} \end{array} = \begin{array}{c} \text{（图形）} \end{array} \tag{8.29}
$$

$$
\begin{array}{c} \text{（图形）} \end{array} = \begin{array}{|c|} \text{（图形）} \end{array} = \begin{array}{c} \text{（图形）} \end{array} \tag{8.30}
$$

其中，删除的伴随形式是：

$$
\begin{array}{c} \text{（图形）} \end{array} := \sum_i \begin{array}{c} \text{（图形）} \end{array} \tag{8.31}
$$

备注 *8.25   式（8.28）～（8.30）是备注 8.22 里所提到余代数公式的一般代数版本，分别为结合性、交换性和单位性。

对任意态：

$$
\begin{array}{c} \psi \end{array} := \sum_i \psi^i \begin{array}{c} i \end{array} \qquad \begin{array}{c} \phi \end{array} := \sum_j \phi^j \begin{array}{c} j \end{array}
$$

匹配操作让矩阵上的元素逐一相乘：

$$
\begin{array}{c} \text{（图形）} \end{array} = \begin{array}{c} \text{（图形）} \end{array} = \sum_{ij} \psi^i \phi^j \delta_i^j \begin{array}{c} i \end{array} = \sum_i \psi^i \phi^i \begin{array}{c} i \end{array}
$$

把它写成矩阵上的操作：

$$
\begin{array}{c} \text{（图形）} \end{array} \leftrightarrow \begin{pmatrix} \psi^1 \\ \vdots \\ \psi^D \end{pmatrix} \star \begin{pmatrix} \phi^1 \\ \vdots \\ \phi^D \end{pmatrix} := \begin{pmatrix} \psi^1 \phi^1 \\ \vdots \\ \psi^D \phi^D \end{pmatrix} \tag{8.32}
$$

其中，★-操作有时被称为 Hadamard 乘积或是 Schur 乘积，可以推广到任意矩阵。

练习 8.26　证明对任意两个同类型的线性映射 f 和 g，以下图形：

给出了矩阵与矩阵的 Hadamard 乘积：

$$\begin{pmatrix} f_1^1 & \cdots & f_D^1 \\ \vdots & \ddots & \vdots \\ f_1^D & \cdots & f_D^D \end{pmatrix} \star \begin{pmatrix} g_1^1 & \cdots & g_D^1 \\ \vdots & \ddots & \vdots \\ g_1^D & \cdots & g_D^D \end{pmatrix} = \begin{pmatrix} f_1^1 g_1^1 & \cdots & f_D^1 g_D^1 \\ \vdots & \ddots & \vdots \\ f_1^D g_1^D & \cdots & f_D^D g_D^D \end{pmatrix}$$

示例 8.27　复制映射的另一个用途是将一个因果经典映射转化为因果性二分经典态（causal bipartite classical state）。在概率论里，前者被称为条件概率分布，后者被称为联合概率分布。假如我们用经典映射加上特定输入的形式来描写某概率：

$$P(j \mid i) := \boxed{f} \qquad\qquad P(i) := \boxed{p}$$

用概率论的语言来说，$P(i)$ 是先验概率。它与条件概率一同被用来计算联合概率 $P(ij)$，即"i 和 j 同时发生"的概率：

$$P(ij) = P(i)P(j \mid i) = \;$$

因为给出的是概率分布，我们可以用以下方式构造一个新的两系统经典态：

$$\boxed{q} := \sum_{ij} P(ij) \;$$

上图给出了一种联合分布的展开方式。因为 f、p 和复制操作都具备因果性，所以这个经典态也具备因果性。

我们也可以从另一个角度出发，将联合分布变成条件分布。为此，我们需要用到逆态（inverse state）：

$$\boxed{p^{-1}} := \sum_i \frac{1}{p^i} \;$$

或者等价地，找到能满足以下条件的唯一经典态：

$$（8.33）$$

（如果你担心分母为 0，可以参见下面的约定 8.29）。然后，考虑到：

是一个"杯"，我们用 p^{-1} 来做"盖"：

$$（8.34）$$

我们很快就会看到，这个等式的成立源于式（8.33）以及"蜘蛛融合"法则。但人们在此之前可以用复制 / 融入（copying/merging）的定义来证明式（8.34）。盖和杯的结合为我们提供了一种从 $P(j|i)$ 得到 $P(i|j)$ 的途径，被称为贝叶斯反演（Bayesian inversion）：

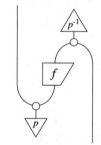

练习 *8.28　已知有经典映射：

$$\boxed{f} \quad \leftrightarrow \quad \begin{pmatrix} 1/3 & 1/2 \\ 2/3 & 1/2 \end{pmatrix}$$

436

计算与下列条件下的相关联合分布：

$$\begin{pmatrix} 1 \\ 0 \end{pmatrix} \qquad\qquad \begin{pmatrix} 0 \\ 1 \end{pmatrix} \qquad\qquad \begin{pmatrix} 1/2 \\ 1/2 \end{pmatrix}$$

然后，用这些态来计算 f 函数的贝叶斯反演。

　　约定 8.29　在前面构造逆态时，我们默认概率分布是被完全支撑的（full support），即：

$$\overline{\nabla}_p := \sum_i p^i \; \overline{\nabla}_i \qquad \text{其中} \qquad \forall i: \ p^i \neq 0 \qquad （8.35）$$

就算经典系统的维度可以自由选择，这个假设也不失一般性：我们总能通过去除那些出现概率为 0 的经典数值，来将任意一个概率分布转化成一个维度较低、被完全支撑的概率分布。

8.2.3　蜘蛛

　　我们引入以下经典映射，它们都能被自然地理解为经典数据操作：

- 复制操作与删除操作：

$$\bigvee := \sum_i \bigvee_{i}\bigvee_{i} \qquad\qquad \stackrel{\circ}{|} := \sum_i \bigtriangleup_i$$

- 匹配与（未归一化的）均匀分布态（uniform state）：

$$\bigwedge := \sum_i \bigtriangleup_i\bigtriangleup_i \qquad\qquad \stackrel{\circ}{|} := \sum_i \bigtriangledown_i$$

不仅是这些，我们还可以继续添加，例如：

- 表示两个经典系统完美相关性的态 / 效应（state/effect）：

$$\smallsmile := \sum_i \bigtriangledown_i\bigtriangledown_i \qquad\qquad \frown := \sum_i \bigtriangleup_i\bigtriangleup_i$$

我们可以推导出一批类似式（8.24）～（8.26）的公式（以及它们的伴随），例如：

- 复制之后再匹配等于什么都没做：

$$\bigcirc\bigcirc = \big|$$

437

- "复制"均匀分布态能得到完美关联态：

$$\bigvee_{\circ} = \smallsmile$$

有些公式看上去似曾相识：

- 经典数据允许拉直（yanking）：

$$\sim = \big| \qquad\qquad\qquad\qquad (8.36)$$

练习 8.30 证明以上几个经典映射公式。

想象有一个逐渐增强的背景音：

人们自然想把所有经典映射间的等式关系都罗列出来。一共有多少？几百个？无数个？听起来仿如一声惊雷：

这样的等式只有一个！事实上，我们所见过的所有等式都是同一个等式的特例。为了看清真相，首先要意识到所有曾经出现过的经典映射都出自同一类经典映射，我们称之为蜘蛛。

    定义 8.31　蜘蛛（spider）是指有以下形式的线性映射：

$$
\begin{array}{c}\overbrace{\cdots}^{n}\\ \bowtie \\ \underbrace{\cdots}_{m}\end{array} := \sum_i \begin{array}{c}\overbrace{\nabla\ \nabla\ \cdots\ \nabla}^{n}\\ \underbrace{\triangle\ \triangle\ \cdots\ \triangle}_{m}\end{array} \tag{8.37}
$$

    从直觉上看，蜘蛛会强制所有的输入和输出都具有相同基态。所以，有时将其视作一个"大克罗内克符号"（big Kronecker delta）会很有帮助，这正是我们计算蜘蛛矩阵得到的结果：

$$
\delta^{j_1\ldots j_n}_{i_1\ldots i_m} = \begin{cases} 1 & \text{如果 } i_1 = \cdots = i_m = j_1 = \cdots = j_n \\ 0 & \text{否则} \end{cases}
$$

普通克罗内克符号：

$$
\delta^{j}_{i} = \begin{cases} 1 & \text{如果 if } i = j \\ 0 & \text{否则} \end{cases}
$$

是当矩阵为单位映射矩阵时的特例。

    练习 8.32　证明蜘蛛的通用复制法则：

$$
= \delta^{j_1\ldots j_n}_{i_1\ldots i_m} \tag{8.38}
$$

上式是对式（8.21）、式（8.27）等公式的扩展。

    从定义出发，我们可以得到关于蜘蛛的一些结论。首先，只有两只脚的蜘蛛是一根线：

$$
\phi = |\qquad \smile = \smile \qquad \frown = \frown \tag{8.39}
$$

439 其次，蜘蛛有很多对称性。

命题 8.33 所有的蜘蛛在"足交换"下维持不变：

$$(8.40)$$

在共轭变换（即水平反射）下也维持不变：

$$(8.41)$$

证明 从式（8.37）直接可得。   □

终于来到了终场演奏时间⋯⋯

至今为止出现过的所有经典映射公式都可以被归结成一个简单法则：

> 蜘蛛碰到一起，当即合二为一。

440 更准确地说，我们有以下定理。

定理 8.34 蜘蛛通过以下方式结合：

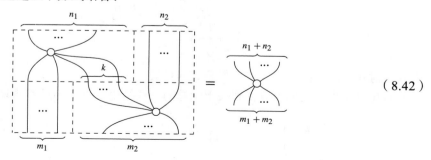

$$(8.42)$$

其中，$k \geqslant 1$。

证明　分别展开两只蜘蛛，可得：

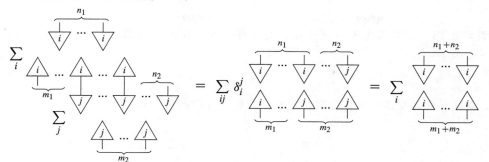

现在，我们可以通过将左侧和右侧缩写成同一只蜘蛛，来证明前面出现过的全部公式。例如，包含复制的公式：

在更一般的情况下，由式（8.39）可知杯和盖也是蜘蛛，所以我们可以把这几只蜘蛛压缩成一只更大的蜘蛛。

推论 8.35　任何只由蜘蛛构成的**相连**字符串图等价为**一只蜘蛛**：

$$（8.43）$$

因此，这样的图形只由输入和输出的数量确定，只要数一下就能知道两个图形是否等价。

我们称此法则为蜘蛛融合。

推论 8.36　蜘蛛可以做"脚翻转"，即将蜘蛛的一只脚向上或向下弯曲，我们得到的仍然是蜘蛛：

$$（8.44）$$

所以蜘蛛的转置也是蜘蛛。

再结合蜘蛛本身是自共轭这一事实可知，一只蜘蛛取伴随后还是蜘蛛：

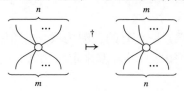

练习 8.37　利用蜘蛛的基本性质，证明无脚的蜘蛛等于"圆圈"（即维度）：

$$\circ \quad = \quad \bigcirc$$

练习 8.38　正如备注 8.23 所指出，有一些蜘蛛是非因果性的。为了获得因果性需要引入归一化因子：

$$\frac{1}{D}\ \smallsmile$$

442

然而，对比较和匹配两种操作而言，没有一个数字能够胜任，对 $i \neq j$，我们有：

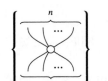
$$= \quad 0 \qquad\qquad = \quad 0$$

那么更一般来讲，什么样的蜘蛛是有因果性的，有哪些蜘蛛可以通过归一化获得因果性，有哪些不可以？

在 5.2.2 节里我们看到了如何用基态编码比特字符串。这事也可以通过蜘蛛来完成。

练习 8.39　如果蜘蛛：

$$\left\{ \begin{array}{c} n \\ \cdots \\ \circ \\ \cdots \\ m \end{array} \right\}_{mn}$$

的基是二维的：

$$\left\{ \ \underset{0}{\bigtriangledown}\ ,\ \underset{1}{\bigtriangledown}\ \right\}$$

那么它就和比特相关。试证明下面这一类经典映射：

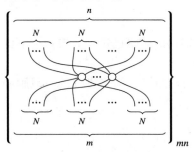

也是一类蜘蛛。然后证明，它和 $N-$ 比特串标准正交基相关：

$$\left\{ \underset{0}{\bigtriangledown}\cdots\underset{0}{\bigtriangledown}\,\underset{0}{\bigtriangledown}\ ,\ \underset{0}{\bigtriangledown}\cdots\underset{0}{\bigtriangledown}\,\underset{1}{\bigtriangledown}\ ,\ \underset{0}{\bigtriangledown}\cdots\underset{1}{\bigtriangledown}\,\underset{0}{\bigtriangledown}\ ,\ \ldots ,\ \underset{1}{\bigtriangledown}\cdots\underset{1}{\bigtriangledown}\,\underset{1}{\bigtriangledown} \right\}$$

备注 8.40　下列等式：

$$\smile\ \circ\ =\ \smile \qquad\qquad \frown\ \circ\ =\ \frown \tag{8.45}$$

443

在某些情况下（例如"脚翻转"）是必要的，因为我们选用了自共轭标准正交基（见 5.2.3 节）。而在极少数情况下，需要用非自共轭基来定义蜘蛛，此时这些等式要么失效，要么需要做出修正（见 *8.6.3 节）。

8.2.4 如果行为像蜘蛛，那么它就是蜘蛛

因为蜘蛛的作用如此重要，我们需要找到一种方法来识别它们。也就是说，我们如何分辨眼前出现的究竟是真蜘蛛，还是披着一身蜘蛛戏服的渡渡鸟？

在定理 8.18 中我们证明了，"复制蜘蛛"操作用它"复制"出来的态定义一组标准正交基：

$$\left\{ \left. \begin{array}{c} \vee \\ i \end{array} \right| \begin{array}{c} \curlyvee \\ \vee \\ i \end{array} = \begin{array}{cc} \vee & \vee \\ i & i \end{array} \right\} \tag{8.46}$$

因此，通过定义 8.31 所定义的那一类蜘蛛始终有一组固定的标准正交基。让人惊讶的是，反之亦然，这个结果可不简单：如果一组线性映射组合起来表现得像蜘蛛，那么它们本身就是一类蜘蛛。

定理 8.41　如果有一组线性映射：

$$\left\{ \begin{array}{c} \overset{n}{\overset{\cdots}{\boxed{f_m^n}}} \\ \underset{m}{\cdots} \end{array} \right\}_{mn}$$

444

满足：

$$\boxed{f_m^n}^{\cdots} = \boxed{f_n^m}^{\cdots} \qquad \boxed{f_m^n}^{\cdots} = \boxed{f_m^n}^{\cdots} \qquad \boxed{f_1^1} = \Big|$$

并且以如下方式组合：

$$\boxed{\begin{array}{c} \boxed{f_{m'+k}^{n'}} \\ \boxed{f_m^{n+k}} \end{array}} = \boxed{f_{m+m'}^{n+n'}}$$

那么它们就是一类蜘蛛。即，存在一组标准正交基：

$$\left\{ \begin{array}{c} \vee \\ i \end{array} \right\}_i$$

使得：

$$
\underbrace{\overbrace{\boxed{f_m^n}}^{\substack{n \\ \cdots}}}_{\substack{\cdots \\ m}} = \sum_i \underbrace{\overbrace{\triangledown_i \, \triangledown_i \, \cdots \, \triangledown_i}^{n}}_{}\underbrace{\triangle_i \, \triangle_i \, \cdots \, \triangle_i}_{m}
$$

我们最感兴趣的是关于自共轭标准正交基的蜘蛛（见备注 8.1），故而在此专门讨论一下。回到命题 5.60，我们看到，当且仅当：

$$
\smile = \sum_i \triangledown_i \, \triangledown_i
$$

标准正交基是自共轭的。现在我们了解到，等式的右侧实际上是一只有两个输出的蜘蛛，所以我们得到以下结论。

推论 8.42 当且仅当满足以下附加条件时：

$$
\boxed{f_0^2} = \smile
$$

定理 8.41 中的那一组线性映射表征一组 **自共轭** 标准正交基。

定理 8.41 的证明要用到一些表征理论（representation theory）的技巧，这已经超出了本书的讨论范围。我们会在 *8.6.1 节给出一点提示。但是妙就妙在，这些蜘蛛所具备的等式条件实际上将蜘蛛的出现"公理化"了：有且只有蜘蛛能够满足全部条件。因此，我们称这些等式为蜘蛛等式（spider equation）。随之而来的一个重要结果是，我们终于可以借助蜘蛛的概念，用纯图形的方式来定义标准正交基了。

推论 8.43 一组标准正交基可以完全用图形方式（亦即用蜘蛛等式）来定义。

更进一步，因为蜘蛛适用于所有的过程理论，所以可复制的态 / 效应同样适用。神奇的是，标准归一性自然可得。

练习 8.44 假设在一个过程理论中出现的数字满足：

$$
\lambda^2 = \lambda \quad \Longrightarrow \quad \lambda \in \{0, 1\}
$$

（在诸如实数、复数和布尔逻辑等情况下为真），试证明，对于任意一类蜘蛛，可复制态（8.46）始终是标准正交的：

$$
\frac{\triangle^j}{\triangledown_i} = \delta_i^j
$$

但不总是能构成一组基。

练习 *8.45 给出 **关系** 中的这样一类蜘蛛，它的全部可复制态 **无法** 构成一组标准正交基。

8.2.5 线性映射皆可化为蜘蛛 + 同构变换

谱定理（定理 5.71）让人们可以用标准正交基来分解自伴随线性映射。现在我们知道，标准正交基和蜘蛛之间关系甚密，可以看到，谱定理表明每一个自伴随映射的背后都隐藏着一只蜘蛛。

定理 8.46 任意自伴随线性映射 f 都能被谱分解（spectral decomposition）：

$$\boxed{f} \;=\; \underset{U}{\overset{U \leftarrow 幺正变换}{\diagup}} \qquad \leftarrow 自共轭 \tag{8.47}$$

如果 f 是正的，那么 r 是一个经典态，所有正的 f 都能分解为：

$$\boxed{f} \;=\; \underset{U}{\overset{U \leftarrow 幺正变换}{\diagup}} \qquad \leftarrow 经典态 \tag{8.48}$$

446

证明　运用谱定理，用某组标准正交基和实数 r_i 将 f 分解为：

$$\boxed{f} \;=\; \sum_i r_i \; \overset{i}{\bigtriangleup} \atop \underset{i}{\bigtriangleup}$$

然后，用 U 表示将与蜘蛛相关的标准正交基转换成上面标准正交基的幺正变换：

$$\boxed{U} \;::\; \overset{i}{\bigtriangledown} \mapsto \overset{i}{\bigtriangledown}$$

并令：

$$\overset{r}{\bigtriangledown} \;:=\; \sum_i r_i \; \overset{i}{\bigtriangledown}$$

然后可得：

$$\underset{U}{\overset{U}{\diagup r}} \;=\; \sum_i r_i \; \underset{U}{\overset{U}{\diagup i}} \;=\; \sum_i r_i \; \overset{i}{\underset{i}{\bigtriangleup}} \;=\; \sum_i r_i \; \overset{i}{\underset{i}{\bigtriangleup}} \;=\; \boxed{f}$$

同时从定理 5.71 可知，如果 f 是正的，则所有 r_i 都是正数。因此 r 是一个经典态。　□

分解（8.48）告诉我们正线性映射的"里面"是什么：

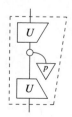

无非是蜘蛛、幺正变化以及经典态。

447

将这个分解稍微改动一下，我们就可以用有全支撑的经典态来展开一个正线性映射（见约定 8.29）。具体可以通过缩小中部的经典态，再将幺正变换替换成同构变换来实现。

$$
\boxed{f}\ =\ \begin{array}{c} \boxed{U}\quad\leftarrow\ \text{同构变换}\\[2pt] \circ\\ \ \ \triangledown_{p}\quad\leftarrow\ \begin{array}{l}\text{经典态}\\ (\text{有完全支撑})\end{array}\\[2pt] \boxed{U} \end{array} \tag{8.49}
$$

练习 8.47 证明任意的正线性映射都能分解为式（8.49）的形式。

若进一步放宽限制，不要求顶部和底部的同构变换必须相同，那么我们可以得到适用于**所有**线性映射的分解形式：

定理 8.48 任意的线性映射 f 都能用同构变换 U 和 V 以及一个有全支撑的经典态 p 来进行奇异值分解（singular value decomposition）：

$$
\boxed{f}\ =\ \begin{array}{c} \boxed{V}\quad\leftarrow\ \text{同构变换}\\[2pt] \circ\\ \ \ \triangledown_{p}\quad\leftarrow\ \text{经典态}\\[2pt] \boxed{U}\quad\leftarrow\ \text{同构变换的伴随} \end{array}
$$

证明 因为 $f^{\dagger}\circ f$ 是正的，我们可以像式（8.49）那样用谱定理将它分解为：

$$
\begin{array}{c}\boxed{f}\\ \boxed{f}\end{array}\ =\ \begin{array}{c}\boxed{U}\\ \circ\\ \ \triangledown_{q}\\ \boxed{U}\end{array} \tag{8.50}
$$

注意到，因为 U 是同构变换，下面这个是投影算子（即正的且幂等，见定义 4.69）：

$$
\boxed{P}\ :=\ \begin{array}{c}\boxed{U}\\ \boxed{U}\end{array}
$$

于是，利用式（8.50），立即可得：

$$
\begin{array}{c}\boxed{P}\\ \boxed{f}\\ \boxed{f}\\ \boxed{P}\end{array}\ =\ \begin{array}{c}\boxed{f}\\ \boxed{f}\end{array}
$$

因此，从练习 5.77（同样可以用谱定理直接导出）可知：

$$
\begin{array}{c}\boxed{f}\\ \boxed{U}\\ \boxed{U}\end{array}\ =\ \begin{array}{c}\boxed{f}\\ \boxed{P}\end{array}\ =\ \boxed{f} \tag{8.51}
$$

现在，设：

$$\nabla_q \;:=\; \sum_i q^i \,\nabla_i$$

其中 $q^i \neq 0$，再定义以下两个态：

$$\nabla_{q^{\frac{1}{2}}} \;:=\; \sum_i \sqrt{q^i}\,\nabla_i \qquad\qquad \nabla_{q^{-\frac{1}{2}}} \;:=\; \sum_i \frac{1}{\sqrt{q^i}}\,\nabla_i$$

从式（8.32）可知，它们满足：

$$\text{（8.52）}$$

$$\text{（8.53）}$$

449

现在，我们可以证明：

$$\nabla_V \;:=\; \begin{array}{c} f \\ U \\ q^{-\frac{1}{2}} \end{array} \tag{8.54}$$

是一个同构变换：

$$\nabla_V \nabla_V \overset{(8.54)}{=} \;\cdots\; \overset{(8.50)}{=} \;\cdots\; = \;\cdots\; = \;\cdots$$

$$\overset{(8.53,\,8.33)}{=} \;\big|$$

令 $p:=q^{1/2}$，有：

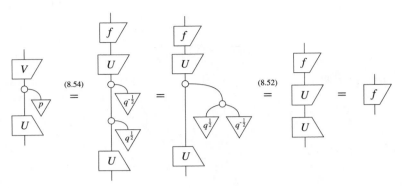

450 至此定理得证。

通过弯曲线，我们也可以看到二分态的"内部情况"。

推论 8.49   任意二分态 Ψ 都可以分解成如下形式：

线将两个点连在一起，蜘蛛将多个点连在一起。而蜘蛛融合则是将很多东西用很多蜘蛛连接在一起。

练习 8.50   证明当一个二分态 Ψ 的两个输出系统相同时，它可以被分解为：

备注 8.51   二分态的这种"岔道式"奇异值分解常被称为施密特分解（Schmidt decomposition）。

8.2.6　蜘蛛图与完备性

我们在定义蜘蛛的时候，就已经指出杯和盖是蜘蛛的两个特例，分别对应着关联和比较两种操作。不过当然，真正定义杯和盖的是它们之间的关系——把它们组合起来将得到一个单位变换。这实际上是蜘蛛融合法则（8.34）的一个简单实例：

"拉直线"是"融合蜘蛛"的一个特例，想想都会觉得有趣，但这也正是我们要在此指出的：

> 用字符串图做推导是用蜘蛛做推导的一个实例。

线将两个点连在一起，蜘蛛将多个点连在一起。而蜘蛛融合则是将很多东西用很多蜘蛛连接在一起。

字符串图可以被看作"线路图＋盖／杯"的组合，或者一种新的图形种类（见定理4.19），同样，我们对含有蜘蛛的图形也可以做这样的处理。

451 **定义 8.52**   蜘蛛图由框和线组成，可以将任意数量的输入和输出连接到一起。

我们将这"许多线"表征为蜘蛛，例如：

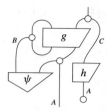

根据图形规则（见定义 3.8 和定义 4.21），我们可以多次重复使用线名称：

$$\longleftrightarrow \quad \psi^{B_1 \check{A}_1} g^{B_1 \widehat{C}_1}_{B_1 \check{A}_1} h^{\widehat{C}_1}_{A_2} \tag{8.55}$$

如果有"许多线"，多个输入/输出的线名称容易混淆，因此我们用 $\overset{\smile}{(-)}$ 来表示输入，用 $\overset{\frown}{(-)}$ 来表示输出。于是我们可以区分如下情形：

$$\boxed{f} \longleftrightarrow f^{A_2}_{A_1} \quad \text{与} \quad \boxed{f} \longleftrightarrow f^{\widehat{A}_2}_{\check{A}_1}$$

定理 8.53　以下两个概念是等价的：

（i）蜘蛛图。

（ii）毗连蜘蛛的线路图。

也就是说，（ii）可以用（i）来展开，反之亦然。

　　证明　通过把连接在一起的多只蜘蛛合并成一只，我们可以将包含了蜘蛛的线路图形翻译成蜘蛛图：

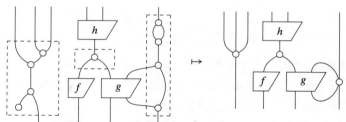

反过来，如果我们将蜘蛛图里的杯/盖形状的线代之以蜘蛛，那么就得到了一张包含蜘蛛的线路图：

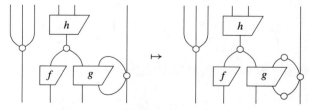

　　5.4.1 节曾经提到，字符串图对**线性映射**是完备的。即，一个字符串图之间的等式关系对希尔伯特空间和线性映射均成立，当且仅当这些字符串图完全相同。

　　如果增加图形的语言要素，那么完备性就可能被打破。蜘蛛图的语言要素更加丰富，于是我们可以写下更多的等式（即包含蜘蛛的等式），但能不能完成全部证明？好在答案是肯定的。

定理 8.54　蜘蛛图对于**线性映射**来说是完备的。即，对任意两个蜘蛛图 D 和 E，下面两个命题等价：

- $D = E$。
- 将任意**线性映射**代入 D 和 E，均有 $[\![D]\!] = [\![E]\!]$。

我们可以类比字符串图做一个声明：

> **蜘蛛图**等式对希尔伯特空间和线性映射均成立，当且仅当两个**蜘蛛图**完全相同。

8.3　蜘蛛表征下的量子映射

读者在阅读前两节的时候可能已经注意到了，蜘蛛的标志：

和测量 / 编码的标志：

之间存在可疑的相似之处。这并不意外。在本节里我们将会看到，它们其实也是一种蜘蛛，我们可以用它们来做一些很酷的事情。特别是，从今往后我们可以用像蜘蛛融合这样的纯图形规则来解决遭遇到的大部分难题。

8.3.1　蜘蛛表征下的测量与编码

cq- 映射的要点在于它允许经典系统和量子系统之间存在相互作用。用我们自己的话来说就是：

$$\frac{经典}{量子} = \frac{细 / 单线}{粗 / 双线}$$

我们可以展开那些输入和输出同时包含了经典和量子线的框。从 8.1.3 节可见，我们可以利用测量和编码将量子态转化为经典数据，反之亦然。我们可以像用蜘蛛形式表示经典数据那样，用一种漂亮的形式来表示这两个过程吗？当然可以！

我们曾见到过有一对线输入、一根线输出的映射以及一根线输入、一对线输出的映射：表征复制和匹配的蜘蛛。然而，与其将它们当作经典数据操作，不如将一对线看作一根量子线，从而架起一座由经典到量子的桥梁：

$$\phi \quad := \quad \phi \qquad\qquad \phi \quad := \quad \phi \tag{8.56}$$

按照蜘蛛的定义进行展开，我们可以看到这实际上是测量操作：

$$= \sum_i \quad = \sum_i$$

并且取其伴随便得到编码操作。

因此，我们可以用蜘蛛的形式去理解这些过程的作用。例如，在标准正交基态上的编码操作展开后成为复制操作，所以我们得到：

$$\vcenter{\hbox{\includegraphics{p}}} = \sum_i p^i \vcenter{\hbox{\includegraphics{i}}} = \sum_i p^i \vcenter{\hbox{\includegraphics{ii}}}$$

类似地，可以用匹配操作的方式去理解测量操作。为了看到对任意量子态 $\boldsymbol{\rho}$：

$$\vcenter{\hbox{\includegraphics{rho}}} = \sum_{ij} \rho^{ij} \vcenter{\hbox{\includegraphics{ij}}}$$

454

进行测量会得到什么样的结果，我们可以利用测量操作展开变成匹配操作这一事实：

$$\vcenter{\hbox{\includegraphics{rho2}}} = \sum_{ij} \rho^{ij} \vcenter{\hbox{\includegraphics{ij2}}} = \sum_i \rho^{ii} \vcenter{\hbox{\includegraphics{i2}}}$$

也就是说，ρ 矩阵里的所有**非对角**元素消失，而只有对角元素维持不变（根据推论 5.41，这些对角元素全部为正）。正如我们在 8.1.3 节所见，这些对角元素是根据玻恩定则得到的标准正交基测量概率：

$$\rho^{ii} := \vcenter{\hbox{\includegraphics{rhoii}}} = P(i \mid \boldsymbol{\rho})$$

推论 8.6 指出，任意一个 cq- 映射都能展开成一个由测量、编码和舍弃操作结合而成的量子映射。下面我们将它用蜘蛛的形式呈现出来：

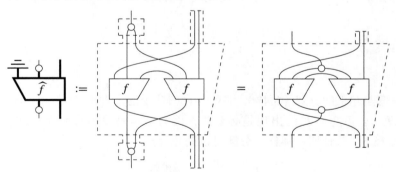

对于经典映射特例，我们有：

$$\vcenter{\hbox{\includegraphics{fhat}}} := \vcenter{\hbox{\includegraphics{ff}}}$$

而实际上还可以进一步简化。

455

练习 8.55 证明所有经典映射都可以写成以下形式：

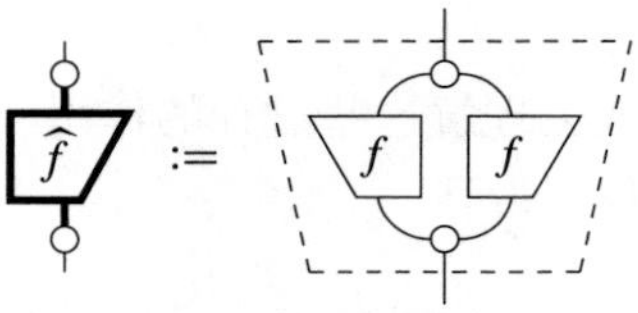

由于简化需要用到线性映射的某些特性，你需要用到经典映射的以下形式：

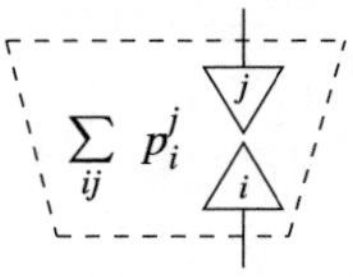

显然，练习 8.55 的结论不能直接推广到一般的 cq- 映射，因为它只适用于纯量子映射的情形。从练习 8.55 我们了解到，经典态 p 总能写成对**某些**纯量子进行标准正交基测量的形式：

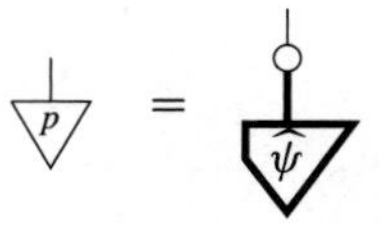

此外，我们也了解到，编码操作可以用蜘蛛里的复制操作来表达，可以证明每一个量子态都可以通过编码一个经典态来得到，这归功于谱定理的图形形式。

命题 8.56 每一个量子态 ρ 都可以用以下方式编码一个经典态：

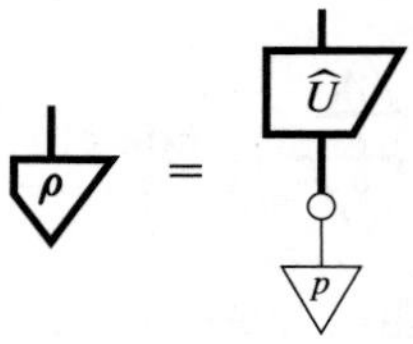

证明 存在某些 f，使得上面等式的两端展开后得到：

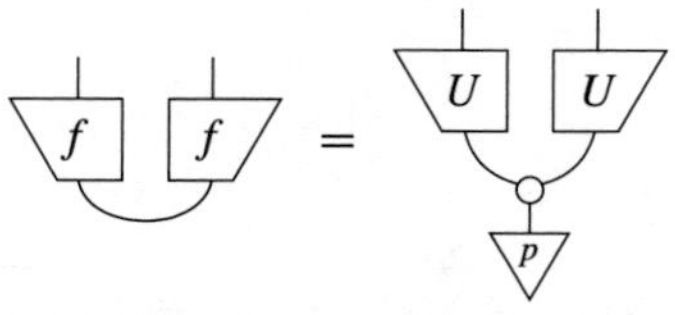

（8.57）

456 这实际上就是弯曲起来的分解（8.48），它的存在归功于谱定理。 □

备注 8.57 幺正变换 U 的出现是必要的，因为整本书使用自共轭标准正交基。否则，正如我们会在 *8.6.3 节证明的那样，分解可以简化为：

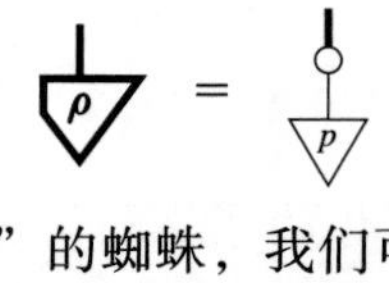

测量和编码都是带有"伪装"的蜘蛛，我们可以利用这个事实来推导出更多等式。

命题 8.58 以下命题成立：

1）编码之后测量相当于什么都没做：

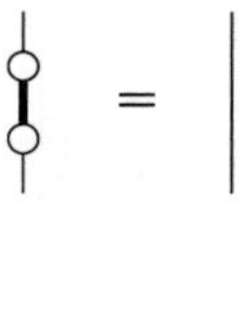

（8.58）

2）编码的转置是测量：

$$\text{（8.59）}$$

3）测量之后再删除等于在做舍弃：

$$\text{（8.60）}$$

4）编码之后舍弃相当于在做删除：

$$\text{（8.61）}$$

证明   所有这些等式都可以通过展开翻倍部分并运用蜘蛛融合法则来得到：

457

舍弃分解成式（8.60）的第一个等式，这一事实让我们可以重写命题6.79，这个命题告诉我们，如果一个量子映射被约化后是纯映射，那么它就是可分离的。除了适用于舍弃量子输出，同样也适用于删除经典输出。

命题 8.59   如果一个 cq– 映射的约化映射是纯映射：

$$\text{（8.62）}$$

那么过程 Φ 可以写成如下可分离形式：

其中 p 是一个（因果性）经典态（即概率分布）。

证明   根据式（8.60），式（8.62）等价于：

所以从命题 6.79 可知：

$$\Phi \overset{(6.52)}{=} \rho\, \hat{f} = p\, \hat{f}$$

此处我们设：

$$p := \rho$$

458 因为测量和 ρ 都是因果的，所以 p 也是因果的。 □

同样，从前要用求和方式推导出来的，现在都可以用图形方式来处理，例如练习 8.60。

练习 8.60 用图形方法证明经典映射是自共轭的：

$$f = f$$

利用这个结果，证明对于函数映射，有：

$$\hat{f} = f$$

8.3.2 退相干

这一节专门用来讨论一种非常重要（但声名狼藉）的量子过程。说它"声名狼藉"，是因为它常常污染物理学家在实验室里千辛万苦做出来的纯量子态，使得诸如构建量子计算机之类的事情变得异常困难。

由式（8.58）可知，在通过量子系统从一组经典数据过渡到另一组经典数据的过程中，经典系统保持不变。然而，测量只是编码的单向逆过程。也就是说，如果将两个映射结合的顺序反过来，那么由于测量对量子态的破坏性，在大部分情况下量子系统都会发生改变，因此：

$$\neq \qquad \text{当} \qquad =$$

定义 8.61 与一组标准正交基相关的退相干是指量子过程：

$$:=$$

事实上，早在我们证明命题 8.5 并给出 cq- 映射的规范形式时，就已经遭遇过退相干过程。在当时的证明里将该过程当作一个量子映射来处理。现在，我们已经知道了测量操作和

459 编码操作的蜘蛛表达形式，根据蜘蛛融合法则有：

$$:= \qquad = \tag{8.63}$$

接下来我们仍需证明退相干不等于单位变换，而且结论要更强一点：退相干不仅不是单位变换，连纯映射都不是。

命题 8.62   退相干不是一个纯量子映射。

证明   假设退相干是一个纯量子映射。那么，存在线性映射 f 使得：

倘若如此，利用蜘蛛融合法则我们将得到：

即单位变换是中间断开的，显然与事实不符。所以退相干不是纯量子映射。   □

看一下退相干的图形，大概就不会因为它并非单位变换而感到惊讶。它的输入和输出两端都是翻倍的（量子线），而到了中间量子系统却似乎被"压缩"成了单（经典）线。所以，原本的两根线被迫挤进一根线里（通常都会伴随有数据丢失），然后才又重新变回两根线。用物理学的话来讲，这意味着量子态被迫变成了经典态，然后才又变回量子态。

另一方面，一旦退相干作用到量子系统，损害便已铸成。即使再作用一次，事情也不会再发生改变。

引理 8.63   退相干是一个投影算子。

证明   显然，退相干是自伴随且幂等的：

即 (8.58)

现在我们可以确定退相干态子集 ρ，即那些不（再）受退相干影响的态：

这都是些什么态呢？因为退相干由测量和编码组成，从前面几节里我们已经知道了它是如何作用到量子态矩阵上的：

所以，在退相干作用下那些非对角元素为 0 的态保持不变。可以表述成以下定理。

定理 8.64　当且仅当一个量子态 ρ 是通过编码概率分布得到的时，它在退相干作用下能保持不变，即具有如下形式：

$$\text{（8.64）}$$

练习 8.65　如果把退相干定义成完全正映射（见备注 6.50），它将如何改变密度矩阵？

对量子比特来说，布洛赫球（见 6.2.7 节）为态的退相干提供了一种很好的几何图像，以及可以看到哪些态在多次退相干后仍维持不变。退相干将每一个态都投影到贯穿两个标准

461

正交基态的轴上：

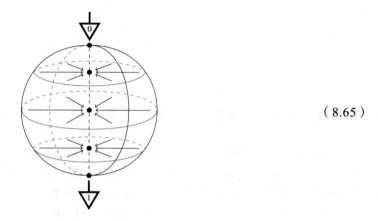

$$\text{（8.65）}$$

回顾下面的对应关系：

用无求和形式写出来就是：

这个对应关系告诉我们，在退相干作用下量子输出和经典输出表现一样。这个对应关系可以推广到任意量子过程。通过把测量和编码插入经典输入和输出端，我们可以将任意一个 cq-映射：

变成一个量子映射：

462

退相干的出现让我们目睹到刚开始时的 cq-映射的经典输入/输出。通过再次插入编码和测量，我们可以将这个 cq-映射轻松地恢复出来：

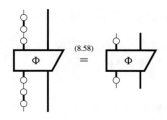

这个故事告诉我们：

退相干迫使量子系统表现得像经典系统一样。

对于一个量子映射，通过画图可以直接看到上述事实。当我们把退相干和量子过程的输入／输出结合到一起时，其核心部分就变成了经典：

鉴于退相干会迫使一个量子系统表现得跟经典系统一样，那些从事量子技术开发（比如建造量子计算机）的人当然不希望和它扯上什么关系。在实际中，量子系统时常会经历部分退相干（partial decoherence）：

$$(1-p)\ \Big|\ +\ p\ \phi$$

我们越想长久地保存一个系统，p 的值就越大。使得 p 变成 1 所耗费的时间称为退相干时间（decoherence time），一般来说是很小的。建造量子计算机遇到的其中一个最大的挑战，就是让退相干时间尽可能延长，使得有足够多的时间让我们对量子系统做一些感兴趣的操作。

练习 *8.66 尝试用非求和的方法来描述部分退相干。

8.3.3　经典、量子与杂交蜘蛛

在本节里，我们会看到测量与编码作为新品种蜘蛛的一员登场。事实上在本书的余下部分，全部计算都是通过把不同品种的蜘蛛放到一起相互作用来进行的。在本节里我们将介绍三个品种的蜘蛛：经典蜘蛛（classical spider）、量子蜘蛛（quantum spider）以及（最有趣的）杂交蜘蛛（bastard spider）。

我们已经知道经典蜘蛛是怎么回事了。

定义 8.67　经典蜘蛛是指只有细脚的蜘蛛：

我们也知道它们是怎样结合的：

因为这些经典蜘蛛都是线性映射，我们可以通过翻倍把它们转化成纯量子映射。

定义 8.68 量子蜘蛛是指具有以下形式的量子映射：

因为线性映射之间的等式关系也适用于有翻倍的情况（见推论 6.16），所以我们知道它们是怎样结合的。

推论 8.69 量子蜘蛛用以下方式结合：

$$\text{（图）} \qquad (8.66)$$

示例 8.70（GHZ 态） 量子蜘蛛态是量子蜘蛛的重要示例。我们已经遇到过一种：两系统的量子蜘蛛态，即贝尔态：

三系统的量子蜘蛛态：

被称为 Greenberger-Horne-Zeilinger（GHZ）态，它有许多重要的应用。例如在 11.1 节我们将会用它来证明量子非局域性。用一组标准正交基的形式把量子比特的 GHZ 态写下来就是：

$$\text{（图）} = \text{double}\left(\text{（图）} + \text{（图）} \right)$$

因为它和（翻倍的）复制操作蜘蛛有如下关系：

所以根据定理 8.18，它表征了一组（翻倍的）标准正交基。

利用复制操作的特点，不难发现当且仅当三个系统中的任意一个处在某个标准正交基态时，其余两个系统也处在相同的基态：

$$\text{（图）} = \text{（图）} \qquad (8.67)$$

其他 n 个系统的量子蜘蛛态：

通常被称为普适 GHZ 态（generalised GHZ state）。

第三个品种的蜘蛛同时包含了经典和量子连线。我们已经遇到过其中两个极为重要的例子：

一般来说，我们可以用测量和编码来将任意两只经典蜘蛛和量子蜘蛛连接起来：

（8.68）

从而得到一整类经典 – 量子杂交组合。将翻倍的蜘蛛展开后可以看到，所有的节点可以被融合为一个节点：

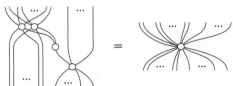

因此，我们按照式（8.68）所能得到的最具有普遍意义的蜘蛛，是下面这种（非加粗）单圆点蜘蛛。

定义 8.71 杂交蜘蛛是指具有以下形式的 cq- 映射：

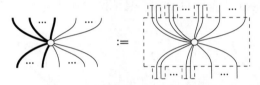

也就是说，将经典蜘蛛的一部分脚成对地折叠起来当作翻倍系统，而其余部分保留为原有的样子。

因为杂交蜘蛛身上那唯一的圆点是不加粗的，所以一只没有量子脚的杂交蜘蛛等同于一只经典蜘蛛，但是一只没有经典脚的杂交蜘蛛却**不**等于量子蜘蛛：

例如，退相干是一只有一个量子输入和一个量子输出的杂交蜘蛛：

（8.69）

而如果节点是加粗的话就变成了单位变换：

同样，舍弃操作也是杂交蜘蛛：

（8.70）

而一只只有一个量子输入的量子蜘蛛是一个纯（非因果）量子效应：

当然了，杂交蜘蛛之间也能相互融合：

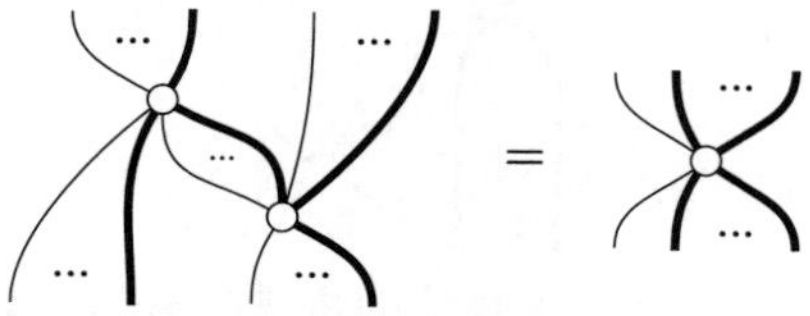

但融合之后可能就不再是杂交的了。例如：

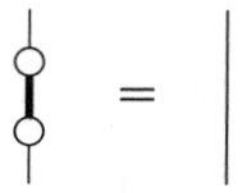

为了理解杂交蜘蛛与杂交、经典和量子蜘蛛之间的融合规律，人们需要考虑 2 种（而非 3 种）类型的蜘蛛：

- "单圆点"蜘蛛：= 经典蜘蛛 + 杂交蜘蛛。
- "双圆点"蜘蛛：= 量子蜘蛛。

从而得到以下定理。

定理 8.72 任何蜘蛛组合里，只要有一只单圆点蜘蛛存在，那么最终组合起来还是一只单圆点蜘蛛。例如：

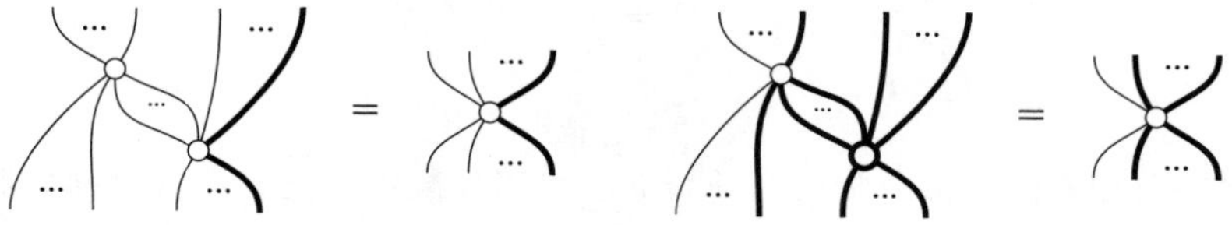

此定理还可以有不同的表述。

推论 8.73 将任意的经典、量子、杂交蜘蛛连接起来所得到的图形必然是以下三种情况之一：

1）如果只包含双圆点，那么它是一只**量子**蜘蛛。

2）如果只包含经典的输入 / 输出，那么它是一只**经典**蜘蛛。

3）其余情况下，它是一只**杂交**蜘蛛。

单圆点非经典蜘蛛的一个典型例子是退相干，它让量子系统的行为表现得像经典系统。定理 8.72 将这个事实推广到了整个蜘蛛世界，使得"存在单圆点"可以被理解为"受到了经典性的感染"。

示例 8.74 在式（8.63）中，我们证明了退相干是一种量子映射。现在我们可以将这个证明看作杂交蜘蛛融合的一个实例：

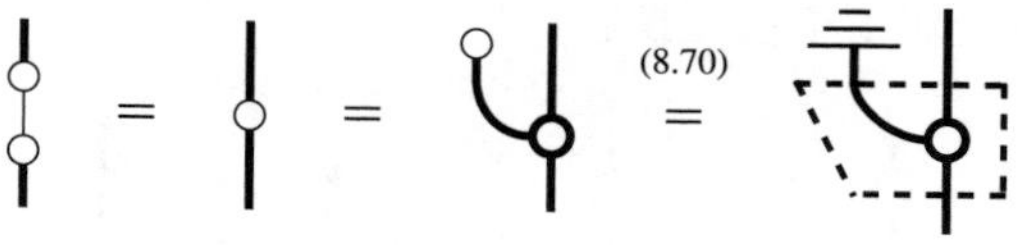

示例 8.75 对 GHZ 态三个系统中的其中一个进行测量，将得到一只杂交蜘蛛：

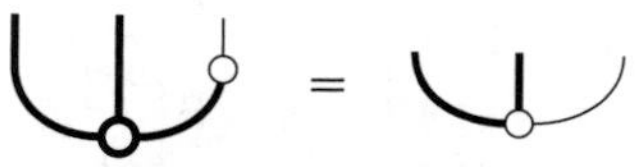

如果对三个系统都进行测量，最终将得到一只经典蜘蛛：

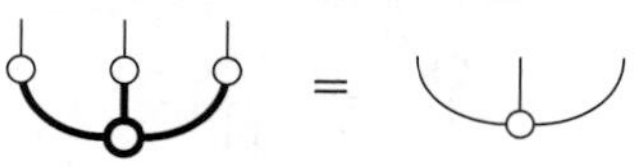

这只经典蜘蛛描述了测量的经典输出结果。在量子比特情况下用标准正交基来把它展开：

我们看到，在三次测量里得到的输出结果都相同，虽然不确定是全 0 还是全 1。这个结果也源自广义复制法则：

同时也能推广到量子蜘蛛和杂交蜘蛛的情况：

$$= \delta^{j_1 \dots j_n}_{i_1 \dots i_m} \qquad\qquad （8.71）$$

$$= \delta^{j_1 \dots j_n}_{i_1 \dots i_m} \qquad\qquad （8.72）$$

468

与经典蜘蛛一样，量子 / 杂交蜘蛛也能结合起来，变成复合系统的合成量子 / 杂交蜘蛛：

对杂交蜘蛛来说，我们只允许经典蜘蛛脚和经典蜘蛛脚配对、量子蜘蛛脚和量子蜘蛛脚配对。特别是对复合系统的测量 / 编码映射而言再明显不过：

8.3.4　混合蜘蛛

　　此前我们只能用求和的方式来定义混合操作，而蜘蛛的出现让我们可以用纯图形的方式来重新定义。在此之前，让我们先花点时间回忆一下，"混合操作"对量子过程而言意味着什么。当我们无法确定手里拿到的是几个量子过程中的哪一个时，混合操作（见定义 6.70）为我们提供了一种描述现状的方法。换句话说，我们得到量子过程的方式伴随着经典随机性，而该过程可以表示成一个以某种概率分布作为输入的受控量子过程。容易证明，所有混合操作的形成方式如下：

存在经典输入的量子过程表征了被混合的对象，而概率分布 p 表征了混合操作本身。我们可以用不同的标准正交基态来得到当中的不同部分：

让我们回顾一下第 6 章里关于混合操作的一些结论。首先，因果量子映射的混合仍是因果量子映射（见定理 6.71），那是因为，将因果 cq- 映射：

进行组合以后得到的还是一个因果 cq- 映射。在没有经典输入 / 输出的情况下，这实际上就是一个因果量子映射。所有的混合都可以被理解为舍弃了原系统的一部分，这个结论现在可以通过杂交蜘蛛融合的形式给出：

$$(8.70)$$

所有因果量子态都可以被看作纯因果量子态的混合（见定理 6.72），这个结论现在看来不外乎就是用量子态来编码经典态（见命题 8.56）：

而且我们总是能选到标准正交的态：

$$= \delta_i^j$$

接下来，我们要利用混合操作的图形形式，证明一个我们之前没有证明过的结论——如果混合后的量子过程是纯的，那么参与混合的所有过程必然都是纯的，而且实际上它们就等于混合后的结果。为此，我们假设混合用到的概率分布 p 是全支撑的（见约定 8.29）。这是个合理的假设，因为 0 概率对混合过程毫无贡献。

命题 8.76   如果一个混合过程是纯的：

那么必然有：

$$（8.73）$$

　　证明　首先，我们将混合过程写成约化 cq- 映射的形式：

由命题 8.59 可知，这个 cq- 映射必然是可分离的：

我们假设 p 是全支撑的，因此可以将 p^{-1} 作用到等式两边：

对等式左侧进行蜘蛛融合：

再把经典线掰到下方，可以得到：

$$（8.74）$$

最后，因为 Φ 具有因果性（由此可知 $\widehat{f}$ 也具有因果性），式（8.74）中的经典效应部分必然是一个删除操作。只要在量子输入端插入任意因果态 ρ 并舍弃掉输出，就不难发现：

这个证明是完全基于图形的，它同时给出了量子态空间的一个性质：每一个纯态都处在"极值"位置，即没有一个纯态可以被分解成非平凡混合态（又名凸组合）。例如，在布洛赫球上我们有：

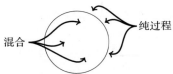

8.3.5 非纯态纠缠

蜘蛛混合操作让我们能对量子纠缠的特性进行完整描述，这种描述不仅适用于纯态，也适用于其他所有量子态。稍后我们还将给出在纯态情况下非纠缠态具有⊗-可分离性的图形证明。

非纯态纠缠的秘诀在于通过混合操作，在看上去与量子纠缠完全无关的情况下得到⊗-不可分离过程。例如，假设我们有这样一个混合过程：

$$\begin{array}{c}\Phi_1 \qquad \Phi_2 \\ \swarrow \searrow \\ p\end{array}$$

（8.75）

474

这两个被混合的过程受控于**同一个**经典态（而非两个独立经典态），这一点由图中的复制操作可知。所以，虽然不清楚最后哪个过程会发生，但起码可以知道当左边变成下式时：

$$\begin{array}{c}\Phi_1 \\ i\end{array}$$

右边必然会变成：

$$\begin{array}{c}\Phi_2 \\ i\end{array}$$

也就是说，它们之间存在经典关联（classical correlated）。从整体来看，连接图形中两个组成部分的地方是完全经典的。这样的经典连接和我们想要用来得到量子特性的工具（比方说量子杯）在本质上完全不同。

因此，为了更好地定义纠缠，我们不能简单地说这个量子态是一个非分离态，同时也要说明其各部分之间不仅仅存在经典关联。

定义 8.77   如果用任何量子映射 Φ_1 和 Φ_2 都无法将二分量子态 ρ 展开成如下形式：

（8.76）

那么 ρ 就是纠缠的（entangled）。如果 ρ 不是纠缠的，那么我们称它是解纠缠的（disentangled）。

虽然这里我们用了经典杯（即"完美相关性"）来定义解纠缠态，但是像式（8.75）那样用任意其他经典关联来定义也是可以的。

命题 8.78   如果用任何量子映射 Φ_1 和 Φ_2 以及概率分布 p 都**无法**将二分量子态 ρ 展开成如下形式：

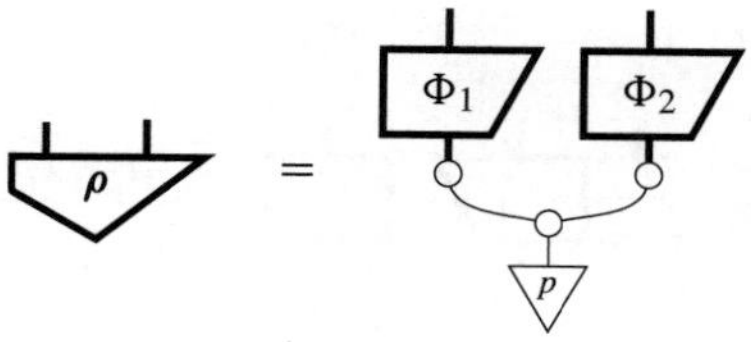

$$(8.77)$$

473

那么 ρ 就是纠缠的。

证明   如果一个量子态是解纠缠的，那么按照定义 8.77 有：

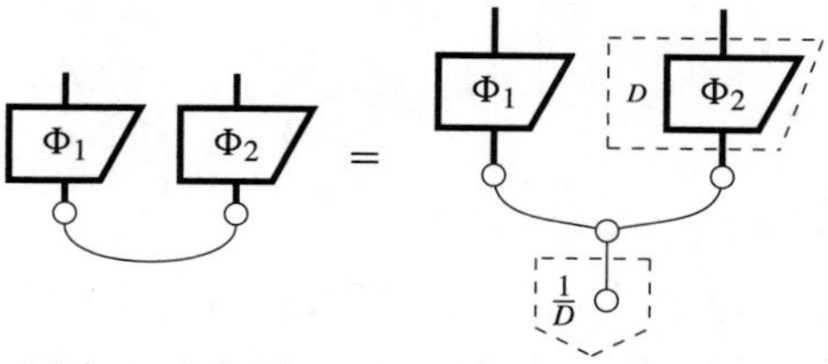

其形式与式（8.77）相符。反之，我们有：

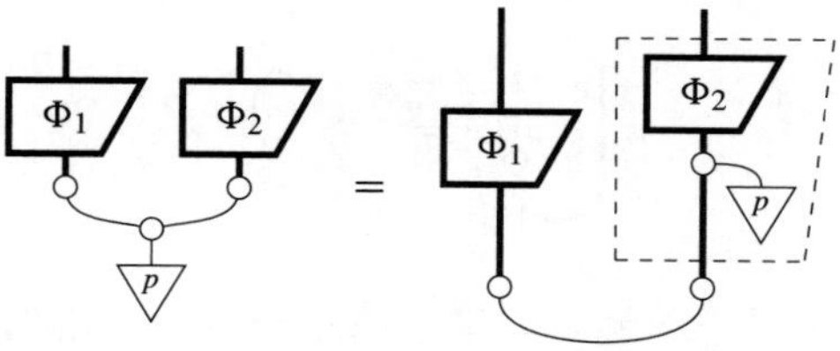

其形式与式（8.76）相符。

示例 8.79   利用过程和态之间的对偶关系，可以从退相干得到形如式（8.76）的经典关联态。

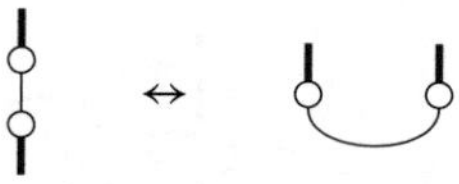

我们在第 6 章里将纯态的量子纠缠定义为 $\otimes-$ 不可分离性时，还不知道有经典线这回事。在这里我们可以把它当成一个特例来证明。

命题 8.80   如果按照定义 8.77 判断出一个纯二分量子态是解纠缠，那么这个量子态是 $\otimes-$ 不可分离的。

证明   首先，像在证明命题 8.76 时那样，我们使用蜘蛛融合法则把一个假定为纯的过程表示成一个约化过程。在这种情况下，我们可以用如下约化态来表示任意解纠缠纯态：

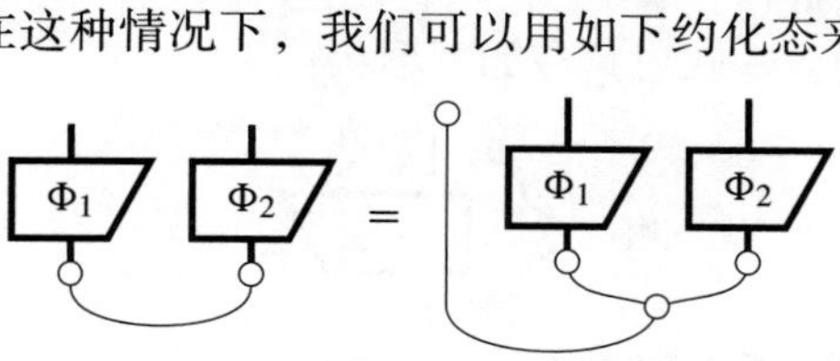

474

因为通过删除经典系统所得到的二分态是纯态，由命题 8.59 可知这个态必然能用以下方式分离：

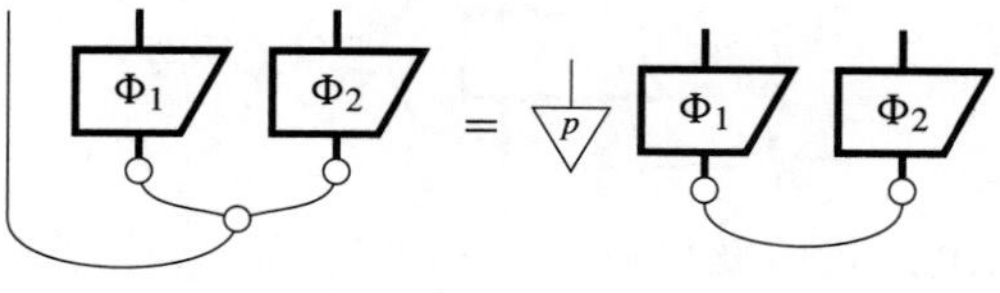

$$(8.78)$$

其中 p 是因果经典态。所以存在至少一个基态 i 使得：

$$\frac{i}{p} \neq 0$$

从而我们有：

进而得出以下推论。

推论 8.81   量子杯是纠缠的。

现在，我们手里有了很多与量子特征相关的图形形式，要研究它们之间的联系变得十分简单。例如，如果把退相干过程作用到两系统贝尔态中的一个系统上，会发生什么事情？答案是会解纠缠：

这个实例还可以进一步推广。

定理 8.82   退相干破坏量子纠缠：如果把退相干过程作用到两系统纠缠态中的一个系统上，那么整个系统将会解纠缠。

证明   如下：

8.4   蜘蛛表征下的测量与协议

下面，我们使用蜘蛛的方式来给出至今为止遇到过的所有量子测量和量子协议的图形，当中不再涉及任何的分支和求和。

与非破坏性测量相关的 cq- 映射具有如下形状：

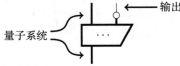

与受控幺正变换的形状正好形成对偶：

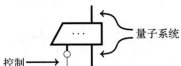

像这样将其他映射一一列出，我们就可以用图形的方式来表示隐形传态、密集编码和纠缠

交换。

在本节的开头，我们将会在 cq- 映射和蜘蛛的语言框架下重新研究 Naimark 延展。

8.4.1 标准正交基测量

对于测量操作：

476

我们用于经典输出的基和用于测量效应的基相同：

当然，假定这两组基相同是没有任何依据的，对于任意（破坏性）标准正交基测量而言，其量子过程应该是这样的形式：

不过从命题 7.4 可知，我们可以通过对某一组固定的标准正交基做幺正变换来得到我们想要的标准正交基测量，故而有以下推论。

推论 8.83 所有破坏性标准正交基测量都有以下形式：

$$(8.79)$$

其中 $\hat{U}$ 是一个幺正量子过程。

简单的测量过程：

固然是当 $\hat{U}$ 为单位变换时的一个特例。也存在着非破坏性测量过程，它使得量子系统保持完好，同时将所有的态都投影成测量的一个基态，具体是哪个基态则取决于测量结果。我们把它描绘成在测量操作之后紧跟着编码操作：

不过，我们需要有经典数值作为末尾的输出，所以在编码前先进行一次复制：

477

$$(8.80)$$

用求和的方式可以将这个非破坏性标准正交基测量展开成一个 cq– 映射：

输出态
经典输出

测量效应

我们留意到它是一只杂交蜘蛛，所以通过杂交蜘蛛融合可以得知它具有因果性：

(8.70)   =   (8.70)   =   (8.70)

如果此时舍弃量子输出，我们将会得到此前提过的破坏性测量：

(8.70)   =   =

而另一方面，如果此时舍弃经典输出，我们将会得到退相干：

$$=\quad=\qquad\qquad(8.81)$$

同样，我们也可以将一个普适的非破坏性标准正交基测量写成杂交蜘蛛加上一个幺正变换的形式。

命题 8.84　所有非破坏性标准正交基测量都有以下形式：

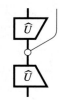

其中，$\hat{U}$ 是一个幺正量子过程。

练习 8.85　首先将练习 8.32 的结论推广至量子蜘蛛和杂交蜘蛛，然后引出以下结果：

以此证明命题 8.84。

备注 8.86　式（8.81）让我们可以从另一个角度来理解退相干：

删除测量输出

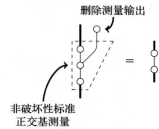

非破坏性标准
正交基测量

在之前的章节里我们曾经指出，量子测量不过是众多量子过程中的一种。它表征了量子系统和我们之间的相互作用。这种相互作用的好处是让我们可以从测量结果中获得关于量子态的信息。但另一方面，量子态在和环境的相互作用中会发生退相干，导致量子态塌缩，其表现也和测量一样。不过这一类测量只有坏处，因为它们都是自发产生的，而我们根本不晓得它们会有什么样的输出结果！

8.4.2　受控幺正变换

为了在后续章节里画出示意各类协议的图形，我们需要将一个受控同构变换表示成单个 cq- 映射：

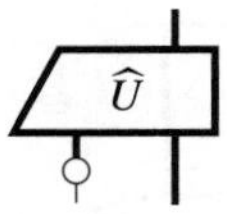

当中涉及的每一个同构变换都可以用下面方式获得：

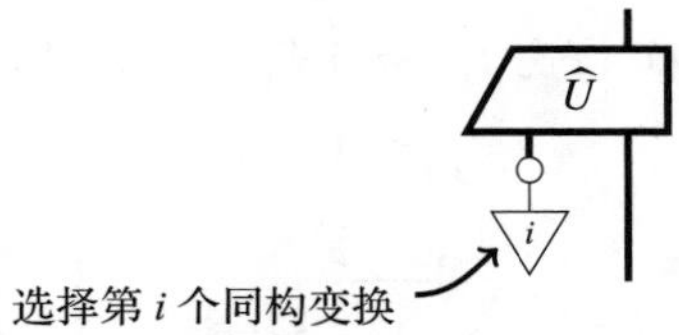

选择第 i 个同构变换

479

受控同构变换是这样一种 cq- 映射，它对所有的 i 都有：

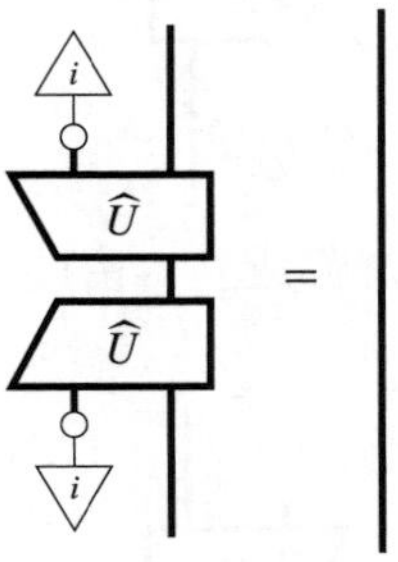

$$ \tag{8.82}$$

如果是受控幺正变换，那么还需要满足：

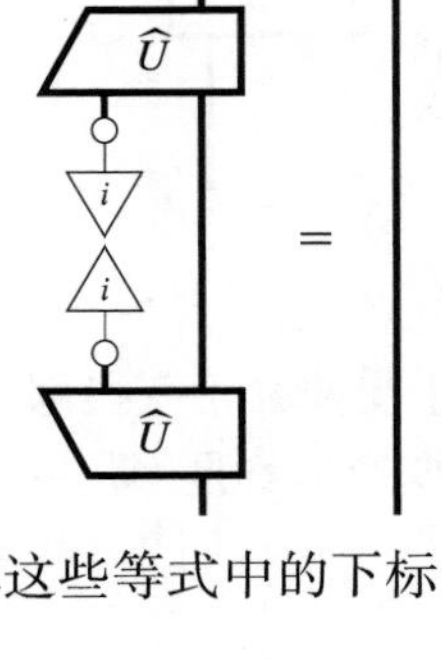

$$ \tag{8.83}$$

有了蜘蛛的帮助，我们可以去掉这些等式中的下标。

命题 8.87　一个 cq- 映射：

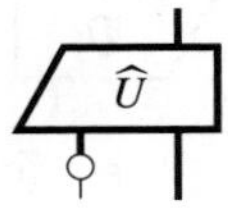

是受控同构变换，当且仅当它满足以下条件：

$$（8.84）$$

480

并且当且仅当满足以下附加条件时，它是一个受控幺正变换：

$$（8.85）$$

证明　我们先证明式（8.82）与式（8.84）等价。假设式（8.82）对所有 i 成立，那么：

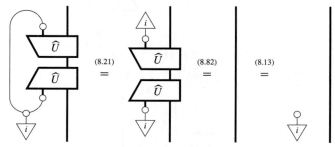

因为该等式关系对所有的标准正交基态都成立，由此可得式（8.84）成立。反过来，假设式（8.84）成立，那么对所有的 i 都有：

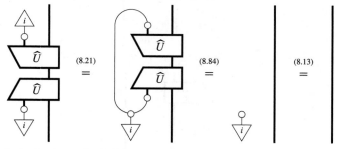

同理可证式（8.83）与式（8.85）等价。　　　　　　　　　　　　　　　　　　　　　□

练习 8.88　完成命题 8.87 中关于受控幺正变换部分的证明。

481

我们同样想知道，整个受控同构变换本身是不是一个同构变换。事实证明答案是肯定的。

命题 8.89　一个量子过程：

$$（8.86）$$

如果满足式（8.85），那么它与同构变换只相差一个常数值倍数。

证明　如下：

$$(8.87)$$

练习 8.90 如果式（8.84）成立，那么式（8.86）是不是一个幺正变换？   □

8.4.3 隐形传态

现在可以把一般的隐形传态过程写成以下形式：

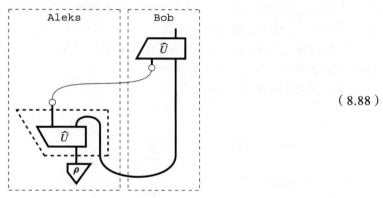

$$(8.88)$$

关键在于，cq- 映射：

和它的伴随都出现在图里，由命题 8.89 可知它们可以相互抵消。然而，此处出现的两个 cq- 映射扮演着非常不同的角色。其中一个是遵从式（8.84）和式（8.85）的受控幺正变换，而另一个则被用来构造标准正交基测量：

由推论 8.83 可知，在幺正变换后实施测量可以准确地实现任意标准正交基测量：

$$(8.89)$$

被标出的映射的幺正性意味着下面两个等式成立：

$$(8.90)$$

特别是，如果每个输入系统都是 D 维的，那么为了保证上述映射的幺正性，输出系统必然是 D^2 维的。因此，如果输入系统都是量子比特，那么输出必然是 4 维系统：

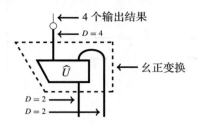

备注 8.91　在 6.4.6 节，我们将幺正变换代入式（6.79）和式（6.80），得到了普适的隐形传态协议。当时要求测量使用标准正交基，然而这并非必要条件。为了实现隐形传态，我们只要求式（8.89）是因果的，因此只要式（8.90）的第一个等式成立就可以了。这样一来，需要测量的输出结果的数量多于最低限度要求。例如，Aleks 可以通过抛硬币来决定用两组标准正交基测量中的哪一组来做测量，以这种方式实现一个 POVM 测量。

现在我们来证明式（8.88）准确地实现了隐形传态：

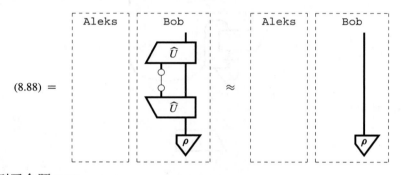

最后一步用到了命题 8.89。

读者可能还没发现，前文叙述的隐形传态里有一点奇怪的地方：Bob 用 Aleks 的测量结果来做纠正，但随后这个测量结果却似乎被所有人删除了。实际上我们希望将这个测量结果保留到最后。为了解决这个问题，我们可以在经典数据被受控幺正变换"消耗"掉前，留下一个复制备份：

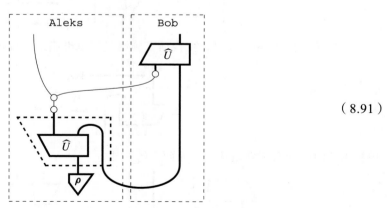

$$(8.91)$$

有趣的是，现在我们需要动用式（8.85）的全部来完成证明，而不仅仅是用式（8.87）的约化形式：

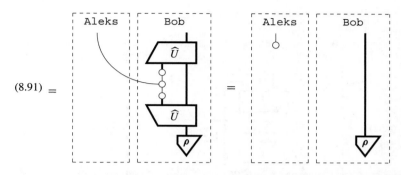

如果像 6.4.4 节讨论的那样，在测量后马上删除数据而不做纠正，其图形能以一种更为简洁的非求和的方式来表示，就像这样：

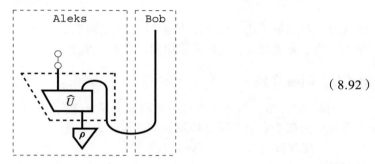

（8.92）

由 cq– 映射的因果性可以推出：

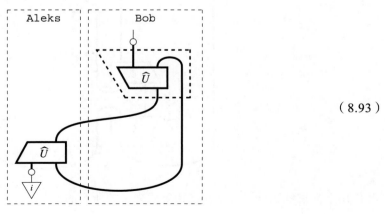

8.4.4　密集编码

回顾 8.1.2 节，密集编码是一个使用量子系统来传递经典数据的协议。协议中，Aleks 用他的经典数据来对贝尔态量子系统的一半实施受控幺正变换，然后将这一半发送给 Bob；Bob 收到后，将两半量子系统合并在一起进行测量，最后得到 Aleks 所要传递的数据。将密集编码画成图形会是这样：

485

（8.93）

可以简化为：

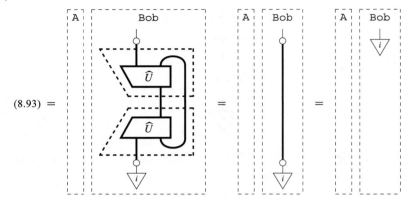

上式第一步用到了式（8.90），即被标出的框中的幺正变换。所以，正如我们在备注 8.2 所指出的，为了完成纠正，我们需要用到一个有别于隐形传态的等式。

8.4.5　纠缠交换

回顾 7.2.4 节，纠缠交换是一个将量子系统之间的纠缠关系进行互换的协议，通过对四个系统中的两个实施非破坏性测量来实现。为了完成协议，Aleks 和 Bob 从一开始就各自和第三方（即渡渡鸟 Dave）共享一个贝尔态。接着，Dave 执行一个我们前面提到过的非破坏性测量：

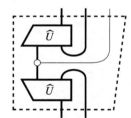

从命题 8.84 可知，这是一个非破坏性标准正交基测量。测量的输出结果被复制成两份，分别输入两个受控幺正变换，用于完成纠正操作。于是，整个协议看上去是这样的：

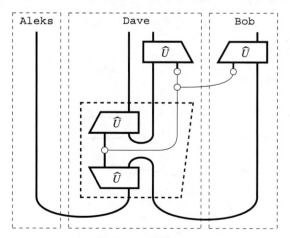

（8.94）

我们用杂交蜘蛛融合以及受控同构等式来消掉所有的 $\widehat{U}$ 映射，将上式简化为：

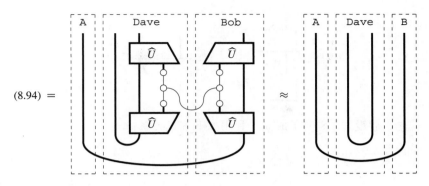

$$(8.94) =$$

在这里两次用到了命题 8.89。

487

8.4.6　冯·诺依曼测量

在 7.3.1 节，我们证明了冯·诺依曼测量可以被定义成一个服从量子塌缩假设的量子过程，即对所有 i 和 j 有：

$$\frac{\widehat{P_j}}{\widehat{P_i}} = \delta_i^j \ \widehat{P_i} \qquad (8.95)$$

我们现在可以将冯·诺依曼测量写成单个 cq– 映射的形式：

与它相关的投影算子可以用以下方式获知：

测试第 i 个投影算子

因此式（8.95）可以变成，对所有 i 和 j 有

$$\frac{\boxed{j}}{\frac{\widehat{P}}{\frac{\boxed{i}}{\widehat{P}}}} = \delta_i^j \ \frac{\boxed{i}}{\widehat{P}} \qquad (8.96)$$

命题 8.92　一个量子过程：

$$\widehat{P}$$

488

是冯·诺依曼测量，当且仅当它满足：

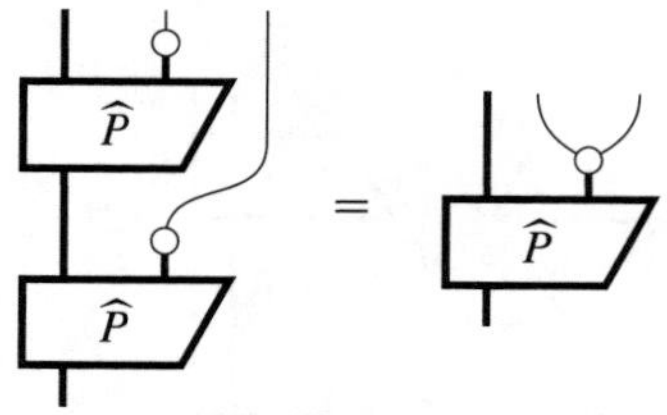

$$\text{(8.97)}$$

证明　首先，假设式（8.97）成立，利用如下等式关系：

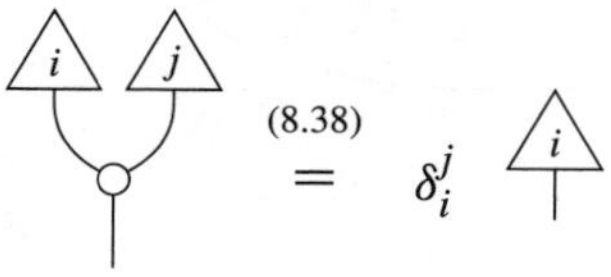

$$\text{(8.98)}$$

我们可以得到：

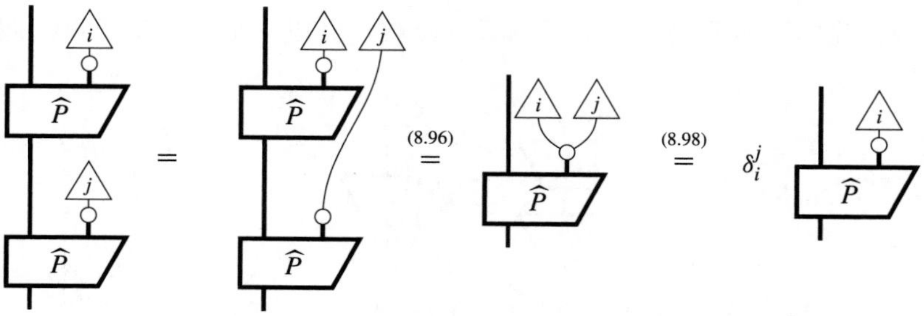

反之，如果式（8.96）成立，同理可证式（8.97）的左侧和右侧对所有经典标准正交基效应成立。由此可知它们是等价的（见命题 8.87 的证明）。　□

式（8.97）可用一种直观的可操作方式去理解。冯·诺依曼测量有一种性质，一再重复测量会得到相同的结果。这正好反映在式（8.97）上：测量两次等同于将第一次测量的结果复制一遍。

示例 8.93　式（8.80）给出的非破坏性标准正交基测量是冯·诺依曼测量，令：

489

然后运用杂交蜘蛛融合，可以得到：

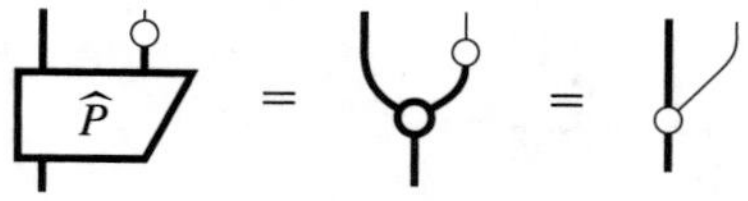

再用一次，可以得到：

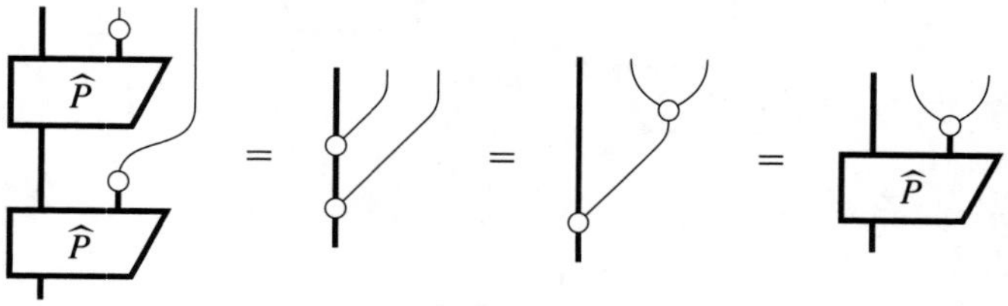

练习 8.94　证明冯·诺依曼测量比命题 8.84 给出的非破坏性标准正交基测量更加普适，并且对任意幺正变换 $\widehat{U}$，以下操作：

是一个冯·诺依曼测量。

与之前提到的一样，舍弃非破坏性测量的量子输出后就能得到破坏性冯·诺依曼测量：

8.4.7 POVM 测量与 Naimark 延展

在前面章节里，我们将 POVM 定义为由效应所构成的量子过程。因此，"破坏性 POVM 测量"是一个从量子系统过渡到经典系统的过程：

$$\Phi$$

490

就像我们在 7.3.3 节看到的那样，"非破坏性 POVM 测量"是每一个分支都是纯态的量子过程。作为一个 cq- 映射，变成：

$$\widehat{U} \tag{8.99}$$

在 7.3.3 节已经证明，要用舍弃量子系统的方式来得到全部的破坏性 POVM 测量，上述两种图形足矣。

从 cq- 映射（8.99）具有因果性易知纯量子映射 $\widehat{U}$ 也具有因果性：

$$\widehat{U} \quad = \quad \widehat{U} \quad = \quad \overline{\overline{}} \tag{8.100}$$

因为 $\widehat{U}$ 是具有因果性的纯映射，根据定理 6.56，它是一个同构变换。

练习 8.95 将式（8.100）拓展到任意 cq- 映射的情况，证明对任意量子过程：

$$\Phi \tag{8.101}$$

我们总能让量子映射 Φ 是因果的。反之，证明对任意因果量子映射 Φ，和它相关的 cq- 映射（8.101）是因果的。

现在让我们来再看一下 Naimark 延展定理（见定理 7.31）。该定理表明，任意非破坏性 POVM 测量都可以展开成一个同构变换加上一个标准正交基测量的形式。非破坏性 POVM 测量（8.99）是一个因果 cq- 映射，因此 $\widehat{U}$ 是一个同构变换。这得多亏我们将量子过程表示成了 cq- 映射：

POVM 测量 → $\widehat{U}$ = $\widehat{U}$ ← 标准正交基测量
                                              ← 同构变换

我们不需要再做额外的证明了！

491 结合因果量子映射中的 Stinespring 延展，我们得到了量子理论的另一种简单表示。

定理 8.96 量子过程是具有以下形式的线性映射：

$$\widehat{U}$$

其中，$\widehat{U}$ 是一个同构变换。

8.5 本章小结

1）**量子过程**（又名量子理论）是关于经典 – 量子映射的过程理论：

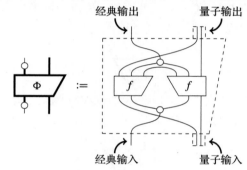

而且是因果的：

$$\Phi = $$

其中：

$$\bigvee := \sum_i \quad\quad \bigvee := \sum_i \quad\quad \bigvee := \sum_i$$

由 Stinespring 延展可知，量子过程是具有以下形式的线性映射：

$$\widehat{U}$$

492 其中 $\widehat{U}$ 为同构变换。

2）**经典 – 量子映射**理论可用字符串图来表述，其中包含了**量子映射**和**经典映射**两种子理论，后者由如下形式的过程构成：

$$\widehat{f} := \boxed{f}\ \boxed{f}$$

3）某种特定形式的经典映射被定义为经典蜘蛛：

它们以如下方式相结合：

4）一个经典蜘蛛的例子是复制：

特别是，复制操作确定一组标准正交基：

当且仅当

另一个例子是删除：

正如第一条里所提到，这是反映因果性的关键。也就是说，它是舍弃操作的经典对应：

493

5）通过翻倍经典蜘蛛或是把它的脚成对合并：

我们分别得到了量子蜘蛛和杂交蜘蛛。量子蜘蛛的组合方式和经典蜘蛛类似：

在任何的蜘蛛组合里只要存在一只单圆点蜘蛛，那么最终还是会得到一只单圆点蜘蛛：

6）一个量子蜘蛛的例子是 GHZ 态：

杂交蜘蛛的例子是测量和编码：

这一点在前面的第一条里也有所提及。特别是，所有的 cq- 映射都可以通过纯量子映射、测量和编码的组合来得到：

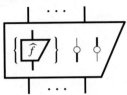

另外一种 3 杂交蜘蛛是退相干：

它模拟了一个量子态退化为经典态的过程。

7）只要选取合适的蜘蛛，任意线性映射 f 都可以分解为：

V ← 同构变换
经典态
U ← 同构变换的伴随

而任意二分态都可以分解为：

U V ← 同构变换
经典态

所有的量子态 ρ 都可以通过如下方式编码经典态：

$\widehat{U}$ } 幺正变换
} 编码
p } 经典态

（8.102）

8）将一组同类型过程按照概率分布 p 相混合，其结果可用一个 cq- 映射来表征：

由式（8.102）可知，任意的因果量子态都可以看作是由纯因果量子态混合而成的。如果混合后得到的是纯态：

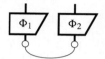

则有：

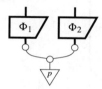

9）如果一个二分量子态**不能**写成以下形式：

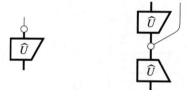

又或者等效地，**不能**写成以下的混合形式：

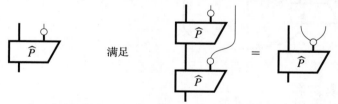

那么，这个二分量子态是纠缠的。

10）破坏性标准正交基测量和非破坏性标准正交基测量分别具有以下形式：

其中，$\widehat{U}$ 是某种幺正变换。非破坏性冯·诺依曼测量是这样的量子过程：

<table><tr><td></td><td>满足</td><td></td></tr></table>

496

破坏性冯·诺依曼测量的情况相同，区别只在于所有的量子输出要被舍弃。破坏性和非破坏性 POVM 测量分别是具有以下形式的量子过程：

特别是，为满足因果性，$\widehat{U}$ 必须是同构变换，因此 Naimark 延展可以归结为同一个图形的两种理解方式：

POVM 测量 →　　　　= 　　　← 标准正交基测量
　　　　　　　　　　　　　　　　　← 同构变换

11）受控幺正变换可以定义如下：

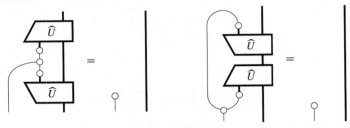

这让我们可以完全用图形的办法表征量子协议，比如量子隐形传态：

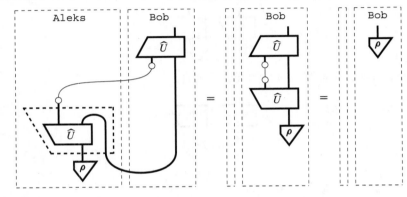

以及密集编码：

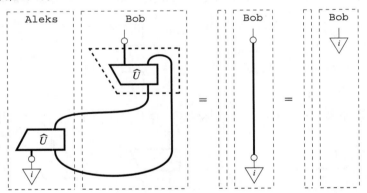

*8.6　进阶阅读材料

本节我们将从（余）代数的角度来详细说明蜘蛛是什么。实际上，如果放弃可交换性要求，我们会发现它们将成为研究 C^* 代数的图形化工具，而 C^* 代数对研究代数和数学物理的人来说是一种常用结构。随后我们简单讨论一下非自共轭标准正交基蜘蛛的外观。结果发现它们腿上有毛！如果还嫌不够吓人，那么我们会在最后一节教你如何口吐蜘蛛！

8.6.1　蜘蛛是 Frobenius 代数

蜘蛛是这样的一个物种，它们有任意数量的脚，"握脚"之后便会融合：

但是，这与定义这些过程的常用方式有很大区别，也与我们最初遇到它们的方式有所不同。通常人们是用数学家熟悉的语言来定义它们的。

定义 8.97　与矢量空间 V 相关联的结合代数（associative algebra）由一对线性映射构成：

$$\text{⋏} : V \otimes V \to V \qquad\qquad \text{⊸} : \mathbb{C} \to V$$

498

使得 ⋏ 满足结合律，以及有单位元 ⊸：

这相当于 V 中的元素相乘满足线性、结合律，并且有单位元。写成这种方式的好处是，很容易就可以把所有东西上下颠倒过来！在范畴学理论中，如果某个东西里的所有映射都被颠倒过来，我们习惯称它为"余 – 某某"。

定义 8.98　与矢量空间 V 相关联的余结合余代数（coassociative coalgebra）由一对线性映射构成：

$$\text{⋎} : V \to V \otimes V \qquad\qquad \text{⊸} : V \to \mathbb{C}$$

使得 ⋎ 满足余结合律，以及有余单位元 ⊸：

最显而易见的方法是令 V 为希尔伯特空间（而不仅仅是矢量空间），并取结合代数的伴随：

$$\text{⋎} := \left(\text{⋏}\right)^{\dagger} \qquad\qquad \text{⊸} := \left(\text{⊸}\right)^{\dagger}$$

也许我们对代数结构非常熟悉，但对余代数则不然。原因之一可能是，它们在 $\otimes$ 和笛卡儿乘积表现相似的过程理论里显得不是特别有趣。例如，如果我们将**线性映射**替换成定义 8.98 中的**函数**，则唯一的余结合余代数就是"普适的"复制函数：

$$\text{⋎} : X \to X \times X :: x \mapsto (x, x)$$

但是，当 $\otimes$ 像线性映射那样是非笛卡儿运算时，我们可以得到很多有趣的余代数，更重要的是，我们可以定义一些有趣的结构，当中既包含代数又包含余代数。一个关键的例子如下。

定义 8.99　Frobenius 代数由一个结合代数（⋏, ⊸）和一个余结合余代数（⋎, ⊸）组成，它们满足 Frobenius 方程：

我们可以用 Frobenius 代数定义一种"像蜘蛛似的"映射：

499

$$(8.103)$$

为了让这些蜘蛛能像定理 8.34 那样相互融合并在伴随下闭合，我们需要一种"特殊"类型的 Frobenius 代数。

定义 8.100 匕首特殊交换 Frobenius 代数（dagger special commutative Forbenius algebra，†-SCFA）是在 Frobenius 代数的基础上，另外满足：

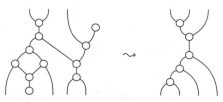

明显，†-SCFA 中的 † 负责水平反射，SC 则用来确保以下命题成立。

命题 8.101 用式（8.103）定义的†-SCFA 蜘蛛构成如下：

证明 （示意图）只需证明由（ ⋏, ⋎, Υ, Υ ）组成的任意相连图形可以只用 Frobenius 代数公式来转化为正则形式：

特别是，两只相连的蜘蛛可以转化为一种正则形式——一只更大的蜘蛛。这一点可以对图形中点的数量使用归纳法证明。 □

|500|

值得注意的是，本节中的定义均未使用任何矢量空间结构，因此它们在任何匕首对称幺半范畴（dagger symmetric monoidal category）中都具有实际意义。

蜘蛛的代数表示使我们能够使用标准的代数定理来证明它们总是定义一组标准正交基。

定理 8.102 对任意 †-SCFA，满足下式的态集合 $\{\phi_i\}_i$ 构成一组标准正交基：

因此，每一类蜘蛛都唯一确定了一组标准正交基，并且也被该组标准正交基唯一确定。

证明 （示意图）证明分两个阶段进行。首先可以证明，†-SCFA 的代数部分总是半单的（semi-simple）。因为有了 Wedderburn 定理，半单代数（此处不做定义）变得广为人知，尤其是在有限维度上。该定理暗示着任何半单且可交换的结合代数实际上都与上 $\mathbb{C}$ 平凡代数的直和同构：

$$（8.104）$$

这组"平凡代数"也许看起来奇怪，因为我们通常不会画出 $\mathbb{C}$ 的线。实际上是：

显然满足结合律，并且其单位元同为空图。代数（8.104）始终存在一组可复制态的基，看上去是这个样子：

$$\langle\!0\!\rangle \oplus \cdots \oplus \langle\!0\!\rangle \oplus \langle\!1\!\rangle \oplus \langle\!0\!\rangle \oplus \cdots \oplus \langle\!0\!\rangle$$

仅凭 $(\,\varphi\,)^\dagger = \,\lambda$ 就足以证明，可复制态的任意一组基都必然正交，并且：

$$\bigcirc = \big|$$

意味着它必然由归一化的态所组成。　　　　　　　　　□ [501]

8.6.2　非交换蜘蛛

由定理 8.102 我们看到，†-SCFA 唯一确定一组标准正交基。如果将 " †-SCFA " 中的某些字母去掉会怎样？如果去掉 S（"特殊"），那么得到的会是正交基而不是标准正交基。如果去掉 † 但保留 S，则会得到任意基态。这固然很有意思，但如果摆弄的是 C（"可交换"），那么发生的事情会更加有趣。我们并不单纯地去掉 C，而是将它替换成一种较弱的形式。

定义 8.103　匕首特殊对称 Frobenius 代数（dagger special symmetric Frobenius algebra，†-SSFA）是在 Frobenius 代数的基础上，另外满足：

$$\varphi = \big(\,\lambda\,\big)^\dagger \qquad \bigcirc = \big| \qquad \text{（图）} = \text{（图）}$$

这个定义看上去和前面的一样，但注意到第三个公式里不再有输出。虽然好像只是一个小变动，但 †-SSFA 比 †-SCFA 更为普适。

定理 8.104　所有有限维度的 C* 代数都与一个 †-SSFA 同构，反之亦然。

因此，（不那么出名的）†-SSFA 实际上只是（比较出名的）C* 代数的图形形式。重要的是，它除了允许可交换的经典代数外，还允许不可交换的量子代数。其中最重要的是与双线关联的 Frobenius 代数。

练习 8.105　证明以下线性映射定义了一个 †-SSFA：

$$\frac{1}{\sqrt{D}}\ \text{（图）} \qquad \sqrt{D}\ \text{（图）} \qquad \frac{1}{\sqrt{D}}\ \text{（图）} \qquad \sqrt{D}\ \text{（图）}$$

我们称它为裤衩代数（pants algebra）。

利用映射和态之间的对偶性（忽略 $\frac{1}{\sqrt{D}}$）我们可以看到，裤衩代数的功能是把一对线性映射合并起来：

$$\text{（图：}f,g\text{）} = \text{（图：}\frac{g}{f}\text{）}$$

这些裤衩代数在学术上通常称为 M_n，因为它们本质上是一种矩阵结合。在所有的 †-SSFA 当中，它们扮演了特殊的角色。

[502]

回想一下，经典映射是具有以下形式的 cq- 映射：

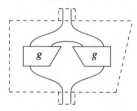

$$\tag{8.105}$$

其中顶上和底部的圆点都是蜘蛛（即 †-SCFA）。如果延伸至 †-SSFA，我们可以将它们写成裤衩代数。那时候，好事就会发生。

命题 8.106 一个线性映射 Φ 是量子映射，当且仅当存在线性映射 f，使得：

$$\tag{8.106}$$

证明 式（8.106）的右边已经是量子映射的形式。反过来，所有的量子映射都存在相应的 g，使其可以被写成以下形式：

令：

可以改写成式（8.106）的形式。式（8.106）中出现的数字因环路的出现而相互抵消。 □

量子映射的等价形式（8.106）比刚开始时还要复杂，能得到的好处不太容易看出来。但现在不管是经典映射还是量子映射，条件都是式（8.105），唯一的不同是所使用的代数。换句话说，我们可以在同一基础上处理经典和量子。此外，如果我们在系统 A 和 B 上有两个 †-SSFA：

我们将得到系统 $A \otimes B$ 的 †-SSFA。所以，我们可以用式（8.105）的基本形式来处理任意经典和量子系统的 ⊗−组合。系统的哪些部分是经典、哪些部分是量子，都可以通过最后的代数类型来编码。

因此，不仅应该把希尔伯特空间 A 视为一个类型，也应该将由 A 和 A 上的 †-SSFA 组合而成的 $(A, \circ)$ 视为一个类型对。以此为指引，我们从旧过程理论中得到新过程理论的定义。

定义 8.107 过程理论 CP*[**线性映射**] 有类型对 $(A, \circ)$，由希尔伯特空间 A 及其上的 †-SSFA 组成；存在线性映射 f，使得从 (A, Y) 到 (B, Y) 的所有过程都是具有以下形式的从

A 到 *B* 的线性映射 Φ：

实际上，cq– 映射恰好就是在 **CP*[线性映射]** 与经典 – 量子⊗– 组合系统相关的映射，即：

$$\text{cq– 映射} \subset \textbf{CP*[线性映射]}$$

完整的 **CP*[线性映射]** 过程理论包含"全经典"与"全量子"系统，并掺杂了一些其他东西：

"其他东西"包括经典系统与量子系统的⊗– 组合以及由量子系统直积而成的半经典（有时又被称作"超选择"(super-selected)）系统。**CP*[线性映射]** 中系统的直积形式服从 Wedderburn 定理，此前在定理 8.102 的证明里曾简单提及。

在定义 **CP*[线性映射]** 时，唯一用到**线性映射**过程理论的地方是它能使用字符串图，因此我们可以将这套"**CP***"把戏用到其他过程理论（或幺半范畴），看看能得到什么。结果有时可能会出人意料！例如，**CP*[关系]** 产生了一种过程理论，其类型是广群 (groupoids)（即包含能拓展群的数学对象），其映射是能保持某些广群结构的关系。

8.6.3　多毛蜘蛛

在 8.2.4 节和 8.3.1 节我们曾提及非自共轭标准正交基的蜘蛛。这些蜘蛛到底长什么样？在备注 8.40，我们提到一种解是简单地去掉以下等式：

$$\smile = \smile \qquad\qquad \frown = \frown \qquad\qquad (8.107)$$

或者，将它们"修理"得符合自共轭。对 *4.6.2 节里的那些"两脚"蜘蛛，我们已经办到：

加上圆点：

再加上其他的脚：

我们在 4.6.2 节用箭头来区分系统 *A* 和它的对偶 *A**。由此造成的后果是一个基态的共轭与其自身有不同的类型：

并且类似地，伴随与转置也有不同的类型。所以，一只"多毛"蜘蛛脚上的箭头告诉我们哪些基态 / 效应应取共轭：

从定义可知，将杯／盖公式（8.107）改为：

并且在任何时候，有一只"进箭头"脚和一只"出箭头"脚的蜘蛛都是一根线：

现在游戏规则变成，蜘蛛只能在脚的方向相同时"握脚"。一种新型的杯／盖由此产生：

它们仍满足拉伸方程：

复制蜘蛛同样有好几种变形：

$\cdots$

它能与其他多毛蜘蛛融合，例如：

我们在备注 8.57 指出，将量子态 ρ 按如下方式分解：

当中的幺正变换必须限定为自共轭标准正交基。现在，令：

我们可以去掉 $\widehat{U}$，并得到经典－量子分解与量子－经典分解之间的完美对称：

8.6.4 用蜘蛛造词

在 *6.6.3 节里我们提到，可以用图形来表达句子。蜘蛛亦能担此重任，因为它们可以用来表达关系代词：

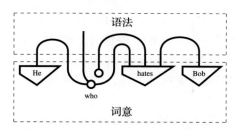

在这里，蜘蛛将"他"和"讨厌 Bob"进行了连接，所返回的对象兼具两种属性：（也许）是一个人类，同时也讨厌 Bob。

所以嘛，并非只有**本书**里才爬满了蜘蛛，**其他的**书也尽皆如是！

8.7　历史回顾与参考文献

用图形表征经典数据的方法由 Coecke and Pavlovic（2007）首创，虽然没有用到蜘蛛，但完全用图形定义了受控幺正变换、冯·诺依曼测量和隐形传态。随后在 Coecke and Paquette（2008）的文献里才过渡到使用蜘蛛。更早的时候，在 Davies and Lewis（1970）的文献里采用标准正交基形式讨论了量子测量产生的经典数据。然而，上述文献里并未对表征经典数据和表征量子系统的空间加以区分。直到后来，Coecke et al.（2010a）才引入了二对一连线图和经典 – 量子映射的早期形式，Coecke et al.（2012）则首次完成了用杂交蜘蛛来表征标准正交基测量。 〔507〕

"Bastard"原是摩托头乐队（band Motörhead）一开始使用的名字，后来因为有传言说用这个名字永远上不了"Top of the Pops"节目，Lemmy 这才把它改了过来。不过鉴于这个节目现在已经不存在，对我们的蜘蛛也就无所谓了。永远怀念 Lemmy 和 Lil'Philthy。

近年来出现了好几种其他量子理论的图形表象，例如 Chiribella et al.（2010）和 Hardy（2012）的文献。然而在这些表象中，经典数据始终是用非图形方式来处理的。另一方面，将纯化的底层重要性作为量子理论的一项特征，这一观点在 Chiribella et al.（2010, 2011）的文献中更进一步（见 8.2.2 节）。Chiribella（2014）研究了过程理论中可区分性（distinguishability）和可复制性（copiability）之间的联系。

密集编码首先由 Bennett and Wiesner（1992）提出，其图形处理首先出现在 Coecke and Pavlovic（2007）的文献中。Coecke and Paquette（2008）给出了 Naimark 延展的图形证明，但证明过程相比我们这里给出的要复杂得多。示例 *8.27 所述的贝叶斯反演的图形表征出自 Coecke and Spekkens（2012）。

Frobenius 代数的概念最早出自 Brauer and Nesbitt（1937），而其现代范式则出自 Carboni and Walters（1987）。（特殊）可交换 Frobenius 代数具有能发生"融合"的正则形式（即蜘蛛），这个结果来自一个将 Frobenius 代数与被称为配边（cobordisms）的几何对象关联起来的"通俗定理"，详情参见 Kock（2004）的文献。在 Lack（2004）的文献中，作者用分配律严格证明了特殊可交换 Frobenius 代数的"蜘蛛"形式，其中所谓的蜘蛛用有限集合之间的函数来表示。Coecke et al.（2013c）指出蜘蛛可以用来描述基矢特征。该文作者运用了 C^* 代数的谱理论来证明可复制态共同构成一组基，而在我们的表述中则用了一个由 Wedderburn（1906）提出的时代更久远的定理。蜘蛛图的完备性证明则出自 Kissinger（2014b）。

†-Frobenius 代数和 C^* 代数之间的联系（参见备注 8.104）出自 Vicary（2011）的文献。

CP*− 结构是一种可以给出 8.6.2 节里 CP*[线性映射] 过程理论的分类结果，出自 Coecke et al.（2013a）的文献。将这个结构进行公理化的工作在 Cunningham and Heunen（2015）的文献中得以完成，类似于在 *6.6.2 节里对**量子映射**的公理化；Coecke et al.（2013b）则讨论了该过程理论与量子逻辑之间的关系。Heunen and Kissinger（2016）通过 CP* 结构研究了在信息论约束下如何描述经典与量子系统的特征，将 Clifton et al.(2003) 的文献里关于 C* 代数的结果进行了推广。

508

有相当多的工作旨在通过**关系**而非**线性映射**来研究蜘蛛的分类。这其实并不奇怪，Carboni and Wlters（1987）就曾为了将**关系**公理化而引入了 Frobenius 代数。这个研究方向起源于 Coecke and Edwards（2011），文中作者观察到一些意想不到的蜘蛛，它们并非来自标准正交基组。在 Pavlovic（2009）将所有蜘蛛按**关系**来归类后，Heunen et al.（2012b）将这个结果推广到了非交换 Frobenius 代数。

在 Sadrzadeh et al.（2013，2014）的文献里出现了用蜘蛛来表示的自然语境关系代词。更近期的几个工作则强调了结构关联性，具体可参见 Piedeleu et al.（2015）、Balkir et al.（2016）和 Bankova et al.（2016）的文献。

本章引言部分以及 *8.6.4 节的最后一段均出自 David Wong 的恐怖喜剧小说 *This Book Is Full of Spiders*。

509

相位与互补性的图形化

蛛网交织，足以缚狮。

——埃塞俄比亚谚语

前述章节里引入了蜘蛛图。起初，它们只在"量子行星"里担任经典数据的搬运工，而最有意思的量子事件全部发生在量子过程内部：

因为无法像蜘蛛融合那样对这些"黑框"使用拉伸规则，研究似乎进入了死胡同。这一章就是关于如何"揭开"这些黑框。在 8.2.5 节里，这些盒子已经被揭开了一半，我们证明了所有线性映射和量子映射都是由蜘蛛和"黑框"同构变换所构成。现在，我们要把这些框全部揭开。

在框里会发现什么？当然是更多蜘蛛（简直是蜘蛛恐惧患者的噩梦）！在地球上，节肢动物充其量只是其他动植物的食物和养料，而在本书里，它们却是唯一的主宰！

到了本章最后，我们将掌握如何仅靠蜘蛛来构建任意映射。但在此之前，我们要对蜘蛛的种类做进一步细分。图形语言的这些（最后）补充是受量子理论里的两个关键概念所启发：相位和互补性（亦称相互无偏性）。

相位是蜘蛛可以携带的"装饰"：

这种装饰有两个重要性质。首先，当蜘蛛发生融合时，它们的装饰也跟着合并：

510

其次，从量子到经典过渡时，这些装饰无法保留。实际上，当一只**量子**蜘蛛尝试涉足经典领域时，它的装饰便会随之消失：

正如前面章节所预示，我们将用不同的颜色来区分两种蜘蛛：

与

它们表示不同的标准正交基。不同颜色的蜘蛛不能相互融合，但可以用一种简单的方式来相互作用。这种相互作用与融合正好相反。如果说同一家族的蜘蛛之间彼此相亲相爱，那么互补蜘蛛之间就是自相残杀，缺胳膊少腿是家常便饭：

$$\qquad\qquad\qquad (9.1)$$

也就是说，两只同一家族的蜘蛛可以相互融合，而两只互补的蜘蛛一旦"握脚"，它们的脚就会成对掉落。如果我们将上述公式的核心部分提取出来：

$$\qquad\qquad\qquad (9.2)$$

并且写成杂交蜘蛛的形式：

那么就可以用一种可操作的方式来理解互补基：

（用○编码）然后（用●测量）=（无数据传递）

互补性似乎在告诉我们什么事情"不能做"，而式（9.2）其实非常有用，在9.2.6节我们就将把它用于量子密码。比式（9.2）更有用的是以下这些式子：

满足这些公式的被称为强互补蜘蛛。虽然这些新公式被引入量子领域的时间不长，但在纯数学领域分支里却有相当长的研究历史，它们共同定义了双代数（bialgebra）。

显然，这些新公式大大增强了我们的理论证明能力，它们和蜘蛛融合规则一起组成了所谓 ZX-演算的核心公式组，可以用来完成被称为 Clifford 映射（Clifford map）的一大类量子映射中的全部公式证明。在余下章节里，ZX-演算将成为我们研究量子计算、基础量子学以及量子资源理论的图形化瑞士军刀。

9.1 装饰蜘蛛

来，让我们开始装饰。

9.1.1　无偏性和相位态

从现在起，我们将用同一种颜色的圆点，例如○，来代表一个蜘蛛家族（即一组标准正交基，见 8.41 节）。

定义 9.1　如果一个归一化纯态满足以下条件，则它对○是无偏的（unbiased）：

$$
\qquad = \qquad \frac{1}{D} \quad
\tag{9.3}
$$

或是等效地，有：

$$
\qquad = \qquad \frac{1}{D}
\tag{9.4}
$$

这是什么意思？我们可以看到，式（9.3）的左侧是对一个量子态$\widehat{\psi}$的测量，而右侧则是一个均匀概率分布。因此这里要求，在对$\widehat{\psi}$进行测量后，得到的是对全部输出的一个均匀分布，或者换句话说：量子态对输出结果没有特殊倾向，是"无偏的"。 $\boxed{512}$

我们可以用玻恩定则来重新表述定义 9.1：

$$
$$

即在玻恩定则下得到任意输出的概率相同。反之亦然。

练习 9.2　证明一个归一化纯态对一组标准正交基测量是无偏的，当且仅当对任意 i 有：

$$
\qquad = \qquad \frac{1}{D}
$$

示例 9.3　概率论是否存在类似情形？在概率论里，"无偏概率分布"是指有相同概率得到任意"输出"i。当然，这样的概率分布只有一种，就是均匀分布。因此无偏概率分布本身并不能为我们带来任何新的知识。

显然，量子态的无偏性能给我们带来新的知识，否则我们也不必大费周章来定义它。每一组标准正交基测量都存在许多与之对应的无偏态，为了表明这一点，让我们先来了解一下无偏态的矩阵形式。由式（8.32）可知，式（9.4）的左端是 ψ 及其共轭的 Hadamard 乘积。因此，将式（9.4）用矩阵形式写出来就是：

$$
\begin{pmatrix} \overline{\psi^0}\,\psi^0 \\ \vdots \\ \overline{\psi^{D-1}}\,\psi^{D-1} \end{pmatrix} = \begin{pmatrix} \frac{1}{D} \\ \vdots \\ \frac{1}{D} \end{pmatrix}
$$

对所有的 i，有：

$$\overline{\psi^i}\,\psi^i = \frac{1}{D}$$

在 6.1.2 节我们得知任何满足条件：

$$\overline{\psi^i}\,\psi^i = 1$$

的数字都可以写成 $e^{i\alpha}$ 的形式，其中 $\alpha \in [0, 2\pi)$。存在复相位 $\alpha_1, \cdots, \alpha_D$，使得：

$$\begin{pmatrix} \psi^0 \\ \vdots \\ \psi^{D-1} \end{pmatrix} = \begin{pmatrix} \frac{1}{\sqrt{D}}\, e^{i\alpha_0} \\ \vdots \\ \frac{1}{\sqrt{D}}\, e^{i\alpha_{D-1}} \end{pmatrix} \qquad (9.5)$$

513 因此，无偏量子态的数量相当可观！

式（9.5）的右端出现 $\frac{1}{\sqrt{D}}$ 的原因是式（9.3）中存在量子态 $\widehat{\psi}$ 的归一化因子 $\frac{1}{D}$：

为了去掉这项因子，只需设：

这些非归一化的无偏量子态 $\widehat{\psi}$ 在图形语言中起着十分重要的作用，我们要为它们单独命名。

定义 9.4　一个与○相连的纯态 $\widehat{\psi}$ 若满足：

则称之为相位态（phase state）。对于相位态，式（9.5）变为：

$$\begin{pmatrix} \psi^0 \\ \vdots \\ \psi^{D-1} \end{pmatrix} = \begin{pmatrix} e^{i\alpha_0} \\ \vdots \\ e^{i\alpha_{D-1}} \end{pmatrix} \qquad (9.7)$$

因为翻倍抵消了整体相位（见命题 6.6），我们可以不失一般性地假设 $\alpha_0 = 0$（否则只需简单地乘上 $e^{-i\alpha_0}$）。从而，相位态 $\widehat{\psi}$ 可以由余下的 $D-1$ 个复相位所决定：

$$\vec{\alpha} := (\alpha_1, \cdots, \alpha_{D-1})$$

正因如此，从现在起我们将相位态记为：

$$(9.8)$$

约定 9.5 因为相位记号在水平反射下保持不变，因此我们通过添加负号来区分其共轭：

而转置则记为：

因此伴随记为：

在 9.1.4 节我们会看到这样做标记的原因何在。

式（9.6）现在可以改写为：

$$\qquad\qquad = \qquad\qquad\qquad\qquad\qquad\qquad (9.9)$$

或等价地记为：

$$\qquad\qquad = \qquad\qquad\qquad\qquad\qquad\qquad (9.10)$$

由式（9.9）可知，相位数据 $\tilde{\alpha}$ 几乎是在通过测量与经典世界接触的那一刻就被擦除了。因此：

> 相位 := 在量子 – 经典过渡中被擦除的数据

标准正交基态代表了纯经典数据，相位态则正好与之相反：它们是极端非经典的，或者说是"最大量子化"。由此可知，对无偏态和相位态来说，不存在能与之对应的经典对象（见示例 9.3）。如此一来，它们具有诸多不存在经典对应的量子特征就不那么让人感到奇怪了。下面我们将讨论更多关于相位非经典性的本质。

在此之前，让我们先看看相位态在布洛赫球上如何分布。当维度 $D=2$ 时，相位态只与复相位 α 有关。在此情况下，有：

$$\qquad\qquad \leftrightarrow \begin{pmatrix} 1 \\ e^{i\alpha} \end{pmatrix} \qquad\qquad\qquad\qquad (9.11)$$

因此相位态的形式可以简化为：

$$\qquad\qquad = \mathsf{double}\left(\underset{0}{\bigtriangledown} + e^{i\alpha} \underset{1}{\bigtriangledown} \right) \qquad\qquad (9.12)$$

回想 6.1.2 节中曾提到过，任意的二维纯态都可以在布洛赫球坐标下写成：

$$\mathsf{double}\left(\cos\frac{\theta}{2} \underset{0}{\bigtriangledown} + \sin\frac{\theta}{2} e^{i\alpha} \underset{1}{\bigtriangledown} \right)$$

515 对形如（9.12）式的态而言，有 θ=π/2。换而言之，它们处在布洛赫球的**赤道线**上：

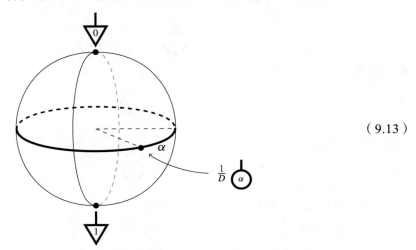

（9.13）

备注 9.6 在绝大部分的量子理论教材中，相位都是通过几何方式被引入的。我们则是完全基于蜘蛛语言来定义相位态，而无须用到任何**线性映射**：

因此在图形语言中相位态是固有的，这使得它们在许多其他的过程理论中都有意义，这一点我们将会在 11.2.2 节看到。

示例 9.7 将布洛赫球上的相位态表征与练习 6.7 进行比较发现，*X*-基态实际上对应的是○的相位：

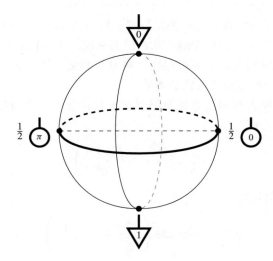

516 因此我们有：

这可以看作是蜘蛛在本章里逐步变为主导的前兆。

练习*9.8　对相位标准正交基实现 D 维展开的基称为 Fourier 基：

证明 Fourier 基是一组标准正交基。在计算过程中，下面的几何级数公式会对你有所帮助：

$$\sum_{k=0}^{D-1} r^k = \frac{r^D - 1}{r - 1}$$

9.1.2　相位蜘蛛

鉴于相位等同于"最大量子化"数据，我们先用它们来"装饰"量子蜘蛛。为了装饰量子蜘蛛，我们在它的一只脚上插入一个相位态。

定义 9.9　相位蜘蛛是具有如下形式的纯量子映射：

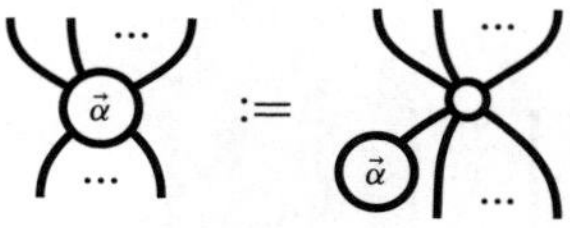

（9.14）

由命题 8.3.3 可知，选哪一只脚都没关系。更进一步讲，既可以在输入端插入相位态，也可以在输出端插入相位态的转置：

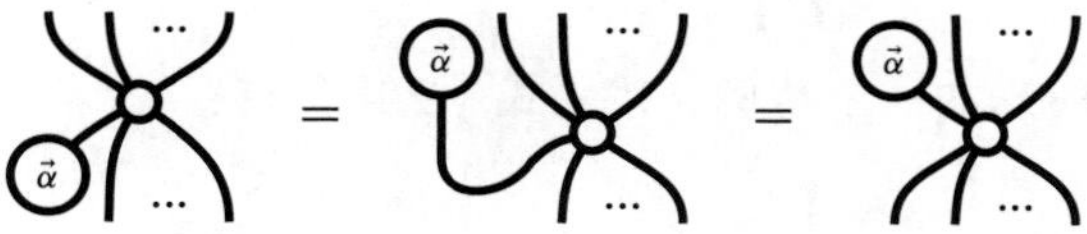

于是我们得出下面的结论。

命题 9.10　一只相位蜘蛛的转置是另一只具有同样相位的相位蜘蛛。特别是，如果一只相位蜘蛛的输入和输出数量相同，那么它就是自转置的。

利用相位态的矩阵形式：

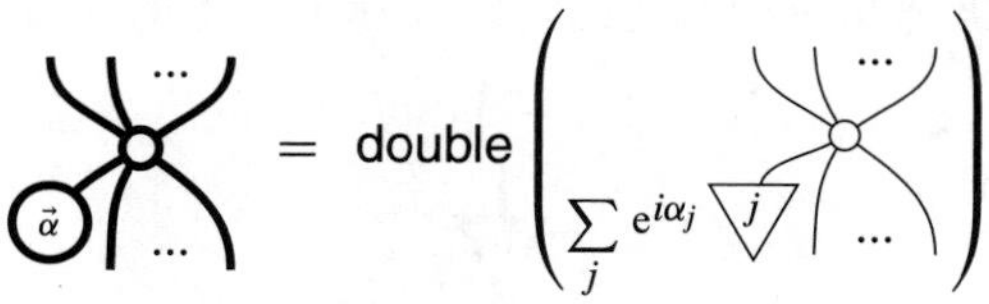

以及普适的复制规则（8.38），我们可以得到蜘蛛的矩阵形式：

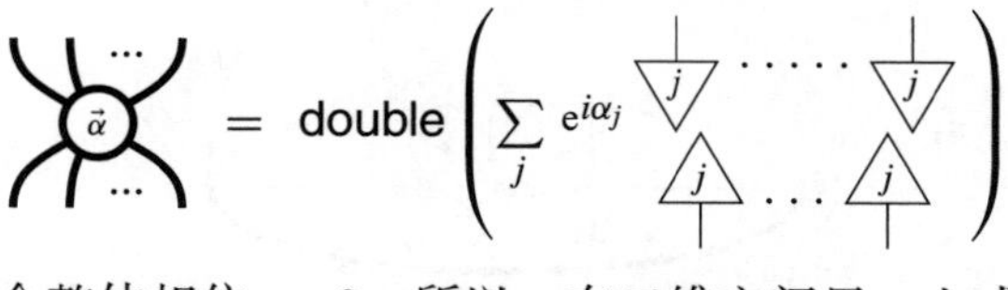

517

和前面一样，我们可以令整体相位 $\alpha_0 = 0$。所以，在二维空间里，上式简化为：

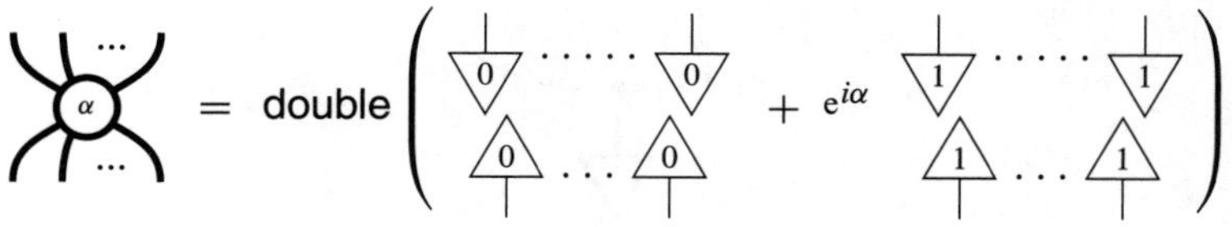

一只带装饰的量子蜘蛛如果尝试接触经典区域，就会失去装饰。

定理 9.11　如果相位蜘蛛的任意一只脚被测量，它的相位就会消失：

$$\tag{9.15}$$

证明　使用杂交蜘蛛融合我们可以得到：

在 8.3.2 节我们曾证明退相干可以见证经典性，因为在退相干下保持不变的输入 / 输出与经典的输入 / 输出具有相同的表现。因此能够预期，退相干也同样具有破坏性。

推论 9.12　退相干擦除相位：

$$\tag{9.16}$$

[518]　相位态本身是相位蜘蛛的一个特例，代入式（9.16）有：

在 8.3.2 节里曾证明，二维系统的退相干可以用指向布洛赫球心方向的箭头来描述。这为我们提供了刻画退相干如何破坏相位的几何图像。在赤道线上的相位态全部被投射到中心，即最大混合态处：

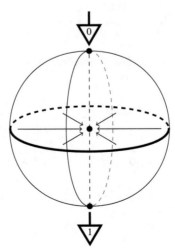

练习 9.13 试证明，当相位蜘蛛和杂交蜘蛛发生融合时，相位消失：

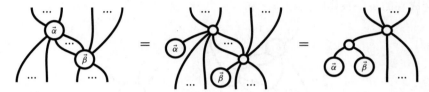

（9.17）

9.1.3 相位蜘蛛融合

我们知道相位蜘蛛和杂交蜘蛛融合之后会发生什么情况，但如果融合的是两只相位蜘蛛呢？利用量子蜘蛛融合规则我们可以得到：

右端仍为相位蜘蛛。

519

引理 9.14 令 $\vec{\alpha}$ 和 $\vec{\beta}$ 表示相位。那么，

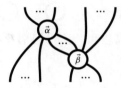

（9.18）

是一个相位态，从而

是一只相位蜘蛛。

证明 利用杂交蜘蛛融合规则可知：

因此式（9.18）满足式（9.9）要求。   □

通过为合并相位引入新记号，我们得到下面的结论。

定理 9.15 相位蜘蛛融合后变成：

（9.19）

这里我们用了以下缩写，

这个记号显然与 $\vec{\alpha}$ 和 $\vec{\beta}$ 的次序无关：

[520]　并且可以直接推广到 n 个相位的情况，得到推论 8.35 的"装饰"版。

推论 9.16　任何图形如果只由相位蜘蛛连接而成，那么它本身也是一只相位蜘蛛，其相位是组合成它的每一只蜘蛛的相位之和：

$$（9.20）$$

这里我们用了以下缩写：

为什么要把"相位的混合"写成总和？让我们来看看这背后的线性映射。首先注意到，两个复相位相乘时相位角相加：

$$e^{i\alpha}e^{i\beta} = e^{i(\alpha+\beta)}$$

然后，用 Hadamard 乘积（8.32）将式（9.18）展开，可得：

$$\leftrightarrow \begin{pmatrix} 1 \\ e^{i\alpha_1}e^{i\beta_1} \\ \vdots \\ e^{i\alpha_{D-1}}e^{i\beta_{D-1}} \end{pmatrix} = \begin{pmatrix} 1 \\ e^{i(\alpha_1+\beta_1)} \\ \vdots \\ e^{i(\alpha_{D-1}+\beta_{D-1})} \end{pmatrix}$$

因此，最终得到的相位是最初两个相位的逐点相加：

$$\vec{\alpha} + \vec{\beta} := (\alpha_1 + \beta_1, \ldots, \alpha_{D-1} + \beta_{D-1})$$

在二维空间里简化为：

$$\leftrightarrow \begin{pmatrix} 1 \\ e^{i\alpha}e^{i\beta} \end{pmatrix} = \begin{pmatrix} 1 \\ e^{i(\alpha+\beta)} \end{pmatrix} \leftrightarrow$$

我们用类似推论 8.35 的方式将本节内容总结如下。

推论 9.17　将相位蜘蛛进行组合，最终完成连接后的图形只依赖于：

- 输入和输出的数量。
- 相位的总和。

9.1.4　相位群

在上一节，我们看到如何用蜘蛛来定义相位态的"求和"操作。在这一节，我们将会看到这些相位态的集合实际上构成一个交换群（commutative group）。你可能在学习代数的时候就接触过群，如果没有，下面就来简单回顾一下。

定义 9.18　交换群是指集合 A 符合以下条件：

- 对任意 $a, b \in A$，群和操作输出 $a+b \in A$。
- 存在单位元 $0 \in A$。
- 对任意 $a \in A$，存在逆元 $-a \in A$，

并且对所有 $a, b, c \in A$，满足以下等式：

$$a + (b+c) = (a+b) + c \qquad a+b = b+a \qquad a+0 = a \qquad -a + a = 0$$

这几项等式分别对应了结合律、交换律、单位元律、可逆律。

将相位态与群元素进行对应：

我们便得到了对应的群和：

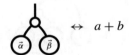

接下来就只剩下单位元和逆元。

引理 9.19　令 $\vec{\alpha}$ 表示相位，则：

是相位态。

证明　通过蜘蛛融合可以得到：

因此可以满足式（9.9）。对式（9.9）两端取共轭可知，相位态的共轭也是一个相位态：

$$\begin{array}{c} \text{（图示）} \end{array}$$

定理 9.20　对任意一个蜘蛛家族○，相位态集合：

$$\left\{ \begin{array}{c} \vec{\alpha} \end{array} \right\}_{\vec{\alpha}}$$

构成一个交换群，其中：

- 群和是：

- 单位元是：

- 逆元是：

证明　通过引理 9.14 和引理 9.19 我们已经确立了群和、单位元和逆元的实现方式，只剩下求证公式成立。结合律、交换律以及单位元律可由如下蜘蛛融合得到：

例如，对于结合律我们有：

可逆律可以通过翻倍式（9.10）得到：

$$\tag{9.21}$$

证毕。

至此，我们仅用蜘蛛规则和无偏的定义就证明了用相位态必然可以组成一个群。特别是我们并未用到相位的显式：

$$\vec{\alpha} := \text{double}\left(\sum_j e^{i\alpha_j} \underset{j}{\bigtriangledown}\right)$$

练习 9.21　利用以下复数的性质：

$$e^{i0} = 1 \qquad\qquad \overline{e^{i\alpha}} = e^{-i\alpha}$$

证明 $\vec{0}$ 和 $-\vec{\alpha}$ 可以分别用显式表示为：

$$\vec{0} := (0, \ldots, 0) \text{ 和 } -\vec{\alpha} := (-\alpha_1, \ldots, -\alpha_{D-1})$$

当 $D=2$ 时，我们可以用一个角度来表示一个相位。在这种情况下，相位群元素由角度 $\alpha \in [0, 2\pi)$ 来表示，而群和则是角度的相加，即模 2π 加：

逆元是与之相反的角度：

有时候会把这类群称为圆群（circle group），原因显而易见。用稍微更严谨的语言来表达，这类群成为 $U(1)$，因为相位等价于 1×1 幺正矩阵：

$$e^{i\alpha} \qquad \leftrightarrow \qquad (e^{i\alpha})$$

在更高的维度下我们只会得到更多 $U(1)$ 的复本。因此，相位群总是可以写成以下形式：

$$\underbrace{U(1) \times \cdots \times U(1)}_{D-1}$$

9.1.5　相位门

相位态是相位蜘蛛的一个重要例子，前面已经介绍过了。接下来我们要讨论另一个例子，它将在本书的余下章节里起核心作用。

定义 9.22　相位门是指具有如下形式的量子过程：

（9.22）

和所有相位蜘蛛一样，相位门的伴随（即共轭）是在其相位上添加负号：

于是我们得到以下命题。

命题 9.23　相位门是幺正的。

证明　通过蜘蛛融合可以得到：

由此得证。

由此可见，相位门是最基本的量子门（见 5.3.4 节和示例 6.13）。

示例 9.24　套用示例 6.13 给出的图形，我们可以借助相位门画出不存在经典对应的量子线路：

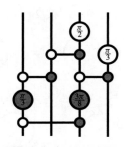

如果任意的幺正变换都可以通过量子线路来实现，而且可以用同一集合中的量子门来构成这些量子线路，那么这个集合就被称为通用量子门集合。我们将在 12.1.3 节看到，量子 CNOT 门和相位门可以组成通用量子门集合，所以相位门在量子计算里起到核心作用。

因为相位门也是量子蜘蛛的特例，所以前面章节里提到的群结构在此同样适用：

推论 9.25　对任意的蜘蛛家族○，相位门集合：

$$\left\{ \vec{\alpha} \right\}_{\vec{\alpha}}$$

构成一个交换群，其中：

- 群和是：

- 单位元是：

- 逆元是：

那么相位门是如何工作的呢？我们来看看它们是怎样作用在相位态上的：

因此，带有相位 $\vec{\beta}$ 的相位门将带有相位 $\vec{\alpha}$ 的相位态投影成另一个带有相位 $\vec{\alpha}+\vec{\beta}$ 的相位态。在二维情况下，这相当于围绕由以下两个基态固定的基轴的一次转动：

526

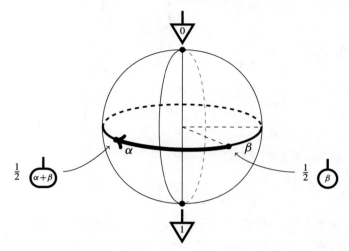

因为相位门是幺正变换，而幺正变换对应了布洛赫球上的转动（见命题 7.2），所以马上可以知道相位门能让所有的态围绕 Z-轴转动：

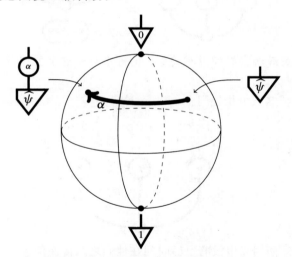

容易想到，相位门矩阵和与其对应的相位态密切相关：

$$\vec{\alpha} := \sum_j e^{i\alpha_j} \; \vec{j}$$

如果令 $\alpha_0 := 0$，我们得到：

$$\vec{\alpha} \;=\; \sum_j e^{i\alpha_j} \; j \;=\; \sum_j e^{i\alpha_j} \; \frac{j}{j}$$

527

因此，对于一个相位态：

$$\boxed{\vec{\alpha}} \quad \leftrightarrow \quad \begin{pmatrix} 1 \\ e^{i\alpha_1} \\ \vdots \\ e^{i\alpha_{D-1}} \end{pmatrix}$$

与之对应的相位门矩阵是：

$$\boxed{\vec{\alpha}} \quad \leftrightarrow \quad \begin{pmatrix} 1 & 0 & \cdots & 0 \\ 0 & e^{i\alpha_1} & \cdots & 0 \\ \vdots & \vdots & \ddots & \vdots \\ 0 & 0 & \cdots & e^{i\alpha_{D-1}} \end{pmatrix}$$

在 $D=2$ 的情况下，相位映射矩阵具有以下形式：

$$\begin{pmatrix} 1 & 0 \\ 0 & e^{i\alpha} \end{pmatrix}$$

示例 9.26   在示例 8.70 中我们曾提到过一种三系统 GHZ 态。如果将相位门作用到各个系统上，我们会得到：

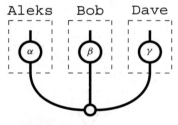

乍看之下，这和相位蜘蛛融合好像没有关系，但仔细分析这个公式背后的物理含义，会让人大吃一惊！

假设有三方执行了这三个相位门：

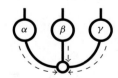

他们之间相隔甚远，即使用光也没有足够时间在他们之间传递信息。

相位角 α、β 和 γ 的选取是独立无关的，位置相隔非常远，而最末态仅取决于三个相位的群和。如果这些相位的次序被打乱，输出结果不变。这意味着这些过程是在长距离下同时发生的。下图清晰显示了三个相位似乎是立刻返回到同一点相互碰面：

他们之间相隔甚远，即使用光也没有足够时间在他们之间传递信息。

这与我们在 4.4.3 节所讨论的情况有所不同，在那里用到了（非因果的）盖，而此处涉及的所有过程都有完美因果性。当然，这些都发生在量子态层面上，如果贸然进行测量，那么魔法瞬间消失：

$$\text{(9.9)}$$

我们会在 9.3.3 节继续讲述这个故事，并提出一种不让魔法消失的测量手段。

9.2　彩色蜘蛛

　　同一种类的蜘蛛之间可以愉快地进行相位混合。但并非整个蜘蛛的世界里都是这般和谐。接下来，我们就要揭开不同种类蜘蛛之间自相残杀的残酷真相。

　　在 5.3.5 节我们用颜色来区分两种不同的标准正交基，在这里也用同样的办法来区分与之相应的蜘蛛：

　　这样一来，我们就可以在不同的标准正交基下考察测量和编码操作，并且研究这些操作之间如何相互影响。

9.2.1　互补蜘蛛

　　相位态（即无偏性）的概念有着非常明确的量子属性，并且能用称为相位蜘蛛的图形来描画。一个告诉我们不同颜色蜘蛛如何相互作用的简单规则揭示了另一个相关且更为重要的概念。

　　定义 9.27　如果：

$$\text{（9.23）}$$

529

　　或等效地有：

$$\text{（9.24）}$$

则蜘蛛〇和●是互补的。

　　这是什么意思？式（9.23）的左端表示将经典数据用白色基编码后再用灰色基测量。而等式关系表明这样做等价于先删除经典输入：

然后输出一个均匀概率分布：

$$\frac{1}{D} \quad \bullet$$

也就是说，输入端的经典数据被删除，取而代之是一个随机数。总结一下：

$$\boxed{（用○编码）然后（用●测量）=（无数据流）} \tag{9.25}$$

备注 9.28   请留意，由●测量而得到的均匀分布是一只●蜘蛛。关于这一点，我们在 9.2.4 节继续讨论。

条件（9.25）告诉我们，如果要用灰色基测量，那么用白色基来编码经典信息不是一个好主意。例如，如果我们将经典数值 i 编码为量子系统的第 i 个白色标准正交基态，而接着用白色基来做测量，那毫无疑问会确定地得到输出结果 i。然而如果用灰色基来做测量，我们将等概率地获得一个任意输出结果，得不到关于编码数值的任何信息。换一种说法，我们在一组纯标准正交基下能获取最大信息量，而在另一组基下却得不到任何信息。

示例 *9.29   量子力学的一个著名现象是，如果一个人精准地知道了一个量子系统的位置，那么他永远不可能知道关于动量的任何信息。一般来说，位置是个连续变量，对应着无限维系统。然而相同的原理也适用于我们在此将要讨论的离散情况。

式（9.23）要求态和效应分离，即（白色）删除后紧跟着（灰色）均匀概率分布，可以说等式的左端实际上是被简单地分离了：

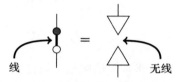

线   无线

530

因此，式（9.25）可以看作一则关于互补性的声明。更准确来说，我们有好几个表述版本。

命题 9.30   以下四种关于○和●的说法等价：

（i）互补性：

$$\underset{\circ}{\overset{\bullet}{|}} \quad = \quad \frac{1}{D} \; \underset{\circ}{\overset{\bullet}{}} \; \bullet$$

（ii）对一个贝尔态进行互补性测量，将得到两个经典系统的均匀概率分布：

$$\frac{1}{D} \; \underset{\smile}{\circ \quad \bullet} \quad = \quad \frac{1}{D} \underset{\circ}{|} \quad \frac{1}{D} \underset{\bullet}{|}$$

（iii）存在一个效应 p 和一个态 q，使得：

$$\underset{\circ}{\overset{\bullet}{|}} \quad = \quad \overset{q}{\underset{p}{\nabla}}$$

（iv）存在态 p 和 q，使得：

$$\frac{1}{D} \; \underset{\smile}{\circ \quad \bullet} \quad = \quad \underset{p}{\nabla} \quad \underset{q}{\nabla}$$

证明 (i) 与 (ii)、(iii) 与 (iv) 之间的等效性显而易见，又因为 (i) 隐含了 (iii)，所以只需要证明 (iii) 隐含了 (i)。首先，我们证明 q 和 ⬤ 仅相差一个倍数 λ：

类似地，可以得到：

注意到 λ 和 λ' 都不等于 0，于是有：

$$\tag{9.26}$$

用 3.4.3 节末尾提到的办法可以弄清这些数字。上下都补上圆点，可得：

因此，$\lambda\lambda' = D$。代入式（9.26）后得到 (i)。 □

我们透过一般的蜘蛛融合规则来对比一下互补蜘蛛的行为特点。互补蜘蛛之间不会融合，相反，它们会彼此分开。接下来我们会看到互补性公式的好几种表现方式。首先是杂交蜘蛛。

命题 9.31 对于互补的 ○ 和 ●，我们有：

$$\tag{9.27}$$

证明 先运用蜘蛛融合规则：

再运用互补性规则：

$$\tag{9.23}$$

最后再使用一次蜘蛛融合：

[532] 第二种表现方式是经典蜘蛛。在这里我们将●看作○的经典映射，或者相反（见 9.3.5 节）。

命题 9.32   对于互补的○和●，我们有：

$$\tag{9.28}$$

证明非常简单：只需将式（9.23）替换成式（9.24）。互补性的第三种表现方式与测量或经典数据没有直接关系。尽管如此，它对量子协议和算法都十分有用。它是式（9.28）的翻倍形式。

命题 9.33   对于互补的○和●，我们有：

$$\tag{9.29}$$

你可能已经发现，在这一章里到处都会出现 D 的身影。好吧，这里面有好消息也有坏消息。坏消息是，这基本上是不可避免的。如果想通过归一化来消除这些数字，蜘蛛融合规则将会变得非常可怕。

练习 *9.34   如果像下面这样对蜘蛛做归一化，蜘蛛融合规则将会变成怎样？

而好消息是，我们几乎总是可以忽略这些数字（正如 3.4.3 节所解释的那样）。所以我们可以将互补性重新写为：

$$\tag{9.30}$$

而"蜘蛛剥离"规则就变成：

$$\tag{9.31}$$

$$\tag{9.32}$$

[533]

$$(9.33)$$

是不是觉得好一点儿了呢？不仅如此，我们也可以把忽略掉的数字找回来。

命题 9.35　对于蜘蛛○和●：

$$\Longrightarrow$$

证明　假设

$$= \lambda$$

并像在命题 9.30 的证明中所做的那样加入圆点，我们会得到：

$$D \quad = \quad = \quad = \quad \lambda \quad = \lambda\, D^2$$

因此，$\lambda = \frac{1}{D}$。　　　　　　□

备注 9.36　我们在本章里所用到的蜘蛛将会在**线性映射**和**量子映射 /cq-映射**之间来回切换。这意味着符号"≈"有时会产生歧义：到底是指"只相差一个复数因子"（**线性映射**里的数字）还是"只相差一个正数因子"（**cq-映射**里的数字）？我们会在可能产生分歧的时候加以明确说明。

练习 9.37　试证明式（9.32）和式（9.33）可以推广到相位蜘蛛，即试证明：

$$(9.34)$$

$$(9.35)$$

534

9.2.2　互补性与无偏性

不管是无偏性也好，互补性也好，它们都与阻碍测量中的信息流动有关，所以它们之间存在密切联系也就不足为奇了。实际上，互补性完全可以用无偏性来描述。首先注意到，对于互补的○和●，我们有以下关系式：

$$= \overset{(8.6)}{} \quad = \overset{(9.23)}{} \quad \frac{1}{D} \quad = \overset{(8.13)}{} \quad \frac{1}{D} \qquad (9.36)$$

因此，利用练习 9.2 得到的结果，基态：

$$\text{（基态 } i \text{）} \quad 对 \quad \text{（●）} \quad 是无偏的}$$

反过来同样有：

$$\text{（基态 } i \text{，实心）} \quad 对 \quad \text{（○）} \quad 是无偏的}$$

这种相互关系有一个正式名称。

定义 9.38   当两组标准正交基：

$$\left\{\text{（空心 } i\text{）}\right\}_i \quad 和 \quad \left\{\text{（实心 } i\text{）}\right\}_i$$

中每一个标准正交基态对另一组标准正交基均为无偏的时，这两组标准正交基是相互无偏的（mutually unbiased），即对所有的 i 和 j 均有：

$$\text{（实心 } j \text{ 上，空心 } i \text{ 下）} = \frac{1}{D} \tag{9.37}$$

备注 9.39   定义相互无偏标准正交基的式（9.37）可以写成非翻倍形式，看起来会更加熟悉：

$$\left|\text{（实心 } j \text{ 上，空心 } i \text{ 下）}\right| = \frac{1}{\sqrt{D}}$$

定理 9.40   蜘蛛○和●是互补的：

$$\text{（●—○）} = \frac{1}{D}\;\text{（● ○）}$$

当且仅当与它们相关联的标准正交基是相互无偏的：

$$\forall i,j : \quad \text{（实心 } j \text{ 上，空心 } i \text{ 下）} = \frac{1}{D} \tag{9.38}$$

证明   因为○和●互补，式（9.36）已经表明与它们相应的两组标准正交基是相互无偏的。反之，如果这两组基是相互无偏的，则有：

$$\text{（} j \text{—●—○—} i \text{）} \overset{(8.6)}{=} \text{（} j \text{—●○—} i \text{）} \overset{(9.23)}{=} \frac{1}{D} \overset{(8.13)}{=} \frac{1}{D}\,\text{（} j \text{—● ○—} i \text{）}$$

由互补性公式（9.23）可知上式最左端和最右端相等，故等式链成立。 $\Box$

这种相互无偏性关系为我们描述互补性提供了另一种途径。

推论 9.41   对○和●，下列命题等价：

（i）互补性：

$$= \frac{1}{D}$$

（ii）对所有 i：

$$= \frac{1}{D} \qquad (9.39)$$

（iii）对所有 i，存在相位 $\vec{\kappa}$，使得：

$$= \frac{1}{D} \qquad (9.40)$$

（iv）对所有 j：

$$= \frac{1}{D} \qquad (9.41)$$

（v）对所有 j，存在相位 $\vec{\kappa}$，使得：

$$= \frac{1}{D} \qquad (9.42)$$

536

（vi）相互无偏性：

$$\forall i,j \ : \quad = \frac{1}{D}$$

示例 9.42 一个用相互无偏性来描述互补性的优势是可以通过一对标准正交基来引入互补性蜘蛛。例如像我们之前提过那样，X-基可以用 Z-基来展开：

$$:= \frac{1}{\sqrt{2}} \left(\quad + \quad \right) \qquad\qquad := \frac{1}{\sqrt{2}} \left(\quad - \quad \right)$$

实际上是相互无偏的：

$$= \frac{1}{2}$$

由此引入了互补性蜘蛛，我们进而可以用互补的颜色来表征它们：

$$:= Z\,测量 \qquad\qquad := X\,测量$$

示例 9.43 为了证明定理 9.40 中的等价性，我们使用了白色和灰色两种基态。而证明前述推论 9.41 的（i）和（ii）的等价性时只需用到一组基。

示例 9.44 在一个标准正交基的集合中，如果任意两组标准正交基都是相互无偏的，则称这个集合为配对相互无偏的（pairwise mutually unbiased）。对于量子比特，有三组标准正交基是配对相互无偏的，它们分别是 Z-基、X-基和 Y-基：

$$\blacktriangledown_0 := \frac{1}{\sqrt{2}}\left(\triangledown_0 + i\,\triangledown_1\right) \qquad \blacktriangledown_1 := \frac{1}{\sqrt{2}}\left(\triangledown_0 - i\,\triangledown_1\right)$$

对所有的 i 和 j，有：

$$\quad = \quad = \quad = \tfrac{1}{2}$$

因此这几组标准正交基是配对相互无偏的。（注意到在 Y-基中不存在自共轭的基态，但我们对相互无偏性的定义把这种情况也直接涵盖了。）在布洛赫球面上，这三组基用三组坐标来标记：

537

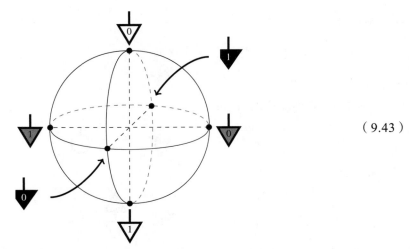

（9.43）

如果该集合无法再扩充，则被称为最大配对相互无偏基集合。求解任意维度下最大配对相互无偏基集合的大小一直是个悬而未决的（而且非常困难的）问题。如前所述，二维情况下最大集合的大小是 3。在 $D = p^N$，p 为质数的情况下，最大集合的大小为 p^N+1。但是除此之外的其他维度，比方说对于 $D=6$ 答案是多少，截至笔者行文至此时仍是未解之谜。

在式（9.43）中我们在布洛赫球面上画出一些重要测量中用到的基态。它们在图形学上的特点是由相应的蜘蛛复制而来的。

$$\quad = \triangledown_i\,\triangledown_i \qquad \quad = \triangledown_i\,\triangledown_i \qquad \quad = \blacktriangledown_i\,\blacktriangledown_i$$

因为这些基态同时满足几个相互无偏关系，从推论 9.41 可知，这些态中的每一个都是与它互补的蜘蛛的相位态，从而可以得到更多有用的公式。让我们来看看这六个态分别对应了那些相位。

从示例 9.7 可以看到：

$$\blacktriangledown_0 = \tfrac{1}{2}\,\bigcirc_0 \qquad\qquad \blacktriangledown_1 = \tfrac{1}{2}\,\bigcirc_\pi$$

（9.44）

再比较式（9.43）和式（9.13），可以得到：

$$\blacktriangledown_0 = \frac{1}{2}\ \underset{\frac{\pi}{2}}{\bigcirc} \qquad\qquad \blacktriangledown_1 = \frac{1}{2}\ \underset{-\frac{\pi}{2}}{\bigcirc} \tag{9.45}$$

当然，对 X 相位态也可以做同样的事，结合式（9.12）可以得到以下矩阵形式： 538

$$\underset{\alpha}{\bigcirc} = \mathsf{double}\left(\ \underset{0}{\blacktriangledown} + \mathrm{e}^{i\alpha}\ \underset{1}{\blacktriangledown}\ \right)$$

灰色相位态的位置，处在穿过灰色基态的那根轴线所对应的赤道线上：

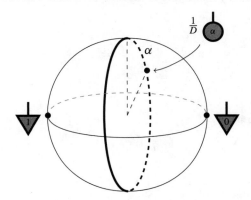

对比式（9.43），可得：

$$\underset{0}{\triangledown} = \frac{1}{2}\ \underset{0}{\bigcirc} \qquad\qquad \underset{1}{\triangledown} = \frac{1}{2}\ \underset{\pi}{\bigcirc} \tag{9.46}$$

$$\underset{0}{\blacktriangledown} = \frac{1}{2}\ \underset{\frac{\pi}{2}}{\bigcirc} \qquad\qquad \underset{1}{\blacktriangledown} = \frac{1}{2}\ \underset{\frac{\pi}{2}}{\bigcirc} \tag{9.47}$$

对●也可以做同样的操作，但不必费心，因为稍后会看到，为达成目的只需要**一对互补蜘蛛**就够了（见定理 9.66）。总结一下，我们把那些能表示基态的相位态（只差一个 1/2 因子）都画到布洛赫球面上：

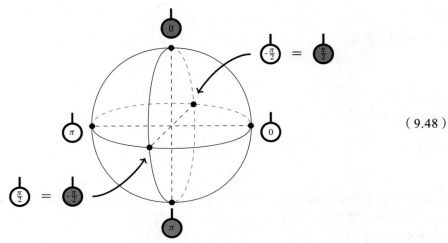

$$\tag{9.48}$$

539

示例 9.45　回到 5.3.5 节，X 复制映射的伴随相当于作用在 Z-基上的 XOR 算子，更准确地说是：

$$\text{(蜘蛛图)} = \frac{1}{\sqrt{2}} \boxed{\text{XOR}}$$

现在，这个结果可以简单地用相位蜘蛛融合表达出来：

$$\text{(图)} = \frac{1}{2} \text{(图)} = \frac{1}{2} \text{(图)} = \frac{1}{\sqrt{2}} \text{(图)}$$

$$\text{(图)} = \frac{1}{2} \text{(图)} = \frac{1}{2} \text{(图)} = \frac{1}{\sqrt{2}} \text{(图)}$$

$$\text{(图)} = \frac{1}{2} \text{(图)} = \frac{1}{2} \text{(图)} = \frac{1}{\sqrt{2}} \text{(图)}$$

$$\text{(图)} = \frac{1}{2} \text{(图)} = \frac{1}{2} \text{(图)} = \frac{1}{\sqrt{2}} \text{(图)}$$

9.2.3 从互补性得到 CNOT 门

在前面的章节里，我们假定存在一些有用的"黑框"（如测量和受控幺正变换）。而如今，我们手头上拥有了各式各样的蜘蛛：

- 经典、量子和杂交蜘蛛：

- 相位蜘蛛：

- 互补蜘蛛：

于是可以着手**构造**这些黑框了。我们用到的第一个技巧，是证明每一对互补蜘蛛都对应着一个幺正量子映射。在示例 9.42 中，Z 和 X 形成互补对，它们所对应的幺正变换是 5.3.4 节里提到的 CNOT 门：

$$\begin{array}{c}\end{array}\qquad\qquad\qquad（9.49）$$

我们用下面记号来表示 CNOT 门：

当中包含了白点和灰点，明确指出了当中涉及的两个蜘蛛家族。不过，那根横着的线又是怎么回事？

引理 9.46

$$\qquad\qquad\qquad（9.50）$$

证明　从下面事实出发：

可以证明式（9.50）的第一个等式：

其余的等式就留作练习。　　　　　　　　　　　　　　　　　　　　　　　　□

练习 9.47　完成引理 9.46 的证明。

所以，连接白点和黑点的那根线的形状并不重要，我们索性就将它画成横线。直接可得以下结论。

引理 9.48　对于蜘蛛○和●，映射：

必然是自伴随的。

实际上我们已经重新得到了 CNOT 门，只相差一个倍数。

541

练习 9.49　试证明，如果用○和●来分别作为练习 9.42 中 Z-基和 X-基的蜘蛛，那么：

就是式（9.49）所示的 CNOT 门。

○和●能引入幺正变换映射这一事实为我们提供了关于互补性的另外一类刻画方式。

命题 9.50　对于○和●，以下说法相互等价：

(i) 蜘蛛之间是互补的：

（ii）下面的线性映射是幺正的：

$$\sqrt{D}\; \text{（9.51）}$$

（iii）下面的量子映射是幺正的：

$$D\; \text{（9.52）}$$

证明 首先，我们证明（i）中隐含着（ii）。因为式（9.51）是自伴随的，足以证明该映射与自身相结合会变成单位变换：

$$\sqrt{D}\;\sqrt{D} \quad = \quad D \quad \overset{(9.28)}{=} \quad = \quad $$

对（ii）的等式两端进行翻倍操作可以得到（iii）。反过来，如果式（9.52）是幺正的，那么从定理 6.20 可知式（9.51）也是幺正的。因此这足以从（ii）推得（i）：

$$ = \quad \frac{1}{D}\;\sqrt{D}\;\sqrt{D} \quad = \quad \frac{1}{D} \quad = \quad \frac{1}{D} $$

当中第一步用到蜘蛛融合（和一些数字游戏），第二步用到了式（9.51）的幺正性。 □

练习 9.51 通过证明（iii）的因果性来从（i）推导出（iii）。

备注 9.52 我们将会在 12.2 节看到，互补性等价于**任意**（翻倍）函数映射 f（见定义 8.13）的幺正性：

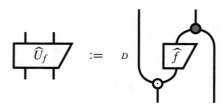

那么，命题 9.50 只是 f 为单位变换时的一个特例。即便 $\widehat{f}$ 可能不是因果的（因此不是一个量子过程），$\widehat{U}_f$ 也必然是一个量子过程。这样的幺正量子过程 $\widehat{U}_f$ 被称为量子谕言（quantum oracle），是许多量子算法中的重要组成部分。

9.2.4 经典数据的"颜色"

也许细心的读者已经发现，我们对彩色蜘蛛和经典线的关系至今还没个正式说法。让我们用矩阵方式看看两种不同蜘蛛的测量过程：

$$ = \sum_i \qquad\qquad = \sum_i $$

显然两种测量都会产生经典数据，但这些数据看起来不太一样：

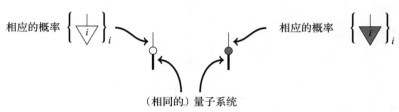

也就是说，这些经典数据是用不同的标准正交基来编码的。与其说这是一种瑕疵，倒不如说是一种特征。按概率分布出现的数字本身不含有用的信息，除非我们能掌握它们的概率分布。就上述两种经典态而言，标准正交基告诉我们 p^i 的含义：这是在某个特定测量中得到某个输出结果的概率。更一般地说，经典线可以用来区分经典数据是依靠哪种测量所得：

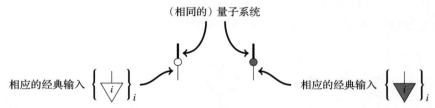

类似地可以得到：

543

最下面的线表示：经典线还携带着经典数据用哪一组基来编码这一额外信息。我们可以让这个信息更加清晰，例如对线做标记：

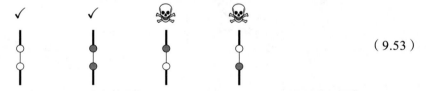

但这样做不是很有必要，因为总能通过前后关系弄明白。更重要的是，任何连接到杂交蜘蛛上的细线都携带着同样"颜色"的经典数据。

对于任何系统类型，我们禁止将不同类型的线连接在一起：

$$\hspace{5cm} (9.53)$$

另一方面，所有这些测量方式都作用到相同的量子系统上，所以像下面这样的组合是允许存在的：

$$\hspace{5cm} (9.54)$$

从式（9.53）可以凝练出一个黄金法则：不同颜色的杂交蜘蛛不能用经典线来连接。而另一方面，某种颜色的**经典**蜘蛛在某些时候有可能是另一种颜色蜘蛛的经典映射。在命题5.88 中我们已经碰到过这样的例子：一个白色基下的 XOR 门和灰色基相匹配。在那种情况下，线性映射：

544

是一个有效的 cq-映射。但是:

破坏了黄金法则，因为两种不同颜色的杂交蜘蛛通过经典线连接起来了。

　　备注 9.53　也可以反过来，先固定输出结果的基，再用一个圆点和一个幺正变换来定义标准正交基测量，就像我们在 8.4.1 节所做的那样:

但正如在前三节看到的那样，用不同的基来表示经典数据能极大简化我们的构图和计算。

9.2.5　互补测量

　　下面我们利用互补性来展现一些有趣的量子特性。回顾一下 7.1.1 节和 7.1.2 节中介绍的施特恩－格拉赫装置。只需转动设备就可以实现不同标准正交基下的测量:

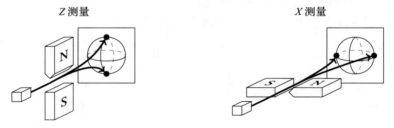

从示例 9.42 我们得知，Z 测量和 X 测量可以用互补蜘蛛来表示:

与之相应的是示例 9.42 中的 Z-基和 X-基。假如让粒子继续前进而不触碰屏幕，那么就实现了非破坏性测量（见 8.4.1 节）:

545

　　如果假装对量子测量一无所知，也许我们会认为由 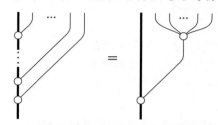 所产生的粒子自带一种"Z属性"，告诉我们它在Z测量下往哪个方向偏转，同时又自带一种"X属性"，告诉我们它在X测量下往哪个方向偏转，而前述操作不过是对这些属性的一种"观测"。如果分开测量，那么这种解释貌似行得通。例如，不管"观测Z属性"多少次，得到的都是相同的结果：

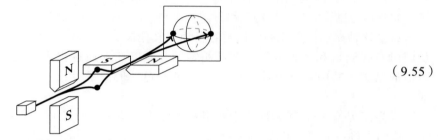

　　然而，当我们把Z测量和X测量合在一起时，这种将测量看作是观测的解释就行不通了。首先，假设先做Z测量，再做X测量：

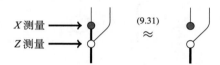

（9.55）

将式（9.55）中的实验步骤画成图形就是：

X测量 ⟶ ●
Z测量 ⟶ ○　　≈　　●○

(9.31)

结果是，不管输入态是什么，X测量的输出永远是一个均匀概率分布。如果我们只关心实验室里观测到的这些概率而不去控制输入态，这样的结果可能还不会让人觉得奇怪。也许 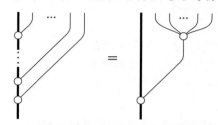 产生了这么一个态，在一半的时间里X=0，另一半时间里X=1。然而，如果我们添加上第三个施特恩－格拉赫装置：

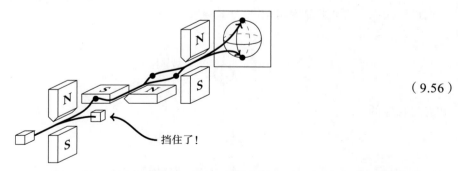

挡住了！

（9.56）

然后再挡住第一个Z测量的其中一个输出时，事情就变得有些不对劲了。假设这个输出是1，那么最后能够达到屏幕的粒子在第一次测量中的结果必然为0。因此我们可以只考察第一次输出为0的情况，如下所示：

546

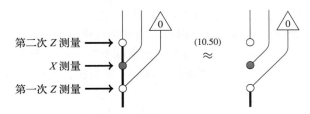

所有通过的粒子在第一次 Z 测量时得到的结果都是 0，然而，当我们再次对它们进行 Z 测量时，得到的却不是 0，而是又一个均匀概率分布！当然，其原因在于中间进行的 X 测量。在量子理论中，测量的行为与"观测"系统特性非常不同，而这个实验设置就是一个著名的演示。一个测量会对另一个测量产生影响，这一性质被称为测量的不相容性（incompatibility）。互补测量会使对方的输出变成完全随机的，因此它们是最大不相容的（maximally incompatible）。

上述例子除了展现出互补性中惊人的"完美量子"特性，还让我们看到用蜘蛛图来做分析是如此不可思议的高效！每次都只需要用到一次蜘蛛剥离规则就能得出结论。

有了这种简洁性，我们可以更容易地对其他情况展开探讨。从示例 9.44 我们得知 Y 测量同时与 X 测量和 Z 测量是最大不相容的，所以在上述过程中改用 Y 测量应该也能得到相似的结果。其中一种办法是引进第三种颜色，但似乎没这个必要。只需添加一点装饰即可。

因为 X-基态和 Y-基态都位于布洛赫球面的赤道上（见式（9.43）），我们可以用一个白 547 色相位门来将一个基变换成另外一个：

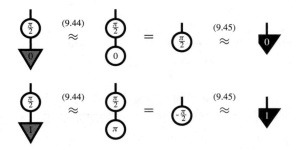

从 8.4.1 节知道，一般的标准正交基测量都可以用一个幺正变换加上一只测量蜘蛛来组成，我们可以用以下方式将 X 测量转换为 Y 测量：

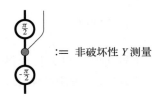

和与之相应的：

通过相位 / 杂交蜘蛛融合后我们得到：

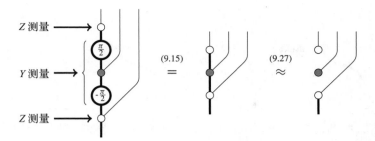

练习 9.54　用图形方法，计算依次进行非破坏性 Y 测量、Z 测量和 Y 测量的最终输出结果。

类似地，用 X 相位门来表达 Y 测量：

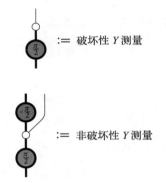

548

也可以推导出同样的结果。

9.2.6　量子密钥分发

有一件事与上一节分析的不相容性密切相关，那就是量子密钥分发（Quantum Key Distribution，QKD）。具体来说，我们将会看到如何用一对互补测量在 Aleks 和 Bob 之间分享一个秘密（例如一串密钥），其间如果有人窃听必然会被发现。最著名的 QKD 协议是 BB84 协议，其真正的量子部分十分简单。我们会用比特和量子比特来描述这个协议，但是在 $D>2$ 的情况下同样适用。我们所需要的只有互补性。

为了完成这项任务，Aleks 和 Bob 首先选定一对互补蜘蛛○和●，Aleks 在编码经典数据的过程中以相同的概率选择用○编码或是●编码。随后，Bob 以相同的概率选择用○测量或是●测量。如果选择相同，Bob 可以正确得到 Aleks 传送的比特：

如果选择不同，Bob 测量得到的会是噪声，即均匀分布：

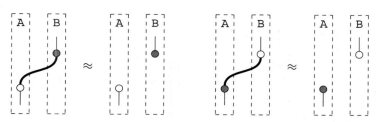

重复这个过程直到所有比特传送完毕，有 50% 的概率 Bob 能够得到正确比特，有 50% 的概率测量结果要被丢弃。为了确认哪些比特能够保留，Aleks 和 Bob 分别公布他们每次用来做编码 / 测量的蜘蛛的颜色。如果颜色相同则结果保留，否则丢弃。因为 Aleks 和 Bob 的选择是随机的，而且与他们将要建立的密钥毫无关联，因此可以大胆地在公共信道公布出来，而不必担心会泄露机密。

那么，如果有窃听者 Dave 尝试监听 Aleks 和 Bob 之间的量子信道呢？

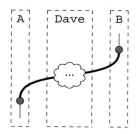

如果量子系统可以被克隆，那么 Dave 大可将所有 Aleks 发给 Bob 的量子态复制一份，在他们公布选基后再按保留下来的选基方式进行测量。当然了，我们从第 4 章就知道这样的事无法实现，所以 Dave 只能用别的方法来实施测量。

首先为简单起见，我们假设 Dave 的测量同样是从○ / ●中选择的。我们来看看当 Aleks 和 Bob 要保存来自 Aleks 的比特时，也就是当 Aleks 和 Bob 选择了相同的○ / ●时，会发生什么。因为 Aleks 的编码基是随机选择的，所以对 Dave 来说最好的情况是在一半的时间里用对了测量基。此时他确实复制了 Aleks 的比特：

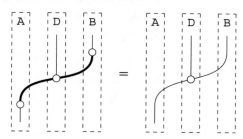

然而在另一半时间里，Bob 测量得到的是噪声，和他用错了测量基的时候一样：

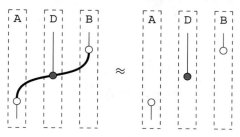

Bob 因为有一半的时间得到的是噪声而不是正确的比特,所以 Bob 能够得到正确比特的概率下降了。这为发现窃听者提供了一种简单策略。每隔一段时间,Aleks 和 Bob 会随机抽取一些(之后不会再被使用的)比特用来进行比较。如果正确率只有不足 50%,则必然有人在窃听,那么就得暂停通信。

练习 *9.55   在 Dave 的窃听下,Bob 能正确接收到 Aleks 发送比特的概率是多少?注意一点,如果一个过程的输入数据满足均匀概率分布,那么输出和输入相同的概率由玻恩定则计算,如下所示:

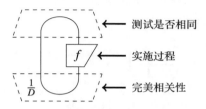

备注 9.56   即使 Dave 用的不是 ○ / ● 测量而是任意量的子过程,可以证明他的行为同样会被发现。关于这种情况的分析比较复杂(见 9.7 节所列参考文献)。

用图形方法来表达的好处是,我们可以简单地通过弯曲连线来考察另一种看上去不一样的协议。假设 Aleks 不再通过量子信道给 Bob 发送系统,而是他们之间事先共享一个贝尔态。如果他们同时做随机测量,那么当测量方式相同时将建立完美相关性,而测量方式不同时则完全没有关联。

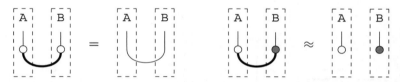

这是另一种(简化过的)QKD 协议,被称为 E91。虽然协议的步骤不同,但得到的结果是一样的。最终 Aleks 和 Bob 能得到一串完全关联的随机比特。因为本质上用的是相同的图形,所以能用前面提到的办法来查找窃听者。E91 协议还有一些别的优点。首先,分享密钥时 Aleks 和 Bob 不再需要连续地维持(量子)联络。他们需要做的只是在某些时刻建立起共享的贝尔态,在需要的时候使用。其次,Aleks 和 Bob 可以通过检验他们的测量结果是否显现出了量子非局域性,来确保他们拥有(尚未使用的)量子态是真的贝尔态,详情将在 11.1 节讨论。

备注 *9.57   在完整版本的 E91 协议里,Aleks 和 Bob 通过第三种测量来检验非局域性,确保他们的测量结果能够破坏贝尔不等式(Bell inequality)。贝尔不等式的破坏意味着非局域性成立。这样做的好处是,他们只需要分享"垃圾"比特(即不同选基情况下)的测量结果,而不需要再浪费其他比特来保障安全性。

9.2.7   用互补测量实现隐形传态

我们曾经承诺,用于隐形传态的"黑框":

551

可以完全用蜘蛛来构成。隐形传态依靠 Aleks 对他的两个系统做联合测量来实现：

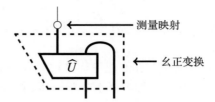

如果量子系统有 D 个维度，那么经典线就有 D^2 种不同取值。于是我们可以用两根各自都有 D 种可能取值的经典线来表达：

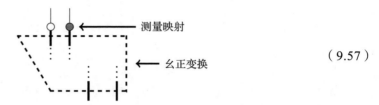

（9.57）

552

（看到我们用了两种颜色就知道下面会发生什么。）为了完成隐形传态，测量最好不是 $\otimes$-分离的，否则 Bob 从 Aleks 那儿得到的态最多是退相干的，因为测量之后所有的东西都需要通过经典线来传递：

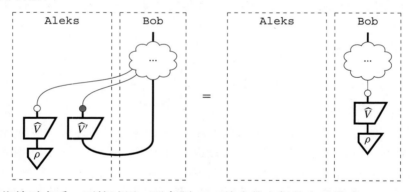

我们有互补蜘蛛对在手，不妨试用一下命题 9.50 给出的它们的幺正模式：

来产生一组非分离性测量。首先我们尝试：

噢，不行！用 CNOT 无法完全改变测量结果！它们还是分离的。不过嘛，科研精神就在于不断尝试。换一种幺正变换的插入方式会怎样？

（9.58）

当然，这样得到的也是幺正变换，所以式（9.58）也仍是一组标准正交基测量，而且看上去不太像是⊗–分离的。当然这还不能证明它是非分离的，除非它能帮助我们实现隐形传态协议。所以，让我们用它在隐形传态的图形里做一下填空：

553

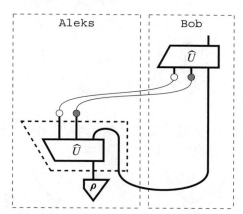

因为我们早就知道 Aleks 该做什么测量，现在只需要找到 $\widehat{U}$，目的是让 Bob 完成纠错。这相当于求解下面方程：

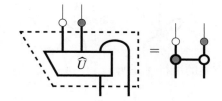

在两边同时加上线：

因此得到一个有效解为：

故纠错过程为：

$$（9.59）$$

练习 9.58 证明式（9.59）是因果的，并且是受控幺正变换（只差一个倍数）。

554

完成填空后，得到以下这个备选的隐形传态协议方案：

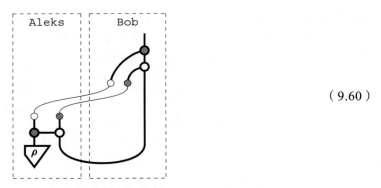

（9.60）

最后剩下的就是证明 $\widehat{U}$ 的可行性。使用蜘蛛融合规则和互补性，我们可以证明式式（9.60）能够实现量子隐形传态。在此过程中会用到以下事实：

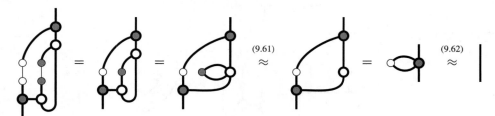

（9.61）

其中用到了杂交蜘蛛融合以及**量子**"蜘蛛剥离"规则。简单交换两种颜色，我们也可以得到：

（9.62）

至此，我们完成了隐形传态方案的可行性证明：

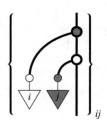

练习 9.59　○和●分别代表 Z-基和 X-基，试证明：

1）贝尔基表示为：

（忽略数字），由此可知式（9.58）实为贝尔基下的标准正交基测量。

2）贝尔映射表示为：

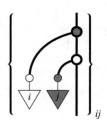

所以，式（9.60）为我们一直在研究的量子隐形传态协议提供了一种易于解读的图形表征，而包含了"填空"所需的通用秘方。我们要做的只是找到一对具有相应维度的互补蜘蛛，而不需对隐形传态（9.60）做出任何改动。

同样的构造可以实现密集编码和纠缠交换。对于后者，要求的非破坏性测量变为：

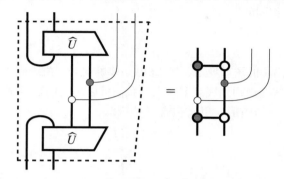

练习 9.60　仅用蜘蛛融合与蜘蛛剥离规则，证明密集编码与纠缠交换的可行性。

正如我们此前所看到，一张图形可以有不止一种解读方式。对式（9.58）来说同样如此：

如果我们的目的是揭示量子特征，这样的区分意义不大；但是对那些在实验室里想要实现这个量子过程的人来说，区别可是巨大的。举例来说，要在两个系统上实现非分离测量可能相当困难；如果用一个量子 CNOT 门和两个单系统测量来实现则会简单得多，实际上很多实验也正是这么做的。

示例 9.61　量子隐形传态让我们可以把一个系统的态转移到另一个系统，当中用到了：

- **一个辅助系统**
- 一个贝尔态
- 一个量子 CNOT 门
- **两个单系统测量**
- **两个单系统纠错**

有没有可能用更少的资源来实现呢？答案是肯定的，实际上我们只需使用：

- 一个○态
- 一个量子 CNOT 门
- **一个单系统测量**
- **一个单系统纠错**

无须使用辅助系统。工作原理如下：

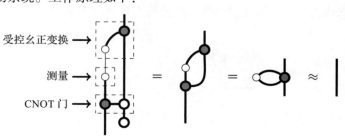

我们只需将一个系统制备成 0 相位态，而无须制备一个两系统的贝尔态。这样做的代价是，源和目标系统必须在同一个地方，这样才能将 CNOT 同时作用在它们之上，因为到目前为止尚无"非局域性 CNOT 门"存在。

将此方案的证明和隐形传态的证明放在一起比较会很有启发性。特别是，前者与后者的最后两个步骤本质上是相同的。

9.3　强互补性

我们尝试只用一些简单的图形规则，如（相位）蜘蛛融合、蜘蛛剥离等来完成证明，到现在已经取得了很大进展。这些规则到底有多强大？我们可以用它们来对哪些类型的图形做简化？

假设有这么一个复杂的图形，里头包含互补蜘蛛：

557

我们希望简化它。可以利用蜘蛛规则将那些有相同颜色的圆点融合起来：

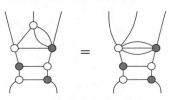

图中包含了不同颜色蜘蛛环路，我们要想办法将它们去掉。环路的连线数目总是双数，如 2 路、4 路等。处理 2 路环只需用到互补性：

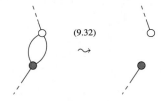

(9.32)

这可以使上述例子的复杂性得到一些简化：

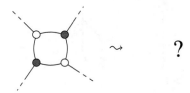

（9.63）

那么 4 路环呢？麻烦来了，因为我们至今掌握的所有规则都不适用：

在重写术语时，找不到可用规则意味着你已经到了一种常见的境地，说得好听一点就是：卡壳了。那该怎么办？改天再说？或者，我们可以设法找到那些"缺失的规则"，好让我们的研究继续进行下去。

9.3.1　缺失的规则

让我们先关注一下 Z 蜘蛛和 X 蜘蛛。在示例 9.45 里，我们回顾了这对蜘蛛有一个与众不同的性质：X 复制映射的伴随相当于作用在 Z 基上的 XOR 操作：

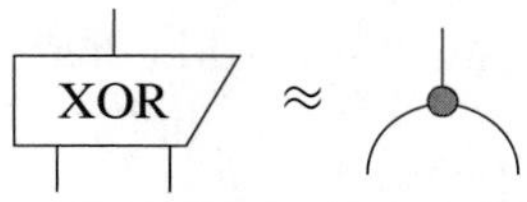

只要简单地考虑经典比特，就可以让我们从另外一个角度看到这两种蜘蛛为什么会互补。即任何比特和它自身进行 XOR 的结果必为 0，所以如果先复制再 XOR，那么就等同于无视输入，直接把输出置零：

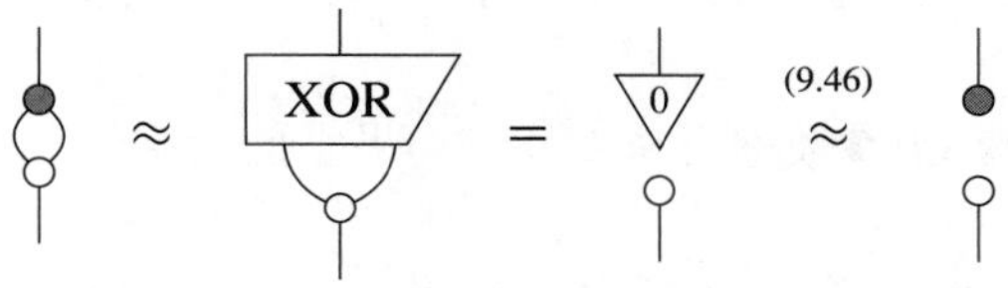

除了这个性质之外，还有一个（看上去）不相关的结果：灰色圆点定义了一种白色基下的函数映射（见定义 8.13），其背后的函数就是 XOR。在命题 8.19 中，我们用复制操作和删除操作对函数映射做了详尽描述。将之应用到 XOR，得到：

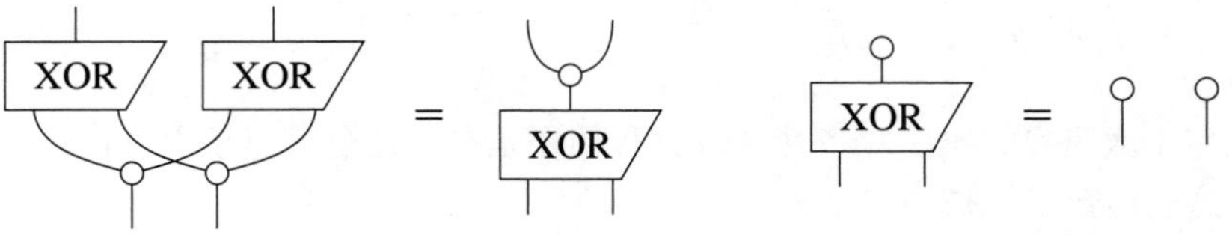

而我们也已经看到，只有一个输出的●蜘蛛与部分○标准正交基只相差一个倍数，所以：

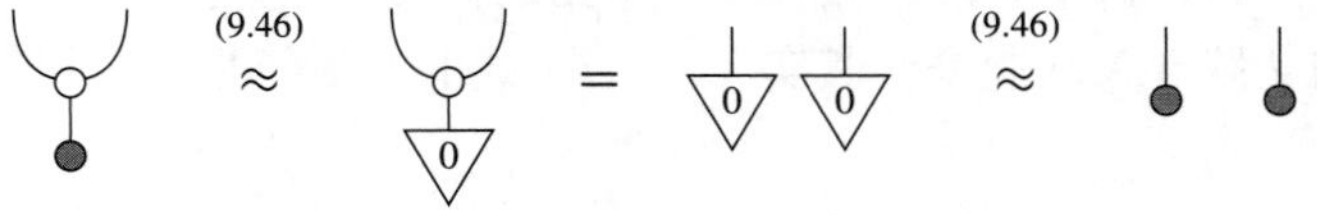

用 X 蜘蛛来替换前两个等式，得到：

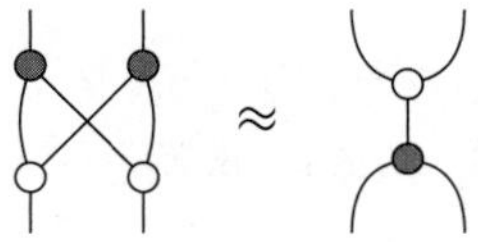

$$(9.64)$$

$$(9.65)$$

很明显，在这些等式里 Z 和 X 的角色是可以互换的，也就是说，将上述等式中所有颜色进行对换，并对两端取伴随后，等式依然成立。最后两个等式也暗示着存在一个关系到两只单脚蜘蛛的等式：

$$\text{} \qquad\qquad (9.66)$$

|559| 虚线框代表一个非零的数字。

练习 9.62　证明满足式（9.65）的蜘蛛同样满足式（9.66）。

式（9.64）和式（9.65）所反映的 Z 和 X 的性质看上去是偶然的，但若将这些等式运用到任意一对蜘蛛上，我们会发现式（9.64）和式（9.65）隐含着互补性。

定理 9.63　式（9.64）和式（9.65）隐含互补性。

证明　命题 9.35 足以证明互补性公式在 ≈ 情况下成立。我们有

由此可见，式（9.64）和式（9.65）给出了一种特殊的互补蜘蛛对族类，可以用以下方式命名。

定义 9.64　一对蜘蛛○和●被称为强互补，如果它们满足：

$$\text{} \qquad (9.67)$$

$$\text{} \qquad (9.68)$$

倍数虽然不太重要，出于完备性考虑，我们还是在上述公式里予以保留。实际上就像互补性一样，这些倍数早就被确定下来了。

练习 9.65　借鉴命题 9.35，证明定义 9.64 中的倍数可以通过式（9.64）和式（9.65）来确定。值得注意的是在这里 ≈ 表示只相差一个**正的倍数**（见备注 9.36）。

如何将这些与 4 路环关联起来？其实，（9.67）式的左端便是一个扭转后的 4 路环：

|560| 现在我们知道该如何处理 4 路环，式（9.63）改写为：

好多了！

另一方面，介绍互补性的时候我们用了正则表示，但是对强互补性来讲却行不通。虽然

没有了正则表示，但还是有一些与强互补性相关的重要结果会出现在后面的章节中。其中的一些会在下一节看到，而这些结果对一般的（非强）互补蜘蛛对来说并不成立。

9.3.2 一对一强互补

我们在示例 9.44 中曾提过，在绝大部分维度中能两两互补配对的蜘蛛数量（即相互无偏的标准正交基的数量）是未知的。因为强互补有更强的条件限制，所以能两两配对的蜘蛛数量应该更少。事实上我们可以证明，强互补蜘蛛只能一对一对出现。

定理 9.66 最多只能有两只蜘蛛被两两配对成强互补。也就是说，对任意非平凡系统，如果○/●和○/●都是强互补，那么●/●不可能是强互补。

证明 如果○/●和○/●均为强互补，那么有：

由定理 8.8 可知：

都是○标准正交基态，最多相差一个倍数。因此，它们必然是相等（相差一个倍数）或是相互正交的。现在，假设●/●也是强互补，那么从式（9.66）可知：

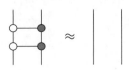

所以：

$$\mathbin{\vert} \approx \mathbin{\vert}$$

然而，这样会导致：

$$\smile \;=\; \approx \;\approx\; \mathbin{\vert}\mathbin{\vert}$$

对任何非平凡系统都不可能成立。所以，任何非平凡系统都不可能拥有三个能两两配对的强互补蜘蛛。 □

9.3.3 强互补的方方面面

前面用可操作方式给出了互补性的等效描述，包括：定义 9.27 的先测量后编码、命题 9.30 的贝尔态的双系统测量以及命题 9.50 的 CNOT 门。强互补性本身隐含了互补性，因此这些描述对强互补对依然成立，但显然会引申出更多的结果。本节就来看看其中最重要的一些。

在命题 9.50 中我们看到，互补性可以被归结为"通用 CNOT"门的幺正性：

$$\approx \;\|\|$$

561

或是等价地归结为"通用量子 CNOT"门的幺正性：

该式可以看作量子线路之间的等式（见示例 6.13 和示例 9.24）。强互补性也可以写成类似形式。

命题 9.67 强互补性可以等价为：

$$（9.69）$$

$$（9.70）$$

将式（9.69）翻倍可得：

$$（9.71）$$

于是，三个 CNOT 门可以实现交换：

$$（9.72）$$

练习 9.68 试证明如果考虑的是互补性而非强互补性，则式（9.69）和式（9.71）实际上与式（9.72）等价。

我们探索强互补性的本意是除掉 4 路环，所以大家可能会认为强互补性只是与 4 路环有关。但实际上它还与很多其他的图形化公式有关。我们来看一个简单的例子，结合复制公式：

和蜘蛛融合，可以证明这些复制规则的 n 列版本：

命题 9.69 强互补性意味着：

$$（9.73）$$

有一个更为复杂的例子，与下面要介绍的图形有关。

定义 9.70   蜘蛛的完备二分蜘蛛图（complete bipartite diagram of spiders）是指每一种颜色的蜘蛛都与另外一种颜色的所有蜘蛛相连，除此以外没有其他线：

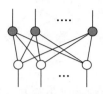

563

虽然看起来线很多，但我们可以用强互补性将其简化为用一根线连接起来的两只蜘蛛。

定理 9.71   ○和●的强互补等价为：

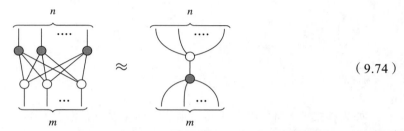

（9.74）

证明   我们用两次归纳法来证明这个定理。首先对 m 使用归纳法，证明 $n=2$ 和 m 为任意整数时等式成立：

$$\text{（图示）} \qquad (9.75)$$

当 $m=0$ 时，上式简化为：

$$\text{（图示）}$$

接下来证明，如果式（9.75）对 m 成立，那么对 $m+1$ 也成立

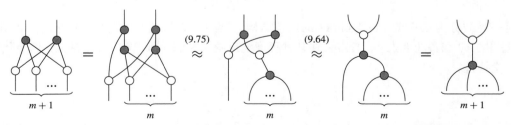

由此可证式（9.75）。基于这个结果在对 n 使用归纳法可证式（9.74）。当 $n=0$ 时对应了命题 9.69 的情况。接下来假设结论对 n 成立则对 $n+1$ 也成立。证明过程几乎就是前面证明过程的镜像，除了我们用到了式（9.64）的"加强版"式（9.75）：

564

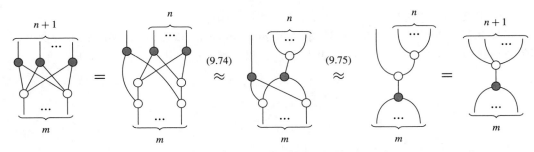

反过来，式（9.64）和式（9.65）所给出的三个强互补规则都是式（9.74）的特例：

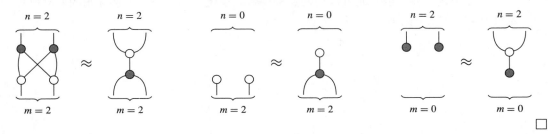

$\square$

如果在式（9.74）中令 $m=0$，则从右到左看就是命题 9.69 给出的其中一个"多重复制"规则：

$$（9.76）$$

类似地，如果令 $n=0$，则有：

$$（9.77）$$

备注 *9.72   乍一看好像只是把式（9.74）的"盖子"给摘掉了，所幸实际上并不是那么回事。对于强互补对，以下映射：

源自一种被称为双代数（bialgebra）的代数结构，其中"双"表示代数和余代数均牵涉其中（见备注 3.17 和备注 8.22）。其定义在某种程度上反映了乘法（即代数）和余乘法（即余代数）的可交换性：

乘法 $\Big\{$ ≈ $\Big\}$ 余乘法
余乘法 $\Big\{$ $\Big\}$ 乘法

人们对这些结构已经有了很深的了解。结合一种被称为路径计数（path counting）的技术，可以构造出包含这些结构的公式，具体参见 *9.6.2 节。

定理 9.71 给出了强互补性的第二种等价表达。然而，这些表达没有一个和强互补性的原始定义相近，即同时包含经典和量子系统：

强互补性可以帮助我们获得更多反映经典 – 量子相互作用机理的公式，只需将式（9.74）的一部分做翻倍，再与 cq-映射相结合。下面这个公式将在 11.1 节的量子非局域性推导中起到关键作用。

推论 9.73　○和●强互补性意味着：

（9.78）

证明　利用定理 9.71，得到：

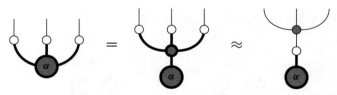

在第一个等式处将翻倍线展开，在第三个等式处重新折叠成翻倍线。　　　　□

式（9.78）左端的●蜘蛛是一个量子过程，而右端的●蜘蛛是一个经典数据操作。抛开细节留待 9.3.5 节探讨，我们先这样来理解式（9.78）：先放上量子●蜘蛛再用○测量它的全部输出端，等价于先做○测量再放上经典●蜘蛛。这样的理解不够严谨，但是非常实用。

示例 9.74　在示例 9.26 中我们看到，相位以一种惊人的方式与 GHZ 态相互作用。如果用与相位相同的颜色做测量，相位就会消失。不过，如果用与相位互补的颜色做测量，那么结果将大不相同：

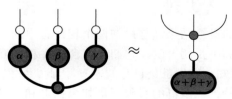

现在我们所看到的，是三个测量变成了一个测量加上一些经典映射。又因为相位对●是无偏的，对○却不是，因此它**不会**消失。进而到了 11.1 节我们会看到，通过在以下过程中合理地选取 α、β 和 γ：

可以给这种"反向移动"的相位数据留下证据，并预言存在一种无法用经典概率性关联来解释的远距离量子系统相互作用，即量子非局域性。

练习 9.75 试证明，强互补性意味着：

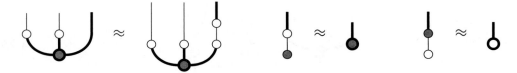

这个公式应如何理解？反过来，证明下面这些公式隐含了强互补性（这个问题不是那么简单）：

9.3.4 经典子群

在 9.2.2 节中我们看到对于蜘蛛互补对，一种颜色的基态在另一种颜色中作为相位群存在（见 9.1.4 节）。本节，我们从一种颜色的基态在另一种颜色的相位群中扮演着特殊角色的角度，给出强互补性的另一种描述。虽然本节的描述与定义 9.64 完全不同，但不需要费多大的劲就能证明二者等价。

我们在示例 9.7 看到，X-基态可以用 Z-基下的相位态来表示：

反过来，Z-基态也可以用 X 相位态来表示：

群和可以简单地用蜘蛛融合来实现（见定理 9.20）：

$$（9.79）$$

$$（9.80）$$

特别的是，所有这些群和的最终结果都是最初两个相位态中的一个。那就说明，构成 Z-基的相位态在 X 相位群的群和下是闭合的。它们还包含了 X 相位群的单位元以及 Z-基所有元素的逆元（由式（9.79）可知，它们都是自身的逆）。因此，它们构成了相位群的一个子群。实际上，在群论里早有定论，一个群的有限子集如果在群和下是闭合的，则该子集自成子群，故此根本无须特意检验单位元和逆元是否存在。显然，交换 Z 蜘蛛和 X 蜘蛛的角色不会改变结论。

示例 9.76　对 Z-基和和 X-基来说，相位群是圆群 $U(1)$，其经典子群圆群 $\mathbb{Z}_2$ 只有两个元素，分别代表无旋转和旋转半圈：

$$\left\{ \begin{array}{c} \end{array} 0 ,\quad \pi \right\} \subseteq \left\{ \begin{array}{c} \alpha \end{array} \right\}_{\alpha} \tag{9.81}$$

这个子群的出现完全是强互补性的结果。实际上它等价于强互补性。

定理 9.77　蜘蛛○和●是强互补的，当且仅当○的基态构成●相位群的一个子群，反之亦然。考虑到基态也能看作是经典输出（见 8.1.1 节），我们称这个相位群的子群为经典子群（classical subgroup）。

568

证明：假设○和●是强互补的，我们证明两个○基态的●和：

$$\tag{9.82}$$

仍是○基态。从定理 8.18 可得：

$$\boxed{\psi} \in \left\{ \boxed{i} \right\}_i \quad \text{当且仅当} \quad \overset{(*)}{=} \boxed{\psi}\ \boxed{\psi}$$

我们可以证明式（9.82）是一个○基态，如下所示：

$$\approx \quad = \quad =$$

因此，○基是相位群里的一个在群和下闭合的有限子集，根据群论，它构成一个子群。

反向证明仿照我们在 9.3.1 节利用 XOR 推导强互补性公式的办法。这里我们针对一般情况重复一下这个过程。因为○基态构成一个●相位群的子群，所以●和将任意一对○基态映射为另一个○基态（只差一个倍数）：

$$\approx \quad \boxed{k} \tag{9.83}$$

更重要的是，这说明了●–和近似为一个函数映射（只差一个倍数）。结合命题 8.19，这意味着：

$$\approx \qquad\qquad \approx$$

最后，一个群的单位元包含在它的任意一个子群里，所以经典子群必然包含●相位群的单位元。因此，灰色相位群的单位元是一个○基态，从而：

$$ \text{（图示）} \approx \text{（图示）} $$

□

约定 9.78　我们将用希腊字母 κ、κ' 等来表示经典子群中的相位态，而继续用 α、β、γ 等来表示一般相位。因此，两种颜色的相位群及其经典子群分别表示为：

$$ \left\{ \text{（图示）} \right\}_{\vec{\kappa}} \subset \left\{ \text{（图示）} \right\}_{\vec{\alpha}} $$

以及：

$$ \left\{ \text{（图示）} \right\}_{\vec{\kappa}} \subset \left\{ \text{（图示）} \right\}_{\vec{\alpha}} $$

特别是，经典相位态的颜色始终表示以其为**相位**的蜘蛛，而不是复制它的蜘蛛。

从定理 9.77 我们得到了强互补性的另一种描述：一种颜色的可复制态构成了另一种颜色的相位群子群。因为基态和可复制态是相同的，因此可以直接得到以下结果。

推论 9.79　设○和●为强互补，它们的基态分别如下：

$$ \left\{ \text{（图示）} \right\}_{\vec{\kappa}} \quad \text{和} \quad \left\{ \text{（图示）} \right\}_{\vec{\kappa}} $$

则有：

$$ \text{（图示）} \approx \text{（图示）} \qquad \text{（图示）} \approx \text{（图示）} \tag{9.84} $$

我们称之为 κ-复制规则。

示例 9.80　考虑量子比特的特殊情况，我们得到：

$$ \text{（图示）} \approx \text{（图示）} \tag{9.85} $$

这让我们可以得知：

$$ \text{（图示）} \tag{9.86} $$

其实是一个作用在○基下的 CNOT 门。因为：

$$ \text{（图示）} \approx \text{（图示）} = \text{（图示）} $$

所以：

那么在这里：

$$(9.87)$$

表示什么？因为有：

由此可知式（9.87）是○基态下的量子 NOT 门，所以式（9.86）是量子 CNOT 门。改用细线后同样方法可以用来证明经典 CNOT 门。

式（9.84）包含了复制蜘蛛和相位态。我们可以将之变为包含复制蜘蛛和相位映射。

命题 9.81　设○和●为强互补，则有：

$$(9.88)$$

我们称之为 κ- 映射 – 复制规则。

证明　我们有：

应该注意到，这里的公式正好能够成立，因为翻倍的式（9.67）引入了因子 D，而相应的式（9.84）正好也引入了因子 $1/D$。　□

示例 9.82　从式（9.88）可知，NOT 门可以从 CNOT 门的身边"挤"过去：

因此，在仅由 NOT 门和 CNOT 门组成的线路里，可以将 NOT 门全部转移到线路的其中一侧：

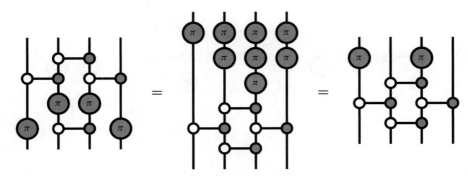

式（9.84）包含了某种颜色的无装饰蜘蛛以及其他颜色的相位门。我们可以将之转化为只含有两种颜色的相位门。

命题 9.83 设○和●为强互补，则有：

$$\frac{1}{\sqrt{D}} \qquad (9.89)$$

或等价地，翻倍后有：

$$= \qquad (9.90)$$

我们称之为 κ-κ'- 交换规则（κ-κ'-commutate rule）。

证明 首先注意到：

$$\overset{(9.84)}{=} \quad \frac{1}{\sqrt{D}} \qquad (9.91)$$

利用无翻倍版本的式（9.88），可以很容易地证明等式正好成立（不含整体相位）：

$$\overset{(9.88)}{=} \quad \overset{(9.91)}{=} \quad \frac{1}{\sqrt{D}} \quad = \quad \frac{1}{\sqrt{D}}$$

对于翻倍的情形，我们只需证明：

$$\frac{1}{\sqrt{D}}$$

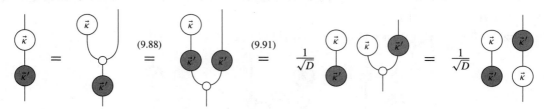

是一个整体相位，也就是说：

$$\mathsf{double}\left(\frac{1}{\sqrt{D}}\ \raisebox{-1ex}{\includegraphics}\right) = \frac{1}{D}\ \raisebox{-1ex}{\includegraphics}\ \overset{(9.40,\,9.42)}{=}\ D\ \raisebox{-1ex}{\includegraphics}\ \overset{(9.38)}{=}\ \raisebox{-1ex}{\includegraphics}$$

$\square$

练习 9.84 试证明式（9.64）、式（9.84）、式（9.88）、式（9.90）和式（9.92）之间全部等价。（提示：有些证明需要用到这么一个知识点，如果两个映射在同一组基下表现相同，那么它们就是等价的。但是根据备注 5.11，在这个时候需要注意相乘的数字！）

推论 9.85 式（9.84）、式（9.88）、式（9.90）和式（9.92）中任意一个与式（9.65）相配合，都能得到关于强互补性的一种全新定义。

备注*9.86 我们选择用无翻倍的式（9.89），当中包含了非平凡复数相位。式（9.89）中相位映射之间存在的可交换性是一种正则可交换关系（准确来说是 Weyl 关系）。这是物理学家研究量子互补性所使用的第一个工具。

在命题 9.83 的证明过程中，我们发现了强互补性的另一个结果：经典子群中的相位态可以将其他颜色的相位态"消除"。

命题 9.87 设○和●为强互补，则有：

$$\raisebox{-2ex}{\includegraphics} = \raisebox{-2ex}{\includegraphics} \qquad\qquad \raisebox{-2ex}{\includegraphics} = \raisebox{-2ex}{\includegraphics} \qquad\qquad (9.92)$$

我们称之为 κ- 消除规则（κ-eliminate rule）。

证明 将式（9.91）翻倍、翻转即可得证。 $\square$

命题 9.83 还有一个兄弟命题：经典子群中的相位映射可以通过其他颜色的相位来传递。 $\boxed{573}$

练习 9.88 试证明，设○和●为强互补，则有：

$$\raisebox{-2ex}{\includegraphics} = \raisebox{-2ex}{\includegraphics} \qquad\qquad \raisebox{-2ex}{\includegraphics} = \raisebox{-2ex}{\includegraphics} \qquad\qquad (9.93)$$

其中：

$$\raisebox{-2ex}{\includegraphics} := \raisebox{-2ex}{\includegraphics} \qquad\qquad \raisebox{-2ex}{\includegraphics} := \raisebox{-2ex}{\includegraphics}$$

分别表示●和○的相位态。

练习 9.89 设○和●为强互补，试证明对所有 $\vec{\kappa}$，练习 9.88 所定义的函数 $\vec{\kappa}(-)$ 是一个群同态，即：

$$\raisebox{-1ex}{\includegraphics} = \raisebox{-1ex}{\includegraphics} \qquad\qquad \raisebox{-1ex}{\includegraphics} = \raisebox{-1ex}{\includegraphics}$$

再证明映射：

$$\vec{\kappa} \mapsto \vec{\kappa}(-)$$

是一个群作用，即：

$$\boxed{(\vec{\kappa}+\vec{\kappa}')(\vec{\alpha})} \;=\; \boxed{\vec{\kappa}(\vec{\kappa}'(\vec{\alpha}))} \qquad\qquad \boxed{\vec{0}(\vec{\alpha})} \;=\; \boxed{\vec{\alpha}}$$

练习 9.90　对二维情况，经典子群包含两个元素 0 和 π。通过练习 9.89 我们得知 0 作用是平凡的。在 9.3.4 节我们看到作用相当于○基元素的 NOT 门：

$$\pi \;::\; \boxed{0} \mapsto \boxed{1} \;,\; \boxed{1} \mapsto \boxed{0}$$

因此对于○相位态：

$$\pi \;::\; \begin{pmatrix} 1 \\ e^{i\alpha} \end{pmatrix} \mapsto \begin{pmatrix} e^{i\alpha} \\ 1 \end{pmatrix} = e^{i\alpha}\begin{pmatrix} 1 \\ e^{-i\alpha} \end{pmatrix}$$

翻倍后，π 使得相位翻转，即：

$$\overset{\pi}{\underset{\alpha}{\bullet\circ}} \;=\; \circ_{-\alpha} \qquad\qquad \overset{\pi}{\underset{\alpha}{\circ\bullet}} \;=\; \bullet_{-\alpha} \qquad\qquad (9.94)$$

第二个等式通过交换○和●的位置得到。

9.3.5　蜘蛛的宇称映射

在前面章节里，蜘蛛最初是作为经典数据操作被引入的。在本节里我们将看到，强互补性会给予我们更多的经典数据操作。

命题 8.19 曾用满足下面条件的线性映射 f 来表征函数映射：

在 9.3.1 节，我们通过将 XOR 代入 f，得到强互补性的相关公式：

最终变成了 X 蜘蛛（只差一个倍数，见命题 5.88）。易知这种函数映射之间的关联性可以应用到任意的强互补蜘蛛对身上。

命题 9.91　设○和●为强互补，

是○的函数映射（只差一个倍数）。

　　函数映射只是普适经典映射的特例（见 8.2.1 节），所以前述命题可以推广至所有的●蜘蛛。

　　命题 9.92　设○和●为强互补，

是○的经典过程（只差一个倍数）。

　　证明　我们有：

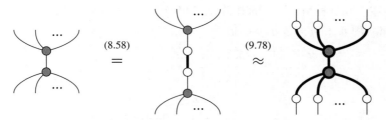

图的最右端只由○测量、○编码和纯量子映射构成的，从定义 8.3 可知它是一个 cq-映射，而且还是一个经典映射（没有量子输入／输出的 cq-映射）。所以●蜘蛛等价于一个 cq-映射，只差一个倍数。而这个倍数是正数（见备注 9.36），所以●蜘蛛本身就是一个 cq-映射。从强互补蜘蛛的"通用复制"公式可以推导出因果性：

$$\text{（图）} = \text{（图）} \overset{(9.77)}{\approx} \text{（图）} \approx \text{（图）} \qquad \square$$

　　我们来考察一下这些新的经典过程是如何作用在二维基态上的。我们将基态／效应当作经典子群中的元素（$\kappa \in \{0, \pi\}$）：

$$\text{（图）} \approx \text{（图）} \qquad\qquad \text{（图）} \approx \text{（图）}$$

因此：

$$\text{（图）} \approx \text{（图）} = \boxed{\sum \kappa_i + \sum \kappa'_i} \qquad (9.95)$$

为了搞清楚当中哪些是非零的结果，我们需要知道经典子群的哪些"相位数字"（即没有脚的相位蜘蛛）是非零的。

　　引理 9.93　设○和●为强互补：

$$\boxed{\kappa} \neq 0 \iff \kappa = 0$$

其中，第一个 0 表示"数字 0"，第二个 0 表示相位群的单位元。

证明　令相位为 0 的（经典）相位态等价于（只差一个倍数）○标准正交基的第一个基态（下面用"0"来标识）。我们得到：

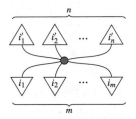

从标准正交性可知，当 $i=0$，即 $\kappa=0$ 时，这个倍数不为零。　□

所以，当且仅当：

$$\sum_i \kappa_i + \sum_i \kappa_i' = 0$$

|576| 矩阵元素不为零。在这种情况下，该矩阵元素相当于一个固定的正数 p。

练习 9.94　用 m 和 n 来表示 p 的值：

$$\overset{\overbrace{\qquad n \qquad}}{\underset{\underbrace{\qquad m \qquad}}{\begin{array}{c}\triangle{i_1'}\ \triangle{i_2'}\ \cdots\ \triangle{i_n'} \\ \bullet \\ \triangledown{i_1}\ \triangledown{i_2}\ \cdots\ \triangledown{i_m}\end{array}}}$$

在二维情况下，经典子群是 $\mathbb{Z}_2$（见示例 9.76）。当且仅当 1 的数量为偶数时，群和等于 0，所以：

$$\text{（蜘蛛图）} \approx \sum_{i_1\dots i_m i_1'\dots i_n'} \oplus(i_1\dots i_m i_1'\dots i_n') \ \text{（三角形图）}$$

其中，⊕是偶宇称函数，即：

$$\oplus(i_1\dots i_m i_1'\dots i_n') := \begin{cases} 1 & \text{如果 1 的数量为\textbf{偶数}} \\ 0 & \text{如果 1 的数量为\textbf{奇数}} \end{cases}$$

所以只有那些 1 态数量为偶数的项才会出现在求和中。其中一个例子是偶宇称态：

$$\text{（图）} \tag{9.96}$$

另一个例子是宇称映射，它将偶数个 1 态投影为 0 态，奇数个 1 态投影为 1 态：

$$\text{（图）} \tag{9.97}$$

如果我们用一个 π 来给●蜘蛛去装饰，可以得到：

$$\text{（蜘蛛图）} \approx \sum_{i_1\dots i_m i_1'\dots i_n'} \overline{\oplus}(i_1\dots i_m i_1'\dots i_n') \ \text{（三角形图）}$$

其中，⊟是奇宇称函数，即：

$$\overline{\oplus}(i_1 \dots i_m i_1' \dots i_n') := \begin{cases} 1 & \text{如果 1 的数量为 } \textbf{奇数} \\ 0 & \text{如果 1 的数量为 } \textbf{偶数} \end{cases}$$

577

（经典）NOT 门是当中的特例：

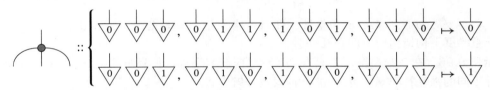

因为每一项都正好只有一个 1。另一个例子是奇宇称态：

$$(9.98)$$

示例 9.95   对于三系统情况我们有：

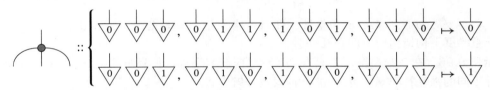

这两种特殊情况，以及三系统的宇称函数：

将在量子非局域性的推导中发挥重要作用。

用●蜘蛛可以构造出新的经典映射，再结合○蜘蛛可以构造出更多，例如经典 CNOT 门：

9.3.6 强互补性分类

在示例 9.44 里我们曾强调，目前对互补测量的分类所知甚少。别的不说，6 维空间里有多少能两两配对的互补测量就是一个悬而未决的难题（或者更准确地说，是困住量子信息学家的黑洞）。

那么强互补性又如何？我们知道的有多少？让人振奋的是：我们知道所有的事！在 9.3.2 节我们就已知能两两配对的强互补蜘蛛数量始终为 2。因此，剩下只需对这些配对进行分类。因为强互补性本质上是两个蜘蛛家族之间的相互关系，所以我们不妨先固定其中一个。这样一来，如何分类强互补对就归结为以下问题：

578

对于特定的○蜘蛛家族，可以对所有与○强互补的●蜘蛛进行分类吗？

为了回答这个问题，我们需要先想想唯一确定●需要多少数据。但其实我们早有答案！在式（9.95），被看作宇称映射的●蜘蛛全部由群和来确定，在 $\mathbb{Z}_2$ 情况下是 XOR（所以是"宇称"）。进一步来说，对**任意**大小为 D 的可交换群 G，我们可以确定一个 D 维系统，并用

元素 $g \in G$ 来标识○基态：

$$\left\{ \begin{array}{c} \vee \\ g \end{array} \right\}_{g \in G}$$

从而，普适的宇称映射：

$$\begin{array}{c} \triangle \triangle \cdots \triangle \\ g_1' \; g_2' \quad\; g_n' \\ \text{（蜘蛛图）} \\ g_1 \; g_2 \quad\; g_m \\ \triangledown \triangledown \cdots \triangledown \end{array} := \begin{cases} \left(\dfrac{1}{\sqrt{D}}\right)^{m+n-2} & \text{如果 } \sum g_j = \sum g_j' \\ 0 & \text{否则} \end{cases} \quad (9.99)$$

（其中"$\sum$"表示 G 的群和）构成一个蜘蛛家族。进而，○和●必为强互补！因此：

> 强互补蜘蛛对通过交换群来分类。

我们说"知道所有"关于强互补蜘蛛分类的事，为什么这么说？当然是因为我们知道所有关于有限交换群分类的事！

最简单的交换群是循环群 $\mathbb{Z}_k$，包含元素 $\{0, \cdots, k-1\}$，群和操作是模 k 加。所有其他的有限交换群可以都用循环群乘积来唯一展开（最多相差一个同构变换）：

$$\mathbb{Z}_{k_1} \times \mathbb{Z}_{k_2} \times \cdots \times \mathbb{Z}_{k_n}$$

其中，$k_i = p_i^{n_i}$，p_i 为素数，n_i 为整数，即每一个 k_i 都是素数的幂。使用这种描述，我们就能在任意维度下构造出所有的强互补对。

示例 9.96 在 2 维情况下，只有 Z/X 对对应着"宇称"循环群 $\mathbb{Z}_2$；而在 36 维情况下，有 4 种不同的强互补群对应着 36 的几种素数分解方式：

$$\mathbb{Z}_2 \times \mathbb{Z}_2 \times \mathbb{Z}_3 \times \mathbb{Z}_3 \qquad \mathbb{Z}_4 \times \mathbb{Z}_3 \times \mathbb{Z}_3 \qquad \mathbb{Z}_2 \times \mathbb{Z}_2 \times \mathbb{Z}_9 \qquad \mathbb{Z}_4 \times \mathbb{Z}_9$$

好了，强互补对已全部分类好。有用吗？当然！式（9.99）意味着：

$$\begin{array}{c} \bullet \\ g \;\; h \end{array} \approx \begin{array}{c} \triangledown \\ g+h \end{array} \qquad\qquad \bullet \approx \begin{array}{c} \triangledown \\ 0 \end{array}$$

其中 $g+h$ 和 0 分别代表了 G 群和与 G 的单位元。所以 G 是对应着强互补对○/●的经典子群。也就是说，我们有一个●相位集合：

$$\left\{ \begin{array}{c} \vee \\ g \end{array} \right\}_{g \in G} \cong \left\{ \kappa_g \right\}_{g \in G}$$

对○来说是经典的（只差一个倍数）：

并用●来编码 G：

因为强互补对○/●来说是对称的，我们也可以用○相位的经典子群来编码 G：

　　因此，我们（有两种方法）可以完全用强互补蜘蛛对来编码这个群。如果想研究这个群（或是建立一些量子过程来帮助我们研究此群），我们可以使用这些蜘蛛对。这正是我们在12.2.4 节用量子算法求解隐子群问题（hidden subgroup problem）时所做的事情。

　　备注 9.97　细心的读者应该已经从式（9.99）对●的定义中发现，一般的蜘蛛等式：

$$\smile_{\bullet} \;=\; \smile$$

意味着对所有 $g \in G$，有 $g=-g$！当然并非对所有交换群都成立，而是只对具有如下形式的交换群成立：

$$\underbrace{\mathbb{Z}_2 \times \mathbb{Z}_2 \times \cdots \times \mathbb{Z}_2}_{N}$$

当 $g \neq -g$ 时，我们仍然能得到蜘蛛，但它们不一定能与自共轭标准正交基对应（见 *8.6.3 节）。在此情况下，线性映射：

$$\boxed{\iota} \;:=\; \curvearrowright$$

是将每一个群元素投影为其逆的函数映射，而并非只是线。详细讨论参见 *9.6.1 节。

9.4　ZX-演算

　　在这一节里，我们将把早前所建立的图形及相互作用应用到量子比特情况。这涉及两个相关问题：

　　1）哪些 cq-映射可以只用 Z 蜘蛛和 X 蜘蛛来展开？我们可以用这两种蜘蛛来展开全部 cq-映射吗？

　　2）哪些 cq-映射公式可以用图形演算（某些已出现过或是新的图形公式）来证明？

　　第一个问题的答案很简单：是！特别的是，我们可以仅用 Z 蜘蛛和 X 蜘蛛来构建出从 m 重 $\mathbb{C}^2$ 空间到 n 重 $\mathbb{C}^2$ 空间的**任意线性映射**。因此，我们可以通过翻倍操作建立基于量子比特的任意量子映射，也可以建立任意基于比特和量子比特的 cq-映射。

　　第二个问题的答案有点尴尬：我们还不确定。这是一个非常困难的问题。然而如果限定相位只能是 $\frac{\pi}{2}$ 的倍数，那么能够得到一个重要的**纯量子映射**理论，名为 Clifford **映射**理论。第 11 章指出，Clifford 映射理论所提供的量子映射足以证明量子理论的非局域性。

　　在这个过程理论中，只需要 4 个公式（严格地说是 4 类公式）便足以证明任何结论！前头两个公式告诉我们有相同颜色的蜘蛛是如何**合并**的。这些不过是我们已经很熟悉的（非翻倍）蜘蛛融合规则：

580

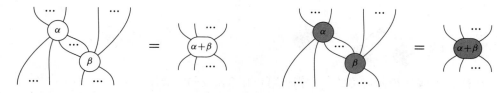

581

第三个公式告诉我们不同颜色的蜘蛛之间如何**交换**位置：

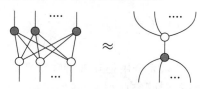

从定理 9.71 可知，这等价于强互补性。第四个公式是新的。它告诉我们如何将蜘蛛的颜色从一种**切换**成另一种：

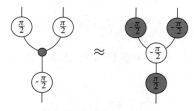

其他三个公式都是在讲任意维度下的强互补蜘蛛对如何如何，只有这一个公式是关于量子比特的。在下一节我们将看到这一规则与布洛赫球面上的几何密切相关。

备注 9.98　在这一节里我们几乎不和单线打交道。这为我们提供了最通用的规则，因为涉及量子和杂交蜘蛛的特殊情况都可以通过折叠 / 展开量子线来获得。因此，我们将固定使用本章前面所建立那些翻倍公式（doubled equation）的解翻倍（undbouled）形式。（得益于推论 6.18）。注意，在不引起混淆的情况下，我们仍然把解翻倍后得到的单线称为量子比特。

9.4.1　普适的 ZX-图

我们专门针对量子比特来定义一类新的图形。

定义 9.99　ZX-图是指由 Z 蜘蛛和 X 蜘蛛组合而成的字符串图：

582

$$ \qquad\qquad\qquad (9.100) $$

$$ \qquad\qquad\qquad (9.101) $$

对于 ZX-图，我们只允许由这两种相位蜘蛛所构成的过程存在。但这并非要将其他所有框从我们的语言系统中全部删掉，我们应该把它看成是"在框里做填空"：

假设我们有多种相位以及两种颜色的蜘蛛，那么 ZX-图相比普通的字符串图或点图来说更具有表现力。在本节中我们将看到，实际上这足以用来构建任何从量子比特到量子比特的纯量子映射。如果我们另外再加上舍弃操作或（更一般的）杂交蜘蛛，那么可以分别构建出任意基于（量子）比特的量子映射或 cq-映射。

　　首先我们来展示一下如何使用 ZX-图来构造任意的单量子比特幺正变换。回想一下，量子比特的幺正变换与布洛赫球面上的转动相对应。我们已经有了两类非常有用的转动：实现沿 Z-轴转动的 Z 相位门：

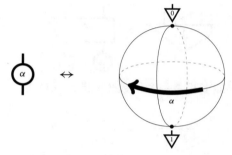

以及实现沿 X-轴转动的 X 相位门：

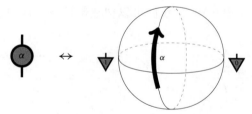

实际上，这是关于球面的一种基本属性：任意的转动都可以分解为围绕一对正交转轴的三种转动。将其应用到幺正量子映射，可以得到以下结果。

583

　　命题 9.100　　对作用在量子比特上的任意量子映射 $\widehat{U}$，存在 α、β 和 γ，使得 $\widehat{U}$ 可以分解为：

$$
\begin{array}{c}
\widehat{U}
\end{array}
=
\begin{array}{c}
\gamma \\
\beta \\
\alpha
\end{array}
$$

称为 $\widehat{U}$ 的欧拉分解（Euler decomposition），而相位 α、β 和 γ 被称为欧拉角（Euler angle）。

　　因为可以实施任意幺正变换，所以可从某个固定的态出发，将它转换成我们想要的任意单量子比特态 $\widehat{\psi}$，现在展开成 ZX-图，例如：

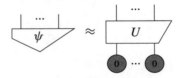

通过解翻倍操作，我们可以看到，在 $\mathbb{C}^2$ **线性映射**中的任意态都可以用 ZX-图来展开（只相差一个整体相位）。这个结果可以推广到多量子比特态情况。

命题 9.101 任意 n 重 $\mathbb{C}^2$ **线性映射**中态都可以用 ZX-图展开，最多相差一个倍数。

这一定理的证明暂不讨论，直到讨论量子计算的 12.1.3 节，届时将借用一些量子线路的相关结果来完成证明。具体来说，在 12.1.3 节中我们将会证明 ZX-图可以用于构造任意 n 量子比特的幺正变换 $\widehat{U}$，就像上面一样，我们可以运用这一结果来获得任意 n 量子比特态：

通过解翻倍可以得到任意态，最多相差一个倍数（见推论 6.18）：

将过程 – 态对偶性应用到命题 9.101，我们可以构造出任意线性映射，其输入 / 输出线都是 $\mathbb{C}^2$ 型：

显然，如果 ψ 是 ZX-图，那么 f 也是。进而，我们能以 ZX-图的形式得到所有的复数。

命题 9.102 选取适当的 α、β 和 k，任意复数都可以被展开成如下 ZX-图：

证明 首先注意到，我们可以用以下方式得到 $\sqrt{2}$ 与任意复相位相乘的结果：

$$\overset{(9.46)}{=} \ \sqrt{2} \ \overset{(9.11)}{=} \ \sqrt{2}\,e^{i\alpha}$$

这足以表明我们可以展开任意正实数。首先：

$$\overset{(9.100)}{=} \ (1+e^{i\beta})(1+e^{-i\beta}) \ = \ 1+e^{i\beta}+e^{-i\beta}+1$$

利用 $e^{i\beta}=\cos\beta+i\sin\beta$（见 5.3.1 节），上式简化为：

$$\boxed{-\beta}\quad\boxed{\beta}\ =\ 2\,(1+\cos\beta)$$

这是一个介于 0 到 2 之间的任意实数。为了得到更大的数字，我们可以添加更多的圆点：

$$\boxed{-\beta}\quad\boxed{\beta}\ \underbrace{\circ\ \cdots\ \circ}_{k}\ =\ 2^{k+1}(1+\cos\beta)$$

因此，对任意正实数 r，我们可以先选定一个 k，使得 $2^{k+1}\geqslant r$，然后选择相应的 β。 □

至此我们得到以下结论。

定理 9.103   任意一个输入／输出线均为 $\mathbb{C}^2$ 型的线性映射都可以用 ZX-图来展开：

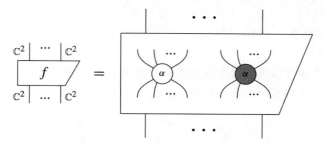

9.4.2   Clifford 图的 ZX-演算

除了考虑整个量子比特，我们还可以将目光限定于六个在布洛赫球面上有代表性的态来构造出许多我们感兴趣的态和过程（当中大部分是我们曾见过的！）。这六个布洛赫球面上的态是 Z、X 和 Y-基态，分别对应着下图所示的相位态：

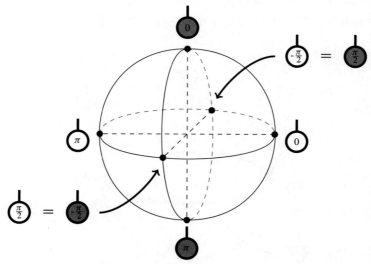

相位群也简化为一个只包含四个元素的 $U(1)$ 子群 $\mathbb{Z}_4$：

注意，这里面每一个态都可以表示为相位是 $\frac{\pi}{2}$ 整数倍的 Z 或 X 相位态。当然，我们可以考虑所有像这样的 ZX-图。

定义 9.104   Clifford 图是相位为 $\frac{\pi}{2}$ 整数倍的 ZX-图。

586

反过来，这些图定义了一种新的过程理论。

定义 9.105 Clifford 图是**纯量子映射**理论的子理论，通过翻倍那些可以展开成 Clifford 图的线性映射来得到。

如前所述，Clifford 图可以用来组成一组完备 Clifford 映射的图形演算，即：对两个相等（或只差一个倍数）的 Clifford 映射，存在一组图形演算公式可以将其中一个映射的图形改写成另一个映射的图形。

实际上，相位蜘蛛融合规则和强互补性几乎已经能让我们达成目的。然而还是有所欠缺，因为这两项规则是对所有量子系统都适用的，而不仅仅针对量子比特。因此，至少还需要一个规则来告诉我们，当前正在处理的是量子比特。缺失的最后一个规则来源于：虽然 ZX-图中仅含有 Z 蜘蛛和 X 蜘蛛，但当中也以相位形式隐含了 Y-基和 Y 蜘蛛。问题是，我们如何把它们挑出来？

事实证明，仅仅考虑如何构造 Y 复制蜘蛛，便足以充分地展示 Clifford 图的 ZX-演算的全部威力。单一形式的 Y-基可以表示如下：

$$
\begin{cases}
\sqrt{2}\ \blacktriangledown_{0} = \left(\tfrac{\pi}{2}\right) = \mathrm{e}^{i\frac{\pi}{4}}\ \left(-\tfrac{\pi}{2}\right) \\[2mm]
\sqrt{2}\ \blacktriangledown_{1} = \left(-\tfrac{\pi}{2}\right) = \mathrm{e}^{-i\frac{\pi}{4}}\ \left(\tfrac{\pi}{2}\right)
\end{cases}
\tag{9.102}
$$

（我们把复相位明确地写出来，它们很快就会发挥作用。）

练习 9.106 利用 Y-基、相位 Z 蜘蛛和相位 X 蜘蛛的定义，证明式（9.102）中的公式成立，特别是其中复相位数值的正确性。

Y-基的两种展开方式给予了我们两种复制它的方法。首先，围绕 Z-轴的 $-\frac{\pi}{2}$ 转动会把 Y-基转换为 X-基：

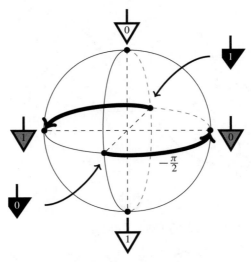

587

而 $\frac{\pi}{2}$ 转动会把 X-基转换回 Y-基。因此，复制 Y-基的其中一种方法为：

为了检验复制过程，可以将两个 Y-基态分别从下方接入，并按（9.102）所示写成○相位态的形式：

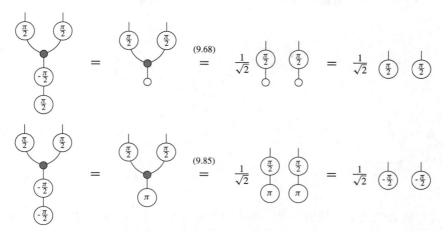

我们可以通过反转颜色来对●相位做类似操作，但是需要将两组标准正交基态之间的相位差给修正过来。从式（9.102）可以看到，附加相位是 $e^{i\frac{\pi}{4}}$ 和 $e^{-i\frac{\pi}{4}}$，因此总相位差为 $\frac{\pi}{2}$。我们通过在○蜘蛛上附加 $-\frac{\pi}{2}$ 相位来加以补偿：

练习 9.107 通过接入 Y-基态，证明存在某个整体相位 $e^{i\alpha}$，使得：

从而：

$$（9.103）$$

或更确切地说（因为左右两端只相差一个整体相位）：

588

再加上我们已然知晓的强互补蜘蛛对的 Y 规则，可以得到以下定义。

定义 9.108 Clifford 图的 ZX-演算由以下四项规则构成：

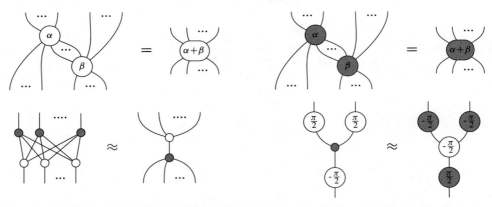

第一件可能会让读者吃惊的事是，第四项规则并非如其他三项那样关于○和●对称。这种非对称性是因为要确保规则数最小而人为设定的，在后面章节里我们将会证明 ZX-演算是颜色对称的，意思是每一个规则在颜色对换后依然成立。很明显，前三项规则在颜色对换后依然成立，所以这等于是要证明颜色对换后的 Y 规则：

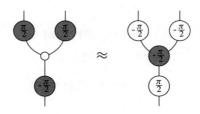

589 依然成立。

在前面章节里，我们已经了解很多关于 ZX-演算的知识。例如，由定理 9.71 可知，第三项规则等价于强互补性，因此我们得到以下强互补性公式：

$$\text{(9.104)}$$

$$\text{(9.105)}$$

以及互补性公式：

$$\text{(9.106)}$$

这个特例表明 ZX-演算里包含了一些能断开相连图形的公式。这些公式最为重要，因为 ZX-图的最基本作用是告诉我们"什么与什么之间相连"。

和强互补性一样，有多种等价的方式来定义 ZX-演算。在后面的 9.4.4 节我们会基于

ZX-演算来构建一个不同版本的规则四。前述版本的规则是我们首次提出的，也是目前所知的最小的一组规则集合。每一个规则都告诉我们一个关于蜘蛛的不同知识点：

- 相同颜色的蜘蛛如何**结合**到一起。
- 不同颜色的蜘蛛如何与对方**对换**位置。
- 如何将蜘蛛**切换**成其他颜色。

在 9.3.4 节我们推导过许多包含经典子群相位（在量子比特情况下是 0 和 π）的规则。我们从布洛赫球面出发对这些规则进行了证明，其中发现，一种颜色的 π 相位态是其他颜色的基态（最多相差一个倍数）。然而，为了确信图形演算能证明一切，我们还是准备**仅**用 ZX-演算的四项规则来完成推导。这是可以办到的，下一节我们将给出示范。

在 ZX-演算的四大规则之外，我们还需要一些小规则来消除非零的数字：

590

$$\bigcirc \;=\; \bullet \;=\; \raisebox{-0.5em}{α} \;=\; \raisebox{-0.5em}{α} \;\approx\; \boxed{}_{\text{虚线}} \qquad (9.107)$$

使用类似练习 9.62 中的技巧，可以证明这些数字必不为 0，否则所有的蜘蛛就都等于 0。

9.4.3 入门级 ZX：只有图形，没有其他

现在，ZX-演算已然确立，我们的目标是仅用这些规则来完成本章余下的所有证明，这样做能让我们更好地看清 ZX-演算是如何"运作"的。先来做一些热身。

命题 9.109 ZX-演算服从：

$$\raisebox{-0.5em}{α} \;\approx\; \bigcirc \qquad\qquad \raisebox{-0.5em}{α} \;\approx\; \bullet \qquad (9.108)$$

证明 证明过程与式（9.91）几乎一样，除了在最后要动用一下"非零"规则：

$$\raisebox{-0.5em}{α} \;=\; \overset{(9.105)}{\cdots} \;\approx\; \overset{(9.107)}{\cdots} \;\approx\; \bigcirc$$

对换颜色后结果类似。相位蜘蛛融合的使用通常是自明的，故此不再特意声明。 □

接下来要证明的是——式（9.102），这是建立四项规则的出发点。

命题 9.110 ZX-演算服从：

$$\left(-\tfrac{\pi}{2}\right) \;\approx\; \left(\tfrac{\pi}{2}\right) \qquad\qquad \left(\tfrac{\pi}{2}\right) \;\approx\; \left(-\tfrac{\pi}{2}\right) \qquad (9.109)$$

证明 对 Y 规则等式的两端分别取部分迹：

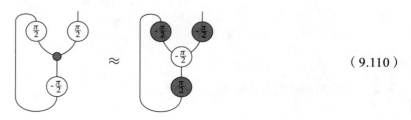

$$(9.110)$$

591

等式左边演化为：

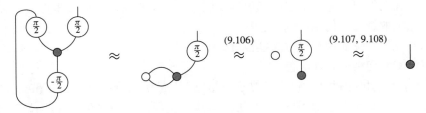

而等式右边演化为：

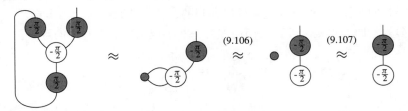

然后将 ●π/2 相位同时作用到两边，便得到了式（9.109）的第一个等式：

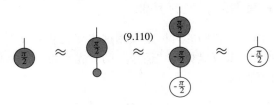

对两边取共轭使正负号翻转，第二个等式得证。   □

现在我们来证明，所有包含（在 9.3.4 节中出现的）π 相位的规则都能用 ZX-演算来推导（只要将相位限定为 π/2 的整数倍）。最重要的是，我们需要证明 π 相位态实际上是基态。我们从 π 交换规则开始。

命题 9.111   ZX-演算服从 π 交换规则：

$$
\tag{9.111}
$$

其中，$\alpha \in \left\{ 0, \frac{\pi}{2}, \pi, -\frac{\pi}{2} \right\}$。

证明   将 ● 态连接到 Y 规则左边输入端，得到：

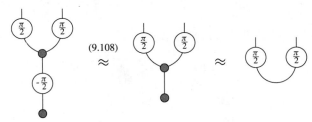

再将其连接到 Y 规则右边输入端，得到：

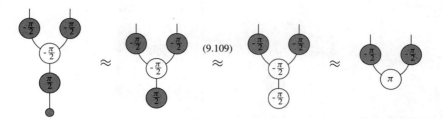

由此可得：

$$\approx \qquad\qquad （9.112）$$

将弯曲的连线拉直，得到：

$$\approx \qquad（9.112）\qquad \approx$$

然后将●色$\frac{\pi}{2}$相位门连接到输出端，得到：

$$\approx \qquad\qquad （9.113）$$

此即$\alpha := \frac{\pi}{2}$时的式（9.111）。对其他相位角，我们可以简单地将其分解为一系列的$\frac{\pi}{2}$门。例如对$\alpha := \pi$，有：

$$= \qquad（9.113）\qquad \approx \qquad（9.113）\qquad \approx \qquad \approx$$

□　593

练习 9.112　如果在前面的证明里不用●态而改用○态，证明最终得到的等式是：

$$\approx \qquad\qquad （9.114）$$

这些规则足以证明 ZX-演算是颜色对称的。

定理 9.113　ZX-演算服从：

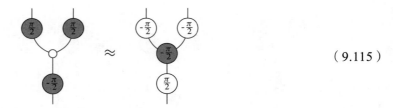

（9.115）

因此通过 ZX-演算证明的任意等式在颜色反转后依然成立。

证明　将一系列相位门作用到 Y 规则的左边，得到：

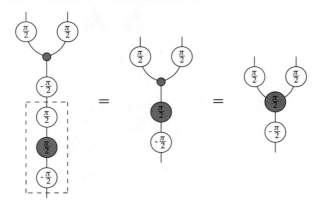

同样的相位应用到 Y 规则的右边，得到：

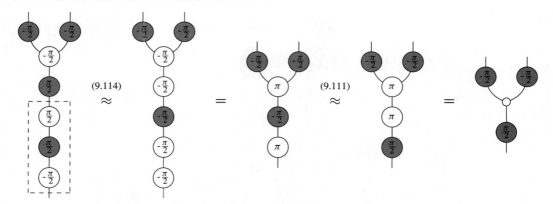

其中第一步是通过对式（9.114）两边取共轭来实现正负号翻转。由此可得：

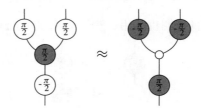

对两边同时取共轭，定理得证。　　　　　　　　　　　　　　　　　□

　　练习 9.114　用 π 交换规则来证明 π 消除规则：

（9.116）

其中，$\alpha \in \{0, \frac{\pi}{2}, \pi, -\frac{\pi}{2}\}$。然后证明其颜色反转形式：

$$（9.117）$$

下面这条规则此前未曾出现，是一个切断图形的重要规则。

命题 9.115　ZX-演算服从 $\pi/2$ 补充性：

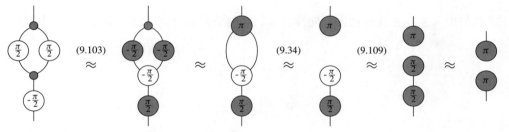

$$（9.118）$$

证明　首先，我们有：

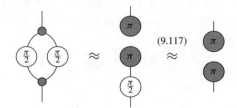

595

然后，将○颜色的 $\pi/2$ 相位门接入输入端得到：

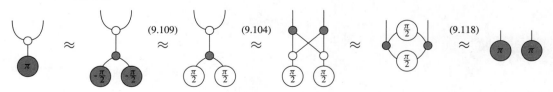

备注 9.116　使用"补充性（supplementarity）"一词是因为，$(\frac{\pi}{2}, \frac{\pi}{2})$ 是一对补充角，即相加等于 π（180°）。我们将在 9.4.6 节对这条规则进行推广。

现在，终于要实现我们的最终目标：只用 ZX-演算来证明，●色的 π 相位态是○色的基态（反之亦然）。

命题 9.117　ZX-演算服从 π 复制规则：

$$（9.119）$$

证明　我们有：

可能需要花一点时间才能理解，这里的第四步不过是〇相位蜘蛛融合的一种应用。　　　　　□

9.4.4　专家级 ZX：建立自己的演算

　　我们很快就会看到，定义 9.108 里给出的四项规则足以证明所有关于 Clifford 图形的命题。然而这并不代表它们是用起来最简便的规则集合。例如，有人习惯使用更传统的代数结构，他会发现多输入多输出规则非常不方便，蜘蛛融合远不如我们在 ⃰8.6.1 节里所讨论的 Frobenius 代数规则好用。（你：开玩笑吧？我们：并没有。）同时他会发现，定义强互补的三条公式用起来比将它们打包而成的一个规则要方便得多。除此之外人们还会发现，拥有一个能简单消除 4 路环的基本规则非常有用：

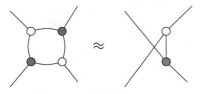

这正是我们引入强互补性的初衷。同样，人们会希望以互补性（而非强互补性）作为基础：

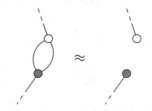

并由此得到一些隐含了强互补性的新规则组合。有何不可？每个人的需求都有所不同。

　　在本节，我们会推导出 ZX-演算的另一种等价版本，其中 Y 规则：

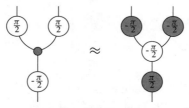

会被替换成某个对两种颜色对称的新规则。在前面章节里，我们证明了如果一个规则在 ZX-演算下成立，那么做颜色对换后也成立。我们的新规则将通过相位门构造的显式"变色器"来明确地展现这种颜色对称性。

　　首先，结合一点儿相位蜘蛛融合操作，我们得到：

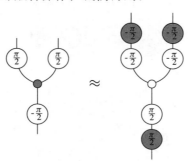

然后，把 $\pi/2$ 相位门同时插入两端，可以将所有负号去掉：

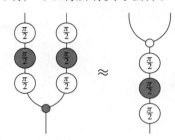

初看之下，似乎比原先更糟。但是，如果令：

$$（9.120）$$

则有：

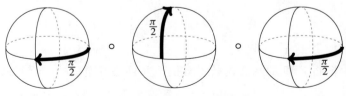

$$（9.121）$$

因此我们得到了一个简单的规则，告诉我们这个白色的小框是如何穿过复制蜘蛛并使其改变颜色。啊哈！我们好像已经找到了一种实现变色器的方法了！

　　不过，这个神秘的小框究竟是什么？为了一探究竟，需要用到一些几何知识。先来看看里面的量子映射：

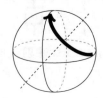

用布洛赫球面的转动来表示，就是：

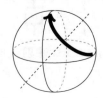

有空间想象力的人能够一眼看出，这相当于做了如下这样的 180° 旋转：

不那么擅长空间想象的，可以试着拿一个球形物体来做下试验，或者，可以用 ZX-演算来验
证一下白色小框确定将 X-基态转换成了 Z-基态。

命题 9.118 ZX-演算服从：

$$（9.122）$$

证明 我们有：

$$(9.109) \qquad (9.109)$$

同理可证其余基态的情况。   □

白色小框代表了 180° 旋转，如果连续操作两次就会回到原点，因此它是自逆反的。关
于这一点，可以用 ZX-演算来验证。

命题 9.119 ZX-演算服从：

$$（9.123）$$

证明 运用 π 交换和蜘蛛融合，得到：

$$(9.111)$$

因此，白色小框将 Z 和 X-基态进行了对换，并且是自逆反的。听起来是不是很熟悉？
没错：

白色小框和早在 5.3.5 节出现的 Hadamard 线性映射之间只相差一个整体相位，因此将它们
统称为 Hadamard 门，或 H 门（H-gate）。于是有了下面这个重要结果。

定理 9.120　ZX-演算可以被等价地表示为：

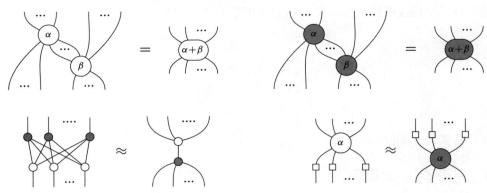

其中：

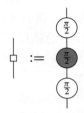

证明　任意 Clifford 图形中的○相位蜘蛛都可以用下列模块来构建：

　（9.124）

为了将○相位蜘蛛全部转换成●相位蜘蛛，需要用到把 H 门穿进每一种模块的相应规则。规则（9.121）、规则（9.122）及其颜色对换为我们提供了所需的一切：

为了证明上式，首先得到：

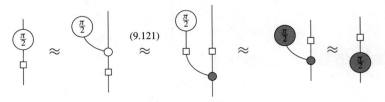

600

然后将以上结果用到第三步：

相反, 式（9.121）只是颜色变更规则的一个特例。通过展开颜色变更器定义并从本节刚开始的地方往回做相位运算可知, 式（9.121）中隐含了 Y 规则。 □

新规则:

$$
\approx \tag{9.125}
$$

被称为颜色变更（colour change）。

9.4.5 神级 ZX: 完备性

生命、宇宙乃至万物的终极目标当然是要将可怕的符号操作替换成图形。那么, ZX-图离这个终极目标还有多远? 正如前面所述, 我们还不清楚。目前所知的是, 如果只局限在 Clifford 图的 ZX-演算, 那么我们的目标已经达成。也就是说, 就推导 Clifford 图之间的公式而言, 我们可以完全无视这些图形与线性映射之间的关系, 而仅使用图形演算。承载我们到达目的地的奋进号太空船是下面这个概念。

定义 9.121   图态（graph state）是指那些 ZX-图仅由（无装饰）○蜘蛛和 H 门组成的态, 其中:

① 每一只○蜘蛛有且仅有一个输出。

② 所有的无输出线都通过一个 H 门连接两只○蜘蛛。

因为所有的○蜘蛛都只有一个输出, 所以可以用它们来识别量子系统。边代表系统在对应量子态下的相互纠缠方式。在第 12 章我们将看到, 通过翻倍图态而得到的量子图态（quantum graph state）构成了基于测量（measurement-based）的量子计算模型的基础。

以下是一些图态的示例:

请注意, 为清晰起见, 通常不必将输出线一直伸延到顶部, 也不必总是画成直上直下的。同样, 由于 H 门是自转置的, 因此无须区分输入和输出。在不引起歧义的情况下, 我们可以将 H 门的线斜过来画:

在涉及多个图态的时候画起来就会比较顺手:

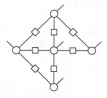

我们使用"图态"这一名称，是因为关于态的一切都可以用其底层（无向）图形（即一组由边连接起来的顶点）来确定，它告诉我们应该在哪里添加带 H 门的○蜘蛛和线：

就我们的目的而言，图态很有用，因为它们是构成具有良好范式的 Clifford 图的基础。这种范式还包含有局域 Clifford 幺正变换，即可以展开为单系统 Clifford 图并行组合的幺正变换。例如：

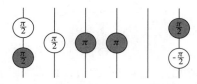

备注 9.122　由于是分别独立作用于系统，因此局域 Clifford 幺正变换不会影响系统之间的纠缠效应。因此，当我们将图态视作一种纠缠资源（entanglement resource）时，局域 Clifford 幺正变换对它们不会有任何本质改变。我们将在 13.3 节再详细讨论这个概念。

　　为了获得正则形式，首先要利用过程 – 态对偶性来将一个 Clifford 图转换成一个态。然后，我们将下面的结果应用到这些 Clifford 态上。

602

命题 9.123　每一个 Clifford 态都可以通过 ZX-演算转换成图态加上局域 Clifford 幺正变换，例如：

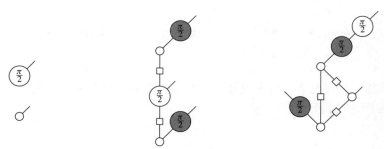

我们称之为 Clifford 图的图形形式（graph-form）。

　　此处暂不提供详细证明，但证明的要点可以归结如下。首先，使用蜘蛛融合将 Clifford 图中的蜘蛛分解为有限的"小"蜘蛛集合，即式（9.124）中所描述的蜘蛛以及与它们相对应的●蜘蛛。然后，可以通过添加"小"蜘蛛来完成证明。将各类"小"蜘蛛以图形形式添加到 Clifford 图后，得到的结果可以再次被转换为图形形式。

　　由于每个 Clifford 图都可以转换为图形形式，余下只需证明，单凭 ZX-演算就足以在图形形式下完成图与图之间的相等性证明。让我们来为太空船添加一点反物质燃料吧。

定义 9.124 给定一个无向图 G 以及一个 G 中的顶点 v,在 G 中的 v 点的局域互补（local complementation）是指对所有与 v 相邻的顶点 w、w' 做互补操作后得到的图形,记为 $G \star v$。其中,互补操作是指:

- 如果 w 和 w' 之间有相连的边,则将它删除。
- 并且如果 w 和 w' 之间无相连的边,则添加一条。

好吧,这个定义有点难理解,我们来看个例子。如图所示,顶点 v 是图中的白点:

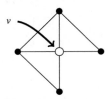

与 v 相邻的点是指与 v 之间有边相连的顶点,即图中的白点:

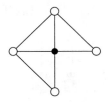

为得到局域互补图,我们先删除白点之间已有的边,再添加之前不存在的边:

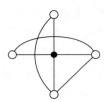

结果如下:

请注意,v 与其邻点相连的边并没有改变,只有邻点**之间**的边发生了变化。很明显,这种方法可以扩展到对图态的操作上:

图态的一个显著特性是局域互补只引入了局域 Clifford 幺正变换。

命题 9.125 令 G 为一个图态,它的第 j 根输出线与图上的点 v_j 相连。于是可以得到:

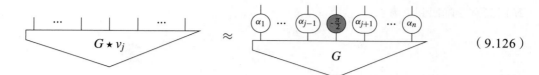

$$（9.126）$$

其中：

$$
\alpha_i = \begin{cases} \frac{\pi}{2} & \text{如果 } v_i \text{ 是 } v_j \text{ 的邻点} \\ 0 & \text{其他情况} \end{cases}
$$

特别是，使用局部互补规则（9.126）会将一个在图形形式下的 Clifford 图转换为另一个表示同一个态的也在图形形式下的 Clifford 图。值得注意的是，我们可以用这种方式，生成与这个态有关的**每一个**图形形式。

命题 9.126 当且仅当一个图形形式的 Clifford 图可以通过局域互补规则（9.126）以及局域 Clifford 幺正变换上的 ZX-演算来转换成另一个 Clifford 图时，这两个 Clifford 图表示的是同一个态。

这个定理的证明颇为复杂，我们同样在此略过。需要记下的要点是：使用局域互补规则，我们可以通过重新画图来判定两个图形是否相等。结合命题 9.123 可知，如果可以用 ZX-演算来推导出局域互补规则，那么就可以证明 Clifford 映射之间的每一个等式。

在最后，我们用 ZX-演算来完成局域互补规则的推导。我们从一个小引理开始。

引理 9.127 ZX-演算服从：

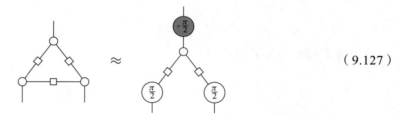

$$（9.127）$$

证明 首先，将 H 门抬升到上方：

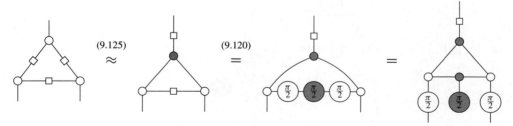

然后运用强互补性：

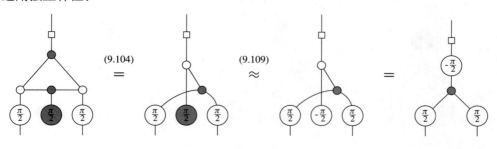

H 门又重新降回到下方：

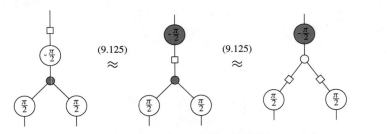

605

下一个引理是上一个的扩展。首先，将 K_n 定义为如下的递归 ZX-图：

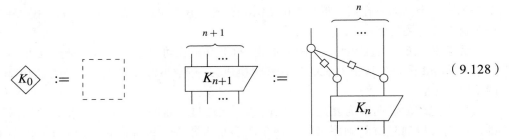

$$(9.128)$$

多亏有了蜘蛛融合，多根竖线可以通过带 H 边（H-edge）来连接成一张完全相连的图：

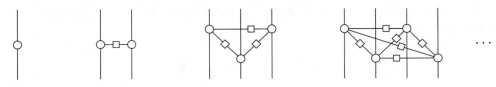

引理 9.128 ZX-演算服从：

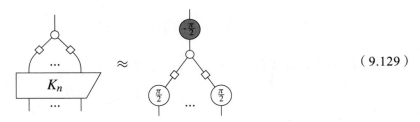

$$(9.129)$$

证明　使用归纳法证明。当 $n=0$ 时，有：

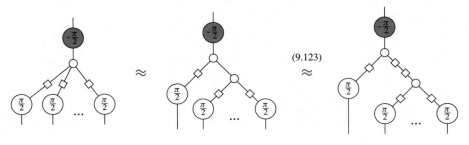

接下来证明，假设式（9.129）对 n 成立（记为 (ih)），则对 $n+1$ 也成立。准备好了吗？开始：

606

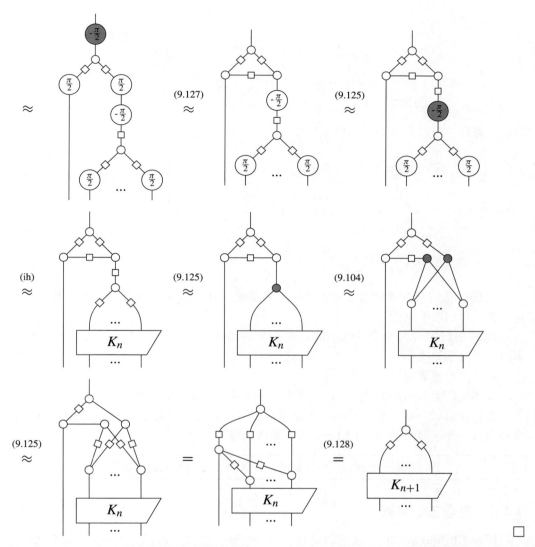

好了，这个引理到底要表达什么？它要表达的是，通过将 $-\pi/2$ 的 ● 相位蜘蛛作用到图态中的 v_j，并将 $\pi/2$ 的 ○ 相位蜘蛛作用到其邻点，就像式（9.126）右边一样，我们在每一对 v_j 的邻点之间引入了一种新的 H-边：

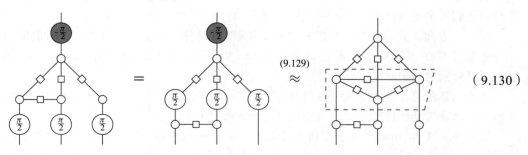

$$（9.130）$$

然后就像互补蜘蛛一样，图态中的一对 H-边会相互抵消：

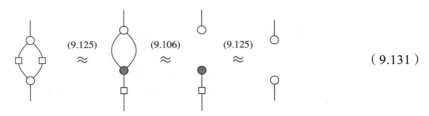

$$(9.131)$$

最后会得到一张以 v_i 为中心的局域互补：

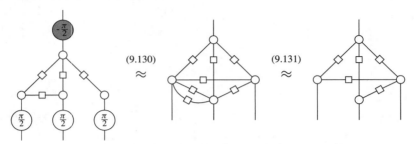

没错！我们只依靠定义 9.108 给出的四项规则就完成了局域互补规则的推导。综上所述，我们得出以下结论。

定理 9.129   ZX-演算对 **Clifford 映射**是完备的。即，对任意两个 Clifford 图 D 和 E，下面两个命题等价：

- 从 ZX-演算可以推导出 $D=E$。
- 相关的 Clifford 映射 $[\![D]\!]$ 与 $[\![E]\!]$ 相等，之间最多相差一个倍数。

我们可以做一则类似字符串图和点图的声明：如果可以通过 ZX-演算将一个 Clifford 图改写成另一个，那么这两个 Clifford 图就被认为是"相同的"：

> 两个 Clifford 映射相等，当且仅当它们的 Clifford 图相同。

9.4.6   完全 ZX-演算

即便 Clifford 映射已然能够表达很多量子特征，但至少还有一个理由让我们想要研究更普适的 ZX- 图。众所周知，Clifford 图（或者 Clifford 量子线路）可以用经典的方式来有效模拟。也就是说，当输入某个态到一个 Clifford 映射并测量其输出时，我们可以用经典程序很快地计算出其相应的玻恩概率。因此，如果我们想要制造一台量子计算机，Clifford 映射不会为我们带来任何性能提升。关于这一点我们将在第 12 章再做深入讨论。

而另一方面，只需添加一个额外的相位到 Clifford 图中，我们就会得到很大的回报。

608

定义 9.130   **Clifford+T 图**是指相位被限定为 $\pi/4$ 整数倍的 ZX-图，**Clifford+T 映射**是与之相对应的**纯量子映射**。

这个有趣的名字来源于量子计算机学中将 ○ $\pi/4$ 相位门称为 T 门。加入了 $\pi/4$ 相位之后，我们几乎就能做到想做的一切，可以任意逼近想要的目标。

定理 9.131   Clifford+T 图是近似普适的（approximately universal）。即，Clifford+T 图能以任意精度逼近任意一个线性映射。

我们已经知道，用 ZX-图可以构建任意量子过程，而现在又了解到，Clifford+T 图也能做到同样的事情。那么，这其中还会有多少丰富的内涵？

如果我们的视线从 Clifford 图转移到任意的 ZX-图，就会发现此前证明几项规则时用到的 $\alpha \in \{0, \frac{\pi}{2}, \pi, -\frac{\pi}{2}\}$ 条件被拓展到了任意相位。例如，将 H 门作用到相位蜘蛛的每一只脚上会改变它的颜色，而无论 α 为何值。于是：

$$\text{（9.132）}$$

对所有 α 成立。同样：

$$\text{（9.133）}$$

也对所有 α 成立。

实际上，如果将上述两个规则添加到 ZX-演算中，我们就会离全部 ZX-图的完备性更近一步。

定理 9.132 加上规则（9.132）和规则（9.133）后的 ZX-演算对**单量子比特的 Clifford+T 映射**（即具有如下形式的映射）来说是完备的：

609

看起来不错，不过这只是开始。经过拓展后的 ZX-演算是否对所有 Clifford+T 图都完备？

很不幸，答案是否定的。正如前面的另外两项规则，$\frac{\pi}{2}$ 互补规则有一个兄弟，它对（几乎）所有相位都成立。对所有不等于 0 或 π 的 α 来说，我们有：

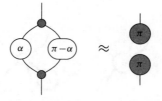

也就是说，对任意（非平凡）互补相位角对（α，$\pi-\alpha$）来说，上图是分离的。即使将范围限定在 Clifford+T 图，等式：

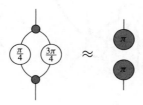

也无法用现有的规则来证明。现阶段我们知道的只有这些！可以完成这个任务的神奇规则可能存在，也可能不存在。所以呢，我们还是要完成一个"练习"。

练习 *9.133　找到对（Clifford+T）ZX-图完备的规则集合。

就像练习 7.39 那样，如果你能找到答案，我们愿闻其详！在本章末尾我们会列出所有的参考文献。当然，当你阅读到这里时，文献的数量可能又增加了不少。

9.5　本章小结

1）蜘蛛的无偏态是指满足以下条件的态：

也就是说，蜘蛛○的无偏态在○测量下输出均匀概率分布。在玻恩定则里，意味着对所有的 i 均有：

去掉归一化因子后，得到相位态：

装饰这些态的相位有着清晰的物理内涵：

被经典 – 量子通道破坏的数据

换句话说，由相位构成的东西在本质上是量子的。对量子比特情况有以下形式：

2）相位蜘蛛由以下方式生成：

而相位蜘蛛融合则是：

其中：

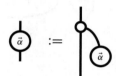

$$(9.134)$$

此操作产生了具有交换群结构的相位，即相位群，其单位元和逆元分别是：

相位蜘蛛的一个重要的例子是相位门：

611

3）蜘蛛○和●是互补的，如果它们满足：

互补性的物理内涵如下：

> （用○编码）然后（用●测量）=（无数据流）

互补性等价于，所有○的标准正交基态对，●都是无偏的，反之亦然。可以用以下两种形式来表达：

4）互补性引入了蜘蛛剥离规则：

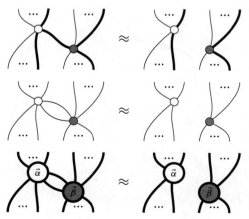

5）一个互补对产生通用 CNOT 门：

同时为隐形传态提供了所需的一切：

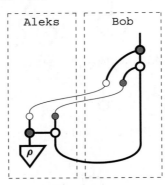

612

为了证明其可行性：

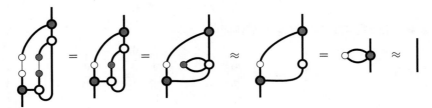

我们研究了一种称为量子密钥分发的协议：

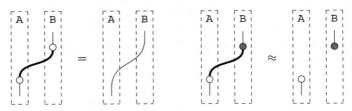

这个协议可以监测信道里是否存在窃听者：

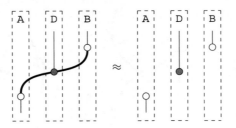

6）强互补性：

严格地隐含着互补性：

613

同时也给予我们更强的图形重写能力，例如：

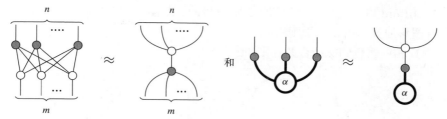

又如：

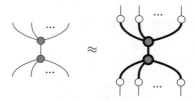

表示●蜘蛛是○的经典映射。诸如此类用●蜘蛛来表示○经典映射的例子还包括宇称映射、偶宇称态和奇宇称态：

7）强互补性等价于○（●）的基态构成●（○）相位群的一个子群。即，满足以下条件的相位态：

构成以下形式的子群：

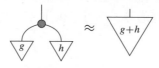

8）强互补蜘蛛对（Strongly complementary pairs of spiders）依靠交换群来分类。即，对○蜘蛛家族和任意交换群 G，存在唯一的●蜘蛛家族，使得○ / ●是强互补的，并且：

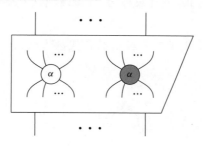

相反，所有的强互补对都由这种方式产生。

9）ZX-图，即由○和●相位蜘蛛组成的图形：

614

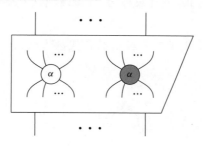

对量子比特是普适的,这意味着任意量子比特的经典 – 量子映射都可以用 ZX-图来展开。

10)Clifford 图是相位被限定为 π/2 整数倍的 ZX-图。ZX-演算是一种基于 Clifford 图的图形演算,由以下规则构成:

① 相同颜色蜘蛛的**合并**规则(2 个):

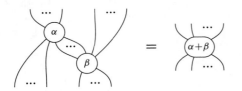 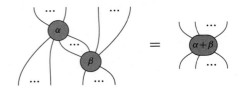

② 不同颜色蜘蛛之间的**位置对调**规则:

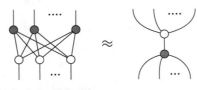

③ 不同颜色蜘蛛之间的**颜色切换**规则:

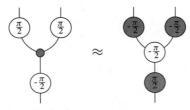

最后一个规则可以等价替换为颜色变更规则:

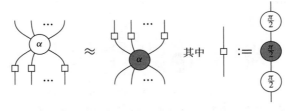

ZX-演算对 Clifford **映射**是完备的,即纯量子映射可以用 Clifford 图来展开。因此,任何 Clifford 映射之间的等式都可以仅用 ZX-演算规则来完成证明。

*9.6 进阶阅读材料

9.6.1 强互补蜘蛛是 Hopf 代数

在 *8.6.1 节我们看到,蜘蛛更常被称为(†特殊交换)Frobenius 代数。而强互补蜘蛛对也早已存在。

定义 9.134 矢量空间 V 上的双代数由结合代数(,)与余结合代数(,)组成,满足:

如果在此基础上，一个线性映射还满足：

$$\boxed{\iota} : V \to V$$

则该双代数被称为 Hopf 代数。如果该映射使得：

$$\text{（9.135）}$$

则称之为对跖（antipode）。

看上去很熟悉。如果添加一个 $\frac{1}{\sqrt{D}}$ 因子并让对跖变为平凡：

$$\boxed{\iota} :=$$

我们就正好得到了（强）互补公式。

那么，对跖到底是怎么回事？让我们回头看下 9.3.6 节里用交换群 G 的形式定义的 ● 蜘蛛：

$$\text{（9.136）}$$

616

将一组对应群元素 $g \in G$ 的 ○ 标准正交基插入式（9.135），得到：

$$\overset{(8.21)}{=} \quad \overset{(9.135)}{=} \quad \overset{(8.13)}{=} \quad \overset{(9.136)}{\approx}$$

因此，如果将 g 和 g 的 ι 映射做群和，得到的结果为 0。这意味着 ι 是群逆操作：

$$\boxed{\iota}_g = \nabla_{-g}$$

Hopf 代数中的对跖法则反映了 $g-g=0$ 这一事实：

与其逆相乘 $\{$ $\}$ 生成单位元

复制群元素 $\{$ $\}$ 删除群元素

以这种群的方式形成的 Hopf 代数称为群代数。当 G 仅由自逆元 $g=-g$ 构成时，群代数具有平凡对跖，例如宇称群 $\mathbb{Z}_2$。

备注 9.135 就算我们将群操作记为"＋"（通常只对交换群这么写），这种结构对非交换群也同样适用。在那种情况下，⬤变成不可交换，但 ⟨ （仍只是复制操作）还是余交换。在大量的文献中，研究的 Hopf 代数既非交换也非余交换，被称为量子群（quantum group）。

到这里，你也许会想："等会儿，难道强互补性（双代数公式）不是已经隐含了互补性（附加的 Hopf 代数公式）了吗？"当然是这样，但需要○和●都是蜘蛛（又名†特殊交换 Frobenius 代数），而非仅仅是旧的普通（余）代数。

此外，仔细观察一下强互补性隐含互补性的证明过程：

617

我们看到，第二步依赖于这样一个事实：

这种关系只对从自共轭标准正交基而来的蜘蛛家族成立，这个假设贯穿本书。

实际上，我们可以抛开这个假设，将互补性修改为：

$$ \text{（9.137）} $$

其中对跖取为：

$$ \text{（9.138）} $$

然后可得：

$$ $$

练习 9.136 证明上式中标（∗）号处的推导。这当中需要证明：

$$ $$

我们在本书中所做的大部分事情都可以推广到这种更为普适的设定，虽然这样做会让图形变得更为复杂。

练习 9.137 试将这种广义设定套用到 9.2.7 节里用互补蜘蛛描述的量子隐形传态中。加分点：使用 ∗8.6.3 节的"多毛蜘蛛"来展开非自共轭蜘蛛。

9.6.2 强互补与归一化形式

我们已经看到过强互补性的以下结果：

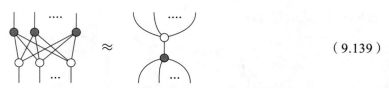

$$(9.139)$$

618

一个完全二分的蜘蛛图可以替换成一个●蜘蛛紧跟着一个○蜘蛛。实际上，这样的公式还有很多，例如：

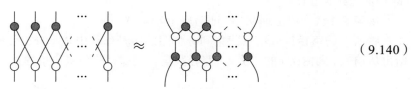

$$(9.140)$$

将长度为 $2N$、交替连接○蜘蛛和●蜘蛛的环形转变为一连串相连的六边环。

　　练习 *9.138　证明式（9.140）。

　　式（9.139）和式（9.140）都是下面这个定理的特例。

　　定理 9.139　公式：

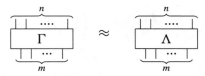

其中线路 Γ 和 Λ 只由具有以下形式的蜘蛛构成：

可以用蜘蛛融合与强互补性来证明，当且仅当在 Γ 和 Λ 中前向连接每一对输入和输出的路径数量除以 2 后的余数相同。

　　换句话说，我们可以仅通过路径计数来证明任何源自强互补性的公式。让我们来看一个最简单的例子，即强互补性公式自身：

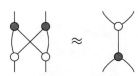

如果我们数一下从第一个输入到第一个输出的路径数量，会发现是 1：

619

实际上，每一对输入和输出之间都只存在一条路径：

强互补性公式的右边亦然：

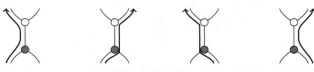

由此可证公式的左边和右边相等。查看其余两个强互补性规则会发现它们也遵循同样的结果（路径数始终为 0）。

练习 9.141   用定理 9.139 证明式（9.140）。

将所有的路径计数信息归集到一个图的路径矩阵中是十分方便的。矩阵 m 中的阵元 m_i^j 给出从输入 i 到输出 j 的（模 2）路径数量。例如，前面例子里的路径矩阵为：

$$\rightsquigarrow \quad \begin{pmatrix} 1 & 1 \\ 1 & 1 \end{pmatrix} \quad \leftsquigarrow$$

之所以要取模 2 是因为每一对路径都可以用互补规则来消除：

$$\rightsquigarrow \quad \begin{pmatrix} 1 & 0 \\ 0 & 2 \end{pmatrix} = \begin{pmatrix} 1 & 0 \\ 0 & 0 \end{pmatrix} \quad \rightsquigarrow$$

显然，这与定理 9.139 一致。

推论 9.141   只要具有相同的路径矩阵，图 Γ 和 Λ（形如定理 9.139 中的）就相等。

该如何证明呢？首先注意到，所有的强互补规则和蜘蛛融合都遵循路径矩阵。这足以表明，我们可以用这些规则来将任意图形改写为规范形式，该形式由给定的路径矩阵唯一确定。这些规范形式描述如下：

（i）相同颜色的蜘蛛互不接触。

（ii）每一对蜘蛛之间至少有 1 条边相连。

620 （iii）所有○蜘蛛都出现在●蜘蛛之前。

画出来就像这样：

对这样的标准形式，只要看到一根连接蜘蛛的线，就可以在路径矩阵的相应位置填上 1，例如：

$$\rightsquigarrow \quad \begin{pmatrix} 1 & 0 & 0 \\ 1 & 1 & 0 \\ 0 & 0 & 1 \\ 0 & 1 & 1 \end{pmatrix}$$

反之，任意一个路径矩阵都只存在一种标准形式与之对应。

接下来就只剩下证明任意的图形都可以写成标准形式。如果一个图形不满足（i）和（ii），我们可以通过蜘蛛融合或互补性来使它满足。只有（iii）是最困难的。在这里，对蜘蛛形式的限制：

起到了关键作用。图形不满足（iii）的唯一可能是它包含了式（9.139）的右侧。然而，如果我们逆向操作一下：

我们可以将○蜘蛛推到●蜘蛛的背后。在限定为线路图的情况下，重复这样的操作可以让全部●蜘蛛浮到上方，并且让所有○蜘蛛沉到底部，从而得到标准形式。

有趣的是，路径矩阵自身构成一套过程理论。首先注意到，将两个图形的路径矩阵○-组合（○-composing）后得到的结果等于两个图形组合后的路径矩阵：

$$
\begin{pmatrix} 1 & 0 \\ 0 & 1 \\ 0 & 1 \end{pmatrix} \begin{pmatrix} 1 & 1 \\ 1 & 1 \end{pmatrix} = \begin{pmatrix} 1 & 1 \\ 1 & 1 \\ 1 & 1 \end{pmatrix}
$$

621

将两个图形 ⊗- 组合（⊗-composition）的结果并非两个路径矩阵的 Kronecker 乘积，而是直和：

$$
\begin{pmatrix} 1 & 1 \\ 1 & 1 \end{pmatrix} \oplus \begin{pmatrix} 1 \\ 1 \end{pmatrix} = \begin{pmatrix} 1 & 1 & 0 \\ 1 & 1 & 0 \\ 0 & 0 & 1 \\ 0 & 0 & 1 \end{pmatrix}
$$

这是并行组合矩阵的一种合理做法，所以**矩阵**$\oplus$（$\mathbb{Z}_2$）正如 5.2.5 节中定义的矩阵过程理论那样，区别只在于并行组合是$\oplus$而非 Kronecker 乘积。

出自定理 9.139 的特殊"一对多脚"蜘蛛都存在于这个过程理论里：

$$
\begin{pmatrix} 1 \\ 1 \\ 1 \\ \vdots \\ 1 \end{pmatrix}
$$

$$
\begin{pmatrix} 1 & 1 & \cdots & 1 \end{pmatrix}
$$

在这些蜘蛛图之间唯一成立的公式是来自蜘蛛融合与强互补性的公式（或等价地，Hopf 代数公式）。这个过程理论是"行走的 Hopf 代数"，因为它只包含了 Hopf 代数，再无其他。所以，如果我们真的想要研究 Hopf 代数的本质，那就应该去研究这种过程理论。按照理论学家的说法，这叫作 Hopf 代数的 PROP。

9.7 历史回顾与参考文献

本章的大部分内容，特别是相位态、相位蜘蛛、相位群、互补性（即相互无偏）和强互补性的图形概念，以及 9.3.4 节的所有等效特征均来自 Coecke and Duncan（2008, 2011）的文献。不过在 Coecke and Duncan（2008）的文献里有一个说法是不正确的：在闭合经典子群这个相对"温和的"假设下，互补性和强互补性等价。直到后来作者才意识到，闭合经典子群已经等价于强大的互补性，这个假设一点都不温和！

Schwinger（1960）首次引入了相互无偏的概念。关于它的综述参见 Durt, et al. (2010) 的文献，其中包含了关于如何对它做分类的问题。另一方面，强互补对的分类出自 Kissinger (2012a)。

ZX-演算也是出自 Coecke and Duncan (2008，2011) 的文献。但是，该文献中介绍的版本不足以满足 9.4.5 节的完备性定理。Y 规则是新提出的（在 Ross Duncan 的学术报告中出现过更复杂的版本），而基于欧拉角分解的 H 门等价描述则出自 Duncan and Perdrix (2009) 的文献。ZX-演算的大多数版本都十分繁复，而（我们书中所展示的）最简化版由 Backens et al. (2016) 提出。

Backens（2014a）证明了关于 Clifford 映射的完备性定理，Backens（2014b）证明了关于单量子比特 Clifford + T 映射的完备性定理。Selinger(2015) 给出了一个相关的定理，对 n 量子比特 Clifford 线路进行了完整描述。

Schröder de Witt and Zamdzhiev（2014）证明，现有的适用于所有量子比特映射的规则都不具有完备性，而 Perdrix and Wang（2015）则证明对 Clifford + T 映射来说也是如此。需要补充的公式首先由 Coecke and Edwards（2010）提出。

Hein et al. (2004) 提出了在完备性证明中起到重要作用的图态。命题 9.125（由 Backens 提出）建立在 van den Nest 提出的一个强大定理的基础上，该定理指出，图态与局域 Clifford 幺正变换等价，当且仅当它们可以通过局域互补相互转化时（Van den Nest et al., 2004）。

第一个意识到强互补性可以用于对经典系统和量子数据相互作用进行建模（见示例 9.74）的人是 Quanlong（Harny）Wang，他是文献（Coecke et al., 2012）的作者之一。

量子线路由 Deutsch（1989）提出。量子密钥分发最早由 Bennett and Brassard（1984）提出，而通过"弯曲连线"（即使用纠缠态而非发送量子系统）实现的版本则由文献 Ekert（1991）提出。示例 9.61 中的协议由文献 Perdrix（2005）提出。

使用 ZX-演算对量子线路建模的方法出自 Coecke and Duncan（2008）的文献，而它在量子密钥分发的应用（见 9.2.6 节）则出自 Coecke and Perdrix（2010）以及 Coecke et al.（2011a）的文献。在 9.2.7 节里 ZX-演算构建受控操作的做法出自 Coecke and Duncan（2011）的文献。另一种基于 CNOT 和相位门的类似结构则出自 Barenco et al.（1995）的文献。

Street（2007）的文献是关于 Hopf 代数和量子群的一篇很好的参考文献。其他的标准参考文献还包括 Kassel（1995）和 Majid（2000）的文献。Lack（2004）给出了"路径计数"方法和 *9.6.2 节中提到的余代数标准形式，作为系统性地"组合"起两种图形理论（又称 PROP，即代数和余代数）的一个示例。在 Bonchi et al. (2014b) 的文献中，相同的技术被用来组合一对双代数，以此获得 ZX-演算中完全相位无关的部分。有趣的是，该理论的描述与 *9.6.2 节中对双代数的描述几乎相同，除了矩阵被推广为"线性关系"。有一个博客（Sobocinski, 2015）综合足球、乐高和零除等方面的知识，以一种富有启发性的引导方式介绍了上述结果。

"蜘蛛在图形推理中有着不合常理的有效性"这句话是从 Wigner (1995b) 的文献中移花接木而来，原话是"数学在自然科学中有着不合常理的有效性"。

量子理论：全幅图景

哲学（即物理学）被写在这部宏伟大著作里（我指的是宇宙），它一直对我们的眼睛敞开着，但如果一个人不先学会领悟其表达的语言和解释其书写的文字，就无法理解它。它是用数学语言书写的，它的字符是三角形、圆形和其他几何图形。没有这些，人类就不可能理解任何一个字；没有这些，人们就在黑暗的迷宫中徘徊。

——伽利略·伽利雷，*Il Saggiatore*, 1623

在前面的章节中，我们构建了量子理论核心组成的图形表示，并将它们从希尔伯特空间和线性映射角度与通常的量子体系联系起来。然而，现在是时候忘记这个角度并进行纯粹的量子图形化了！达成这一目标需要相当漫长的时间，在本章里我们就要用图形（而且仅用图形）来完整叙述这个关于量子的故事。

10.1 图形

图形由框和线组成，分别表示过程和系统：

A B C

g

系统类型

A D

ψ h

过程 A

图形的黄金准则为：

仅连接重要！

可以看出，每当两个图形包含同样的框并以同样方式连接时，可以认为两个图形相等，而无须考虑书写方式：

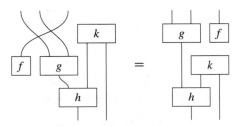

本书隐含着一个图形语言演化的故事。在 2.2.1 节，我们将该演化组织成表现力增加的多层方式。现在我们了解了这些层的所有内容。

10.1.1 线路图

线路图为不包含有向循环的图形：

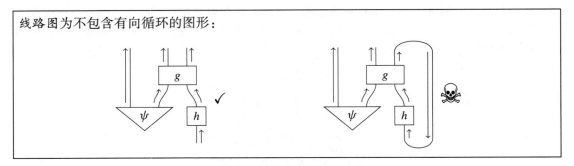

625

这类图形具有明显的将来和过去的概念特性。虽然不一定以一种独特的方式来表现这类图的特性，但它们总可以被组织为多个时间序列步骤：

$$
\begin{aligned}
&t_3 \\
&t_2 \\
&t_1 \\
&t_0
\end{aligned}
$$

没有输入的过程称为态，而没有输出的过程则称为效应。当一个态碰上一个效应时，则弹出一个数字：

$$
\text{效应} \left\{ \boxed{\pi} \atop \text{态} \left\{ \boxed{\psi} \right. \right\} \text{数字}
\tag{10.1}
$$

这可以解释为 π 处于态 ψ 的概率（有时仅仅是概率）。这就是广义玻恩定则。

通常，一个数字仅为一个无输入或无输出的过程：

通常将其简写为 λ。我们总有一个特殊数字——空图，也即 1：

有时，我们还有 0，这是个会"吃掉任何东西"的数字。就像我们从这两个数字想到的一样，1"乘以"某物还是其本身，而 0"乘以"某物则是 0：

$$\boxed{\;}\;\boxed{f} \;=\; \boxed{f} \qquad\qquad 0\;\boxed{f} \;=\; 0 \tag{10.2}$$

另请参见 3.2 节的线路，3.4.1 节的态、效应和数字，以及 3.4.2 节的零。　｜626｜

10.1.2　字符串图

字符串图通常不禁止有向循环，甚至允许输入连接输入以及输出连接输出：

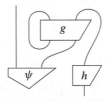

它们可以等效为附加了特殊过程的线路图，这些特殊过程被称为：

$$\text{杯} := \quad\smile\quad \text{和盖} := \quad\frown$$

它们满足拉伸等式：

$$\mathord{\sim}\!\mathord{\sim} \;=\; |\qquad\qquad \mathord{\times}\!\!\smile \;=\; \smile \qquad\qquad \mathord{\bigotimes} \;=\; \frown \tag{10.3}$$

杯和盖的存在明确证实了如下观念的不可分离性：

对于任意（非平凡）系统，杯/盖**从来不是** ⊗-可分离的。

然而，相比于考虑我们**不能**对杯/盖做什么（即分离它们），思考我们**能**用它们做什么更有趣！它们可以用于编码过程和二分态而且可无失真地返回：

$$\boxed{f} \;\mapsto\; \boxed{f} \qquad\qquad \triangledown_\psi \;\mapsto\; \triangledown_\psi$$

这个过程 – 态对偶性引入了一个同构性：

$$\left\{ \begin{array}{c} \scriptstyle B \\ \boxed{f} \\ \scriptstyle A \end{array} \right\}_f \;\cong\; \left\{ \begin{array}{c} \scriptstyle A \quad \scriptstyle B \\ \triangledown_\psi \end{array} \right\}_\psi \tag{10.4}$$

｜627｜

杯和盖同样对框引入了一个 180° 的旋转，称为转置：

$$\boxed{f} \;:=\; \boxed{f} \tag{10.5}$$

另一方面，伴随则反映了框的直立性：

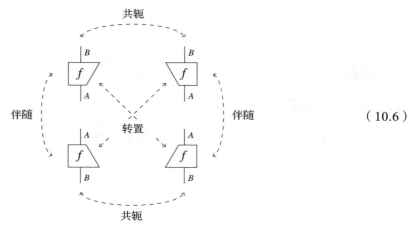

结合这两种操作，可形成任意框的四种形变：

（10.6）

具体地，一个态的伴随形式引入的效应相当于对态的测试：

我们期望测试一个态自身将得到 1：

（10.7）

因此默认情况下，我们期望将态归一化。然而，当表示非确定性的时候，非归一化的态自然存在，例如：

628 可以解释为"ψ 发生的概率为 p"。

伴随可用于定义特殊过程，比如同构：

（10.8）

幺正变换是两边同构的正过程 f，即存在一些其他过程 g，使得：

$$\begin{array}{c}\boxed{f}\\ \end{array} = \begin{array}{c}\boxed{g}\\ B\\ \boxed{g}\\ \end{array} \qquad (10.9)$$

另请参见 4.1.1 节的（非）可分离性，4.1.2 节的过程 – 态对偶性，4.2.1 节的转置，4.3.1 节的伴随，4.3.2 节的共轭，4.3.4 节的同构与幺正变换，以及 4.3.5 节的正过程。

10.1.3　翻倍图

翻倍图是具有如下形式的图形：

$$\boxed{\Phi} = \boxed{\widehat{f}} := \boxed{\begin{array}{c} f \quad f \end{array}} \qquad (10.10)$$

我们将其中的效应

$$\overline{\overline{}} = \boxed{\cap} \qquad (10.11)$$

诠释为丢弃过程中的一些输出。

翻倍图来源于一个两步构建操作。首先，我们翻倍系统：

$$\mathsf{double}\left(\big|\right) = \big| := \big|\big|$$

以及过程：

$$\mathsf{double}\left(\boxed{f}\right) = \boxed{\widehat{f}} := \boxed{\begin{array}{c} f \quad f \end{array}}$$

这个操作保留了图形，从而保留了图形间的等价性：

$$\boxed{\begin{array}{c} g \\ f \quad h \end{array}} = \boxed{\begin{array}{c} l \\ k \end{array}} \implies \boxed{\begin{array}{c} \widehat{g} \\ \widehat{f} \quad \widehat{h} \end{array}} = \boxed{\begin{array}{c} \widehat{l} \\ \widehat{k} \end{array}}$$

因此，任何可以用单过程图形来证明的情况在翻倍图的情况下依然有效。相反，翻倍过程中的等式在非翻倍情况下几乎也都保持。唯一的例外是一些特殊数字，称为全局相位：

$$\overline{\lambda}\,\lambda \ = \ \boxed{} \quad\Longrightarrow\quad \text{double}\left(\lambda\ \boxed{f}\ \right) = \text{double}\left(\ \boxed{f}\ \right)$$

但是因为这些对概率没有任何影响，所以依然可排除。

因此，如果使用翻倍过程和仅使用单个过程效果一样（只差一个全局相位），那究竟为什么要翻倍呢？翻倍的关键特征在于给新东西提供了空间。翻倍构造的第二步是进行邻接丢弃，表示逐字地扔掉（或简单地忽略）一个系统的行为。它将两个归一化态的拷贝连接在一起，并让它们湮灭：

$$\overset{\equiv}{\underset{\psi}{\bigtriangledown}} \ = \ \cdots \ = \ \overset{\psi}{\underset{\psi}{\bigtriangledown}} \ = \ \boxed{} \qquad\qquad (10.12)$$

因为丢弃并不由对某物的翻倍引起，因此被称为杂化的。更一般地，通过丢弃纯（即翻倍的）过程中的输出，我们可以获得许多式（10.10）形式的其他杂化的过程。

通过对所有的线进行翻倍，我们也对一个不同类型的系统创造了一个空位，我们可以将这类系统表示为简单的老式单线：

$$\left(\ \text{翻倍系统} := \ \Big|\ \right) \quad\neq\quad \left(\ \text{单一系统} := \ \Big|\ \right)$$

630 因此这两类系统如何相互作用呢？通过蜘蛛。

另请参见 6.1 节的翻倍，6.1.2 节的全局相位，6.2.1 节的丢弃，6.2.4 节的翻倍过程理论，以及 8.1 节的经典线。

10.1.4 蜘蛛图

蜘蛛图由框和"通用线"组成，并允许连接任意数量的输入和输出：

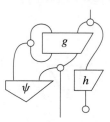

这些同样可以等效表示为附加了特别过程的线路图，该特别过程称为：

$$\text{蜘蛛} := \ \overset{\cdots}{\underset{\cdots}{\bowtie}} \qquad\qquad (10.13)$$

它们共有的规则是相邻的蜘蛛融合在一起：

$$\cdots \ = \ \cdots \qquad\qquad (10.14)$$

特别地，由蜘蛛组成的任意两个具有相同数量输入和输出的**相连**图形是相等的：

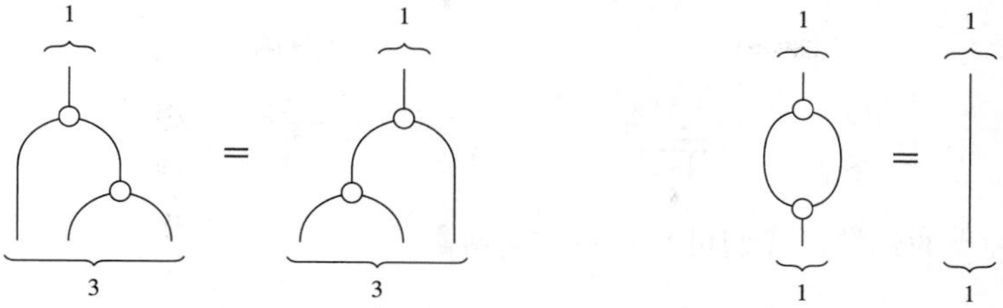

631

假设两脚蜘蛛仅为"简单又老式的"线：

$$（10.15）$$

蜘蛛图包含了字符串图，而且蜘蛛融合规则一般化了拉伸等式，例如：

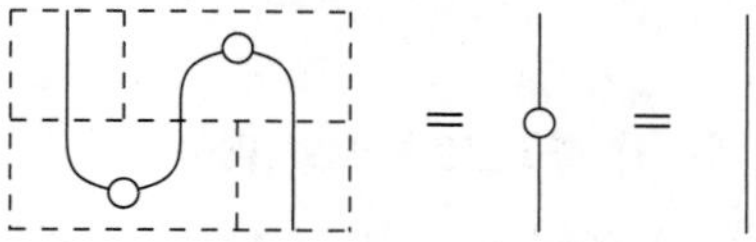

$$（10.16）$$

翻倍操作免费为我们给出了额外的两类蜘蛛。我们通过翻倍整个蜘蛛获得新的纯操作：

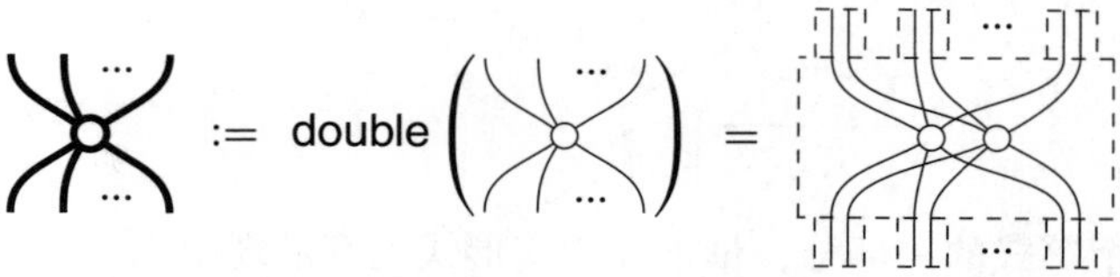

$$:= \text{double}\left(\right) = \qquad （10.17）$$

还可以通过将一些对足一起转换为翻倍系统（亦称折叠），而将其他的作为单一系统，从而获得杂交蜘蛛：

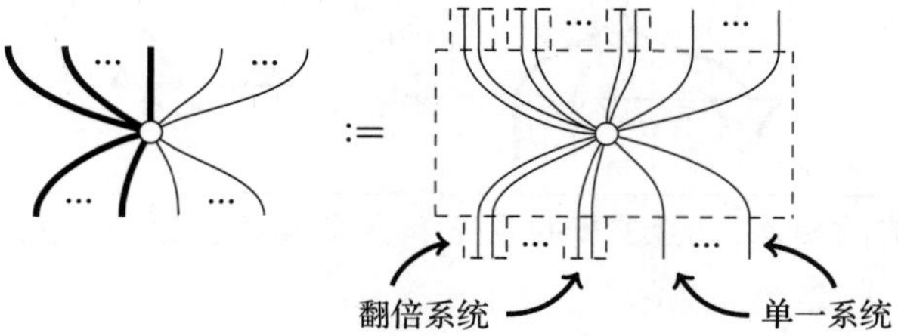

$$:= \qquad （10.18）$$

翻倍系统　　　单一系统

这些满足它们自己的融合规律：

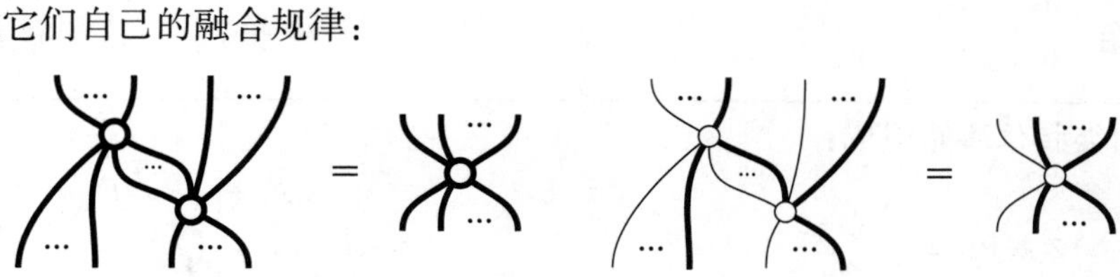

$$= \qquad = \qquad （10.19）$$

此外，杂交蜘蛛还可以和其他两类蜘蛛融合：

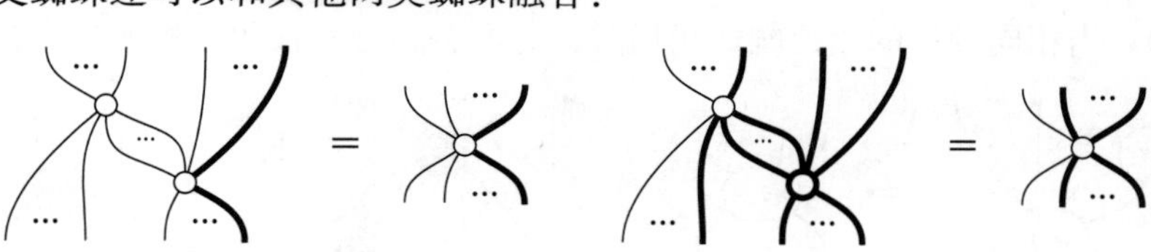

$$= \qquad = \qquad （10.20）$$

632

丢弃本身也是一个杂交蜘蛛：

$$\text{（10.21）}$$

由此可知：

$$\text{（10.22）}$$

对于不同种类的蜘蛛，我们可联系到可复制态：

$$\text{（10.23）}$$

它们还是标准正交的：

$$\text{（10.24）}$$

通过将它和蜘蛛融合，可以得到一个普适的复制规则：

$$\text{（10.25）}$$

通过翻倍或折叠这个等式的一部分，量子和杂交形式也都涌现出来：

$$\text{（10.26）}$$

另请参见 8.2.3 节的蜘蛛，8.3.3 节的量子和杂交蜘蛛，以及 8.2.2 节的可拷贝（亦称标准正交基）态。

10.1.5 ZX-图

ZX-图完全由两类相位蜘蛛组成：

Z-蜘蛛 :=   X-蜘蛛 :=

其中 $\alpha \in [0, 2\pi)$。当相同颜色的相位蜘蛛相遇时，它们会融合而且相位相加（模 2π 加）：

ZX-图为本书中最丰富的图。它们包含两个重要因素：蜘蛛的图形结构以及相位的群结构。实际上，第二个因素来源于第一个。

同它们简朴的表兄弟一样，相位蜘蛛也同样可以翻倍化：

$$\text{double}\left(\ \alpha\ \right) = \ \alpha\ \tag{10.27}$$

当一个相位蜘蛛遇见一个杂交蜘蛛时，即当它与单一世界接触时，相位就被破坏了：

$$\tag{10.28}$$

这个从翻倍到单一通道不能存活的特点完全刻画了相位。要看到这点，考虑所有态满足

$$\widehat{\psi} = \ $$

然后，不可思议的是，一个可交换相位群出现了。设

$$\alpha := \widehat{\psi}$$

我们有：

$$\boxed{\alpha+\beta} := \ \alpha\ \beta \qquad 0 := \ \qquad -\alpha := \widehat{\psi}$$

随后，通过令

$$\alpha := \ \alpha\ $$

我们重新获得所有相位蜘蛛以及它们相关的融合规律：

$$\alpha\ \beta = \boxed{\alpha+\beta} \tag{10.29}$$

实际上，这并不神奇。这个"从翻倍到单一通道不能存活"的特点恰恰是其非平凡的工作方式，即给出了这个群的逆：

$$\alpha = \ \implies \ -\alpha\ \ \alpha = \ \implies \ -\alpha\ \ \alpha = \ $$

在 ZX-图中，这种浮现的群为圆群 $U(1)$：

而在 Clifford ZX-图的情况下，我们只限定了 $U(1)$ 的一个四元素的子群 $\mathbb{Z}_4$：

在任何一种情况下，我们可以认为这些是对一个球体的某类旋转。但是我们还是别想太多了。

另请参见 9.1.2 节的相位蜘蛛，9.1.4 节的相位群，9.4.1 节的 ZX-图，以及 9.4.2 节的 Clifford 图。

635

10.2 过程

过程理论是连接在一起而更有意义的过程的集合。换句话说，它在形式图下是封闭的。这是一种我们真正喜欢的过程理论，称为量子理论：

有两种系统，即量子系统和经典系统：

可实现（不一定肯定实现）的过程是：

$$(10.30)$$

其中标有 f 的框由相位蜘蛛组成：

肯定可实现的过程进一步服从因果关系：

$$(10.31)$$

10.2.1 因果性

因果性是量子理论中极其重要的基本假设，不过它有一个极其简单的诠释：

> 如果一个过程的输出被丢弃了，那它也可能从未发生过。

对于一个量子过程（10.30），因果性等效为，f 是同构变换：

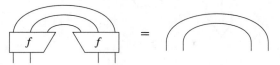

636

这保证了量子理论和狭义相对论的兼容性，即它是无信号传递的。无信号传递说的是信息流必须遵从因果结构。因此，如果 Aleks 和 Bob 离得很远，但是可能之前共享一些关联性：

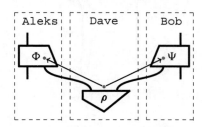

那么 Aleks 和 Bob 可以直接通信。这是由这一事实所证明的，即如果 Bob 不知道 Aleks 的过程的输出：

那他也不可能知道输入是什么。

另请参见 6.2.5 节的因果性，6.3.1 节的因果结构，以及 6.3.2 节的无信号传递。

10.2.2　分解和免广播过程

如果一个过程理论具有频谱分解特性，那么其中任意正过程可以写成如下形式：

$$f = \begin{array}{c} U \leftarrow \text{幺正变换} \\ \circ \\ p \leftarrow \text{经典态} \\ U \end{array}$$　　（10.32）

如果一个过程理论进一步具有奇异值分解特性，那么**任意**过程可分解为：

637

$$f = \begin{array}{c} V \leftarrow \text{同构} \\ \circ \\ p \leftarrow \text{经典态} \\ U \leftarrow \text{同构的伴随} \end{array}$$　　（10.33）

由于式（10.32），量子态 ρ 编码了经典态：

$$\rho = \widehat{U} \,\}\, \text{幺正变换} \quad \circ \,\}\, \text{编码} \quad p \,\}\, \text{经典态}$$

根据式（10.32）的形式，并利用蜘蛛的特性，同样可得：

$$\left(\exists \psi, \phi : \quad \frac{f}{f} = \frac{\phi}{\psi} \right) \iff \left(\exists \psi', \phi' : \quad f = \frac{\phi'}{\psi'} \right)$$

因此我们可以看到，如果一个 cq-映射的约化映射是纯的：

$$\Phi = \widehat{f} \qquad \qquad \Phi = \widehat{f} \qquad\qquad （10.34）$$

那么对于（因果）态 ρ 和 p，过程 Φ 可分解为：

$$\Phi = \rho \,\, \widehat{f} \qquad\qquad \Phi = p \,\, \widehat{f} \qquad\qquad （10.35）$$

通过这些分解结果，我们即可达到免广播，即存在一个非量子过程，使得

$$\Delta \overset{(l)}{=} \Big| \overset{(r)}{=} \Delta \qquad\qquad （10.36）$$

由于单位变换是纯的，因此如果这样的过程存在，则它可分解为：

$$\Delta = \rho \,\, \Big| \qquad\qquad （10.37）$$

这会产生一个矛盾：

$$\Big| \overset{(10.36r)}{=} \Delta \overset{(10.37)}{=} \frac{\rho}{}$$

另请参见 5.3.3.1 节的谱定理，8.2.5 节的频谱及奇异值分解，以及 6.2.8 节的免广播。

10.2.3 示例

量子理论中可能公布为非确定性的过程被称为 **cq-映射**，而因果 cq-映射被简单地称为

量子过程。在本节中，我们将给出一些重要的示例。

10.2.3.1 经典映射

经典映射是没有量子输入和输出的 cq-映射：

$$
\boxed{f} \; = \; \boxed{\Phi} \; = \; \boxed{f \quad f} \tag{10.38}
$$

而经典过程是因果经典映射：

$$
\boxed{f} \; = \; \circ \tag{10.39}
$$

因此，经典映射自然是自共轭的：

$$
\boxed{f} \; = \; \boxed{f} \tag{10.40}
$$

639

最简单的经典映射的示例是○- 可拷贝态和效应，可表示为：

$$
\text{经典值} := \underset{i}{\bigtriangledown} \qquad\qquad\qquad \text{经典测试} := \overset{i}{\bigtriangleup}
$$

一个系统只允许两个这样的值 / 测试，即 0 和 1，被称为一个比特。

　　经典过程的示例包括：

- 经典值，因为：

$$
\underset{i}{\bigtriangledown}^{\circ} \; = \; \boxed{} \tag{10.41}
$$

- 函数映射，即编码了一个函数的过程：

$$
f : \{1, \ldots, m\} \to \{1, \ldots, n\}
$$

通过

$$
\boxed{\dfrac{f}{i}} \; := \; \overset{}{\bigtriangledown} \!\! f(i) \tag{10.42}
$$

这可以通过以下等式来刻画：

$$
\boxed{f} \; = \; \boxed{f} \quad \boxed{f} \tag{10.43}
$$

进而满足：

$$（10.44）$$

- 正好具有一个输入的 ○- 蜘蛛：

删除 :=   拷贝 := n- 拷贝 :=

- 没有输入的（重归一化后）○- 蜘蛛：

完美相关性 := $\frac{1}{D}$ ⌣ ···

以及特殊情况：

均匀分布 := $\frac{1}{D}$

- 具有多于一个输出的（重归一化后）●- 蜘蛛：

XOR 门 := $\sqrt{2}$ 偶校验 ≈

- 相同情况，但具有 π 相位：

NOT 门 := π 奇校验 ≈

- 结合了以上所有情况，比如：

CNOT 门 := $\sqrt{2}$

最后给出的三个示例为比特的特殊情况，但也可以一般化到其他经典系统中。

10.2.3.2   量子映射

量子映射是没有经典输入和输出的 cq-映射：

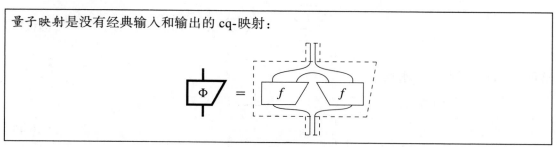

一些量子态的示例：

641

$$\text{最大混合态} := \frac{1}{D} \; \equiv$$

$$\text{贝尔态} := \frac{1}{D} \; \cup$$

$$\text{GHZ 态} := \frac{1}{D} \; \cup\!\!\circ\!\!\cup$$

当限定为量子比特，即二维量子系统时，我们有：

$$Z\text{-基态} := \left\{ \; \underset{0}{\bigcirc} \; , \; \underset{1}{\bigcirc} \; \right\}$$

$$X\text{-基态} := \left\{ \; \underset{0}{\bullet} \; , \; \underset{1}{\bullet} \; \right\}$$

$$Y\text{-基态} := \left\{ \; \underset{\frac{\pi}{2}}{\bigcirc} \; , \; \underset{-\frac{\pi}{2}}{\bigcirc} \; \right\}$$

这可以在布洛赫球上表示为：

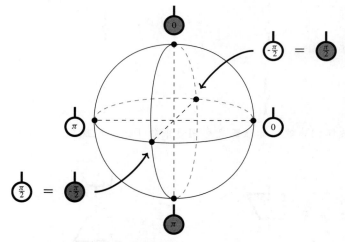

对于量子比特对，贝尔态扩展到贝尔基情况：

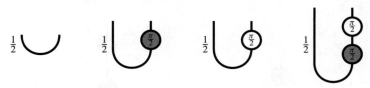

642

这些可以用贝尔态和四个贝尔映射表示为：

这些都是幺正量子过程，或量子门。其他重要的单比特量子门为：

两比特量子门为：

10.2.3.3 经典 – 量子相互作用

许多经典 – 量子相互作用出现在杂交蜘蛛的特殊情况中：

- 对所有颜色的编码和测量：

相应的非破坏测量：

和消相干：

更多一般的破坏和非破坏标准正交基测量来源于杂交蜘蛛与一个幺正变换 $\widehat{U}$ 的结合：

643

重要的示例如 Y 测量：

和不可分离贝尔测量：

当测量从量子系统中提取经典数据时，受控幺正变换利用经典数据来改变一个量子系统。它们被描述为如下等式：

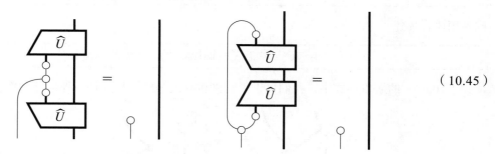

$$（10.45）$$

一个示例是用于量子隐形传态中的校正：

$$\widehat{U} := \qquad （10.46）$$

它可以进一步分解为：

$$Z\,校正 := \qquad\qquad X\,校正 := \qquad （10.47）$$

|644|

因此，这给了我们一个很好的部分集合，现在让我们把它们连接在一起并推动其运转起来！

另请参见 8.2.1 节的经典映射和函数映射，5.3.4 节的经典逻辑门，9.3.5 节的奇偶校验映射，6.2.2 节的最大混合态，6.1.2 节的布洛赫球，5.3.6 节的贝尔映射 / 基，9.1.5 节的相位门，5.3.5 节的 H 门，8.1.3 节的测量和编码，8.3.2 节的消相干，8.4.1 节的标准正交基测量，8.4.2 节的受控幺正变换，以及 9.2.7 节的贝尔测量 / 校正。

10.3　定律

我们现在转到控制量子过程的最重要的定律。我们已经从同样颜色的蜘蛛可融合在一起这一事实中得到了一些启示。然而，当不同颜色的蜘蛛开始争斗时，事情开始变得非常有趣。

10.3.1　互补性

蜘蛛是互补的，如果：

$$= \frac{1}{D} \qquad （10.48）$$

或者等效地，如果：

$$
\text{（图）} = \frac{1}{D} \text{（图）} \tag{10.49}
$$

或者用语言描述：

（在○中编码）然后（在●中测量）＝（无数据流）

从式（10.48）的简单形式中，我们可以得到许多其他等式，尤其是一种杂交蜘蛛：

$$
\text{（图）} = \frac{1}{D} \text{（图）} \tag{10.50}
$$

它们可展开为：

$$
\text{（图）} = \frac{1}{D} \text{（图）} \tag{10.51}
$$

翻倍得到：

$$
\text{（图）} = \frac{1}{D^2} \text{（图）} \tag{10.52}
$$

而且和杂交 / 量子蜘蛛融合（10.20）结合得到其他变种：

$$
\text{（图）} = \frac{1}{D^2} \text{（图）} \tag{10.53}
$$

互补性很重要。例如，它解释了施特恩－格拉赫设备的行为：

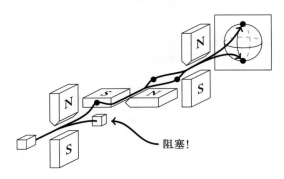

阻塞!

因为：

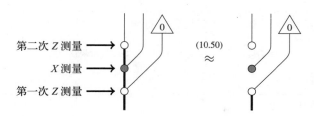

它为量子隐形传态提供了图形魔法：

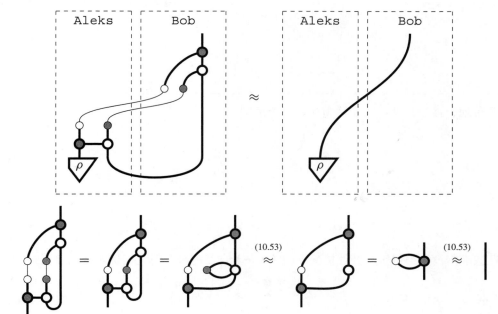

而且归纳了经典门和量子门的基本性质：

$$\text{（10.54）}$$

对于互补蜘蛛，一种颜色的可拷贝态与另一种颜色的相位态只差一个倍数：

$$\text{（10.55）}$$

因此互补性提供了一些新的等式，即 κ 拷贝准则：

$$\text{（10.56）}$$

只差一个全局相位，这些可复制的相位状态可完全通过另一种颜色的相位门：

$$\text{（10.57）}$$

另请参见 9.2.1 节的互补性，9.2.5 节的施特恩 – 格拉赫，以及 9.2.7 节的通过互补性实现隐形传态。

10.3.2　强互补性

蜘蛛是强互补的，如果：

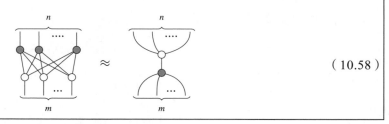

$$（10.58）$$

等价地，强互补性可以表达为如下三个准则：

$$（10.59）$$

$$（10.60）$$

虽然这些准则没有类似于互补性情况下的（单一）自然解释，但它们确实**意味着**互补性：

一种解释式（10.58）的方法是将公式的某些部分视为翻倍的，例如：

$$（10.61）$$

648 利用这种强互补性的结果表明，GHZ 状态下的关联具有一种特殊的形式：

这将对建立量子非局域性发挥关键作用。

　　它还提供了大量关于可复制相位的新等式，这源于这样一个事实：对于强互补的蜘蛛来说，两个可复制相位的群的总和仍然是一个可复制相位。所以，可复制相位实际上形成了相位群的一个子群，称为经典子群：

因此, 除了 κ 拷贝准则 (10.56), 强互补性还意味着:

- 单位态是一个可拷贝态:

$$（10.62）$$

- 相应相位门的可拷贝性:

$$（10.63）$$

- 只差一个全局相位的经典相位门对易性:

$$（10.64）$$

对于 ZX-图, 经典子群为:

因为:

$$（10.65）$$

而且颜色颠倒时具有同样的结果。但是你不必只是接受我们的观点, 你可以用 ZX-演算来证明它!

[649]

另请参见 9.3 节的强互补性, 9.3.3 节的通用形式和翻倍, 以及 9.3.4 节的经典子群。

10.3.3 ZX-演算

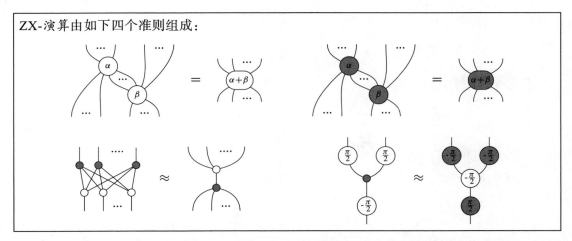

ZX-演算由如下四个准则组成:

对于 Clifford ZX-图来说, ZX-演算是一个完整的图形演算。也就是说, 如果一个等式在两个 ZX-图之间成立，那么它在 ZX-演算中是可证明的。它由三种规则组成，告诉我们：

1）同样颜色的蜘蛛如何**结合**。

2）不同颜色的蜘蛛是如何和过去**互相交换**的。

3）如何把一种颜色的蜘蛛**变成**另一种颜色。

第一种规则是相位蜘蛛融合，而第二种规则来源于强互补性。因此，前两种规则适用于任意强互补蜘蛛。另一方面，第三种规则，即 Y 规则，告诉我们一些具体的关于量子比特和布洛赫球的东西，即 Y-基态可用两种等价的方式复制。

上面的规则给出了我们所知道的演算的最简洁的方法。然而，另一种基于颜色变化规则的方便的表示方式替换了 Y 规则：

$$（10.66）$$

通过 ZX-演算，我们也可以得到：

- 0 拷贝规则：

$$（10.67）$$

以及 π 拷贝规则：

$$（10.68）$$

这的确证实了 $\{0, \pi\}$ 组成了经典子群：

$$（10.69）$$

- π 交换规则：

$$（10.70）$$

- 相位消除规则：

$$（10.71）$$

以及它的 π-消除对应规则，即式（10.57）中的特例：

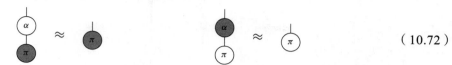

（10.72）

- 结合式（10.70）和式（10.71）得到：

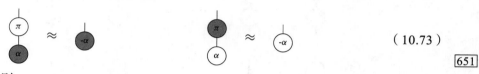

（10.73）

651

- $\pi/2$-互补规则：

（10.74）

- 两个 Y-基等价表达式：

$$\widehat{-\tfrac{\pi}{2}} \approx \widehat{\tfrac{\pi}{2}} \qquad\qquad \widehat{\tfrac{\pi}{2}} \approx \widehat{-\tfrac{\pi}{2}}$$

（10.75）

- 通过折叠和展开得到的杂交蜘蛛间的等式：

（10.76）

（10.77）

（10.78）

（10.79）

- H 门的自反性：

（10.80）

许多这种 $\approx$-等式对只差一个全局相位的情况成立，因此翻倍后得到：

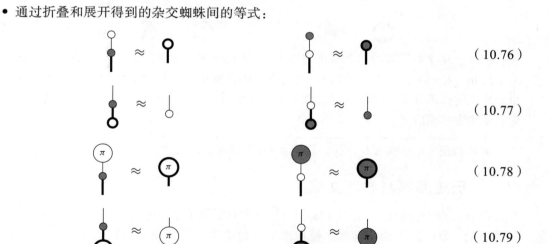

（10.81）

652

$$(10.82)$$

$$(10.83)$$

$$(10.84)$$

$$(10.85)$$

$$(10.86)$$

$$(10.87)$$

所以，从 ZX-演算的四个简单的等式，我们可以推导出更多。当然，我们这样做并不是为了好玩（实际上，是有点好玩）。在接下来的四章中，我们将会看到，这些等式以及一般量子理论的图形表示，如何可以在量子基础、量子计算、量子资源理论以及上述所有的自动化的证明中得到应用。

另请参见 9.4 节的 ZX-演算，以及 9.4.4 节的颜色改变准则。

10.4 历史回顾与参考文献

在前几章中我们已经给出了量子图形化发展的所有相关参考，这里我们给出一个（有点特殊的）事件发生的时间线。使用图形来讨论量子隐形传态首次出现在 Coecke（2003，2014a）的论文中。这篇论文直到 2014 年才发表。从那时起，图形语言的进一步完善与相应范畴论公理的发展紧密相连。这其中的部分原因是，图形看起来有点傻，如果一篇论文没有包含复杂的数学，就没有机会在著名的期刊上发表。上述论文的分类公理在 Abramsky and Coecke（2004）的论文中给出。基本上，这里用到的都是字符串图。当然，彭罗斯从 20 世纪 70 年代就开始画字符串图了（Penrose，1971）。然而，它们并没有被用来描述量子特征，比如量子隐形传态，原因很简单：它们还不为任何人所知。彭罗斯本人甚至在剑桥大学出版社出版的一本书（Penrose, 1984）中写道："这个符号的价值似乎主要在于私人计算，因为它无法以正常方式打印出来。"

653

2004 年那篇论文发表后不久，就出现了翻倍现象，尽管相关论文只是在晚些时候才发表。在论文（Coecke，2007）中，为了得到正确的玻恩定则而提出了翻倍，而 Selinger（2007）

则发展出了附加杂化过程。另外，Selinger（2007）还引入了不对称框，可以清楚地区分伴随、转置和共轭。Coecke 和 Perdrix（2010）提出了丢弃过程的概念。

蜘蛛需要一个从 2006 年开始的跨越 6 年的进化过程（Coecke and Pavlovic, 2007; Coecke and Paquette, 2008; Coecke et al., 2010a, 2012），以充分说明经典的系统和过程。蜘蛛图的完整性体现在 Kissinger（2014b）的文献中。相反，关于蜘蛛的相位和（强）互补性则全部突然出现（Coecke and Duncan, 2008, 2011）。完整性仍然是一个未完成的工作，但目前最强的 ZX-图结果出现在 Backens（2014a, b）的文献中。

虽然因果性在本书中起着非常重要的作用，但它是最后一个进入画面的。从 Chiribella et al.（2010, 2011）的信息理论公理化中可以看出它的重要性。

量子基础

Mermin 曾经总结出一种对量子理论的普遍态度是"闭嘴，计算。"我们提出了一个不同的口号："闭嘴，沉思！"。

——Lucien Hardy 和 Rob Spekkens, 2010

这一章专注于量子理论的基础（现在更流行的称呼是量子基础）。在这里，我们将使用已学的所有知识来探索一些非常深刻的问题：

1）量子理论施加给我们的自然的特征是什么？

2）相反，自然（我们现在所理解的）施加给我们的物理理论的特征是什么？

3）这些特征中的哪些是"恰当的量子"，即在某种意义上来说它们在任何经典物理理论中都不存在对应吗？

我们将通过观察量子理论最著名的（也是历史上最具争议的）特性之一——量子非局域性来解决这些问题。首先，我们将给出非局域性的精确定义，并证明它存在于**量子过程理论**中，而事实上它已经存在于因果 Clifford **映射**的相对较小的子理论中。然后，我们将提出一种新的过程理论，称为 spek，它具有与生俱来的局域性。值得注意的是，Clifford **映射**和 spek 这两种理论在任何方面都是相同的，除了一种情况：一个单一系统的相位群。而且（另一个剧透警告！）正是这一差异扼杀了量子理论的非局域性证明。

11.1 量子非局域性

从哲学和结构的角度来看，量子非局域性可能仍然是所有新量子特征中最不被理解的。我们在一个看似"经典"的世界中成长，尤其是我们不可否认地正在腐蚀"经典"科学教育，往往使我们对物理理论有两种期待：

1）**实在论**：物理系统有真实的预先存在的属性，因此"测量"这种属性的结果在测量之前就以某种方式确定了。

2）**局域性**：一个系统不可能瞬间影响另一个遥远的系统。

很早的时候，一些事情让相对论之父爱因斯坦，对量子理论感到非常不舒服。他意识到发生了一件非常奇怪的事情：

量子理论**不是**一种局域实在理论。

这是许多人（包括爱因斯坦）的第一反应，他们认为这仅仅意味着量子理论是"不完整的"。当然，任何理论都应该是局域的和实在的，量子理论的失败只是一个需要修正的错误。

但是，我们很快就会看到，我们将不得不学会在没有局域实在论的情况下生活。**任何局域实在理论都不能再现量子理论的预测**，这就是我们所说的量子非局域性。

11.1.1 量子理论的完善

通常我们认为物理系统具有某些特性，即使它们没有被观察到，当我们观察系统时，我们看到的就是这些特性。例如，铅笔的颜色不会因为我们不看它而改变。实在论是指这样的假设在量子理论中是正确的，也就是说，我们在量子测量中学到的东西不是在测量过程中凭空创造出来的，而是在过去有某种原因的。

当然，当我们和 Dave 进行北极和南极之旅并开始写这本书的时候，我们清楚地表明，测量非确定性地改变了系统的状态，而测量结果并不能忠实地反映系统的状态。我们现在知道这就是标准量子形式告诉我们的。

然而，我们没有理由不能以这样一种方式来完善量子理论，即每一个测量结果都可以追溯到一些已经存在的东西。可能有人已经把 Dave 送上了瞄准南极的火箭，他们只是等着我们问他在哪儿。也就是说，这里可能有一些隐变量在起作用，正是我们对它们的无知导致了明显的非决定性。这样我们就可以完善我们的理论，把那些额外的变量放进去，然后哇！——无非确定性。

这样的完善化有时被称为隐变量模型，或者最近被称为本体模型。为了避免这些术语带来的任何哲学包袱，我们将坚持完善。

一个完善化的关键特征是，尽管它可能会增加额外的变量来解释测量结果，但它应该保留量子理论的预测。一个著名的完善化的例子是德布罗意－玻姆理论，它假设存在这样的飞行粒子，它们总是有精确的位置和动量。问题是，它们被其他一些东西散布在太空中，这些东西叫作导频波，每当我们试着测量这些粒子的时候，它解释了我们在 7.1.4 节中看到的典型的量子行为。因此，这个理论以降低局域性的方式保持了实在性。

656

另一方面，正如我们在 6.3 节中所看到的，相对论是由"没有什么比光速更快"的原理推导出来的。因此，许多人会认为，以降低局域性来换取实在性，所付出的代价太高。

在这种情况下，我们应该要求，为量子理论提供预先确定的测量结果的量子理论的任何完善，都应该与相对论兼容。由于因果性假设（见 6.3.2 节），量子理论当然已经与相对论兼容。为了保持这种兼容性，任何新引入的变量的速度都不应该超过光速。

因此，特别地，任何可能发生在空间上分离的系统中的关联在过去一定有一些共同的原因。换句话说，它们应该尊重 Reichenbach 共同原因原则。这一原则指出，每一种关联要么是直接因果性的结果，要么是共同原因的结果。第一种情况的例子是被枪射击会引起疼痛（或死亡）。第二种情况的例子是 20 世纪电视在家庭中的普及和刺猬的死亡之间的强烈相关性。共同的原因是财富的扩散，这导致人们不仅买电视，还买汽车，而这些汽车杀死了刺猬。令人失望。

为了在量子理论和局域实在论之间建立一个矛盾，我们将进行如下处理。我们将仔细考虑选择的测量场景，也就是说，我们修正了一个特定的量子态，并以多种不同的方式测量它的每个系统。我们计算了每个情况的概率，从而得出了每个测量结果之间的相关性，并研究了这些关联性所遵循的属性。例如，如果我们考虑两个处于贝尔态的系统，并使用以下测量来测量每个系统：

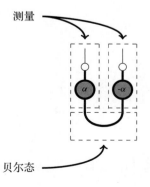

简单地使用相位蜘蛛融合，我们知道每个系统的测量结果总是相同的，即它们是完美相关的：

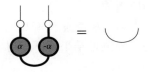

尽管这种情况涉及量子过程，我们当然也可以通过一些完全经典的（因此是局域的）过程来产生这些相同的相关性。为了建立与局域实在论的矛盾，我们需要考虑一个包含了对同一量子态的几种不同的测量选择的情况。

11.1.2　GHZ-梅明情景

再次考虑以下关于 GHZ 态的测量：

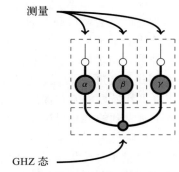

每一个测量似乎依赖于（局域地）一个相位，但通过使用相位蜘蛛融合和强互补性，我们得到：

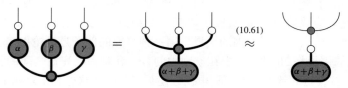

在特定情况下，即 $\alpha+\beta+\gamma$ 为 0 或 π 时，相位态：

对于○处于经典子群中，并利用式（10.69）和式（10.26）得到：

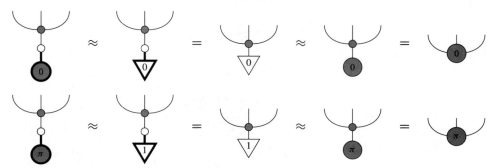

也就是说，我们分别得到偶校验态和奇校验态（见 9.3.5 节）。

现在，让我们针对相位 α、β 和 γ 考虑一些固定的选择。如果让相位为 0，我们获得通常的 Z 测量，而如果是 $\pi/2$，则结果是一个 Y 测量：

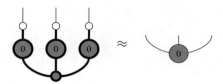

为了产生与局域实在论的矛盾，我们需要考虑一种选择产生偶校验态的测量方法，即：

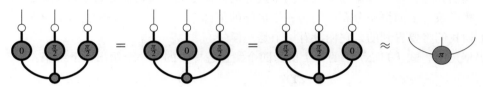

以及产生奇校验态的三种选择，即：

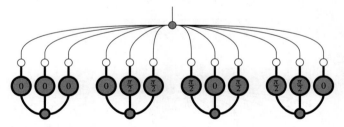

换句话说，我们考虑以下测量选择：

	系统 A	系统 B	系统 C
情景 1	Z	Z	Z
情景 2a	Z	Y	Y
情景 2b	Y	Z	Y
情景 2c	Y	Y	Z

我们将使用所有这些情景的一个特殊属性，它允许我们描绘出与局域实在论的一个矛盾。这个属性就是"总体奇偶校验位"：

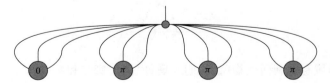

659

将各个情景下的奇偶校验位替换为：

通过相位蜘蛛融合得到：

因此这个总体奇偶校验位为**奇的**。

11.1.3 描绘一个矛盾

局域实在论假设所有的测量结果在过去都有一些共同的原因。因此，我们构建了一个精细化的模型，其经典值已经"提前知道"它们将为这两种测量提供什么样的结果：

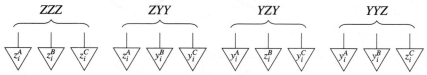

$$(11.1)$$

因此，例如，如果我们在第一个系统上测量 Z，我们将得到结果 $z^A \in \{0, 1\}$，如果我们在第三个系统上测量 Y，我们会得到 y^C，等等。该模型中的一般态则是这些经典值的概率分布：

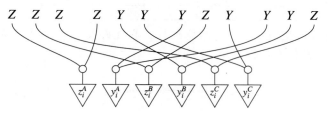

$$(11.2)$$

现在，我们知道，量子理论预测四种测量选择的总体奇偶校验位总是奇的。因此，为了与量子理论相一致，上面概率分布中的每一个可能的值都应该产生一个奇的总体奇偶校验位。但是，正如我们将要看到的，它们没有一个是这样的！

根据定义，式（11.2）中的每个值为四个测量选择中的每一个给出以下结果：

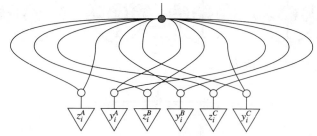

通过蜘蛛将复制态合并得到：

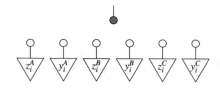

则总体奇偶校验位为：

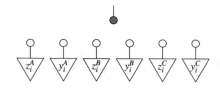

仔细观察这只"局域意大利面怪物"，我们发现每只○- 蜘蛛和●- 蜘蛛之间都连接有两条腿。因此，应用互补方程（10.49），可得：

这等于：

$$0 \approx 0$$

也就是说，对于每个态，总体奇偶校验位是**偶的**。因为偶数不等于奇数：

$$0 \neq 1$$

量子理论是非局域的。

11.2 类量子过程理论

理解一个事物的一种方式是理解它如何与相似的事物相联系。例如，假设我们想列出渡渡鸟最显著的特征。如果把渡渡鸟和人类相比，我们会发现很多无趣的区别，比如"渡渡鸟没有手指"。然而，如果将渡渡鸟与其他鸟类进行比较，我们会发现它们独特的特征开始更加突出。例如，我们会立刻注意到它们不会飞，而且它们的味道也很独特（这给了我们一些关于它们灭绝的线索）。

对量子理论已经做了类似的事情，认为它是更广泛的理论的一部分。这可以用许多不同的方式来做，这取决于一个人想要学习理论的哪些特点并与其他特点进行对比。例如，人们已经付出了大量努力将量子理论理解为一个广义概率理论的实例。在这种一般情况下，系统总是有凸集的态（例如，量子比特情况下的布洛赫球），但量子理论的许多其他特性开始崩溃了。

在另一个方向上，人们可以看看认可对量子理论类似图形（即组合的）行为的过程理论，这是我们（当然！）将在这里关注的。我们在第9章中看到，许多量子特征可以用蜘蛛来表示，蜘蛛是纯粹的图形生物。因此，只要在其他过程理论中重新解释这些蜘蛛图，我们就可以看到测量、互补、甚至非局域性参数在"类量子"过程理论中的样子。

11.2.1 互补性关系

在第5章中，我们了解到，当涉及标准正交基时，**关系**是非常无聊的。也就是说，每个系统只有一组标准正交基（见例5.6），仅由单例集给出。然而，在第8章中，标准正交基被蜘蛛取代了。实际上，在**线性映射**理论中，确定一组标准正交基与确定一族蜘蛛是完全相同的。当然，如果这对**关系**来说是正确的，那么蜘蛛将和标准正交基一样无聊，因为周围只有一种颜色的蜘蛛。

然而，事实证明，**关系**理论比人们一开始想象的要疯狂得多，而且有很多行为像蜘蛛的东西不是来自标准正交基。例如，即使对于系统 $\mathbb{B}$，也已经有两种颜色的蜘蛛了。在许多其他事例中，这意味着图形：

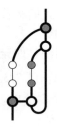

661

在**关系**理论（或者，更准确地说，在类似于 **cq-映射**的方法中构建的"cq-关系"的理论）中是完全合理的，我们可以使用这些蜘蛛进行计算，就像我们一直在做的那样。

第一种颜色的蜘蛛确实是由独一无二的标准正交基为 $\mathbb{B}$ 而产生的：

$$:: \begin{cases} (0, \cdots, 0) \mapsto (0, \cdots, 0) \\ (1, \cdots, 1) \mapsto (1, \cdots, 1) \end{cases}$$

显而易见，这些生物确实以适当的方式融合在一起。但是第二种颜色的蜘蛛呢？

回想一下 9.3.5 节，我们给出了 ●– 蜘蛛在 ○– 基态奇偶校验方面的一个特征。虽然 X-基不会延及**关系**（多亏了第二个基态中讨厌的负号），但 ●– 蜘蛛会！就是说，我们让：

$$:: (b_1, \ldots, b_m) \mapsto (b_1', \ldots, b_n')$$

当且仅当 $b_1, \ldots, b_m, b_1', \ldots, b_n'$ 中 1 的个数是偶数。这些奇偶校验蜘蛛的特殊情况是我们在 9.3.5 节看到例子的相关版本，例如相关的 XOR：

$$:: (i, j) \mapsto i \oplus j$$

以及相关的三系统奇偶校验态：

$$:: * \mapsto \{(0,0,0), (0,1,1), (1,0,1), (1,1,0)\}$$

练习 11.1 表明上述定义的●– 蜘蛛确实表现得像蜘蛛，即我们有：

$$= $$

以及在换腿和共轭情况下的不变性，以及配对 ○ / ●是强互补的：

$$= \qquad = \qquad =$$

11.2.2 Spekkens 的玩具量子理论

虽然它有不可分离的状态，甚至有强互补的蜘蛛，但**关系**理论看起来并不像量子理论。考虑到这一点，有一种**关系**的**子理论**确实表现出许多量子特征，这可能会让人感到惊讶。例如，最小的非平凡系统的态确实将自己组织成一个球体，这与我们在 9.4.2 节的 Clifford **映射**中遇到的布洛赫球的六态限制非常相似。我们将首先具体定义这个理论（即"困难模式"），然后证明它可以等价于 ZX-演算的一个小修正。

这个被称为 spek 的新理论中的基本系统是四元素集合：

$$IV := \{1, 2, 3, 4\}$$

由于这将是**关系**的一个子理论，IV 态由子集给出。这里不是采用 IV 的所有 $2^4 = 16$ 个子集，我们将采用的（非零）态只是 6 个两元素子集：

$$\vcenter{\hbox{▽}} \ :: \ * \mapsto \{1,2\} \qquad\qquad \vcenter{\hbox{▽}} \ :: \ * \mapsto \{3,4\}$$

$$\vcenter{\hbox{▽}} \ :: \ * \mapsto \{1,3\} \qquad\qquad \vcenter{\hbox{▽}} \ :: \ * \mapsto \{2,4\}$$

$$\vcenter{\hbox{▽}} \ :: \ * \mapsto \{1,4\} \qquad\qquad \vcenter{\hbox{▽}} \ :: \ * \mapsto \{2,3\}$$

值得注意的是，它们将自己组成三对正交态：

$$\vcenter{\hbox{▽△}} \ = \ \vcenter{\hbox{▽△}} \ = \ \vcenter{\hbox{▽△}} \ = \ 0$$

所以我们可以有点启发性地把它们放在"spek 球"上：

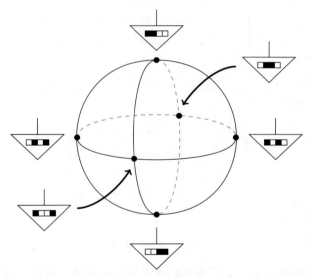

通过对布洛赫球的模拟，我们将 Z-轴上的态称为 spek-Z 态，X-轴上的态称为 spek-X 态，664Y-轴上的态称为 spek-Y 态。这些是我们过程理论的态，但是过程呢？在单一系统上，我们允许 IV 的任意排列，例如：

$$\boxed{\sigma_{(23)}} \ :: \ 1 \mapsto 1,\ 2 \mapsto 3,\ 3 \mapsto 2,\ 4 \mapsto 4$$

由于排列不能改变填入框的数字，所以它们总是将两元素子集发送给其他两元素子集。例如：

$$\vcenter{\hbox{$\boxed{\sigma_{(23)}}$ ▽}} \ = \ \vcenter{\hbox{▽}} \qquad\qquad \vcenter{\hbox{$\boxed{\sigma_{(23)}}$ ▽}} \ = \ \vcenter{\hbox{▽}}$$

而且，它们总是把正交态传递给正交态，也就是说，它们将对距保存在"spek 球"上。因此，这些很容易被认为是幺正变换的排列，类似于 Clifford 映射中的单量子比特幺正变换。

这就是单个系统上的过程。为了获得 spek 中的所有过程，我们只需添加一个蜘蛛家族，即拷贝 spek spek-Z 态的蜘蛛：

$$（11.3）$$

我们称这种蜘蛛为 $\{1, 2\}$-奇偶校验蜘蛛。显而易见，一个 $\{1, 2\}$-奇偶校验蜘蛛由如下关系给出：

$$:: \begin{cases} (a_1, \ldots, a_m) \mapsto (b_1, \ldots, b_n) \\ (a_1 + 2, \ldots, a_m + 2) \mapsto (b_1 + 2, \ldots, b_n + 2) \end{cases}$$

对于所有 $a_i, b_i \in \{1, 2\}$，使得 $a_1, \ldots, a_m, b_1, \ldots, b_n$ 中 2 的个数是偶数。事实上，这是唯一的一个蜘蛛家族，它们的关系：

$$:: \begin{cases} 1 \mapsto \{(1, 1), (2, 2)\} \\ 2 \mapsto \{(1, 2), (2, 1)\} \\ 3 \mapsto \{(3, 3), (4, 4)\} \\ 4 \mapsto \{(3, 4), (4, 3)\} \end{cases}$$

满足式（11.3）。此外：

$$:: * \mapsto \{1, 3\}$$

是"spek 球体"上的六个态之一，所以我们可以通过排列的方式得到其他任何态，例如：

由于我们可以只通过蜘蛛和排列来恢复"spek 球"，我们可以定义完整的过程理论 spek 如下。

定义 11.2   spek 理论是以下**关系**的子理论：

- 系统由 n 个 IV 的拷贝组成。
- 过程是由以下部分组成的字符串图：
  - $\{1, 2\}$ 奇偶校验蜘蛛：

- 所有的排列都在一个单一系统上：

现在把这个和如下 **Clifford 映射**的特征进行比较。

命题 11.3　**Clifford 映射**理论可以等价地定义为**纯量子映射**的以下子理论：

- 系统由 n 个 $\widehat{\mathbb{C}}^2$ 拷贝组成。
- 过程是由以下部分组成的字符串图：
  - Z 量子蜘蛛：

666

  - 在一个单一系统上的所有 Clifford 幺正变换：

证明　显然，任何由○– 蜘蛛和 Clifford 幺正变换组成的字符串图都是一个 Clifford 图（见定义 9.104），因此给出了 Clifford 映射。相反地，以下是一个单一系统上的 Clifford 幺正变换：

通过这些和○– 蜘蛛，我们可以得到：

这就为我们提供了构造一个任意 Clifford 图所需的所有信息。　　□

还不错吧？

备注 11.4　**Clifford 映射**和 spek 之间的一个明显差别是数字不同；也就是说，在 **Clifford 映射**中这些是正实数，而在 spek 中这些是布尔值。我们说"显而易见"，因为这很容易调整。一种简单的方法是在 **Clifford 映射**中将"相差倍数的相等"作为相等，这样就只剩下两个不相等的数（即 0 和 1）。这有点乏味，但也有可能，利用正实数来增大 spek 中的数字，并稍微调整"将过程结合在一起"的定义，以便，例如：

$$\vcenter{\hbox{(图)}} = \frac{1}{2}$$

Clifford 映射和 spek 之间的类比更进了一步。就像我们构建○– 蜘蛛（也称为 spek-Z 蜘蛛）一样，我们可以构建另外两个家族的蜘蛛（也称为 spek-X 蜘蛛和 spek-Y 蜘蛛），它们拷贝了另外两对正交态。

练习 11.5 使用○– 蜘蛛和排列，定义新的蜘蛛：

使得：

分别拷贝 spek-X 态和 spek-Y 态。

当然，它们以人们希望的方式相互作用。

练习 11.6 说明○– 蜘蛛和●– 蜘蛛具有强的互补性。

让我们看看这个类比能走多远。

11.2.3 spek 中的相位

既然我们把六个态放在一个球体上，我们很容易把赤道上的点想象成相位：

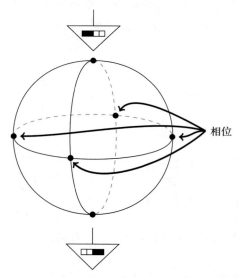

试着把它们组合成一个（可交换的）相位群。事实上，我们很快就会看到，这是可能的。而且，一旦我们开始用这些相位装饰一对强互补的蜘蛛，我们就得到了 spek 的普适性，一个 Y 规则，它将两种不同拷贝 spek-Y 基的方式联系起来，甚至还得到了一个相应的完备性定理！ spek 和 Clifford 映射到底有什么不同呢？

知道一点群论的人（或读过 *9.3.6 节的人）可能已经猜到了答案。实际上，恰好有两个具有四个元素的可交换群，Clifford 映射有一个，spek 有另一个！ 在 Clifford 映射中，相位群为 $\mathbb{Z}_4$，即四元素循环群。也就是说，它有四个元素 {0,1,2,3}，其中群求和是模 4 加法。

"等等！"你可能会说，"我以为相位群是由围绕着布洛赫球赤道的旋转变换组成的"：

你是对的！只是给这些组元素起了不同的名字：

$$0 \leftrightarrow 0 \qquad 1 \leftrightarrow \frac{\pi}{2} \qquad 2 \leftrightarrow \pi \qquad 3 \leftrightarrow -\frac{\pi}{2}$$

我们看到，这实际上是同一组，例如：

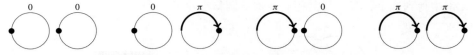

为了成为 spek-Z 态的一个相位，它必须是这种情况：

因此，对于一个相位态，我们必须从 {1,2} 和 {3,4} 中各选择一个元素，这确实给出了剩下的四个 spek 态。对于量子比特，我们可以通过画出小轮子来把它们组合成群。然而，这一次，我们应该画出两个轮子而不是一个，每一个可以设置为 0 或 π：

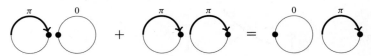

要想知道这些分别对应哪个态，只需在黑点所在的方框中涂上颜色：

从而四个相位态为：

669

群求和只是在做角度的元素加法，例如：

而且我们的确可以确认：

在量子情况下，我们可以使用这些新的相位态来装饰一个新品种的蜘蛛：

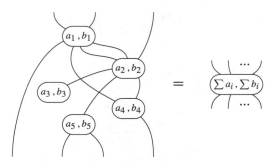

它们满足"spek 蜘蛛融合"：

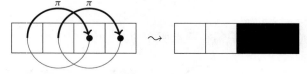

Clifford 映射的相位群是 $\mathbb{Z}_4$，而这个新的相位群叫作 $\mathbb{Z}_2 \times \mathbb{Z}_2$。这不是一个四元素群 $\{0,1,2,3\}$，其中我们做模 4 加法，而是一对相同的两元素群 $\{0,1\}$，我们做模 2 加法。

为了形成 spek-X 态的相位态，我们应该从 $\{1,3\}$ 和 $\{2,4\}$ 中各选择一个元素。为了从相位群的元素中得到这个，我们只需相应地重新调整小轮子：

670

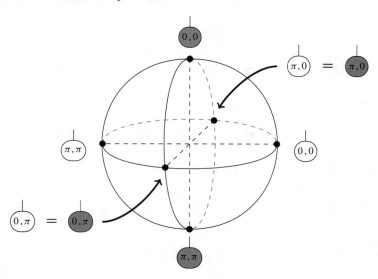

这给了我们足够的相位态来填充 spek 球：

让我们再快速看一眼布洛赫球，好吗？

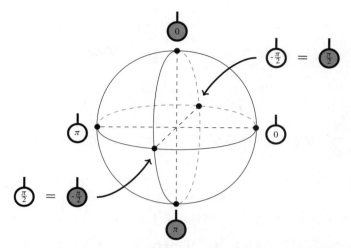

哇！就像来自另一个母亲的兄弟！看起来这两种理论之间**唯一**的区别就是相位群。事实上，情况确实如此。但"改变整个过程理论的相位群"到底是什么意思呢？在老朋友 ZX-演算的帮助下，我们可以得到精确的结果。

11.2.4　spek 中的 ZX-演算

我们现在知道，spek 允许一个相位群和一个版本的相位蜘蛛融合。我们进一步认识到○和●具有很强的互补性。因此，我们几乎已经为 spek 建立了一个完全成熟的 ZX-演算。唯一缺少的是 Y 规则，我们现在将添加它。

$\boxed{671}$

定义 11.7　spek ZX-演算由以下规则组成：

其中 $a, b, c, d \in \{0, \pi\}$ 而且 $\bar{a}$ 是 $\pi + a$ 的速记表示。

这个定义与 Clifford 映射的 ZX-演算定义几乎是一样的。即使是"扩展的" Y 规则，在 spek 的例子中，它涉及 Y 拷贝的四个变体，而不是两个：

事实上，它与 Clifford **映射**的 Y 规则完全相似。也就是说，对于相位群中选定的元素 y_1 和 y_2，它们同时出现：

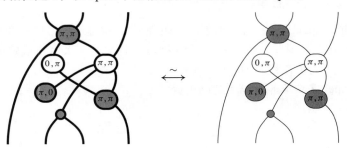

对于所有 $i,j \in \{1, 2\}$。如果假设 $y_1 \neq y_2$ 而且那只蜘蛛的装饰很独特，也就是：

那么 y_1 和 y_2 已经被演算唯一地确定了（可能重命名相位群的一些元素）。对于 **Clifford 映射**，它们必须是 $y_1 := \frac{\pi}{2}$ 以及 $y_2 := -\frac{\pi}{2}$，而对于 spek，$y_1 := (0, \pi)$ 以及 $y_2 := (\pi, 0)$。

练习 *11.8   在 **Clifford 映射**中，Y 规则上的额外变化是多余的。在 spek 的情况下，它们真的有必要吗？

672

示例 11.9   由于在任何过程理论中将过程翻倍只会消除全局相位（见备注 6.19），而 spek 中唯一的全局相位是 1，在 spek 中翻倍过程只会再次得到 spek：

然而，翻倍使我们能够编码测量：

我们可以用相位群来计算它的结果。例如，如果我们对两个 **spek-Z** 态进行○- 测量，我们得到：

分别表示"确定在 {0,1} 中"和"确定在 {2,3} 中"。spek 球体上的其他态是○- 相位态，所以如果我们对它们进行○- 测量，我们得到：

这些代表"我不知道"。

就像 **Clifford 映射**的 ZX-演算一样，我们要做的第一件事就是导出一些方便的规则。

练习 11.10   假设类似于式（9.107）的"小规则"：

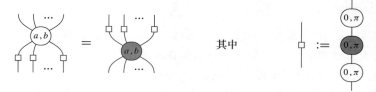

证实 spek ZX-演算遵守 9.4.3 节中导出的其自己版本的"渡渡鸟规则":

和颜色变化规则:

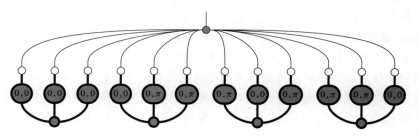

其中

就像它的 Clifford 堂兄弟一样,下面的例子也适用于 spek ZX- 演算。

定理 11.11　spek ZX-演算对于 spek 是完备的。

事实上,这个证明(我们在这里就不深入讨论了)的方式与 **Clifford 映射**的证明非常相似。换句话说,spek 中的过程允许一种图形形式的自然概念,任何过程都可以转换成这种概念。然后,使用 spek 版本的局域互补规则(9.129),当且仅当两个图形式的图示像在 spek 中的过程一样相等时,才有可能将它们相互转换。

这意味着,就像在 **Clifford 映射**的情况下,不是具体地定义 spek,而是我们可以也把它定义为一个理论,它的过程是相位蜘蛛的图,以定义 11.7 中的等式为模。所以我们有以下定理。

定理 11.12　Clifford 映射和 spek 的唯一区别是相位群的选择: $\mathbb{Z}_4$ 和 $\mathbb{Z}_2 \times \mathbb{Z}_2$。

那么,这一点儿小小的不同有什么大不了的吗?

11.2.5　spek 中的非局域性

相位群的不同有什么大不了的吗?是的,确实是!让我们尝试在 spek 中通过翻倍和修正一些测量(见示例 11.9)来重现 11.1.2 节中的 GHZ 梅明情景:

此前,一个局域实在理论预测总体奇偶校验位:

应该是偶数，即一个 0 的 ● 相位，在 spek 也称为 $(0, 0)$。因为在 Clifford 映射中我们获得了一个 π 的 ● 相位，所以量子理论是非局域的。然而，由于对于 spek 相位群 $\mathbb{Z}_2 \times \mathbb{Z}_2$，所有成对的 $(0, \pi)$ 相位都抵消掉了，例如：

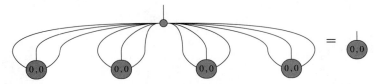

因此我们得到：

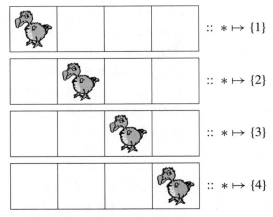

矛盾消失了！事实上，在 spek 中，无论我们选择何种测量方法，非局域性论证都是注定要失败的。这是因为通过构造，spek 是一个局域实在理论！

为了理解这一点，我们需要做的就是思考 spek 中的态到底是什么意思。正如我们在 3.4.1 节中所看到的，关系中的态表示非确定论。也就是说，集合 IV 可以被认为是一个（经典的）系统，它具有四种可能的状态中的一种。例如，它可以是一个四个框的集合，其中 Dave 正好藏在其中一个框里：

因为这代表了一些事务的实际态，所以这些被称为本体态。另一方面，我们可能不知道 Dave 的确切位置，但我们知道它在前两个框中的某一个中：

675 因为这并不代表系统的真实态，而只是我们对系统的认识，所以这叫作认知态。

关于 spek 最重要的一点是，允许对哪些认知态进行一定的限制，所以我们永远不可能完全知道 Dave 在哪个框里。由此产生了许多看起来像是量子的特征，比如（强）互补性、系统的不可分离性，以及看起来很像布洛赫球的东西。但是，最终，这个理论从一开始就被设计成，总是可以通过简单地将潜在的本体态作为隐变量来将其完善为一个局域实在理论。

练习 *11.13   对于一个不是量子比特的量子系统，将 ZX- 演算转换成一个图形演算。

通过改变相位群可以得到什么理论？

11.3 本章小结

1）量子理论不是一种局域实在理论，也就是说，任何对量子理论的完善，其中所有的测量结果在过去都有一些共同的原因，这必然违反局域性。

2）这个事实可以用图形法画一个矛盾关系来确定：

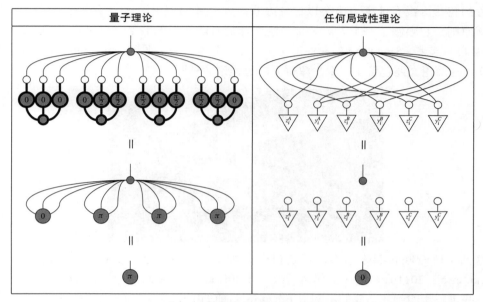

3）在**关系**理论中，即使在二元素集合 $\mathbb{B}$ 上也存在互补的蜘蛛。

4）Spekkens 的玩具理论是一个与量子比特量子理论非常相似的理论，可以被表述为过程理论 spek，它是**关系**的一个子理论。它也可以完全用图形法来表述，只要通过用群 $\mathbb{Z}_2 \times \mathbb{Z}_2$ 取代群 $\mathbb{Z}_4$ 作为 ZX-演算的修正就可以。

5）量子非局域性，特别是 GHZ 梅明场景，与量子比特相位群包含 $\mathbb{Z}_4$ 这一事实紧密地交织在一起。相比之下，Spekkens 的玩具理论中的相位群不包含 $\mathbb{Z}_4$。

6）更一般地说，在更广阔的过程理论空间中研究量子理论，可以告诉我们量子理论的哪些成分导致了它的显著特征。

676

11.4 历史回顾与参考文献

GHZ 梅明的论点最初是由 Greenberger et al.（1990）提出的，并由 Mermin（1990）推进到现在的形式。第一个过于复杂的图形证明是由 Coecke et al.（2012）提出的。他们在不久之后就清醒了，并给出了这里提出的证明（Coecke et al.，2016）。这一论点的概括可以在 Gogioso and Zeng（2015）的文献中找到。

第一个非局域性证明是由 John Bell（1964）提出的，而爱因斯坦对这一问题的相关关注引发的讨论促成了贝尔定理，见文献（Einstein et al.，1935; Einstein，1936）。第一次实验验证是由 Aspect et al.（1981）提出的，但直到最近才进行了一项被广泛认为是"无漏洞"的实验（Hensen et al.，2015）。David Bohm 的隐变量模型首次发表于他的文献（Bohm，1952a,b）中。

Coecke and Edwards（2011）观察到可以在**关系**中表示互补性，其中 spek 也首次被作为**关系**的一个子理论提出。Pavlovic（2009）对所有的蜘蛛进行了**关系**分类，Evans et al.（2009）对所有的强互补蜘蛛进行了分类，Edwards 也独立地对所有的蜘蛛进行了同样的分类。关于集合和关系的收集整理，见 Gogioso（2015a）的文献。

Spekkens（2007）提出了他的玩具理论。Hardy（1999）提出了一个更早的非常相似但不太成熟的玩具理论。Spekkens 并没有给出一个完整的理论，而是给出了一个生成所有态和过程的秘诀，没有证据表明会以这种方式出现一致的理论。这个秘诀的关键是所谓的知识平衡原则，它限制了一个人对一个系统所能拥有的知识的数量。通过将 Spekkens 的秘诀与 spek 联系起来，Spekkens 的秘诀产生了一个一致性理论，见 Coecke and Edwards（2012）的论文。这篇论文还包含了一幅牛津桥下的过程论涂鸦图：

这两个阵营联合起来指出，正是相位群抓住了量子理论和玩具理论之间的真正区别（Coecke et al., 2011b）。这一工作然后成为了 Edwards（2009）的博士论文的内容，其中也包含一些进一步的阐述。我们不知道 Edwards 目前的下落。

Backens and Nabi Duman（2015）认识到可以通过调整 ZX-演算来获得 spek，并给出了相应的完备性定理，从而可建立一个完整的 Spekkens 玩具理论的图表示。

本章开头的引用来自 Hardy and Spekkens（2010）的文献。另见 1.3 节对 Mermin 的引用的讨论。

量子计算

以意大利面、酱汁和神圣肉丸的名义……

——Bobby Henderson, *The Gospel of the Flying Spaghetti Monster*, 2006

概念之后是实践。虽然量子基础的研究和量子理论本身一样古老，但量子计算领域相对较新。因此，大规模、实用的量子计算仍然不现实。一台典型的"量子计算机"要花好几个月才能组装好，然后才能执行一些令人震惊的任务，比如把 6 分解成 3×2。尽管如此，如果这些机器存在，我们将在解决一些困难的（经典的）计算问题上获得惊人的速度提升，比如那些涉及破解当今大量使用的密码系统的问题。

在我们进入"量子计算"之前，我们应该先谈谈"计算"。计算是什么？我们现在给出的答案可能不会让你大吃一惊：它是一个过程理论！计算实际上就是将小过程的输入和输出连接在一起，形成更大的过程。更具体地说，计算由一组（有限的）基本过程组成，这些过程根据一些（也是有限的）指令连接在一起，我们将这些指令称为算法或简单称为程序。

经典计算和量子计算的唯一本质区别是基本过程的内容。对于经典计算，这些操作包括逻辑操作（例如 XOR）或读取 / 写入内存中的位置。对于量子计算，我们可以用量子过程和经典的量子相互作用（比如测量）来扩展它。因此，量子计算就是要弄清楚如何编写新的程序，利用这些新的构建模块来构建更快的算法，或者完成经典计算不可能完成的新任务。

第一个量子算法是"概念的证明"，在某种意义上，它们解决问题的速度比经典计算机快得多，但它们解决的问题本身并不特别有趣。然而，随着 Grover 量子搜索和 Shor 的因式分解算法的出现，这种情况发生了巨大的变化。后者展示了量子计算机在高效因数分解方面的应用，其有趣之处在于：当前使用的密码学中有很大一部分依赖于一种称为 RSA 的密码系统，而 RSA 又依赖于这样一个事实，即分解大的数字在计算上是不可行的。更重要的是，几乎所有 RSA 的替代方案（除了少数所谓的后量子系统）都依赖于与计算"离散对数"密切相关的问题。但是因式分解和这个问题都可以作为隐子群问题的特殊情况而被有效解决，我们在 12.2.4 节中进行了阐述。因此，一旦有了量子计算机，意味着你的银行信息被加密了的浏览器上的挂锁实际上就会变得毫无意义了（尽管量子黑客可能对你的透支额度之外的其他事情更感兴趣）。

在本章中，我们将把已经看到的经典 – 量子构建模块合并到计算中。事实上，不仅有一种方法可以做到这一点，还有许多可能的量子计算模型。我们将重点介绍两个这样的模型，第一个是量子线路模型，它以一种或多或少比较明显的方式将经典的线路计算概念扩展到量子过程。我们不是从一堆比特开始并执行经典逻辑门，而是从一堆量子比特开始，执行一堆

679

量子门, 然后测量输出的结果。

第二个明显更流行的模型是基于测量的量子计算 (Measurement-Based Quantum Computation, MBQC)。在 MBQC 中, **所有的**工作都是由测量完成的, 而不是依赖于逻辑门之类的东西。MBQC 依赖于一种独特的量子特性, 即测量可以使执行任何计算所需的态发生剧烈变化, 因此这个模型与我们在经典计算中看到的模型完全不同。

这两个模型都可以使用 ZX-演算来表示, 这使我们能够用图形的方式对它们进行推理和证明, 并将计算从一个模型转换到另一个模型。事实上, 这是一条双行道。第 9 章中的两个最重要的定理 (ZX-演算的普遍性和完备性) 分别来自将 ZX-图编码到线路模型和 MBQC 中。

12.1 线路模型

量子线路模型是基于经典逻辑门线路 (例如 AND、OR、NOT) 的计算到量子过程的直接扩展。线路模型中的所有计算分三步进行:

1) 准备一些确定态的量子比特。

2) 执行一个由基本量子门组成的线路。

3) 测量 (一些) 产生的量子比特。

与经典线路一样, 我们假设基本量子门的集合是预先确定的。典型的例子是相位门:

680

以及 CNOT 门:

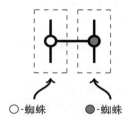

所以, 总的来说, 蜘蛛不应该被看作是门, 而应该被看作是 "门板"。例如, CNOT 门中的两个量子蜘蛛都不是它们自身的幺正变换, 但它们共同构成了一个幺正的量子门。控制这些蜘蛛的 ZX-演算规则然后在产生的门之间产生了等式。事实上, 我们甚至可以做到以下几点 (尽管我们并不推荐这样做)。

练习 *12.1 只使用相位门和 CNOT 门之间的等式, 给出一个等效的 ZX-演算表述。

12.1.1 量子计算作为 ZX-图

在线路模型中, 组成量子计算的三个步骤一起产生了如下图所示的 ZX-图:

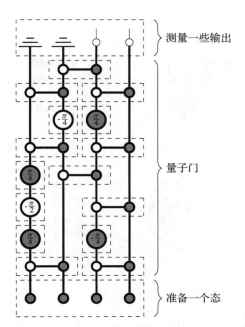

我们现在可以使用 ZX-演算来建立计算之间的等式。如果这样的图只涉及 $\pi/2$ 的倍数的相位，或只涉及单个量子比特门 $\pi/4$ 的倍数的相位，那么我们知道，分别通过定理 9.129 和定理 9.132，任何适用于由这些门组成的线路的等式可以由 ZX-演算得到。然而，即使对于更一般的线路，ZX-演算仍然是非常有用的。

例如，让我们看看，关于上面描述的相当复杂的线路，ZX-演算告诉了我们什么。如果我们试图保持量子门的完整性，我们就会陷入困境，但是如果我们暂时忘记中间的部分是由量子门组成的，而只是把它当作任意的 ZX-图呢？那就是 ZX-魔力发生的时候！

首先，考虑图中的以下组成块：

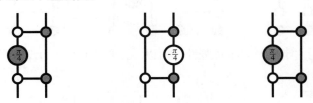

忘记我们正在与门打交道，我们可以确定一个 4 周期：

利用强互补规则：

$$\begin{array}{ccc} & \overset{(10.59)}{\approx} & \end{array}$$

类似地，我们有：

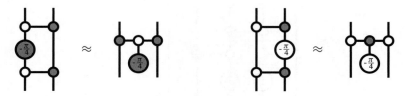

一个之前不可见的直接结果是，这些块在它们的两个输入中是对称的：

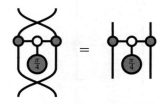

682

更引人注目的是，代入大线路得到：

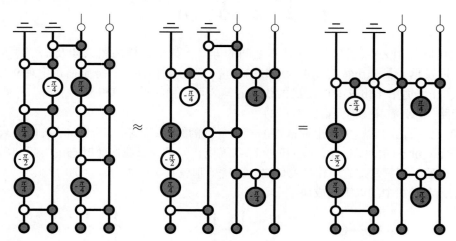

由于互补性，线路的左半边与右半边分开，所以（丢弃的）左半边没有影响：

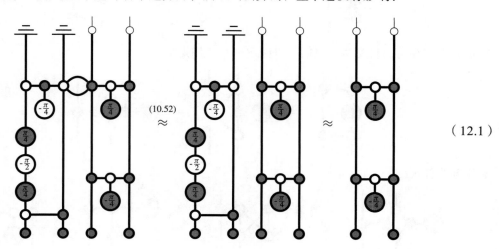

（12.1）

因为我们还有：

（12.2）

（这很容易证明，如果我们把这些代回门的形式中），那么我们的复杂线路就不是那么复杂了：

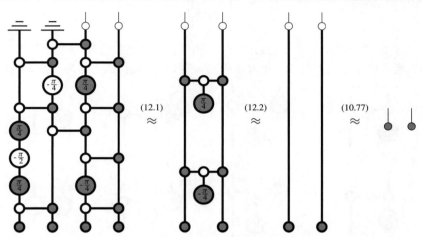

练习 12.2 与其回到门的形式，不如直接利用强互补性来证明式（12.2）。

12.1.2 构造量子门作为 ZX-图

　　量子门是简单的幺正量子过程，可以用来构造更复杂的量子过程。我们已经看到了一些很好的候选量子门，如相位门和 CNOT。我们现在将使用相位蜘蛛作为"门板"来构建一些更复杂的量子过程。

　　回想一下示例 9.80，我们可以用：

来获得这一事实，即 CNOT 门使用左量子比特（称为控制量子比特），来决定是不对右量子比特做任何操作还是在其上作用一个 π 的 ●- 相位：

自然地，我们会问是否有可能构造控制版本的其他量子过程，例如，一个受控相位为 π 的○- 相位。上面的等式提出了一个简单的方法，即使用颜色变化规则（10.81）：

把这个稍微化简一下得到：

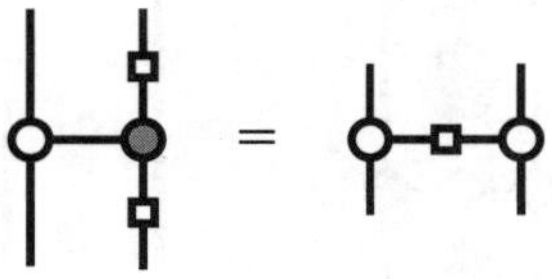

定义 12.3 CZ 门为：

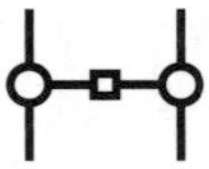

如果不是有选择地应用一个相位为 π 的○- 相位，而是选择应用一个任意的相位 α，会怎样？我们怎么能造出这样的东西呢？更近距离地观察 CZ 门是如何工作的，给了我们一个线索：

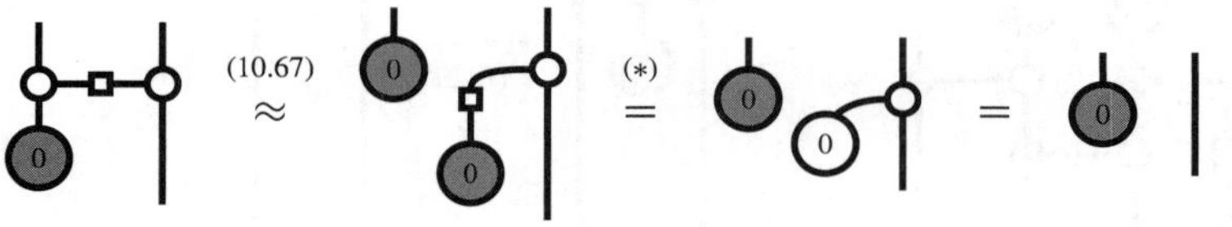

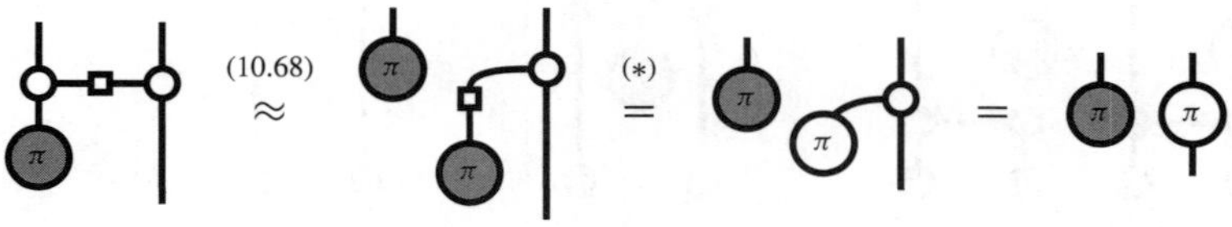

这两种推导的关键步骤被标记了（∗），在这里 H 门将●- 相位态变为○- 相位态：

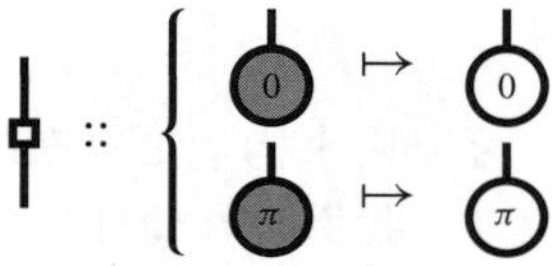

如果我们可以用任意相位 α 代替 π 相位来一般化这个情况：

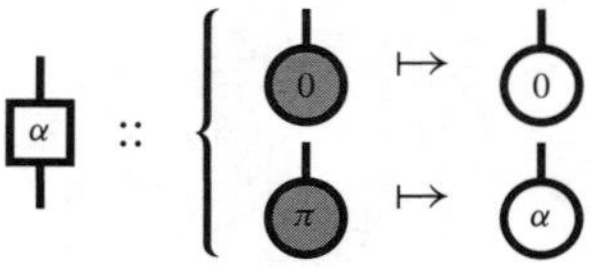

$$(12.3)$$

685

然后我们就得到了：

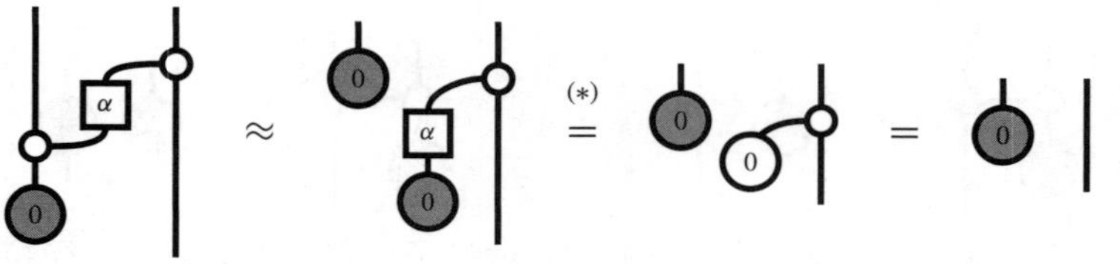

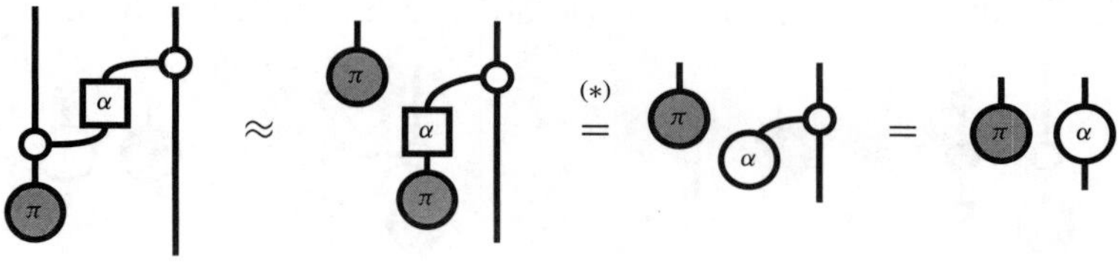

通过一些 ZX-技巧，构建式（12.3）并不太难。

命题 12.4 对于：

$$（12.4）$$

我们有：

$$（12.5）$$

证明 对于 0 的 ●- 相位我们有：

即相位 $\alpha/2$ 和相位 $-\alpha/2$ 相互抵消，而对于 π 的 ●- 相位：

相位 $\alpha/2$ 和相位 $\alpha/2$ 加起来了。 ☐ 686

备注 12.5 当我们观察 α-框如何作用在 Z-基态上时，α-框底部的 ○- 相位并没有起到作用，即这个过程：

具有相同作用。α-框的重要特征是，根据输入，两个相位将相加或相互抵消。然而，包括这个额外相位在内是便利的，因为它使得 α-框自转置，并使得其他几个问题得以更好地解决（见命题 12.7）。

像 H 门一样，这个 α-框是自转置的，所以我们仍然可以无歧义地忽略线的方向：

然而，和 H 门不一样，这个 α 框对有所有的 α 不是幺正的。例如，它甚至可以分离：

所以，就像 CNOT 门中的蜘蛛一样，它应该被视为一个"门板"，通过它我们可以构建有趣的量子门，尤其是我们刚刚看到的那个。

命题 12.6 以下 CZ(α) 门是幺正的：

$$(12.6)$$

证明 我们将使用与 12.1.1 节相同的技巧来简化大图。因为我们可以确定一个 4 循环：

我们应该使用哪条规则是显而易见的：

对于另一个组分也是一样的。   □

人们希望恢复在 $\alpha := \pi$ 情况下的 CZ 门。的确，这看起来很有希望，因为通过专攻式（12.5）可以得到：

$$(12.7)$$

因此，这个映射将（翻倍）Z-基态输出为（翻倍）X-基态。换句话说，它看起来像一个 H 门。然而，我们在 6.1.5 节中已经知道，一组翻倍标准正交基不是一组标准正交基，所以我们仍然需要检查这实际上是否是一个 H 门。

命题 12.7 π 框等于 H 门：

$$(12.8)$$

证明 我们有：

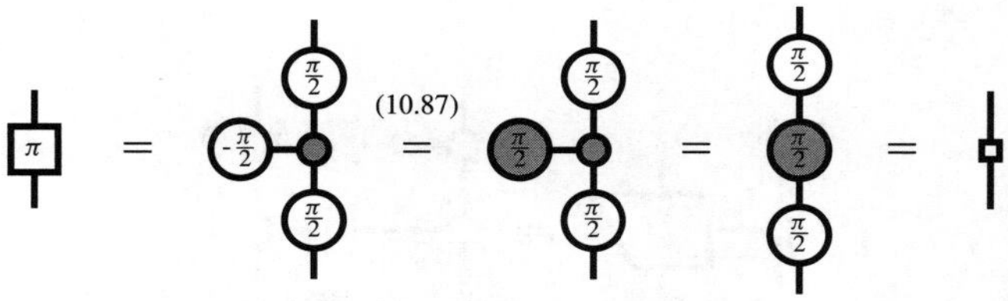
(10.87)

□

命题 12.6 得到了 CZ(α) 门的一个简单形式，我们使用“门板”将其构建为 ZX-图。现在，这真的是一个新的量子门，或者它是否可以建立在我们已经拥有的基本门上？ZX-演算再一次给出了答案。

练习 12.8 使用 ZX-演算，说明 CZ(α) 门可以由 CNOT 门和○相位门通过如下方法构造： 688

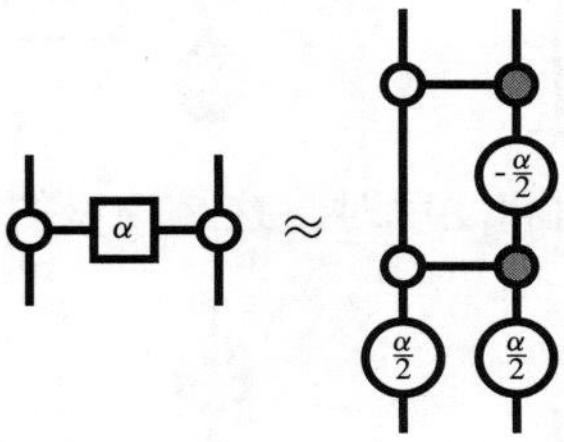

（12.9）

（提示：右侧包含一个 4 循环。）

我们可以通过同样在第二个量子比特上组合前置及后置 H 门，返回到这个门的 X 版本，称为 CZ(α) 门：

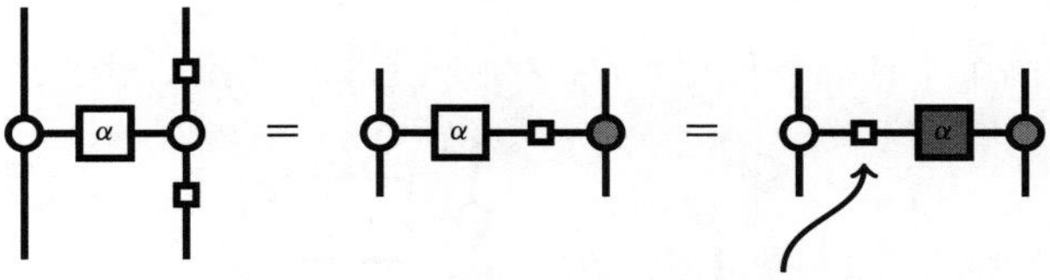
仍然由 Z- 基态控制

其中：

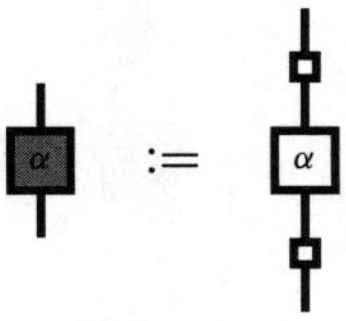

现在考虑 CNOT（也称为 CX）的特殊情况，即 $\alpha=\pi$：

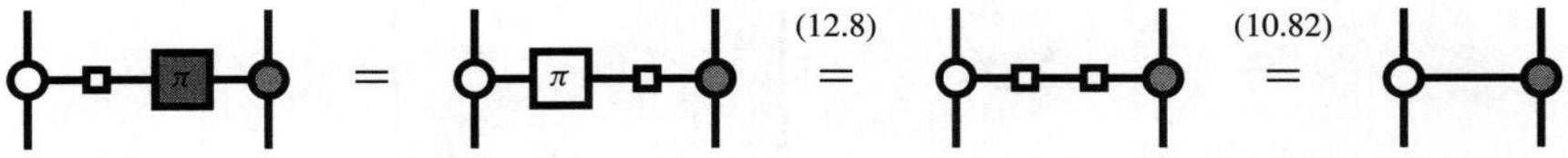
(12.8)
(10.82)

由于我们可以构造两种颜色的受控相位，所以也可以利用命题 9.100 中的欧拉角分解来构造受控幺正变换。如果 $\widehat{U}$ 分解为：

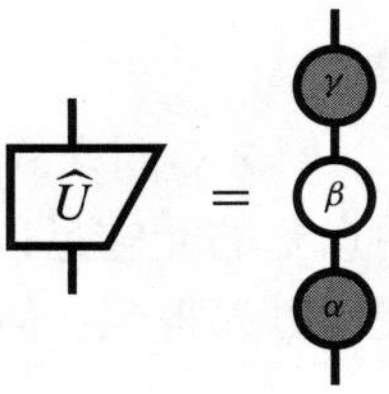

689

则我们可以构造一个受控$\widehat{U}$门如下：

（12.10）

只有当控制量子比特为"1"时，幺正变换 $\widehat{U}$ 才会"触发"：

当将控制量子比特组合在 NOT 门之前和之后时，这是相反的：

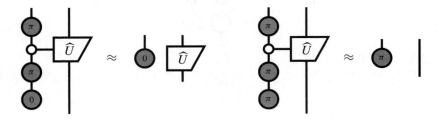

我们现在可以结合这两个来选择性地执行 $\widehat{U}_0$ 或 $\widehat{U}_1$，这取决于控制量子比特的值：

$$（12.11）$$

练习 12.9   验证一个多路复用幺正变换，即一个式（12.11）形式的门，它是一个块对角形式的矩阵：

$$（12.12）$$

690   其中 $\boldsymbol{U}_0$ 和 $\boldsymbol{U}_1$ 分别为 U_0 和 U_1 的矩阵。

12.1.3   线路普适性

我们现在有足够的工具来证明可以用 ZX-图来表示任何从量子比特到量子比特的纯量子映射。正如我们在 9.4.1 节中首先注意到的，它足以表明我们可以将任何幺正变换表示为 ZX-图。一旦我们有任何幺正变换，我们可以得到任何态为：

它可以通过过程 – 态对偶性转化为任意映射。

通过幺正变换传递的原因是双重的。首先，我们将沿这一思路证明任何幺正量子映射都可以用一组确定的幺正量子门来构造，即我们对量子计算有一套通用门集合。其次，由于对通用门集合的兴趣早于 ZX-图的诞生，所以大部分的艰苦工作已经由别人完成了。

我们将证明，可以用三步将任何幺正变换实现为 ZX-图：

1）仅使用 CNOT 门和相位门，构造托福利门：

其中：

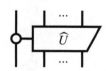

2）使用托福利门来说明，无论何时，我们只要使用 CNOT 门和相位门就可以构造一个 n 位量子比特门 $\hat{U}$，我们也可以构造一个受控 $\hat{U}$ 门：

3）利用这个事实来说明，只要我们可以建立任意 $n-1$ 位量子比特幺正变换，我们也可以建立所有 n 位量子比特幺正操作。

691

12.1.3.1 构造托福利

以上我们利用 AND 门描述了一个托福利门，表明它的前两个量子比特都是"1"的时候，将精确地将一个 NOT 门作用在第三量子比特上（即两个 π 的●相位）

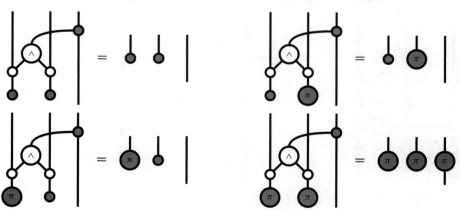

事实证明，AND 门的构建相当复杂（见练习 12.10），因此我们将直接考虑托福利门。首先，要意识到，另一种看待托福利的方式是将它看作"受控的 CNOT"：

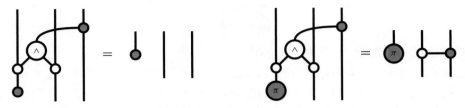

那么，我们怎样才能"控制 CNOT 开关"呢？首先，我们将把 CNOT 写成 CZ(π) 门的形式，CZ(π) 门本身可以写成 CNOT 门和 Z 相位门的形式：

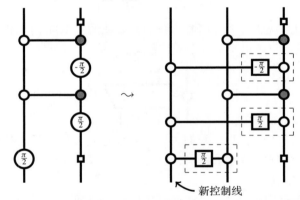

692

然后简单地把所有的相位门变成受控相位门：

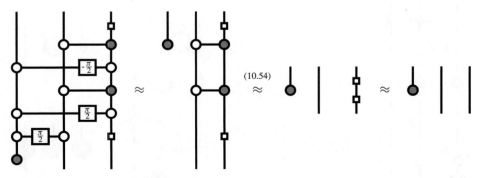

现在有了一个全新的控制线。如果在控制量子比特中输入"0"，其他两个量子比特不会发生变化：

而如果输入"1"，则作用一个 CNOT 门：

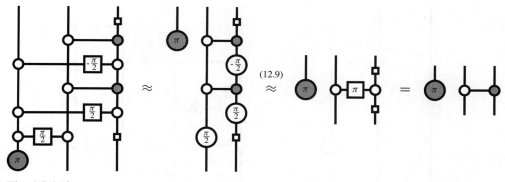

693

搞定了！因此让：

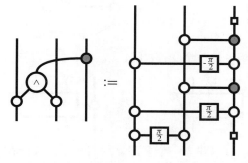

因为以上每个 CZ(α) 门可以写成 CNOT 门和相位门的形式，因此托福利门也可以。

练习 12.10 给出一个可选的托福利门的构造，通过首先证明下面的线性映射产生 AND 门：

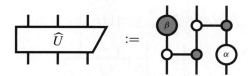

（提示：首先在 Z-基态下评估"/"，然后证明"\"是它的逆。）

12.1.3.2 构造受控幺正变换

现在完成了第 1 步，我们可以使用几乎相同的技巧完成第 2 步。假设 $\widehat{U}$ 是由 CNOT 门和相位门构建的 n 位量子比特幺正变换，例如：

因为以上每个 CZ(α) 门可以写成 CNOT 门和相位门的形式，因此托福利门也可以。

然后，我们可以通过添加一条新的控制线来构造受控 $\widehat{U}$，该控制线可以"开关"线路中的每个门。也就是说，每一个相位门变成了一个受控相位，每一个 CNOT 变成了一个"受控-CNOT"，也就是一个托福利门。我们的例子变为：

694

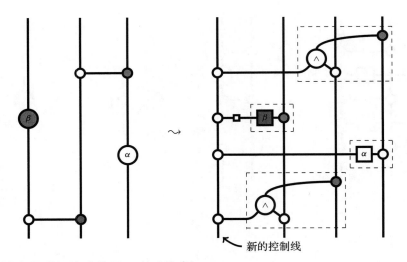

因此，通过构造得到的线路将是一个受控 $\widehat{U}$ 门：

一旦我们控制了操作，我们可以建立一个多路复用器，就像我们在式（12.11）上做的一样：

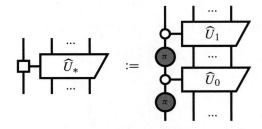

此外，由于受控 $\widehat{U}$ 线路本身由 CNOT 和相位门组成，我们可以重复添加控制线的整个过程，得到一个"受控 – 受控 $\widehat{U}$"门：

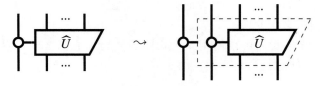

695

我们也可以重复 n 次得到一个 n-受控 $\widehat{U}$ 门，它可以写为：

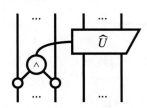

练习 12.11　参考式（12.11），使用 n-受控幺正变换构造一个 n 位量子比特复用幺正变换，即这样一个门：

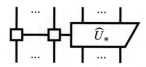

使得对于任何比特串 $\vec{i} := i_1 i_2 \ldots i_n$，该门在最右边的量子比特上作用了一个不同的幺正变换：

（12.13）

12.1.3.3 将各部分放到一起

这个部分也可以命名为"丑陋的矩阵部分"。

主要定理依赖于更大的幺正矩阵的欧拉角分解的一般化，称为余弦 – 正弦分解。与欧拉分解一样，我们将忽略证明，它本质上只是大量的矩阵操作。

命题 12.12　任何幺正变换的矩阵可以分解为：

$$\begin{pmatrix} \mathbf{U}_0 & 0 \\ 0 & \mathbf{U}_1 \end{pmatrix} \begin{pmatrix} \mathbf{C} & -\mathbf{S} \\ \mathbf{S} & \mathbf{C} \end{pmatrix} \begin{pmatrix} \mathbf{V}_0 & 0 \\ 0 & \mathbf{V}_1 \end{pmatrix} \qquad (12.14)$$

其中 $\mathbf{U}_i$ 和 $\mathbf{V}_i$ 是幺正映射的矩阵，$\mathbf{C}$ 和 $\mathbf{S}$ 是矩阵，它们中第 (i, i) 个元素分别是 $\cos \theta_i$ 和 $\sin \theta_i$，其他元素都是 0。

现在，我们来看看如何从这些门中构造这些矩阵。非翻倍化式（12.13）给出：

假设幺正变换 $U_{\vec{i}}$ 是任意的，我们可以将数字（实际上只是一个全局相位）吸收到它们中，正好得到等式：

我们在练习 12.9 中已经看到，两个块对角矩阵可以用单控制线的多路复用器实现：

中间的矩阵比较复杂。

练习 *12.13　表明对于以下幺正矩阵：

$$
\boxed{Y_{\vec{i}}} \quad \leftrightarrow \quad \begin{pmatrix} \cos\theta_{\vec{i}} & -\sin\theta_{\vec{i}} \\ \sin\theta_{\vec{i}} & \cos\theta_{\vec{i}} \end{pmatrix}
$$

它的角度 $\theta_{\vec{i}}$ 取决于比特串 $\vec{i}$，对于如命题 12.12 中所示的任意一个正弦和余弦的矩阵，我们有：

$$
\boxed{Y_*} := \quad \leftrightarrow \quad \begin{pmatrix} \mathbf{C} & -\mathbf{S} \\ \mathbf{S} & \mathbf{C} \end{pmatrix}
$$

697

因此，我们可以归纳地建立任意 n 位量子比特幺正变换。我们已经知道如何建立任意的单量子比特幺正变换。假设我们可以在 $<n$ 个量子比特上建立任意幺正变换，由于命题 12.12，我们可以通过以下方式建立 n 位量子比特幺正变换：

$$
\leftrightarrow \quad \begin{pmatrix} \mathbf{U}_0 & 0 \\ 0 & \mathbf{U}_1 \end{pmatrix} \begin{pmatrix} \mathbf{C} & -\mathbf{S} \\ \mathbf{S} & \mathbf{C} \end{pmatrix} \begin{pmatrix} \mathbf{V}_0 & 0 \\ 0 & \mathbf{V}_1 \end{pmatrix}
$$

这最后给了我们下面的定理。

定理 12.14   任何 n 位量子比特幺正变换都可以由 CNOT 门和相位门构造：

12.2   量子算法

既然我们已经知道了如何从量子门中构造出任一幺正变换，让我们开始把这些幺正变换运用到一些量子算法中。

在我们深入讨论之前，先给出一些免责声明。虽然量子算法是真正的"杀手级应用"，在过去的二十年中，它为新量子特性带来了最多的惊喜，但目前已知的所有量子算法都只涉及相当有限的问题范围。因此，如果我们手头有量子计算机，绝不可能更有效地解决所有问题。

其次，用图形来分析量子算法尚未成熟。正如你将看到的，在这个方向上已经取得了一些进展，但是与其将其视为一个完整的故事，不如将本节作为将来事情的预览（或者更好的是，邀请你参加！）。事实上，12.2.4 节中给出的隐子群问题的图形表示（量子因式分解就是一个例子）及其与强互补性的联系，只是在撰写本书的最后阶段才被发现。

12.2.1 量子谕言（假的？）魔法

我们已经遇到了线路模型中量子计算的一般形式：

如果想用量子计算打败经典计算机，我们需要用某种方式或其他把经典问题编码到量子线路中。显然，做这样操作的地方是在中间的大幺正变换。现在，几乎任何计算问题都可以简化为学习这样一个函数：

$$f : \{0, 1\}^n \rightarrow \{0, 1\}$$

例如，可满足性问题要求是否存在某个比特串 i，使得 $f(i) = 1$。

那么，我们怎么把 f 变成一个幺正变换呢？首先，我们可以将其编码为线性映射，就像我们在 5.3.4 节中对经典逻辑门所做的那样：

但是这个线性映射（也就是量子映射 $\hat{f}$）只有当 f 是输入到输出的双射时才会是幺正的。那可不好！特别是当 $N > 1$ 时，这是不会发生的。

但也许并非一无是处！还记得我们用来把非幺正 α 框变成一个两位量子比特幺正变换的技巧吗？我们是这样做的：

我们可以对 $\hat{f}$ 使用类似的技巧。首先，为 f 的输入和输出类型确定蜘蛛：

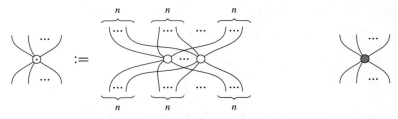

我们不选择○- 蜘蛛作为输出系统，而是选择一个互补的蜘蛛。为什么？因为这对建立幺正性至关重要。

命题 12.15 量子映射：

$$\text{(12.15)}$$

对于任何函数 f 是幺正的，当且仅当○和●是互补的。

证明   首先假定○和●是互补的。然后，利用 f 是一个函数映射的事实，我们有：

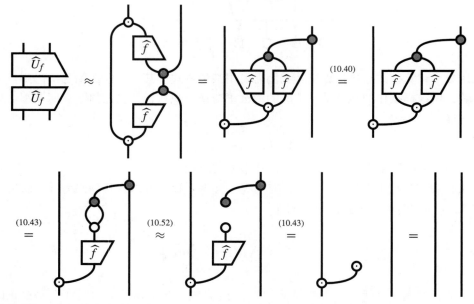

其他成分的证明也是类似的。相反，式（12.15）的幺正性意味着互补性，这一事实来自把 $\widehat{f}$ 当作一根普通线。则：

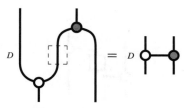

[700]   是幺正的，由命题 9.50 可知，○和●是互补的。   □

因此，$\widehat{U}_f$ 是做什么的呢？它通过连接一个与 $\widehat{f}$ 的输出相匹配的额外输入和与 $\widehat{f}$ 的输入相匹配的额外输出，将量子映射 $\widehat{f}$ 转化为幺正变换：

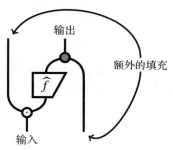

或者更具体地说：

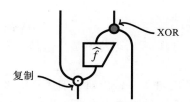

所以 $\widehat{U}_f$ 左边输入的 $\circ$ 基态被复制了。这些副本中的第一个被馈送到 $\widehat{U}_f$ 的第一个输出，而第二个被馈送到 $\widehat{f}$ 的输入，然后相应的输出和 $\widehat{U}_f$ 的第二个输入进行了 XOR 操作。如果将第二个输入到 $\widehat{U}_f$ 则变为：

$$\overset{\triangledown}{0} \approx \bullet$$

然后我们可以对任意输入求函数 f 的值：

$$\widehat{f} \;=\; i \quad \widehat{f} \;=\; \overset{\triangledown}{i}\ \overset{\triangledown}{f(i)}$$

很酷，对吧？现在，看看当把一些非经典的比特串放入第一个输入时会发生什么：

$$\widehat{f} \;=\; \widehat{f}$$

我们不是在一个特定的输入处得到 f 的值作为输出，而是得到整个函数 f，被编码成一个态。换句话说，我们在**每个**可能的输入都有 f 的值的**叠加**：

$$\widehat{f} \;=\; \text{double}\left(\sum_{i\in\{0,1\}^n} \overset{f}{\underset{i\ \ i}{}} \right) \;=\; \text{double}\left(\sum_i \overset{\triangledown}{i}\ \overset{\triangledown}{f(i)} \right)$$

哇！现在你可能明白了关于量子计算的所有小题大做，也就是：

一个单一量子过程可以同时评估一个函数的所有输入！

这个像上帝一样了解 f 的单一过程 $\widehat{U}_f$ 被称为量子谕言。但是，它到底有多像上帝呢？

　　当然，我们现在有很多关于 f 的信息，但是怎么才能得到它呢？它被编码在量子态中，所以我们唯一能做的就是测量它。如果我们有点笨，并决定测量第一个关于 $\odot$ 的系统，所有这些美妙的信息成为一个测量结果：

$$\overset{\triangledown}{i}\ \overset{\triangledown}{f(i)}$$

而我们甚至不能选择 i！换句话说，在花了 1000 万美元建造了一台神奇的量子计算机之后，它所做的只是在某个随机的 i 上评估一次 f。多么惊人的浪费！

12.2.2 Deutsch-Jozsa 算法

那么，量子计算只是一个大骗局吗？当然不是！但是一个人必须非常聪明才能避开量子测量所造成的伤害。

虽然我们不可能得到 f 的所有输入－输出对，但还有很多，非常重要的事情，我们可以询问 f，但它们仍然只有一个答案。稍微聪明一点，我们就可以期望通过一次测量得到一个问题的答案，这个问题通过经典方式通常需要知道许多（如果不是全部的话）f 的输入－输出对。这将真正使我们在某些任务上大大超过经典计算机。

新的坏消息（是的，还有更多的坏消息）是，具有可以从单个测量中获得的单个答案的问题的类型非常有限。例如，我们在上一节中提到的"可满足性"问题可以证明**不**是一个可以通过单个测量来回答的问题。

我们可以问的另一个问题是，函数 f 对于任何输入是否总是返回相同的答案，也就是说，函数是否为常数。当然，如果我们知道这个问题的答案，"可满足性"问题就变得无关紧要了（为什么）。因此，我们也不会找到解决这个问题的方法。但是，也许我们可以通过对 f 的一些假设得到一些牵引力。

量子算法可以很好地解决某些承诺问题，例如，我们事先知道某个函数的一些信息（一个"承诺"），而我们正在努力学习一些额外的东西。在 Deutsch-Jozsa 算法中，问题是一个函数是常数还是满足另一个性质"X"。使它成为一个承诺问题的是，"X"比"非常数"更具体。为了计算出"X"应该是多少，让我们开始构建算法，看看我们需要什么。

我们将非常一般地开始：假设我们对一个给定函数 f 的所有输入的叠加应用量子谕言：

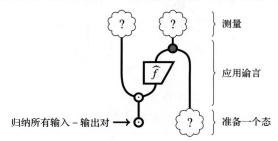

如果 f 是常数，或者等效地，如果 $\widehat{f}$ 是常数，那么它必须是这样的形式：

$$\widehat{f} \;=\; \overset{i}{\nabla}$$

也就是说，它只是删除它的输入并提供常量 i 作为输出。将其代入我们的算法得到：

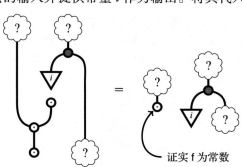

这样，图就断开了，左边的块不再依赖于 f 的值，而是包含了一个态，精确地证实了 f 是常数。这种态更恰好是 ●- 测量的本征态：

$$(10.77)$$

因此：

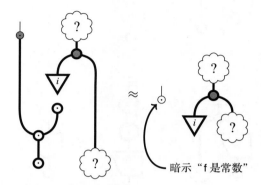

太棒了！所以现在我们知道常数 f 将可以保证：

$$(12.16)$$

将是在谕言的第一次输出时进行 ●- 测量的结果。

备注 12.16 请注意，在这里，我们不是测量函数的输出，而是测量为了保持量子谕言的幺正性而添加的"额外的东西"。所以这个"额外的东西"本身就变得非常重要！

现在我们知道，如果 f 是常数，我们总能得到这个结果。然而，对于通用函数 f，如果 f 不是常数，我们也可以得到这个结果。这就是"X"出现的地方。函数的"X"属性的选择应该保证结果（12.16）永远不会出现，这将保证无论何时我们看到这个结果，f 都必须是常数。"从未发生"意味着概率为 0，所以 f 应该满足"X"当且仅当：

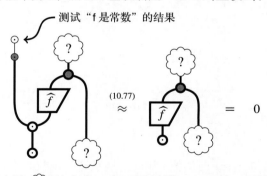

我们仍然还有适当选择 🙂 的自由。由于因果性，上面的云没有任何用处，所以我们可以把它丢弃。这只会留下我们输入到谕言的第二个输入的态。首先，我们尝试上一节中使用的 ●- 态。但根据因果性，我们有：

所以这没有给我们任何东西。接下来，让我们试试另一种颜色。不幸的是，因为 $\widehat{f}$ 来自一个 ○- 基的函数，所以它的情况也很糟糕：

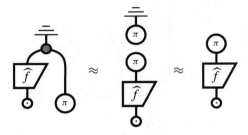

(10.43)

我们已经没有选择了！再试一次：

啊哈！对于某些函数 f，它看起来至少会趋于 0，那么：

$$
\boxed{\begin{array}{c} \pi \\ f \end{array}} = 0 \qquad (12.17)
$$

对函数 f 来说是什么意思呢？除了当我们"删除"第二个基态时选择一个 −1 相位，一个 π 相位○- 效应几乎像删除：

$$
\begin{array}{c}\pi\\0\end{array} = \square \qquad\qquad \begin{array}{c}\pi\\1\end{array} = -1\,\square
$$

705

因此，如果：

$$
\begin{array}{c}\pi\\f\end{array} = \sum_i \begin{array}{c}\pi\\f\\i\end{array} = \sum_i \begin{array}{c}\pi\\f(i)\end{array} = \sum_{f(i)=0} 1 + \sum_{f(i)=1} (-1) = 0
$$

那么 f(i)=0 时的值 i 必须与 f(i)=1 时的值 i 相同。这意味着函数 f 是平衡的。

所以我们找到了真正的量子算法！也就是下面这个。

考虑 一个函数：

$$
f : \{0,1\}^n \to \{0,1\}
$$

承诺它要么是常数 :=

- f 要么总是返回 0，要么总是返回 1。

或者平衡的 :=

- f 返回 0 的输入数和返回 1 的输入数相同。

问题　f 是常数还是平衡的?

量子算法　执行:

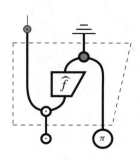

如果结果是:

那么 f 是常数。否则就是平衡的。

通常,为了完全确定,我们需要检查至少一半加 1 的输出,来确定 f 是常数还是平衡的。换句话说,我们需要查询 f 至少 $2^{n-1}+1$ 次。令人震惊的是,量子版本只需要一个查询! |706|

备注 12.17　请注意,为了使这个有效,我们还必须假设幺正性谕言可以有效地实现,例如通过使用量子门。当然,这取决于函数 f。然而,如果存在一种在经典计算机上实现 f 的有效方法,则可以使用量子门来有效地实现。我们建议有兴趣的读者进一步阅读本章末尾的历史回顾与参考文献。

将式(12.17)概括起来,我们可以说数字:

可以用来衡量 f 的"平衡程度"。也就是说,如果 f 生成的 0 比 1 多,它就变成正的,如果 0 比 1 少,它就变成负的,数字离 0 越远,差就越大。我们将在下一个算法中利用这个事实。

12.2.3　量子搜索

我们现在知道,量子过程可以让我们至少加快一项任务。不幸的是,很多时候,知道一个函数是常数还是平衡的关系到生死存亡。但也许我们可以从使用的技巧中学习,并利用这些技巧来做一些有用的事情。

Deutsch-Jozsa 算法的关键在于,当 f 为 0 时,一个 π 相位○- 效应会删除 f 的结果,当 f 为 1 时,○- 效应会引入一个 -1 相位:

$$\raisebox{-1ex}{π}\Big\downarrow_{0} = \Box \qquad \raisebox{-1ex}{π}\Big\downarrow_{1} = -1\,\Box \tag{12.18}$$

将一个 π 的○- 态插入我们谕言的第二个输入可得到:

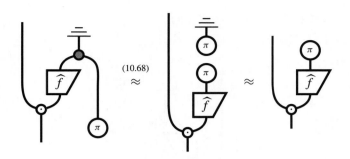

这个过程（的非翻倍版本）作用于如下经典输入：

因此通过式（12.18）我们有：

$$\begin{cases} i \mapsto i & \text{如果 } f(i) = 0 \\ i \mapsto -i & \text{如果 } f(i) = 1 \end{cases}$$

因此 $f(i)=1$ 的任何 i 都通过翻转它的符号而得到"标记"。因此，通过将这一过程应用于"所有输入一起"，我们得到：

$$= \sum_{f(i)=0} i - \sum_{f(i)=1} i \qquad （12.19）$$

在 Deutsch-Jozsa 算法中，我们利用这种态通过单个 ●- 测量来检测常量与平衡值。但是，另一方面，如果我们可以设计出一种测量方法，只给我们一个"标记"的位串 i 作为结果呢？这确实解决了一个很有用的问题：搜索问题。许多困难的计算问题都可归结为搜索。

　　假设我们有一组东西（如苹果），有些是好的（如新鲜的），有些是坏的（如腐烂的）。我们想要一个新鲜的苹果。如果苹果很多，只有一个烂了，这很简单，但如果倒过来，这就很难了，因为我们必须一个一个地检查苹果。把它用函数的形式表示，假设我们有：

$$f: \{0, 1\}^n \to \{0, 1\}$$

其中 0 代表腐烂，1 代表新鲜。我们能否找到一个新鲜的苹果，即一些 i 使得 $f(i)=1$？

　　将式（12.19）的左侧简化为：

$$\text{} = \sum_{f(i)=0} \bigtriangledown_i - \sum_{f(i)=1} \bigtriangledown_i$$

708

所有的好东西都带一个负号。将其与以下态进行比较：

$$\bigcirc = \sum_i \bigtriangledown_i \qquad\qquad (12.20)$$

我们看到，减去这两种态，就消除了腐烂的东西：

$$\bigcirc - \text{} = 2\sum_{f(i)=1} \bigtriangledown_i$$

太棒了！所以我们只要测量结果就能得到一个新鲜的苹果。所以搜索问题现在简化为找到这样的幺正变换：

$$\text{} \;\mapsto\; \bigcirc - \text{}$$

显然，它应该由两项组成，一项产生式（12.20）作为常数，消除输入，另一项只引入 −1 相位。我们让：

$$\boxed{d} := \lambda\, \bigcirc\!\!\bigcirc - \,|$$

然后

$$\boxed{d} :: \text{} \;\mapsto\; \left(\lambda\, \text{}\, \bigcirc \right) - \text{}$$

现在我们可以在第一项中选择 λ 来抵消额外的数：

$$\text{}$$

在前面的小节中，我们看到这个额外的数测量了 f 的"平衡度"：

$$\text{} = \text{} = \sum_{f(i)=0} 1 + \sum_{f(i)=1} (-1) = N_0 - N_1$$

709

其中 N_0 为第 i 个数，使得 f(i)=0，而 N_1 为使得 f(i)=1 的数。因此，如果我们使得 λ 为 $\dfrac{1}{N_0-N_1}$ 则：

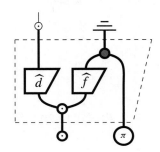

于是：

$$\begin{array}{c} \boxed{d} \\ \boxed{f} \end{array} = 2\sum_{\text{f}(i)=1} \boxed{i}$$

只包含好的东西。所以：

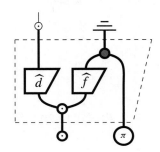

总会给我们一个新鲜的苹果！

　　但是，你现在可能已经习惯了，有一个圈套。

　　练习 12.18　表明为了使 d 是幺正的，必须有：

$$\lambda = \frac{2}{N}$$

其中 λ 被假定为一个实数，而且 $N := N_0 + N_1 = 2^n$。

　　把两个对于 λ 的等式合并在一起，我们有：

$$\frac{1}{N_0-N_1} = \frac{2}{N_0+N_1}$$

经过简单的代数运算，得到：

$$\frac{N_1}{N_0+N_1} = \frac{1}{4}$$

[710]　因此，每四个苹果中就有一个是新鲜的。于是我们（重新）发现了下面的量子搜索算法。

　　考虑　一个函数：

$$\text{f}: \{0,1\}^n \to \{0,1\}$$

保证每四个比特串中就有一个映射到 1。

　　问题　找到一个映射到 1 的比特串。

　　量子算法　执行：

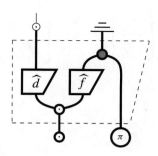

其中：

$$d := \frac{2}{N} \odot - |$$

然后我们总能找到这样一个比特串。

基于经典算法来说，一个人每次尝试都有 1/4 的概率找到一个好的比特串，如果你真的很不幸，你必须尝试 3N/4+1 次才能找到一个好的比特串。再一次，在量子版本中，它第一次尝试就成功了！

当然，如果标记的元素比 D/4 少（或多！），则得到未标记元素的概率是非零的。然而，我们可以提高我们的机会，如果我们只是迭代协议的幺正部分：

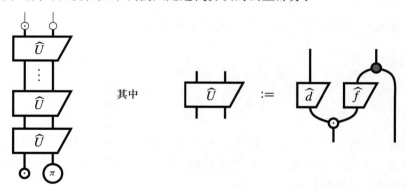

在每次迭代中，得到标记元素的概率增加，可以看出，对于**单个**标记元素，经过 $\sqrt{D}$ 次迭代后，得到未标记结果的概率为零。这个多步骤的版本称为 Grover 算法。

12.2.4　隐子群问题

为了结束对量子算法的讨论，我们现在来看看隐子群问题，它的解决方案可能是迄今为止最重要的量子算法。这是为什么呢？既然不清楚为什么人们应该关心"子群"或者它们如何能够"隐藏"，当然也不清楚为什么人们应该关心隐子群问题。好吧，至少有一个很好的理由是，如果能有效地解决隐子群问题，就可以破解很多密码！也就是说，因式分解算法和离散对数算法，正如我们在本章导论中提到的，可以用来破解许多密码系统，它们就是解决隐子群问题的特殊情况。谁知道关于群的模糊问题是否与密码学有关？（答案：任何译解密码者。）

我们将重点讨论交换群，并利用 9.3.6 节中的强互补蜘蛛的分类。对于任何交换群 G，都存在一个系统（也称为 G）和一对编码了 G 的强互补 ○ / ● 蜘蛛，即对于：

711

$$\left\{ \vcenter{\hbox{\includegraphics{}}} \right\}_{g\in G} \cong \left\{ \vcenter{\hbox{\includegraphics{}}} \right\}_{g\in G}$$

我们有：

$$\vcenter{\hbox{\includegraphics{}}} \approx \quad \vcenter{\hbox{\includegraphics{}}} \qquad\qquad \vcenter{\hbox{\includegraphics{}}} = \vcenter{\hbox{\includegraphics{}}} \qquad （12.22）$$

请注意，我们仔细地标记上面的线。这是因为我们现在使用一对**不同的**强互补蜘蛛来编码一个子群 $H \subseteq G$：

$$\vcenter{\hbox{\includegraphics{}}} \approx \quad \vcenter{\hbox{\includegraphics{}}} \qquad\qquad \vcenter{\hbox{\includegraphics{}}} = \vcenter{\hbox{\includegraphics{}}} \qquad （12.23）$$

为了证明这是 G 的一个子群，我们给出了包含映射，它将 H 的群元素嵌入 G 中：

$$\vcenter{\hbox{\includegraphics{}}} \quad :: \quad \vcenter{\hbox{\includegraphics{}}} \mapsto \vcenter{\hbox{\includegraphics{}}}$$

H 中的单元和群和通过包含来保持，所以 i 是一个群同态：

$$\vcenter{\hbox{\includegraphics{}}} = \vcenter{\hbox{\includegraphics{}}} \qquad\qquad \vcenter{\hbox{\includegraphics{}}} = \vcenter{\hbox{\includegraphics{}}}$$

注意，我们再次使用线标签来区分式（12.22）中的 G 的蜘蛛和式（12.23）中的 H 的蜘蛛。

　　H 的"隐藏"方式是通过商群 G/H 来实现的。这是一个新的群，它的元素是 G 元素的集合，称为等价类。如果我们让：

$$[g] := \left\{ g' \in G \mid \exists h \in H \,.\, g' = g + h \right\}$$

然后集合：

$$G/H := \{\, [g] \mid g \in G \,\}$$

变为一个群，单元为 $[0]$，群和为：

$$[g] + [g'] := [g + g']$$

　　与其他两组一样，我们确定了一对强互补的蜘蛛来编码 G/H：

这次我们得到了 G 的映射，叫作商映射：

$$\begin{array}{c} G/H \\ \boxed{q} \\ G \end{array}$$

使得每个 $g \in G$ 映射到 $[g] \in G/H$。和 i 一样，q 是一个群同态：

$$\begin{array}{ccc} \begin{array}{c} G/H \\ \bullet \\ \boxed{q}\quad\boxed{q} \\ G\quad G \end{array} & = & \begin{array}{c} G/H \\ \boxed{q} \\ G \\ \cup \end{array} \end{array} \qquad \begin{array}{ccc} \begin{array}{c} G/H \\ \boxed{q} \\ \bullet \\ G \end{array} & = & \begin{array}{c} G/H \\ \bullet \end{array} \end{array} \qquad （12.24）$$

值得注意的是，如果 $h \in H$，商映射将 h 映射到 $[h] \in G/H$。然而 $h=0+h$，所以 $[h]=[0]$。因此，h 中的每个元素都被映射到这个单元。从图形上看，这意味着如果我们组合 i 和 q，就会删除 h 并映射出单元：⟨713⟩

$$\begin{array}{ccc} \begin{array}{c} G/H \\ \boxed{q} \\ G \\ \boxed{i} \\ H \end{array} & \approx & \begin{array}{c} G/H \\ \bullet \\ \\ \circ \\ H \end{array} \end{array} \qquad （12.25）$$

好的，我们准备"隐藏" H。假设我们有一个函数：

$$\mathbf{f}: G \to \{0,1\}^N$$

其分解方式如下：

$$\begin{array}{ccc} \boxed{f} & = & \begin{array}{c} \{0,1\}^N \\ \boxed{f'} \quad\longleftarrow\ \text{单映射函数} \\ G/H \quad\longleftarrow\ H\ \text{"隐藏在"}\ f\ \text{中} \\ \boxed{q} \quad\longleftarrow\ \text{商映射} \\ G \end{array} \end{array} \qquad （12.26）$$

其中"单映射函数"仅仅意味着 f' 是一个函数映射和一个同构。我们能算出 H 是多少吗？

同往常一样，我们使用蜘蛛为 f 构建谕言：

$$\begin{array}{c} \widehat{\{0,1\}^N} \\ \bullet \\ \boxed{\widehat{f}} \\ \circ \\ \widehat{G} \end{array}$$

其中 ⊙/● 是比特串系统的任何互补的一对蜘蛛（最后一对，我们保证！）。首先，我们认为量子谕言很酷的一点是它们让我们这样准备态：

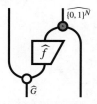

$$\qquad （12.27）$$

让我们看看当我们使用●测量左系统时会发生什么：

单个测量结果对应●- 标准正交基效应，与群元素相同，编码为○- 相位：

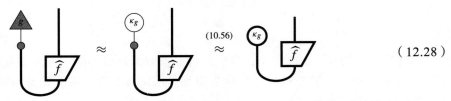

$$(12.28)$$

可以通过一个关于商映射（伴随）的引理来找出我们用这种方法得到的组元素。

引理 12.19   对于子群映射 i 和商映射 q 我们有：

$$(12.29)$$

证明   我们有：

$$(10.40)$$

$$(12.24)$$

$$(12.25)$$

$$(10.40)$$

查看式（12.27）中我们对 f 的承诺，我们有：

$$(12.26)$$

如果我们在左边用○- 效应进行⊗-组合，我们得到：

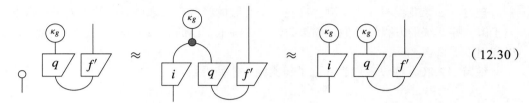

现在，插入 κ_g 的○- 相位，得到：

$$（12.30）$$

所以，要么是：

$$= 0$$

在这种情况下，对应 κ_g 的结果的概率是：

$$= = 0$$

或者我们可以消去式（12.30）两边的态，给出：

$$\approx$$

事实上，从这里不难看出，上面提到的 ≈ 方程正好是成立的。因此，我们可以得出结论，通过测量谕言的左系统，如式（12.28）所示，总能得到群元素 $g \in G$ 所对应的结果，其中：

$$=　　　　　　　　　（12.31）$$

这就是我们都需要解决的隐子群问题。但要理解这一点，我们需要更仔细地看看上面的等式意味着什么。尽管 κ_g **不是**删除：

$$\neq$$

由于式（12.31），当限制在 H 子群时，它的**作用**与删除一样，即如果 $h \in H$，则：

$$\frac{1}{\sqrt{D}}\;\raisebox{-0.5em}{κ_g}\raisebox{-1em}{κ_h}\;=\;\Box$$

在群理论中，一组相位"局域地"删除一个 H 子群被称为 H 的湮灭子：

$$H' := \left\{\, g \in G \;\middle|\; \forall h \in H : \;\frac{1}{\sqrt{D}}\;\raisebox{-0.5em}{κ_g}\raisebox{-1em}{κ_h}\;=\;\Box \,\right\}$$

现在，如果我们有一个子群，存在一个有效的**经典**算法来计算它的湮灭子，这基本上相当于解一些系统的方程组。但是如果我们只有一个子群的湮灭子呢？在这种情况下，我们可以利用以下事实。

练习 *12.20　假设我们已标记了经典相位，使得：

$$\raisebox{-0.5em}{κ_h}\raisebox{-1em}{κ_g}\;=\;\raisebox{-0.5em}{κ_g}\raisebox{-1em}{κ_h}$$

说明 $(H')'=H$。（提示：证明 $H \subseteq (H')'$ 以及 H 和 $(H')'$ 大小相同。对于后者，首先证明 H' 与 G/H 大小相同。）

瞧！在使用不多次数的谕言之后，我们的量子测量给了我们 H' 的生成器，即有足够的元素通过群和来获得 H' 中的任何元素。然后，我们可以使用一些经典的后处理来计算 $(H')'$ 的生成器，通过练习 *12.20 可知其为 H。总结如下。

$\boxed{717}$

考虑　一个交换群 G 和一个函数：

$$\mathrm{f}: G \to \{0,1\}^N$$

承诺存在一个这样的子群 $H \subseteq G$，使得：

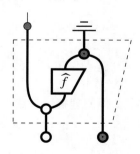

问题　找出 H。

量子算法　执行：

对于 $g \in H'$，得到结果：

$$\raisebox{-0.5em}{κ_g}$$

重复执行，直到我们得到一个 H' 的生成集，使用这个集（经典地）计算 $(H')'=H$。

那么我们如何从这里到因式分解呢？假设我们从一个函数开始：

$$\mathsf{f}: \mathbb{Z} \to \{0,1\}^N$$

我们运行隐子群算法，发现子群 H 为：

$$\{kr \bmod D\}_k \subseteq \mathbb{Z}$$

也就是，由 r 的所有倍数组成的群，进行模 D 运算。然后，我们发现 f 的周期是 r，即对所有 x：

$$\mathsf{f}(x) = \mathsf{f}(x+r)$$

718

但这为什么有趣呢？如果我们能找到：

$$\mathsf{f}(x) := a^x \bmod D$$

对随机选择的 a 值的周期，然后我们可以有效地因式分解 D！为了看出这一点，假设上面的函数周期为 r：

$$a^x = a^{x+r} \pmod D$$

经过一些代数运算，我们有：

$$a^r - 1 = 0 \pmod D$$

现在，如果我们幸运一点，r 是偶数，让 $b := a^{r/2}$，我们有：

$$b^2 - 1 = 0 \pmod D$$

将左侧因式分解得到：

$$(b+1)(b-1) = 0 \pmod D$$

D 除尽 $b+1$ 和 $b-1$ 的乘积。这意味着两件事之一是正确的：要么 D 除尽 $b+1$ 或 $b-1$，要么这两个都包含 D 的非平凡因子。如果后者是真的（这至少和前者一样有可能），我们可以有效地将因子恢复为 $b+1$ 和 D 的最大公约数。

备注 12.21　细心的读者会注意到这个推导有一个小问题：交换群 $\mathbb{Z}$ 不是有限的！然而，如果我们选择的某些 q 非常大，那么我们用循环群 $\mathbb{Z}_q$ 中的一个函数 $\mathsf{f}:\mathbb{Z}_q \to \{0,1\}^N$ 来做这个算法，有很高的概率得到的结果是相同的。

练习 12.22　证明一比特 Deutsch-Jozsa 问题对于一个函数：

$$\mathsf{f}: \{0,1\} \to \{0,1\}$$

为 f 的隐子群问题的一个实例。证明当 $N>1$ 时，而且

$$\mathsf{f}: \{0,1\}^N \to \{0,1\}$$

对于使 Deutsch-Jozsa 问题成为隐子群问题实例的集合 $\{0,1\}^N$，没有可以确定的群和。

12.3　基于测量的量子计算

基于测量的量子计算（Measurement-Based Quantum Computing，MBQC）是一种提供通用量子计算的替代方法。在 MBQC 中，所有的量子过程都是测量，而不是把所有的计算结构都装进幺正变换中。我们在 7.2.2 节中以门隐形传态的形式首次遇到了这个问题。在这里，我们提出了一个基于图态（见 9.4.5 节）的 MBQC 模型和单量子比特测量，也称为量子计算的单向模型。在该模型中，计算分为三个步骤：

719

1）准备一个图态。

2）执行单量子比特测量，使用前馈，在此之后的测量可以由之前的测量结果控制。

3）可能对测量结果进行一些经典的后处理。

这里的关键是利用单量子比特测量的反作用（见 7.2.1 节）（非确定性地）来实现任意量子效应。当应用一个图态时，这些效应足以实现任何量子计算。例如，如果我们选择给我们如下效应的测量：

则我们可以将这片图态：

改变为任何单比特幺正变换：

$$\tag{12.32}$$

很酷，对吧？在本节中，我们不仅会看到如何使用测量恢复任意的单个和多个量子比特门，而且还会看到，如何使用一种类似于我们在量子门隐形传态中使用的技术来确定地恢复它。

与线路模型相比，MBQC 范式的优势在于，一旦我们有了一个图态，所有后续的计算都只用单量子比特过程来完成。在目前的技术下，像 CNOT 这样的多量子比特操作可能非常棘手，而且常常会引入太多的退相干，对量子计算来说不实用。这一点，再加上某些图态在实验室中相对容易制备，使得 MBQC 成为实际实现量子计算的一个有前途的选择。

12.3.1　图态和簇态

我们在 9.4.5 节介绍了图态：

用来证明 ZX-演算的完备性。MBQC 基于量子图态，其通过翻倍得到：

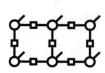 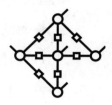

这些多量子比特态可以用以下简单的线路实现：

1）准备 n 个处于 ○- 态的量子比特：

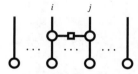

2）通过应用一个 CZ 门，在第 i 和第 j 量子比特之间引入一条边，该门为：

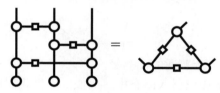

由于蜘蛛都是可融合的，所以我们应用 CZ 门的顺序并不重要。我们总会得到一个图态：

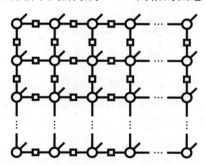

最常被研究的图态类型是簇态。

721

定义 12.23 一个二维簇态是由节点构成 $m \times n$ 网格的图态：

12.3.2 测量图态

在 MBQC 中，所有的魔力都来自单量子比特测量。事实上，只考虑两种测量方法就足够了：

$$\phi := Z \text{ 测量} \qquad \underset{\alpha}{\bullet} := X_\alpha \text{ 测量}$$

由于 X_α 测量由一个 α 的 ○- 相位和 X 测量组成，其相关联的量子效应为：

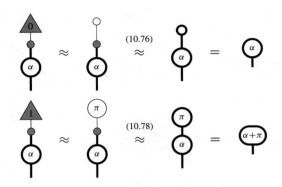

因此，一个 X_α 测量相当于测量布洛赫球赤道上的某些标准正交基：

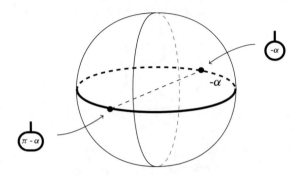

作为一个特例，X_0 当然只是一个普通的 X 测量。

一个 X_α 测量的用途是将相位引入图态中。例如，如果我们测量一个量子比特并得到结果 0，我们将引入一个 α 的○- 相位：

...之后如果我们得到结果 1，这产生一个 $\alpha+\pi$ 的相位，而不是 α，我们将其视为一个错误，并需要后续纠正。我们将在下一节中看到如何做到这一点。通过仔细选择执行 X_α 测量的位置，我们可以产生●- 相位和○- 相位，就像我们在式（12.32）中实现任意一个单量子比特幺正变换一样。

当 X_α 测量引入相位时，Z 测量可用于从图态中去除不需要的量子比特。例如，如果我们在二维簇态上执行 Z 测量并得到结果 0，就会留下一个洞：

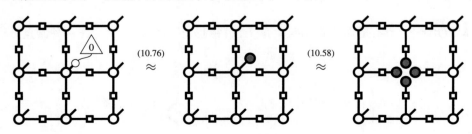

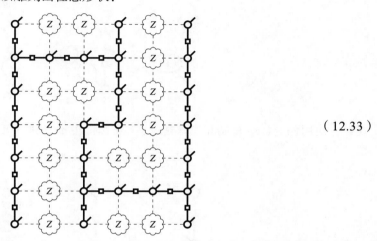

（12.33）

就像在 X_α 测量的情况下，我们应该把结果 1 当作一个错误，在这种情况下，结果 1 会在被删除的量子比特的所有邻位上引入额外的 π 相位。现在我们将看到如何使用前馈技术纠正这两种错误。

12.3.3　前馈

在量子隐形传态（和量子门隐形传态）中，我们通过将幺正修正与测量结果匹配来实现一个整体的确定性过程。从某种意义上说，MBQC 是量子门隐形传态的一种大规模、多量子比特的一般化。因此，修正是消除错误和获得确定性计算的关键。上一节的标准正交基测量将引入以下效应：

Z 测量 $\left\{ \boxed{\kappa} \right\}_{\kappa}$ 　　　　　　X_α 测量 $\left\{ \boxed{\alpha+\kappa} \right\}_{\kappa}$

其中 $\kappa \in \{0, \pi\}$。如果 $\kappa = \pi$，我们把它当作一个错误，我们可以通过将相位门应用于我们测量的量子比特附近来修正它。对于 Z 测量，我们得到：

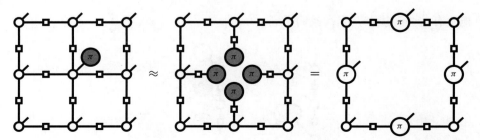

因此我们可以纠正这个错误，只需将一个 π 的 ○- 相位应用于我们所测量子比特的所有的邻

位量子比特上。

在 X_α 测量的情况下，我们可以通过沿着图态 "推动" 错误来进行校正，直到它只出现在输出线上时，就可以进行校正。让我们看看它是如何在一个由三个量子比特组成的链上进行单一测量的。测量第一个量子比特产生一个 π 的错误。使用蜘蛛融合规则，我们可以将此错误转移到图态的边上：

现在，使用色变、π- 复制和蜘蛛规则，π 可以向上推。通过第二个量子比特后，图态仍然存在一个错误：

但是经过第三个量子比特后，错误只发生在输出线上：

所以，把所有这些链接在一起，我们得到：

$$（12.34）$$

因此，我们可以对第二个和第三个量子比特进行修正，以修正第一次测量的错误：

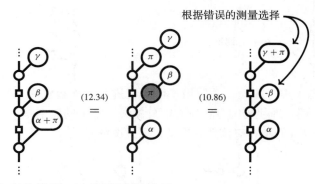

$$（12.35）$$

这确定地产生了一个 α 相位门。

如果我们也在测量第二个和第三个量子比特，我们可以顺便修正这些错误，只需调整后续的测量选择：

当然，这些测量也会产生错误，也需要进行校正。

练习 12.24　如何纠正簇态中 X_α 测量的错误？任一图态的一般规则是什么？

很明显，只能对尚未发生的测量进行测量选择调整。因此，我们选择的执行测量的顺序对何时（以及是否）进行这些校正有影响。

练习 *12.25　我们是否可以按一定的顺序来测量簇态中的量子比特，以便有可能前馈所有的修正？对于任一图态呢？

12.3.4　有经典线的前馈

前馈似乎工作得很好，但在这个过程中，我们开始使用效应而不是测量，所以我们失去了经典线，因此也就失去了经典数据的显式流。我们能把它们拿回来吗？当然！这里有一种方法。

首先，我们对之前的 X_α 测量做了一个小的修改，使得所有的经典数据都有相同的颜色：

为了修正，我们定义 cq-映射，根据一个经典的输入比特，要么应用一个 π 相位，要么什么都不做。我们需要两种校正：

请注意，这些和式（10.47）中的校正几乎是相同的，它们用于之前的量子隐形传态。唯一的区别是使经典数据具有相同的颜色以匹配相关联的测量，并保留经典数据的副本，而不是删除它。我们很快就会知道为什么要这么做。

现在，式（12.35）给出的修正流程转变如下：

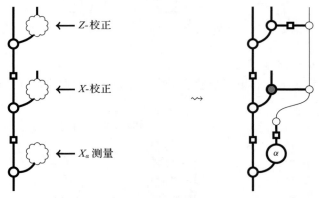

727

测量结果沿一根经典线进行前馈，并使用了两次以进行两次校正。现在，我们将看到，仍然可以像以前一样推理，即使周围存在所有额外的线。唯一的区别是，不是像在式（12.35）中那样通过图推进 π，我们现在应该努力推动以通过图的是……

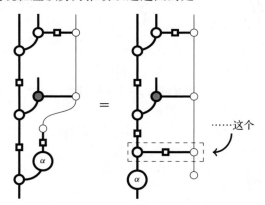

同前面一样，我们使用一些关键的移动来排除错误。第一类移动将校正交换到 H 门之后，其中 H 门改变了它的（量子）颜色：

$$\tag{12.36}$$

第二种通过〇- 蜘蛛滑入一个 Z-校正：

$$\tag{12.37}$$

这就是量子蜘蛛融合。第三种通过一只●- 蜘蛛复制一个 X-校正：

$$（12.38）$$

这一规则来自强互补性：

$$(10.59)$$

最后一种类型的规则取消了对自身的修正：

$$（12.39）$$

这两者都来自互补性：

$$(10.53)$$

$$(10.81) \quad (10.53) \quad (10.82)$$

现在，让我们看看这些移动的运转：

$$(12.36) \quad (12.38) \quad (12.39)$$

$$(12.36) \quad (12.37) \quad (12.39)$$

因此，正如预期，我们确定性地得到一个 α 相位门。测量的唯一残迹就是结果本身，我们可以看到，它是一个均匀概率分布。

练习 12.26 使用前馈规则来证明下图对底部量子比特确定性地产生一个 α 的相位：

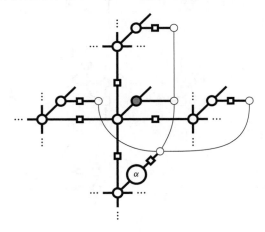

12.3.5 通用性

正如我们所看到的，可以这样构建任意的单量子比特幺正变换：

其至更容易产生 CZ 门：

因此，原则上，我们已经拥有了通用量子计算所需的一切（见 12.1 节的构建）。但是我们如何把它们都放到一个线路里呢？一种解决方案是从一个大的簇态开始，通过 Z 测量"雕刻"出我们想要的线路形状，像式（12.33）中一样。然后，我们可以用 X_α 测量来填充所有的相位。这是可行的，事实上，这就是通用性最初的表现。

然而，如果我们知道从什么样的图态开始，也许能够找到一些在仅使用 X_α 测量时已经通用的东西。换句话说：不需要雕刻。这有一个吸引人的特性，即整个计算现在**只**包含一列角度。这种态确实存在，被称为砌砖态：

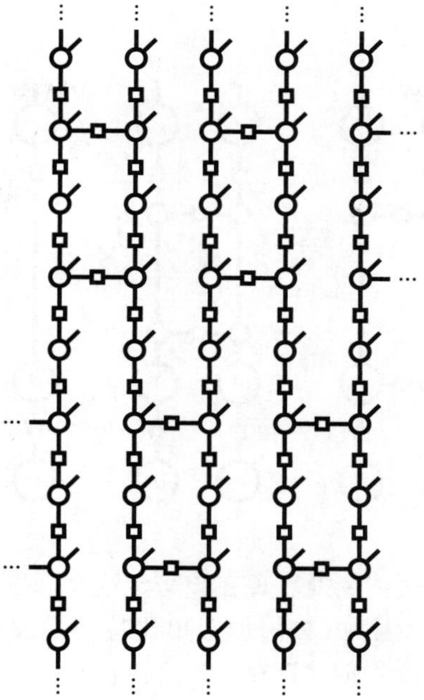

它由重复模式的"砖块"组成：

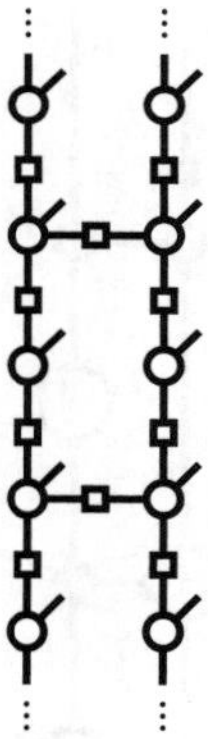

它可以仅仅通过选择角度来制备从而完成我们的指令。如果我们在任何地方都选择 0，那么砖块就什么都不做：

731

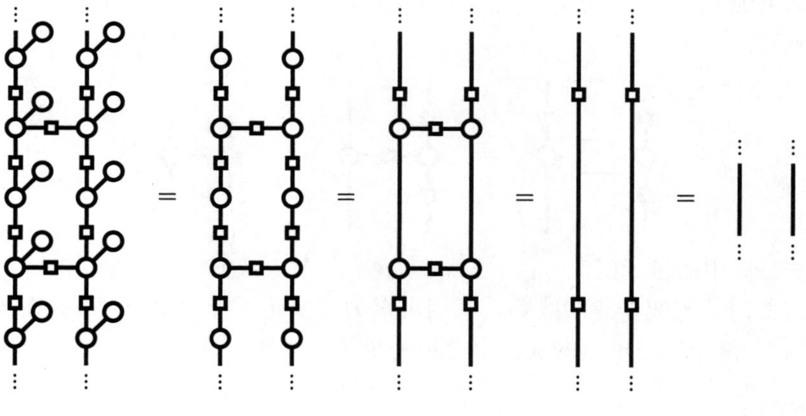

然而，如果我们这样做：

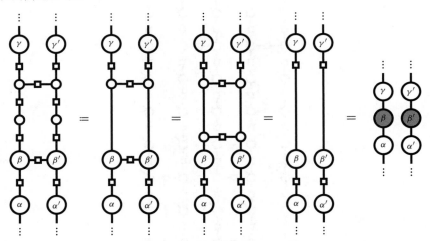

结果是两个任意的单量子比特幺正变换。现在该敲定这个问题了。如果能把一块砖变成一个 CZ 门，我们当然已经完成了，因为 CZ 门加上单比特门是通用的。但是正如我们上面所看到的，在任何地方都放置 0 相位将创建**两个** CZ 门，它们相互抵消。然而，如果我们做得更聪明一点：

$$(12.9)$$

控制相位门就出现了。这可不容易，是有诀窍的！事实上，选择 $\alpha := \pi$，这个特别的砖给了我们一个 CNOT：

因此我们有一组通用的量子门。

为了将这些门装配成任意的线路，我们可以为每块砖选择测量角度（并在砖重叠时将角度相加）。然后，整个砖态可以变成一个交错的量子门线路：

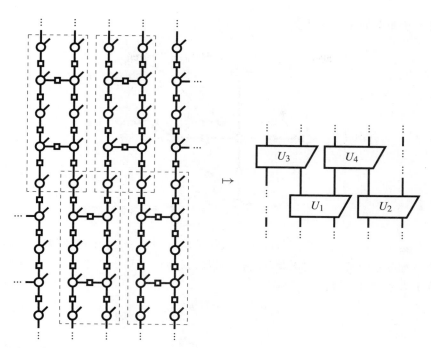

这确实足以产生任何线路。

练习 12.27   说明有可能把一个由单个量子比特幺正变换和 CNOT 组成的交错线路变成任意线路。

最后一个谜题是我们不仅要能够恢复任何线路，还要能够**确定性地**恢复。在这种情况下，测量量子比特应该有一定的顺序，这样我们就可以把错误前馈给我们还没有测量的量子比特上。

练习 12.28   说明只需对 $k+1$ 行和 $k+2$ 行应用校正操作，就可以修正 k 行上的任何错误。 733

因此，通过逐行测量量子比特来确定性地获得任何线路是可能的，因此我们得到了以下结果。

定理 12.29   MBQC 砖态和 X_a 测量对于量子计算是通用的。

12.4   本章小结

1）量子计算的两个重要模型是量子线路模型：

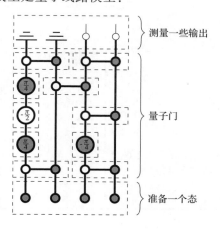

以及基于测量的量子计算：

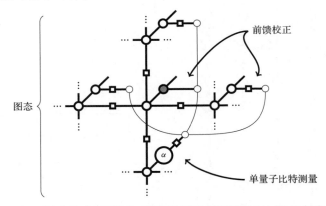

两者都是通用的，因为它们可以实现从量子比特到量子比特的任何幺正变换。

2）使用一对互补蜘蛛，任何函数映射都可以转换为称为量子谕言的幺正量子映射。这些
构成了大多数量子算法的基础：

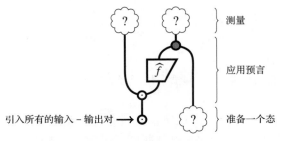

3）大多数量子算法解决承诺问题。我们讨论了这些问题：

算法	承诺	问题	图
Deutsch-Jozsa	f 是常数还是平衡的	它是什么	
量子搜索	f 将四分之一的比特串映射为 1	找到使得 $f(i)=1$ 的 i	
隐子群	对于一些隐子群 $H \subseteq G$，f 通过 G/H 进行因式分解	找到 H	

隐子群问题的一个特殊情况是周期查找，它允许对大数进行有效的因式分解。

12.5 历史回顾与参考文献

对量子计算的最初提示是由 Paul Benioff（1980）和著名数学家 Yuri Manin（1980）提 [735]
出的，前者描述了计算机的量子力学模型，后者提出了量子计算的概念。然而，这是用俄
语写的。因此，许多人将量子计算归功于 Richard Feynman 缘于他在 1981 年麻省理工学院
（MIT）的一次演讲。（请注意，这是我们在本书中第二次发现费曼的独家新闻。）第一个通用
量子计算机是由 David Deutsch（1985）描述的，他使用了量子图灵机的概念。在这之后很
大程度上被（更简单的）线路模型所取代，这也是由 Deutsch（1989）提出的。线路模型的
通用性在 Barenco et al.（1995）的文献中首次得到了证明。我们给出的证明（部分地）基于
Shende et al.（2006）的一个更简单的证明。

Deutsch-Jozsa 算法出现在 Deutsch and Jozsa（1992）的文献中；Shor 的因式分解算法
出现在 Shor（1994, 1997）的文献中；量子搜索算法最早出现在 Grover（1996）的文献中。
Jozsa（1997）给出了隐子群算法及其对 Shor 因子分解算法和 Simon 问题的编码。在量子计
算领域中，一个常见的误解是 Deutsch-Jozsa 算法是作为一个特例出现的，但正如练习 12.22
中强调的，这只是 $N=1$ 时的情况。最近对量子算法的研究包括 Ambainis（2010）的文献和
"Montanaro（2015）的文献。

量子图形化在量子线路中的应用包括 Boixo and Heunen（2012）的文献和 Ranchin and
Coecke（2014）的文献，其中包括练习 *12.1 的解。量子算法的图形化处理由 Vicary（2013）
提出，Zeng and Vicary（2014）和 Zeng（2015）进一步发展了处理方法。Gogioso and
Kissinger（2016）给出了隐子群算法的图形推导。

单向 MBQC 模型最早由 Raussendorf and Briegel（2001）提出，并在 Raussendorf et
al.（2003）的文献中进一步阐述。Hein et al.（2004）首次提出了图态。图形处理法最早
在 Coecke and Duncan（2008, 2011）的文献中提出，并在 Duncan and Perdrix（2010）的文
献中详细阐述。基于 Duncan and Perdrix（2010）的 ZX-演算，MBQC 现有技术得到了改
进；Horsman（2011）提出了一种基于 ZX-演算的拓扑 MBQC（Raussendorf et al., 2007）。
Duncan（2012）给出了一个关于 MBQC 在 ZX-演算中的调查综述。

虽然实用的量子计算机还不存在，但实验室已经取得了显著的成就。牛津大学 Jones et
al.（1998）在 3 量子比特核磁共振量子计算机上首次实现了量子算法。2000 年，在慕尼黑
和洛斯阿拉莫斯分别实现了 5 量子比特和 7 量子比特的量子计算。量子计算的保真度也提高
了。例如，Ballance et al.（2016）利用囚禁离子实现了高达 99.9% 保真度的单、双量子比特
门。MBQC 的首次实现是在维也纳，由 Walther et al.（2005）完成。 [736]

量子资源

> 在我的一生中，只有一个愿望：主啊，让我的敌人变得荒谬可笑吧。上帝欣然应允。
>
> ——伏尔泰，给 Étienne Noël Damilaville 的信，1767

尽管华尔街的银行家们可以随心所欲地拥有他们想要的任何东西，但本章是为我们这些节俭主义者准备的。在整本书中都假定，我们像量子银行家一样，可以使用我们需要的任何数量的过程。例如，在隐形传态中，假设我们可以随意获得贝尔态，并在成对的系统上进行联合测量。对于非局域性，我们假设周围有许多 GHZ 态，因此我们可以进行足够的测量来了解有关局域性的假设。对于 MBQC，我们假设有巨大的图态来实现通用量子计算。

如君所料，这些东西并不便宜！涉及多个系统的量子过程通常需要一些非常特殊的设备，并且要花费大量的时间才能实施。因此，当涉及此类资源时，应该考虑用尽可能少的资源做尽可能多的事情。当然，不仅对量子态如此，对于任何资源都应如此，比如：煤炭、石油、核能、风能和太阳能；某些化学物质；或者是一点点的感情。

对于所有资源而言，最重要的是我们可以使用它们来做些什么，如果我们将资源的好处视为资源本身（例如，温暖、舒适的房屋或安全的通信），那么我们会发现几乎所有有关资源的问题都将归结为以下两个方面：

1）给定的资源可以**转换**成其他资源吗？

2）我们需要**多少**资源 X 才能获得资源 Y？

这些正是资源理论旨在回答的问题。

"资源转换"这一概念非常明确地出现在化学反应的研究中，其中人们发现了以下表达式：

$$6CO_2 + 6H_2O + \text{光} \longrightarrow C_6H_{12}O_6 + 6O_2$$
$$C_6H_{12}O_6 \longrightarrow 2C_2H_5OH + 2CO_2$$

这些表达式告诉我们，我们可以将表达式左侧的东西转换为右侧的东西。尽管该表达式并未提供关于此转换实际如何实现的任何细节，但它确实为我们提供了两个非常有用的信息。首先，它指定了我们需要多少资源才能获得一定数量的另一资源，其次，它告诉了我们一定给定的资源可以转换成的所有资源。显然，可以转换得到的东西越多，它就越理想。

对于任何一种资源都是如此，包括我们前面给出的量子示例。我们列出了几种适合各种任务的纠缠态，但是如果某种纠缠态可以很容易地转换成任何其他纠缠态，那么显然它应该位于食物链的顶端。纠缠的资源理论抓住了这个想法。

当然，纠缠并不是人们关心的唯一量子资源。鉴于通过现实世界中的设备来实现量子过程时，通常不可避免地存在相当多的噪声和不可控因素，因此将量子态的纯度作为一种资源理论进行研究是一件自然而然的事情。其他资源甚至更微妙。例如，在进行量子密钥分发时，共享参考框架（即就 Z-蜘蛛和 X-蜘蛛的含义达成一致）就是一个关键资源。

但是资源理论到底是什么？当然，这是一种过程理论！更具体地说，它是一种具有非常特殊的解释的过程理论：过程理论的类型代表资源，过程代表转化。从过程理论中，我们可以得出可转换关系，该关系反过来告诉我们资源的转换率、应采取的良好（成本）措施、理论是否有催化剂等。

在此过程中，我们将进行两个有趣的观察。当研究纯度和纠缠的资源理论时，我们会发现，即使这些理论的转换关系似乎是"量化的"，我们仍然可以通过图形的方法证明它的特性定理。此外，当我们研究三个量子比特的纠缠时，我们会发现每个最大纠缠类都被某种蜘蛛捕获。目前，我们对于其中一种蜘蛛应该已经很熟悉了，因为这是前面五章的主要内容。然而，另一种蜘蛛却完全不同。它没有愉快地与同伴融合，而是发生了爆炸：

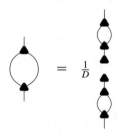

13.1 资源理论

除了措辞外，资源理论实际上只是一种过程理论。

定义 13.1 资源理论是一种过程理论，其中的类型被称为资源，而过程被称为资源转换。

738

这实际上使得它非常与众不同！

例如，我们可以定义一种称为**食物**的资源理论，其中系统就是食材，过程就是制备食物的方法（即将一种食物转换为另一种食物）。可以将生胡萝卜转化为煮熟的胡萝卜，或者将煮熟的胡萝卜和一杯肉汤转化为胡萝卜羹。另一个例子是**能源**，它的资源是能源形式，它的资源转换就是将一种形式的能源转换为另一种形式：比如煤炭转化为热能，热能转化为电，电转化为功，等等。

13.1.1 自由过程

对于诸如**量子过程**之类的过程理论，给定类型的所有态都会被平等对待。然而，很明显，以下两种态在如何处理它们方面，有着很大的不同：

例如，第一个允许进行隐形传态，而第二个则不允许。为了在过程理论中捕获这种差异，我们将态本身视为不同的类型。因此，像**量子过程**这样的过程理论中的态，将成为我们构建的资源理论中的类型。因此，我们得到了一些对于隐形传态有用的类型（即资源），以及另一些对于隐形传态完全无用的类型。

它们将通过我们理论中的过程（即资源转换）进行关联。但是这些应该是什么呢？一种选择是将一个资源 ρ 转换为另一个资源 ρ'，使其成为原始过程理论中所有将 ρ 转换为 ρ' 的过程：

$$\text{(13.1)}$$

但是，这不会给我们带来任何帮助。例如，如果我们关心纠缠，那么我们希望能够从资源理论**纠缠**的结构中获悉，贝尔态比任何可分离态都具有更大的价值。但是，如果我们将所有过程都作为资源转换包括在内，则可以使用以下过程

$$\text{(13.2)}$$

739 将任何态（包括可分离态）转换为贝尔态！

因此，我们应该区分那些允许我们"创造"更多资源（在这种情况下是纠缠）的过程和那些不允许我们"创造"更多资源的过程。例如下面的这种量子过程应该被允许，因为它可以破坏纠缠：

而不应该允许量子过程（13.2），因为它可以在以前没有纠缠的地方产生纠缠。

仅减少（或保留）感兴趣资源的过程称为自由过程，这意味着其他过程是"昂贵的"，因此我们避免使用那些其他过程。如果两个过程都是自由的，那么它们的组合也应该是自由的，因此自由过程总会形成资源理论的一个子理论。

备注 13.2   另一方面，非自由过程通常不会形成过程理论。例如，CNOT 门可能会引入新的纠缠，因此它不应是自由的，但是当做两次 CNOT 门时：

相当于什么都不做，因此总是自由的！

请注意，自由态是 F 中将"无"转换为该态本身的过程：

这与"免费"意味着不花钱就能得到东西的观点完全吻合。

我们可以通过将定义 13.1 专用于基础过程理论中提出的那些资源理论，来捕获所有这些信息。

定义 13.3   通过过程理论 P 和自由过程的子理论 F，我们将相应的资源理论

$$\text{P 态 /F}$$

定义为具有以下两点的过程：

- P 态作为其类型。
- F 中将 ρ 转换为 ρ' 的过程作为其过程。

这种资源理论的巧妙之处在于，人们永远不必确切地说出一个拥有"X 数量的资源"的态意味着什么。例如，我们将在后面看到，问一个态有多少"纠缠"并不是一个明确定义的

问题，因为态可以以不同的、不等价的方式纠缠。另一方面，一旦说出我们的自由过程是什么，我们就可以立即开始比较资源。

13.1.2　比较资源

定义 13.4　对于资源理论 **R**，资源 A 可以转换为资源 B，我们将其表示为：

$$A \succeq B$$

当且仅当 **R** 中存在从 A 到 B 的过程时：

如果 $A \succeq B$ 且 $B \succeq A$，那么 A 和 B 这两个资源是等价的，在这种情况下我们可以将其表示为：

$$A \simeq B$$

由这个定义可以直接得到三个结论。首先，$\succeq$ 是自反的，即 $A \succeq A$，因为识别过程总是将 A 转换为其自身：

其次，它具有传递性，即如果 $A \succeq B$ 并且 $B \succeq C$，那么可以得到 $A \succeq C$，通过 $\circ$-组合可以得到：

这两个条件使关系 $\succeq$ 成为前序。然而，$\succeq$ 不一定是一个同时具备反对称性的偏序，即如果 $A \succeq B$ 且 $B \succeq A$，则 $A = B$，因为具有可互换但不相等的资源是完全合理的。也就是说，可以存在以下情况：

$\succeq$ 除了是前序外，还可以和 $\otimes$ 配合使用：

综上所述，我们可以得到如下定理。

定理 13.5　对于资源理论中的资源集 R：

$$(R, \succeq, \otimes, I)$$

形成一个*前序幺半群*。即 $(R, \otimes, I)$ 形成一个*幺半群*：

$$(A \otimes B) \otimes C = A \otimes (B \otimes C) \qquad A \otimes I = A = I \otimes A$$

$(R, \succeq)$ 形成一个*前序*：

$$A \succeq A \qquad A \succeq B \;\text{且}\; B \succeq C \;\Longrightarrow\; A \succeq C$$

这两个结构是兼容的：

$$A_1 \succeq B_1 \;\text{且}\; A_2 \succeq B_2 \;\Longrightarrow\; A_1 \otimes A_2 \succeq B_1 \otimes B_2$$

备注 13.6   同样，一个前序幺半群可以被定义为一种过程理论，其中最多存在一个具有任意给定类型的过程，我们可以将其表示为：

这样一个过程的存在就简单地证明了 $A \succeq B$。因此，从资源理论到前序幺半群 $(R, \succeq, \otimes)$ 的过程，可以看作从一个具有许多不同过程的大过程理论出发，到一个只具有验证给定类型存在与否的属性的小过程。

在本书前面章节中，我们曾提到过程理论将过程的 ∘-组合和 ⊗- 组合放在同等地位上。同样，资源的可转换性与系统的 ⊗- 组合紧密地联系在一起。虽然我们可能无法将 1 英镑的硬币兑换成在牛津的一栋房屋，但用 100 万英镑左右或许可以实现这种兑换：

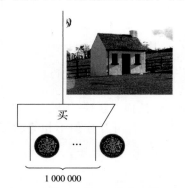

$$1\,000\,000$$

因此，⊗ 组合使我们能够用一定数量的一种资源交换一定数量的另一种资源。换句话说，通过这个我们可以表示一种资源与另一种资源的转换率。

定义 13.7   对于资源理论中的资源 A 和资源 B，转换率可表示为：

$$r(A \succeq B) := \mathsf{supremum} \left\{ \frac{N}{M} \;\middle|\; \underbrace{A \otimes \cdots \otimes A}_{M} \succeq \underbrace{B \otimes \cdots \otimes B}_{N} \right\}$$

如果我们仅考虑包含上述过程的资源理论，那么从英镑到牛津房屋的转换率就是 1/1 000 000。因此，1 英镑可以转换成牛津房屋的百万分之一。真是太划算了！

备注 *13.8   由于转换率是作为上界（supremum）计算而来的，因此通常是不合理的。例如，假设一种理论中的资源是一些小的线条，我们可以将其切割并排列成需要的形状。然后，我们需要 4 个长度为 1 的线条来组成一个直径为 1 的圆：

但是如果只有 7 个线条可以组成两个圆：

[743]

10 个线条可以组成 3 个圆，13 个线条可以组成 4 个圆，以此类推。如果继续进行到无穷大，我们将接近最佳转换率，该转换率可以由下式得到：

$$\text{supremum}\left\{\frac{1}{4},\frac{2}{7},\frac{3}{10},\frac{4}{13},\cdots\right\} = \frac{1}{\pi}$$

因此，我们可以得到最优化的结果是，每 π 个线条可以组成一个圆。

这种转换关系完全忽略了资源理论中的过程是什么，并且仅关注这种过程存在与否。尽管如此，它已经包含了有关资源理论结构的大量信息。例如，它告诉我们资源理论是否具有催化剂，即资源 C 具有以下特征：

$$A \otimes C \succeq B \otimes C \quad 当 \quad A \nsucceq B$$

它还可以告诉我们资源是否具有类量性：

$$\left.\begin{array}{r} A_1 \otimes A_2 \simeq B_1 \otimes B_2 \\ A_1 \succeq B_1 \end{array}\right\} \implies B_2 \succeq A_2$$

也就是说，资源就像"某种东西的数量"一样，它的整体是部分的总和。同样，它可以告诉我们资源是否具有非交互性：

$$A \succeq B_1 \otimes B_2 \implies \exists A_1, A_2 : \left\{\begin{array}{l} A \simeq A_1 \otimes A_2 \\ A_1 \succeq B_1 \\ A_2 \succeq B_2 \end{array}\right.$$

这意味着，哪怕资源为我们提供了多种东西，我们都可以"分解"并独立生产出每一种东西。

练习 13.9 证明如果一个资源理论是类量化的并且是非交互化的，那么它也是无催化的：

$$A \otimes C \succeq B \otimes C \implies A \succeq B$$

13.1.3 测量资源

物理学家喜欢实数，许多其他人也是如此。只要它没有成为一种困扰，这并没什么不对的。在衡量资源的价值时，数字可能是其中的一部分，但数字永远不可能代表资源价值的全部。因为它们经常会丢失重要的信息。这是因为实数并不仅仅是偏序，而且还是全序。也就是说，对于任意两个实数 a 和 b，它们的关系可以是：

$$a \geq b \quad 或者 \quad b \geq a$$

[744]

因此，如果我们想通过分配两个实数来比较两个资源，则总会是这样：

$$A \geq B \quad \text{或者} \quad B \geq A$$

但如果这两种关系都不存在呢？

举一个纠缠的例子。虽然使用数字来测量一对量子比特的纠缠是可行的，但在13.3.2节中我们将看到，一旦有了一个稍微复杂的系统（例如三个量子比特）时，它就崩溃了，这恰恰是因为出现了无法用数字表征的态。这些态不是给我们"更多"或"更少"的纠缠，而是不同种类的纠缠。但是，这并不能阻止人们想出一个完整的方法来用实数测量纠缠，这些方法在比较某些态时很有效，但在比较其他态时就不行。

另一方面，在测量量子态杂化时，有一个非常重要的值叫作熵，它可以很好地表明量子态纯度的高低。

但是在那之前，我们应该如何以一致的方式为资源分配数字呢？首先，使正实数 $\mathbb{R}_{\geq 0}$ 成为前序幺半群。我们通常让 $\geq$ 作为正实数的序关系，但是对于 $\otimes$，我们有很多选择。例如，可以将 $\otimes$ 作为两个正实数的和。那么显然：

$$a \geq a' \quad \text{且} \quad b \geq b' \implies a + b \geq a' + b'$$

也可以表示为：

$$\max(a, b) := \begin{cases} a \text{如果} a \geq b \\ b \text{如果} b \geq a \end{cases}$$

练习 13.10 证明 max 服从结合律：

$$\max(a, \max(b, c)) = \max(\max(a, b)c)$$

并且可以和 $\geq$ 联用，如下所示：

$$a \geq a' \quad \text{且} \quad b \geq b' \implies \max(a, b) \geq \max(a', b')$$

这两条给了我们两个不同的前序幺半群：

$$\mathcal{R}^+ := (\mathbb{R}_{\geq 0}, \geq, +, 0) \qquad \mathcal{R}^{\max} := (\mathbb{R}_{\geq 0}, \geq, \max, 0)$$

和两种相应的测量方法。

定义 13.11 给定资源理论，加性测量是一个函数：

$$M : (R, \succeq, \otimes) \to \mathcal{R}^+$$

[745]

其中：

$$A \succeq B \implies M(A) \geq M(B) \qquad M(A \otimes B) = M(A) + M(B)$$

同样，最大测量也是一个函数：

$$M : (R, \succeq, \otimes) \to \mathcal{R}^{\max}$$

其中：

$$A \succeq B \implies M(A) \geq M(B) \qquad M(A \otimes B) = \max(M(A), M(B))$$

测量只向我们提供了有关资源理论及其可转换关系 $\succeq$ 的部分信息。值得注意的是，我们可以用测量来证明给定资源不能转换为另一种资源，因为如果 $M(A) < M(B)$，则它一定不能满足 $A \succeq B$。然而，即使不存在转换 $A \succeq B$，仍可能出现 $M(A) \geq M(B)$ 这种情况。

另一方面，通常来讲，对比数字比对比它们所来自的资源要容易得多，因此理想的情况便是可以通过实际中的某种测量完全捕获≥，但是这只在极少数情况下才可能出现。

13.2　纯度理论

在量子理论中，大多数时候，我们都重视尽可能纯的态和过程。例如，在量子隐形传态中，贝尔态的价值不仅仅在于它的纠缠性，还在于它是纯的。相反，如果我们在隐形传态中使用非纯态，那么产生的态也会继承这种杂化：

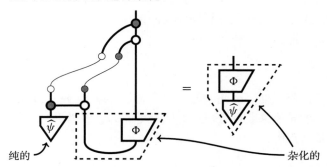

像这样引入一点杂化是可以的，并且在实际中也是不可避免的，因为纯态代表了一种在实际中无法实现的理想状态。但是，如果引入了太多这样的杂化，很快就会产生无用信息，例如最大混合态。因此，纯度是一种至关重要的资源。在本节中，我们将定义纯度的资源理论，并说明如何比较和量化态的纯度。

13.2.1　纯度比较

如果我们重视的是纯度，那么自由过程应该恰好是那些不能创造新纯度的过程。尤其是，它们应保留最大的杂化：

$$\begin{array}{c} \boxed{\Phi} \\ \boxed{\tfrac{1}{D}} \end{array} = \tfrac{1}{D'} \; \perp$$

或者，也可以等效为：

$$\tfrac{D'}{D} \boxed{\Phi} = \perp \qquad\qquad (13.3)$$

其中，D 是 Φ 的输入维度，D' 是 Φ 的输出维度。

定义 13.12　设**幺正量子映射**是**因果量子映射**的子理论，通过将其限制为满足式（13.3）的过程而获得。得到：

纯度 := 因果量子映射 / 幺正量子映射

下面是幺正量子映射的另一种描述：

命题 13.13　当且仅当以下两者皆为因果性时，量子映射是幺正的：

$$\boxed{\Phi} \qquad\qquad 且 \qquad\qquad \tfrac{D'}{D}\boxed{\Phi}$$

证明   幺正量子映射从定义上讲是因果性的，如果利用式（13.3），得出的方程就是 $\frac{D'}{D}$ Φ 的因果性。   □

因此，特别是，如果一个量子映射的输入和输出类型具有相同的维度，则当 Φ 和 Φ 的伴随都为因果性时，它就肯定是幺正的。因此，如果一个量子映射是纯的并且是幺正的，则该映射及其伴随都必定是同构的，由此可得出下面的推论。

推论 13.14   当且仅当一个纯量子映射是幺正变换的时候，它才是幺正的。

因此，唯一的纯幺正映射必须在相同维度的系统之间进行，特别是要没有纯幺正态或效应。除了纯映射之外，还存在一种幺正态：

$$\tfrac{1}{D}\ \;\bot$$

这是因为丢弃是唯一的因果性。因此，最大混合态是**纯度**上唯一的自由态。因此，人们希望可以通过任何其他态的转换来获得它。这的确是可能的，因为丢弃一种态并将其替换为最大混合态的过程显然是幺正的：

$$\tfrac{1}{D}\ \;\bot\!\!\bot\ ::\ \rho\ \mapsto\ \tfrac{1}{D}\ \;\bot$$

所以，这是一个**纯度**的自由过程。因此：

$$\rho\ \succeq\ \tfrac{1}{D}\ \;\bot$$

将噪声添加到给定态的过程是：

$$(1-p)\,\big|\ +\ \tfrac{p}{D}\ \;\bot\!\!\bot \tag{13.4}$$

也是**纯度**的自由过程，我们将其称为噪声映射。因为：

$$(1-p)\,\big|\ +\ \tfrac{p}{D}\ \;\bot\!\!\bot\ ::\ \rho\ \mapsto\ (1-p)\,\rho\ +\ \tfrac{p}{D}\ \;\bot$$

所以：

$$\rho\ \succeq\ (1-p)\,\rho\ +\ \tfrac{p}{D}\ \;\bot$$

备注 13.15   在关于量子信息的文献中，尤其是在量子光学中，噪声映射通常被称为去极化信道。

因此，哪些态可以通过幺正量子映射转换为其他态呢？如果最初只考虑量子比特，则可以通过观察布洛赫球的几何结构开始对此进行了解。我们已经知道幺正变换和噪声映射是自由过程，因此可以观察下它们是如何作用于布洛赫球的。由于噪声映射只是将其输入态与最大混合态混合在一起，因此它会将布洛赫球中的任何点向中心收缩：

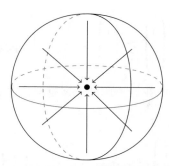

我们已经知道，幺正变换将使布洛赫球旋转，因此通过构造一个幺正变换的噪声映射，可以将布洛赫球上的任何点移到更接近（或相等地接近）布洛赫球中心的任何其他点：

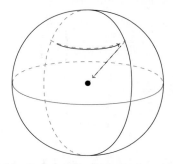

因此，如果 ρ' 距布洛赫球心的距离不比 ρ 远很多，则**纯度上** $\rho \geqslant \rho'$。实际上，反之亦然。与其直接证明这一点，我们实际上可以为在所有维度上均可使用的这种可转换关系指定一个特性。我们将使用以下前序。

定义 13.16　对于概率分布：

$$\begin{array}{ccc} \displaystyle \mathop{\bigtriangledown}_{p} & \leftrightarrow & \begin{pmatrix} p^1 \\ \vdots \\ p^n \end{pmatrix} \end{array} \qquad \begin{array}{ccc} \displaystyle \mathop{\bigtriangledown}_{q} & \leftrightarrow & \begin{pmatrix} q^1 \\ \vdots \\ q^n \end{pmatrix} \end{array}$$

p 优于 q 可写为：

$$\mathop{\bigtriangledown}_{p} \quad \geqslant \quad \mathop{\bigtriangledown}_{q}$$

如果将每个概率分布中的数字按降序重新排列：

$$p^1 \geqslant p^2 \geqslant \cdots \geqslant p^n \qquad\qquad q^1 \geqslant q^2 \geqslant \cdots \geqslant q^n$$

749

可以得到：

$$\begin{cases} \qquad\qquad p^1 & \geqslant & q^1 \\ \qquad p^1 + p^2 & \geqslant & q^1 + q^2 \\ \qquad\qquad \vdots & & \\ p^1 + \cdots + p^n & \geqslant & q^1 + \cdots + q^n \end{cases} \qquad (13.5)$$

可以很容易地检查它是否给出了前序，我们称之为优化序。它不是一个偏序，因为同样的元素在不同的顺序下对于优化是等价的，例如点分布：

$$\begin{pmatrix} 1 \\ 0 \\ \vdots \\ 0 \end{pmatrix} \simeq \begin{pmatrix} 0 \\ 1 \\ \vdots \\ 0 \end{pmatrix} \simeq \cdots \simeq \begin{pmatrix} 0 \\ 0 \\ \vdots \\ 1 \end{pmatrix}$$

而这显然是不相等的。此外，即使我们考虑到元素重新排序之前的所有概率分布，也无法给出总的顺序，因为例如：

$$\begin{pmatrix} \frac{1}{2} \\ \frac{1}{2} \\ 0 \end{pmatrix} \not\succeq \begin{pmatrix} \frac{3}{4} \\ \frac{1}{8} \\ \frac{1}{8} \end{pmatrix} \qquad\qquad \begin{pmatrix} \frac{3}{4} \\ \frac{1}{8} \\ \frac{1}{8} \end{pmatrix} \not\succeq \begin{pmatrix} \frac{1}{2} \\ \frac{1}{2} \\ 0 \end{pmatrix}$$

练习 13.17 概率分布

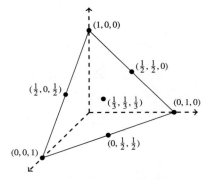

可以通过将 p^i 作为坐标在三角形上表示：

对于任意的概率分布 p'，在三角形上描绘出所有概率分布 p 的区域：

以及已有的区域：

优化产生前序，通过将 $\otimes$ 作为概率分布的常用并行组合，可以将其转化为前序幺半群：

750

为了表明这与优化序是一致的，可以给出优化的另一种描述。这种描述更接近于资源理论的本质，因为它将优化表示为一种转换关系，即通过双随机映射实现的可转换性。

定义 13.18 双随机映射是经典过程 f（见定义 8.11），使得：

$$\qquad\qquad\qquad\qquad\qquad\qquad\qquad (13.6)$$

或者，它们是经典映射 f, 其中：

都是因果性的。

命题 13.19 以下都是等价的：

- p 优于 q：

$$\boxed{p} \geq \boxed{q}$$

- 存在这样的双随机映射：

证明 （示意图）优化前序可以用"汉诺塔移动"来解释，其中 $p^1, \cdots, p^n$ 代表不同的栈： $\boxed{751}$

要实现转换，首先要将 $p^1 - q^1$ 从 p^1 "移"至 p^2, 使 p^1 变为 q^1, 然后再将 $(p^1 + p^2 - q^1) - q^2$ 从 $p^1 + p^2 - q^1$ 移至 p^3, 使 p^2 变为 q^2, 依此类推，例如：

要做到这一点就需要：

$$p^1 - q^1 \geqslant 0 \quad p^1 + p^2 - q^1 - q^2 \geqslant 0 \quad \cdots \quad p^1 + \cdots + p^{n-1} - q^1 - \cdots - q^{n-1} \geqslant 0$$

在将所有数字 q^i 移至不等式的右侧之后，就可以得到优化条件。由于双随机映射的构成是双随机的，因此证明"汉诺塔移动"可以通过双随机映射来实现，反之亦然。我们将此作为练习。　□

练习 13.20 证明只要当 p 优于 q 时，就会存在一个双随机映射，通过给出实现上述证明中提到的"汉诺塔移动"的矩阵，将 p 发送给 q。提示：使用一般的 2×2 双随机映射的矩阵的形式为：

$$\begin{pmatrix} 1-x & x \\ x & 1-x \end{pmatrix}$$

其中 $0 \leqslant x \leqslant 1$。反之，证明对于双随机映射 f 和概率分布 p, 在式（13.5）中定义的优化前序中存在 $p \geq f \circ p$。

因此，我们可以得到以下命题。

命题 13.21　优化与 ⊗- 组合使得经典系统的概率分布集成为前序幺半群。

证明　如果对于双随机映射 f 和 g，存在：

即 $p \geq p'$ 和 $q \geq q'$，那么：

由于 $f \otimes g$ 显然也是双随机的，因此 $p \otimes q \geq p' \otimes q'$。　□

幺正量子映射的特性在于它们及其伴随是因果性的，而双随机映射的特性在于它们及其伴随是因果性的。这看起来像一个必然的定理，实际上，这两个概念通过编码 / 测量是相互关联的。

定理 13.22　如果一个经典映射 f 是双随机的，那么

$$（13.7）$$

就是一个幺正量子映射，并且如果一个量子映射是幺正的，那么

就是一个双随机（经典）映射。

证明　测量和编码都是因果性的，并且是彼此的伴随。例如，式（13.7）的幺正性可表示为：

　　□

备注 13.23　虽然我们一直试图与标准术语保持一致，但是将其称为双随机映射而不是"幺正经典映射"，或将其称为幺正量子映射而不是"双因果量子映射"，都是更为合理的。

幺正量子映射和双随机映射之间的这种对应关系，可转化为量子态的可转换性和概率分布的可转换性之间的对应关系。这里的关键一环就是谱定理，由于命题 8.56，因此可以用概率分布来表达量子态。

引理 13.24　设量子态 ρ 和 ρ' 可以分解为：

$$（13.8）$$

对于幺正的 $\widehat{W}$ 和 $\widehat{W}'$，以及概率分布 p 和 p'，以下说法都是等价的：

- 存在这样一种幺正量子映射 Φ：

$$（13.9）$$

- 存在这样一种双随机映射 f：

$$（13.10）$$

证明　首先假设 ρ 和 ρ' 通过幺正量子映射相关联，如式（13.9）所示，那么，通过式（13.8）：

我们可以利用幺正性将 $\widehat{W}'$ 移至左侧：

$$（13.11）$$

754

然后对它们进行测量：

$$\overset{(13.11)}{=}$$

根据命题 13.22，由于涉及的所有量子映射都是幺正的，因此左侧到 p 的映射是双随机的。反之，假设 p 和 p' 通过双随机映射相关联，如式（13.10）所示，则可以得出：

其中，通过命题 13.22 可得到，左侧到 ρ 的量子映射是幺正的。 □

使用更传统的符号，我们将式（13.8）中与态 ρ 相关的概率分布 p 称为 ρ 的频谱，写为 spec(ρ)（见定义 5.73）。综上所述，命题 13.19 和引理 13.24 得出了以下关于优化纯度可转换性方面的特性。

定理 13.25 具有任意维数的固定量子系统态的**纯度**的转换关系可表示为：

其中，第二个 $\geq$ 表示优化前序。

13.2.2 （非）纯度测量

测量纯度的一个典型指标是量子态的冯·诺依曼熵。计算如下，首先使用推论 6.68 将 ρ 分解为纯态标准正交基：

$$\text{（13.12）}$$

然后，得到冯·诺依曼熵：

$$S\left(\vcenter{\hbox{ρ}}\right) := -\sum_i p^i \log_D(p^i)$$

其中 $\log_D(p^i)$ 是 p^i 对于某个固定基数 D 的对数，通常将其视为单个系统的维数，例如 2 个量子比特。在该情况下，熵从纯态的 0 变化到最大混合态的 1。

备注 13.26 对于一个经典概率分布：

$$\vcenter{\hbox{p}} = \sum_i p^i \vcenter{\hbox{i}}$$

数量

$$S\left(\vcenter{\hbox{p}}\right) := -\sum_i p^i \log_D(p^i)$$

是香农熵。由于每个量子态都是对角化的，因此它对**某些**标准正交基的概率分布进行编码。

冯·诺依曼项就是已被编码的概率分布的香农熵。

现在，就定义 13.11 而言，基本上可以认为提供了一种加性测量。它的确满足：

$$S\left(\rho_1 \quad \rho_2\right) = S\left(\rho_1\right) + S\left(\rho_2\right) \qquad (13.13)$$

这可以由下面的公式直接推出：

$$\log_D(p^i q^j) = \log_D(p^i) + \log_D(q^j)$$

此外，对于两个系统的一般态，可以得到：

$$S\left(\rho\right) \leq S\left(\rho\right) + S\left(\rho\right)$$

当且仅当 ρ 是分离的时，上式才取等。但是，冯·诺依曼熵不是纯度的一种量度，而是杂化纯度的一种量度。也就是说，对于纯度前序 $\geq$，满足：

$$\rho \geq \rho' \implies S\left(\rho\right) \leq S\left(\rho'\right)$$

备注 13.27　鉴于混合代表已知信息不充足，这意味着与具有"最多信息"的纯量子态相比，最大混合态是"信息最少"的态。因此，量子态的混合度/熵与其信息量之间有着紧密的联系。研究这一问题及其相关问题是量子信息论的重要组成部分。

13.3　纠缠理论

尽管纠缠是与纯度截然不同的概念，涉及至少两个系统，但是在描述纠缠的资源理论的转换关系时，我们将遇到许多相同的内容。

实际上，这是两种截然不同的纠缠资源理论，一种在转换关系的粒度方面与纯度大致相当，而另一种则更为粗糙。由于后者在实际中太粗糙，以至于对于两个和三个量子比特态，它只能产生有限数量的等效资源。在这个过程中，我们会发现，虽然纠缠是一个词，但它可以代表截然不同的事物。

在本节中，涉及的纯态的形式为：

$$\widehat{A} \quad \widehat{A} \quad \cdots \quad \widehat{A}$$
$$\psi$$

即由同一系统的两个或多个拷贝组成的态。这不是一个必要的假设，但是可以用来简化一些情况。

13.3.1　LOCC 纠缠

如果纠缠是我们所需要的，那么自由过程应该是不会产生新纠缠的过程。已知的纠缠态的形式如下：

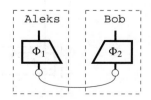

结合 8.3.5 节的讨论，人们可能认为不会产生任何纠缠的过程的形式如下所示：

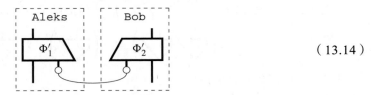

（13.14）

但是，在该部分的讨论中，我们忽略了因果性，原因很简单，因为态始终是因果性的，由数字决定。但是，对于过程而言，因果性则是一个非常重要的条件。在资源理论中，能够真正实现"自由"过程是非常重要的，否则它们就没有太多自由可言！非因果的量子映射只能以不确定的方式实现，如果运气不太好，这些资源可能无法被转换，而是会被一并丢掉。因此，我们暂时将只限于无因果过程。

一旦因果性进入映射中，我们应该区分下面几种情况：（i）Aleks 和 Bob 共享一个经典杯子；（ii）Aleks 向 Bob 发送一些经典数据；（iii）Bob 向 Aleks 发送一些经典数据。因此，除了式（13.14），我们还应该考虑以下这些过程：

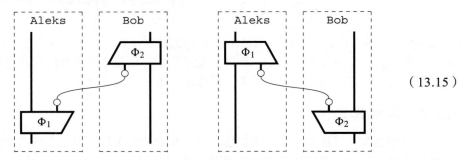

（13.15）

幸运的是，一旦我们考虑了这两种形式，我们就不需要再考虑式（13.14），因为这是 Aleks 向 Bob 发送经典数据的特殊情况（反之亦然）：

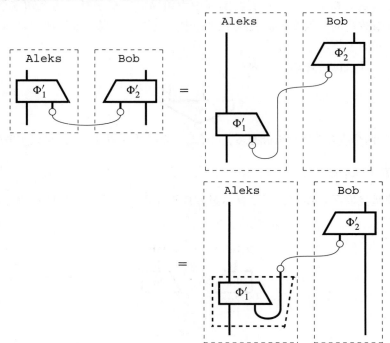

式（13.15）形式的量子过程及其组成被称为 LOCC 运算，因为它们可以分解为两种基本过程，即：

- 局域（因果）运算 :=

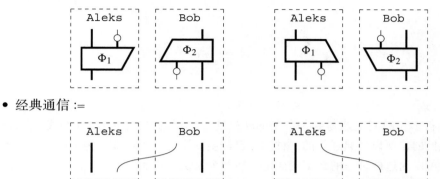

- 经典通信 :=

现在，在整本书中，我们绘制了一些标有人（或已灭绝的鸟类）的名字的灰色虚线框。我们从来没有正式说过这意味着什么。但是，这其实很简单。我们可以创建一个名为**量子过程** [2] 的一种新的过程理论来解释，它们具有完全相同的过程，但是每种类型都有两个拷贝（经典和量子），一个用于 Aleks，一个用于 Bob。

$$\widehat{A} \rightsquigarrow (\widehat{A}_{\text{Aleks}}, \widehat{A}_{\text{Bob}}) \qquad X \rightsquigarrow (X_{\text{Aleks}}, X_{\text{Bob}})$$

在这种新的过程理论中，局域性运算仅仅是将 Aleks 的类型连接到 Aleks 的类型，将 Bob 的类型连接到 Bob 的类型的量子过程，例如：

那么，经典通信是一条经典线，一端用 Aleks 的类型标记，另一端用 Bob 的相应类型标记（反之亦然）：

759

$$X_{\text{Bob}} \qquad\qquad\qquad\qquad\qquad X_{\text{Aleks}}$$

$$X_{\text{Aleks}} \qquad\qquad\qquad\qquad\qquad X_{\text{Bob}}$$

纯量子态 [2] 是这些形式态的集合：

当然，可以对任意数量的对象执行相同的操作。

定义 13.28 设 locc[2] 为**量子过程** [2] 的子理论，它是通过将其限制为与局域性运算、经典通信及其组成相对应的过程而获得的：

$$\text{LOCC 纠缠}\,[2] := \text{纯量子态}\,[2]/\text{locc}[2]$$

因此，在不会产生纠缠的常见的量子过程中，在两个对象之间，会发生经典通信的乒乓球游戏。

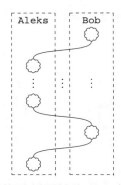

该游戏必须进行多长时间才能得到普适型的转换呢？幸运的是，因为两种形式（13.15）实际上是可以互换的，所以经典通信的一种用法已经实现了这一个功能。为了证明这一点，我们首先观察到可以通过两种态的幺正变换来互换两个系统的功能。

引理 13.29　对于任何纯二分态 $\widehat{\psi}$，存在两个幺正变换 $\widehat{U}$ 和 $\widehat{V}$ 来变换两个系统：

$$ \tag{13.16} $$

证明　将练习 8.50（基于两个系统是相同的这一条件）的奇异值分解应用于 ψ：

对于幺正变换 U' 和 V'：

由于右侧在交换时是不变的：

将所有的幺正变换应用于左侧，完成这个证明：

　　重要的是，要实现这种交换，我们仅需要局域性操作。由于这种局域性交换，我们得到以下内容。

　　命题 13.30　存在 Φ_1 和 Φ_2 如下：

$$\tag{13.17}$$

当且仅当存在如下的 Φ_1' 和 Φ_2'：

$$\tag{13.18}$$

　　证明　让 Φ_1 和 Φ_2 满足式（13.17）。将左侧变形得到：

　　然后，由于 $\widehat{\psi}$ 和 $\widehat{\psi}'$ 都是纯二分态，我们可以应用引理 13.29 去除两个变换：

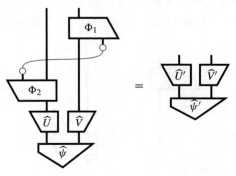

　　然后将幺正变换移到左侧：

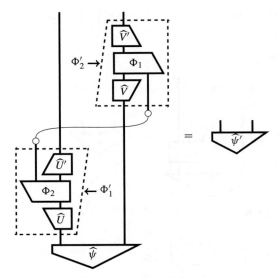

可以获得满足式（13.18）的过程 Φ_1' 和 Φ_2'。反之亦然。   □

为了简单起见，假设我们有一个 LOCC 协议，其中每个步骤确定性地产生一个纯态：

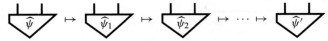

然后，这包括一个满足式（13.17）或式（13.18）的过程的o-组成。因此，通过应用命题 13.30，我们可以使所有经典线从 Aleks 端发出到 Bob 端，并将它们捆绑在一起成为一条经典线。因此，可以获得了以下形式的过程：

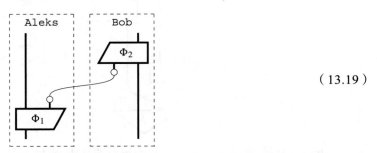

（13.19）

练习 13.31   证明（通过可能会增加经典系统的大小），我们还可以假定式（13.19）中的 Φ_1 是纯的。也就是说，对于所有（因果）Φ_1 和 Φ_2，都存在（因果）$\widehat{f}$ 和 Φ，使得：

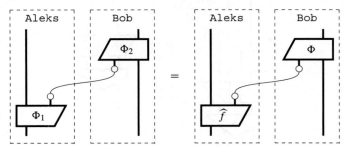

练习 *13.32   证明在无须假设每个步骤都确定地产生纯态的情况下，任何 LOCC 协议都可以以式（13.19）的形式重写。提示：首先纯化 Aleks 和 Bob 的过程，以使每个步骤都

产生"不确定"的纯态：

并使用引理 13.29 概述如下：对于任何不确定状态 $\widehat{\psi}$，存在**受控的**幺正变换 $\widehat{U}$ 和 $\widehat{V}$，使得：

$$（13.20）$$

在证明该资源理论的转换关系的特性时，我们将利用以下引理，该引理说明了丢弃不同系统时约化态是如何相关的。

引理 13.33　对于每个不确定的二分态 $\widehat{\psi}$（即具有经典输出的纯二分态），存在受控的幺正变换 $\widehat{U}$，使其两个约化态如下相关：

在古典系统近乎零的特殊情况下，一些幺正变换 $\widehat{U}$ 可变成：

证明　我们可以把练习 *13.32 的式（13.20）改写如下：

$$（13.21）$$

然后，使用受控的幺正变换 $\widehat{V}$ 的因果性（在第二步中）：

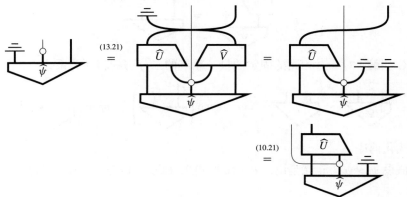

我们还将用到下面的引理。

引理 13.34　幺正变换的任何混合：

$$（13.22）$$

都是一种幺正量子映射。

证明　从式（10.45）可以得到，对于任何受控的幺正变换：

它的"反向控制"：

也是一个受控的幺正变换，并且它是因果的：

$$（13.23）$$

这个方程的伴随得到式（13.22）的幺正变换。

现在，我们有足够的内容来表征 **LOCC 纠缠**[2] 的转换关系，它看起来和**纯度**非常类似。

定理 13.35　如果在 **LOCC 纠缠**[2] 中二分态 $\widehat{\psi}$ 可转换为二分态 $\widehat{\psi}'$，则存在一个幺正量子映射，可以将约化态 $\widehat{\psi}'$ 转换为约化态 $\widehat{\psi}$：

$$（13.24）$$

因此，**LOCC 纠缠**[2] 对一对相同的固定的量子系统的二分态的转换关系为：

第二个 ≥ 是优化前序。

证明　假设 $\widehat{\psi} \geq \widehat{\psi}'$。也就是说，由于命题 13.30 和练习 13.31，存在量子过程 $\widehat{f}$ 和 Φ，使得：

$$（13.25）$$

我们将从式（13.24）的右侧开始，并逐步发展到左侧。为此，让我们首先关注式（13.25）的左侧的局域性运算 $\hat{f}$。将 $\hat{f}$ 应用于 $\hat{\psi}$ 会产生不确定的纯态；因此，根据引理 13.33，存在一个受控的幺正变换，使得：

然后，删除两边的经典输出可得出下面的方程式：

$$（13.26）$$

在这里我们使用因果性消除了左侧的 $\hat{f}$。接下来，在引理 13.33 的第二部分中，存在一个幺正变换 $\hat{V}$，使得：

$$（13.27）$$

结合式（13.26）和式（13.27），然后将 $\hat{V}$ 移到右侧可以得到：

$$（13.28）$$

现在，我们将对式（13.25）进行一些修改，以便可以将其插入式（13.28）的右侧。通过命题 8.59，我们知道，如果删除一个经典系统会产生一个纯态，那么这个经典系统就会分离。将其应用于式（13.25），我们可以将其重写为：

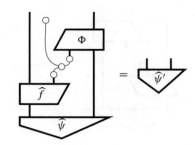

产生如下分离：

$$（13.29）$$

对于某些概率分布 p。由 Φ 的因果性我们也可以得到：

$$（13.30）$$

因此：

$$（13.31）$$

这个等式现在可以带入式（13.28），得到：

通过引理 13.34，量子映射：

是幺正的，因此我们可以得到式（13.24）

练习 *13.36　证明定理 13.35 的逆定理，也就是：

$$\mathrm{spec}\left(\reflectbox{}\,\hat{\psi'}\right) \succeq \mathrm{spec}\left(\reflectbox{}\,\hat{\psi}\right) \implies \hat{\psi} \succeq \hat{\psi'}$$

比较定理 13.25 和定理 13.35，我们可以看到，约化态的**纯度越低，纠缠度越高**。

示例 13.37　因为贝尔态的约化态是最大混合态：

可以通过 LOCC 将其转换为任何其他二分纯态。换句话说，它是 LOCC-最大。

13.3.2　SLOCC 纠缠

在上一节开头中我们提到，"自由"的本质要求所有涉及资源转换的过程具有因果性。但是，如果在态 $\hat{\psi}$ 中不是只有一对系统，而是可以有无限个系统，那么情况会发生变化。如果我们尝试通过一些不确定的 LOCC 过程转换为态 $\hat{\psi'}$，则仅需要至少一个分支即可实现：

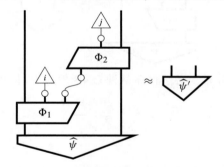

用定义 13.7 的术语来说，这相当于从 $\hat{\psi}$ 到 $\hat{\psi'}$ 的转换率不为零：

$$r(\hat{\psi} \succeq \hat{\psi'}) > 0$$

由于根据定理 6.94，任何量子映射都可以被实现为（因果）量子过程的分支，因此，传递给这种更自由的局域性运算等效于允许局域性运算成为任意的 cq-映射，而不仅仅是因果性映射。这些新的"自由"过程称为 SLOCC-运算，因为它们可以分解为两种基本过程：

- 随机局部运算（即可能非因果 cq-映射）
- 经典通信

定义 13.38　令 slocc² 成为**量子映射** ² 的子理论，它是通过将其限制为实现随机局域性运算、经典通信及其组成的过程而获得的。然后：

$$\text{SLOCC 纠缠}^2 := \text{纯量子态}^2/\text{slocc}^2$$

虽然它看起来很像 LOCC 纠缠 ²，但这个资源理论实际上要容易得多。一方面，经典通信已经不适用了。

定理 13.39　当且仅当存在量子映射 Φ_1 和 Φ_2 时，二分态 $\widehat{\psi}$ 才能在 SLOCC 纠缠[2]中转换为二分态 $\widehat{\psi}'$，使得：

$$(13.32)$$

证明　假设 $\widehat{\psi} \geq \widehat{\psi}'$；那么存在 cq-映射 Φ'_1 和 Φ'_2，使得：

所以，对于某些 p，通过命题 8.59 我们可以得到：

$$(13.33)$$

由于 p 是一个（因果）概率分布，必然存在某种 ONB 效应 i，使得：

$$(13.34)$$

因此：

假设：

（取一个适当的数字）得到式（13.32）。

练习 13.40　使用与上述证明相似的方法，证明只将纯量子映射看作局部运算就足够了

$$(13.35)$$

为了表征 SLOCC **纠缠**[2]中的可转换性，我们将利用以下线性代数的标准概念，并将其应用于纯量子映射：

定义 13.41　对于一个纯量子映射或者二分态，以其奇异值的分解表示：

它的秩，分别为：

是 p 矩阵中非零值的个数：

备注 13.42　正如二分态的"侧向"奇异值分解通常被称为施密特分解一样，二分态的侧向秩在文献中也通常被称为*施密特秩*。

我们已经遇到了秩的极端情况。

773

练习 13.43　首先，如定义 4.75 中所示，证明"最大秩"与"非退化"相同，证明杯子具有最大秩，"秩 1"与可分离变量相同。接下来，证明 SLOCC **纠缠**[2]的转换关系 ≥ 为：

在这里，你可以利用以下已知条件，对于纯量子图 $\hat{f}$ 和 $\hat{g}$：

因此，当且仅当两个二分态具有相同的秩时，它们才是等效的（见定义 13.4）。由于每个二分量子态必须具有秩 1 或秩 2，例如：

只有两个等价类：等于贝尔态的态类和等于可分离态的态类。此外，可以通过 SLOCC 操作

从不可分离态中获得任何可分离态，因此：

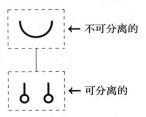

由于等价类的数目有限，我们可以把这种转换关系描述成一个可转换性图：

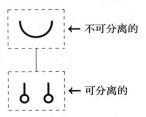

← 不可分离的

← 可分离的

其中，框表示等价类，下端表示一个当一个类可转换为另一个类时的情况。

　　虽然 LOCC-可转换性可以捕获纠缠中的数量差异，但是 SLOCC-可转换性则可以更好地捕获纯的"定性"差异，例如"可分离"与"不可分离"。正如我们刚才所看到的，在二分情况下，会根据秩在 SLOCC 等效类上创建一个非常简单的总序。因此，对于所有二分态 $\widehat{\psi}$ 和 $\widehat{\psi}'$，可能是：

然而，一旦我们超越了两个系统，情况就会发生改变。我们开始得到 SLOCC-最大态，但是是以不等价的方式。

　　定理 13.44　当限制为量子比特时，SLOCC 纠缠[3] 的转换关系如下：

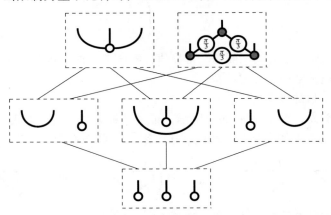

　　此可转换性图的关键特征是，在顶层，我们有两个无法表征的类，分别是我们之前提到的 GHZ 态和被称为 W 态的新态：

　　练习 13.45　证明：

GHZ 态和 W 态之间的定性不同的纠缠特性比可分离和不可分离要微妙得多。例如，如果对于 GHZ 态，我们丢弃一个系统，则其余两个系统将不再纠缠：

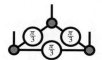

而对于 W 态，则不是。在下一节中，我们将看到 " GHZ 蜘蛛" 与这种新型 "蛛形物" 之间的更显著的差异。

备注 13.46　一旦超过了三个量子比特，我们就不再会得到有限多的 SLOCC-等效类了。对于四个或多个系统的态，由于一个态的自由参数太多，因此无法通过 SLOCC-运算来将它们消掉。但是我们仍然可以对四个或更多系统研究参数化的 SLOCC-等效类（也称为 "SLOCC 超级类"），但是目前对它们的了解还比较少。

13.3.3　爆炸式增长的蜘蛛

W 态看起来更像一场蜘蛛狂欢，而不是一个蜘蛛。

那么结果如何呢？由于以下原因，它不能只是普通的蜘蛛。

命题 13.47　对于二维系统中的任何蜘蛛●，状态：

对于 GHZ 态是 SLOCC-等价的。

证明　从定理 8.41 可得，任何一个蜘蛛都对应一组 ONB。特别是：

$$\smile_{\bullet} = \blacktriangledown_0 \ \blacktriangledown_0 \ \blacktriangledown_0 + \blacktriangledown_1 \ \blacktriangledown_1 \ \blacktriangledown_1$$

那么，对于将●-ONB 发送到○-ONB 的幺正变换，我们有：

$$\widehat{U} \ \widehat{U} \ \widehat{U} \bullet = \smile_{\circ}$$

□

由于我们无法使用普通的蜘蛛来获得 W 态，因此我们将使用另一种类似于蜘蛛的蛛型物来获得 W 态。也就是说，我们将定义一个群体：

例如：

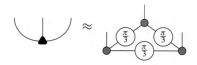

练习 13.45 之后，我们让：

$$
\begin{array}{c}
\end{array} := \boxed{0}\ \boxed{1}\ \boxed{1} + \boxed{1}\ \boxed{0}\ \boxed{1} + \boxed{1}\ \boxed{1}\ \boxed{0}
$$

我们可以直接将其推广到生成 n-部分态。首先，考虑所有包含 0 且长度为 n 的比特串：

$$
C_n := \{011\cdots1,\ 101\cdots1,\ \cdots,\ 11\cdots10\}
$$

然后，为了形成 n-部分态，我们对所有的比特串 $\vec{i} \in C_n$ 求和：

$$
\cdots := \sum_{\vec{i}\in C_n} \boxed{i_1}\ \boxed{i_2}\ \cdots\ \boxed{i_n}
$$

类似地，我们可以得到输入分支，只需稍做修改即可：input-ONB 态应取反。也就是说，对于 $\bar{i} := 1 - i$，我们设置：

$$
\cdots := \sum_{\vec{i}\in C_{m+n}} \begin{array}{ccc} \boxed{i_1} & \boxed{i_2} & \cdots & \boxed{i_m} \\ \boxed{i_{m+1}} & \boxed{i_{m+2}} & \cdots & \boxed{i_{m+n}} \end{array} \tag{13.36}
$$

这些新的蛛形物的行为很像蜘蛛，只是它们有点太喜欢彼此了。例如，标准蜘蛛行为中包括服从腿交换方程：

$$
\cdots = \cdots = \cdots \tag{13.37}
$$

并且，如果它们通过**单**腿连接，它们将会按如下方式进行融合：

$$
\cdots = \cdots \tag{13.38}
$$

由此我们推出蜘蛛的大多数常见特性。例如，像蜘蛛一样，这些新事物为我们提供了杯和盖：

$$
\begin{array}{c}\end{array} = \blacktriangle = \mid \tag{13.39}
$$

但是，如果这些蜘蛛用**两条**（或更多）的腿来握手，它们就会变得过度兴奋并发生爆炸：

$$
\cdots \quad \cdots \approx \cdots \tag{13.40}
$$

两根线

留下一堆冒烟的残肢：

$$
\approx \boxed{1} \qquad\qquad \approx \boxed{0}
$$

定义 13.48　如果一组线性映射的▲满足式（13.37）、式（13.38）和式（13.40），则称之为反蜘蛛。

练习 13.49　证明式（13.36）的确定义了一类反蜘蛛。

我们可以通过观察一个更简单的蜘蛛融合（与"反融合"方程（13.40）相比而言）来区分蜘蛛和反蜘蛛之间的关键区别，也就是说，单个"循环"会发生什么：

$$\tag{13.41}$$

而在蜘蛛的情况下，我们得到了一根平坦的线，反蜘蛛的行为正好相反：它们会彼此分开。虽然看起来它们以一种非常特殊的方式分开，但事实上，只说它们分开就足够了。

命题 13.50　当且仅当满足以下条件时，满足式（13.37）和式（13.38）的线性映射才是反蜘蛛的：

$$\tag{13.42}$$

778

证明　显然反蜘蛛满足式（13.42），假设：

相反，假设式（13.42）。首先：

$$D = \qquad \overset{(13.39)}{=} \qquad \overset{(13.37)}{=} \qquad =$$

$$\overset{(13.38)}{=} \qquad \overset{(13.42)}{=}$$

由于左侧是非零的，所以右侧的两个数字也必须是非零的，即：

现在我们可以知道 ψ 和 π 的值：

$$= \qquad \overset{(13.42)}{\approx} \qquad \approx$$

$$\text{（图）} = \text{（图）} \overset{(13.42)}{\approx} \boxed{\psi \atop \pi} \approx \boxed{\pi}$$

代入式（13.42），我们可以得到：

$$\text{（图）} \approx \text{（图）} \qquad\qquad（13.43）$$

779　由此可以直接得出式（13.40）。这个就留给读者作为练习。　　　　　□

　　　练习 *13.51　证明对于非平凡（$D>1$）系统上的任何反蜘蛛，都不会出现"双循环"：

$$\text{（图）} = 0 \qquad\qquad (13.44)$$

　　（提示：首先计算式（13.43）中涉及的数值。）
　　就像普通蜘蛛和 GHZ 态一样，反蜘蛛方程完全表征了 W 的 SLOCC-等价类。
　　定理 13.52　假设▲是一个二维系统的反蜘蛛类。则：

是 W 态的 SLOCC-等效。
　　证明　首先，请注意：

$$\text{（图）} \not\approx \text{（图）} \qquad\qquad（13.45）$$

因为否则直线将会分开：

$$\big| \overset{(13.38)}{=} \text{（图）} \approx \text{（图）} \overset{(13.38)}{=} \text{（图）} \overset{(13.40)}{\approx} \text{（图）}$$

因此，这两种态（13.45）构成了二维系统的一个基础，因此可以定义一个可逆线性映射 f，使得：

$$\boxed{f} :: \boxed{0} \mapsto \text{（图）} , \quad \boxed{1} \mapsto \text{（图）}$$

如果我们另外让：

$$\boxed{g} := \text{（图）} \boxed{f}$$

780

那么通过插入○-ONB 效应，很容易得到：

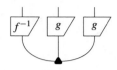

的确给出了 W 态。   □

结论是：我们再次发现"可分离"和"不可分离"之间的差异性起着至关重要的作用，并着重强调了三个量子比特上两个 SLOCC-最大态之间的定性差异。

13.3.4 回溯本源：算法

定理 13.44 告诉我们，在三个系统中，实际上只有两种不可分离的量子态，也就是说，对于局域性运算，每个这样的态都等价于这两者中的一个：

通过弯曲一些线，我们可以很容易地说，任何从两个量子比特到一个量子比特的不可分离的线性映射，直到局域性运算，必须等价于：

或者任何一对二的映射必须局部等价于：

由于（反）蜘蛛融合，整个（反）蜘蛛家族是由这些三条腿的蜘蛛决定的：

因此，人们可能希望蜘蛛也可以减少到只有两种情况，最多到一些局域线性映射。事实确实如此   781

定理 13.53 让：

成为满足线性映射的一类：

那么一定会出现这种情况：●对于○或▲是同构的。即存在一些同构（即可逆线性映射）f，使得：

或者

因此，在某种意义上，蜘蛛和反蜘蛛是我们进行量子比特"融合"类运算的**唯一**选择。实际上，即使没有整个蜘蛛类这一假设，任何一对映射：

满足：

一定是以下两者中任何一个的同构：

或

但是这两种运算○和▲是什么？它们是做什么的？首先从我们熟悉的○- 蜘蛛开始：看一下它们是如何与相位态相互作用的：

一个相位态"编码"一个复数 $e^{i\alpha}$，当一对相位态遇到一个○- 蜘蛛时，这些数字会相乘：

$$\begin{pmatrix} 1 \\ e^{i\alpha} \end{pmatrix} \star \begin{pmatrix} 1 \\ e^{i\beta} \end{pmatrix} = \begin{pmatrix} 1 \\ e^{i(\alpha+\beta)} \end{pmatrix} = \begin{pmatrix} 1 \\ e^{i\alpha} \cdot e^{i\beta} \end{pmatrix}$$

实际上，正如我们在 8.2.2.4 节中所看到的那样，如果用任意复数替换 $e^{i\alpha}$ 形式的复数，这仍然适用：

$$\begin{pmatrix} 1 \\ \lambda \end{pmatrix} \star \begin{pmatrix} 1 \\ \lambda' \end{pmatrix} = \begin{pmatrix} 1 \\ \lambda \cdot \lambda' \end{pmatrix}$$

也就是说，通过让：

我们有：

由于这些"广义相位"形成了一个基，这就完全描述了○和量子比特匹配的特性。因此：

> **量子比特蜘蛛相当于乘法。**

如果我们把这些相同的广义相位态带入▲匹配，就会发生一些意想不到的情况：

因此：

> **量子比特反蜘蛛相当于加法。**

现在，如果你有两个数字，并且想将其合成一个数字，通常最先想到的就是进行加法和乘法。但是，当涉及量子比特时，这是我们唯一的选择！

从这里，我们可以开始进行一个类似于 ZX-演算的游戏，并开始寻找一系列控制○- 蜘蛛与▲- 反蜘蛛交互的图形规则。例如，通过让：

我们得到广义的相位门。然后，我们可以用一个复制规则：

来得到"乘法分配律"：

就像我们熟知的下面的这个例子：

$$\lambda \cdot (\mu + \mu') = \lambda \cdot \mu + \lambda \cdot \mu'$$

仅仅是使用○/▲，和 π 相位一起：

我们得到了一种对于整型矩阵线性映射的通用语言，即过程理论**矩阵**（$\mathbb{Z}$）$\subseteq$**线性映射**。甚至得到这个理论的图形微积分。这是什么呢？我们需要为描绘更多的量子过程留一些悬念，不是吗？！

13.4　本章小结

1）资源理论是一种过程理论，其中类型称为资源，而过程称为资源转换。其中的想法包括某些类型的资源（例如态）比其他的更有价值，例如纠缠态比可分离态更有意义：

给定任意一种过程理论 P（例如**量子过程**）和自由过程 F 的子理论，就会产生一种资源理论 P／F，其：

- 类型是 P 的态。

- 从一种 ρ 类型到另一种 ρ' 类型的过程就是 F 中可以将 ρ 转换成 ρ' 的 Φ：

2）对于资源理论 R，资源 A 可以转换为资源 B：

$$A \succeq B$$

当且仅当 R 中存在实现此转换的过程：

对于任何资源理论，用 R 表示资源：

$$(R, \succeq, \otimes)$$

形成一个前序幺半群，例如一个前序 $(R, \succeq)$：

$$A_1 \succeq B_1 \quad \text{且} \quad A_2 \succeq B_2 \quad \Longrightarrow \quad A_1 \otimes A_2 \succeq B_1 \otimes B_2$$

3）资源理论的加性测量是一个函数：

$$M : (R, \succeq, \otimes) \to (\mathbb{R}_{\geqslant 0}, \leqslant, +)$$

会保留前序幺半群的结构，并且最大测量也是一个保留前序幺半群结构的函数：

$$M : (R, \succeq, \otimes) \to (\mathbb{R}_{\geqslant 0}, \leqslant, \mathsf{max})$$

4）幺正量子映射是满足以下条件的因果量子映射 Φ：

$$\boxed{\begin{array}{c}\Phi\\ \frac{1}{D}\end{array}} = \frac{1}{D} \;\bot$$

785

资源理论的**纯度**来自**量子映射**，通过将幺正量子映射作为自由过程：

纯度 := 因果量子态 / 幺正量子映射

纯度的转换关系表示如下：

$$\nabla_{\rho} \;\succeq\; \nabla_{\rho'} \quad\Longleftrightarrow\quad \mathrm{spec}(\rho) \succeq \mathrm{spec}(\rho')$$

其中第二个 $\succeq$ 是优化前序：

$$\left\{\begin{array}{rcl} p^1 &\geqslant& q^1 \\ p^1 + p^2 &\geqslant& q^1 + q^2 \\ &\vdots& \\ p^1 + \cdots + p^n &\geqslant& q^1 + \cdots + q^n \end{array}\right.$$

并且假定 p^i 是依次递减的。冯·诺依曼熵：

$$S\left(\nabla_{\rho}\right) := -\sum_i p^i \log_D(p^i)$$

给出了（非）纯度的加性测量，即：

$$\nabla_{\rho} \;\succeq\; \nabla_{\rho'} \quad\Longrightarrow\quad S\left(\nabla_{\rho}\right) \leqslant S\left(\nabla_{\rho'}\right)$$

5）LOCC-运算（局域运算和经典通信）的子理论 locc^2 由以下形式的量子过程组成：

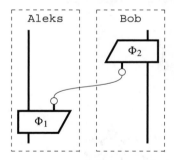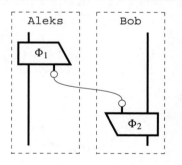

（13.46）

于是：

LOCC 纠缠^2 := 纯量子态^2/locc^2

786

LOCC 纠缠^2 的转换关系表示如下：

$$\nabla_{\widehat{\psi}} \;\succeq\; \nabla_{\widehat{\psi'}} \quad\Longleftrightarrow\quad \mathrm{spec}\left(\nabla_{\widehat{\psi'}}\right) \succeq \mathrm{spec}\left(\nabla_{\widehat{\psi}}\right)$$

其中第二个 $\succeq$ 也是优化前序：

6）SLOCC-运算的子理论 slocc^2（随机局域运算和经典通信）由式（13.46）形式的（可能是非因果的）cq-映射组成。于是：

SLOCC 纠缠^2 := 纯量子态^2/slocc^2

SLOCC-可转换性也可以通过可分离的纯量子映射来实现：

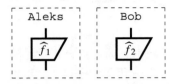

即，不需要经典通信。对于两个量子比特，只有两个 SLOCC-等效类：

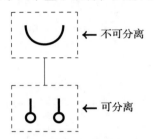

←不可分离

←可分离

但是对于三量子比特来说，故事就变得更为有趣了：

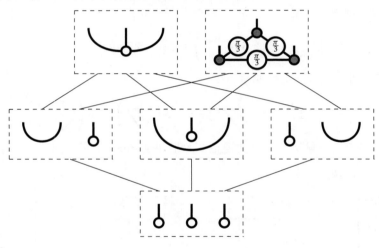

787

7）这些态：

是 GHZ 态和 W 态。对于 $\mathbb{C}^2$ 上的任何蜘蛛类，相关联的三态始终与 GHZ 态等效。另一方面，对于任何反蜘蛛类，只要有一根线，它们就会发生融合：

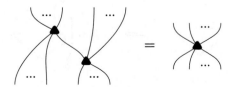

但是当出现两根线时就会发生爆炸：

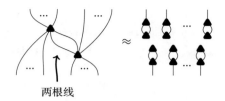

两根线

相关联的三态：

是 W 态的 SLOCC- 等效。

8）蜘蛛和反蜘蛛是类蜘蛛族中在 $\mathbb{C}^2$ 线性映射上的仅有的两种可能表示，它们分别对应于"加"和"乘"：

13.5　历史回顾与参考文献

我们采用的资源理论的概念主要起源于量子信息领域。过程理论的系统阐述是由 Coecke et al.（2014）提出的。自由过程的概念首先由 Horodecki et al.（2002）提出。到目前为止，已经出现了许多资源理论，例如：纠缠（Horodecki et al.，2009）、对称性（Gour and Spekkens，2008；Marvian and Spekkens，2013）、纯度（Horodecki et al.，2003）、非平衡（Gour et al.，2013）和无热性（Brandão et al.，2013）。本文中详细介绍的理论系统的架构主要来源于 Fong and Nava-Kopp（2015）和 Fritz（2015）的相关工作。由于资源理论目前正在蓬勃发展，当你阅读本书时，将会有更多其他相关的论文已经发表。

Chiribella and Scandolo（2015）也进行了类似的分析，但分析是在操作概率理论的框架内进行的（广义概率理论和过程理论的混合体）。在那篇论文中，这里介绍的结果被称为热力学定理。同样，我们的引理 13.29 被认为是一个公理，被称为局域可交换性公理。

冯·诺依曼（1927）已经讨论了熵与混合量子态的关系，这实际上比香农（Shannon）发表的开创了信息论领域的关于熵的文章（Shannon，1948）还要早很多。

优化前序可以追溯到罗伯特·富兰克林·缪尔黑德的文献（Robert Franklin Muirhead，1903），他在数学领域做出了许多重要贡献，但从未担任过教职。定理 13.25 来源于 Alberti and Uhlmann（1982）的文献。幺正变换的混合会产生一个幺正的量子映射，这一理论来源于 Birkhoff 定理的一个方向的推广，该定理指出，排列的混合和双随机映射是一样的。命题 13.30 取自 Lo and Popescu（2001）的文献，定理 13.35 取自 Nielsen（1999）的文献。

三个量子比特的 SLOCC- 分类来自 Dür et al.（2000）的文献。从四个量子比特开始，将出现一个无限的 SLOCC 类集合。尽管如此，我们仍然可以识别有限的许多参数化的"超类"（Verstraete et al.，2002；Lamata et al.，2007）。ZX-演算中 W 态取自 Coecke and Edwards（2010）的文献。

Coecke and Kissinger（2010）引入了 W 态作为反蜘蛛的方法，以及蜘蛛和反蜘蛛的相互作用。Herrmann（2010）和 Kissinger（2012a）对此进行了进一步的阐述。这些思想在三态上的扩展可以在 Honda（2012）的文献中找到。Coecke et al.（2010b）等人率先将蜘蛛（又称 GHZ 态）和反蜘蛛（又称 W 态）编码为"乘"和"加"。相应微积分的完备工作则主要由 Hadzihasanovic（2015）完成。

788

789

Quantomatic

值得学习的程序员的三大美德：懒惰、急躁和自负。

——Larry Wall, *Programming Perl*，第 1 版

到目前为止，我们已经通过数百页的文字和超过 3000 个图形讲解了目前已知的关于量子理论和图形推理的所有知识点。那么接下来要学习什么呢？当然是到了盖住黑板并画出图形的阶段了。

但是更好的是，如果别人在你坐下来、放松和喝啤酒的时候为你做了所有图形证明，那怎么样？那样简直太好了！我们使用的图形基本上由有限数量的元素（即蜘蛛）组成，这就意味着它们特别适合于自动推理。在人工智能的这一子领域，开发了一种软件，该软件可使计算机完成人类数学家能做的所有事情：从简单地检查数学证明的正确性到自动搜索新的证明，甚至是新的有趣的猜想，然后尝试自动证明。

过去，自动推理通常涉及传统的、基于形式逻辑和基于集合的代数结构的公式型数学，并且该方法非常成功。它为我们提供了被称为证明助手的工具，并且使我们能够自动构造一些匠心独具结果的证明，例如哥德尔的不完全性定理，并严格检查对于人类数学家来说太大而无法完全得到其正确性的证明，像开普勒猜想、四色定理和费特 – 汤普森定理（分别是几何、图论和群论中的著名证明）。

除了充当"机器人教学助手"（不懈地检查人类数学家的工作）这一基本工作之外，自动推理技术还可以通过综合推断告诉我们一些新东西。就像人类数学家会通过"尝试性点触"（即对它的行为进行有根据的猜测并尝试证明它们）发现一些新的数学理论的特征和性能一样，这就存在一些可以高速实现的自动化技术。当它成功得到证明时，这便是一个新的定理，这个定理会是人类从未见过，甚至从未想过要问的问题。

事实上，如果你不知道圣诞节该给某人买什么，你可以在 theorymine.co.uk 网上买到这样的定理（并以那个特别的人的名字命名）。

"好吧，好吧，"你会说，"但这与图形有什么关系？"在本章中，我们将讨论自动推理是如何被纳入图形领域，并可以通过一个被称为 Quantomatic 的图形证明助手，来用于解决本书中所研究的所有内容。该工具允许创建一个字符串图和字符串图方程，然后应用这些方程来证明定理。这可以按照本书中所演示的那种逐步进行的方式完成，也可以通过证明策略以自动方式完成。这样，我们可以轻松处理那些太复杂而无法手算的字符串图和图的证明。由于它们可以转化为完全自动化图形证明的策略，因此可以看到一些很有用的定理开始发挥重大作用，例如 9.4.5 节中的 ZX- 演算的完备性定理。

图形特别适合综合推断，因为我们经常会收集一些我们感兴趣的基本"生成器"（例如蜘蛛），并希望发现它们的图形演算。在本章的最后，我们将讨论综合推断如何在 Quantomatic 中工作，并探讨在自动发现有关物理理论的新定理方面取得的进展。

14.1　Quantomatic 速览

　　现在，我们来介绍一下如何使用 Quantomatic 以及它可以执行的计算类型。我们将避免涉及过多的细节，因为随着技术的发展和更新，很多细节都将会被更新换代。当然，你能做的最好的事情就是从 quantomatic.github.io 下载最新版本，然后自己逐步操作。在网站上，你还将找到一些例子和教程。

　　考虑到图形的大小，MBQC 计算是自动化的一个很好的选项。以这个计算为例：

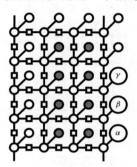

它在 Quantomatic 中：

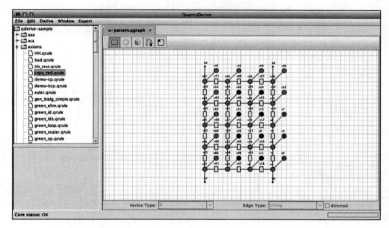

现在，让我们看一下通过推导得到的简化：

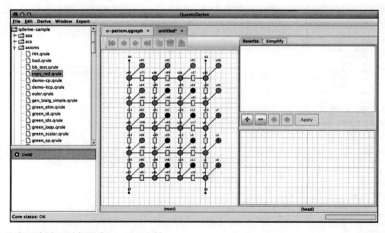

我们添加了一些规则并开始进行一些重构：

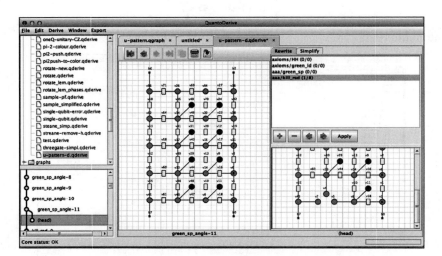

继续重构：

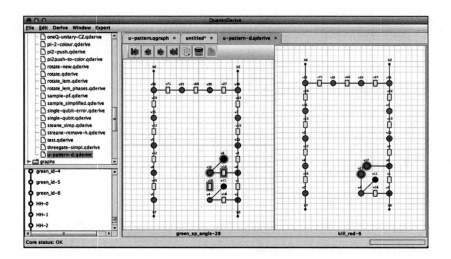

……继续：

……成功在即：

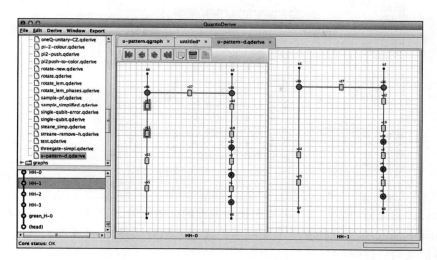

……大功告成：

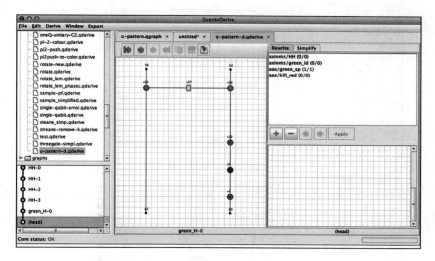

经过 50 多步后，最终得到了相位门和 CZ 门：

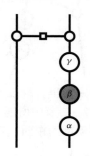

哇，这看起来非常复杂！但是实际上，在 Quantomatic 中只花了大约 15 分钟。但是，我们
更希望能在 15 秒内完成此操作，因此让我们切换到简化器：

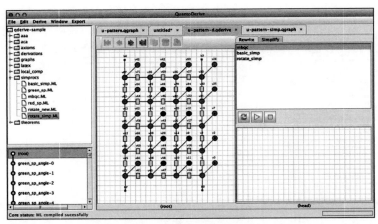

Quantomatic 的简化器可以使用一种或多种可编程的证明策略进行自动重构。这些小程序可以告诉 Quantomatic 如何选择下一个要应用的规则。我们选择 mbqc 策略，然后单击▷。大约 15 秒钟后我们会得到：

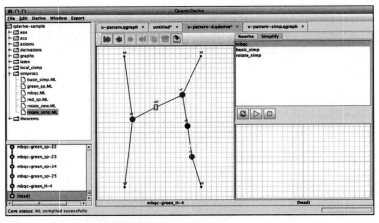

这正是我们所期望的，以一些额外的蜘蛛融合为模：

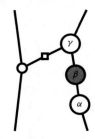

尽管有很多步骤，但此计算确实非常简单。经过一点点蜘蛛融合之后，剩下要做的就是消除来自 Z 测量的 ●- 蜘蛛（如我们在 12.3.2 节中所述），并使用变色规则消除其余的 H 门。

因此，我们可以尝试一些来自线路模型的东西。现在有三个 CNOT 门约等于互换：

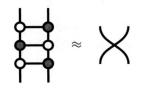

但是 CNOT 门的这种更为复杂的配置该如何处理?

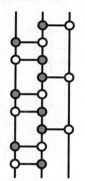

当然，我们可以开始做一些蜘蛛融合，或者使用强大的互补性来摆脱这四个周期，但是即使这样做了，对于下一步该怎么做依然没有一个清晰的构图。因此，让我们使用 Quantomatic 的简化器来处理这个问题：

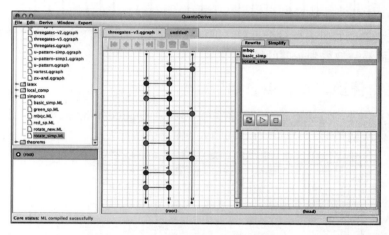

这次，我们选择 rotate_simp，这是一种可以将任何没有相位的 ZX-图形简化为标准形式的证明策略：

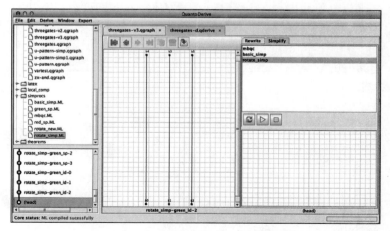

796

因此，这实际上就是一个等式。要想了解 Quantomatic 是如何做到这一点的，我们可以导出简化器处理中的证明过程：

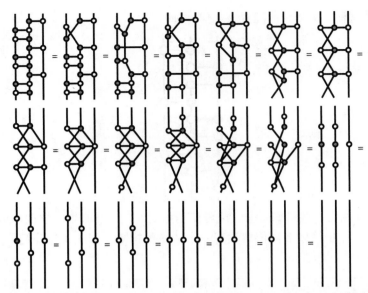

尽管我们不太清楚该如何进行整个过程，但使用 Quantomatic 可以很快将其简化为等式。而我们就可以轻而易举地得到想要的结果！

14.2 !-框：替换"点，点，点"

到目前为止，我们愉快地避开了一件事，那就是 Quantomatic 的规则是什么。简单的规则基本上就是你所期望的：一对具有相同输入 / 输出的图形。

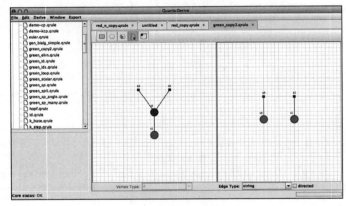

797

但是看一下 ZX-演算：

四个规则中的三个规则实际上是一个完整的系列，正如左侧和右侧中"…"的使用所证明的那样。当我们给出这样的规则时，实际上隐藏了一个必须的条件，即正在阅读它的必须是会思考的人类，因此，要么我们要表达的意思很明显，要么我们可以很容易地用文字来解释它。

显然，这对于 Quantomatic 来说是行不通的，因此我们需要以一种机器可以理解的方式来将"点，点，点"的概念规范化。为了解其工作原理，让我们从一个稍微简单的"…"规则开始，即 n 倍复制规则：

左侧和右侧都有一些被复制了 n 次的子图。在左侧，这个子图只包含一条输出线：

每个副本都连接到相同的○- 蜘蛛，而右侧包含整个●- 蜘蛛的 n 个副本，并具有一个输出：

我们可以通过将图的一部分包含在 !- 框中来表示这种重复：

（也叫"砰框"）。带有 !-框的图被理解为，通过在 !-框中复制 n 次并将所有进出 !-框的线均保留下来，可得到的一系列图：

因此，带有 !-框的图之间的等式给出了一系列图的等式，其中左侧的每个 !-框和其在右侧的相应 !-框均被复制了 n 次。

这种 !-框在 Quantomatic 中的规则如下所示：

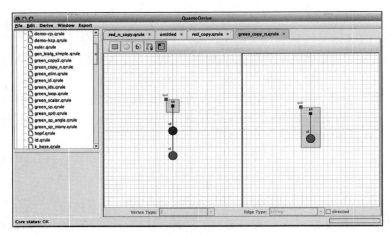

可以被用于产生，如：

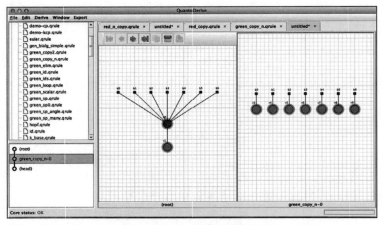

799

通过使用 !-框规则，我们可以在 Quantomatic 中将 ZX-演算表示成如下所示：

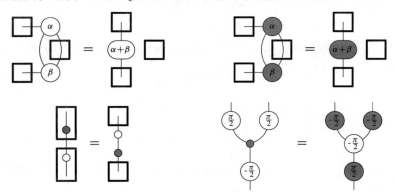

值得注意的是，完全普遍的强互补规则，虽然很难用语言来描述，但用 !-框可以很容易地写出来。

14.3　合成物理理论

　　一台机器能否提出物理学相关的有趣的新定理？更具体地说，它能否将一个图形理论的成分（例如蜘蛛或反蜘蛛）结合起来，自动发现它们是如何相互作用的？这就是

Quantomatic 的下一个特征，即综合推断。

它不是从一组固定的图重写规则开始，然后尝试推导出新的规则，而是从一个具体的模型开始，并尝试发现应该遵循哪些规则。换句话说，假设我们有一个生成器的集合，例如矩阵：

$$\curlywedge \leftrightarrow \begin{pmatrix} 1 & 0 & 0 & 0 \\ 0 & 0 & 0 & 1 \end{pmatrix} \qquad \circ \leftrightarrow \begin{pmatrix} 1 \\ 1 \end{pmatrix}$$

$$\curlyvee \leftrightarrow \begin{pmatrix} 1 & 0 \\ 0 & 0 \\ 0 & 0 \\ 0 & 1 \end{pmatrix} \qquad \varphi \leftrightarrow \begin{pmatrix} 1 & 1 \end{pmatrix}$$

$$\blacktriangledown \leftrightarrow \begin{pmatrix} 0 & 1 \\ 1 & 0 \\ 1 & 0 \\ 0 & 0 \end{pmatrix} \qquad \spadesuit \leftrightarrow \begin{pmatrix} 0 & 1 \end{pmatrix}$$

$$\blacktriangle \leftrightarrow \begin{pmatrix} 1 & 0 & 0 & 0 \\ 0 & 1 & 1 & 0 \end{pmatrix} \qquad \blacklozenge \leftrightarrow \begin{pmatrix} 1 \\ 0 \end{pmatrix}$$

800

但是我们不知道这些生成器的图之间有什么样的等式。它们是蜘蛛吗？它们满足像强互补性这样的东西吗？还是它们完全是别的什么东西？

人类科学家（比如我们）解决这个问题的方法很简单，就是将这些东西放在一起，看看会出现哪些等式。这个过程完全是基于算法的，所以原则上，机器是可以做到的。而且，机器可以以更快更系统的方式来解决问题。

这就是综合推断的来源。这是一个例程，在使用我们发现的规则来消除冗余并加速搜索新的、有趣的规则的同时，有效地将图枚举到某个给定的大小。设置一个生成器列表（以下称为 gens）后，该例程在 Quantomatic 中将以如下方式调用：

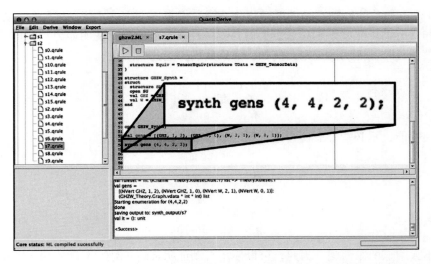

最多进行大小（4，4，2，2）的合成，也就是说，它后面生成的规则将会最多包含四个生成器，这些生成器之间有四根线，两个输入和两个输出。使用这些参数，它发现了约 170 条规则。其中有很多关于蜘蛛融合的版本，如正在爆炸的反蜘蛛（在这里以黑色显示）：

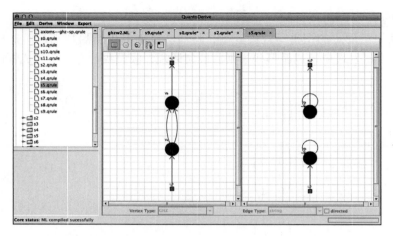

在顶部还有一个 GHZ-蜘蛛的进化体：

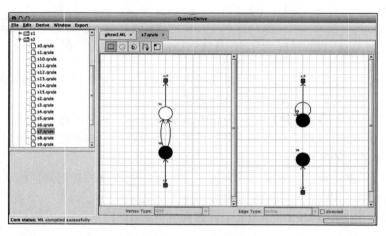

801

当然，170 个不相关的规则不是图形微积分。当我们尝试发现这些规则之间的关系时，事情开始变得非常有趣。哪些规则是最重要的？哪一种具有最大的"证明能力"？搜索程序旨在消除那些"明显"被证明的规则，例如，如果我们知道这个规则：

$$ \underset{\blacktriangledown}{\bigvee} = \overset{|}{\blacktriangledown} \quad \overset{|}{\blacktriangledown} $$

综合推断很智能，不必费心去检查这条规则是否成立：

$$ \bigcirc = \bigwedge $$

但是那些不太明显的东西呢？为此，可以使用自动证明策略（例如我们在 14.1 节中描述的策略）来尝试建立规则之间的依赖关系，即可以使用其他规则证明的图。例如，ZX-演算将提供以下内容：

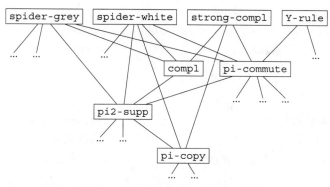

802

从中可以很快发现这个理论中最有趣的基本规则和非凡的定理。

这是一项正在进行的工作，关于如何使该程序有效的许多方面仍不清楚。当然，最有意义的是发现那些有趣的定理，而不是它们是如何被发现的。当然，这也有不好的一面，那就是会让我们这些人类科学家失去工作！

14.4　历史回顾与参考文献

Dixon and Kissinger（2013）提出了 Quantomatic Kissinger and Zamdzhiev（2015）的文献背后的理论，其基础是 Dixon and Duncan（2010）以及 Dixon et al.（2010）的早期结果。!- 框最初是在 Dixon and Duncan（2009）的工作中提出的，并由 Kissinger et al.（2014）正式提出。

斯坦福 LCF 是最早的交互式定理证明之一，它由 Robin Milner（1972）提出，并以 Dana Scott（1993）的可计算函数逻辑命名。随后爱丁堡 LCF（Gordon et al.，1979）将其继续发展，它提出了由各种（半）自动化"战术"驱动的核心逻辑"内核"的 LCF 范式。其简短的发展历史可以在 Gordon（2000）的文献中找到。采用该范式的其他著名的证明是 Isabelle（Paulson et al.，1986）和 Coq（Coqand et al.，1984）。后者最近由于在同伦类型理论中的应用和数学的单价基础而受到了广泛关注（Shulman et al.，2013）。

近年来，一些大型的证明在定理证明者中得到了充分的形式化。Hales et al.（2015）领导的 FlysPecK 项目成功地给出了开普勒猜想的形式证明。Gonthier（2008）给出了四色定理的形式证明，Gonthier et al.（2013）给出了费特 – 汤普森定理的形式证明。

Kissinger（2012b）根据 Johansson et al.（2011）介绍的技术提出了一种综合图形理论的方法。后者已被用来（在其他方面！）自动证明一些类似路边拾贝的小定理（Bundy 等）。

14.1 节中的第二个例子等价于 Selinger（2015）的文献中的规则（C14），这是用于为 Clifford 线路构造完整微积分的 15 条规则之一。

803

符 号 说 明

以下是本书中常见的符号。

常用符号

- $X := Y$ 表示 X 被定义为（或者被解释为）Y
- $x \leftrightarrow y$ 表示 X 与 Y 相对应
- $x \Leftrightarrow y$ 表示 Y 是 X 的充要条件
- LHS 表示左侧
- RHS 表示右侧
- $\exists$ 表示存在
- $\forall$ 表示全部
- $\checkmark$ 表示可以
- ☠ 表示不可以

关于集合的符号

- $\emptyset$ 表示空集
- $\mathbb{R}$ 表示实数集
- $\mathbb{R}^+$ 表示正实数集
- $[0,1]$ 表示 0 到 1 之间（含）的一组实数
- $x \in X$ 表示 x 是 X 中的一个元素
- $X \subseteq Y$ 表示 X 是 Y 的一个子集
- $X-Y$ 表示 X 中所有不在 Y 中的元素的集合
- $X \cong Y$ 表示 X 和 Y 是同构的

- $\{X|Y\}$ 表示使 Y 成立的所有 X 的集合

关于函数和关系

- $x \mapsto y$ 表示 x 映射到 y
- $f : X \rightarrow Y$ 表示 f 是从集合 X 到集合 Y 的函数
- $f :: x \mapsto y$ 表示 f 是将 x 映射到 y 的函数或关系
- $f :: \begin{cases} x_1 \mapsto y_1 \\ x_2 \mapsto y_2 \\ \vdots \\ x_n \mapsto y_n \end{cases}$ 表示函数（或关系）f 将 x_i 映射到 y_i, $i=1, \cdots, n$
- $R :: \begin{cases} x_1 \mapsto Y_1 \\ x_2 \mapsto Y_2 \\ \vdots \\ x_n \mapsto Y_n \end{cases}$ 表示关系 R 将 x_i 映射到所有的 $y_i \in Y_i$, $i=1, \cdots, n$
- $f(a)$ 表示函数（或关系）f 映射到的那些元素

关于图形

- 表示空图

- 0 表示任意零图

参 考 文 献

Abramsky, S. 2010. No-cloning in categorical quantum mechanics. Pages 1–28 of: Gay, S., and Mackie, I. (eds), *Semantic Techniques in Quantum Computation*. Cambridge University Press. Arxiv preprint arXiv:0910.2401.

Abramsky, S., and Coecke, B. 2004. A categorical semantics of quantum protocols. Pages 415–425 of: *Proceedings of the 19th Annual IEEE Symposium on Logic in Computer Science (LICS)*. arXiv:quant-ph/0402130.

Abramsky, S., and Coecke, B. 2005. Abstract physical traces. *Theory and Applications of Categories*, **14**(6), 111–124. arXiv:0910.3144.

Abramsky, S., and Heunen, C. 2012. Operational theories and categorical quantum mechanics. In: *Logic and Algebraic Structures in Quantum Computing*. Cambridge University Press. arXiv:1206.0921.

Abramsky, S., and Jagadeesan, R. 1994. New foundations for the geometry of interaction. *Information and Computation*, **111**, 53–119.

Abramsky, S., and Tzevelekos, N. 2011. Introduction to categories and categorical logic. Pages 3–94 of: Coecke, B. (ed), *New Structures for Physics*. Lecture Notes in Physics. Springer-Verlag.

Alberti, P. M., and Uhlmann, A. 1982. *Stochasticity and Partial Order*. Mathematics and Its Applications, vol. 9. Reidel.

Ambainis, A. 2010. *New developments in quantum algorithms*. arXiv:1006.4014.

Aspect, A., Grangier, P., and Roger, G. 1981. Experimental tests of realistic local theories via Bell's theorem. *Physical Review Letters*, **47**(7), 460.

Aspect, A., Dalibard, J., and Roger, G. 1982. Experimental test of Bell's inequalities using time-varying analyzers. *Physical Review Letters*, **49**(25), 1804.

Awodey, S. 2010. *Category Theory*. Oxford University Press.

Backens, M. 2014a. The ZX-calculus is complete for the single-qubit Clifford+T group. Pages 293–303 of: Coecke, B., Hasuo, I. and Panangaden, P. (eds), *Proceedings of the 11th Workshop on Quantum Physics and Logic*. Electronic Proceedings in Theoretical Computer Science, vol. 172. Open Publishing Association.

Backens, M. 2014b. *The ZX-calculus is complete for the single-qubit Clifford+T group*. arXiv:1412.8553.

Backens, M., and Nabi Duman, A. 2015. A complete graphical calculus for Spekkens' toy bit theory. *Foundations of Physics*. arXiv:1411.1618.

Backens, M., Perdrix, S., and Wang, Q. 2016. A simplified stabilizer ZX-calculus. In: *Proceedings of the 13th International Conference on Quantum Physics and Logic*. arXiv:1602.04744.

Baez, J. C. 1993–2010. *This week's finds in mathematical physics*. math.ucr.edu/home/baez/TWF.html.

Baez, J. C. 2006. Quantum quandaries: a category-theoretic perspective. Pages 240–266 of: Rickles, D., French, S., and Saatsi, J.T. (eds), *The Structural Foundations of Quantum Gravity*. Oxford University Press. arXiv:quant-ph/0404040.

Baez, J. C., and Dolan, J. 1995. Higher-dimensional algebra and topological quantum field theory. *Journal of Mathematical Physics*, **36**, 6073. arXiv:q-alg/9503002.

Baez, J. C., and Erbele, J. *Categories in control*. arXiv:1405.6881.

Baez, J. C., and Fong, B. 2015. A compositional framework for passive linear networks. *arXiv:1504.05625*.

Baez, J. C., and Lauda, A. 2011. A prehistory of n-categorical physics. Pages 13–128 of: Halvorson, H. (ed), *Deep Beauty: Understanding the Quantum World through Mathematical Innovation*. Cambridge University Press.

Baez, J. C., and Stay, M. 2011. Physics, topology, logic and computation: a Rosetta Stone. Pages 95–172 of: Coecke, B. (ed), *New Structures for Physics*. Lecture Notes in Physics. Springer.

Balkir, E., Sadrzadeh, M., and Coecke, B. 2016. *Distributional Sentence Entailment Using Density Matrices*. Cham: Springer International Publishing. Pages 1–22.

Ballance, C. J., Harty, T. P., Linke, N. M., Sepiol, M. A., and Lucas, D. M. 2016. High-Fidelity Quantum Logic Gates Using Trapped-Ion Hyperfine Qubits. *Physical Review Letters*, **117**(6), 060504.

Baltag, A., and Smets, S. 2005. Complete axiomatizations for quantum actions. *International Journal of Theoretical Physics*, **44**, 2267–2282.

Bankova, D., Coecke, B., Lewis, M., and Marsden, D. 2016. Graded entailment for compositional distributional semantics. In: *Proceedings of the 13th International Conference on Quantum Physics and Logic*. arXiv:1601.04908.

Barenco, A., Bennett, C. H., Cleve, R., DiVincenzo, D. P., Margolus, N., Shor, P. W., Sleator, T., Smolin, J. A., and Weinfurter, H. 1995. Elementary gates for quantum computation. *Physical Review A*, **52**, 3457–3467.

Barnum, H., Caves, C. M., Fuchs, C. A., Jozsa, R., and Schumacher, B. 1996. Noncommuting mixed states cannot be broadcast. *Physical Review Letters*, **76**, 2818.

Barnum, H., Barrett, J., Leifer, M., and Wilce, A. 2007. A generalized no-broadcasting theorem. *Physical Review Letters*, **99**(24), 240501.

Barr, M., and Wells, C. 1990. *Category Theory for Computing Science*. New York: Prentice Hall.

Barrett, J. 2007. Information processing in generalized probabilistic theories. *Physical Review A*, **75**, 032304.

Belinfante, F. J. 1973. *Survey of Hidden-Variables Theories*. Pergamon Press.

Bell, J. S. 1964. On the Einstein–Podolsky–Rosen paradox. *Physics*, **1**(3), 195–200.

Benabou, J. 1963. Categories avec multiplication. *Comptes Rendus des Séances de l'Académie des Sciences. Paris*, **256**, 1887–1890.

Benioff, P. 1980. The computer as a physical system: a microscopic quantum mechanical Hamiltonian model of computers as represented by Turing machines. *Journal of Statistical Physics*, **22**, 563–591.

Bennett, C. H., and Brassard, G. 1984. Quantum cryptography: public key distribution and coin tossing. Pages 175–179 of: *Proceedings of IEEE International Conference on Computers, Systems and Signal Processing*. IEEE.

Bennett, C. H., and Wiesner, S. 1992. Communication via one- and two-particle operators on Einstein–Podolsky–Rosen states. *Physical Review Letters*, **69**, 2881–2884.

Bennett, C. H., Brassard, G., Crepeau, C., Jozsa, R., Peres, A., and Wootters, W. K. 1993. Teleporting an unknown quantum state via dual classical and Einstein–Podolsky–Rosen channels. *Physical Review Letters*, **70**(13), 1895–1899.

Birkhoff, G., and von Neumann, J. 1936. The logic of quantum mechanics. *Annals of Mathematics*, **37**, 823–843.

Bloch, F. 1946. Nuclear induction. *Physical Review*, **70**, 460–474.

Blute, R. F., Ivanov, I. T., and Panangaden, P. 2003. Discrete quantum causal dynamics. *International Journal of Theoretical Physics*, **42**(9), 2025–2041.

Bohm, D. 1952a. A suggested interpretation of the quantum theory in terms of 'hidden' variables. I. *Physical Review*, **85**(2), 166.

Bohm, D. 1952b. A suggested interpretation of the quantum theory in terms of 'hidden' variables. II. *Physical Review*, **85**(2), 180.

Bohm, D. 1986. Time, the implicate order and pre-space. Pages 172–208 of: Griffin, D. R. (ed), *Physics and the Ultimate Significance of Time*. SUNY Press.

Bohm, D., and Peat, F. D. 1987. *Science, Order, and Creativity*. Routledge.

Bohr, N. 1931. *Atomtheorie und Naturbeschreibung*. Springer.

Bohr, N. 1935. Quantum mechanics and physical reality. *Nature*, **136**, 65.

Bohr, N. 1961. *Atomic Physics and Human Knowledge*. Science Editions.

Boixo, S., and Heunen, C. 2012. Entangled and sequential quantum protocols with dephasing. *Physical Review Letters*, **108**, 120402. arXiv:1108.3569.

Bonchi, F., Sobocinski, P., and Zanasi, F. 2014a. A categorical semantics of signal flow graphs. Pages 435–450 of: *CONCUR'14: Concurrency Theory*. Lecture Notes in Computer Science, vol. 8704. Springer.

Bonchi, F., Sobocinski, P., and Zanasi, F. 2014b. Interacting bialgebras are Frobenius. Pages 351–365 of: *17th International Conference on Foundations of Software Science and Computation Structures (FOSSACS)*.

Borceux, F. 1994a. *Handbook of Categorical Algebra: Basic Category Theory*. Cambridge University Press.

Borceux, F. 1994b. *Handbook of Categorical Algebra: Categories and Structures*. Cambridge University Press.

Born, M. 1926. Quantenmechanik der stoßvorgänge. *Zeitschrift für Physik*, **38**(11–12), 803–827.

Born, M., and Jordan, P. 1925. Zur Quantenmechanik. *Zeitschrift für Physik*, **34**, 858–888.

Bourbaki, N. 1959–2004. *Éléments de mathématique*. CCLS & Editions Masson.

Bourbaki, N. 1981. *Espaces vectoriels topologiques*. Springer.

Bourbaki, N. 1987. *Topological Vector Spaces*. Springer.

Bouwmeester, D., Pan, J.-W., Mattle, K., Eibl, M., Weinfurter, H., and Zeilinger, A. 1997. Experimental quantum teleportation. *Nature*, **390**(6660), 575–579.

Brandão, F. G. S. L., Horodecki, M., Oppenheim, J., Renes, J. M., and Spekkens, R. W. 2013. The resource theory of quantum states out of thermal equilibrium. *Physical Review Letters*, **111**, 250404.

Brauer, R., and Nesbitt, C. 1937. On the regular representations of algebras. *Proceedings of the National Academy of Sciences of the United States of America*, **23**(4), 236.

Bub, J. 1999. *Interpreting the Quantum World*. Cambridge University Press.

Buchsbaum, D. 1955. Exact categories and duality. *Transactions of the American Mathematical Society*, **80**, 1–34.

Bundy, A., Cavallo, F., Dixon, L., Johansson, M., and McCasland, R. N.d. 2015. The theory behind TheoryMine. *IEEE Intelligent Systems*, **30**(4), 64–69.

Carboni, A., and Walters, R. F. C. 1987. Cartesian bicategories I. *Journal of Pure and Applied Algebra*, **49**, 11–32.

Carroll, L. 1942. *Alice in Wonderland*. Pelangi Publishing Group Bhd.

Chiribella, G. 2014. *Distinguishability and copiability of programs in general process theories*. arXiv:1411.3035.

Chiribella, G., and Scandolo, C. M. 2015. Entanglement and thermodynamics in general probabilistic theories. *New Journal of Physics*, **17**, 103027.

Chiribella, G., D'Ariano, G. M., and Perinotti, P. 2010. Probabilistic theories with purification. *Physical Review A*, **81**(6), 062348.

Chiribella, G., D'Ariano, G. M., and Perinotti, P. 2011. Informational derivation of quantum theory. *Physical Review A*, **84**(1), 012311.

Choi, M.-D. 1975. Completely positive linear maps on complex matrices. *Linear Algebra and Its Applications*, **10**, 285–290.

Clark, S., Coecke, B., Grefenstette, E., Pulman, S., and Sadrzadeh, M. 2014. A quantum teleportation inspired algorithm produces sentence meaning from word meaning and grammatical structure. *Malaysian Journal of Mathematical Sciences*, **8**, 15–25. arXiv:1305.0556.

Clifton, R., Bub, J., and Halvorson, H. 2003. Characterizing quantum theory in terms of information-theoretic constraints. *Foundations of Physics*, **33**, 1561–1591.

Coecke, B. 2000. Structural characterization of compoundness. *International Journal of Theoretical Physics*, **39**, 585–594.

Coecke, B. 2003. *The logic of entanglement. An invitation*. Tech. rept. RR-03-12. Department of Computer Science, Oxford University.

Coecke, B. 2005. Kindergarten quantum mechanics. Pages 81–98 of: Khrennikov, A. (ed), *Quantum Theory: Reconsiderations of the Foundations III*. AIP Press. arXiv:quant-ph/0510032.

Coecke, B. 2007. De-linearizing linearity: projective quantum axiomatics from strong compact closure. *Electronic Notes in Theoretical Computer Science*, **170**, 49–72. arXiv:quant-ph/0506134.

Coecke, B. 2008. Axiomatic description of mixed states from Selinger's CPM-construction. *Electronic Notes in Theoretical Computer Science*, **210**, 3–13.

Coecke, B. 2009. Quantum picturalism. *Contemporary Physics*, **51**, 59–83. arXiv:0908.1787.

Coecke, B. 2011. A universe of processes and some of its guises. Pages 129–186 of: Halvorson, H. (ed), *Deep Beauty: Understanding the Quantum World through Mathematical Innovation*. Cambridge University Press. arXiv:1009.3786.

Coecke, B. 2013. An alternative Gospel of structure: order, composition, processes. Pages 1–22 of: Heunen, C., Sadrzadeh, M., and Grefenstette, E. (eds), *Quantum Physics and Linguistics: A Compositional, Diagrammatic Discourse*. Oxford University Press. arXiv:1307.4038.

Coecke, B. 2014a. *The Logic of Entanglement*. Cham: Springer International Publishing. Pages 250–267.

Coecke, B. 2014b. *Terminality implies non-signalling*. arXiv:1405.3681.

Coecke, B. 2016. The logic of quantum mechanics – take II. Pages 174–198 of: Chubb, J., Eskandarian, A., and Harizanov, V. (eds), *Logic and Algebraic Structures in Quantum Computing*. Cambridge University Press. arXiv:1204.3458.

Coecke, B., and Duncan, R. 2008. Interacting quantum observables. In: *Proceedings of the 37th International Colloquium on Automata, Languages and Programming (ICALP)*. Lecture Notes in Computer Science.

Coecke, B., and Duncan, R. 2011. Interacting quantum observables: categorical algebra and diagrammatics. *New Journal of Physics*, **13**, 043016. arXiv:quant-ph/09064725.

Coecke, B., and Edwards, B. 2010. Three qubit entanglement within graphical Z/X-calculus. *Electronic Proceedings in Theoretical Computer Science*, **52**, 22–33.

Coecke, B., and Edwards, B. 2011. Toy quantum categories. *Electronic Notes in Theoretical Computer Science*, **270**(1), 29–40. arXiv:0808.1037.

Coecke, B., and Edwards, B. 2012. Spekkens's toy theory as a category of processes. In: Abramsky, S., and Mislove, M. (eds), *Mathematical Foundations of Information Flow*. Proceedings of symposia in applied mathematics. American Mathematical Society. arXiv:1108.1978.

Coecke, B., and Heunen, C. 2011. Pictures of complete positivity in arbitrary dimension. *Quantum Phsyics and Logic, Electronic Proceedings in Theoretical Computer Science*, **95**, 27–35. arXiv:1210.0298.

Coecke, B., and Kissinger, A. 2010. The compositional structure of multipartite quantum entanglement. Pages 297–308 of: *Automata, Languages and Programming*. Lecture Notes in Computer Science. Springer. arXiv:1002.2540.

Coecke, B., and Lal, R. 2013. Causal categories: relativistically interacting processes. *Foundations of Physics*, **43**, 458–501. arXiv:1107.6019.

Coecke, B., and Paquette, É. O. 2008. POVMs and Naimark's theorem without sums. *Electronic Notes in Theoretical Computer Science*, **210**, 15–31. arXiv:quant-ph/0608072.

Coecke, B., and Paquette, É. O. 2011. Categories for the practicing physicist. Pages 167–271 of: Coecke, B. (ed), *New Structures for Physics*. Lecture Notes in Physics. Springer. arXiv:0905.3010.

Coecke, B., and Pavlovic, D. 2007. Quantum measurements without sums. Pages 567–604 of: Chen, G., Kauffman, L., and Lamonaco, S. (eds), *Mathematics of Quantum Computing and Technology*. Taylor and Francis. arXiv:quant-ph/0608035.

Coecke, B., and Perdrix, S. 2010. Environment and classical channels in categorical quantum mechanics. Pages 230–244 of: *Proceedings of the 19th EACSL Annual*

Conference on Computer Science Logic (CSL). Lecture Notes in Computer Science, vol. 6247. Extended version: arXiv:1004.1598.

Coecke, B., and Smets, S. 2004. The Sasaki hook is not a [static] implicative connective but induces a backward [in time] dynamic one that assigns causes. *International Journal of Theoretical Physics*, **43**, 1705–1736.

Coecke, B., and Spekkens, R. W. 2012. Picturing classical and quantum Bayesian inference. *Synthese*, **186**, 651–696. arXiv:1102.2368.

Coecke, B., Moore, D. J., and Wilce, A. 2000. Operational quantum logic: an overview. Pages 1–36 of: Coecke, B., Moore, D. J., and Wilce, A. (eds), *Current Research in Operational Quantum Logic: Algebras, Categories and Languages*. Fundamental Theories of Physics, vol. 111. Springer-Verlag. arXiv:quant-ph/0008019.

Coecke, B., Moore, D. J., and Stubbe, I. 2001. Quantaloids describing causation and propagation of physical properties. *Foundations of Physics Letters*, **14**, 133–146. arXiv:quant-ph/0009100.

Coecke, B., Paquette, É. O., and Perdrix, S. 2008a. Bases in diagrammatic quantum protocols. *Electronic Notes in Theoretical Computer Science*, **218**, 131–152. arXiv:0808.1029.

Coecke, B., Paquette, É. O., and Pavlović, D. 2008b. *Classical and quantum structures*. Tech. rept. RR-08-02. Department of Computer Science, Oxford University.

Coecke, B., Paquette, É. O., and Pavlović, D. 2010a. Classical and quantum structuralism. Pages 29–69 of: Gay, S., and Mackie, I. (eds), *Semantic Techniques in Quantum Computation*. Cambridge University Press. arXiv:0904.1997.

Coecke, B., Kissinger, A., Merry, A., and Roy, S. 2010b. The GHZ/W-calculus contains rational arithmetic. *Electronic Proceedings in Theoretical Computer Science*, **52**, 34–48.

Coecke, B., Sadrzadeh, M., and Clark, S. 2010c. Mathematical foundations for a compositional distributional model of meaning. Pages 345–384 of: van Benthem, J., Moortgat, M., and Buszkowski, W. (eds), *A Festschrift for Jim Lambek*. Linguistic Analysis, vol. 36. arxiv:1003.4394.

Coecke, B., Wang, Q., Wang, B., Wang, Y., and Zhang, Q. 2011a. Graphical calculus for quantum key distribution (extended abstract). *Electronic Notes in Theoretical Computer Science*, **270**(2), 231–249.

Coecke, B., Edwards, B., and Spekkens, R. W. 2011b. Phase groups and the origin of non-locality for qubits. *Electronic Notes in Theoretical Computer Science*, **270**(2), 15–36. arXiv:1003.5005.

Coecke, B., Duncan, R., Kissinger, A., and Wang, Q. 2012. Strong complementarity and non-locality in categorical quantum mechanics. In: *Proceedings of the 27th Annual IEEE Symposium on Logic in Computer Science (LICS)*. arXiv:1203.4988.

Coecke, B., Heunen, C., and Kissinger, A. 2013a. *Categories of quantum and classical channels*. arXiv:1305.3821.

Coecke, B., Heunen, C., and Kissinger, A. 2013b. Compositional quantum logic. Pages 21–36 of: *Computation, Logic, Games, and Quantum Foundations: The Many Facets of Samson Abramsky*. Springer.

Coecke, B., Pavlović, D., and Vicary, J. 2013c. A new description of orthogonal bases. *Mathematical Structures in Computer Science*, **23**, 555–567. arXiv:quant-ph/0810.1037.

Coecke, B., Fritz, T., and Spekkens, R. W. 2016. A mathematical theory of resources. *Information and Computation*.

Coecke, B., Duncan, R., Kissinger, A., and Wang, Q. 2016. Generalised compositional theories and diagrammatic reasoning. In: Chiribella, G., and Spekkens, R. W. (eds), *Quantum Theory: Informational Foundations and Foils*. Fundamental Theories of Physics. Springer. arXiv:1203.4988.

Coqand, T., Heut, G., et al. 1984. *Coq theorem prover*. https://coq.inria.fr/.

Cunningham, O., and Heunen, C. 2015. Axiomatizing complete positivity. Pages 148–157 of: Heunen, C., Selinger, P., and Vicary, J. (eds), *Proceedings of the 12th International Workshop on Quantum Physics and Logic*. Electronic Proceedings in Theoretical Computer Science, vol. 195. Open Publishing Association.

Davies, E. B. 1976. *Quantum Theory of Open Systems*. Academic Press.

Davies, E. B., and Lewis, J. T. 1970. An operational approach to quantum probability. *Communications in Mathematical Physics*, **17**, 239–260.

Deutsch, D. 1985. Quantum theory, the Church–Turing principle and the universal quantum computer. *Proceedings of the Royal Society of London. A. Mathematical and Physical Sciences*, **400**(1818), 97–117.

Deutsch, D. 1989. Quantum computational networks. *Proceedings of the Royal Society of London*, **425**.

Deutsch, D. 1991. Quantum mechanics near closed timelike lines. *Physical Review D*, **44**, 3197.

Deutsch, D., and Jozsa, R. 1992. Rapid solution of problems by quantum computation. *Proceedings of the Royal Society of London. Series A: Mathematical and Physical Sciences*, **439**(1907), 553–558.

Dieks, D. G. B. J. 1982. Communication by EPR devices. *Physics Letters A*, **92**(6), 271–272.

Dijkstra, E. W. 1968. A constructive approach to the problem of program correctness. *BIT Numerical Mathematics*, **8**, 174–186.

Dirac, P. A. M. 1926. On the theory of quantum mechanics. *Proceedings of the Royal Society A*, **112**, 661–677.

Dirac, P. A. M. 1939. A new notation for quantum mechanics. Pages 416–418 of: *Proceedings of the Cambridge Philosophical Society*, vol. 35. Cambridge University Press.

Dixon, L., and Duncan, R. 2009. Graphical reasoning in compact closed categories for quantum computation. *Annals of Mathematics and Artificial Intelligence*, **56**(1), 23–42.

Dixon, L., and Duncan, R. 2010. Extending graphical representations for compact closed categories with applications to symbolic quantum computation. *Intelligent Computer Mathematics*, 77–92.

Dixon, L., and Kissinger, A. 2013. Open-graphs and monoidal theories. *Mathematical Structures in Computer Science*, **23**(2), 308–359.

Dixon, L., Duncan, R., and Kissinger, A. 2010. Open graphs and computational reasoning. Pages 169–180 of: Cooper, S. B., Panangaden, P. and Kashefi, E. (eds), *Proceedings of the Sixth Workshop on Developments in Computational Models: Causality, Computation, and Physics*. Electronic Proceedings in Theoretical Computer Science, vol. 26. Open Publishing Association.

Dixon, L., Duncan, R., Merry, A., Kissinger, A., Soloviev, M., and Zamzhiev, V. 2011. quantomatic. http://quantomatic.github.io.

Duncan, R. 2006. *Types for quantum computation*. DPhil Thesis, Oxford University.

Duncan, R. 2012. *A graphical approach to measurement-based quantum computing*. arXiv:1203.6242.

Duncan, R., and Lucas, M. 2013. Verifying the Steane code with Quantomatic. In: *Proceedings of the 10th International Workshop on Quantum Physics and Logic*. arXiv:1306.4532.

Duncan, R., and Perdrix, S. 2009. Graph states and the necessity of Euler decomposition. *Mathematical Theory and Computational Practice*, 167–177.

Duncan, R., and Perdrix, S. 2010. Rewriting measurement-based quantum computations with generalised flow. Pages 285–296 of: *Proceedings of ICALP*. Lecture Notes in Computer Science. Springer.

Duncan, R., and Perdrix, S. 2013. Pivoting makes the ZX-calculus complete for real stabilizers. In: *Proceedings of the 10th International Workshop on Quantum Physics and Logic*. arXiv:1307.7048.

Dür, W., Vidal, G., and Cirac, J. I. 2000. Three qubits can be entangled in two inequivalent ways. *Physical Review A*, **62**(062314).

Durt, T., Englert, B.-G., Bengtsson, I., and Życzkowski, K. 2010. On mutually unbiased bases. *International Journal of Quantum Information*, **8**, 535–640.

Eckmann, B., and Hilton, P. J. 1962. Group-like structures in general categories. I. Multiplications and comultiplications. *Mathematische Annalen*, **145**(3).

Edwards, B. 2009. *Non-locality in categorical quantum mechanics*. PhD thesis, University of Oxford.

Eilenberg, S., and Mac Lane, S. 1945. General theory of natural equivalences. *Transactions of the American Mathematical Society*, **58**(2), 231.

Einstein, A. 1936. Physics and reality. *Journal of the Franklin Institute*, **221**(3), 349–382.

Einstein, A., Podolsky, B., and Rosen, N. 1935. Can quantum-mechanical description of physical reality be considered complete? *Physical Review*, **47**(10), 777.

Ekert, A. K. 1991. Quantum cryptography based on Bell's theorem. *Physical Review Letters*, **67**(6), 661–663.

Evans, J., Duncan, R., Lang, A., and Panangaden, P. 2009. *Classifying all mutually unbiased bases in Rel*. arXiv:0909.4453.

Everett, H. III. 1957. "Relative state" formulation of quantum mechanics. *Reviews of Modern Physics*, **29**(3), 454.

Faure, C.-A., Moore, D. J., and Piron, C. 1995. Deterministic evolutions and Schrödinger flows. *Helvetica Physica Acta*, **68**(2), 150–157.

Fauser, B. 2013. Some graphical aspects of Frobenius structures. Pages 23–48 of: Heunen, C., Sadrzadeh, M., and Grefenstette, E. (eds), *Quantum Physics and Linguistics: A Compositional, Diagrammatic Discourse*. Oxford University Press. arXiv:1202.6380.

Feynman, R. P. 1982. Simulating physics with computers. *International Journal of Theoretical Physics*, **21**, 467–488.

Fong, B., and Nava-Kopp, H. 2015. Additive monotones for resource theories of parallel-combinable processes with discarding. *Electronic Proceedings in Theoretical Computer Science*, **195**, 170–178. arXiv:1505.02651.

Fort, C. 1931. *Lo!* Cosimo Books.

Foulis, D. J., and Randall, C. H. 1972. Operational statistics. I. Basic concepts. *Journal of Mathematical Physics*, **13**(11), 1667–1675.

Freyd, P. 1964. *Abelian Categories*. New York: Harper and Row.

Freyd, P., and Yetter, D. 1989. Braided compact closed categories with applications to low-dimensional topology. *Advances in Mathematics*, **77**, 156–182.

Fritz, T. 2014. *Beyond Bell's theorem II: scenarios with arbitrary causal structure*. arXiv:1404.4812.

Fritz, T. 2015. Resource convertibility and ordered commutative monoids. *Mathematical Structures in Computer Science*, **10**, 1–89.

Fuchs, C. A. 2002. *Quantum mechanics as quantum information (and only a little more)*. arXiv: quant-ph/0205039.

Fuchs, C. A., Mermin, N. D., and Schack, R. 2014. An introduction to QBism with an application to the locality of quantum mechanics. *American Journal of Physics*, **82**, 749–754. arXiv:1311.5253.

Ghirardi, G.-C., Rimini, A., and Weber, T. 1980. A general argument against superluminal transmission through the quantum mechanical measurement process. *Lettere Al Nuovo Cimento*, **27**(10), 293–298.

Gilbreth, F. B., and Gilbreth, L. M. 1922. Process charts and their place in management. *Mechanical engineering*, **70**, 38–41.

Girard, J.-Y. 1989. Towards a geometry of interaction. *Contemporary Mathematics*, **92**, 69–108.

Gleason, A. M. 1957. Measures on the closed subspaces of a Hilbert space. *Journal of Mathematics and Mechanics*, **6**, 885–893.

Gogioso, S. 2015a. *A bestiary of sets and relations*. arXiv:1506.05025.

Gogioso, S. 2015b. *Categorical semantics for Schrödinger's equation*. arXiv:1501.06489.

Gogioso, S. 2015c. *Monadic dynamics*. arXiv:1501.04921.

Gogioso, S., and Genovese, F. 2016. Infinite-dimensional categorical quantum mechanics. In: *Proceedings of QPL*. arXiv:1605.04305.

Gogioso, S., and Kissinger, A. 2016. *Fully graphical treatment of the Hidden Subgroup Problem*. Unpublished.

Gogioso, S., and Zeng, W. 2015. *Mermin non-locality in abstract process theories*. arXiv:1506.02675.

Gonthier, G. 2008. *The Four Colour Theorem: Engineering of a Formal Proof*. Berlin and Heildelberg: Springer. Page 333.

Gonthier, G., Asperti, A., Avigad, J., Bertot, Y., Cohen, C., Garillot, F., Le Roux, S., Mahboubi, A., O'Connor, R., Biha, S. O., et al. 2013. A machine-checked proof of the odd order theorem. Pages 163–179 of: *Interactive Theorem Proving*. Springer.

Gordon, M. 2000. From LCF to HOL: a short history. Pages 169–186 of: *Proof, Language, and Interaction*.

Gordon, M. J., Milner, A. J., and Wadsworth, C. P. 1979. *Lecture Notes in Computer Science*. Vol. 78. Berlin: Springer-Verlag.

Gottesman, D., and Chuang, I. L. 1999. Demonstrating the viability of universal quantum computation using teleportation and single-qubit operations. *Nature*, **402**(6760), 390–393.

Gour, G., and Spekkens, R. W. 2008. The resource theory of quantum reference frames: manipulations and monotones. *New Journal of Physics*, **10**, 033023.

Gour, G., Müller, M. P., Narasimhachar, V., Spekkens, R. W., and Yunger Halpern, N. 2013. *The resource theory of informational nonequilibrium in thermodynamics*. arXiv:1309.6586.

Greenberger, D. M., Horne, M. A., Shimony, A., and Zeilinger, A. 1990. Bell's theorem without inequalities. *American Journal of Physics*, **58**, 1131–1143.

Grefenstette, E., and Sadrzadeh, M. 2011. Experimental support for a categorical compositional distributional model of meaning. Pages 1394–1404 of: *The 2014 Conference on Empirical Methods on Natural Language Processing*. arXiv:1106.4058.

Gröblacher, S., Paterek, T., Kaltenbaek, R. R., Brukner, Č., Żukowski, M., Aspelmeyer, M., and Zeilinger, A. 2007. An experimental test of non-local realism. *Nature*, **446**, 871–875.

Grothendieck, A. 1957. Sur quelques points d'algèbre homologique. *Tohoku Math J.*, 119–221.

Grover, L. K. 1996. A fast quantum mechanical algorithm for database search. Pages 212–219 of: *Proceedings of the Twenty-eighth Annual ACM Symposium on Theory of Computing*. STOC '96. New York: ACM.

Hadzihasanovic, A. 2015. A diagrammatic axiomatisation for qubit entanglement. In: *Proceedings of the 30th Annual IEEE Symposium on Logic in Computer Science (LICS)*. arXiv:1501.07082.

Hales, T., Adams, M., Bauer, G., Dang, D. T., Harrison, J., Hoang, T. L., Kaliszyk, C., Magron, V., McLaughlin, S., Nguyen, T. T., et al. 2015. A formal proof of the Kepler conjecture. *arXiv preprint arXiv:1501.02155*.

Harding, J. 2009. A link between quantum logic and categorical quantum mechanics. *International Journal of Theoretical Physics*, **48**(3), 769–802.

Hardy, L. N.d. *Disentangling nonlocality and teleportation*. arXiv:quant-ph/9906123.

Hardy, L. 2001. Quantum theory from five reasonable axioms. *arXiv:quant-ph/0101012*.

Hardy, L. 2011. Foliable operational structures for general probabilistic theories. Pages 409–442 of: Halvorson, H. (ed), *Deep Beauty: Understanding the Quantum World through Mathematical Innovation*. Cambridge University Press. arXiv:0912.4740.

Hardy, L. 2012. *The operator tensor formulation of quantum theory*. arXiv:1201.4390.

Hardy, L. 2013a. A formalism-local framework for general probabilistic theories, including quantum theory. *Mathematical Structures in Computer Science*, **23**(2), 339–440.

Hardy, L. 2013b. On the theory of composition in physics. Pages 83–106 of: *Computation, Logic, Games, and Quantum Foundations: The Many Facets of Samson Abramsky*. Springer. arXiv:1303.1537.

Hardy, L., and Spekkens, R. W. 2010. Why physics needs quantum foundations. *Physics in Canada*, **66**, 73–76.

Harrigan, N., and Spekkens, R. W. 2010. Einstein, incompleteness, and the epistemic view of quantum states. *Foundations of Physics*, **40**, 125–157.

Hasegawa, M., Hofmann, M., and Plotkin, G. D. 2008. Finite dimensional vector spaces are complete for traced symmetric monoidal categories. Pages 367–385 of: Avron, A., Dershowitz, N., and Rabinovich, A. (eds), *Pillars of Computer Science*. Lecture Notes in Computer Science, vol. 4800. Springer.

Hedges, J., Shprits, E., Winschel, V., and Zahn, P. 2016. *Compositionality and string diagrams for game theory*. arXiv:1604.06061.

Hein, M., Eisert, J., and Briegel, H. J. 2004. Multiparty entanglement in graph states. *Physical Review A*, **69**, 062311.

Heisenberg, W. 1925. Über quantentheoretische Umdeutung kinematischer und mechanischer Beziehungen. *Heisenberg (1925)*, **33**, 879–893.

Heisenberg, W. 1930. *Die physikalischen Prinzipien der Quantentheorie*. Leipzig: S. Hirzel.

Hensen, B., Bernien, H., Dreau, A. E., Reiserer, A., Kalb, N., Blok, M. S., Ruitenberg, J., Vermeulen, R. F. L., Schouten, R. N., Abellan, C., Amaya, W., Pruneri, V., Mitchell, M. W., Markham, M., Twitchen, D. J., Elkouss, D., Wehner, S., Taminiau, T. H., and Hanson, R. 2015. Loophole-free Bell inequality violation using electron spins separated by 1.3 kilometres. *Nature*, **526**(10), 682–686.

Henson, J., Lal, R., and Pusey, M. F. 2014. *Theory-independent limits on correlations from generalised Bayesian networks*. arXiv:1405.2572.

Herrmann, M. 2010. *Models of multipartite entanglement*. MSc Thesis, Oxford University.

Heunen, C., and Jacobs, B. 2010. Quantum logic in dagger kernel categories. *Order*, **27**(2), 177–212.

Heunen, C., and Kissinger, A. 2016. *Can quantum theory be characterized in information-theoretic terms?* arXiv:1604.05948.

Heunen, C., Contreras, I., and Cattaneo, A.o S. 2012b. Relative Frobenius algebras are groupoids. *Journal of Pure and Applied Algebra*, **217**, 114–124.

Heunen, C., Sadrzadeh, M., and Grefenstette, E. (eds). 2012a. *Quantum Physics and Linguistics: A Compositional, Diagrammatic Discourse*. Oxford University Press.

Hinze, R., and Marsden, D. 2016. Equational reasoning with lollipops, forks, cups, caps, snakes, and speedometers. *Journal of Logical and Algebraic Methods in Programming*.

Hoare, C. A. R., and He, J. 1987. The weakest prespecification. *Information Processing Letters*, **24**, 127–132.

Honda, K. 2012. Graphical classification of entangled qutrits. *Electronic Proceedings in Theoretical Computer Science*, **95**, 123–141.

Horodecki, M., Oppenheim, J., and Horodecki, R. 2002. Are the laws of entanglement theory thermodynamical? *Physical Review Letters*, **89**, 240403.

Horodecki, M., Horodecki, P., and Oppenheim, J. 2003. Reversible transformations from pure to mixed states and the unique measure of information. *Physical Review A*, **67**, 062104.

Horodecki, R., Horodecki, P., Horodecki, M., and Horodecki, K. 2009. Quantum entanglement. *Reviews of Modern Physics*, **81**, 865–942. arXiv:quant-ph/0702225.

Horsman, C. 2011. Quantum picturalism for topological cluster-state computing. *New Journal of Physics*, **13**, 095011. arXiv:1101.4722.

Jacobs, B. 2010. Orthomodular lattices, Foulis semigroups and Dagger kernel categories. *Logical Methods in Computer Science*, **6**(2), 1.

Jamiołkowski, A. 1972. Linear transformations which preserve trace and positive semidefiniteness of operators. *Reports on Mathematical Physics*, **3**, 275–278.

Jammer, M. 1974. *The Philosophy of Quantum Mechanics*. John Wiley & Sons.

Jauch, J. M. 1968. *Mathematical Foundations of Quantum Mechanics*. Addison-Wesley.

Jauch, J. M., and Piron, C. 1963. Can hidden variables be excluded in quantum mechanics? *Helvetica Physics Acta*, **36**, 827–837.

Johansson, M., Dixon, L., and Bundy, A. 2011. Conjecture synthesis for inductive theories. *Journal of Automated Reasoning*, **47**, 251–289.

Jones, J. A., Mosca, M., and Hansen, R. H. 1998. Implementation of a quantum search algorithm on a quantum computer. *Nature*, **393**(6683), 344–346.

Jones, V. F. R. 1985. A polynomial invariant for knots via von Neumann algebras. *Bulletin of the American Mathematical Society*, **12**, 103–111.

Joyal, A., and Street, R. 1991. The geometry of tensor calculus I. *Advances in Mathematics*, **88**, 55–112.

Joyal, A., Street, R., and Verity, D. 1996. Traced monoidal categories. Pages 447–468 of: *Mathematical Proceedings of the Cambridge Philosophical Society*, vol. 119. Cambridge University Press.

Jozsa, R. 1997. Quantum algorithms and the Fourier transform. In: *Proceedings of the Santa Barbarba Conference on Coherence and Decoherence*. Proceedings of the Royal Society of London.

Kartsaklis, D., and Sadrzadeh, M. 2013. Prior disambiguation of word tensors for constructing sentence vectors. Pages 1590–1601 of: *The 2013 Conference on Empirical Methods on Natural Language Processing*. ACL.

Kassel, C. 1995. *Quantum Groups*. Vol. 155. Springer.

Kauffman, L. H. 1987. State models and the Jones polynomial. *Topology*, **26**, 395–407.

Kauffman, L. H. 1991. *Knots and Physics*. World Scientific.

Kauffman, L. H. 2005. Teleportation topology. *Optics and Spectroscopy*, **99**, 227–232.

Kelly, G. M. 1972. Many-variable functorial calculus I. Pages 66–105 of: Kelly, G. M., Laplaza, M., Lewis, G., and Mac Lane, S. (eds), *Coherence in Categories*. Lecture Notes in Mathematics, vol. 281. Springer-Verlag.

Kelly, G. M., and Laplaza, M. L. 1980. Coherence for compact closed categories. *Journal of Pure and Applied Algebra*, **19**, 193–213.

Kissinger, A. 2012a. *Pictures of processes: automated graph rewriting for monoidal categories and applications to quantum computing*. PhD thesis, University of Oxford.

Kissinger, A. 2012b. Synthesising graphical theories. arXiv:1202.6079.

Kissinger, A. 2014a. Abstract tensor systems as monoidal categories. In: Casadio, C., Coecke, B., Moortgat, M., and Scott, P. (eds), *Categories and Types in Logic, Language, and Physics: Festschrift on the Occasion of Jim Lambek's 90th Birthday*. Lecture Notes in Computer Science, vol. 8222. Springer. arXiv:1308.3586.

Kissinger, A. 2014b. *Finite matrices are complete for (dagger-)hypergraph categories*. arXiv:1406.5942 [math.CT].

Kissinger, A., and Zamdzhiev, V. 2015. *Quantomatic: a proof assistant for diagrammatic reasoning*. arXiv:1503.01034.

Kissinger, A., Merry, A., and Soloviev, M. 2014. Pattern graph rewrite systems. Pages 54–66 of: Löwe, B., and Winskel, G. (eds), *Proceedings 8th International Workshop on Developments in Computational Models*. Electronic Proceedings in Theoretical Computer Science, vol. 143. Open Publishing Association.

Kochen, S., and Specker, E. P. 1967. The problem of hidden variables in quantum mechanics. *Journal of Mathematics and Mechanics*, **17**(1), 59–87.

Kock, J. 2004. *Frobenius Algebras and 2D Topological Quantum Field Theories*. Vol. 59. Cambridge University Press.

Kraus, K. 1983. *States, Effects and Operations*. Springer.

Lack, S. 2004. Composing PROPs. *Theory and Applications of Categories*, **13**, 147–163.

Laforest, M., Baugh, J., and Laflamme, R. 2006. Time-reversal formalism applied to maximal bipartite entanglement: theoretical and experimental exploration. *Physical Review A*, **73**(3), 032323.

Lamata, L., León, J., Salgado, D., and Solano, E. 2007. Inductive entanglement classification of four qubits under stochastic local operations and classical communication.

Physical Review A, **75**, 022318.

Lambek, J., and Scott, P. J. 1988. *Introduction to Higher-Order Categorical Logic*. Cambridge University Press.

Leinster, T. 2004. *Higher Operads, Higher Categories*. Cambridge University Press.

Lemmens, P. W. H., and Seidel, J. J. 1973. Equiangular lines. *Journal of Algebra*, **24**(3), 494–512.

Lloyd, S., Maccone, L., Garcia-Patron, R., Giovannetti, V., Shikano, Y., Pirandola, S., Rozema, L. A., Darabi, A., Soudagar, Y., Shalm, L. K., and Steinberg, A. M. 2011. Closed timelike curves via postselection: theory and experimental test of consistency. *Physical Review Letters*, **106**(4), 040403.

Lo, H.-K., and Popescu, S. 2001. Concentrating entanglement by local actions: beyond mean values. *Physical Review A*, **63**, 022301.

Ludwig, G. 1985. *An Axiomatic Basis of Quantum Mechanics*, volume 1: *Derivation of Hilbert Space*. Springer-Verlag.

Mac Lane, S. 1950. Duality for groups. *Bull. Am. Math. Soc.*, **56**, 485–516.

Mac Lane, S. 1963. Natural associativity and commutativity. *The Rice University Studies*, **49**(4), 28–46.

Mac Lane, S. 1998. *Categories for the Working Mathematician*. Springer-Verlag.

Mackey, G. W. 1963. *The Mathematical Foundations of Quantum Mechanics*. New York: W. A. Benjamin.

Macrakis, K. 1993. *Surviving the Swastika: Scientific Research in Nazi Germany*. Oxford University Press.

Majid, S. 2000. *Foundations of Quantum Group Theory*. Cambridge University Press.

Manin, Y. I. 1980. *Vychislimoe i Nevychislimoe*. Sovetskoye Radio.

Markopoulou, F. 2000. Quantum causal histories. *Classical and Quantum Gravity*, **17**(10), 2059.

Marvian, I., and Spekkens, R. W. 2013. The theory of manipulations of pure state asymmetry: I. Basic tools, equivalence classes and single copy transformations. *New Journal of Physics*, **15**(3), 033001.

Mehra, J. 1994. *The Beat of a Different Drum: The Life and Science of Richard Feynman*. Clarendon Press.

Mellies, P.-A. 2012. Game semantics in string diagrams. Pages 481–490 of: *Proceedings of the 27th Annual IEEE Symposium on Logic in Computer Science (LICS)*. IEEE Computer Society.

Mermin, N. D. 1990. Quantum mysteries revisited. *American Journal of Physics*, **58**(Aug.), 731–734.

Mermin, N. D. April 1989. What's wrong with this pillow? *Physics Today*.

Mermin, N. D. May 2004. Could Feynman have said this? *Physics Today*.

Milner, R. 1972. *Logic for computable functions; description of a machine implementation*. Tech. rept. STAN-CS-72-288. Stanford University.

Montanaro, A. 2015. *Quantum algorithms: an overview*. arXiv:1511.04206.

Moore, D. J. 1995. Categories of representations of physical systems. *Helvetica Physica Acta*, **68**, 658–678.

Moore, D. J. 1999. On state spaces and property lattices. *Studies in History and Philosophy of Modern Physics*, **30**(1), 61–83.

Muirhead, R. F. 1903. Some methods applicable to identities and inequalities of symmetric algebraic functions of *n* letters. *Proceedings of the Edinburgh Mathematical Society*, **21**, 144–157.

Neumark, M. A. 1943. On spectral functions of a symmetric operator. *Izvestiya Rossiiskoi Akademii Nauk. Seriya Matematicheskaya*, **7**(6), 285–296.

Nielsen, M. A. 1999. Conditions for a class of entanglement transformations. *Physical Review Letters*, **83**(2), 436–439.

Nielsen, M. A., and Chuang, I. L. 2010. *Quantum Computation and Quantum Information*. Cambridge University Press.

Ozawa, M. 1984. Quantum measuring processes of continuous observables. *Journal of Mathematical Physics*, **25**(1), 79–87.

Pan, J.-W., Bouwmeester, D., Daniell, M., Weinfurter, H., and Zeilinger, A. 2000. Experimental test of quantum nonlocality in three-photon Greenberger–Horne–Zeilinger entanglement. *Nature*, **403**, 515–519.

Panangaden, P., and Paquette, É. O. 2011. A categorical presentation of quantum computation with anyons. Pages 983–1025 of: Coecke, B. (ed), *New Structures for Physics*. Lecture Notes in Physics. Springer.

Paquette, É. O. 2008. *Categorical quantum computation*. PhD thesis, University of Montreal.

Paulsen, V. 2002. *Completely Bounded Maps and Operator Algebras*. Cambridge University Press.

Paulson, L., et al. 1986. *Isabelle theorem prover*. https://isabelle.in.tum.de/.

Pavlovic, D. 2009. Quantum and classical structures in nondeterminstic computation. Pages 143–157 of: *Proceedings of the 3rd International Symposium on Quantum Interaction*. QI '09. Berlin and Heidelberg: Springer-Verlag.

Pavlovic, D. 2013. Monoidal computer I: basic computability by string diagrams. *Information and Computation*, **226**, 94–116.

Pearl, J. 2000. *Causality: Models, Reasoning and Inference*. Cambridge University Press.

Penrose, R. 1971. Applications of negative dimensional tensors. Pages 221–244 of: *Combinatorial Mathematics and Its Applications*. Academic Press.

Penrose, R. 1984. *Spinors and Spacetime*, vol. 1. Cambridge University Press.

Penrose, R. 2004. *The Road to Reality: A Complete Guide to the Physical Universe*. Jonathan Cape.

Perdrix, S. 2005. State transfer instead of teleportation in measurement-based quantum computation. *International Journal of Quantum Information*, **3**(1), 219–223.

Perdrix, S., and Wang, Q. 2015. *The ZX calculus is incomplete for Clifford+T quantum mechanics*. arXiv:1506.03055.

Piedeleu, R., Kartsaklis, D., Coecke, B., and Sadrzadeh, M. 2015. Open system categorical quantum semantics in natural language processing. In: *CALCO 2015*. arXiv:1502.00831.

Pierce, B. C. 1991. *Basic Category Theory for Computer Scientists*. MIT Press.

Piron, C. 1976. *Foundations of Quantum Physics*. W. A. Benjamin.

Piron, Constantin. 1964. Axiomatique quantique. *Helvetia Physica Acta*, **37**, 439–468.

Planck, M. 1900. Zur Theorie des Gesetzes der Energieverteilung im Normalspektrum. *Verhandlungen der Deutschen Physikalischen Gesellschaft*, **2**, 237–245.

Poincaré, H. 1902. *La science et l'hypothèse*. Flammarion.

Pusey, M. F., Barrett, J., and Rudolph, T. 2012. On the reality of the quantum state. *Nature Physics*, **8**(6), 475–478.

Ranchin, A., and Coecke, B. 2014. Complete set of circuit equations for stabilizer quantum mechanics. *Physical Review A*, **90**, 012109.

Rauch, H., Zeilinger, A., Badurek, G., Wilfing, A., Bauspiess, W., and Bonse, U. 1975. Verification of coherent spinor rotation of fermions. *Physics Letters A*, **54**, 425–427.

Raussendorf, R., and Briegel, H. J. 2001. A one-way quantum computer. *Physical Review Letters*, **86**, 5188.

Raussendorf, R., Browne, D. E., and Briegel, H. J. 2003. Measurement-based quantum computation on cluster states. *Physical Review A*, **68**(2), 22312.

Raussendorf, R., Harrington, J., and Goyal, K. 2007. Topological fault-tolerance in cluster state quantum computation. *New Journal of Physics*, **9**, 199.

Redei, M. 1996. Why John von Neumann did not like the Hilbert space formalism of quantum mechanics (and what he liked instead). *Studies in History and Philosophy of Modern Physics*, **27**(4), 493–510.

Redhead, Michael. 1987. *Incompleteness, Nonlocality, and Realism: A Prolegomenon to the Philosophy of Quantum Mechanics*. Clarendon Press.

Rickles, D. 2007. *Symmetry, Structure, and Spacetime*. Elsevier.

Roddenberry, G. 1966. *Star Trek* (television series). NBC.

Rowe, M. A., Kielpinski, D., Meyer, V., Sackett, C. A., Itano, W. M., Monroe, C., and Wineland, D. J. 2001. Experimental violation of a Bell's inequality with efficient detection. *Nature*, **409**, 791–794.

Sadrzadeh, M., Clark, S., and Coecke, B. 2013. The Frobenius anatomy of word meanings I: subject and object relative pronouns. *Journal of Logic and Computation*, **23**, 1293–1317. arXiv:1404.5278.

Sadrzadeh, M., Clark, S., and Coecke, B. 2014. The Frobenius anatomy of word meanings II: possessive relative pronouns. *Journal of Logic and Computation*, exu027.

Schröder de Witt, C., and Zamdzhiev, V. 2014. *The ZX calculus is incomplete for quantum mechanics*. arXiv:1404.3633.

Schrödinger, E. 1926. An undulatory theory of the mechanics of atoms and molecules. *Physical Review Letters*, **28**(6), 1049–1070.

Schrödinger, E. 1935. Die gegenwärtige Situation in der Quantenmechanik. *Naturwissenschaften*, **23**, 823–828.

Schrödinger, E. 1935. Discussion of probability relations between separated systems. *Mathematical Proceedings of the Cambridge Philosophical Society*, **31**, 555–563.

Schumacher, B. 1995. Quantum coding. *Physical Review A*, **51**, 2738.

Schwinger, J. 1960. Unitary operator bases. *Proceedings of the National Academy of Sciences of the U.S.A.*, **46**, 570–579.

Scott, D. S. 1993. A type-theoretical alternative to ISWIM, CUCH, OWHY. *Theoretical Computer Science*, **121**(1), 411–440.

Selinger, P. 2007. Dagger compact closed categories and completely positive maps. *Electronic Notes in Theoretical Computer Science*, **170**, 139–163.

Selinger, P. 2011a. Finite dimensional Hilbert spaces are complete for dagger compact closed categories (extended abstract). *Electronic Notes in Theoretical Computer Science*, **270**(1), 113–119.

Selinger, P. 2011b. A survey of graphical languages for monoidal categories. Pages 275–337 of: Coecke, B. (ed), *New Structures for Physics*. Lecture Notes in Physics. Springer-Verlag. arXiv:0908.3347.

Selinger, P. 2015. Generators and relations for n-qubit Clifford operators. *Logical Methods in Computer Science*, **11**.

Shannon, C. E. 1948. A mathematical theory of communication. *The Bell System Technical Journal*, **27**, 379–423.

Shende, V. V., Bullock, S. S., and Markov, I. L. 2006. Synthesis of quantum-logic circuits. *IEEE Transactions on Computer-Aided Design of Integrated Circuits and Systems*, **25**(6), 1000–1010.

Shor, P. W. 1994. Algorithms for quantum computation: discrete logarithms and factoring. Pages 124–134 of: *Proceedings of the 35th Annual Symposium on Foundations of Computer Science*. IEEE.

Shor, P. W. 1997. Polynomial-time algorithms for prime factorization and discrete logarithms on a quantum computer. *SIAM Journal on Computing*, **26**(5), 1484–1509.

Shulman, M., et al. 2013. *Homotopy type theory: univalent foundations of mathematics*. https://homotopytypetheory.org/book/.

Simon, D. R. 1997. On the power of quantum computation. *SIAM Journal on Computing*, **26**(5), 1474–1483.

Sobocinski, P. 2015. *Graphical linear algebra*. http://graphicallinearalgebra.net.

Spekkens, R. W. 2007. Evidence for the epistemic view of quantum states: a toy theory. *Physical Review A*, **75**(3), 032110.

Stay, M., and Vicary, J. 2013. Bicategorical semantics for nondeterministic computation. *Electronic Notes in Theoretical Computer Science*, **298**, 367–382. arXiv:1301.3393.

Stinespring, W. F. 1955. Positive functions on C*-algebras. *Proceedings of the American Mathematical Society*, **6**(2), 211–216.

Street, R. 2007. *Quantum Groups: A Path to Current Algebra*. Cambridge University Press.

Stubbe, I., and van Steirteghem, B. 2007. Propositional systems, Hilbert lattices and generalized Hilbert spaces. Pages 477–524 of: Gabbay, D., Lehmann, D., and Engesser, K.

(eds), *Handbook Quantum Logic*. Elsevier Publ.

Sudarshan, E. C. G., Mathews, P. M., and Rau, J. 1961. Stochastic dynamics of quantum-mechanical systems. *Physical Review*, **121**(3), 920.

Svetlichny, G. 2009. *Effective quantum time travel*. arXiv:0902.4898.

Tull, S. 2016. *Operational theories of physics as categories*. arXiv:1602.06284.

Turing, A. M. 1937. On computable numbers, with an application to the Entscheidungsproblem. *Proceedings of the London Mathematical Society*, **42**, 230–265.

Van den Nest, M., Dehaene, J., and De Moor, B. 2004. Graphical description of the action of local Clifford transformations on graph states. *Physical Review A*, **69**(2), 9422.

Verstraete, F., Dehaene, J., De Moor, B., and Verschelde, H. 2002. Four qubits can be entangled in nine different ways. *Physical Review A*, **65**(052112). arXiv:quant-ph/0109033.

Vicary, J. 2011. Categorical formulation of finite-dimensional quantum algebras. *Communications in Mathematical Physics*, **304**(3), 765–796.

Vicary, J. 2013. The topology of quantum algorithms. Pages 93–102 of: *Proceedings of the 28th Annual IEEE Symposium on Logic in Computer Science (LICS)*. IEEE Computer Society.

Von Neumann, J. 1927a. Thermodynamik quantenmechanischer Gesamtheiten. *Nachrichten von der Gesellschaft der Wissenschaften zu Göttingen, Mathematisch-Physikalische Klasse*, **1**, 273–291.

Von Neumann, J. 1927b. Wahrscheinlichkeitstheoretischer aufbau der quantenmechanik. *Nachrichten von der Gesellschaft der Wissenschaften zu Göttingen, Mathematisch-Physikalische Klasse*, **1**, 245–272.

Von Neumann, J. 1932. *Mathematische Grundlagen der quantenmechanik*. Springer-Verlag. Translation, *Mathematical Foundations of Quantum Mechanics*, Princeton University Press, 1955.

Walther, P., Resch, K. J., Rudolph, T., Schenck, E., Weinfurter, H., Vedral, V., Aspelmeyer, M., and Zeilinger, A. 2005. Experimental one-way quantum computing. *Nature*, **434**, 169–176.

Wedderburn, J. H. M. 1906. On a theorem in hypercomplex numbers. *Proceedings of the Royal Society of Edinburgh*, **26**, 48–50.

Weihs, G., Jennewein, T., Simon, C., Weinfurter, H., and Zeilinger, A.n. 1998. Violation of Bell's inequality under strict Einstein locality conditions. *Physical Review Letters*, **81**, 5039.

Werner, R. F. 2001. All teleportation and dense coding schemes. *Journal of Physics A: Mathematical and General*, **34**(35), 7081.

Whitehead, A. N. 1957. *Process and Reality*. Harper & Row.

Wigner, E. P. 1931. *Gruppentheorie und ihre Anwendung auf die Quanten mechanik der Atomspektren*. Friedrich Vieweg und Sohn.

Wigner, E. P. 1995a. *Remarks on the Mind-Body Question*. Springer. Pages 247–260.

Wigner, E. P. 1995b. The unreasonable effectiveness of mathematics in the natural sciences. Pages 534–549 of: *Philosophical Reflections and Syntheses*. Springer.

Wilce, A. 2000. Test spaces and orthoalgebras. Pages 81–114 of: Coecke, B., Moore, D. J., and Wilce, A. (eds), *Current Research in Operational Quantum Logic: Algebras, Categories and Languages*. Fundamental Theories of Physics, vol. 111. Springer.

Wittgenstein, L. 1953. *Philosophical Investigations*. Basil & Blackwell.

Wood, C. J., and Spekkens, R. W. 2012. *The lesson of causal discovery algorithms for quantum correlations: causal explanations of Bell-inequality violations require fine-tuning*. arXiv:1208.4119.

Wootters, W., and Zurek, W. 1982. A single quantum cannot be cloned. *Nature*, **299**, 802–803.

Zeilinger, A. 1999. Experiment and the foundations of quantum physics. *Reviews of Modern Physics*, **71**, S288.

Zeng, W. 2015. *The abstract structure of quantum algorithms*. PhD thesis, University of Oxford. arXiv:1512.08062.

Zeng, W., and Vicary, J. 2014. *Abstract structure of unitary oracles for quantum algorithms*. arXiv:1406.1278.

Zukowski, M., Zeilinger, A., Horne, M. A., and Ekert, A. K. 1993. "Event-ready-detectors" Bell experiment via entanglement swapping. *Physical Review Letters*, **71**, 4287–4290.

索　引

索引中的页码为英文原书页码，与书中页边标注的页码一致。